微波工程基础

曾瑞　安婷　许嘉纹　韩春辉　编著

国防工业出版社

·北京·

内容简介

本书主要包括电磁场理论、微波技术、天线技术的基本概念和分析方法，尤其着重于基本概念的阐述和具体技术的实际应用。

全书共三篇。第一篇电磁场与电磁波，共5章；第二篇微波技术，共5章；第三篇实用天线技术，共6章。第一篇包括第1章矢量分析与场论、第2章静态电磁场、第3章时变电磁场、第4章电磁辐射、第5章导波系统；第二篇包括第6章传输线理论、第7章微波网络基础、第8章常用微波元件、第9章分支元件与定向耦合器、第10章微波铁氧体器件；第三篇包括第11章实用天线基本原理、第12章实用线天线、第13章实用面天线、第14章波导裂缝天线、第15章微带天线、第16章天线主要技术参数测量技术。

本书重点突出、叙述由浅入深，注重实用。可作为部队院校雷达工程、导弹工程、通信工程等专业的教材，也可作为相关专业工程技术人员的参考用书。

图书在版编目（CIP）数据

微波工程基础 / 曾瑞等编著. -- 北京：国防工业出版社，2024. 12. -- ISBN 978-7-118-13140-6

Ⅰ. TN015

中国国家版本馆 CIP 数据核字第 2024VM2906 号

※

国防工业出版社出版发行

（北京市海淀区紫竹院南路23号　邮政编码100048）

天津嘉恒印务有限公司印刷

新华书店经售

*

开本 710×1000　1/16　**印张** 25　**字数** 490千字

2024年12月第1版第1次印刷　**印数** 1-1500册　**定价** 148.00元

国防书店：（010）88540777　　书店传真：（010）88540776

发行业务：（010）88540717　　发行传真：（010）88540762

编 审 人 员

编　　写　曾　瑞　安　婷　许嘉纹　韩春辉
主　　审　蔡金燕
审　　定　都学新　孟亚峰
校　　对　张云娟

前　　言

随着新时期装备技术的发展，射频微波技术在情报侦察、电子对抗等新型作战力量部队的主战装备中起到了至关重要的作用。当前，新型陆军雷达装备陆续列装部队，其集成化、信息化、智能化、多系统兼容程度日益增强，其在信息化战场上的中心地位作用日益凸显。因此，雷达技术人才培养在陆军信息化建设和新质战斗力生成中具有十分重要的地位。雷达技术离不开其工作的物理基础——电磁场与微波。

本书撰写力求理论和实践紧密结合，将科学性、实用性、知识性融为一体，在重点阐述基本概念和原理的同时，兼顾微波新技术的发展现状。全书共三篇，第一篇电磁场与电磁波，共5章；第二篇微波技术，共5章；第三篇实用天线技术，共6章。

本书由曾瑞担任主编。许嘉纹编写了第一篇，安婷和韩春辉编写了第二篇，曾瑞编写了第三篇并负责统稿。

本书在陆军工程大学石家庄校区教学科研处的直接指导和帮助下完成，电子与光学工程系吕贵洲副教授、孟亚峰副教授、郗学新副教授等多次参加对本书内容和初稿的讨论，并提出许多改进意见，在此一并致谢。

由于编者水平所限，书中疏漏和不妥之处在所难免，敬请读者批评指正，以便修改完善。

编者
2023年7月

前言

目　　录

第一篇　电磁场与电磁波

电磁场与电磁波的理论是在实验定律的基础上形成的，是雷达、通信、电子对抗等微波工程技术的重要理论基础。

电磁学的三大实验定律（库仑定律、安培定律和法拉第电磁感应定律）的提出，标志着人类对宏观电磁现象的认识从定性阶段到定量阶段的飞跃。以三大实验定律为基础，麦克斯韦提出了两个基本假设（关于有旋电场的假设和关于位移电流的假设），进而归纳总结出描述宏观电磁现象的总规律——麦克斯韦方程组。由麦克斯韦方程组可知，在时变的情况下，电场和磁场相互激励，在空间形成电磁波，时变电磁场的能量以电磁波的形式进行传播。

本篇首先将矢量分析与场论作为第1章，以便集中学习场的分析方法，更好地建立场的概念。其次，重点对时变电磁场的基本概念和基本定律作简要叙述，通过介绍麦克斯韦电磁场方程组、媒质的本构关系（物质方程）和边界条件，导出一系列对本书有用的概念和定理，这些内容构成了全书的基础，熟悉这些内容是必要的和有益的。当应用时变电磁场的基本概念去解决微波工程中的各种问题时，我们才能体会到“场”的概念的重要性，应用的广泛性和高度的概括性。由于应用了这些基本的概念和定理，才得以使我们对许多问题的叙述更加简洁，并且便于理解和记忆。最后，在这些概念和定理的基础上，继续讨论空间传播电磁波的辐射和接收，并根据电磁场理论来分析导行电磁波在导波系统中的传播特性及其电磁场的分布规律。

第 1 章　矢量分析与场论

在电磁理论中,要研究某些物理量(如电场强度、电位、磁场强度等)在空间的分布和变化规律。为此,引入了场的概念。如果每一时刻,某个物理量在空间中的每一点都有一个确定的值,则称之在此空间中确定了该物理量的场。

电磁场是分布在三维空间的矢量场,矢量分析是研究电磁场在空间的分布和变化规律的基本数学工具之一。标量场在空间的变化规律由其梯度来描述,而矢量场在空间的变化规律则通过场的散度和旋度来描述。本章首先介绍三种常用的坐标系,以及标量场和矢量场的概念;其次着重讨论标量场的梯度、矢量场的散度和旋度的概念及其运算规律,并在此基础上介绍几种本书会用到的微分算子。

1.1　三种常用的坐标系

为了考察某一物理量在空间的分布和变化规律,从而引入坐标系。而且,常常根据被研究物体几何形状的不同而采用不同的坐标系。在电磁场理论中,用得较多的是笛卡儿坐标系、圆柱坐标系和球坐标系。

任何描述三维空间的坐标系都要有三个独立的坐标变量 u_1、u_2、u_3(如笛卡儿坐标系中的 x、y、z),而 u_1、u_2、u_3 均为常数时,就代表三组曲面(或平面),称为坐标面。若三组坐标面在空间每一点正交,则坐标面的交线(一般是曲线)也在空间每点正交,这种坐标系称为正交曲线坐标系。笛卡儿坐标系、圆柱坐标系和球坐标系是许多正交曲线坐标系中较常用的三种。

空间任意一点 M 沿坐标面的三条交线方向的单位矢量,称为坐标单位矢量。它的模等于1,并以各坐标变量正的增加方向作为正方向。一个正交曲线坐标系的坐标单位矢量相互正交并满足右手螺旋法则。

1.1.1　笛卡儿坐标系

笛卡儿坐标系中的三个坐标变量是 x、y、z。它们的变化范围为

$$-\infty < x < \infty,\quad -\infty < y < \infty,\quad -\infty < z < \infty$$

点 $M(x_1, y_1, z_1)$ 是三个平面 $x = x_1$、$y = y_1$ 和 $z = z_1$ 的交点。如图 1-1 所示。过空间点 $M(x_1, y_1, z_1)$ 的坐标单位矢量记为 $\boldsymbol{a}_x$、$\boldsymbol{a}_y$、$\boldsymbol{a}_z$。它们相互正交,而且遵循右手螺旋法则:

$$\begin{cases} \boldsymbol{a}_x \times \boldsymbol{a}_y = \boldsymbol{a}_z \\ \boldsymbol{a}_y \times \boldsymbol{a}_z = \boldsymbol{a}_x \\ \boldsymbol{a}_z \times \boldsymbol{a}_x = \boldsymbol{a}_y \end{cases} \tag{1-1}$$

$\boldsymbol{a}_x$、$\boldsymbol{a}_y$、$\boldsymbol{a}_z$ 是常矢量,其方向不随 M 点位置的变化而变化,这是笛卡儿坐标系的一个很重要的特征。在笛卡儿坐标系内的任意矢量 $\boldsymbol{A}$ 可以表示为

$$\boldsymbol{A} = \boldsymbol{a}_x A_x + \boldsymbol{a}_y A_y + \boldsymbol{a}_z A_z \tag{1-2}$$

式中,A_x、A_y、A_z 分别为矢量 $\boldsymbol{A}$ 在 $\boldsymbol{a}_x$、$\boldsymbol{a}_y$、$\boldsymbol{a}_z$ 方向上的投影。

在图 1-2 中,由点 $M(x,y,z)$ 沿 $\boldsymbol{a}_x$、$\boldsymbol{a}_y$、$\boldsymbol{a}_z$ 方向分别取微分长度元 $\mathrm{d}x$、$\mathrm{d}y$、$\mathrm{d}z$,由 x、$x+\mathrm{d}x$、y、$y+\mathrm{d}y$、z、$z+\mathrm{d}z$ 这 6 个面决定一个直角六面体,它的各个面的面积元为

$$\begin{cases} \mathrm{d}S_x = \mathrm{d}y\mathrm{d}z & (\text{与 } \boldsymbol{a}_x \text{ 垂直}) \\ \mathrm{d}S_y = \mathrm{d}x\mathrm{d}z & (\text{与 } \boldsymbol{a}_y \text{ 垂直}) \\ \mathrm{d}S_z = \mathrm{d}x\mathrm{d}y & (\text{与 } \boldsymbol{a}_z \text{ 垂直}) \end{cases} \tag{1-3}$$

六面体的体积元为

$$\mathrm{d}V = \mathrm{d}x\mathrm{d}y\mathrm{d}z \tag{1-4}$$

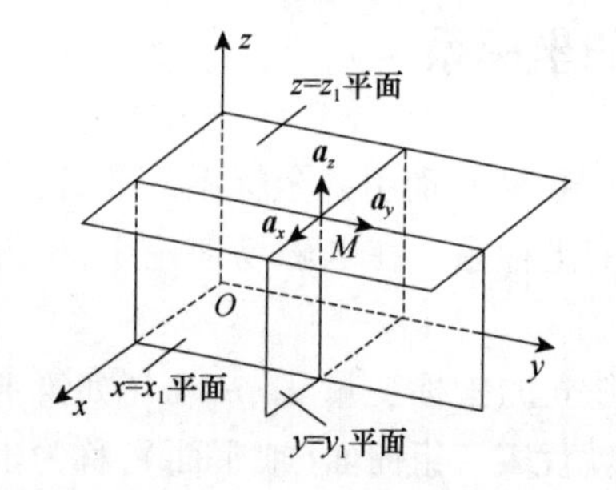

图 1-1　笛卡儿坐标系

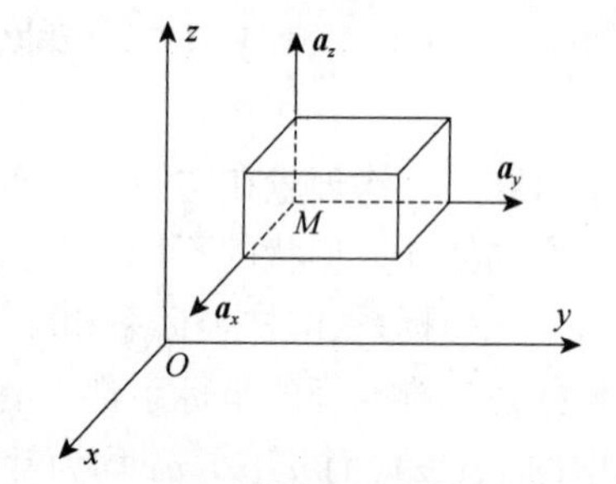

图 1-2　笛卡儿坐标系中的单位矢量、长度元、面积元和体积元

1.1.2　圆柱坐标系

圆柱坐标系中的三个坐标变量是 r、φ、z。与笛卡儿坐标系相同,也有一个 z 变量。各变量的变化范围为

$$0 \leqslant r < \infty,\quad 0 \leqslant \varphi \leqslant 2\pi,\quad -\infty < z < \infty$$

在图 1-3 所示的坐标系中。点 $M(r_1,\varphi_1,z_1)$ 是以下三个面的交点。

(1) $r=r_1$,这是以 z 轴为轴线,以 r_1 为半径的圆柱面。r_1 是 M 点到 z 轴的垂直距离。

(2) $\varphi=\varphi_1$,这是以 z 轴为界的半平面。φ_1 是 xz 平面与通过 M 点的半平面之间的夹角。

(3)$z=z_1$,这是与 z 轴垂直的平面。z_1 是点 M 到 xy 平面的垂直距离。

过空间点 $M(r_1,\varphi_1,z_1)$ 的坐标单位矢量记为 $\boldsymbol{a}_r$、$\boldsymbol{a}_\varphi$、$\boldsymbol{a}_z$。它们相互正交,而且遵循右手螺旋法则:

$$\begin{cases}\boldsymbol{a}_r \times \boldsymbol{a}_\varphi = \boldsymbol{a}_z \\ \boldsymbol{a}_\varphi \times \boldsymbol{a}_z = \boldsymbol{a}_r \\ \boldsymbol{a}_z \times \boldsymbol{a}_r = \boldsymbol{a}_\varphi\end{cases} \tag{1-5}$$

在柱坐标系中,除 $\boldsymbol{a}_z$ 外,$\boldsymbol{a}_r$、$\boldsymbol{a}_\varphi$ 的方向都随 M 点位置的变化而变化,但三者之间总是保持上述正交关系。在 M 点的任意矢量 $\boldsymbol{A}$ 可表示为

$$\boldsymbol{A} = \boldsymbol{a}_r A_r + \boldsymbol{a}_\varphi A_\varphi + \boldsymbol{a}_z A_z \tag{1-6}$$

式中,A_r、A_φ、A_z 分别为矢量 $\boldsymbol{A}$ 在 $\boldsymbol{a}_r$、$\boldsymbol{a}_\varphi$、$\boldsymbol{a}_z$ 方向上的投影。

如图 1-4 所示,在点 $M(r,\varphi,z)$ 处沿 $\boldsymbol{a}_r$、$\boldsymbol{a}_\varphi$、$\boldsymbol{a}_z$ 方向的长度元分别为

$$\mathrm{d}l_r = \mathrm{d}r,\quad \mathrm{d}l_\varphi = r\mathrm{d}\varphi,\quad \mathrm{d}l_z = \mathrm{d}z$$

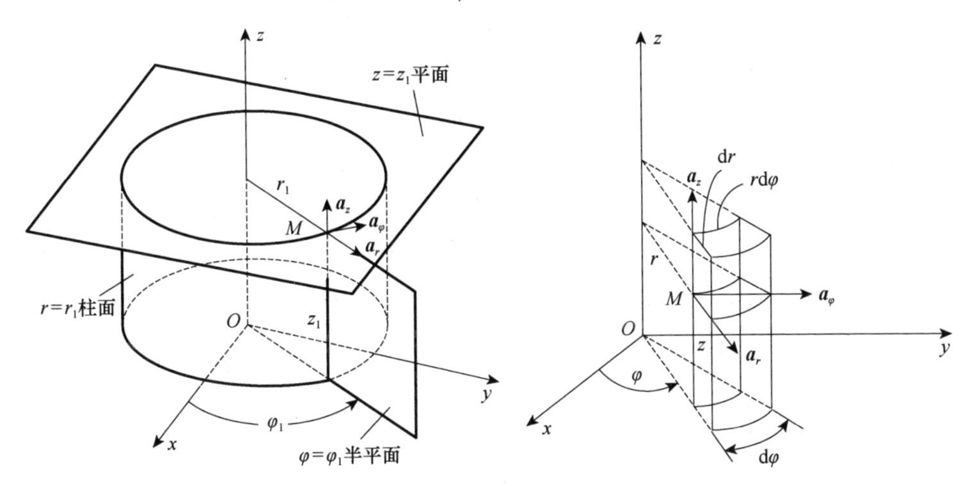

图 1-3　圆柱坐标系

图 1-4　圆柱坐标系中的单位矢量、长度元、面积元和体积元

由 r、$r+\mathrm{d}r$、φ、$\varphi+\mathrm{d}\varphi$、$z$、$z+\mathrm{d}z$ 这 6 个坐标曲面决定的六面体上的面积元为

$$\begin{cases}\mathrm{d}S_r = \mathrm{d}l_\varphi \mathrm{d}l_z = r\mathrm{d}\varphi\mathrm{d}z & (\text{与 } \boldsymbol{a}_r \text{ 垂直}) \\ \mathrm{d}S_\varphi = \mathrm{d}l_r \mathrm{d}l_z = \mathrm{d}r\mathrm{d}z & (\text{与 } \boldsymbol{a}_\varphi \text{ 垂直}) \\ \mathrm{d}S_z = \mathrm{d}l_r \mathrm{d}l_\varphi = r\mathrm{d}r\mathrm{d}\varphi & (\text{与 } \boldsymbol{a}_z \text{ 垂直})\end{cases} \tag{1-7}$$

这个六面体的体积元为

$$\mathrm{d}V = \mathrm{d}l_r \mathrm{d}l_\varphi \mathrm{d}l_z = r\mathrm{d}r\mathrm{d}\varphi\mathrm{d}z \tag{1-8}$$

1.1.3　球坐标系

球坐标系中的三个坐标变量是 r、θ、φ,与柱坐标系相似,也有一个变量 φ。它

们的变化范围为

$$0 \leqslant r < \infty, \quad 0 \leqslant \theta \leqslant \pi, \quad 0 \leqslant \varphi \leqslant 2\pi$$

在球坐标中,点 $M(r_1,\theta_1,\varphi_1)$ 由下述三个面的交点所确定。

(1)$r=r_1$,这是以原点为中心,以 r_1 为半径的球面。r_1 为点 M 到原点的直线距离。

(2)$\theta=\theta_1$,这是以原点为顶点,以 z 轴为轴线的圆锥面。θ_1 为正向 z 轴与连线 OM 之间的夹角。

(3)$\varphi=\varphi_1$,这是以 z 轴为界的半平面。φ_1 为 xOz 平面与通过 M 点的半平面之间的夹角。坐标变量 φ 称为方位角,如图 1-5 所示。

在图 1-6 中,过空间任意点 $M(r,\theta,\varphi)$ 的坐标单位矢量记为 $\boldsymbol{a}_r$、$\boldsymbol{a}_\theta$、$\boldsymbol{a}_\varphi$。它们相互相交,而且遵循右手螺旋法则:

$$\begin{cases} \boldsymbol{a}_r \times \boldsymbol{a}_\theta = \boldsymbol{a}_\varphi \\ \boldsymbol{a}_\theta \times \boldsymbol{a}_\varphi = \boldsymbol{a}_r \\ \boldsymbol{a}_\varphi \times \boldsymbol{a}_r = \boldsymbol{a}_\theta \end{cases} \tag{1-9}$$

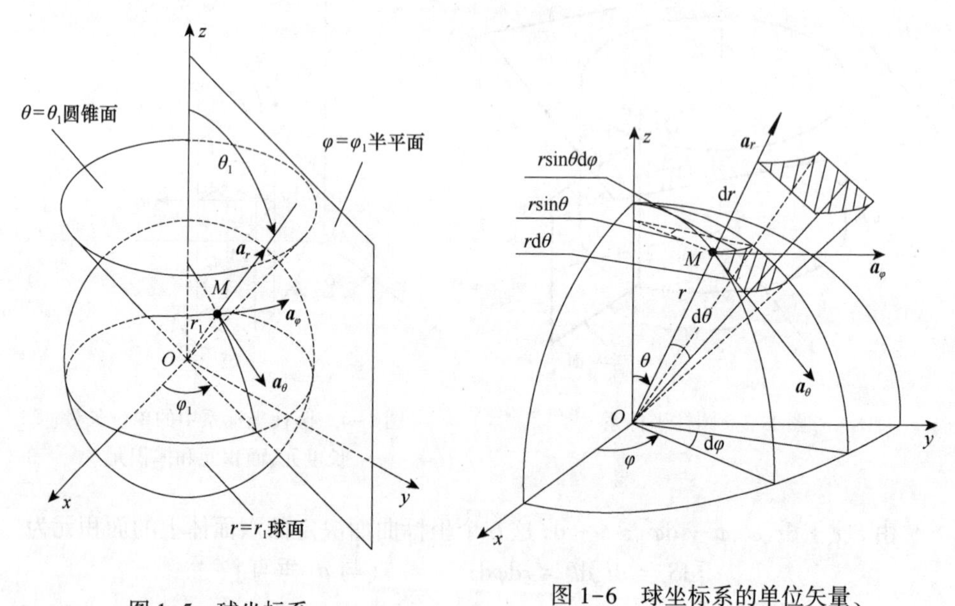

图 1-5　球坐标系

图 1-6　球坐标系的单位矢量、长度元、面积元和体积元

在球坐标系中,$\boldsymbol{a}_r$、$\boldsymbol{a}_\theta$、$\boldsymbol{a}_\varphi$ 的方向都因 M 点的位置变化而变化,但三者之间始终保持正交关系。在 M 点的任意矢量 $\boldsymbol{A}$ 可表示为

$$\boldsymbol{A} = \boldsymbol{a}_r A_r + \boldsymbol{a}_\theta A_\theta + \boldsymbol{a}_\varphi A_\varphi \tag{1-10}$$

式中,A_r、A_θ、A_φ 分别为矢量 $\boldsymbol{A}$ 在 $\boldsymbol{a}_r$、$\boldsymbol{a}_\theta$、$\boldsymbol{a}_\varphi$ 方向上的投影。

在点 $M(r,\theta,\varphi)$ 处沿 $\boldsymbol{a}_r$、$\boldsymbol{a}_\theta$、$\boldsymbol{a}_\varphi$ 方向的长度元分别为

$$\begin{cases} dl_r = dr \\ dl_\theta = rd\theta \\ dl_\varphi = r\sin\theta d\varphi \end{cases} \tag{1-11}$$

由 r、$r+dr$、θ、$\theta+d\theta$、φ、$\varphi+d\varphi$ 这 6 个坐标面决定的六面体上的面积元为

$$\begin{cases} dS_r = dl_\theta dl_\varphi = r^2\sin\theta d\theta d\varphi & (\text{与 } \boldsymbol{a}_r \text{ 垂直}) \\ dS_\theta = dl_r dl_\varphi = r\sin\theta dr d\varphi & (\text{与 } \boldsymbol{a}_\theta \text{ 垂直}) \\ dS_\varphi = dl_r dl_\theta = rdrd\theta & (\text{与 } \boldsymbol{a}_\varphi \text{ 垂直}) \end{cases} \tag{1-12}$$

这 6 个面积的体积元为

$$dV = dl_r dl_\theta dl_\varphi = r^2\sin\theta dr d\theta d\varphi \tag{1-13}$$

1.1.4　三种坐标系的坐标变量之间的关系

为了区别球坐标系与柱坐标系中的 r 变量与单位矢量 $\boldsymbol{a}_r$，下面球坐标中的变量 r 及单位矢量 $\boldsymbol{a}_r$ 暂时用 R 及 $\boldsymbol{a}_R$ 代替。

由图 1-7 的几何关系，可以直接写出三种坐标系的坐标变量之间的关系。

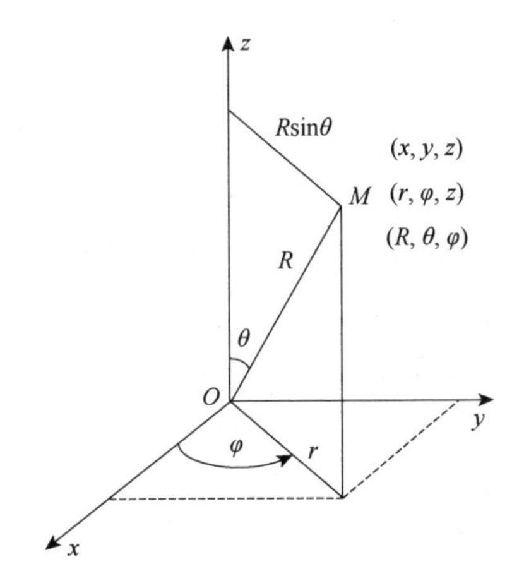

图 1-7　三种坐标系的坐标变量之间的关系

(1) 笛卡儿坐标系与柱坐标系的关系如下：

$$\begin{cases} x = r\cos\varphi \\ y = r\sin\varphi \\ z = z \end{cases} \tag{1-14}$$

$$\begin{cases} r = \sqrt{x^2 + y^2} \\ \varphi = \arctan \dfrac{y}{x} = \arcsin \dfrac{y}{\sqrt{x^2 + y^2}} = \arccos \dfrac{x}{\sqrt{x^2 + y^2}} \\ z = z \end{cases} \tag{1-15}$$

(2)笛卡儿坐标系与球坐标系的关系如下：

$$\begin{cases} x = R\sin\theta\cos\varphi \\ y = R\sin\theta\sin\varphi \\ z = R\cos\theta \end{cases} \tag{1-16}$$

$$\begin{cases} R = \sqrt{x^2 + y^2 + z^2} \\ \theta = \arccos \dfrac{z}{\sqrt{x^2 + y^2 + z^2}} = \arcsin \dfrac{\sqrt{x^2 + y^2}}{\sqrt{x^2 + y^2 + z^2}} \\ \varphi = \arctan \dfrac{y}{x} = \arcsin \dfrac{y}{\sqrt{x^2 + y^2}} = \arccos \dfrac{x}{\sqrt{x^2 + y^2}} \end{cases} \tag{1-17}$$

(3)柱坐标系与球坐标系的关系如下：

$$\begin{cases} r = R\sin\theta \\ \varphi = \varphi \\ z = R\cos\theta \end{cases} \tag{1-18}$$

$$\begin{cases} R = \sqrt{r^2 + z^2} \\ \theta = \arcsin \dfrac{r}{\sqrt{r^2 + z^2}} = \arccos \dfrac{z}{\sqrt{r^2 + z^2}} \\ \varphi = \varphi \end{cases} \tag{1-19}$$

1.1.5　三种坐标系的坐标单位矢量之间的关系

由于笛卡儿坐标系及柱坐标系都有一个 z 变量，因而有一个共同的坐标单位矢量 $\boldsymbol{a}_z$。这两种坐标系的坐标单位矢量及其关系可以用图 1-8 表示。它们的坐标单位矢量之间的相互转换关系如表 1-1 所列。

表 1-1　笛卡儿坐标系与柱坐标系坐标单位矢量之间的转换关系

$\boldsymbol{a}$	$\boldsymbol{a}_x$	$\boldsymbol{a}_y$	$\boldsymbol{a}_z$
$\boldsymbol{a}_r$	$\cos\varphi$	$\sin\varphi$	0
$\boldsymbol{a}_\varphi$	$-\sin\varphi$	$\cos\varphi$	0
$\boldsymbol{a}_z$	0	0	1

例如，由柱坐标单位矢量求笛卡儿坐标单位矢量 $\boldsymbol{a}_x$，可用式 $\boldsymbol{a}_x = \boldsymbol{a}_r\cos\varphi - \boldsymbol{a}_\varphi\sin\varphi$ 表示。相反，$\boldsymbol{a}_r$ 可用式 $\boldsymbol{a}_r = \boldsymbol{a}_x\cos\varphi + \boldsymbol{a}_y\sin\varphi$ 表示。

由于柱坐标系和球坐标系都有一个 φ 变量，因而有一个共同的坐标单位矢量 $\boldsymbol{a}_\varphi$。这两种坐标系的坐标单位矢量及其关系可以用图 1-9 表示。它们的坐标单位矢量之间的相互转换关系如表 1-2 所列。

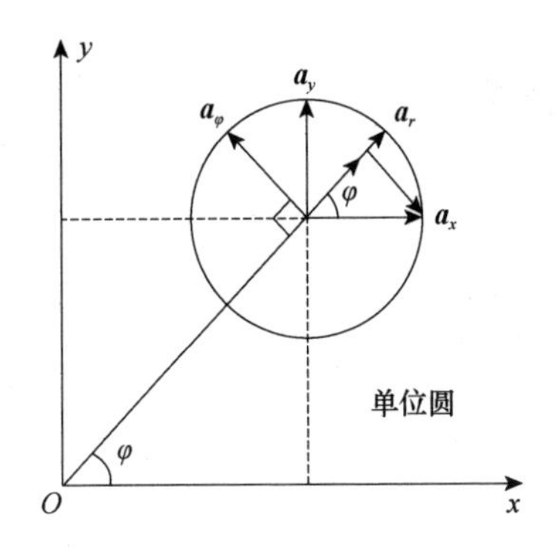

图 1-8　笛卡儿坐标系和柱坐标系中的坐标单位矢量及其关系

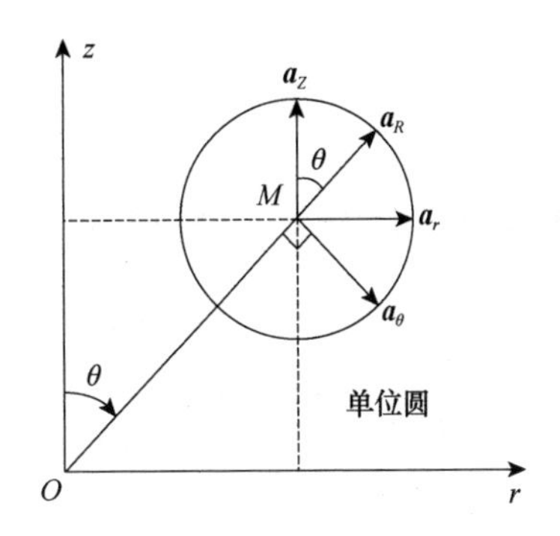

图 1-9　柱坐标系和球坐标系中的坐标单位矢量及其关系

表 1-2　柱坐标系与球坐标系坐标单位矢量之间的转换关系

$\boldsymbol{a}$	$\boldsymbol{a}_r$	$\boldsymbol{a}_\varphi$	$\boldsymbol{a}_z$
$\boldsymbol{a}_R$	$\sin\theta$	0	$\cos\theta$
$\boldsymbol{a}_\theta$	$\cos\theta$	0	$-\sin\theta$
$\boldsymbol{a}_\varphi$	0	1	0

例如,求 $\boldsymbol{a}_r$ 或 $\boldsymbol{a}_R$ 可分别表示为

$$\boldsymbol{a}_r = \boldsymbol{a}_R\sin\theta + \boldsymbol{a}_\theta\cos\theta,\quad \boldsymbol{a}_R = \boldsymbol{a}_r\sin\theta + \boldsymbol{a}_z\cos\theta$$

在笛卡儿坐标系和球坐标系中,空间任意一点 M 的坐标单位矢量及其关系要用立体图形表示。它们的坐标单位矢量之间的相互转换关系如表 1-3 所列。

表 1-3　笛卡儿坐标系与球坐标系单位矢量之间的转换关系

$\boldsymbol{a}$	$\boldsymbol{a}_x$	$\boldsymbol{a}_y$	$\boldsymbol{a}_z$
$\boldsymbol{a}_R$	$\sin\theta\cos\varphi$	$\sin\theta\sin\varphi$	$\cos\theta$
$\boldsymbol{a}_\theta$	$\cos\theta\cos\varphi$	$\cos\theta\sin\varphi$	$-\sin\theta$
$\boldsymbol{a}_\varphi$	$-\sin\varphi$	$\cos\varphi$	0

例如,求 $\boldsymbol{a}_x$ 或 $\boldsymbol{a}_R$ 可分别表示为

$$\begin{cases}\boldsymbol{a}_x = \boldsymbol{a}_R\sin\theta\cos\varphi + \boldsymbol{a}_\theta\cos\theta\cos\varphi - \boldsymbol{a}_\varphi\sin\varphi \\ \boldsymbol{a}_R = \boldsymbol{a}_x\sin\theta\cos\varphi + \boldsymbol{a}_y\sin\theta\sin\varphi + \boldsymbol{a}_z\cos\theta\end{cases}$$

1.2 矢量代数

1.2.1 矢量加法和减法

矢量有大小和方向。例如,矢量 $\boldsymbol{A}$ 可以写成

$$\boldsymbol{A} = \boldsymbol{a}_A A \tag{1-20}$$

式中,A 为 $\boldsymbol{A}$ 的大小(也称模或长度);$\boldsymbol{a}_A$ 为沿 $\boldsymbol{A}$ 方向且大小为 1 的无量纲单位矢量,则

$$\boldsymbol{a}_A = \frac{\boldsymbol{A}}{|\boldsymbol{A}|} = \frac{\boldsymbol{A}}{A} \tag{1-21}$$

任意矢量 $\boldsymbol{A}$ 在三维正交曲线坐标系中,都可以给出三个分量。例如,在笛卡儿坐标系中,矢量 $\boldsymbol{A}$ 的三个分量分别是 A_x、A_y、A_z。

利用单位矢量 $\boldsymbol{a}_x$、$\boldsymbol{a}_y$、$\boldsymbol{a}_z$ 可以把矢量 $\boldsymbol{A}$ 分解为它的分量,即

$$\boldsymbol{A} = A_x\boldsymbol{a}_x + A_y\boldsymbol{a}_y + A_z\boldsymbol{a}_z \tag{1-22}$$

矢量 $\boldsymbol{A}$ 是三个模为 A_x、A_y、A_z 且分别平行于 x、y、z 轴的矢量的和。

$\boldsymbol{A}$ 的模为

$$A = \sqrt{A_x^2 + A_y^2 + A_z^2} \tag{1-23}$$

任何两个矢量相加,只要把两个矢量的相应分量相加,就能得到它们的和:

$$\boldsymbol{A} + \boldsymbol{B} = (A_x + B_x)\boldsymbol{a}_x + (A_y + B_y)\boldsymbol{a}_y + (A_z + B_z)\boldsymbol{a}_z \tag{1-24}$$

任何两个矢量相减,只要把其中一个矢量变号后,再相加就得到它们的差:

$$\boldsymbol{A} - \boldsymbol{B} = \boldsymbol{A} + (-\boldsymbol{B}) = (A_x - B_x)\boldsymbol{a}_x + (A_y - B_y)\boldsymbol{a}_y + (A_z - B_z)\boldsymbol{a}_z \tag{1-25}$$

1.2.2 矢量的乘积

1. 标量积

任何两个矢量 $\boldsymbol{A}$ 和 $\boldsymbol{B}$ 的标量积是一个标量,它的大小等于两个矢量的模与它们的夹角的余弦乘积。标量积用记号 $\boldsymbol{A}\cdot\boldsymbol{B}$ 表示,则

$$\boldsymbol{A}\cdot\boldsymbol{B} = |\boldsymbol{A}||\boldsymbol{B}|\cos(\boldsymbol{A},\boldsymbol{B}) \tag{1-26}$$

标量积服从乘法交换律和分配律,即

$$\boldsymbol{A}\cdot\boldsymbol{B} = \boldsymbol{B}\cdot\boldsymbol{A} \tag{1-27}$$

$$\boldsymbol{A}\cdot(\boldsymbol{B}+\boldsymbol{C}) = \boldsymbol{A}\cdot\boldsymbol{B} + \boldsymbol{A}\cdot\boldsymbol{C} \tag{1-28}$$

对于坐标单位矢量有关系式:

$$\begin{cases} \boldsymbol{a}_x\cdot\boldsymbol{a}_x = \boldsymbol{a}_y\cdot\boldsymbol{a}_y = \boldsymbol{a}_z\cdot\boldsymbol{a}_z = 1 \\ \boldsymbol{a}_x\cdot\boldsymbol{a}_y = \boldsymbol{a}_y\cdot\boldsymbol{a}_z = \boldsymbol{a}_z\cdot\boldsymbol{a}_x = 0 \end{cases} \tag{1-29}$$

标量积用矢量的分量表示为

$$\boldsymbol{A} \cdot \boldsymbol{B} = A_x B_x + A_y B_y + A_z B_z \tag{1-30}$$

也就是说,两个矢量的标量积等于这两个矢量对应的坐标分量相乘积之和。

2. 矢量积

矢量 $\boldsymbol{A}$ 与 $\boldsymbol{B}$ 的矢量积记为 $\boldsymbol{A} \times \boldsymbol{B}$。

任何两个矢量 $\boldsymbol{A}$ 和 $\boldsymbol{B}$ 的矢量积是一个矢量,它的大小等于这两个矢量作成的平行四边形的面积。方向与这个平行四边形所在的平面的垂线方向平行,且 $\boldsymbol{a}$、$\boldsymbol{B}$、$\boldsymbol{A} \times \boldsymbol{B}$ 符合右手螺旋法则,即

$$|\boldsymbol{A} \times \boldsymbol{B}| = |AB\sin(\boldsymbol{A},\boldsymbol{B})| \tag{1-31}$$

矢量积不服从交换律,但服从分配律,即

$$\boldsymbol{A} \times \boldsymbol{B} = -\boldsymbol{B} \times \boldsymbol{A} \tag{1-32}$$

$$\boldsymbol{A} \times (\boldsymbol{B} + \boldsymbol{C}) = \boldsymbol{A} \times \boldsymbol{B} + \boldsymbol{A} \times \boldsymbol{C} \tag{1-33}$$

对于坐标单位矢量有关系式:

$$\begin{cases} \boldsymbol{a}_x \times \boldsymbol{a}_y = \boldsymbol{a}_z \\ \boldsymbol{a}_y \times \boldsymbol{a}_z = \boldsymbol{a}_x \\ \boldsymbol{a}_z \times \boldsymbol{a}_x = \boldsymbol{a}_y \end{cases} \tag{1-34}$$

$$\boldsymbol{a}_x \times \boldsymbol{a}_x = \boldsymbol{a}_y \times \boldsymbol{a}_y = \boldsymbol{a}_z \times \boldsymbol{a}_z = 0 \tag{1-35}$$

矢量积可以用行列式表示为

$$\boldsymbol{A} \times \boldsymbol{B} = \begin{vmatrix} \boldsymbol{a}_x & \boldsymbol{a}_y & \boldsymbol{a}_z \\ A_x & A_y & A_z \\ B_x & B_y & B_z \end{vmatrix}$$

$$= (A_y B_z - A_z B_y)\boldsymbol{a}_x + (A_z B_x - A_x B_z)\boldsymbol{a}_y + (A_x B_y - A_y B_x)\boldsymbol{a}_z \tag{1-36}$$

1.3　标量函数的梯度

为了考察标量场在空间的分布和变化规律,引进等值面、方向导数和梯度的概念。

1.3.1　标量场的等值面

一个标量场可以用一个标量函数来表示。例如,在笛卡儿坐标系中,某标量 u 是场中点 M 的单值函数 $u=u(M)$,它可以表示为

$$u = u(x,y,z)$$

而 $u(x,y,z)$ 是坐标变量的连续可微函数:

$$u(x,y,z) = C \quad (C\text{ 为任意常数}) \tag{1-37}$$

式(1-37)称为等值面方程。

随着 C 的取值不同,得到一组曲面。在每一个曲面上的各点,虽然坐标值(x,y,z)不同,但函数值均为 $u=C$,这样的曲面称为标量场 u 的等值面。例如,温度场中的等值面,就是由温度相同的点所组成的等温面;电位场中的等值面,就是由电位相同的点所组成的等位面。

由等值面方程可知,当 C 为一系列不同的数值时,就得到一系列不同的等值面,这簇等值面充满了整个标量场所在的空间,而且互不相交。通过标量场的每一点有一个等值面,任意点只在一个等值面上。

如果某一标量物理函数 v 仅是两个坐标变量 x、y 的函数,这种场称为平面标量场,则

$$v(x,y)=C \quad (C\ 为任意常数)$$

称为等值线方程,它在几何上一般表示一组等值曲线。场中的等值线互不相交,如地图上的等高线,地面气象图上的等温线、等压线等都是平面标量场的等值线例子。标量场的等值面或等值线,可以直观地帮助我们了解物理量在场中的分布情况。例如,根据地形图上等高线及其所标出的高度,就能了解该地区的高低情况;根据等高线分布的疏密程度,就可以判定该地区各个方向上地势的陡度。

1.3.2 方向导数

在标量场中,等值面和等值线可以形象地表示物理量 u 在场中的总的分布状况,这是一个整体性的了解。研究标量场的另一个重要方面,还要对它作局部的了解,如考察标量 u 在场中各个方向上的变化情况,为此我们引入方向导数的概念。

1. 方向导数的定义

设 M_0 为标量场 $u=u(M)$ 中的一点,从 M_0 点出发引出一条射线 l,如图 1-10 所示。在 l 上 M_0 点邻近取一个动点 M,记为 $MM_0=\Delta l$,则

$$\lim_{\Delta l\to 0}\frac{u(M)-u(M_0)}{\Delta l}=\left.\frac{\partial u}{\partial l}\right|_{M_0} \qquad (1-38)$$

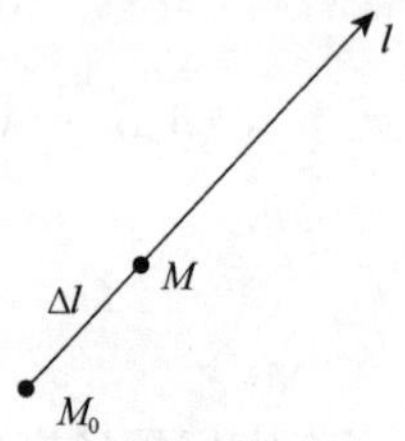

图 1-10　方向导数表示图

称为函数 $u(M)$ 在点 M_0 处沿 $\boldsymbol{l}$ 方向的方向导数。$\partial u/\partial l>0$ 时,函数 $u(M)$ 沿 $\boldsymbol{l}$ 方向是增加的;$\partial u/\partial l<0$ 时,函数 $u(M)$ 沿 $\boldsymbol{l}$ 方向是减小的;$\partial u/\partial l=0$ 时,函数 $u(M)$ 沿 $\boldsymbol{l}$ 方向无变化。在笛卡儿坐标系中,偏导数 $\partial u/\partial x$、$\partial u/\partial y$、$\partial u/\partial z$ 就是函数 $u(M)$ 沿三个坐标轴方向的方向导数。

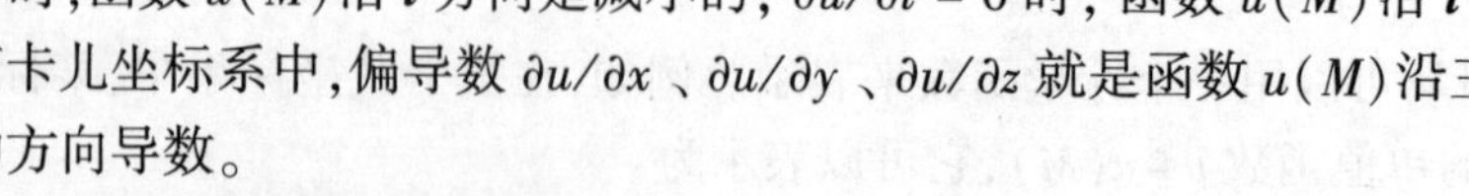

2. 方向导数的计算公式

在笛卡儿坐标系中,设函数 $u=u(x,y,z)$ 在点 $M_0(x_0,y_0,z_0)$ 处可微;在射线 $\boldsymbol{l}$ 上 M_0 点邻近取一个动点 $M(x_0+\Delta x,y_0+\Delta y,z_0+\Delta z)$,函数 u 从 M_0 点至 M 点的增量 Δu 为

$$u(M) - u(M_0) = \Delta u = \frac{\partial u}{\partial y}\Delta x + \frac{\partial u}{\partial y}\Delta y + \frac{\partial u}{\partial z}\Delta z \qquad (1-39)$$

M_0 点至 M 点的距离矢量 $\Delta \boldsymbol{l}$ 为

$$\Delta \boldsymbol{l} = \boldsymbol{a}_x \Delta x + \boldsymbol{a}_y \Delta y + \boldsymbol{a}_z \Delta z$$

若 $\Delta \boldsymbol{l}$ 与 x、y、z 轴的夹角分别为 a、β、γ，则

$$\Delta x = \Delta \boldsymbol{l} \cdot \boldsymbol{a}_x = \Delta \boldsymbol{l} \cos\alpha$$

同理，有

$$\Delta y = \Delta \boldsymbol{l} \cos\beta, \qquad \Delta z = \Delta \boldsymbol{l} \cos\gamma$$

式中，$\cos\alpha$、$\cos\beta$ 和 $\cos\gamma$ 为 $\boldsymbol{l}$ 的方向余弦。由方向导数定义式(1-38)及式(1-39)，略去下标 M_0 即得到笛卡儿坐标系中任意点沿 $\boldsymbol{l}$ 方向的方向导数表达式：

$$\frac{\partial u}{\partial l} = \frac{\partial u}{\partial x}\cos a + \frac{\partial u}{\partial y}\cos\beta + \frac{\partial u}{\partial z}\cos\gamma \qquad (1-40)$$

1.3.3　梯度

1. 梯度的定义

方向导数解决了函数 $u(M)$ 在给定点处沿某个方向的变化率问题。但是，从标量场中的给定点出发，有无穷多个方向，函数 $u(M)$ 沿其中的哪个方向变化率最大呢？最大的变化率又是多少呢？为了解决这两个问题，我们来分析式(1-39)，即

$$\Delta u = \frac{\partial u}{\partial x}\Delta x + \frac{\partial u}{\partial y}\Delta y + \frac{\partial u}{\partial z}\Delta z$$

Δu 可以看成两个矢量的点积，即

$$\begin{cases} \Delta \boldsymbol{l} = \boldsymbol{a}_l \Delta l = \boldsymbol{a}_x \Delta x + \boldsymbol{a}_y \Delta y + \boldsymbol{a}_z \\ \boldsymbol{G} = \boldsymbol{a}_x \dfrac{\partial u}{\partial x} + \boldsymbol{a}_y \dfrac{\partial u}{\partial y} + \boldsymbol{a}_z \dfrac{\partial u}{\partial z} \end{cases} \qquad (1-41)$$

则

$$\Delta u = \boldsymbol{G} \cdot \Delta \boldsymbol{l}$$

因此

$$\frac{\partial u}{\partial l} = \lim_{\Delta l \to 0} \frac{\boldsymbol{G} \cdot \Delta l}{\Delta l} = \boldsymbol{G} \cdot \boldsymbol{a}_l = |\boldsymbol{G}| \cdot \cos(\boldsymbol{G}, \boldsymbol{a}_l) \qquad (1-42)$$

由式(1-42)可以看出，$\boldsymbol{G}$ 为一个只与函数 $u(x,y,z)$ 有关的矢量函数。式(1-42)表明 $\boldsymbol{G}$ 在 $\boldsymbol{l}$ 方向上的投影正好等于函数 $u(x,y,z)$ 在该方向的方向导数。依此，当方向 $\boldsymbol{l}$ 与 $\boldsymbol{G}$ 的方向一致时，即 $\cos(\boldsymbol{G}, \boldsymbol{l}) = 1$ 时，方向导数取得最大值，其值为

$$\left.\frac{\partial u}{\partial l}\right|_{\max} = |\boldsymbol{G}| \qquad (1-43)$$

由式(1-43)可见，矢量 $\boldsymbol{G}$ 的方向就是函数 $u(x,y,z)$ 变化率最大的方向，其模

也正好是这个最大变化率的数值。我们把 $\boldsymbol{G}$ 称为函数 $u(x,y,z)$ 在给定点处的梯度(gradient),记为

$$\mathrm{grad}u = \boldsymbol{G} \tag{1-44}$$

梯度是由标量场中标量 $u(x,y,z)$ 的分布所决定的,与坐标系无关。式(1-41)就是笛卡儿坐标系中的梯度计算公式,即

$$\mathrm{grad}u = \boldsymbol{a}_x \frac{\partial u}{\partial x} + \boldsymbol{a}_y \frac{\partial u}{\partial y} + \boldsymbol{a}_z \frac{\partial u}{\partial z}$$

2. 梯度的性质

(1)一个标量函数 u(标量场)的梯度是一个矢量函数。在给定点,梯度的方向就是函数 u 变化率最大的方向,它的模恰好等于函数 u 在该点的最大变化率的数值。

(2)函数 u 在给定点沿任意 $\boldsymbol{l}$ 方向的方向导数等于函数 u 的梯度在 $\boldsymbol{l}$ 方向上的投影,如图 1-11 所示,即

$$\frac{\partial u}{\partial l} = \mathrm{grad}u \cdot \boldsymbol{a}_l \tag{1-45}$$

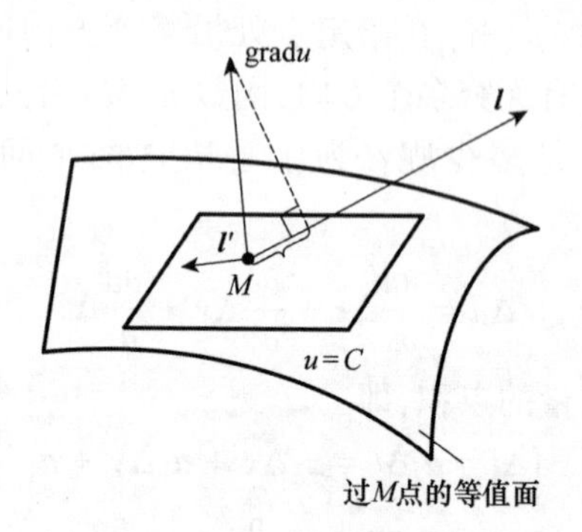

图 1-11　梯度方向垂直于等值面

(3)在标量场中任意一点 M 处的梯度垂直于过该点的等值面,且指向函数 $u(M)$ 增大的方向。

如图 1-11 所示,若在过 M 点的等值面 $u=C$ 面上取任意矢量 $\boldsymbol{l}'$,则函数 u 沿 $\boldsymbol{l}'$ 的增量 $\Delta u=0$,其方向导数为

$$\frac{\partial u}{\partial l'} = \lim_{\Delta l' \to 0} \frac{\Delta u}{\Delta l'} = \boldsymbol{G} \cdot \boldsymbol{a}_{l'} = 0$$

即 $\boldsymbol{G} \perp \boldsymbol{l}'$,也就是说 $\boldsymbol{G}$ 垂直过 M 点的等值面 C。又因为函数 $u(x,y,z)$ 沿梯度 $\boldsymbol{G}$ 方向的方向导数为

$$\left.\frac{\partial u}{\partial l}\right|_G = \boldsymbol{G} \cdot \boldsymbol{a}_l = \boldsymbol{G} \cdot \boldsymbol{a}_g = |\boldsymbol{G}|$$

$$= \sqrt{\left(\frac{\partial u}{\partial x}\right)^2 + \left(\frac{\partial u}{\partial y}\right)^2 + \left(\frac{\partial u}{\partial z}\right)^2} > 0$$

即沿 $\boldsymbol{G}$ 方向 $\Delta u>0$,说明梯度 $\boldsymbol{G}$ 方向是函数 u 增大的方向。

为了方便,引入一个矢量微分算子

$$\nabla = \boldsymbol{a}_x \frac{\partial}{\partial x} + \boldsymbol{a}_y \frac{\partial}{\partial y} + \boldsymbol{a}_z \frac{\partial}{\partial z} \tag{1-46}$$

称为哈米尔顿(Sir William Rowan Hamilton,1805—1865,英国数学家和物理学家)算子,∇是一个微分运算符号,但同时又要当作矢量看待,所以它称为矢量微分算子。

算子∇与标量函数 u 相乘为一矢量函数。在笛卡儿坐标系中:

$$\nabla u = \left(\boldsymbol{a}_x \frac{\partial}{\partial x} + \boldsymbol{a}_y \frac{\partial}{\partial y} + \boldsymbol{a}_z \frac{\partial}{\partial z}\right) u = \boldsymbol{a}_x \frac{\partial u}{\partial x} + \boldsymbol{a}_y \frac{\partial u}{\partial y} + \boldsymbol{a}_z \frac{\partial u}{\partial z} \tag{1-47}$$

式(1-47)右边正好是 $\text{grad}u$,所以用哈米尔顿算子可将梯度记为

$$\text{grad}u = \nabla u \tag{1-48}$$

梯度的定义与所选取的坐标系无关,但具体计算时对不同坐标系有不同的表达式。在柱坐标系中。梯度的计算公式可据定义推导。

当 $\Delta l \to 0$ 时,Δl、Δu 可表示为 $\mathrm{d}l$、$\mathrm{d}u$,在柱坐标系中:

$$\mathrm{d}\boldsymbol{l} = \boldsymbol{a}_r \mathrm{d}r + \boldsymbol{a}_\varphi r\mathrm{d}\varphi + \boldsymbol{a}_z \mathrm{d}z$$

$$\mathrm{d}u = \frac{\partial u}{\partial r}\mathrm{d}r + \frac{\partial u}{\partial \varphi}\mathrm{d}\varphi + \frac{\partial u}{\partial z}\mathrm{d}z = \frac{\partial u}{\partial r}\mathrm{d}r + \frac{1}{r}\frac{\partial u}{\partial \varphi} r\mathrm{d}\varphi + \frac{\partial u}{\partial z}\mathrm{d}z$$

$$= \left(\boldsymbol{a}_r \frac{\partial u}{\partial r} + \boldsymbol{a}_\varphi \frac{1}{r}\frac{\partial u}{\partial \varphi} + \boldsymbol{a}_z \frac{\partial u}{\partial z}\right) \cdot \mathrm{d}\boldsymbol{l} = \nabla u \cdot \mathrm{d}\boldsymbol{l} \tag{1-49}$$

因此在柱坐标系中:

$$\text{grad}u = \nabla u = \boldsymbol{a}_r \frac{\partial u}{\partial r} + \boldsymbol{a}_\varphi \frac{1}{r}\frac{\partial u}{\partial \varphi} + \boldsymbol{a}_z \frac{\partial u}{\partial z} \tag{1-50}$$

或

$$\nabla = \boldsymbol{a}_r \frac{\partial}{\partial r} + \boldsymbol{a}_\varphi \frac{1}{r}\frac{\partial}{\partial \varphi} + \boldsymbol{a}_z \frac{\partial}{\partial z} \tag{1-51}$$

用同样的方法可推导在球坐标系中:

$$\text{grad}u = \boldsymbol{a}_r \frac{\partial u}{\partial r} + \boldsymbol{a}_\theta \frac{1}{r}\frac{\partial u}{\partial \theta} + \boldsymbol{a}_\varphi \frac{1}{r\sin\theta}\frac{\partial u}{\partial \varphi} \tag{1-52}$$

或

$$\nabla = \boldsymbol{a}_r \frac{\partial}{\partial r} + \boldsymbol{a}_\theta \frac{1}{r}\frac{\partial}{\partial \theta} + \boldsymbol{a}_\varphi \frac{1}{r\sin\theta}\frac{\partial}{\partial \varphi} \tag{1-53}$$

1.4 矢量函数的散度

1.4.1 矢量的通量

1. 矢量场的矢量线

在研究矢量场时，采用带方向的场线来形象地表示矢量场在空间的分布情况，这些场线称为矢量线或流线。线上每一点的切线方向都代表该点的矢量场方向，线的疏密度表示该点矢量场的大小。一般来说，矢量场中的每一点均有唯一的一条矢量线通过，所以矢量线充满了整个矢量场所在的空间。电场中的电力线和磁场中的磁力线等，都是矢量线的例子。

为了精确地绘出矢量线，必须求出矢量线方程。设在笛卡儿坐标系中，某个矢量函数 $\boldsymbol{F}$ 可表示为

$$\boldsymbol{F} = \boldsymbol{F}(x,y,z) = \boldsymbol{a}_x F_x(x,y,z) + \boldsymbol{a}_y F_y(x,y,z) + \boldsymbol{a}_z F_z(x,y,z) \quad (1-54)$$

根据定义，在矢量线上任意一点的切向长度元 $\mathrm{d}\boldsymbol{l}$ 与该点的矢量场 $\boldsymbol{F}$ 的方向平行，即

$$\boldsymbol{F} \times \mathrm{d}\boldsymbol{l} = 0 \quad (1-55)$$

因为 $\boldsymbol{F} = \boldsymbol{a}_x F_x + \boldsymbol{a}_y F_y + \boldsymbol{a}_z F_z$ 和 $\mathrm{d}\boldsymbol{l} = \boldsymbol{a}_x \mathrm{d}x + \boldsymbol{a}_y \mathrm{d}y + \boldsymbol{a}_z \mathrm{d}z$

则式(1-55)可写成

$$\boldsymbol{F} \times \mathrm{d}\boldsymbol{l} = \begin{vmatrix} \boldsymbol{a}_x & \boldsymbol{a}_y & \boldsymbol{a}_z \\ F_x & F_y & F_z \\ \mathrm{d}x & \mathrm{d}y & \mathrm{d}z \end{vmatrix} = 0 \quad (1-56)$$

展开式(1-56)，可得

$$\frac{\mathrm{d}x}{F_x} = \frac{\mathrm{d}y}{F_y} = \frac{\mathrm{d}z}{F_z}$$

这就是矢量线的微分方程，求出它的通解就可绘出矢量线。

2. 矢量的通量

在矢量场 $\boldsymbol{A}$ 中，取一个面元 $\mathrm{d}S$，因面元在空间有一定的取向，故可用一个矢量来表示面元。取一个与面元相垂直的单位矢量 $\boldsymbol{n}$，则面元矢量为

$$\mathrm{d}\boldsymbol{S} = \boldsymbol{n}\mathrm{d}S \quad (1-57)$$

$\boldsymbol{n}$ 的取法有两种：一种是 $\mathrm{d}S$ 为开表面的一个面元，这个开表面是由一个闭合曲线 C 围成的，如图 1-12 所示，当选定一个绕行 C 的方向后，沿绕行方向卷曲右手4个指头，则大拇指指向为 $\boldsymbol{n}$ 的方向（右手螺旋关系）；另一种是 $\mathrm{d}S$ 为闭合面的一个面元，则 $\boldsymbol{n}$ 是闭合面的外法线方向。

由于场中所取的面元 $\mathrm{d}\boldsymbol{S}$ 很小，可视其各点上的 $\boldsymbol{A}$ 相同，$\boldsymbol{A}$ 和 $\mathrm{d}\boldsymbol{S}$ 的标量积

$$\boldsymbol{A}\cdot\mathrm{d}\boldsymbol{S}=A\cos\theta\mathrm{d}S$$

称为 $\boldsymbol{A}$ 穿过 $\mathrm{d}\boldsymbol{S}$ 的通量,记为

$$\mathrm{d}\Phi=\boldsymbol{A}\cdot\mathrm{d}\boldsymbol{S}=A\cos\theta\mathrm{d}S \tag{1-58}$$

式中,θ 为 $\boldsymbol{A}$ 与 $\mathrm{d}\boldsymbol{S}$ 的夹角。

通量是一个代数量(标量),它的正、负与面元法线矢量方向的选取有关。

将曲面 S 的各面元上的 $\mathrm{d}\Phi$ 相加,它表示 $\boldsymbol{A}$ 穿过曲面 S 的通量,可写成

$$\Phi=\int_S\boldsymbol{A}\cdot\mathrm{d}\boldsymbol{S}=\int_S\boldsymbol{A}\cdot\boldsymbol{n}\mathrm{d}S=\int_S A\cos\theta\mathrm{d}S \tag{1-59}$$

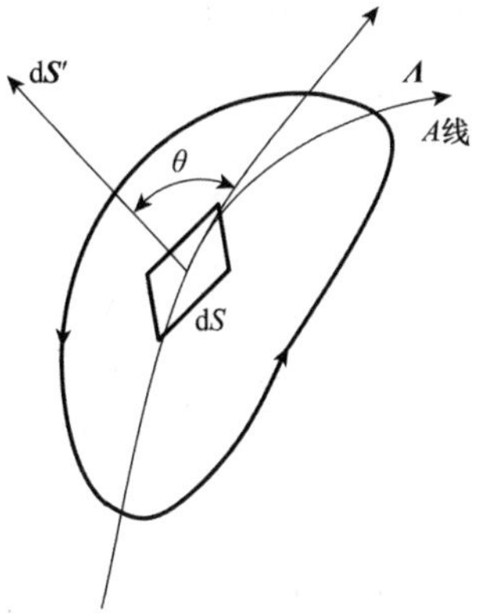

dS′
A
A线
θ
dS

图1-12　开表面

利用矢量线的概念,通量也可以认为是穿过曲面 S 的矢量总数,故矢量线也称为通量线。式(1-59)中的矢量场 $\boldsymbol{A}$ 可称为通量面密度矢量,它的模 A 就等于在某点与 $\boldsymbol{A}$ 垂直的单位面积上通过的矢量线的数目。

如果 S 是一个闭合面,则穿出闭合面的总通量可表示为

$$\Phi=\oint_S\boldsymbol{A}\cdot\mathrm{d}\boldsymbol{S}=\oint_S\boldsymbol{A}\cdot\boldsymbol{n}\mathrm{d}S \tag{1-60}$$

通量的概念是从流体场来的。流体中各点流速不同,因而流速 $\boldsymbol{v}$ 是一个矢量。$\boldsymbol{v}\cdot\mathrm{d}\boldsymbol{S}$ 表示穿过面元 $\mathrm{d}\boldsymbol{S}$ 的流量,矢量场的通量类似于不可压缩的流体的流量。对于封闭面内的体积来说,只有当这个体积分别含有源或洞时,才可能有穿过封闭面的净流出量或流入量。就是说,当 $\Phi>0$ 时,表明穿出闭合面 S 的通量线多于穿入 S 的通量线,这时 S 内必有发出通量线的源,称为正源;当 $\Phi<0$ 时,表明穿入多于穿出,这时 S 内必有吸收通量线的洞,称为负源;当 $\Phi=0$ 时,表明穿出等于穿入。这时 S 内的正源和负源的代数和为0,或者说 S 面内没有净源。

1.4.2　散度

矢量场在闭合面 S 上的通量是由 S 内的通量源决定的,上述的闭合面通量是一个积分量,它只能描绘闭合面内较大范围的源的分布情况,它并不说明体积内每点的性质。而对场的分析要求知道场在每点上的这种关系,因为只有点的关系才能反映出场沿空间坐标的变化规律。为此,需要引入矢量场散度的概念。

1. 散度的定义

设有矢量场 $\boldsymbol{A}$,在场中任意点 M 处作一个包含 M 点在内的任意闭合曲面 S,S 所限定的体积为 ΔV,当体积 ΔV 以任意方式缩向 M 点时,取极限

$$\lim_{\Delta V\to 0}\frac{\oint_S\boldsymbol{A}\cdot\mathrm{d}\boldsymbol{S}}{\Delta V}$$

若此极限值存在，则称其为矢量场 $\boldsymbol{A}$ 在 M 点处的散度(divergence)，记为 div$\boldsymbol{A}$，即

$$\mathrm{div}\boldsymbol{A}=\lim_{\Delta V\to 0}\frac{\oint_S \boldsymbol{A}\cdot\boldsymbol{n}\mathrm{d}S}{\Delta V} \tag{1-61}$$

式中，div$\boldsymbol{A}$ 表示在场中任意一点处，通量对体积的变化率，也就是该点处在一个单位体积内所穿出的通量，所以 div$\boldsymbol{A}$ 可称为通量源密度。

在 M 点处，若 div$\boldsymbol{A}>0$，表明该点有发出通量线的正源；若 div$\boldsymbol{A}<0$，表明该点有吸收通量线的负源；若 div$\boldsymbol{A}=0$，表明该点无源。

2. 散度在笛卡儿坐标系中的表示式

散度的定义与所选取的坐标系无关，但在具体计算时对不同的坐标系有不同的表达式。下面推导在笛卡儿坐标系中的表达式。

在笛卡儿坐标系中，以点 $M(x,y,z)$ 为顶点作一个平行六面体，其三个边分别为 Δx、Δy 和 Δz，6 个面($x,x+\Delta x,y,y+\Delta y,z,z+\Delta z$)分别与三个坐标面平行，体积为 $\Delta V=\Delta x\Delta y\Delta z$，如图 1-13 所示。

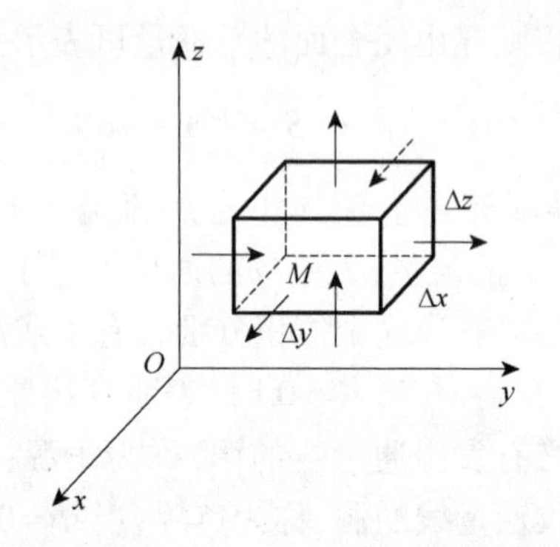

图 1-13　笛卡儿坐标系中的体积元

设在 $M(x,y,z)$ 点的矢量为

$$\boldsymbol{A}=\boldsymbol{a}_xA_x+\boldsymbol{a}_yA_y+\boldsymbol{a}_zA_z$$

现分别计算从三对表面穿出的 $\boldsymbol{A}$ 的净通量。从前、后一对表面($x,x+\Delta x$)穿出的净通量为

$$\Delta\Phi_{前后}=\left(A_x+\frac{\partial A_x}{\partial x}\Delta x\right)\Delta y\Delta z-A_x\Delta y\Delta z=\frac{\partial A_x}{\partial x}\Delta x\Delta y\Delta z$$

式中，$\frac{\partial A_x}{\partial x}\Delta x$ 表示 M 点矢量 $\boldsymbol{A}$ 的分量 A_x 经过长度 Δx 段后的变化量，即当 $\Delta x\to 0$ 时，在 $x+\Delta x$ 面的 $\boldsymbol{A}$ 矢量的 $\boldsymbol{a}_x$ 方向分量为

$$A_x+\frac{\partial A_x}{\partial x}\Delta x$$

用相同的分析方法可得

$$\Delta\Phi_{右左} = \left(A_y + \frac{\partial A_y}{\partial y}\Delta y\right)\Delta x\Delta z - A_y\Delta x\Delta z = \frac{\partial A_y}{\partial y}\Delta x\Delta y\Delta z$$

$$\Delta\Phi_{上下} = \left(A_z + \frac{\partial A_z}{\partial z}\Delta z\right)\Delta x\Delta y - A_z\Delta x\Delta y = \frac{\partial A_z}{\partial z}\Delta x\Delta y\Delta z$$

因此,从平行六面体闭合面 S 穿出的矢量 $\boldsymbol{A}$ 的总净通量为

$$\oint_S \boldsymbol{A}\cdot \mathrm{d}\boldsymbol{S} = \Delta\Phi_{前后} + \Delta\Phi_{右左} + \Delta\Phi_{上下} = \left(\frac{\partial A_x}{\partial x} + \frac{\partial A_y}{\partial y} + \frac{\partial A_z}{\partial z}\right)\Delta V$$

令 $\Delta V\to 0$,则

$$\lim_{\Delta V\to 0}\frac{\oint_S \boldsymbol{A}\cdot \mathrm{d}\boldsymbol{S}}{\Delta V} = \frac{\partial A_x}{\partial x} + \frac{\partial A_y}{\partial y} + \frac{\partial A_z}{\partial z}$$

故 $\boldsymbol{A}$ 的散度为

$$\mathrm{div}\boldsymbol{A} = \frac{\partial A_x}{\partial x} + \frac{\partial A_y}{\partial y} + \frac{\partial A_z}{\partial z} \tag{1-62}$$

由此可见,一个矢量函数的散度是一个标量函数。在笛卡儿坐标系中,场中任意一点的矢量场 $\boldsymbol{A}$ 的散度等于 $\boldsymbol{A}$ 在各坐标轴上的分量对各自坐标变量的偏导数之和。式(1-62)可写成

$$\mathrm{div}\boldsymbol{A} = \left(\boldsymbol{a}_x\frac{\partial}{\partial x} + \boldsymbol{a}_y\frac{\partial}{\partial y} + \boldsymbol{a}_z\frac{\partial}{\partial z}\right)\cdot(\boldsymbol{a}_xA_x + \boldsymbol{a}_yA_y + \boldsymbol{a}_zA_z) = \nabla\cdot\boldsymbol{A} \tag{1-63}$$

在圆柱坐标系中散度 $\mathrm{div}\boldsymbol{A}$ 的计算表达式可用柱坐标系中的∇算符与 $\boldsymbol{A}$ 点乘而得,即

$$\mathrm{div}\boldsymbol{A} = \nabla\cdot\boldsymbol{A} = \frac{1}{r}\frac{\partial}{\partial r}(rA_r) + \frac{1}{r}\frac{\partial A_\varphi}{\partial\varphi} + \frac{\partial A_z}{\partial z}$$

在球坐标系中:

$$\nabla\cdot\boldsymbol{A} = \frac{1}{r^2}\frac{\partial}{\partial r}(r^2A_r) + \frac{1}{r\sin\theta}\frac{\partial}{\partial\theta}(\sin\theta A_\theta) + \frac{1}{r\sin\theta}\frac{\partial A_\varphi}{\partial z}$$

3. 高斯散度定理

在矢量分析中,一个重要的定理是

$$\int_V \nabla\cdot\boldsymbol{A}\mathrm{d}V = \oint_S \boldsymbol{A}\cdot\mathrm{d}\boldsymbol{S}$$

称为高斯(Karl Friedrich Gauss,1777—1855,德国数学家和物理学家)散度定理。它的意义是:任意矢量场 $\boldsymbol{A}$ 的散度在场中任意一个体积内的体积分等于矢量场 $\boldsymbol{A}$ 在限定该体积的闭合面上的法向分量沿闭合面的积分。

现在来证明这个定理。在矢量场 $\boldsymbol{A}$ 中任取一个体积 V,限定这个体积的闭合表面是 S。把体积 V 分成多个体积元,它们分别是 $\Delta V_1,\Delta V_2,\cdots,\Delta V_k$,对其中的任

意一个小体积元 ΔV_i,由散度定义式(1-61),有

$$\nabla\cdot \boldsymbol{A}=\lim_{\Delta V_i\to 0}\frac{\oint_{\Delta S_i}\boldsymbol{A}\cdot \mathrm{d}\boldsymbol{S}}{\Delta V_i} \tag{1-64}$$

在 $\Delta V_i\to 0$ 的条件下,式(1-64)右边公式成立,即

$$\Delta\Phi_i=\oint_{\Delta S_i}\boldsymbol{A}\cdot \mathrm{d}\boldsymbol{S}=\lim_{\Delta V_i\to 0}(\nabla\cdot \boldsymbol{A})\Delta V_i$$

同理,相邻的体积元 ΔV_j 也有

$$\Delta\Phi_j=\oint_{\Delta S_j}\boldsymbol{A}\cdot \mathrm{d}\boldsymbol{S}=\lim_{\Delta V_j\to 0}(\nabla\cdot \boldsymbol{A})\Delta V_j$$

从由 ΔV_i 和 ΔV_j 组成的体积中穿出的通量为

$$\lim_{\Delta V_i\to 0}(\nabla\cdot \boldsymbol{A})\Delta V_i+\lim_{\Delta V_j\to 0}(\nabla\cdot \boldsymbol{A})\Delta V_j=\oint_{\Delta S_i}\boldsymbol{A}\cdot \mathrm{d}\boldsymbol{S}+\oint_{\Delta S_j}\boldsymbol{A}\cdot \mathrm{d}\boldsymbol{S} \tag{1-65}$$

因为相邻两个体积元有一个公共表面,这个公共表面上的通量对这两个体积元来说恰是等值异号的,求和时就互相抵消了。因此,式(1-65)右边的积分值等于由 ΔV_i 和 ΔV_j 组成的体积外表面上的通量。以此类推,当体积 V 是由 N 个小体积元组成时,穿出体积 V 的通量应等于限定它的闭合面 S 上的通量,即

$$\Phi=\sum_{i=1}^{N}\lim_{\Delta V_i\to 0}(\nabla\cdot \boldsymbol{A})\Delta V_i=\sum_{i=1}^{N}\oint_{\Delta S_i}\boldsymbol{A}\cdot \mathrm{d}\boldsymbol{S} \tag{1-66}$$

由体积分的定义,式(1-66)左边的总和可以表示为一个体积分,即

$$\int_V\nabla\cdot \boldsymbol{A}\mathrm{d}V=\oint_S\boldsymbol{A}\cdot \mathrm{d}\boldsymbol{S}$$

这就证明了高斯散度定理。

1.5 矢量函数的旋度

由 1.4 节可知,一个具有通量源的矢量场,可以采用通量与散度来描述场与源的关系。而具有另一种源——旋涡源的矢量场,为了描述场与源的关系,就必须引入环量与旋度的概念。

1.5.1 矢量的环量

在矢量 $\boldsymbol{A}$ 的场中,矢量 $\boldsymbol{A}$ 沿某一个闭合路径的线积分,定义为该矢量沿此闭合路径的环量。记为

$$\Gamma=\oint_C\boldsymbol{A}\cdot \mathrm{d}\boldsymbol{l}=\oint_C A\cos\theta \mathrm{d}l \tag{1-67}$$

式中,$\boldsymbol{A}$ 为闭合积分路径上任意点的矢量;$\mathrm{d}\boldsymbol{l}$ 为该点路径上的切向长度元矢量,它的方向取决于闭合曲线 C 的环绕方向;θ 为该点 $\boldsymbol{A}$ 与 $\mathrm{d}\boldsymbol{l}$ 的夹角,如图 1-14 所示。

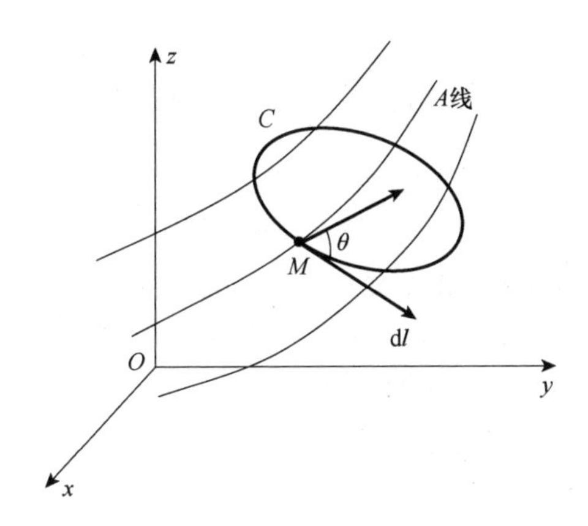

图 1-14　矢量场的环量

从式(1-67)可看出,环量是一个代数量,它的大小和正负不仅与矢量场 $\boldsymbol{A}$ 的分布有关,而且还与所取的积分环绕方向有关。

式(1-67)纯属一种数学定义,其物理意义随矢量所代表的场而定。如果 $\boldsymbol{A}$ 为作用在物体上的力,则其环量为物体围绕 C 移动一周时该力所做的功;如果 $\boldsymbol{A}$ 表示电场强度,则其环量将是围绕闭合路径的电动势。如果某个矢量场的环量不等于 0,则认为场中必定有产生这种场的旋涡源。

1.5.2　旋度

1. 旋度的定义

在矢量场 $\boldsymbol{A}$ 中,为了研究 $\boldsymbol{A}$ 在场中某点 M 处的性质,取包含此点的一个面元 ΔS,其周界为 C,其正向取与面元的法线方向 $\boldsymbol{n}$ 成右手螺旋关系,如图 1-15 所示。沿着包围这个面元的闭合路径取 $\boldsymbol{A}$ 的线积分,保持 $\boldsymbol{n}$ 的方向不变而使面元 ΔS 以任意方式趋近于 0,取极限

$$\lim_{\Delta S \to 0} \frac{\oint_C \boldsymbol{A} \cdot \mathrm{d}\boldsymbol{l}}{\Delta S}$$

此极限具有环流密度的意义。不难看出,上述的极限与 C 所围成的面元的方向有关。例如,在流体情形中,某点附近的流体沿着一个面呈旋涡状流动时,以 $\boldsymbol{A}$ 表示流速 $\boldsymbol{v}$,如果 C 围成的面元与旋涡面方向重合,则上述的极限有最大值;如果所取面元和旋涡面之间有一夹角,则得到的极限值总是小于最大值;而当面元和旋涡面相垂直时,极限值等于 0。这些结果表明,此极限乃是某一矢量在面元上的投影。当面元矢量与此矢量方向重合时,极限值为最大值,也就是该矢量的模。这个矢量称为 $\boldsymbol{A}$ 的旋度(rotation),记为 rot$\boldsymbol{A}$。因此有

$$\lim_{\Delta S\to 0}\frac{\oint_C \boldsymbol{A}\cdot \mathrm{d}\boldsymbol{l}}{\Delta S}=\mathrm{rot}_n\boldsymbol{A} \tag{1-68}$$

式中,$\mathrm{rot}_n\boldsymbol{A}$ 为 $\mathrm{rot}\boldsymbol{A}$ 在面元矢量 $\boldsymbol{n}$ 方向上的投影,如图 1-16 所示。

旋度也和矢量的散度一样,是矢量在空间变化的一种描绘。

2. 旋度在笛卡儿坐标系中的表达式

由旋度的定义可以看出,式(1-68)中的极限与所取面元的形状无关。以研究的点 M 为顶点,取一个平行于 yz 面的矩形面元,如图 1-17 所示,则面元矢量与 x 轴平行,其模用 ΔS_x 表示。面积元 $\Delta S_x=\Delta y\Delta z$。设 M 点的矢量 $\boldsymbol{A}=\boldsymbol{a}_xA_x+\boldsymbol{a}_yA_y+\boldsymbol{a}_zA_z$,则 $\boldsymbol{A}$ 沿回路 1234 的线积分为

$$\begin{aligned}\oint_C \boldsymbol{A}\cdot \mathrm{d}\boldsymbol{l} &= \int_1 \boldsymbol{A}\cdot \boldsymbol{a}_y\mathrm{d}y+\int_2 \boldsymbol{A}\cdot \boldsymbol{a}_z\mathrm{d}z+\int_3 \boldsymbol{A}\cdot(-\boldsymbol{a}_y)\mathrm{d}y+\int_4 \boldsymbol{A}\cdot(-\boldsymbol{a}_z)\mathrm{d}z\\ &= A_y\Delta y+\left(A_z+\frac{\partial A_z}{\partial y}\Delta y\right)\Delta z-\left(A_y+\frac{\partial A_y}{\partial z}\Delta z\right)\Delta y-A_z\Delta z\\ &= \frac{\partial A_z}{\partial y}\Delta y\Delta z-\frac{\partial A_y}{\partial z}\Delta y\Delta z\end{aligned}$$

式中,$\frac{\partial A_z}{\partial y}\Delta y$ 和 $\frac{\partial A_y}{\partial z}\Delta z$ 分别为 M 点的矢量 $\boldsymbol{A}$ 的分量 A_z 和 A_y 分别经过 Δy 和 Δz 段的变化量:

$$\lim_{\Delta S_x\to 0}\frac{\oint_C \boldsymbol{A}\cdot \mathrm{d}\boldsymbol{l}}{\Delta S_x}=\frac{\partial A_z}{\partial y}-\frac{\partial A_y}{\partial z} \tag{1-69}$$

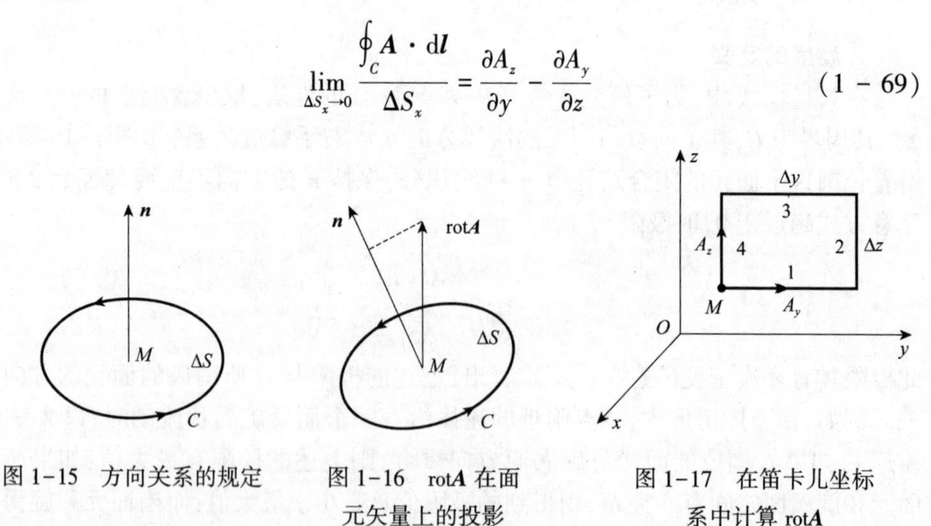

图 1-15　方向关系的规定　　图 1-16　rot**A** 在面元矢量上的投影　　图 1-17　在笛卡儿坐标系中计算 rot**A**

根据式(1-69),此极限是 $\mathrm{rot}\boldsymbol{A}$ 在 ΔS_x 上的投影,也即 $\mathrm{rot}\boldsymbol{A}$ 在 x 轴上的投影,或 $\mathrm{rot}\boldsymbol{A}$ 的 x 轴方向的分量。

相似地,取面元 ΔS_y、ΔS_x 分别平行于 y 轴和 z 轴,用与上面相同的运算可得

$$\lim_{\Delta S_y \to 0} \frac{\oint_C \boldsymbol{A} \cdot d\boldsymbol{l}}{\Delta S_y} = \frac{\partial A_x}{\partial z} - \frac{\partial A_z}{\partial x}$$

它是 rot$\boldsymbol{A}$ 在 y 轴上的投影,以及

$$\lim_{\Delta S_z \to 0} \frac{\oint_C \boldsymbol{A} \cdot d\boldsymbol{l}}{\Delta S_z} = \frac{\partial A_y}{\partial z} - \frac{\partial A_z}{\partial y}$$

它是 rot$\boldsymbol{A}$ 在 z 轴上的投影,因此,可得

$$\begin{aligned}\mathrm{rot}\boldsymbol{A} &= \boldsymbol{a}_x\left(\frac{\partial A_z}{\partial y} - \frac{\partial A_y}{\partial z}\right) + \boldsymbol{a}_y\left(\frac{\partial A_x}{\partial z} - \frac{\partial A_z}{\partial x}\right) + \boldsymbol{a}_z\left(\frac{\partial A_y}{\partial x} - \frac{\partial A_x}{\partial y}\right) \\ &= \left(\boldsymbol{a}_x \frac{\partial}{\partial x} + \boldsymbol{a}_y \frac{\partial}{\partial y} + \boldsymbol{a}_z \frac{\partial}{\partial z}\right) \times (\boldsymbol{a}_x A_x + \boldsymbol{a}_y A_y + \boldsymbol{a}_z A_z) \\ &= \nabla \times \boldsymbol{A}\end{aligned} \tag{1-70}$$

为了方便记忆,式(1-70)也可写成

$$\nabla \times \boldsymbol{A} = \begin{vmatrix} \boldsymbol{a}_x & \boldsymbol{a}_y & \boldsymbol{a}_z \\ \frac{\partial}{\partial x} & \frac{\partial}{\partial y} & \frac{\partial}{\partial z} \\ A_x & A_y & A_z \end{vmatrix}$$

在其他坐标系中,$\boldsymbol{A}$ 的旋度也用$\nabla \times \boldsymbol{A}$ 表示。在运算叉乘时∇算符用相应坐标系的算符,并注意相应坐标系中坐标单位矢量对坐标变量的微分,则可得以下公式。

在柱坐标系中:

$$\nabla \times \boldsymbol{A} = \boldsymbol{a}_r\left(\frac{1}{r}\frac{\partial A_z}{\partial \varphi} - \frac{\partial A_\varphi}{\partial z}\right) + \boldsymbol{a}_\varphi\left(\frac{\partial A_r}{\partial z} - \frac{\partial A_z}{\partial r}\right) + \boldsymbol{a}_z \frac{1}{r}\left[\frac{\partial}{\partial r}(rA_\varphi) - \frac{\partial A_r}{\partial \varphi}\right] \tag{1-71}$$

$$\nabla \times \boldsymbol{A} = \begin{vmatrix} \frac{1}{r}\boldsymbol{a}_r & \boldsymbol{a}_\varphi & \frac{1}{r}\boldsymbol{a}_z \\ \frac{\partial}{\partial r} & \frac{\partial}{\partial \varphi} & \frac{\partial}{\partial z} \\ A_r & rA_\varphi & A_z \end{vmatrix} \tag{1-72}$$

在球坐标系中:

$$\begin{aligned}\nabla \times \boldsymbol{A} = &\boldsymbol{a}_r \frac{1}{r\sin\theta}\left[\frac{\partial}{\partial \theta}(A_\varphi \sin\theta) - \frac{\partial A_\theta}{\partial \varphi}\right] + \boldsymbol{a}_\theta \frac{1}{r}\left[\frac{1}{\sin\theta}\frac{\partial A_r}{\partial \varphi} - \frac{\partial}{\partial r}(rA_\varphi)\right] \\ &+ \boldsymbol{a}_\varphi \frac{1}{r}\left[\frac{\partial}{\partial r}(rA_\theta) - \frac{\partial A_r}{\partial \theta}\right]\end{aligned} \tag{1-73}$$

$$\nabla\times\boldsymbol{A}=\begin{vmatrix}\dfrac{1}{r^2\sin\theta}\boldsymbol{a}_r & \dfrac{1}{r\sin\theta}\boldsymbol{a}_\theta & \dfrac{1}{r}\boldsymbol{a}_\varphi\\ \dfrac{\partial}{\partial r} & \dfrac{\partial}{\partial\theta} & \dfrac{\partial}{\partial\varphi}\\ A_r & rA_\theta & r\sin\theta A_\varphi\end{vmatrix}\tag{1-74}$$

旋度的一个重要性质,就是它的散度恒等于0,现在在笛卡儿坐标系中加以证明:

$$\begin{aligned}&\operatorname{div}(\operatorname{rot}\boldsymbol{A})=\nabla\cdot(\nabla\times\boldsymbol{A})\\&=\left(\boldsymbol{a}_x\frac{\partial}{\partial x}+\boldsymbol{a}_y\frac{\partial}{\partial y}+\boldsymbol{a}_z\frac{\partial}{\partial z}\right)\cdot\left[\boldsymbol{a}_x\left(\frac{\partial A_z}{\partial y}-\frac{\partial A_y}{\partial z}\right)+\boldsymbol{a}_y\left(\frac{\partial A_x}{\partial z}-\frac{\partial A_z}{\partial x}\right)+\boldsymbol{a}_z\left(\frac{\partial A_y}{\partial x}-\frac{\partial A_x}{\partial y}\right)\right]\\&=\frac{\partial}{\partial x}\left(\frac{\partial A_z}{\partial y}-\frac{\partial A_y}{\partial z}\right)+\frac{\partial}{\partial y}\left(\frac{\partial A_x}{\partial z}-\frac{\partial A_z}{\partial x}\right)+\frac{\partial}{\partial z}\left(\frac{\partial A_y}{\partial x}-\frac{\partial A_x}{\partial y}\right)=0\end{aligned}\tag{1-75}$$

由于旋度和散度的定义都与所采用的坐标系无关,故式(1-75)是普遍的结论。根据这个性质,对于一个散度恒为0的矢量$\boldsymbol{B}$,可以将其表示为矢量$\boldsymbol{A}$的旋度,即如果

$$\nabla\cdot\boldsymbol{B}=0$$

则可令

$$\boldsymbol{B}=\nabla\times\boldsymbol{A}$$

矢量的旋度的散度恒为0是矢量场分析中两个重要的恒等式之一,另一个重要恒等式为标量的梯度的旋度恒为0,即$\operatorname{rot}(\operatorname{grad}u)=0$

这两个恒等式是场分析中引入位函数(如电位ϕ及矢量磁位$\boldsymbol{A}$)的数学依据,现在笛卡儿坐标系中将另一个恒等式加以证明:

$$\begin{aligned}\operatorname{rot}(\operatorname{grad}u)&=\nabla\times\nabla u\\&=\left(\boldsymbol{a}_x\frac{\partial}{\partial x}+\boldsymbol{a}_y\frac{\partial}{\partial y}+\boldsymbol{a}_z\frac{\partial}{\partial z}\right)\times\left(\boldsymbol{a}_x\frac{\partial u}{\partial x}+\boldsymbol{a}_y\frac{\partial u}{\partial y}+\boldsymbol{a}_z\frac{\partial u}{\partial z}\right)\\&=\boldsymbol{a}_x\left(\frac{\partial}{\partial y}\frac{\partial u}{\partial z}-\frac{\partial}{\partial z}\frac{\partial u}{\partial y}\right)+\boldsymbol{a}_y\left(\frac{\partial}{\partial z}\frac{\partial u}{\partial x}-\frac{\partial}{\partial x}\frac{\partial u}{\partial z}\right)+\boldsymbol{a}_z\left(\frac{\partial}{\partial x}\frac{\partial u}{\partial y}-\frac{\partial}{\partial y}\frac{\partial u}{\partial x}\right)\\&=0\end{aligned}\tag{1-76}$$

对于一个旋度恒为0的矢量场,根据式(1-76),可以把该矢量表示为某一标量的梯度。例如,在静电场中,根据$\nabla\times\boldsymbol{E}=0$及$\nabla\times\nabla u=0$,可引入$\boldsymbol{E}=-\nabla\phi$的标量电位$\phi$函数来描述场的分布。

3. 斯托克斯定理

除高斯散度定理外,矢量分析中另一个重要的定理为

$$\oint_C\boldsymbol{A}\cdot\mathrm{d}\boldsymbol{l}=\oint_S(\nabla\times\boldsymbol{A})\cdot\mathrm{d}\boldsymbol{S}\tag{1-77}$$

称为斯托克斯(Sir George Gabriel Stokes,1819—1903,英国数学家和物理学家)定理。其中 S 是回路 C 所包围的面积。现证明如下。

在矢量场 $\boldsymbol{A}$ 中,任取一个非闭合曲面 S,它的周界长度是 C,把 S 分成许多面元,如图 1-18 所示。对每一个这样的面元,沿包围它的闭合回路取 $\boldsymbol{A}$ 的环量,取积分的方向和大回路一致,并将所有这些积分相加。可以看出,相邻小回路在公共边上的那部分积分互相抵消,结果沿所有小回路积分的总和等于大回路 C 的积分:

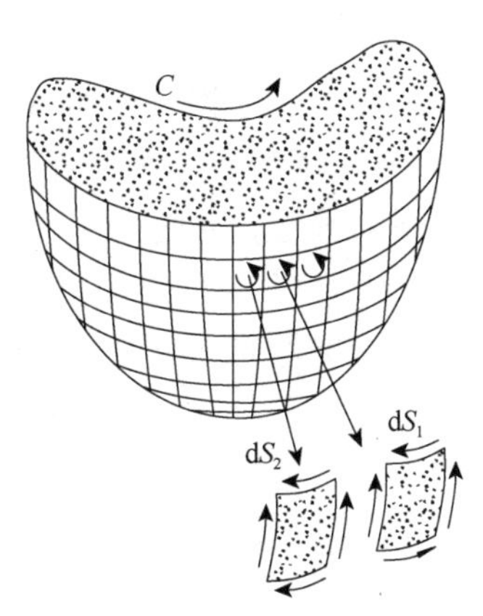

图 1-18　斯托克斯定理的证明

$$\oint_C \boldsymbol{A}\cdot \mathrm{d}\boldsymbol{l} = \oint_{C1} \boldsymbol{A}\cdot \mathrm{d}\boldsymbol{l} + \oint_{C2} \boldsymbol{A}\cdot \mathrm{d}\boldsymbol{l} + \cdots$$

对于每一个小回路的积分,由式(1-68)可得

$$\begin{cases} \oint_{C1} \boldsymbol{A}\cdot \mathrm{d}\boldsymbol{l} = \mathrm{rot}_n \boldsymbol{A}\cdot \mathrm{d}\boldsymbol{S}_1 = \mathrm{rot}\boldsymbol{A}\cdot \mathrm{d}\boldsymbol{S}_1 \\ \oint_{C2} \boldsymbol{A}\cdot \mathrm{d}\boldsymbol{l} = \mathrm{rot}_n \boldsymbol{A}\cdot \mathrm{d}\boldsymbol{S}_2 = \mathrm{rot}\boldsymbol{A}\cdot \mathrm{d}\boldsymbol{S}_2 \\ \qquad\vdots \end{cases}$$

于是

$$\oint_C \boldsymbol{A}\cdot \mathrm{d}\boldsymbol{l} = \mathrm{rot}\boldsymbol{A}\cdot \mathrm{d}\boldsymbol{S}_1 + \mathrm{rot}\boldsymbol{A}\cdot \mathrm{d}\boldsymbol{S}_2 + \cdots = \oint_S \mathrm{rot}\boldsymbol{A}\cdot \mathrm{d}\boldsymbol{S}$$

则

$$\oint_C \boldsymbol{A}\cdot \mathrm{d}\boldsymbol{l} = \oint_S (\nabla\times \boldsymbol{A})\cdot \mathrm{d}\boldsymbol{S}$$

这就证明了斯托克斯定理。

1.6 矢量场的旋度和散度的意义

矢量场的旋度是一个矢量函数,矢量场的散度是一个标量函数。

旋度表示场中各点的场与旋涡源的关系。如果在矢量场所在的空间里,场的旋度处处等于0,则这种场称为无旋场或保守场,如静电场。散度表示场中各点的场与通量源的关系。如果在矢量场所在的空间里,场的散度处处为0,则这种场称为管形场或无散场,如磁场。

矢量场是由场源产生的。由场论的知识可证明,在有限区域内的一个矢量场可由它的散度、旋度和边界条件唯一地确定。在研究一个矢量场与其源的关系时可从它的散度和旋度与源的关系来研究。因此,在以后各章中,在研究场量的特性时总是从其散度和旋度两个方面去研究,从而总结出其微分形式的基本方程,或者从矢量对一闭面的通量和对一闭路的环量去研究,从而总结出其积分形式的基本方程。

1.7 微分算子

由前面的讨论可知,∇算子既具有矢量的性质,又具有微分的性质,在场论中起着重要的作用。例如,当∇算子作用到一个标量函数时,相当于求该标量函数的梯度,即 $\nabla u = \mathrm{grad}u$;与一个矢性函数作点积相当于求该矢性函数的散度,即 $\nabla \cdot \boldsymbol{A} = \mathrm{div}\boldsymbol{A}$;与一个矢性函数作叉积相当与求该矢性函数的旋度,即 $\nabla \times \boldsymbol{A} = \mathrm{rot}\boldsymbol{A}$。

除了上述形式,在电磁理论中还经常用到二阶微分算子,对具有连续二阶偏导数的函数作二阶微分运算。下面介绍两种常用二阶微分算子。

1.7.1 标性拉普拉斯算子

标性拉普拉斯算子作用在一个标量函数上,表示对该标量函数取梯度后再取散度运算,即

$$\nabla^2 u = \nabla \cdot \nabla u$$

在笛卡儿坐标系中:

$$\nabla^2 u = \frac{\partial^2 u}{\partial x^2} + \frac{\partial^2 u}{\partial y^2} + \frac{\partial^2 u}{\partial z^2} \tag{1-78}$$

在圆柱坐标系中:

$$\nabla^2 u = \frac{1}{r}\frac{\partial}{\partial r}\left(r\frac{\partial u}{\partial r}\right) + \frac{1}{r^2}\frac{\partial^2 u}{\partial \varphi^2} + \frac{\partial^2 u}{\partial z^2} \tag{1-79}$$

在球面坐标系中：

$$\nabla^2 u = \frac{1}{r^2}\frac{\partial}{\partial r}\left(r^2\frac{\partial u}{\partial r}\right) + \frac{1}{r^2\sin\theta}\frac{\partial}{\partial\theta}\left(\sin\theta\frac{\partial u}{\partial\theta}\right) + \frac{1}{r^2\sin^2\theta}\frac{\partial^2 u}{\partial\varphi^2} \tag{1-80}$$

1.7.2　矢性拉普拉斯算子

当∇^2作用到矢性函数时，称为矢性拉普拉斯算子，定义为

$$\nabla^2\boldsymbol{A} = \nabla(\nabla\cdot\boldsymbol{A}) - \nabla\times\nabla\times\boldsymbol{A}$$

在笛卡儿坐标系中：

$$\nabla^2\boldsymbol{A} = \boldsymbol{a}_x\nabla^2 A_x + \boldsymbol{a}_y\nabla^2 A_y + \boldsymbol{a}_z\nabla^2 A_z \tag{1-81}$$

在圆柱坐标系中：

$$\nabla^2\boldsymbol{A} = \boldsymbol{a}_r\left(\nabla^2 A_r - \frac{2}{r^2}\frac{\partial A_\varphi}{\partial\varphi} - \frac{A_r}{r^2}\right) + \boldsymbol{a}_\varphi\left(\nabla^2 A_\varphi + \frac{2}{r^2}\frac{\partial A_r}{\partial\varphi} + \frac{A_\varphi}{r^2}\right) + \boldsymbol{a}_z\nabla^2 A_z \tag{1-82}$$

在球面坐标系中：

$$\begin{aligned}\nabla^2\boldsymbol{A} = \boldsymbol{a}_r&\left[\nabla^2 A_r - \frac{2}{r}\left(A_r + \cos\theta A_\theta + \csc\theta\frac{\partial A_\varphi}{\partial\varphi} + \frac{\partial A_\theta}{\partial\theta}\right)\right] + \\ &\boldsymbol{a}_\theta\left[\nabla^2 A_\theta - \frac{1}{r}\left(\csc\theta A_\theta - 2\frac{\partial A_r}{\partial\theta} + 2\cos\theta\csc\theta\frac{\partial A_\varphi}{\partial\varphi}\right)\right]\end{aligned} \tag{1-83}$$

1.7.3　矢量恒等式

在矢量分析与场论中有许多用微分算子表示的矢量恒等式，这些矢量恒等式在电磁场理论推导中应用广泛，下面加以详细介绍。

先把公式列出，再加以说明。公式中 φ 、ψ 代表标量场，$\boldsymbol{A}$、$\boldsymbol{B}$ 代表矢量场。

$$\nabla(\varphi\psi) = \varphi\nabla\psi + \psi\nabla\varphi \tag{1-84}$$

$$\nabla\cdot(\varphi\boldsymbol{A}) = (\nabla\varphi)\cdot\boldsymbol{A} + \varphi\nabla\cdot\boldsymbol{A} \tag{1-85}$$

$$\nabla\times(\varphi\boldsymbol{A}) = (\nabla\varphi)\times\boldsymbol{A} + \varphi\nabla\times\boldsymbol{A} \tag{1-86}$$

$$\nabla\cdot(\boldsymbol{A}\times\boldsymbol{B}) = (\nabla\times\boldsymbol{A})\cdot\boldsymbol{B} - \boldsymbol{A}\cdot(\nabla\times\boldsymbol{B}) \tag{1-87}$$

$$\nabla\times(\boldsymbol{A}\times\boldsymbol{B}) = (\boldsymbol{B}\cdot\nabla)\boldsymbol{A} + (\nabla\cdot\boldsymbol{B})\boldsymbol{A} - (\boldsymbol{A}\cdot\nabla)\boldsymbol{B} - (\nabla\cdot\boldsymbol{A})\boldsymbol{B} \tag{1-88}$$

$$\nabla(\boldsymbol{A}\cdot\boldsymbol{B}) = \boldsymbol{A}\times(\nabla\times\boldsymbol{B}) + (\boldsymbol{A}\cdot\nabla)\boldsymbol{B} + \boldsymbol{B}\times(\nabla\times\boldsymbol{A}) + (\boldsymbol{B}\cdot\nabla)\boldsymbol{A} \tag{1-89}$$

$$\nabla\cdot\nabla\varphi \equiv \nabla^2\varphi \tag{1-90}$$

$$\nabla\times(\nabla\times\boldsymbol{A}) = \nabla(\nabla\cdot\boldsymbol{A}) - \nabla^2\boldsymbol{A} \tag{1-91}$$

以上公式都可以用直角分量展开直接验证。例如，式(1-85)验证如下：

$$\begin{aligned}\nabla\cdot(\varphi\boldsymbol{A}) &= \frac{\partial}{\partial x}(\varphi A_x) + \frac{\partial}{\partial y}(\varphi A_y) + \frac{\partial}{\partial z}(\varphi A_z) \\ &= \frac{\partial\varphi}{\partial x}A_x + \frac{\partial\varphi}{\partial y}A_y + \frac{\partial\varphi}{\partial z}A_z + \varphi\left(\frac{\partial A_x}{\partial x} + \frac{\partial A_y}{\partial y} + \frac{\partial A_z}{\partial z}\right)\end{aligned}$$

$$= (\nabla\varphi)\cdot \boldsymbol{A} + \varphi\,\nabla\cdot\boldsymbol{A}$$

式中,∇算符是一个矢量,所以它的运算具有矢量运算的特点;另外,∇算符不同于普通矢量,它是微分算符,所以在其运算中必须考虑微分运算的特点,不能把它和普通矢量任意对调位置。事实上,通常不必用分量展开,只要正确地考虑∇算符的特性,就可以把上列公式简单地写出来。现举例说明如下。

式(1-84):∇是微分算符,该公式和一般对两因子乘积的微分运算公式一样。

式(1-85):作为微分算符,∇既要作用到 φ 上,又要作用到 $\boldsymbol{A}$ 上,再考虑∇的矢量性质,就必须把点乘放在正确位置上。例如, $(\nabla\cdot\varphi)\boldsymbol{A}$ 是没有意义的,必须写成 $(\nabla\varphi)\cdot\boldsymbol{A}$ 。

习　题

1. 什么是矢量场的通量?通量的值为正、负或0分别表示什么意义?

2. 什么是散度定理?它的意义是什么?

3. 什么是矢量场的环量?环量的值为正、负或0分别表示什么意义?

4. 什么是斯托克斯定理?它的意义是什么?斯托克斯定理能用于闭合曲面吗?

5. 如果矢量场 F 能够表示为一个矢量函数的旋度,这个矢量场具有什么特性?

6. 如果矢量场 F 能够表示为一个标量函数的梯度,这个矢量场具有什么特性?

7. 只有直矢量线的矢量场一定是无旋场,这种说法对吗?为什么?

8. 无旋场和无散场的区别是什么?

第 2 章　静态电磁场

静态电磁场是电磁场的一种特殊形式。当场源(电荷、电流)不随时间变化时,所激发的电场和磁场也不随时间变化,称为静态电磁场。静止电荷产生的静态场、在导电媒质中恒定运动电荷形成的恒定电场以及恒定电流产生的恒定磁场都属于静态电磁场。

本章将分别介绍静态电场、恒定电场和恒定电流磁场的分析方法。

2.1　静态电场和恒定电场

2.1.1　库仑定律

自然界中,两个带电物体间有相互作用力,同性相斥,异性相吸。当带电体的线度远小于带电体间的距离时,这些带电体称为点电荷。1785 年,库仑(Charles Augustin de Coulomb,1736—1806,法国物理学家)从实验中总结出两点电荷之间相互作用力的规律,称为库仑定律。库仑定律指出,真空中静止的两个点电荷 q_1 和 q_2 之间的相互作用力 $\boldsymbol{F}$ 的大小与它们的电荷量 q_1、q_2 的乘积成正比,与它们之间距离 R 的平方成反比,$\boldsymbol{F}$ 的方向沿着它们的连线,两点电荷同号时为斥力,异号时为吸力。如图 2-1 所示。其数学表达式为

$$\boldsymbol{F}_{12} = \frac{q_1 q_2 \boldsymbol{a}_r}{4\pi\varepsilon_0 R^2} \tag{2-1}$$

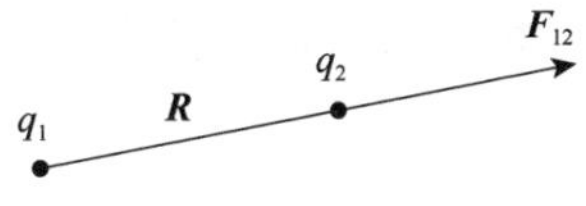

q_1　$\boldsymbol{R}$　q_2　$\boldsymbol{F}_{12}$

图 2-1　两点电荷间的作用力

式中,q_1 和 q_2 为两个点电荷的电荷量;$\boldsymbol{F}_{12}$ 为 q_1 作用在 q_2 上的力;R 为两个点电荷间的距离;$\boldsymbol{a}_r$ 为从 q_1 指向 q_2 的距离单位矢量;ε_0 为比例系数,称为真空介电常数。

本书采用国际单位制:$\boldsymbol{F}$ 的单位为 N,q 的单位为 C,R 的单位为 m,ε_0 的单位为 F/m,$\varepsilon_0 = \frac{1}{36\pi} \times 10^{-9}$ F/m。

两个互不接触的电荷之间存在的相互作用,是由于电荷的周围空间存在着一种称为电场的物质,电荷之间的作用是通过电场进行的。也就是说,电荷在周围激发出电场,而处于此电场中的另一电荷要受到电场的作用力。

2.1.2 电场强度

假设有一个单位正电荷 q_0 处于电荷 q 的电场中,根据库仑定律,在不同位置,q_0 受力的大小和方向不同,表明电场在各点的强弱和方向不同。度量电场强弱和方向的物理量称为电场强度,记为 $\boldsymbol{E}$,定义为单位正电荷在电场中受到的作用力,即

$$\boldsymbol{E} = \frac{\boldsymbol{F}}{q_0} \tag{2-2}$$

式中,q_0 为单位正电荷。

由式(2-2)可见,电场中某点的电场强度 $\boldsymbol{E}$ 是这样一个矢量:大小等于单位正电荷在该点处受到的电场力的大小,方向就是受力的方向。

式(2-1)中令 $q_2=q_0, q_1=q$,并将其代入式(2-2),得到点电荷 q 产生的电场强度为

$$\boldsymbol{E} = \frac{q}{4\pi\varepsilon_0 R^2}\boldsymbol{a}_r \tag{2-3}$$

N 个点电荷($q_1, q_2, q_3, \cdots, q_n$)共同产生的电场强度是每个点电荷在该点产生的电场强度的矢量和,即

$$\boldsymbol{E} = \boldsymbol{E}_1 + \boldsymbol{E}_2 + \cdots + \boldsymbol{E}_n = \frac{1}{4\pi\varepsilon_0}\sum_{i=1}^{N}\frac{q_i}{R_i^2}\boldsymbol{a}_r \tag{2-4}$$

如果电荷分布于一个体积 V 内,则称为体电荷;如果电荷分布于一个面 S 内,则称为面电荷;如果电荷分布于一条线 l 上,则称为线电荷。一般情况下,电荷分布不一定是均匀的(图 2-2),所以要引入电荷密度函数来表示电荷的分布情况。

在体积 V 中任取一个很小的体积元 $\mathrm{d}V$,它带的电荷量为 $\mathrm{d}q$,则该处的体电荷密度为

$$\boldsymbol{\rho}_V = \frac{\mathrm{d}q}{\mathrm{d}V}$$

因为 $\mathrm{d}V$ 很小,则 $\mathrm{d}q$ 在观察点产生的电场强度可按点电荷公式写出,即

$$\mathrm{d}\boldsymbol{E} = \frac{\rho_V \mathrm{d}V}{4\pi\varepsilon_0 R^2}\boldsymbol{a}_r$$

利用叠加定理对体积 V 进行积分,就可以得到体积 V 内所有电荷在观察点产生的电场强度为

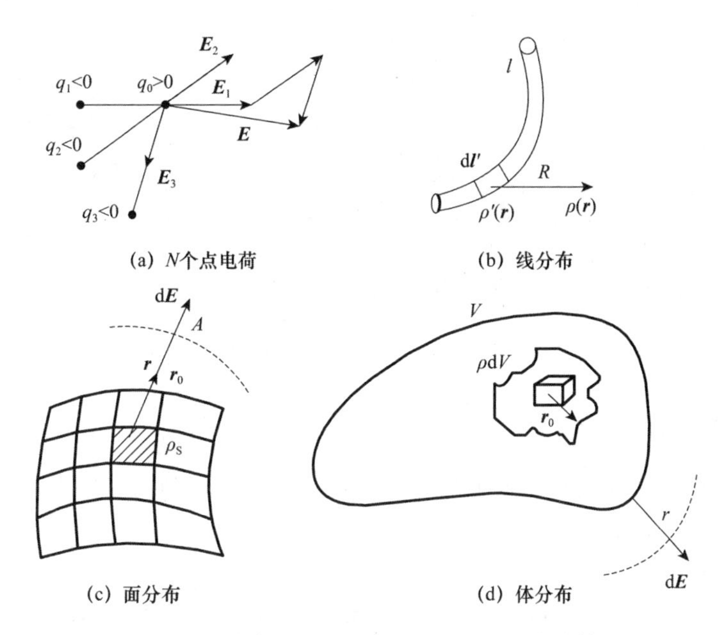

图 2-2　分布电荷的四种形式及电场强度计算

$$\boldsymbol{E} = \int_V \frac{\rho_V \boldsymbol{a}_r}{4\pi\varepsilon_0 R^2} \mathrm{d}V \tag{2-5}$$

同理,可以得到分布在表面 S 上的电荷密度函数 ρ_S 和 S 上所有电荷产生的电场强度 $\boldsymbol{E}$ 分别为

$$\rho_S = \frac{\mathrm{d}q}{\mathrm{d}S}$$

$$\boldsymbol{E} = \int_S \frac{\rho_S \boldsymbol{a}_r}{4\pi\varepsilon_0 R^2} \mathrm{d}S \tag{2-6}$$

分布在一条线 l 上的线电荷密度函数 ρ_l 与线上的所有电荷产生的电场强度 $\boldsymbol{E}$ 为

$$\rho_l = \frac{\mathrm{d}q}{\mathrm{d}l}$$

$$\boldsymbol{E} = \int_l \frac{\rho_l \boldsymbol{a}_r}{4\pi\varepsilon_0 R^2} \mathrm{d}l \tag{2-7}$$

一个矢量函数可用矢端曲线描述,同样电场强度的分布可以用电力线来形象地表示。电力线是一簇曲线,上面任意一点的切线方向就是该点电场强度的方向,而且电力线的密度与该点附近的电场强度成正比。正点电荷、两异性点电荷、两同性点电荷的电力线分布示意图如图 2-3 所示。

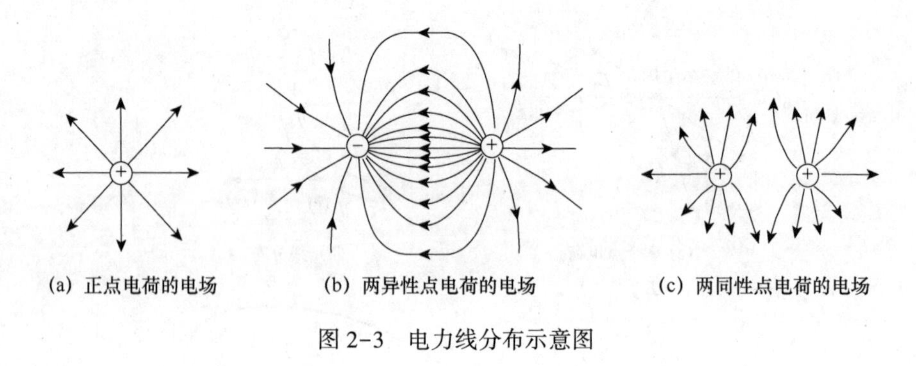

图 2-3　电力线分布示意图

2.1.3　电位

在位于坐标原点的点电荷的电场中,电场强度从 a 点沿曲线到 b 点的线积分(图 2-4)为

$$\int_a^b \boldsymbol{E} \cdot \mathrm{d}\boldsymbol{l} = \frac{q}{4\pi\varepsilon_0}\int_a^b \frac{\boldsymbol{a}_r \cdot \mathrm{d}\boldsymbol{l}}{r^2} = \frac{q}{4\pi\varepsilon_0}\int_{r_a}^{r_b} \frac{\mathrm{d}r}{r^2} = \frac{q}{4\pi\varepsilon_0}\left(\frac{1}{r_a} - \frac{1}{r_b}\right)$$

以上线积分结果表明,点电荷电场的线积分仅与积分的两端点有关,与积分路径无关。因此,点电荷电场的闭合回路积分为 0,即

$$\oint_l \boldsymbol{E} \cdot \mathrm{d}\boldsymbol{l} = 0 \qquad (2-8)$$

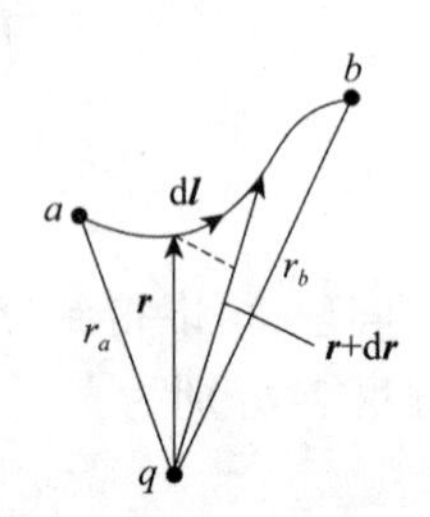

图 2-4　电场的线积分

根据电场的叠加性,多个点电荷或连续分布的点电荷的电场都满足式(2-8)。也就是说,电荷产生的静电场的闭合回路线积分为 0。因此静电场是无旋场,$\nabla\times\boldsymbol{E}=0$,意味着电场 $\boldsymbol{E}$ 必定是某个标量的梯度,可以把 $\boldsymbol{E}$ 写成

$$\boldsymbol{E} = -\nabla\phi$$

考察单位正电荷在电场力作用下做功,设单位正电荷在电场 $\boldsymbol{E}$ 作用下从 a 点移到 b 点,那么电场力所做的功为

$$W = \int_a^b \boldsymbol{E} \cdot \mathrm{d}\boldsymbol{l} = -\int_a^b \nabla\phi \cdot \mathrm{d}\boldsymbol{l} = -\int_a^b \frac{\partial\phi}{\partial l}\mathrm{d}l = -\int_a^b \mathrm{d}\phi = \phi(a) - \phi(b) \qquad (2-9)$$

式(2-9)表明,单位正电荷在电场力作用下,从点 a 移到点 b,电场力所做的功等于位移起点的标量场值 $\phi(a)$减去终点的标量场值 $\phi(b)$。将电场和重力场相类比,电场对应的标量场 ϕ 相当于重力场中的势能。也就是说,标量场 ϕ 表示电场中各点的势能分布,是从能量角度对电场的描述,因此标量场 ϕ 称为电势或电位。两点之间的电位差,就等于单位正电荷在电场 $\boldsymbol{E}$ 作用下从一点位移到另一点时电场力所做的功,称为电压。

电位分布可以用等位面形象地描述。等位面图是相邻电位差相等的一系列等

位面。在电场较强处,等位面间距较近;在电场较弱处,等位面间距较大。根据电场与电位的关系,电场方向总是与等位面法线方向一致,并指向电位减小一侧,即电场总是与等位面处处垂直。当电荷在某等位面上移动时,由于位移方向与电场方向垂直,电场不做功。

2.1.4 电容

在线性介质中,一个孤立导体的电位(电位参考点在无限远处)与导体所带的电荷量成正比。导体所带的电荷量 q 与其电位 ϕ 的比值定义为孤立导体的电容,记为 C,即

$$C = \frac{q}{\phi} \tag{2-10}$$

电容的单位为 F。孤立导体的电容与导体的几何形状、尺寸以及周围介质的特性有关,而与导体带的电荷量无关。

在线性介质中,两个带等量异号电荷的导体之间的电位差与导体上所带的电荷量成正比。导体上的电荷量与两个导体之间的电位差之比定义为两个导体系统的电容,即

$$C = \frac{q}{|\phi_1 - \phi_2|} \tag{2-11}$$

两个导体系统的电容与两个导体的几何形状、尺寸、间距以及周围介质的特性有关,而与导体带的电荷量无关。孤立导体的电容可看成两导体系统中一个导体在无限远的情况下的电容。

由电容的定义可以看出,电容的概念不仅适用于电容器,而且适用于任意两个导体之间,以及导体和地之间。例如,两导线之间就有电容,一根导线与地之间也有电容。电容的概念不仅表示两个导体在一定电压下,存储电荷或电能的大小,它还表示两个导体的电场相互影响,或者说电耦合的程度。

对于两个以上的导体组成的多导体系统,由于其中任意导体上的电位都要受到其余多个导体上电荷的影响,情况要比两个导体复杂,两两之间的相互影响不同于仅有两个导体的情况。因此,将它们之间的电荷耦合用部分电容表示。设线性介质中有 $n+1$ 个带电导体,它们的电位仅取决于其中每个导体所带的电荷量,而与它们之外的带电体无关,且它们的总电荷量为 0,这样的带电导体系统称为孤立带电系统。对于多导体组成的孤立带电系统,当使 n 个导体电位相同时,第 i 个导体与地之间的电容为

$$C_{ii} = \frac{q_i}{\phi_i}\bigg|_{\phi_k = \phi_i (k=1,2,\cdots,n)} \tag{2-12}$$

第 k 个导体与第 i 个导体之间的互有部分电容为

$$C_{ki}=\frac{q_k}{\phi_k-\phi_i}\Big|_{\phi_k=0(k=1,2,\cdots,i-1,i+1,\cdots,n)} \tag{2-13}$$

部分电容仅与导体系统的几何结构及介质有关,与导体的带电状态无关。在电子设备的电路板上,导线或引线之间以及它们与接地板之间都存在部分电容。不同回路的导体之间的部分电容可以造成不同回路的电耦合,使得回路之间相互影响,从而造成不希望有的干扰。

2.2 恒定电流的磁场

2.2.1 安培定律

与两个带电体有相互作用力相似,两个通有电流的回路之间也有相互作用力。两个载流导线互不接触却能相互作用,说明电流周围存在着由电流激发的一种特殊物质,称为磁场,两个载流导线就是通过磁场相互作用的。1820 年,安培(Andre Marie Ampere,1775—1836,法国物理学家)从实验结果总结出电流回路之间相互作用的规律,称为安培定律。

真空中两个通有恒定电流 I_1 和 I_2 的细导线回路,它们的长度分别为 l_1 和 l_2,那么通有电流 I_1 的回路对通有电流 I_2 的回路的作用力 $\boldsymbol{F}_{12}$ 为

$$\boldsymbol{F}_{12}=\frac{\mu_0}{4\pi}\oint_{l_2}\oint_{l_1}\frac{I_2\mathrm{d}\boldsymbol{l}_2\times(I_1\mathrm{d}\boldsymbol{l}_1\times\boldsymbol{a}_r)}{R^2} \tag{2-14}$$

式中,$\boldsymbol{a}_r$ 为 $\boldsymbol{R}$ 的单位矢量;μ_0 为真空磁导率。

$\boldsymbol{F}$ 的单位为 N,I 的单位为 A,R 的单位为 m,μ_0 的单位 H/m,$\mu_0=4\pi\times10^{-7}$H/m。

实验证明,任何电流对其他电流都有作用力,根据场的观点,图 2-5 中电流 I_1 在它的周围产生了磁场,这个磁场对电流 I_2 产生作用力 $\boldsymbol{F}_{12}$。也就是说,电流之间的相互作用力是通过磁场传递的。

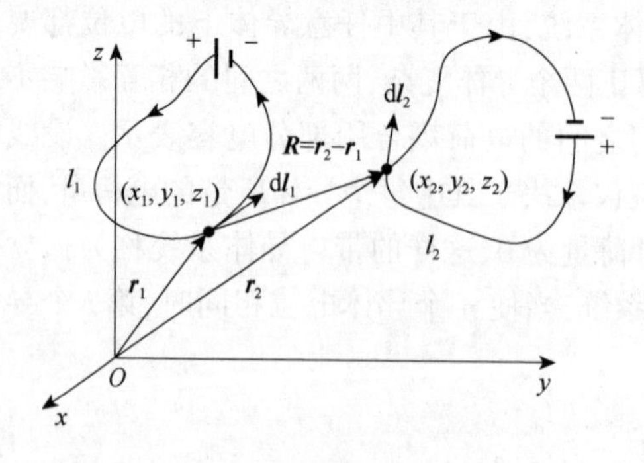

图 2-5 两个电流回路之间的相互作用力

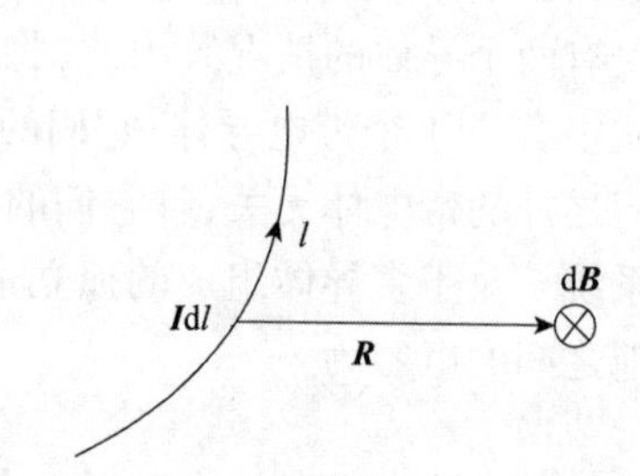

图 2-6 毕奥-萨伐尔定律

2.2.2 磁感应强度

度量磁场对载流导体作用强弱的物理量称为磁感应强度，记作 $\boldsymbol{B}$。载流导体的电流是在周围产生感应的源，源电流与磁感应强度之间的关系用毕奥-萨伐尔(Jean Baptiste Biot，1774—1862，法国数学家；Félix Savart，1791—1841，法国物理学家)定律的数学表示式来描述，即

$$\mathrm{d}\boldsymbol{B} = \frac{\mu_0 \boldsymbol{I}\mathrm{d}l \times \boldsymbol{a}_r}{4\pi r^2} \tag{2-15}$$

式中，$\boldsymbol{I}\mathrm{d}l$ 为电流强度为 $\boldsymbol{I}$、长度为 $\mathrm{d}l$、方向与电流同向的电流元；$\boldsymbol{a}_r$ 为从电流 $\boldsymbol{I}$ 到观察点的单位矢量；r 为从电流元到观察点的距离。

电流元 $\boldsymbol{I}\mathrm{d}l$ 在观察点产生的磁感应强度为 $\mathrm{d}\boldsymbol{B}$。整个电流回路在该点产生的磁感应强度 $\boldsymbol{B}$ 为

$$\boldsymbol{B} = \oint_l \frac{\mu_0 \boldsymbol{I}\mathrm{d}l \times \boldsymbol{a}_r}{4\pi r^2} \tag{2-16}$$

$\boldsymbol{B}$ 的单位为 T。

式(2-16)给出的是线电流产生的磁感应强度，这时不计载流导体的粗细。如果载流导体的横截面积不可忽略，或导体中各点电流分布不均匀，要用到体电流与体电流密度的概念。当电流分布在表面上时，要用到面电流与面电流密度的概念。

对于体电流的情形，在导体与电流方向垂直的截面上取一面积元 $\mathrm{d}S$，通以电流 $\boldsymbol{J}_V\mathrm{d}S = \mathrm{d}\boldsymbol{I}$，$\boldsymbol{J}_V$ 为体电流密度，沿电流线取长度 $\mathrm{d}l$，则体积元 $\mathrm{d}V=\mathrm{d}S\mathrm{d}l$，在观察点产生的 $\mathrm{d}\boldsymbol{B}$ 为

$$\mathrm{d}\boldsymbol{B} = \frac{\mu_0 \boldsymbol{J}_V \times \boldsymbol{a}_r}{4\pi r^2}\mathrm{d}V$$

则体积 $\boldsymbol{V}$ 中全部电流在场点的磁感应强度 $\boldsymbol{B}$ 为

$$\boldsymbol{B} = \frac{\mu_0}{4\pi}\int_V \frac{\boldsymbol{J}_V \times \boldsymbol{a}_r}{r^2}\mathrm{d}V \tag{2-17}$$

同理，给出面电流密度 $\boldsymbol{J}_S = \mathrm{d}\boldsymbol{I}/\mathrm{d}l$，面电流在场点的 $\boldsymbol{B}$ 为

$$\boldsymbol{B} = \frac{\mu_0}{4\pi}\int_S \frac{\boldsymbol{J}_S \times \boldsymbol{a}_r}{r^2}\mathrm{d}S \tag{2-18}$$

式中，$\boldsymbol{J}_V$，$\boldsymbol{J}_S$ 都是矢量，其方向就是电流的方向。

同电场 $\boldsymbol{E}$ 用电力线表示一样，磁感应强度 $\boldsymbol{B}$ 用磁力线表示。在任意一点上，磁感应强度 $\boldsymbol{B}$ 的方向由该点磁力线的方向给出，磁感应强度的大小与磁力线的密度成正比。如图 2-7 所示。磁力线是一簇闭合曲线。

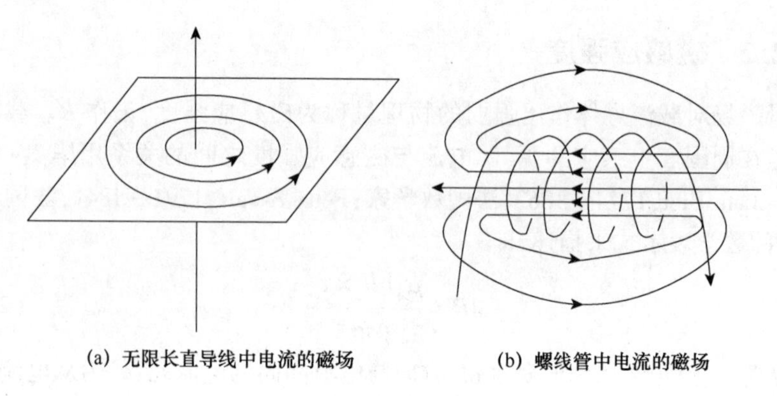

图 2-7 磁力线

2.2.3 电感

磁力线是一簇无头无尾的闭合曲线，载流导线回路产生的磁力线与电路回路相交链。设与某一条导线回路相交链的磁力线为 K 条，第 k 条磁力线穿过该电流回路所围成的曲面的磁通为 Φ_k，则穿过该导线回路所围成的曲面的总磁通为

$$\Phi = \sum_{k=1}^{K} \Phi_k \tag{2-19}$$

对于由多匝线圈围成的导线回路，穿过该回路的磁力线可能与该导线回路的电流交链不止一次，而是多次；对于直径不是无限细的导线形成的载流回路，经过导线内部的磁力线并不是与导线中的全部电流相交链，而只是和部分电流相交链。为了反映磁通或磁力线与电流回路的交链情况，引入磁通链的概念，磁通链也称为磁链。设与电流为 I 的某一导线回路相交链的磁力线为 K 条，第 k 条磁力线穿过该电流回路所围成的曲面的磁通为 Φ_k，与电流 I 交链 a_k 次，当只与 I 的一部分 I' 交链时，$a_k = I'/I$，则穿过该导线回路所围成的曲面的总磁通链为

$$\Phi = \sum_{k=1}^{K} a_k \Phi_k \tag{2-20}$$

在线性媒质中，回路的磁通与回路的电流强度成正比，根据式(2-20)，电流回路的磁链 Φ 与电流 I 也成正比，即

$$L = \frac{\Phi}{I} \tag{2-21}$$

式中，L 为导线回路的电感，单位为 H。电感与导线回路的形状以及周围媒质参数有关，与导线中的电流无关。

对于两个载流导线回路，与电流 I_1 回路交链的磁链 Φ_1 由两部分组成：一部分是电流 I_1 产生的 Φ_{11}；另一部分是电流 I_2 产生的 Φ_{12}。与电流 I_2 回路交链的磁链也由两部分组成：一部分是电流 I_2 产生的 Φ_{22}；另一部分是电流 I_1 产生的 Φ_{21}，即

$$\boldsymbol{\Phi}_1 = \boldsymbol{\Phi}_{11} + \boldsymbol{\Phi}_{12} \tag{2-22}$$

$$\boldsymbol{\Phi}_2 = \boldsymbol{\Phi}_{21} + \boldsymbol{\Phi}_{22} \tag{2-23}$$

如果周围是线性媒质,则 $\boldsymbol{\Phi}_{11}$ 和 $\boldsymbol{\Phi}_{21}$ 均与电流 I_1 成正比,而 $\boldsymbol{\Phi}_{21}$ 和 $\boldsymbol{\Phi}_{22}$ 均与电流 I_2 成正比。定义

$$L_1 = \frac{\boldsymbol{\Phi}_{11}}{I_1} \tag{2-24}$$

$$L_{12} = \frac{\boldsymbol{\Phi}_{12}}{I_2} \tag{2-25}$$

$$L_2 = \frac{\boldsymbol{\Phi}_{22}}{I_2} \tag{2-26}$$

$$L_{21} = \frac{\boldsymbol{\Phi}_{21}}{I_1} \tag{2-27}$$

式中,L_1 为导线回路 l_1 的自感;L_2 为导线回路 l_2 的自感;L_{12} 为回路 l_2 对回路 l_1 的互感;L_{21} 为回路 l_1 对回路 l_2 的互感。自感与互感均与导线回路的结构以及媒质参数有关,与电流无关。

当磁感应强度与曲面的法向一致时,磁通大于0;而当磁感应强度与曲面的法向不一致时,磁通小于0。由于载流回路所围曲面的法向与回路电流的方向符合右手螺旋关系,因此载流回路在它所围曲面上的磁场方向与该曲面的法向一致,所以 $\boldsymbol{\Phi}_{11}$ 与 $\boldsymbol{\Phi}_{22}$ 均大于0,即自感始终是正值。但对于互感,一个回路的电流在另一个回路中产生的磁通值的正负与两回路中电流的取向有关。也就是说,如果不限定电流的方向,互感可正可负,取决于电流的取向。当在回路曲面上互感场与自磁场方向一致时,互感为正;否则,互感为负。实际应用中,一般总是规定两线圈电流的相对方向,使互感为正。

习 题

1. 点电荷的电场强度随距离变化的规律是什么?

2. 电位是如何定义的? $\boldsymbol{E} = -\nabla\phi$ 中的负号的意义是什么?

3. “如果空间某一点的电位为0,则该点的电场强度也为0”,这种说法正确吗?为什么?

4. “如果空间某一点的电场强度为0,则该点的电位也为0”,这种说法正确吗?为什么?

5. 电容是如何定义的? 写出计算电容的基本步骤。

6. 如何定义电感? 试计算平行双线、同轴线的电感。

第3章　时变电磁场

电磁学的三大实验定律(库仑定律、安培定律和法拉第电磁感应定律)的提出,标志着人类对宏观电磁现象的认识从定性阶段到定量阶段的飞跃。以三大实验定律为基础,麦克斯韦提出了两个基本假设(关于有旋电场的假设和关于位移电流的假设),进而归纳总结出描述宏观电磁现象的总规律——麦克斯韦方程组。

由麦克斯韦方程组可知,在时变的情况下,电场和磁场相互激励,在空间形成电磁波,时变电磁场的能量以电磁波的形式进行传播。

本章主要对时变电磁场的基本概念和基本定律作简要叙述:首先介绍麦克斯韦方程组和媒质的本构关系(物质方程);其次对随时间按正弦函数变化的时变电磁场进行了讨论;最后在电磁场的边界条件的基础上,对平面边界上的均匀平面波入射现象进行深入分析。

3.1　麦克斯韦方程组

随时间变化的电磁场称为时变电磁场。时变电磁场的基本理论核心是麦克斯韦方程组,这是麦克斯韦(James Clerk Maxwell,1831—1879,苏格兰物理学家)在概括前人的电磁实验和理论成果的基础上,于1864年提出的。麦克斯韦方程组揭示了电场与磁场之间,以及电磁场与电荷、电流之间的相互关系,是一切宏观电磁现象所遵循的普遍规律。因此,它是电磁场的基本方程。

3.1.1　真空中的麦克斯韦方程组

1.真空中的高斯定理

在真空中,包围点电荷作任意封闭面 S,任意面积元 $\mathrm{d}S$ 的方向为该处表面的外法线矢量 $\boldsymbol{n}$ 的方向,则穿出 S 的电场强度通量为

$$\oint_S \boldsymbol{E}\cdot\mathrm{d}\boldsymbol{S}=\oint_S\frac{q\boldsymbol{R}}{4\pi\varepsilon_0R^3}\cdot\mathrm{d}\boldsymbol{S}=\frac{q}{4\pi\varepsilon_0}\oint_S\frac{\cos\theta}{R^2}\mathrm{d}S=\frac{q}{4\pi\varepsilon_0}\oint_S\mathrm{d}\Omega \tag{3-1}$$

式中,$\mathrm{d}\Omega$ 为以点电荷为顶点,由面积元 $\mathrm{d}S$ 所张的立体角,$\mathrm{d}\Omega=\dfrac{\cos\theta}{R^2}\mathrm{d}S$,如图3-1所示。

整个封闭曲面对内部任意一点所张立体角为 $\oint_\Omega\mathrm{d}\Omega=4\pi$,所以穿出封闭面 S 的

电场强度通量为

$$\oint_S \boldsymbol{E} \cdot \mathrm{d}S = \frac{q}{\varepsilon_0} \quad (3-2)$$

如果封闭面内包围 N 个点电荷,总电荷为 $Q = \sum_{i=1}^{N} q_i$,由式(3-2)可得真空中高斯定理的积分形式为

$$\oint_S \boldsymbol{E} \cdot \mathrm{d}\boldsymbol{S} = \frac{Q}{\varepsilon_0} = \frac{1}{\varepsilon_0}\int_V \rho \mathrm{d}V \quad (3-3)$$

根据通量与散度的关系可以推得以散度表示的高斯定理的微分形式。

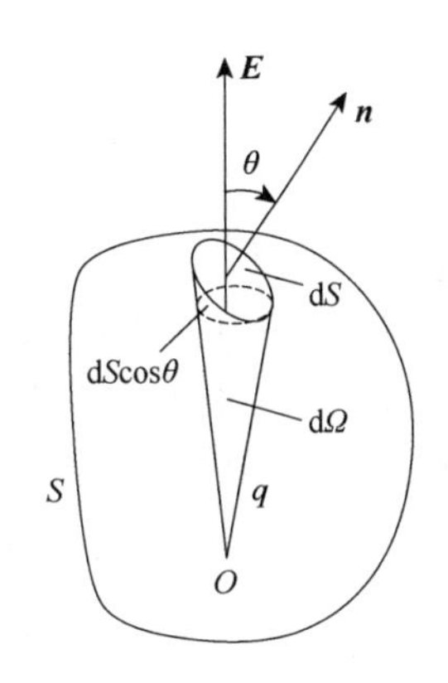

图 3-1　点电荷电场强度通量的计算

将式(3-3)的封闭面 S 无限缩小,体积 $\Delta V \to 0$,则有

$$\lim_{\Delta V \to 0} \frac{\oint_S \boldsymbol{E} \cdot \mathrm{d}S}{\Delta V} = \lim_{\Delta V \to 0} \frac{Q/\varepsilon_0}{\Delta V} \quad (3-4)$$

根据散度的定义,式(3-4)左边等于 $\nabla \cdot \boldsymbol{E}$,右边等于 ρ/ε_0,于是得到高斯定理的微分形式:

$$\nabla \cdot \boldsymbol{E} = \frac{\rho}{\varepsilon_0} \quad (3-5)$$

式(3-5)说明了静电场是有散场,其散度源就是电荷。

下面通过例题说明静电场是无旋场,即静电场的旋度为 0。

【例 3-1】设点电荷 q 位于坐标原点,试证其电场强度的旋度为 0。

证明:按球坐标系计算电场强度的旋度:

$$\boldsymbol{E} = \frac{q}{4\pi\varepsilon_0 r^2}\boldsymbol{a}_r$$

$$\nabla \times \boldsymbol{E} = \begin{vmatrix} \dfrac{\boldsymbol{a}_r}{r^2\sin\theta} & \dfrac{\boldsymbol{a}_\theta}{r\sin\theta} & \dfrac{\boldsymbol{a}_\varphi}{r} \\ \dfrac{\partial}{\partial r} & \dfrac{\partial}{\partial \theta} & \dfrac{\partial}{\partial \varphi} \\ E_r & rE_\theta & r\sin\theta E_\varphi \end{vmatrix} = \begin{vmatrix} \dfrac{\boldsymbol{a}_r}{r^2\sin\theta} & \dfrac{\boldsymbol{a}_\theta}{r\sin\theta} & \dfrac{\boldsymbol{a}_\varphi}{r} \\ \dfrac{\partial}{\partial r} & \dfrac{\partial}{\partial \theta} & \dfrac{\partial}{\partial \varphi} \\ \dfrac{q}{4\pi\varepsilon_0 r^2} & 0 & 0 \end{vmatrix} = 0 \quad (3-6)$$

式(3-6)说明静电场是无旋场。

2. 磁通连续性原理

磁感应强度 $\boldsymbol{B}$ 是一个矢量,对一个矢量场可以而且需要研究它的通量与环量,或者是散度与旋度来了解该场的性质。

对磁感应强度 $\boldsymbol{B}$ 沿一个封闭曲面 S 进行面积分来研究它的通量即磁通,记为

$\boldsymbol{\Phi}$,则有

$$\Phi = \oint_S \boldsymbol{B} \cdot \mathrm{d}\boldsymbol{S}$$

式中,Φ 的单位为 Wb。

在任何磁场中,磁感应线都是环绕电流、无头无尾的闭合曲线。因此,如果在磁场中任取一个封闭面,那么进入这个封闭面的磁力线数必然等于穿出这个封闭面的磁力线数,磁感应强度沿一个封闭面的积分必等于0:

$$\oint_S \boldsymbol{B} \cdot \mathrm{d}\boldsymbol{S} = \int_V \nabla \cdot \boldsymbol{B} \mathrm{d}V = 0 \tag{3-7}$$

式中,V 为闭合面 S 包围的体积,因此

$$\nabla \cdot \boldsymbol{B} = 0 \tag{3-8}$$

式(3-7)和式(3-8)表明磁感应强度矢量 $\boldsymbol{B}$ 的散度恒等于0,它是无通量源的场,同时说明磁通是连续的。

3. 安培环路定律

下面用一个简单的例子来研究磁感应强度 $\boldsymbol{B}$ 的环量和旋度。

【例 3-2】无限长直导线上载有电流 I。

求:(1)空间任意一点 M 处的磁感应强度 $\boldsymbol{B}$;

(2)$\boldsymbol{B}$ 绕导线以 r 为半径的圆周积分。

解:建立图 3-2 所示的坐标系。

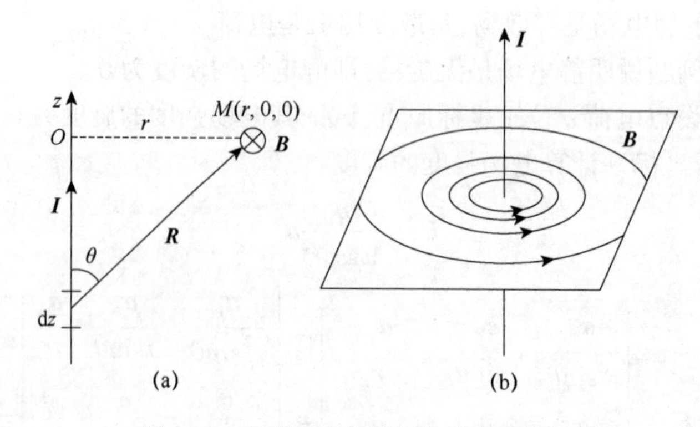

图 3-2 无限长直导线中电流 I 的磁场

(1)求 M 点电磁感应强度 $\boldsymbol{B}$:

$$\mathrm{d}\boldsymbol{B} = \frac{\mu_0 I}{4\pi} \frac{\mathrm{d}\boldsymbol{l} \times \boldsymbol{R}}{R^3}$$

而

$$\mathrm{d}\boldsymbol{l} \times \boldsymbol{R} = R\sin\theta \mathrm{d}z\boldsymbol{a}_\varphi = r\mathrm{d}z\boldsymbol{a}_\varphi$$

$$R = \sqrt{r^2 + z^2}$$

因此

$$dB = \frac{\mu_0 Ir\mathrm{d}z}{4\pi(r^2+z^2)^{\frac{3}{2}}}\boldsymbol{a}_\varphi$$

沿 z 轴从 $-\infty$ 到 $+\infty$ 积分,得到无限长直导线的电流在点 M 处的磁感应强度 $\boldsymbol{B}$ 为

$$\boldsymbol{B} = \frac{\mu_0 Ir}{4\pi}\int_{-\infty}^{\infty}\frac{\boldsymbol{a}_\varphi}{(r^2+z^2)^{\frac{3}{2}}}\mathrm{d}z = \frac{\mu_0 I}{2\pi r}\boldsymbol{a}_\varphi$$

(2)将 $\boldsymbol{B}$ 沿以 r 为半径的圆周 C 积分可得

$$\oint_C \boldsymbol{B}\cdot\mathrm{d}\boldsymbol{l} = \frac{\mu_0 I}{2\pi}\oint_C\frac{\boldsymbol{a}_\varphi}{r}\cdot\mathrm{d}\boldsymbol{l} = \frac{\mu_0 I}{2\pi}\int_0^{2\pi}\frac{\boldsymbol{a}_\varphi}{r}\cdot r\mathrm{d}\varphi\boldsymbol{a}_\varphi = \mu_0 I$$

由上式可见,$\oint_C \boldsymbol{B}\cdot\mathrm{d}\boldsymbol{l} \neq 0$。实验证明,在任意磁场中,沿任意封闭曲线 l 的环路积分:

$$\oint_l \boldsymbol{B}\cdot\mathrm{d}\boldsymbol{l} = \mu_0\sum I \tag{3-9}$$

这就是真空中的安培环路定律,它的物理意义是:磁感应强度沿封闭曲线的环量等于穿过该封闭曲线所包围面积的电流代数和的 μ_0 倍。

式(3-9)是矢量 $\boldsymbol{B}$ 的环量。根据第 1 章 1.5.1 节中矢量的环量、环量面密度以及旋度的关系进行数学推导,可得矢量 $\boldsymbol{B}$ 的旋度为

$$\nabla\times\boldsymbol{B} = \mu_0\boldsymbol{J} \tag{3-10}$$

式中,$\boldsymbol{J}$ 为场点处的电流面密度。

式(3-10)就是真空中安培环路定律的微分形式,可以看出,磁场是有旋场,电流是磁场的涡旋源。

由前面的分析可知:静电荷产生的场是静电场,有散无旋,运动电荷(电流)产生的场是磁场,有旋无散。

4. 法拉第电磁感应定律

1831 年,法拉第(Michael Faraday,1791—1867,英格兰物理学家)在实验中首次发现,当穿过导体回路的磁通发生变化时,在回路中将有感应电动势出现,并在回路中产生感应电流。感应电动势与磁通变化率之间的定量关系式为

$$\varepsilon_{\mathrm{in}} = -\frac{\partial\Phi}{\partial t} \tag{3-11}$$

规定:感应电动势的正方向和磁场方向成右手螺旋关系,感应电动势的大小等于磁通变化率的负值,如图 3-3 所示。

感应电动势将在导体回路中产生感应电流,感应电流的磁通总是向着抵消原磁通的变化而变化的,即感应电流的磁通总是在企图使导体回路中的磁通维持不

变。由此可以确定感应电动势的方向。

1) 导体回路的全磁通

如果导线绕成图 3-4 所示的螺旋线形状,称为多匝线圈。穿过这样的导体回路所围面积的磁通称为全磁通或磁链,它是通过每匝所围面积 S_1、S_2、S_3 的磁通之和,即

$$\Phi = \int_{S_1} \boldsymbol{B} \cdot \mathrm{d}\boldsymbol{S} + \int_{S_2} \boldsymbol{B} \cdot \mathrm{d}\boldsymbol{S} + \int_{S_3} \boldsymbol{B} \cdot \mathrm{d}\boldsymbol{S} \tag{3-12}$$

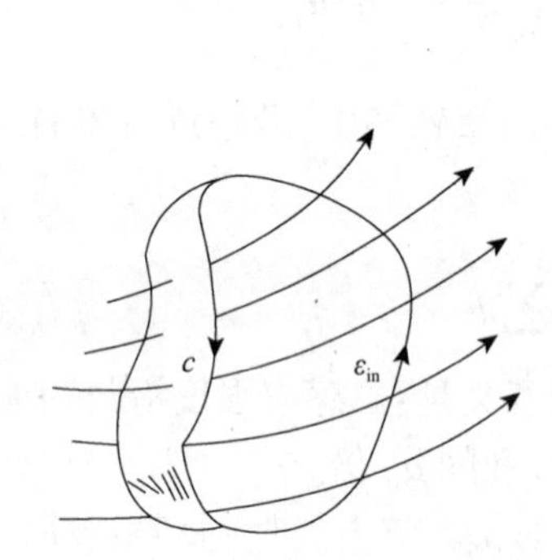

图 3-3　ε 和 Φ 的正方向关系

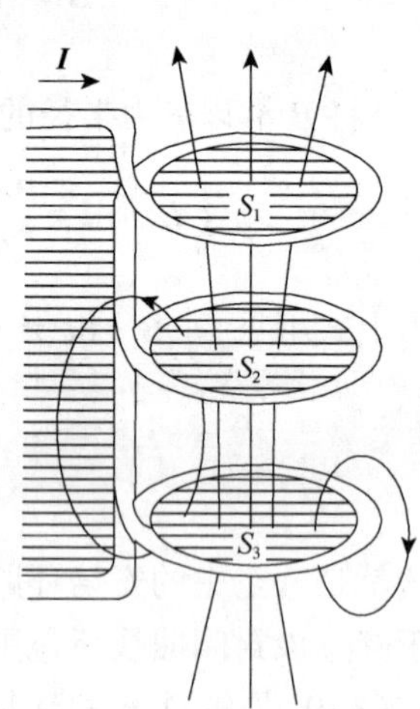

图 3-4　线圈的磁通

如果各线圈完全相同,且可忽略漏磁通,从而可以认为穿过每匝线圈所围面积的磁通是相同的,则穿过线圈所围面积的全磁通为

$$\Phi = n\int_{S} \boldsymbol{B} \cdot \mathrm{d}\boldsymbol{S} \tag{3-13}$$

2) 法拉第电磁感应定律的积分形式和微分形式

由于穿过导体回路的磁通发生变化,在导体回路中产生感应电动势必然是在导体回路中出现感应电场。感应电动势是感应电场的积分,即

$$\varepsilon_{\text{in}} = \oint_{l} \boldsymbol{E} \cdot \mathrm{d}\boldsymbol{l} \tag{3-14}$$

由式(3-12)、式(3-14)和式(3-11)可以把法拉第电磁感应定律写成积分形式,即

$$\oint_{l} \boldsymbol{E} \cdot \mathrm{d}\boldsymbol{l} = -\frac{\partial}{\partial t}\int_{S} \boldsymbol{B} \cdot \mathrm{d}\boldsymbol{S} \tag{3-15}$$

上面的推导和结论都是在导体回路中产生的电磁感应现象,后来韦克斯韦把这个定律推广到包括真空在内的任意介质中,只要磁通发生变化,就有感应电场出现,在任意介质中任取一个闭合回路,式(3-15)总是成立的,这一假设由电磁波的

发现而得到证明和公认。

由式(3-15)可以直接导出法拉第电磁感应定律的微分形式,即

$$\oint_l \boldsymbol{E} \cdot \mathrm{d}\boldsymbol{l} = \int_S \nabla \times \boldsymbol{E} \cdot \mathrm{d}\boldsymbol{S} = -\frac{\partial}{\partial t}\int_S \boldsymbol{B} \cdot \mathrm{d}\boldsymbol{S} \tag{3-16}$$

则

$$\int_S \left(\nabla \times \boldsymbol{E} + \frac{\partial \boldsymbol{B}}{\partial t}\right) \cdot \mathrm{d}\boldsymbol{S} = 0 \tag{3-17}$$

由于 S 是任意形状的曲面,所以式(3-17)积分结果为 0,必然是有 $\nabla \times \boldsymbol{E} + \frac{\partial \boldsymbol{B}}{\partial t} = 0$,所以

$$\nabla \times \boldsymbol{E} = -\frac{\partial \boldsymbol{B}}{\partial t} \tag{3-18}$$

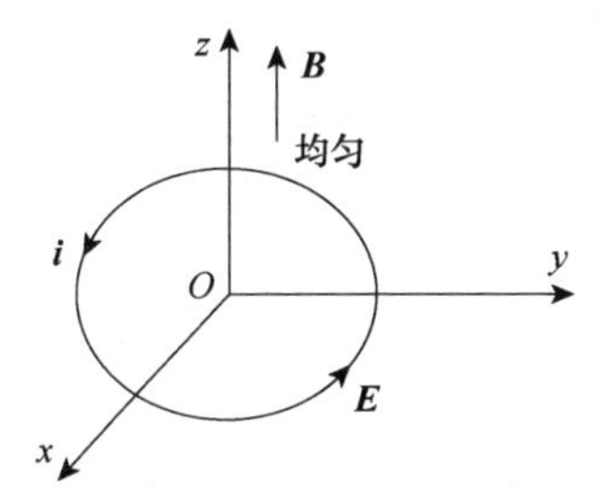

图 3-5 N 匝线圈环示意图

式(3-18)表明,感应电场与静电场的性质是完全不同的,它是有旋度的场,是由磁场变化产生的。变化的磁场是感应电场的旋涡源,不能用一个标量的梯度来代替。

下面举例说明如何应用法拉第电磁感应定律求解时变磁场中的静止回路、运动回路以及静磁场中的运动导体产生的感应电动势问题。

【例 3-3】在 xOy 平面内有一个 N 匝线圈环(图 3-5),环的中心与磁场 $\boldsymbol{B} = \boldsymbol{a}_z\cos(\pi r/2b)\sin(\omega t)$ 原点重合,其中 b 为环的半径,ω 为角频率。试求环中的感应电动势。

本例属于时变磁场中的静止回路情况,只要求得全磁通,就可利用式(3-11)直接求解。

解:每匝线圈的磁通为

$$\Phi = \int_S \boldsymbol{B} \cdot \mathrm{d}\boldsymbol{S} = \int_0^b \left[\boldsymbol{a}_z B_0 \cos\left(\frac{\pi r}{2b}\right)\sin(\omega t)\right] \cdot (\boldsymbol{a}_z 2\pi r \mathrm{d}r) = \frac{8b^2}{\pi}\left(\frac{\pi}{2} - 1\right) B_0 \sin(\omega t)$$

N 匝线圈的总磁通为 $N\Phi$。由式(3-11)可得

$$\varepsilon_{\mathrm{in}} = -N\frac{\mathrm{d}\Phi}{\mathrm{d}t} = -\frac{8Nb^2}{\pi}\left(\frac{\pi}{2} - 1\right) B_0 \omega \cos(\omega t)$$

5. 位移电流定律

前面讨论了随时间变化的磁场能感应出随时间变化的电场,反过来随时间变化的电场也能感应出磁场,下面以一个电容器充放电为例来说明。

在图 3-6 中,电容器两极板之间没有传导电流,所以在整个电路里传导电流是不连续的。但是,实际上在电容器充电或放电时流过金属导体任意横截面的传导电流都相等,这两者之间显然是矛盾的。因此,可以设想在电容器两极板之间虽无传导电流和运流电流,但存在能反映两极板电荷变化的物理量,将不连续的传导电流连接起来。

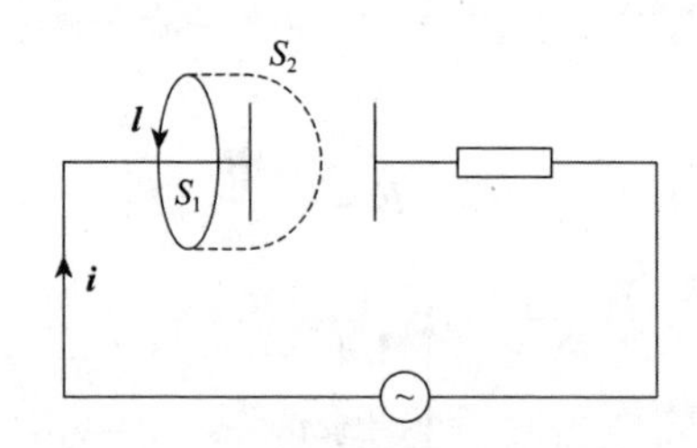

图 3-6　平板电容器的充放电

在图 3-6 中,取一个包围电容器极板 A 的闭合曲面 S。它由平面 S_1 和曲面 S_2 组成,取 S_1 和 S_2 的交界线 l 作为线积分的闭合回路。根据安培环路定律,磁感应强度 $\boldsymbol{B}$ 沿此闭合回路的线积分等于穿过该封闭曲线所包围面积中的电流代数和的 μ_0 倍。

取 l 所包围的平面 S_1,有

$$\oint_l \boldsymbol{B} \cdot \mathrm{d}\boldsymbol{l} = \mu_0 i \tag{3-19}$$

取 l 所包围的曲面 S_2,有

$$\oint_l \boldsymbol{B} \cdot \mathrm{d}\boldsymbol{l} = 0 \tag{3-20}$$

式(3-19)与式(3-20)是相互矛盾的。麦克斯韦通过研究提出位移电流的假说。

当电容器充放电时,电容器的板极上的电荷量 Q 和电荷密度 ρ_s 都随时间变化。流向极板的电流为

$$i = \frac{\mathrm{d}q}{\mathrm{d}t} = \frac{\mathrm{d}}{\mathrm{d}t}\int_S \rho_s \cdot \mathrm{d}\boldsymbol{S} = \frac{\mathrm{d}}{\mathrm{d}t}\int_S \varepsilon_0 \boldsymbol{E} \cdot \mathrm{d}\boldsymbol{S} = \varepsilon_0 \int_S \frac{\partial \boldsymbol{E}}{\partial t} \cdot \mathrm{d}\boldsymbol{S} \tag{3-21}$$

这种由变化的电场产生的电流称为位移电流 i_d,即

$$i_\mathrm{d} = \varepsilon_0 \int_S \frac{\partial \boldsymbol{E}}{\partial t} \cdot \mathrm{d}\boldsymbol{S} \tag{3-22}$$

其电流密度为位移电流密度 $\boldsymbol{J}_\mathrm{d}$,可表示为

$$\boldsymbol{J}_\mathrm{d} = \varepsilon_0 \frac{\mathrm{d}\boldsymbol{E}}{\mathrm{d}t} \tag{3-23}$$

麦克斯韦引入了位移电流的概念以后,位移电流和原有的传导电流、运流电流一起就构成了全电流 i,穿过空间任意截面的全电流等于穿过该截面的传导电流 $\boldsymbol{i}_c$、运流电流 $\boldsymbol{i}_v$ 和位移电流 $\boldsymbol{i}_d$ 之代数和,即

$$\boldsymbol{i} = \boldsymbol{i}_c + \boldsymbol{i}_v + \boldsymbol{i}_d \tag{3-24}$$

用电流密度表示为

$$\boldsymbol{J} = \boldsymbol{J}_c + \boldsymbol{J}_v + \boldsymbol{J}_d \tag{3-25}$$

由于运流电流仅在真空管等少数场合中存在,且与传导电流不能在同一点同时出现,因此一般只考虑传导电流和位移电流。引入位移电流后,全电流是连续的,即对于空间任意曲面 S,在同一时刻流入该曲面的全电流等于流出该曲面的全电流,这就是全电流连续定律。其数学表达式为

$$\int_S \boldsymbol{J} \cdot \mathrm{d}\boldsymbol{S} = \int_S \boldsymbol{J}_c \cdot \mathrm{d}\boldsymbol{S} + \varepsilon_0 \int_S \frac{\partial \boldsymbol{E}}{\partial t} \cdot \mathrm{d}\boldsymbol{S} \tag{3-26}$$

如果把全电流的概念引入安培环路定律,就可将式(3-19)和式(3-20)的矛盾迎刃而解,则

$$\oint_l \boldsymbol{B} \cdot \mathrm{d}\boldsymbol{l} = \mu_0 I = \mu_0 (I_c + I_d) = \mu_0 \int_S \boldsymbol{J}_c \cdot \mathrm{d}\boldsymbol{S} + \mu_0 \varepsilon_0 \int_S \frac{\partial \boldsymbol{E}}{\partial t} \cdot \mathrm{d}\boldsymbol{S} \tag{3-27}$$

这说明在时变电磁场中,应以式(3-27)全电流定律代替静态场中的安培环路定律。式(3-27)也说明了一个重要的电磁现象,即位移电流与传导电流一样是磁场的源,也就是变化的电场将感应出变化的磁场。

由于时变场中位移电流的引入,安培环路定律推广为全电流定律,即

$$\oint_l \boldsymbol{B} \cdot \mathrm{d}\boldsymbol{l} = \mu_0 (I_c + I_d) \tag{3-28}$$

因而其微分形式也将作相应修改,即将 $\nabla \times \boldsymbol{B} = \mu_0 \boldsymbol{J}$ 修改为

$$\nabla \times \boldsymbol{B} = \mu_0 \boldsymbol{J} + \mu_0 \varepsilon_0 \frac{\partial \boldsymbol{E}}{\partial t} \tag{3-29}$$

6. 麦克斯韦方程组简介

根据前面的分析结果,麦克斯韦全面总结静态场和时变场的现象,提出了一套完整的描述电磁场基本关系的方程,即麦克斯韦方程组。

1)麦克斯韦方程组的积分形式

综合式(3-3)、式(3-7)、式(3-15)和式(3-28)得到麦克斯韦方程组的积分形式:

$$\oint_s \boldsymbol{E} \cdot \mathrm{d}\mathbf{S} = \frac{1}{\varepsilon_0} \int_V \rho \mathrm{d}V \tag{3-30}$$

$$\oint_S \boldsymbol{B} \cdot \mathrm{d}\mathbf{S} = 0 \tag{3-31}$$

$$\oint_l \boldsymbol{E} \cdot \mathrm{d}\boldsymbol{l} = -\int_S \frac{\partial \boldsymbol{B}}{\partial t} \cdot \mathrm{d}\boldsymbol{S} \tag{3-32}$$

$$\oint_l \boldsymbol{B} \cdot \mathrm{d}\boldsymbol{l} = \mu_0 (I_c + I_d) \tag{3-33}$$

上述公式所描述的是所讨论场点的一个区域内场与源之间的关系。由此可见,电场可以由电荷产生,也可以由时变的磁场产生,但两者性质不同。电荷产生的电场是通量场,电力线不闭合,始于正电荷,终止于负电荷。而时变磁场产生的电场是旋涡场,电力线是闭合的。磁场可以由电流产生,也可以由时变电场产生,无论哪种源,磁场总是旋涡场,磁力线总是闭合的。

2)麦克斯韦方程组的微分形式

由前面分析的式(3-29)、式(3-18)、式(3-5)和式(3-8)可以得到麦克斯韦方程组的微分形式:

$$\nabla \times \boldsymbol{B} = \mu_0 \boldsymbol{J} + \mu_0 \varepsilon_0 \frac{\partial \boldsymbol{E}}{\partial t} \tag{3-34}$$

$$\nabla \times \boldsymbol{E} = -\frac{\partial \boldsymbol{B}}{\partial t} \tag{3-35}$$

$$\nabla \cdot \boldsymbol{B} = 0 \tag{3-36}$$

$$\nabla \cdot \boldsymbol{E} = \frac{\rho}{\varepsilon_0} \tag{3-37}$$

上述公式所讨论是场点的场与源的关系:式(3-34)说明传导电流和位移电流都是磁场的旋涡源,变化的电场也产生有旋磁场;式(3-35)说明变化的磁场产生有旋电场;式(3-36)说明磁场无通量源,即不存在像静电荷这样的磁荷,磁场只能由电流或变化的电场产生;式(3-37)说明电场有通量源,静电场是由电荷产生的。变化电场产生磁场,变化的磁场产生电场的结论预言了电磁波的存在。后来,赫兹(Heinrich Rudolf Hertz,1857—1894,德国物理学家)用实验证明了这一点。

上述8个公式(积分形式和微分形式)组成的麦克斯韦方程组全面而深刻地揭示了电场与磁场的关系,当然也适用于静态电磁场。事实上,只要将随时间变化量变成 $\frac{\partial}{\partial t} = 0$,所得结果就是静态电磁场的结果。

3.1.2 媒质与电磁场的相互作用

1. 电场与电介质的相互作用

1)电介质的极化

我们所处的空间是由物质构成的。就电特性而言,物质分为导体、绝缘体和半导体。介质,就是指绝缘体。介质内部几乎没有自由电子,也不可能形成传导电流。介质又分为无极分子结构与有极分子结构。通常情况下,无极分子正负电荷中心重叠,不显电性,有极分子正负电荷中心不重叠,但由于分子的热运动,排列是杂乱的,对外也不显电性。如果处于外电场作用下,无极分子带正电的原子核与带负电的电子由于电场的作用发生相反方向的位移作用,使正负电荷中心拉开,对外将显电性;排列杂乱的有极分子在电场力作用下也要顺序排列,对外也显电性。但如果外电场消失,无论是有极分子还是无极分子,都将恢复电中性状态。我们把介质在外电场作用下呈现电性的现象称为介质的极化。

介质的极化可看作在外电场作用下,介质中每个分子形成了一个电偶极子,这个电偶极子是两个电荷量相等、符号相反、间距很小的带电质点系统。电偶极距为

$$\boldsymbol{p} = \boldsymbol{a}_{\mathrm{p}} q d \tag{3-38}$$

式中,d 为带正电荷质点($+q$)与带负电荷质点($-q$)的间距;p 的方向 $\boldsymbol{a}_{\mathrm{p}}$ 是由 $-q$ 指向 $+q$,与外电场方向一致,是一个矢量。

在均匀介质极化后,其偶极子排列如图 3-7(a)所示。介质内部沿外电场方向上相邻偶极子的相邻端正负电荷相互抵消,而在介质的两个端面分别形成正负束缚电荷层,这些束缚电荷形成的场称为极化场。如果介质不是均匀的,体内束缚电荷不能完全抵消,还会有剩余束缚电荷,如图 3-7(b)所示。这些束缚电荷虽然不能离开介质运动,但也要产生电场,其方向与外电场方向相反,虽不能完全抵消绝缘体中的电场,却能削弱它。因此,介质中的电场与真空中的电场是有区别的。

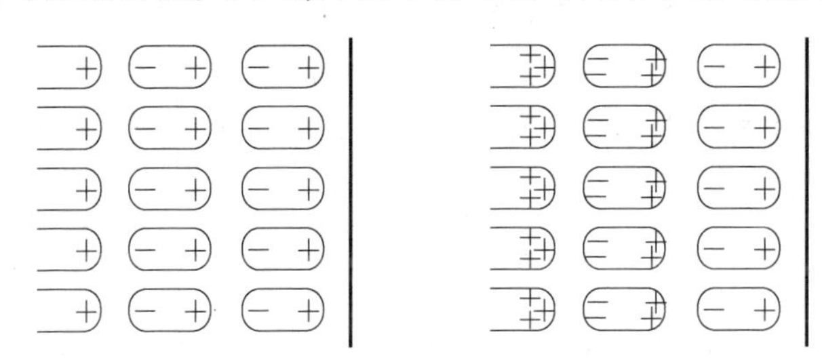

(a) 均匀介质出现表面束缚电荷　　(b) 非均匀介质出现体束缚电荷

图 3-7　介质中束缚电荷的形成

2)电位移矢量与介质中的高斯定理

在外电场作用下,取介质中一小体积 ΔV,其中总电偶极距为 $\sum \boldsymbol{p}$,$\Delta V \to 0$ 时 $\sum \boldsymbol{p}/\Delta V$ 就代表了介质的极化强度,记为 $\boldsymbol{P}$,即

$$\boldsymbol{P} = \lim_{\Delta V \to 0} \frac{\sum \boldsymbol{p}}{\Delta V}$$

实验发现 $\boldsymbol{P}$ 与总电场 $\boldsymbol{E}$($\boldsymbol{E}$ 为外加电场 $\boldsymbol{E}_0$ 与介质极化产生的电场 $\boldsymbol{E}_{\mathrm{p}}$ 之矢量和)成正比,即

$$\boldsymbol{P} = \chi_{\mathrm{e}} \varepsilon_0 \boldsymbol{E} \tag{3-39}$$

式中,χ_{e} 为介质的极化率,是无量纲常数。

介质的极化强度矢量是由束缚电荷产生的,它们之间的关系与真空中电场强度矢量与自由电荷的关系一样,应有

$$\nabla \cdot \boldsymbol{P} = -\rho_p \tag{3-40}$$

式中，ρ_p 为束缚电荷密度，负号(-)是因为 $\boldsymbol{P}$ 与 $\boldsymbol{E}$ 同方向，而束缚电荷产生的电场强度与外电场 $\boldsymbol{E}_0$ 反向。

介质中的电场是由自由电荷与束缚电荷共同产生的，所以有

$$\nabla \cdot \boldsymbol{E} = \frac{\rho + \rho_p}{\varepsilon_0} \tag{3-41}$$

由于 $\boldsymbol{E}$、ρ_p 都是未知量，为了计算方便，引入一个称为电位移矢量的物理量 $\boldsymbol{D}$。$\boldsymbol{D}$ 只与自由电荷有关，与 $\boldsymbol{E}$ 同方向。其关系式为

$$\nabla \cdot \boldsymbol{D} = \rho \tag{3-42}$$

这就是介质中的高斯定理，其积分形式为

$$\oint_S \boldsymbol{D} \cdot \mathrm{d}\boldsymbol{S} = q$$

由式(3-41)可得 $\nabla \cdot \varepsilon_0 \boldsymbol{E} = \rho + \rho_p$，由式(3-40)可得 $\nabla \cdot \varepsilon_0 \boldsymbol{E} = \rho - \nabla \cdot \boldsymbol{P}$，则

$$\nabla \cdot (\varepsilon_0 \boldsymbol{E} + \boldsymbol{P}) = \rho \tag{3-43}$$

由式(3-42)、式(3-43)和式(3-39)得到 $\boldsymbol{D}$ 与 $\boldsymbol{E}$ 的关系：

$$\boldsymbol{D} = \varepsilon_0 \boldsymbol{E} + \boldsymbol{P} = \varepsilon_0 \boldsymbol{E} + \chi_e \varepsilon_0 \boldsymbol{E} = \varepsilon \boldsymbol{E} \tag{3-44}$$

$$\varepsilon = \varepsilon_0 (1 + \chi_e) \tag{3-45}$$

式中，ε 为介质的介电常数。以真空中的介电常数 ε_0 为准，其他介质的介电常数与之相比，比值称为相对介电常数，可表示为

$$\varepsilon_r = \frac{\varepsilon}{\varepsilon_0} = 1 + \chi_e \tag{3-46}$$

【例 3-4】图 3-8 所示为两块平行导体板，板间距离 $d = 1.0\mathrm{cm}$，板面积为 $S = 200\mathrm{cm}^2$，充电后两导体板分别带上正负电荷，$q = 8.9 \times 10^{-10}\mathrm{C}$，然后将电源断开，再将一块厚度为 $b = 0.05\mathrm{cm}$ 的电介质插入两极板间，电介质的相对介电常数 $\varepsilon_r = 8.0$。试计算：空间和电介质中的 $\boldsymbol{E}$、$\boldsymbol{D}$、$\boldsymbol{P}$。

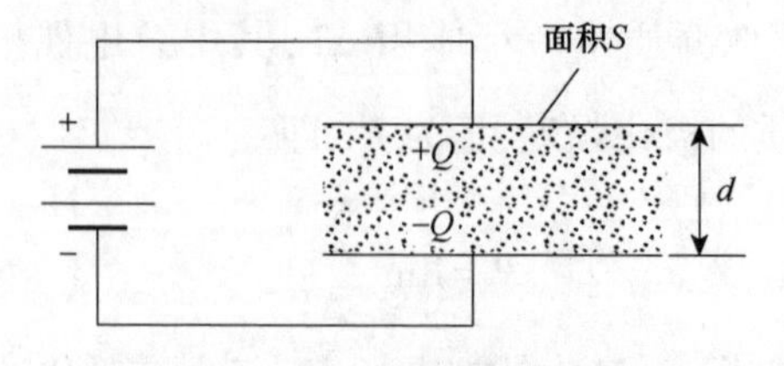

图 3-8　平行板电容器

解：为了简便起见，不考虑边缘效应，电介质是均匀、各向同性的。

根据题意分析可知：空隙和介质中 $\boldsymbol{D}$、$\boldsymbol{E}$ 的方向自上板垂直指向下板。

空隙中，选择柱体的两底面平行于导体板，并分别位于导体板和空隙中，并使柱体侧面垂直柱面，由高斯定理可得

$$\oint_s \boldsymbol{D} \cdot \mathrm{d}\boldsymbol{S} = \int_{上底面} \boldsymbol{D} \cdot \mathrm{d}\boldsymbol{S} + \int_{侧面} \boldsymbol{D} \cdot \mathrm{d}\boldsymbol{S} + \int_{下底面} \boldsymbol{D} \cdot \mathrm{d}\boldsymbol{S}$$

$$= 0 + 0 + \int_{下底面} \boldsymbol{D} \cdot \mathrm{d}\boldsymbol{S} = \boldsymbol{D} \cdot \Delta\boldsymbol{S} = \frac{q}{S}\Delta S$$

所以,可得出空隙中,有

$$D = \frac{q}{S} = \frac{8.9 \times 10^{-10}}{200 \times 10^{-4}} \approx 4.5 \times 10^{-8}(\mathrm{C/m^2})$$

$$E = \frac{D}{\varepsilon_r \varepsilon_0} = \frac{4.5 \times 10^{-8}}{1 \times 8.9 \times 10^{-12}} \approx 0.5 \times 10^4(\mathrm{V/m})$$

$$\boldsymbol{P} = \chi_e \varepsilon_0 \boldsymbol{E} = (\varepsilon_r - 1)\varepsilon_0 \boldsymbol{E} = 0(\varepsilon_r = 1)$$

在电介质中,选择柱体的两底面与导体板平行,并分别位于介质和导体板中,使柱体侧面与底面垂直。应用高斯定理,有

$$\oint_{S_2} \boldsymbol{D} \cdot \mathrm{d}\boldsymbol{S} = \int_{上底面} \boldsymbol{D} \cdot \mathrm{d}\boldsymbol{S} + \int_{侧面} \boldsymbol{D} \cdot \mathrm{d}\boldsymbol{S} + \int_{下底面} \boldsymbol{D} \cdot \mathrm{d}\boldsymbol{S}$$

$$= \int_{上底面} \boldsymbol{D} \cdot \mathrm{d}\boldsymbol{S} + 0 + 0 = - D\Delta S = - \frac{q}{S}\Delta S$$

所以

$$D = \frac{q}{S} = \frac{8.9 \times 10^{-10}}{200 \times 10^{-4}} \approx 4.5 \times 10^{-8}(\mathrm{C/m^2})$$

$$E = \frac{D}{\varepsilon_r \varepsilon_0} = \frac{4.5 \times 10^{-8}}{8.0 \times 8.9 \times 10^{-12}} \approx 0.063 \times 10^4(\mathrm{V/m})$$

$$P = \chi_e \varepsilon_0 E = (\varepsilon_r - 1)\varepsilon_0 E \approx 3.9 \times 10^{-8}(\mathrm{C/m^2})$$

显然,$\boldsymbol{D}$、$\boldsymbol{E}$ 和 $\boldsymbol{P}$ 三者满足 $\boldsymbol{D}=\varepsilon_0\boldsymbol{E}+\boldsymbol{P}$。

由例 3-4 可见,电介质之外 $\boldsymbol{P} = 0$,空隙和电介质中 $\boldsymbol{D}$ 的值不变,而 $\boldsymbol{E}$ 的值不同。这是由于 $\boldsymbol{D}$ 只与自由电荷有关,与束缚电荷无关,而 $\boldsymbol{E}$ 与总电荷有关。在电介质中,束缚电荷产生的电场 $\boldsymbol{E}_p$ 与外电场 $\boldsymbol{E}_0$ 方向相反,所以电介质的场强比空隙中的小。

2. 磁场与磁介质的相互作用

1)介质的磁化强度和等效电流密度

磁介质在外磁场作用下要发生磁化现象,磁化了的介质又要对磁场产生影响,如何考虑其影响呢?

构成物质的分子是由带负电的电子和带正电的原子核组成的。电子绕核沿轨道的运动以及电子、原子核各自绕轴旋转(自转)都有电流效应,统称为分子电流。可以用一个等效电流 I_0 沿着一个包围面积为 S_0 的回路运动产生的磁矩 $\boldsymbol{m}_0$ 来描述。

$$\boldsymbol{m}_0 = \boldsymbol{I}_0 S_0 \tag{3-47}$$

式中，$\boldsymbol{m}_0$ 为分子磁矩，单位为 Wb/m。

不存在外磁场时，除永久磁铁外，大多数材料分子磁矩的取向是随机的。因此，无净磁矩。当施加外磁场后，所有分子磁矩都要向磁场方向偏转。由于分子的热运动，虽不能使所有磁矩都转到与外磁场相同的方向，但磁介质中的总磁矩不再等于0。这就是磁介质的磁化现象。当然对于不同的磁介质，磁化程度是不同的。分子磁矩平均向外磁场方向偏转的程度还取决于外磁场的大小。磁介质单位体积内所有分子磁矩的矢量和，称为磁介质的磁化强度 $\boldsymbol{M}$，即

$$\boldsymbol{M} = \lim_{\Delta V \to 0} \frac{\Delta M}{\Delta V} \tag{3-48}$$

式中，M 的单位为 $\mathrm{Wb/m^2}$。

磁化了的磁介质其磁矩不为0。故在其周围又会产生磁场，称为二次磁场。该磁场与外磁场一起建立和维持磁介质中的磁场。磁介质磁化后所产生的磁场与真空中的传导电流和面电流所产生的磁场相同。介质磁化产生的电流为

$$\boldsymbol{J}' = \nabla \times \boldsymbol{M} \tag{3-49}$$

$$\boldsymbol{J}'_S = \boldsymbol{M} \times \boldsymbol{n} \tag{3-50}$$

式中，$\boldsymbol{J}'$、$\boldsymbol{J}'_S$ 为介质磁化后在介质体内和表面上产生的束缚体电流密度和束缚面电流密度。

2）磁场强度和相对磁导率

由于束缚电流产生的磁场与传导电流产生的磁场没有区别，也就是说介质中的磁场是由传导电流与介质磁化产生的束缚电流共同产生的。因此，介质内安培环路定律的微分形式应改写为 $\nabla \times \boldsymbol{B} = \mu_0(\boldsymbol{J} + \boldsymbol{J}') = \mu_0 \boldsymbol{J} + \mu_0 \nabla \times \boldsymbol{M}$，则

$$\nabla \times \left(\frac{\boldsymbol{B}}{\mu_0} - \boldsymbol{M} \right) = \boldsymbol{J} \tag{3-51}$$

令

$$\boldsymbol{H} = \frac{\boldsymbol{B}}{\mu_0} - \boldsymbol{M} \tag{3-52}$$

得

$$\nabla \times \boldsymbol{H} = \boldsymbol{J} \tag{3-53}$$

式中，$\boldsymbol{H}$ 为磁场强度，单位为 A/m。

磁介质内安培环路定律的积分形式为

$$\oint \boldsymbol{H} \cdot \mathrm{d}\boldsymbol{l} = I \tag{3-54}$$

即 $\boldsymbol{H}$ 沿任意闭合回路的积分等于闭合路径所包围的传导电流。

从式(3-53)和式(3-54)可以看出，磁场强度仅与传导电流有关，与磁介质的磁化强度无关。

实验证明：除铁磁物质外，磁介质的磁化强度 $\boldsymbol{M}$ 与 $\boldsymbol{B}$ 成正比。由式(3-52)可

知,$\boldsymbol{H}$ 与 $\boldsymbol{B}$ 成正比,因而 $\boldsymbol{M}$ 与 $\boldsymbol{H}$ 也成正比关系,即

$$\boldsymbol{M}=\chi_{m}\boldsymbol{H} \tag{3-55}$$

χ_{m} 称为磁化率,是一个无量纲常数。抗磁物质的 χ_{m} 为负值,顺磁物质的 χ_{m} 为正值,真空的 χ_{m} 等于0。代入式(3-52),得

$$\boldsymbol{H}=\frac{\boldsymbol{B}}{\mu_{0}}-\chi_{m}\boldsymbol{H} \tag{3-56}$$

$$\boldsymbol{B}=\mu_{0}(1+\chi_{m})\boldsymbol{H} \tag{3-57}$$

$$\boldsymbol{B}=\mu\boldsymbol{H} \tag{3-58}$$

$$\mu=\mu_{0}(1+\chi_{m})$$

式中,μ 为物质的磁导率。μ 与真空磁导率 μ_{0} 的比值称为物质的相对磁导率,用 μ_{r} 表示:

$$\mu_{r}=\frac{\mu}{\mu_{0}}=1+\chi_{m} \tag{3-59}$$

它是一个无量纲常数。

3. 恒定电流的电场

金属导体可以描绘成正离子点阵和点阵间充满自由电子云的结构模式。正离子不能从一个点阵位置漂移到另一个位置,而只能围绕各自点阵的位置振动。自由电子则不同,它们极为活泼,能在点阵之间穿行,自由电子的运动是以不同速度向着四面八方的,而且它们在点阵之间运动时还将与点阵发生相互作用。两次相互作用之间的平均时间间隔称为平均自由时间,记为 τ。由于自由电子的运动方向是凌乱的,当取 n 个自由电子的平均速度 $\bar{v}_{d}$ 时,只要 n 值足够大,必有 $\bar{v}_{d}=0$。

如果在导体上加一恒定电场 $\boldsymbol{E}$,则每个电子都要受到电场力的作用,从而获得一个逆电场方向的附加速度,因而取 n 个自由电子的平均速度时其值不再为0。这个平均速度称为定向漂移速度,记为 $\bar{\bar{v}}_{d}$。因此,自由电子在两次与点阵相互作用间隔中所获得的动量为 $m\bar{\bar{v}}_{d}$,m 是电子质量。当然,在与点阵相互作用时,自由电子把得到的动量交给点阵。电场对电子的作用力是 $e\boldsymbol{E}$,e 是电子的电荷量,在时间间隔 τ 内电子获得的冲量是 $(e\boldsymbol{E})\tau$,根据动量原理有

$$m\bar{\bar{v}}_{d}=-e\tau E \tag{3-60}$$

$$\bar{\bar{v}}_{d}=-\frac{e}{m}\tau E \tag{3-61}$$

式中,负号是因为电子漂移速度与电场方向相反。

在垂直于 $\boldsymbol{E}$ 的方向取面元 $\mathrm{d}S$,则沿电场方向长度为 $\bar{\bar{v}}_{d}$ 的体积元内,自由电子在单位时间内将全部穿过 $\mathrm{d}S$。设自由电子密度为 N,则单位时间内通过 $\mathrm{d}S$ 的电荷量为 $\mathrm{d}q=-Ne\bar{\bar{v}}_{d}\mathrm{d}\boldsymbol{S}$,因此电流密度为

$$J = -Ne\bar{\bar{v}}_d = \frac{Ne^2\tau}{m}E = \sigma E \tag{3-62}$$

式中,$\sigma = Ne^2\tau/m$ 为金属电导率(S/m)。用矢量表示为

$$\boldsymbol{J} = \sigma\boldsymbol{E} \tag{3-63}$$

式(3-63)就是导体内电流密度与电场强度的关系式,也就是欧姆(Georg Simon Ohm,1789—1854,德国物理学家)定律的微分形式。在电路问题中,用电流强度 I、电压 U 及电阻 R 所表达的欧姆定律来讨论有关问题,而在电磁场问题中,则用相应的电流密度 $\boldsymbol{J}$、电场强度 $\boldsymbol{E}$ 及电导率 σ 表示的微分形式的欧姆定律来讨论有关问题。

3.1.3 媒质中的麦克斯韦方程组

综合以上分析,可以得到电磁场在媒质中遵守的普遍规律,即媒质中的麦克斯韦方程组。

积分方程:

$$\oint_l \boldsymbol{H}\cdot \mathrm{d}\boldsymbol{l} = \int_S \boldsymbol{J}\cdot \mathrm{d}\boldsymbol{S} + \int \frac{\partial \boldsymbol{D}}{\partial t}\cdot \mathrm{d}\boldsymbol{S} \tag{3-64a}$$

$$\oint_l \boldsymbol{E}\cdot \mathrm{d}\boldsymbol{l} = -\frac{\partial}{\partial t}\int_S \boldsymbol{B}\cdot \mathrm{d}\boldsymbol{S} \tag{3-64b}$$

$$\oint_S \boldsymbol{B}\cdot \mathrm{d}\boldsymbol{S} = 0 \tag{3-64c}$$

$$\oint_S \boldsymbol{D}\cdot \mathrm{d}\boldsymbol{S} = \int_V \rho \mathrm{d}V \tag{3-64d}$$

微分方程:

$$\nabla\times \boldsymbol{H} = J + \frac{\partial \boldsymbol{D}}{\partial t} \tag{3-65a}$$

$$\nabla\times \boldsymbol{E} = -\frac{\partial \boldsymbol{B}}{\partial t} \tag{3-65b}$$

$$\nabla\cdot \boldsymbol{B} = 0 \tag{3-65c}$$

$$\nabla\cdot \boldsymbol{D} = \rho \tag{3-65d}$$

物质方程:

$$\boldsymbol{D} = \varepsilon\boldsymbol{E} \tag{3-66a}$$

$$\boldsymbol{B} = \mu\boldsymbol{H} \tag{3-66b}$$

$$\boldsymbol{J} = \sigma\boldsymbol{E} \tag{3-66c}$$

3.2 时变电磁场与电磁波

时变电磁场中电场和磁场都随时间变化。由于随时间变化的任意函数形式都

可以看作多个不同频率,不同形式的正弦函数的叠加。因此,只要讨论随时间作正弦变化的电磁场就可进而全面完整地描述任意时变电磁场。

3.2.1　时变电磁场

1. 麦克斯韦方程组的复数形式

根据傅里叶(Baron Jean Baptiste Joseph Fourier,1768—1830,法国数学家和物理学家)频谱分析,任何时变信号,都可以看作不同频率的正弦时变信号的叠加。同理,任何时变电磁场,都可以看作不同频率的正弦时变电磁场的叠加。所以,研究时变电磁场的问题可以归结为研究正弦电磁场的问题。如果电场和磁场的每一分量都是时间的正弦函数,则称为正弦电磁场。当电荷和电流都随时间作正弦变化时,空间任意点的电场和磁场的每一分量都将是时间的正弦函数。例如,电场强度矢量表达式为

$$\begin{aligned}\boldsymbol{E} &= \boldsymbol{a}_x E_x + \boldsymbol{a}_y E_y + \boldsymbol{a}_z E_z \\ &= \boldsymbol{a}_x E_{xm}\cos(\omega t + \phi_x) + \boldsymbol{a}_y E_{ym}\cos(\omega t + \phi_y) + \boldsymbol{a}_z E_{zm}\cos(\omega t + \phi_z)\end{aligned} \tag{3-67}$$

为了简化书写,把正弦函数用复数形式表示,即

$$E_x = E_{xm}\cos(\omega t + \phi_x) = \mathrm{Re}\,[E_{xm}\mathrm{e}^{\mathrm{j}\phi_x}\mathrm{e}^{\mathrm{j}\omega t}] = \mathrm{Re}\,[\dot{E}_{xm}\mathrm{e}^{\mathrm{j}\omega t}] \tag{3-68}$$

所以,可作如下规定:将 $E_x = E_{xm}\cos(\omega t+\phi_x)$ 用 $\dot{E}_x = E_{xm}\mathrm{e}^{\mathrm{j}\phi_x}\mathrm{e}^{\mathrm{j}\omega t} = \dot{E}_{xm}\mathrm{e}^{\mathrm{j}\omega t}$ 表示;$E_y = E_{ym}\cos(\omega t+\phi_y)$ 用 $\dot{E}_y = E_{ym}\mathrm{e}^{\mathrm{j}\phi_y}\mathrm{e}^{\mathrm{j}\omega t} = \dot{E}_{ym}\mathrm{e}^{\mathrm{j}\omega t}$ 表示;$E_z = E_{zm}\cos(\omega t+\phi_z)$ 用 $\dot{E}_z = E_{zm}\mathrm{e}^{\mathrm{j}\phi_z}\mathrm{e}^{\mathrm{j}\omega t} = \dot{E}_{zm}\mathrm{e}^{\mathrm{j}\omega t}$ 表示。

这里 E_{xm}、E_{ym}、E_{zm}、ϕ_x、ϕ_y、ϕ_z 都是空间坐标的函数。$\dot{E}_{xm}$ 、$\dot{E}_{ym}$ 、$\dot{E}_{zm}$ 称为复数振幅,它们的模表示该分量的振幅,而幅角表示该分量的初始相位。

例如,$\boldsymbol{E}$ 可以表示为

$$\boldsymbol{E} = \boldsymbol{a}_x E_x + \boldsymbol{a}_y E_y + \boldsymbol{a}_z E_z = \mathrm{Re}\,[(\boldsymbol{a}_x \dot{E}_{xm} + \boldsymbol{a}_y \dot{E}_{ym} + \boldsymbol{a}_z \dot{E}_{zm})\,\mathrm{e}^{\mathrm{j}\omega t}] \tag{3-69}$$

为了进一步简化书写,采用一个记号来表示上面圆括号内的总和:

$$\dot{\boldsymbol{E}} = \boldsymbol{a}_x \dot{E}_{xm} + \boldsymbol{a}_y \dot{E}_{ym} + \boldsymbol{a}_z \dot{E}_{zm} \tag{3-70}$$

从而,式(3-69)可以写成

$$\boldsymbol{E} = \boldsymbol{a}_x E_x + \boldsymbol{a}_y E_y + \boldsymbol{a}_z E_z = \mathrm{Re}\,[\dot{\boldsymbol{E}}\mathrm{e}^{\mathrm{j}\omega t}] \tag{3-71}$$

式中,$\dot{\boldsymbol{E}}$ 为电场强度的复矢量,复矢量是三个分量的三个复数的组合。在复数公式中使用复矢量仅仅是表示方程式两边沿同一个坐标分量的复数相等。若要讨论场强在空间和时间的分布关系,就要将场强的复矢量恢复成瞬时值形式。

将式(3-71)代入麦克斯韦方程组的微分形式:

$$\nabla\times \boldsymbol{H} = \boldsymbol{J} + \frac{\partial \boldsymbol{D}}{\partial t}$$

$$\nabla\times \mathrm{Re}[\dot{\boldsymbol{H}}\mathrm{e}^{\mathrm{j}\omega t}] = \mathrm{Re}[\dot{\boldsymbol{J}}\mathrm{e}^{\mathrm{j}\omega t}] + \frac{\partial}{\partial t}[\mathrm{Re}(\dot{\boldsymbol{D}}\mathrm{e}^{\mathrm{j}\omega t})]$$

$$\mathrm{Re}[\nabla\times \dot{\boldsymbol{H}}\mathrm{e}^{\mathrm{j}\omega t}] = \mathrm{Re}\left[\dot{\boldsymbol{J}}\mathrm{e}^{\mathrm{j}\omega t} + \frac{\partial}{\partial t}(\dot{\boldsymbol{D}}\mathrm{e}^{\mathrm{j}\omega t})\right]$$

因此

$$\nabla\times \dot{\boldsymbol{H}} = \dot{\boldsymbol{J}} + \mathrm{j}\omega\dot{\boldsymbol{D}} \tag{3-72a}$$

同理可得

$$\nabla\times \dot{\boldsymbol{E}} = -\mathrm{j}\omega\dot{\boldsymbol{B}} \tag{3-72b}$$

$$\nabla\cdot \dot{\boldsymbol{B}} = 0 \tag{3-72c}$$

$$\nabla\cdot \dot{\boldsymbol{D}} = \ddot{\rho} \tag{3-72d}$$

同样,可得复数形式的物质方程

$$\dot{\boldsymbol{J}} = \sigma\dot{\boldsymbol{E}} \tag{3-73a}$$

$$\dot{\boldsymbol{D}} = \varepsilon\dot{\boldsymbol{E}} \tag{3-73b}$$

$$\dot{\boldsymbol{B}} = \mu\dot{\boldsymbol{H}} \tag{3-73c}$$

复数形式的麦克斯韦方程组没有时间因子,这样方程式中的变量就减少一个。由于有 $\mathrm{j}\omega$ 的出现,不影响计算结果的正确性。

上面为了突出复数形式与瞬时值形式的区别,用打点(·)表示复数,以后为了进一步简化书写形式,而不再打点,仅用 $\boldsymbol{E}$、$\boldsymbol{H}$ 表示。由于复数形式和瞬时值形式之间有明显区别,不会造成混乱。以后就采用下述复数形式的麦克斯韦方程组和物质方程:

$$\nabla\times \boldsymbol{H} = \boldsymbol{J} + \mathrm{j}\omega\boldsymbol{D} \tag{3-74a}$$

$$\nabla\times \boldsymbol{E} = -\mathrm{j}\omega\boldsymbol{B} \tag{3-74b}$$

$$\nabla\cdot \boldsymbol{D} = \rho \tag{3-74c}$$

$$\nabla\cdot \boldsymbol{B} = 0 \tag{3-74d}$$

$$\boldsymbol{J} = \sigma\boldsymbol{E} \tag{3-75a}$$

$$\boldsymbol{D} = \varepsilon\boldsymbol{E} \tag{3-75b}$$

$$\boldsymbol{B} = \mu\boldsymbol{H} \tag{3-75c}$$

2. 时变电磁场的波动方程

由麦克斯韦微分方程求解 $\boldsymbol{E}$ 和 $\boldsymbol{H}$,首先推导 $\boldsymbol{E}$ 和 $\boldsymbol{H}$ 的波动方程,其次由波动方程求解 $\boldsymbol{E}$ 和 $\boldsymbol{H}$。无源空间的麦克斯韦方程为

$$\nabla\times \boldsymbol{H} = \varepsilon\frac{\partial \boldsymbol{E}}{\partial t} \tag{3-76a}$$

$$\nabla \times \boldsymbol{E} = -\mu \frac{\partial \boldsymbol{H}}{\partial t} \tag{3-76b}$$

$$\nabla \cdot \boldsymbol{B} = 0 \tag{3-76c}$$

$$\nabla \cdot \boldsymbol{D} = 0 \tag{3-76d}$$

对式(3-76b)两边取旋度,有

$$\nabla \times \nabla \times \boldsymbol{E} = \nabla \times \left(-\frac{\partial \boldsymbol{B}}{\partial t}\right) = \nabla \times \left(-\mu \frac{\partial \boldsymbol{H}}{\partial t}\right) \tag{3-77}$$

根据矢量恒等式 $\nabla \times \nabla \times \boldsymbol{E} = \nabla\nabla \cdot \boldsymbol{E} - \nabla^2 \boldsymbol{E}$, 有

$$\nabla\nabla \cdot \boldsymbol{E} - \nabla^2 \boldsymbol{E} = -\mu \frac{\partial}{\partial t} \nabla \times \boldsymbol{H} = -\mu \frac{\partial^2 \boldsymbol{D}}{\partial t^2} = -\mu\varepsilon \frac{\partial^2 \boldsymbol{E}}{\partial t^2} \tag{3-78}$$

式中,对无源空间, $\nabla \cdot \boldsymbol{E} = \dfrac{\rho}{\varepsilon} = 0$,可得

$$\nabla^2 \boldsymbol{E} = \mu\varepsilon \frac{\partial^2 \boldsymbol{E}}{\partial t^2} \tag{3-79}$$

$$\nabla^2 \boldsymbol{E} - \mu\varepsilon \frac{\partial^2 \boldsymbol{E}}{\partial t^2} = 0 \tag{3-80a}$$

同样可求得

$$\nabla^2 \boldsymbol{H} - \mu\varepsilon \frac{\partial^2 \boldsymbol{H}}{\partial t^2} = 0 \tag{3-80b}$$

式(3-80a)和式(3-80b)为电场矢量 $\boldsymbol{E}$ 和磁场矢量 $\boldsymbol{H}$ 的齐次波动方程。

对于正弦时变场,将 $\boldsymbol{E}$ 和 $\boldsymbol{H}$ 的复矢量代入并进行微分运算,得到复矢量 $\boldsymbol{E}$ 和 $\boldsymbol{H}$ 的波动方程:

$$\nabla^2 \boldsymbol{E} + k^2 \boldsymbol{E} = 0 \tag{3-81a}$$

$$\nabla^2 \boldsymbol{H} + k^2 \boldsymbol{H} = 0 \tag{3-81b}$$

其中

$$k = \omega \sqrt{\varepsilon\mu} \tag{3-82}$$

称为圆波数,简称波数,单位 rad/m。

式(3-81a)和式(3-81b)是复矢量形式的波动方程,也称为齐次亥姆霍兹(Hermann Ludwig Ferdinand Von Helmholtz,1821—1894,德国物理学家)方程。

上述各波动方程中 $\boldsymbol{E}$、$\boldsymbol{H}$ 都是矢量,都由三个分量组成,因此它们的波动方程都包括三个标量波动方程。例如,笛卡儿坐标系中 $\boldsymbol{E}$ 的三个标量波动方程即为 E_x、E_y、E_z 三个分量的波动方程,其表达式如下:

$$\frac{\partial^2 E_x}{\partial x^2} + \frac{\partial^2 E_x}{\partial y^2} + \frac{\partial^2 E_x}{\partial z^2} + k^2 E_x = 0 \tag{3-83a}$$

$$\frac{\partial^2 E_y}{\partial x^2} + \frac{\partial^2 E_y}{\partial y^2} + \frac{\partial^2 E_y}{\partial z^2} + k^2 E_y = 0 \tag{3-83b}$$

$$\frac{\partial^2 E_z}{\partial x^2}+\frac{\partial^2 E_z}{\partial y^2}+\frac{\partial^2 E_z}{\partial z^2}+k^2E_z=0 \tag{3-83c}$$

3. 复介电常数,复磁导率

理想介质是无耗的,它的电导率 $\sigma=0$,介电常数 ε 和磁导率 μ 都是实数。但是,实际的介质是有损耗的。实际介质的损耗包括导体损耗、电介质损耗和磁介质损耗三个方面。$\sigma\neq 0$,必然存在焦耳热损耗;由于场对介质的作用,介质的极化和磁化作用也要对场产生阻尼作用,也就是存在介质损耗,而且电磁场的频率越高,损耗越大。在这种情况下,介电常数 ε 和磁导率 μ 表现为复数,即

$$\varepsilon=\varepsilon'-\mathrm{j}\varepsilon'' \tag{3-84}$$

$$\mu=\mu'-\mathrm{j}\mu'' \tag{3-85}$$

式中,ε''就反映了媒质的介质极化损耗,μ''反映了媒质的磁化损耗。

在有损耗的介质中,麦克斯韦方程组中的 ε、μ 都应是复数。

4. 功率流

电磁场是一种特殊形式的物质,而能量又是物质的主要属性,所以电磁波的传播也就是能量的传播,同时服从能量转换守恒定律。正是麦克斯韦方程组中两个旋度方程说明了电磁场以波的形式传播。所以,从这两个方程导出电磁波传播中能量的转换与传播关系。

在均匀和各向同性的介质中 ε、μ 都是常数。$\boldsymbol{E}$ 和 $\boldsymbol{H}$ 的矢量恒等式为

$$\nabla\cdot(\boldsymbol{E}\times\boldsymbol{H})=\boldsymbol{H}\cdot\nabla\times\boldsymbol{E}-\boldsymbol{E}\cdot\nabla\times\boldsymbol{H} \tag{3-86}$$

将 $\nabla\times\boldsymbol{E}=-\dfrac{\partial\boldsymbol{B}}{\partial t}$ 和 $\nabla\times\boldsymbol{H}=J+\dfrac{\partial\boldsymbol{D}}{\partial t}$ 代入式(3-86),可得

$$\begin{aligned}\nabla\cdot(\boldsymbol{E}\times\boldsymbol{H})&=-\boldsymbol{H}\cdot\frac{\partial\boldsymbol{B}}{\partial t}-\boldsymbol{E}\cdot\frac{\partial\boldsymbol{D}}{\partial t}-\boldsymbol{J}\cdot\boldsymbol{E}\\&=-\frac{\mu}{2}\frac{\partial(\boldsymbol{H}\cdot\boldsymbol{H})}{\partial t}-\frac{\varepsilon}{2}\frac{\partial(\boldsymbol{E}\cdot\boldsymbol{E})}{\partial t}-\sigma\boldsymbol{E}\cdot\boldsymbol{E}\\&=-\frac{\partial}{\partial t}\left(\frac{\mu H^2}{2}+\frac{\varepsilon E^2}{2}\right)-\sigma E^2\\&=-\frac{\partial}{\partial t}(w_\mathrm{m}+w_\mathrm{e})-\sigma E^2\end{aligned} \tag{3-87}$$

式中,w_m 和 w_e 为磁场和电场的能量密度;σE^2 为单位体积内转变为焦耳热的功率。将式(3-87)对所研究的体积 V 积分,即

$$\int_V\nabla\cdot(\boldsymbol{E}\times\boldsymbol{H})\,\mathrm{d}V=-\frac{\partial}{\partial t}\int_V\left(\frac{1}{2}\mu\boldsymbol{H}^2+\frac{1}{2}\varepsilon\boldsymbol{E}^2\right)\mathrm{d}V-\int_V\sigma\boldsymbol{E}^2\mathrm{d}V \tag{3-88}$$

将式(3-88)左边的体积分化为对包围体积 V 的表面 S 的面积分,即

$$\oint_S(\boldsymbol{E}\times\boldsymbol{H})\cdot\mathrm{d}\boldsymbol{S}=-\frac{\partial}{\partial t}\int_V(w_\mathrm{m}+w_\mathrm{e})\,\mathrm{d}V-\int_V\sigma E^2\mathrm{d}V \tag{3-89}$$

式(3-89)的物理意义是：左边 $\oint_S (\boldsymbol{E}\times\boldsymbol{H})\cdot \mathrm{d}\boldsymbol{S}$ 为单位时间穿出闭合面 S 的功率；右边第一项 $-\frac{\partial}{\partial t}\int_V (w_{\mathrm{m}}+w_{\mathrm{e}})\,\mathrm{d}V$ 是体积 V 内在单位时间内能量的减少量，第二项 $\int_V \sigma E^2 \mathrm{d}V$ 则表示由于介质内 $\sigma\neq 0$ 而产生的焦耳热损耗功率。式(3-89)称为坡印廷(John Henry Poyntine，1852—1914，英格兰物理学家)定理。令

$$\boldsymbol{p}=\boldsymbol{E}\times\boldsymbol{H} \tag{3-90}$$

式中，$\boldsymbol{p}$ 为坡印廷矢量，它的物理意义是单位时间内穿出与能流传播方向相垂直的单位面积上的能量，单位为 $\mathrm{W/m^2}$，是功率面密度。$\boldsymbol{E}$、$\boldsymbol{H}$、$\boldsymbol{p}$ 三者之间为右手螺旋关系，如图3-9所示。$\boldsymbol{p}$ 的方向就是电磁波传播的方向。

由于式(3-89)是从麦克斯韦方程组的瞬时值公式推导的，所以 $\boldsymbol{p}$ 是时间的函数。

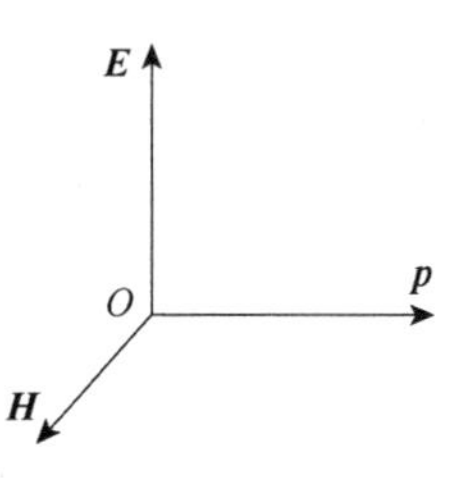

图3-9　坡印廷矢量

瞬时功率流密度 $\boldsymbol{p}(t)=\boldsymbol{E}(t)\times\boldsymbol{H}(t)$ 没有指定电场强度和磁场强度随时间变化的方式。对于正弦电磁场，电场强度和磁场强度的每一坐标分量都随时间作周期性的简谐变化。这时，每一点处功率流密度的时间平均值更具有实际意义，下面讨论这个问题。

对于正弦电磁场，当场矢量用复数表示时，有

$$\boldsymbol{E}(t)=\mathrm{Re}(\boldsymbol{E}\mathrm{e}^{\mathrm{j}\omega t})=\frac{1}{2}[\boldsymbol{E}\mathrm{e}^{\mathrm{j}\omega t}+\boldsymbol{E}^*\mathrm{e}^{\mathrm{j}\omega t}] \tag{3-91a}$$

$$\boldsymbol{H}(t)=\mathrm{Re}(\boldsymbol{H}\mathrm{e}^{\mathrm{j}\omega t})=\frac{1}{2}[\boldsymbol{H}\mathrm{e}^{\mathrm{j}\omega t}+\boldsymbol{H}^*\mathrm{e}^{\mathrm{j}\omega t}] \tag{3-91b}$$

式中，$\boldsymbol{E}^*$ 和 $\boldsymbol{H}^*$ 分别表示 $\boldsymbol{E}$ 和 $\boldsymbol{H}$ 的共轭复数。这时坡印廷矢量瞬时值可写为

$$\begin{aligned}\boldsymbol{p}(t)&=\boldsymbol{E}(t)\times\boldsymbol{H}(t)\\&=\frac{1}{2}[\boldsymbol{E}\mathrm{e}^{\mathrm{j}\omega t}+\boldsymbol{E}^*\mathrm{e}^{\mathrm{j}\omega t}]\times\frac{1}{2}[\boldsymbol{H}\mathrm{e}^{\mathrm{j}\omega t}+\boldsymbol{H}^*\mathrm{e}^{\mathrm{j}\omega t}]\\&=\frac{1}{2}\times\frac{1}{2}[\boldsymbol{E}\times\boldsymbol{H}^*+\boldsymbol{E}^*\times\boldsymbol{H}]+\frac{1}{2}\times\frac{1}{2}[\boldsymbol{E}\times\boldsymbol{H}\mathrm{e}^{\mathrm{j}2\omega t}+\boldsymbol{E}^*\times\boldsymbol{H}^*\mathrm{e}^{-\mathrm{j}2\omega t}]\\&=\frac{1}{2}\mathrm{Re}[\boldsymbol{E}\times\boldsymbol{H}^*]+\frac{1}{2}\mathrm{Re}[\boldsymbol{E}\times\boldsymbol{H}\mathrm{e}^{\mathrm{j}2\omega t}]\end{aligned} \tag{3-92}$$

它在一个周期 $T=2\pi/\omega$ 内的平均值：

$$\boldsymbol{p}_{\mathrm{av}}=\frac{1}{T}\int_0^T \boldsymbol{p}(t)\,\mathrm{d}t=\frac{1}{2}\mathrm{Re}[\boldsymbol{E}\times\boldsymbol{H}^*] \tag{3-93}$$

式(3-93)中，电场强度和磁场强度是复振幅值而不是有效值，$\boldsymbol{p}_{\mathrm{av}}$ 为平均能流密度矢量或平均坡印廷矢量。

下面来研究场量用复数表示时坡印廷定理的表示式。在恒等式

$$\nabla\cdot(\boldsymbol{E}\times\boldsymbol{H}^*)=\boldsymbol{H}^*\cdot\nabla\times\boldsymbol{E}-\boldsymbol{E}\cdot\nabla\times\boldsymbol{H}^* \tag{3-94}$$

中,代入 $\nabla\times\boldsymbol{E}=-\mathrm{j}\omega\mu\boldsymbol{H}$ 和 $\nabla\times\boldsymbol{H}^*=-\mathrm{j}\omega\varepsilon^*\boldsymbol{E}^*+\sigma\boldsymbol{E}^*$,可得

$$\nabla\cdot(\boldsymbol{E}\times\boldsymbol{H}^*)=-\mathrm{j}\omega\mu\boldsymbol{H}\cdot\boldsymbol{H}^*+\mathrm{j}\omega\varepsilon^*\boldsymbol{E}^*\cdot\boldsymbol{E}-\sigma\boldsymbol{E}\cdot\boldsymbol{E}^* \tag{3-95}$$

$$-\nabla\cdot(\boldsymbol{E}\times\boldsymbol{H}^*)=-\mathrm{j}\omega(\varepsilon^*\boldsymbol{E}^*\cdot\boldsymbol{E}-\mu\boldsymbol{H}\cdot\boldsymbol{H}^*)+\sigma\boldsymbol{E}\cdot\boldsymbol{E}^* \tag{3-96}$$

将式(3-84)和式(3-85)代入,应用高斯散度定理,有

$$-\oint_S(\boldsymbol{E}\times\boldsymbol{H}^*)\cdot\mathrm{d}\boldsymbol{S}=\int_V(\sigma\boldsymbol{E}\cdot\boldsymbol{E}^*+\omega\varepsilon''\boldsymbol{E}\cdot\boldsymbol{E}^*+\omega\mu''\boldsymbol{H}\cdot\boldsymbol{H}^*)\,\mathrm{d}V$$
$$+\int_V[\mathrm{j}\omega(\mu'\boldsymbol{H}\cdot\boldsymbol{H}^*-\varepsilon'\boldsymbol{E}\cdot\boldsymbol{E}^*)]\,\mathrm{d}V \tag{3-97}$$

式(3-97)左边是穿过闭合曲面 S 进入体积 V 内的复功率;右边第一项是复功率的实部,是媒质中的电介质损耗、磁损耗和焦耳热功率的总和,也就是穿过表面进入体积 V 内的平均功率;右边第二项是复功率的虚部,称为无功功率,它是电场和磁场能量互相转换的一个量度。

【例 3-5】以同轴线的内导体半径为 a,外导体半径为 b,内、外导体间为空气,电压为 U。内、外导体均为理想导体,载有直流电流 I。求同轴线(图 3-10)的传输功率和能流密度矢量。

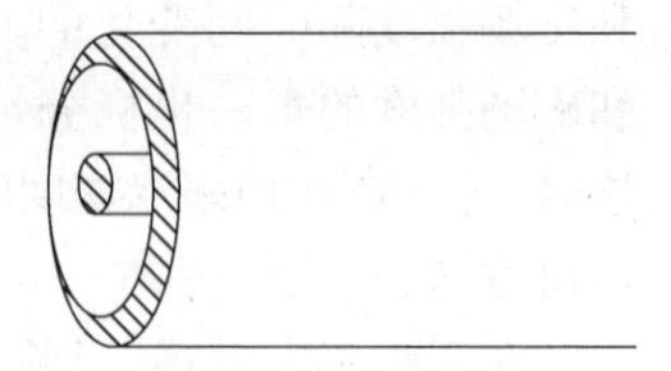
图 3-10　同轴线

解:采用圆柱坐标系,使同轴线的轴线与 z 轴重合。则内外导体间介质中的场强为

$$\boldsymbol{E}=\boldsymbol{a}_r\frac{U}{r\ln\left(\dfrac{b}{a}\right)},\boldsymbol{H}=\boldsymbol{a}_\varphi\frac{I}{2\pi r}\qquad(a<r<b)$$

内、外导体间任意横截面上的能流密度矢量为

$$\boldsymbol{p}=\boldsymbol{E}\times\boldsymbol{H}=\boldsymbol{a}_z\frac{U}{r\ln\left(\dfrac{b}{a}\right)}\cdot\frac{I}{2\pi r}=\boldsymbol{a}_z\frac{UI}{2\pi r^2\ln\left(\dfrac{b}{a}\right)} \tag{3-98}$$

由式(3-98)可以看出,电磁能量沿 z 轴方向流动,由电源向负载方向传输。

通过同轴线内、外导体间任意横截面的功率为

$$P=\int_S\boldsymbol{p}\cdot\mathrm{d}\boldsymbol{S}=\int_a^b\frac{UI}{2\pi r^2\ln\left(\dfrac{b}{a}\right)}\cdot2\pi r\mathrm{d}r=\frac{UI}{\ln\left(\dfrac{b}{a}\right)}\int_a^b\frac{\mathrm{d}r}{r}=UI$$

这一结果与电路理论中熟知的结果一致。而这个结果是在不包括导体本身在内的横截面上积分得到的,说明功率全部是从内、外导体之间的空间通过的,导体本身并不传输能量,导体的作用只是引导电磁能量。

3.2.2　均匀平面电磁波

前面从麦克斯韦方程出发，推导了电场强度 $\boldsymbol{E}$ 和磁场强度 $\boldsymbol{H}$ 的波动方程，推论出电磁场以波动形式传播。现在研究电磁波的传播规律和特点。为了使问题简化，先从最简单的平面波入手。

1. 平面波的概念

人为发射的电磁波都是从天线辐射出去，并以球面波的形式由近及远传播的。对电磁波的观察点大都在距波源相当远的有限空间，若观察范围不大，就可以把球面波近似看作平面电磁波。而在分析某些电磁波的特性时，又常把它分解成为几个均匀平面电磁波。因此，均匀平面电磁波是电磁波最主要的形式。

平面波，即波阵面为平面的电磁波，在波的传播过程中，场量 $\boldsymbol{E}$ 和 $\boldsymbol{H}$ 的相位除随时间变化外，只沿着传播方向的坐标变化，与传播方向垂直的横截面为等相位面，若平面波的等相位面和等振幅面重合，就称为均匀平面波，否则称为非均匀平面波。

均匀平面波在笛卡儿坐标系中的形式可用图 3-11 表示。设 z 轴为电磁波的传播方向，x 轴为电场 $\boldsymbol{E}$ 的方向，$\boldsymbol{E}$ 和 $\boldsymbol{H}$ 在 xOy 平面内无变化，即

$$\frac{\partial E_x}{\partial x}=\frac{\partial E_x}{\partial y}=0$$

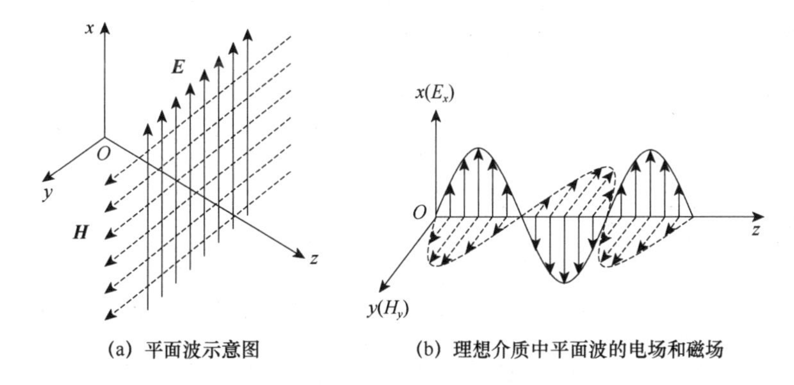

图 3-11　均匀平面波

在正弦时变场情况下，式(3-83a)中 E_x 的波动方程变为

$$\frac{\partial^2 E_x}{\partial z}+k^2E_x=0 \tag{3-99}$$

式(3-99)的解为

$$E_x=E_{\mathrm{m}}\mathrm{e}^{\mathrm{j}kz}+E_{\mathrm{m}}\mathrm{e}^{-\mathrm{j}kz} \tag{3-100}$$

式(3-100)即为笛卡儿坐标系中电场矢量为 x 方向，传播方向为 z 轴方向的均匀平

面波的相量表达式。

2. 理想介质中的均匀平面波

理想介质就是介质中 $\sigma=0$，ε 和 μ 均为实数、各向同性、线性、无损耗，且均匀分布于所讨论的空间。

假定由式(3-100)描述的平面波在理想介质中传播。此时，$k=\omega\sqrt{\varepsilon\mu}$ 为实数，对式(3-100)添加时间因子 $e^{j\omega t}$ 并取实部，得均匀平面波的瞬时值为

$$E_x = E_m\cos(\omega t - kz) + E_m\cos(\omega t + kz) \tag{3-101}$$

在图 3-12 中，以 E_x-z 坐标表示出了 $E_m\cos(\omega t-kz)$ 沿坐标 z 的分布和变化，并以 t_1、t_2 两个时刻相对位置的变化表示波的传播。

设 $t=t_1$ 时刻，幅度为 E_1 的点在 z_1 点，$t=t_1+\Delta t$ 时刻，E_1 的位置在 z_2 点，$z_2=z_1+\Delta z$。时间从 t_1 到 t_2，变化了 Δt，相位变化了 $\omega\Delta t$。空间位置从 z_1 到 z_2 变化了 Δz，相位变化了 $k\Delta z$。两个相位变化量应相等，即 $\omega\Delta t=k\Delta z$，于是可得到相速 v_p，即

$$v_p = \frac{\Delta z}{\Delta t} = \frac{\omega}{k} = \frac{1}{\sqrt{\varepsilon\mu}} \tag{3-102a}$$

在真空中，$\varepsilon=\varepsilon_0$，$\mu=\mu_0$，由此可得平面电磁波在真空中的相速 v_{p0} 为

$$v_{p_0} = \frac{1}{\sqrt{\varepsilon_0\mu_0}} = c \tag{3-102b}$$

式中，c 为光速。

由图 3-12 可见，$E_m\cos(\omega t-kz)$ 是一列以速度 v_p 沿 z 方向传播的正向波或称入射波。同样的分析可知，$E_m\cos(\omega t+kz)$ 是一列以速度 v_p 沿负 z 方向传播的反向波或称反射波。其中，k 为波沿传播方向移动单位距离所引起的相位变化，称为相移常数。对于正弦波，移动一个波长 λ 的距离引起的相位差为 2π，即 $k\lambda=2\pi$，得

$$k = \frac{2\pi}{\lambda} \tag{3-103}$$

由式(3-102a)可得

$$v_p = \frac{\omega}{k} = 2\pi f\frac{1}{k} = f\lambda \tag{3-104}$$

式(3-100)所表示的平面电磁波的磁场由方程式

$$\nabla\times\boldsymbol{E} = -\mu\frac{\partial\boldsymbol{H}}{\partial t} \tag{3-105}$$

求得。将 $\boldsymbol{E}=\boldsymbol{a}_x E_x$ 代入式(3-105)并注意到

$$\frac{\partial E_x}{\partial x} = \frac{\partial E_x}{\partial y} = 0 \tag{3-106}$$

则

$$\frac{\partial E_x}{\partial z} = -\mu\frac{\partial H_y}{\partial t} \tag{3-107}$$

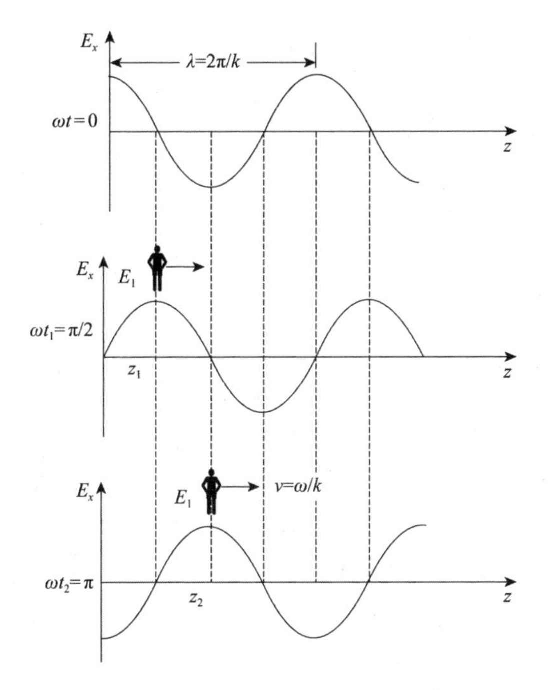

图 3-12　不同时刻电场随 z 的变化

得到理想介质中正弦时变场沿 z 轴正向传播的波的表达式为

$$H_y = \frac{k}{\omega\mu}E_m\cos(\omega t - kz) = \sqrt{\frac{\mu}{\varepsilon}}E_m\cos(\omega t - kz) = \frac{1}{\eta}E_m\cos(\omega t - kz) \tag{3-108}$$

其中

$$\eta = \frac{E_x}{H_y} = \sqrt{\frac{\mu}{\varepsilon}} \tag{3-109a}$$

式中,η 具有阻抗的纲量,单位是 Ω,其大小与介质参量有关,称为介质的特性阻抗,又称波阻抗。在真空中波阻抗为

$$\eta = \sqrt{\frac{\mu_0}{\varepsilon_0}} = 120\pi \approx 377(\Omega) \tag{3-109b}$$

从上面的讨论可以总结出在理想介质中的均匀平面波有以下几个特点。

(1)电场矢量 $\boldsymbol{E}$ 和磁场矢量 $\boldsymbol{H}$ 在时间上同相,空间上互相垂直,振幅的比值为波阻抗。

(2)瞬时坡印廷矢量为 $\boldsymbol{p}=\boldsymbol{E}\times\boldsymbol{H}$,故 $\boldsymbol{p}$、$\boldsymbol{E}$、$\boldsymbol{H}$ 三者互相垂直,而且成右手螺旋关系。$\boldsymbol{p}$ 的指向为波的传播方向。电场、磁场、传播方向互相垂直的电磁波称为横电磁波,简称 TEM 波。

(3)单位体积中电场能量和磁场能量分别为

$$w_e = \frac{1}{2}\varepsilon E^2 \tag{3-110}$$

$$w_m = \frac{1}{2}\mu H^2 \tag{3-111}$$

将 $E=\eta H$ 代入式(3-110),并由式(3-111)得

$$w_e = w_m \tag{3-112}$$

由此可见,对于均匀平面波,空间任意一点,任何时刻在每单位体积中的电场能量与磁场能量总是相等的。

【例 3-6】某物质的 $\varepsilon_r=81$,$\mu_r=1$,均匀平面波电场强度矢量在 x 方向,振幅为 0.1V/m,频率为 10MHz,传播方向沿 y 方向。

(1)计算传播时的相移常数,波阻抗,相速;

(2)写出电场强度的瞬时式及复数式;

(3)写出磁场强度的瞬时式及复数式;

(4)求平均功率流密度。

解:

(1)相移常数:

$$\begin{aligned} k &= \omega\sqrt{\varepsilon\mu} = \omega\sqrt{\varepsilon_r\mu_r}\sqrt{\varepsilon_0\mu_0} \\ &= 2\pi\times10^7\times\sqrt{81}\times\frac{1}{3\times10^8} \\ &= 6\pi\times10^{-1}\approx 1.89(\mathrm{rad/m}) \end{aligned}$$

波阻抗:

$$\eta = \sqrt{\frac{\mu}{\varepsilon}} = \frac{1}{\sqrt{\varepsilon_r}}\sqrt{\frac{\mu_0}{\varepsilon_0}} = \frac{1}{9}\times377\approx 42(\Omega)$$

相速:

$$v_p = \frac{1}{\sqrt{\varepsilon\mu}} = \frac{1}{\sqrt{\varepsilon_r}}\frac{1}{\sqrt{\varepsilon_0\mu_0}} = \frac{1}{9}\times3\times10^8\approx 3.33\times10^7(\mathrm{m/s})$$

(2)瞬时式:

$$\begin{aligned} \boldsymbol{E} &= \boldsymbol{a}_x E_0\sin(\omega t - ky) \\ &= \boldsymbol{a}_x 0.1\sin(2\pi\times10^7 t - 1.89y)\ (\mathrm{V/m}) \end{aligned}$$

复数式:

$$\boldsymbol{E} = \boldsymbol{a}_x E_0 \mathrm{e}^{-\mathrm{j}ky} = \boldsymbol{a}_x 0.1\mathrm{e}^{-\mathrm{j}1.89y}(\mathrm{V/m})$$

(3) $H_m = \dfrac{E_m}{\eta}\approx\dfrac{0.1}{42}\approx 2.38\times10^{-3}(\mathrm{A/m})$

由 $\boldsymbol{p}=\boldsymbol{E}\times\boldsymbol{H}$ 可知 $\boldsymbol{H}$ 的正方向应在 $-z$ 方向。

瞬时式: $\boldsymbol{H} = -\boldsymbol{a}_z 2\cdot38\times10^{-3}\sin(2\pi\times10^7 t - 1.89y)\ (\mathrm{A/m})$

复数式: $\boldsymbol{H} = -\boldsymbol{a}_z 2\cdot38\times10^{-3}\mathrm{e}^{-\mathrm{j}1.89y}(\mathrm{A/m})$

(4)平均功率流密度：

$$\boldsymbol{p}_{\mathrm{av}}=\frac{1}{2}\mathrm{Re}(\boldsymbol{E}\times\boldsymbol{H}^{*})=\boldsymbol{a}_{y}\frac{1}{2}E_{\mathrm{m}}H_{\mathrm{m}}$$

$$=\boldsymbol{a}_{y}\frac{1}{2}(0.1\times2.38\times10^{-3})$$

$$=\boldsymbol{a}_{y}1.19\times10^{-4}(\mathrm{W/m^{2}})$$

3. 导电媒质中的均匀平面电磁波

在理想介质中，均匀电磁波在传播中不会产生损耗。导电媒质中 $\sigma\neq0$，在正弦时变场中，由式(3-74a)和式(3-75a)可得

$$\begin{aligned}\nabla\times\boldsymbol{H}&=\boldsymbol{J}+\mathrm{j}\omega\boldsymbol{D}\\&=\sigma\boldsymbol{E}+\mathrm{j}\omega\varepsilon\boldsymbol{E}\\&=\mathrm{j}\omega\left(\varepsilon-\mathrm{j}\frac{\sigma}{\omega}\right)\boldsymbol{E}\\&=\mathrm{j}\omega\varepsilon_{\mathrm{c}}\boldsymbol{E}\end{aligned}\tag{3-113}$$

此时介质的介电常数为复介电常数 ε_{c}，即

$$\varepsilon_{\mathrm{c}}=\varepsilon-\mathrm{j}\frac{\sigma}{\omega}=\varepsilon'-\mathrm{j}\varepsilon''\tag{3-114}$$

将 ε_{c} 代替理想介质中的 ε，将 $k=\omega\sqrt{\varepsilon\mu}$ 以 $\gamma=\mathrm{j}\omega\sqrt{\varepsilon_{\mathrm{c}}\mu}$ 代替，即可得到导电媒质中均匀平面波的波动方程为

$$\nabla^{2}\boldsymbol{E}+\omega^{2}\mu\varepsilon_{\mathrm{c}}\boldsymbol{E}=\nabla^{2}\boldsymbol{E}-\gamma^{2}\boldsymbol{E}=0\tag{3-115a}$$

$$\nabla^{2}\boldsymbol{H}+\omega^{2}\mu\varepsilon_{\mathrm{c}}\boldsymbol{H}=\nabla^{2}\boldsymbol{H}-\gamma^{2}\boldsymbol{H}=0\tag{3-115b}$$

于是，导电介质中沿 z 方向传播的均匀平面波的 $\boldsymbol{E}$、$\boldsymbol{H}$ 矢量变成

$$\boldsymbol{E}=\boldsymbol{a}_{x}E_{x}=\boldsymbol{a}_{x}E_{\mathrm{m}}\mathrm{e}^{-\gamma z}\tag{3-116a}$$

$$\boldsymbol{H}=\boldsymbol{a}_{y}H_{y}=\boldsymbol{a}_{y}\frac{E_{\mathrm{m}}}{\eta_{\mathrm{c}}}\mathrm{e}^{-\gamma z}\tag{3-116b}$$

$$\gamma=\mathrm{j}\omega\sqrt{\mu\varepsilon_{\mathrm{c}}}=\mathrm{j}\omega\sqrt{\mu\left(\varepsilon-\mathrm{j}\frac{\sigma}{\omega}\right)}=\alpha+\mathrm{j}\beta\tag{3-117}$$

解得

$$\alpha=\omega\sqrt{\frac{\mu\varepsilon}{2}\left(\sqrt{1+\left(\frac{\sigma}{\omega\varepsilon}\right)^{2}}-1\right)}\tag{3-118a}$$

$$\beta=\omega\sqrt{\frac{\mu\varepsilon}{2}\left(\sqrt{1+\left(\frac{\sigma}{\omega\varepsilon}\right)^{2}}+1\right)}\tag{3-118b}$$

式(3-116a)和式(3-116b)变为

$$\boldsymbol{E}=\boldsymbol{a}_{x}E_{\mathrm{m}}\mathrm{e}^{-\gamma z}=\boldsymbol{a}_{x}E_{\mathrm{m}}\mathrm{e}^{-\alpha z}\mathrm{e}^{-\mathrm{j}\beta z}\tag{3-119a}$$

$$\boldsymbol{H}=\boldsymbol{a}_y\frac{E_m}{\eta_c}e^{-\gamma z}=\boldsymbol{a}_y\frac{E_m}{\eta_c}e^{-\alpha z}e^{-j\beta z} \tag{3-119b}$$

从上面的结果可以总结出导电媒质中的均匀平面波的传播有如下几个特点。

(1)电磁波场量的振幅沿传播方向以指数 $e^{-\alpha z}$ 的规律衰减,α 表示波传播单位距离的衰减量,称为衰减常数。频率越高,电导率越大,α 越大,波的衰减也就越大。

(2)β 为波的相移常数或称相位因子。由于 β 与 ω 有关,所以波在导电媒质中的波长 $\lambda=2\pi/\beta$,相速 $v_p=\omega/\beta$ 也与频率 ω 有关。相速随 ω 变化而变化的现象称为波的色散现象。电磁波在导电媒质中的传播有色散现象。

(3)导电媒质中电磁波的场量在空间仍然互相垂直,但不再同相位。原因是波阻抗为一复数,即

$$\eta_c=\sqrt{\frac{\mu}{\varepsilon_c}}=\frac{\eta}{\sqrt{1-j\dfrac{\sigma}{\omega\varepsilon}}} \tag{3-120}$$

电磁波在导电媒质中的传播如图 3-13 所示。

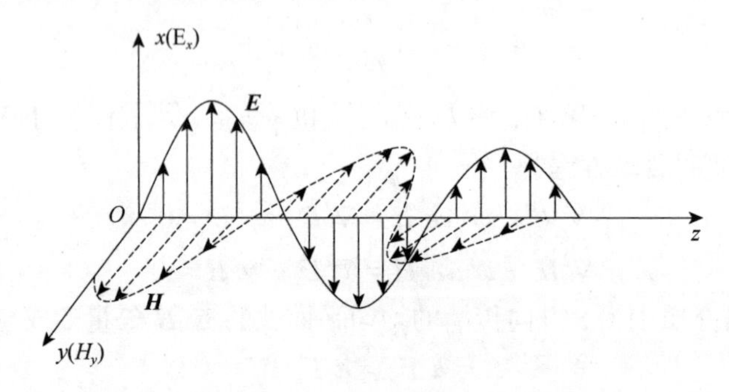

图 3-13　导电媒质中的平面波

上面分析了电磁波在一般导电媒质中的传播,下面讨论低损耗和良导体两种典型情况。

1)低损耗电介质的情况

低损耗电介质 $\dfrac{\sigma}{\omega\varepsilon}\ll 1$,式(3-118a)和式(3-118b)用二项式定理展开,并略去 $\dfrac{\sigma}{\omega\varepsilon}$ 的高次项可得

$$\beta\approx\omega\sqrt{\mu\varepsilon} \tag{3-121a}$$

$$\alpha\approx\frac{1}{2}\sigma\sqrt{\frac{\mu}{\varepsilon}} \tag{3-121b}$$

$$\eta_c = \sqrt{\frac{\mu}{\varepsilon\left(1 - j\frac{\sigma}{\sigma\varepsilon}\right)}} \approx \sqrt{\frac{\mu}{\varepsilon}} \tag{3-122}$$

$$v_p = \frac{\omega}{\beta} \approx \frac{1}{\sqrt{\mu\varepsilon}} \tag{3-123}$$

$$\lambda = \frac{v_p}{f} \tag{3-124}$$

2）良导体的情况

对于良导体，传导电流远大于位移电流（$\sigma >> \omega\varepsilon$），因而位移电流可以忽略不计。得到 α、β、η 的表达式为

$$\alpha \approx \sqrt{\frac{\omega\mu\sigma}{2}} \tag{3-125a}$$

$$\beta \approx \sqrt{\frac{\omega\mu\sigma}{2}} \tag{3-125b}$$

$$\eta = \sqrt{\frac{\mu}{\varepsilon\left(1 - j\frac{\sigma}{\omega\varepsilon}\right)}} \approx (1 + j)\sqrt{\frac{\omega\mu}{2\sigma}} = R + jX \tag{3-126}$$

由上述参量与 ω、μ、ε 的关系，可以得出电磁波在良导体中的传播特性。

（1）良导体中电磁波的相速：

$$v_p = \frac{\omega}{\beta} \approx \sqrt{\frac{2\omega}{\mu\sigma}} = \sqrt{\frac{2\omega\varepsilon}{\mu\varepsilon\sigma}} \ll \frac{1}{\sqrt{\varepsilon_0\mu_0}} = c \tag{3-127}$$

波长为

$$\lambda = \frac{v_p}{f} \ll \lambda_0 \tag{3-128}$$

式中，λ_0 为真空中的波长，即良导体中电磁波的相速和波长都远小于真空中的相速和波长。

（2）电磁波在良导体中的趋肤效应：由 $\alpha \approx \sqrt{\omega\mu\sigma/2}$ 可以看到，导体的电导率越高，电磁波频率越高，则 α 越大，电磁波在传播过程中的衰减越快。因此，高频电磁场只能存在于导体表面的一个薄层内，高频电流（$\boldsymbol{J} = \sigma\boldsymbol{E}$）也只能存在于导体表面的一个薄层内，这就是趋肤效应。

（3）电磁波的频率越高，导体的电导率越大，电磁波对导体的穿透能力越弱。用透入深度（或趋肤深度）δ 表示电磁波在导体内的穿透能力。透入深度定义为电磁波场强衰减到表面值 1/e 时的深度，即

$$\delta = \frac{1}{\alpha} = \sqrt{\frac{2}{\omega\mu\sigma}} = \sqrt{\frac{1}{\pi f\mu\sigma}} \tag{3-129}$$

例如,铜的电导率 σ 比海水大得多,而磁导率相接近,所以在相同的电磁波频率下,铜的穿透深度较海水小得多,铜的趋肤效应比海水明显得多。由表 3-1 可以看出,铁的电导率 σ 比铜小,但铁的磁导率比铜大得多,所以在相同的频率下,铁的电导率 δ 比铜小得多。有效屏蔽的屏蔽层的厚度必须接近或大于屏蔽材料内的电磁波的波长 $\lambda=2\pi\delta$。因此,铁磁材料比铜和铝更适宜做电磁屏蔽材料。

表 3-1　一些材料的 σ、μ、δ 和 R_S

材料名称	σ/(S/m)	穿透深度 δ/m	表面电阻 R_S/Ω
银	6.17×10^7	$0.064/\sqrt{f}$	$2.25\times10^{-7}\sqrt{f}$
紫铜	5.8×10^7	$0.083/\sqrt{f}$	$2.61\times10^{-7}\sqrt{f}$
铝	3.72×10^7	$0.083/\sqrt{f}$	$2.26\times10^{-7}\sqrt{f}$
铁	10^7		
黄铜	1.6×10^7	$0.13/\sqrt{f}$	$5.01\times10^{-7}\sqrt{f}$
海水	1		
干燥土壤	10^{-2}		

【例 3-7】某物质中电导率 $\sigma=40$S/m,相对介电常数 $\varepsilon_r=81$。求该物质对于 $f=$1000Hz 及 1000MHz 电磁波的复介电常数。

解:复介电常数:$\varepsilon_c=\varepsilon-j\dfrac{\sigma}{\omega}=\varepsilon'-j\varepsilon''$

当 $f=1000$Hz 时,有

$$\begin{aligned}\varepsilon_c&=\varepsilon-j\frac{\sigma}{\omega}=\varepsilon-j\frac{\sigma}{2\pi f}\\&=81\times8.85\times10^{-12}-j\frac{4}{2\pi\times10^3}\\&\approx7.16\times10^{-10}-j6.37\times10^{-4}\\&\approx-j6.37\times10^{-4}(\text{F/m})\end{aligned}$$

当 $f=1000$MHz 时,有

$$\begin{aligned}\varepsilon_c&=\varepsilon-j\frac{\sigma}{\omega}=\varepsilon-j\frac{\sigma}{2\pi f}\\&=81\times8.85\times10^{-12}-j\frac{4}{2\pi\times10^9}\\&\approx7.16\times10^{-10}-j6.37\times10^{-10}(\text{F/m})\end{aligned}$$

由此可见,该物质在低频时,复介电常数为虚数,主要是传导电流起作用,位移电流很小,表现为导体的性质;高频时,位移电流作用下呈现出有耗电介质的性质。许多物质都有这种性质。

3）导体的表面阻抗

高频电磁场在导体中感应的高频电流集中于导体表面处。如果用 J_0 代表导体表面的电流密度，则在穿入表面 z 处的电流密度为 $J_z = J_0 e^{-\gamma z}$，导体内单位厚度（沿 y 向）的总电流为

$$J_S = \int_0^\infty J_z dz = \int_0^\infty J_0 e^{-\gamma z} dz = \frac{J_0}{\gamma} \tag{3-130}$$

表面处的电场为

$$E_x = \frac{J_0}{\sigma} = \frac{J_S \gamma}{\sigma} = \frac{J_S}{\sigma}(1+j)\sqrt{\frac{\omega\mu\sigma}{2}} = J_S Z_S \tag{3-131}$$

由此可得导体的表面阻抗 Z_S 为

$$Z_S = R_S + jX_S = (1+j)\sqrt{\frac{\pi f \mu}{\sigma}} \tag{3-132}$$

式中，Z_S 为导体的表面阻抗；R_S 为表面电阻；X_S 为表面电抗。

导体中电场的分布如图 3-14 所示。

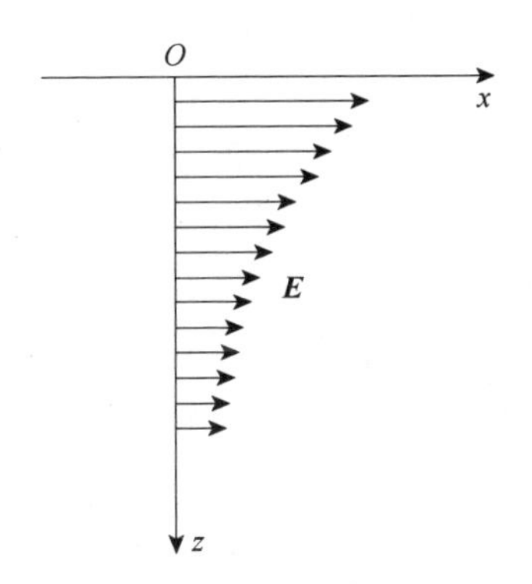

图 3-14　导体中电场的分布

从上面讨论可以看出，当电磁波垂直入射到良导体上时，表面电场等于表面电流乘以表面阻抗。据此，可按下面的方法，定量计算导体中的损耗：

$$P_1 = \frac{1}{2}|J_S|^2 R_S \tag{3-133a}$$

在实际计算时，视导体为理想导体（$\sigma = \infty$）。导体表面处的切向磁场为 H_t，有

$$P_1 = \frac{1}{2}|H_t^2| R_S \tag{3-133b}$$

式中，P_1 为导体每平方米面积上的热损耗。

电磁波在导电媒质中传播时电磁能转化为热能的原理已被用于感应加热器，广泛用于工业、农业与医疗卫生等方面。工业中普遍使用的高频感应炉用于对金属作硬化处理就是很典型的应用例子。

4)涡流损耗

当通过导体的磁场随时间变化时,导体中就会产生感应电流,这种电流是涡旋电流,简称涡流。涡流不仅引起功率损耗且产生去磁作用。为了减小涡流,常在与磁通垂直的方向上将导体分成互相绝缘的薄片,一般变压器及交流电器的铁芯都由硅钢片叠成,就是这个道理。

电磁波在非完纯媒质中(即$\varepsilon=\varepsilon'-\mathrm{j}\varepsilon''$,$\mu=\mu'-\mathrm{j}\mu''$)传播的情况与在导电媒质中的情况相似,通常,介质极化损耗与磁化损耗较小,这里不再赘述。

3.2.3 电磁波的色散和群速

色散的名称来源于光学。当一束阳光射在三棱镜上时,在三棱镜的另一面可以看到红、橙、黄、绿、蓝、靛、紫七色光散开的图像。这就是光谱段电磁波的色散现象。这是由于不同频率的光在同一媒质中具有不同的折射率,也即具有不同的相速所致。对于理想媒质,$k=\omega\sqrt{\mu\varepsilon}$,$k$与$\varepsilon$成正比且$v_{\mathrm{p}}=\dfrac{w}{k}$,因此相速$v_{\mathrm{p}}$与频率$\omega$无关,理想媒质是非色散媒质。电磁波在导电媒质中相速与频率有关。这种媒质就称为色散媒质。

相速的定义是对单一频率的行波而言的,而单一频率的正弦波是不能传递任何信息的。常用的传播信号的电磁波都是调制波,调制波传播的速度才是信号传播的速度。对于一个调制的电磁波,由于它包含以载频为中心的频率群,该频率群在色散介质中传播时,各不同频率分量相速不同。当各频率分量与载频相比相差不大时,它们合成后形成"调制包络"。该包络向前传播的速度称为群速,其定义为

$$v_{\mathrm{g}}=\frac{\mathrm{d}\omega}{\mathrm{d}\beta} \tag{3-134a}$$

信号的传递速度就是包络波的传递速度,所以,群速度的定义就是包络波上某一恒定相位点的运动速度。群速与相速的关系为

$$v_{\mathrm{g}}=\frac{\mathrm{d}\omega}{\mathrm{d}\beta}=\frac{\mathrm{d}(v_{\mathrm{p}}\beta)}{\mathrm{d}\beta}=v_{\mathrm{p}}+\beta\frac{\mathrm{d}v_{\mathrm{p}}}{\mathrm{d}\beta} \tag{3-134b}$$

当$\dfrac{\mathrm{d}v_{\mathrm{p}}}{\mathrm{d}\beta}<0$时,群速小于相速,称为正常色数;当$\dfrac{\mathrm{d}v_{\mathrm{p}}}{\mathrm{d}\beta}>0$时,群速大于相速,称为反常色散;在非色散介质中相速和群速相等。

3.2.4 电磁波的极化

空间固定一点,时谐电磁波的电场$\boldsymbol{E}$随时间作简谐变化,波的极化可以用固定点的电场矢量末端点(矢端)随时间运动的轨迹来描述。如果电场矢端的运动轨迹是一条直线,这种波就称为线极化波。如果电场矢端的运动轨迹是一个圆,这种

波就称为圆极化波。如果电场矢端的运动轨迹是一个椭圆,这种波就称为椭圆极化波。

前面讨论的沿 z 轴传播的平面电磁波,z 方向上没有电场矢量,但可有 E_x 和 E_y 分量。场矢量为

$$\boldsymbol{E} = \boldsymbol{a}_x E_x + \boldsymbol{a}_y E_y \tag{3-135a}$$

$$\boldsymbol{H} = \boldsymbol{a}_x H_x + \boldsymbol{a}_y H_y \tag{3-135b}$$

这个电磁波的矢量由两个不同方向上的分量组成,两个分量的振幅和相位可以相同,也可以不相同,它们的合成矢量也不是固定不变的,以下分三种情况讨论。

1. 线极化波

将式(3-135a)的场矢量写成瞬时表达式:

$$\boldsymbol{E} = \boldsymbol{a}_x E_1 \sin(\omega t - \beta z) + \boldsymbol{a}_y E_2 \sin(\omega t - \beta z) \tag{3-136a}$$

在与波传播方向的垂直平面上(xOy 平面)有

$$\boldsymbol{E} = \boldsymbol{a}_x E_1 \sin(\omega t) + \boldsymbol{a}_y E_2 \sin(\omega t) \tag{3-136b}$$

可得合成电场 $\boldsymbol{E}$ 的大小为

$$E = \sqrt{(E_1 \sin(\omega t))^2 + (E_2 \sin(\omega t))^2} = \sqrt{E_1^2 + E_2^2}\sin(\omega t) \tag{3-137}$$

合成电场矢量与 x 轴夹角为

$$\alpha = \arctan\frac{E_y}{E_x} = \arctan\frac{E_2 \sin(\omega t)}{E_1 \sin(\omega t)} = \arctan\frac{E_2}{E_1} \tag{3-138}$$

从式(3-137)和式(3-138)可见,电场矢量 $\boldsymbol{E}$ 在任意 xOy 平面内空间取向不变,大小随时间按正弦规律变化,矢量 $\boldsymbol{E}$ 端点的轨迹为一直线,如图 3-15 所示。这样的波称为线极化波。$\boldsymbol{E}$ 的方向就是极化方向。$\boldsymbol{E}$ 与波的传播方向构成的面称为极化面。

2. 圆极化波

在式(3-135a)中,令 E_x、E_y 两分量振幅相等,相位相差 90°或 270°,则电场矢量 $\boldsymbol{E}$ 为

$$\boldsymbol{E} = \boldsymbol{a}_x E_0 \cos(\omega t - \beta z) + \boldsymbol{a}_y E_0 \sin(\omega t - \beta z) \tag{3-139}$$

式中,E_0 为常数,合成电场 $\boldsymbol{E}$ 为

$$E = \sqrt{E_x^2 + E_y^2} = \sqrt{2}E_0 \tag{3-140}$$

合成电场矢量与 x 轴夹角的决定公式为

$$\alpha = \arctan\frac{E_y}{E_x} = \arctan\frac{E_0 \sin(\omega t)}{E_0 \cos(\omega t)} = \omega t \tag{3-141}$$

从式(3-140)和式(3-141)可以看出,合成电场矢量 $\boldsymbol{E}$ 的大小不变,而其空间指向以角频率 ω 在 xOy 平面内作等速旋转。$\boldsymbol{E}$ 矢端的轨迹为圆,故称为圆极化波,如图 3-16 所示。

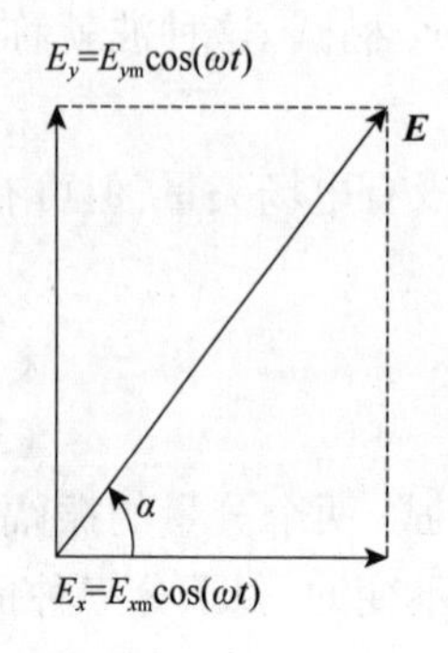

图 3-15　线极化波

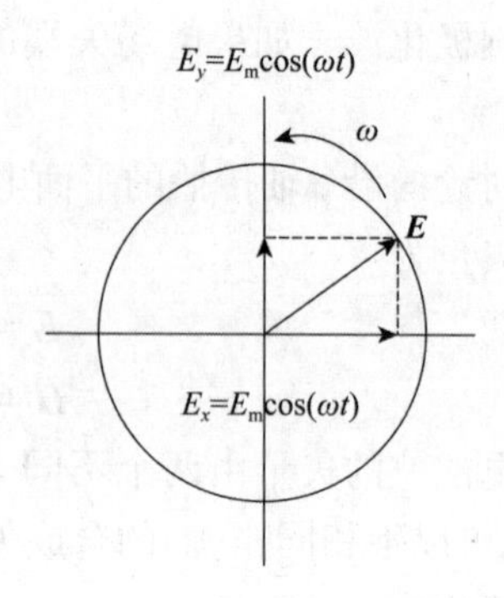

图 3-16　圆极化波

圆极化波又分为左旋圆极化波和右旋圆极化波。其判断方法为：若矢量 $\boldsymbol{E}$ 的旋转方向与波的传播方向符合右手螺旋关系称为右旋圆极化波，否则为左旋圆极化波。

【例 3-8】已知在自由空间传播的电磁波的电场强度为

$$\boldsymbol{E} = \boldsymbol{a}_x E_x + \boldsymbol{a}_y E_y = \boldsymbol{a}_x E_{\mathrm{m}} \sin(\omega t - \beta z) + \boldsymbol{a}_y E_{\mathrm{m}} \sin(\omega t - \beta z + 90°)$$

E_{m} 为常数，试求：

(1) $\boldsymbol{H}$ 的表达式；(2) 坡印廷矢量；(3) $\boldsymbol{E}$ 属于哪种极化波？

解：(1) $\boldsymbol{H}$ 的表达式：

由题意知，此电磁波为自由空间沿 z 方向传播的均匀平面电磁波，应有

$$\boldsymbol{E} \times \boldsymbol{H} = \boldsymbol{p}$$

$$\frac{E}{H} = \eta_0$$

则

$$\frac{E_x}{H_y} = \eta_0, \quad \frac{E_y}{H_x} = -\eta_0$$

$$\boldsymbol{H} = \boldsymbol{a}_x H_x + \boldsymbol{a}_y H_y$$

$$= -\frac{E_{\mathrm{m}}}{\eta_0} \cos(\omega t - \beta z)\, \boldsymbol{a}_x + \frac{E_{\mathrm{m}}}{\eta_0} \sin(\omega t - \beta z)\, \boldsymbol{a}_y$$

(2) 坡印廷矢量：

$$\boldsymbol{p} = \boldsymbol{E} \times \boldsymbol{H} = \frac{E_{\mathrm{m}}^2}{\eta_0} [\sin^2(\omega t - \beta z) + \cos^2(\omega t - \beta z)]\, \boldsymbol{a}_z = \frac{E_{\mathrm{m}}^2}{\eta_0} \boldsymbol{a}_z$$

(3) 波的极化：

合成电场矢量 $\boldsymbol{E}$：

$$E = \sqrt{E_x^2 + E_y^2} = E_{\mathrm{m}}$$

为常数，合成电场矢量 $\boldsymbol{E}$ 与 x 轴夹角 α_s 为

$$\alpha = \arctan\frac{E_y}{E_x} = -\omega t$$

由 $\boldsymbol{E}$、α 可知该电磁波为圆极化波。在 $z=z_0$ 处观察电场矢量 $\boldsymbol{E}$ 随时间变化，其旋转方向与电磁波的传播方向成左手螺旋关系，所以为左旋圆极化波。

3. 椭圆极化波

当式(3-135a)中的 E_x 和 E_y 的振幅和相位均为一般情况时，合成电场 $\boldsymbol{E}$ 的矢端轨迹为一椭圆，这样的电磁波称为椭圆极化波。椭圆极化波也分为左旋、右旋椭圆极化波，判别方法与圆极化波相同。

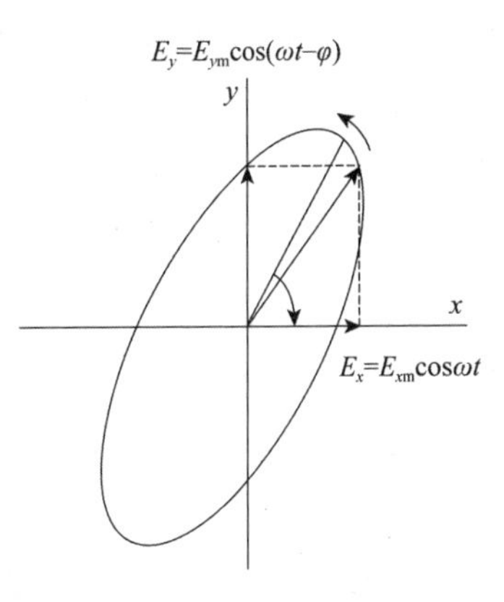

图 3-17 椭圆极化波

当椭圆极化波椭圆的长轴与短轴相等时为圆极化波；当短轴缩短到 0 时为线极化波。当短轴远小于长轴时，椭圆变得十分狭长，也可近似看成线极化波，如图 3-17 所示。因此，圆极化波与线极化波都是椭圆极化波的特例。

任意圆极化波都可分解为两个极化方向互相垂直的线极化波的叠加。同时，任意线极化波也可分解为两个振幅相等，旋转方向相反的圆极化波的叠加。例如，一个 x 方向的线极化波

$$\boldsymbol{E} = \boldsymbol{a}_x E_0 \sin(\omega t - \beta z) \tag{3-142}$$

可以看作如下两个圆极化波的叠加：

$$\boldsymbol{E}_1 = \boldsymbol{a}_x \frac{E_0}{2}\sin(\omega t - \beta z) + \boldsymbol{a}_y \frac{E_0}{2}\sin\left(\omega t - \beta z + \frac{\pi}{2}\right) \tag{3-143}$$

$$\boldsymbol{E}_2 = \boldsymbol{a}_x \frac{E_0}{2}\sin(\omega t - \beta z) + \boldsymbol{a}_y \frac{E_0}{2}\sin\left(\omega t - \beta z - \frac{\pi}{2}\right) \tag{3-144}$$

式中，$\boldsymbol{E}_1$ 为左旋圆极化波；$\boldsymbol{E}_2$ 为右旋圆极化波；$\boldsymbol{E}_1+\boldsymbol{E}_2$ 就得到 $\boldsymbol{E}$ 是线极化波。

3.3 电磁场的边界条件

电磁场存在于两种不同介质的空间中的问题经常遇到。在两种不同介质的交界面上介电常数 ε、磁导率 μ、电导率 σ 都将发生突变，因而电磁场的 $\boldsymbol{E}$ 和 $\boldsymbol{D}$，$\boldsymbol{B}$ 与 $\boldsymbol{H}$ 都要发生突变。这种突变的规律，即场矢量 $\boldsymbol{E}$、$\boldsymbol{D}$、$\boldsymbol{H}$、$\boldsymbol{B}$ 在交界面处的变化与介质参数 ε、μ、σ 之间的关系称为边界条件。

电磁场在两介质交界面上也必须服从麦克斯韦方程，但交界面 ε、μ、σ 不连续，微分形式的麦克斯韦方程不能直接应用，求解边界条件的理论依据是麦克斯韦方程的积分形式。

3.3.1 理想介质分界面的边界条件

1. 法向分量边界条件

跨过介电常数为 ε_1、μ_1、$\sigma_1=0$ 和 ε_2、μ_2、$\sigma_2=0$ 的两种介质的分界面取一小圆柱体,如图 3-18 所示。上下底面平行于分界面,高度 h 为无限小量。

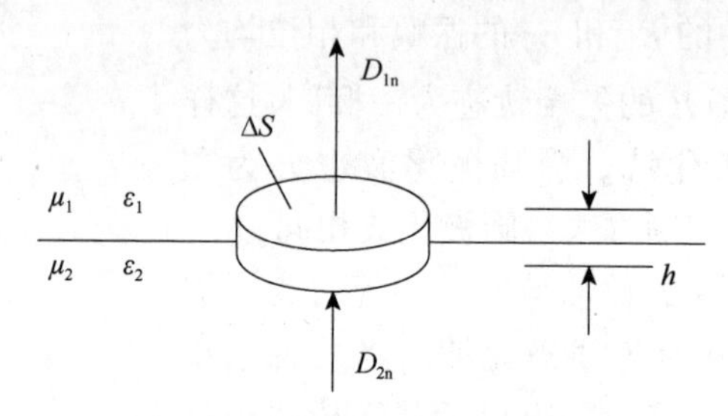

图 3-18 D_n 或 B_n 的边界条件

求 D_n 的边界条件应求 $\boldsymbol{D}$ 的通量。由于分界面上没有自由电荷,所以从小圆柱体表面穿出的 $\boldsymbol{D}$ 通量为 0,即

$$\oint_S \boldsymbol{D}\cdot \mathrm{d}\boldsymbol{S} = D_{1n}\Delta S - D_{2n}\Delta S = 0$$

于是得

$$D_{1n} = D_{2n} \tag{3-145b}$$

求 B_n 的边界条件应求 $\boldsymbol{B}$ 的通量,即 $\oint_S \boldsymbol{B}\cdot \mathrm{d}\boldsymbol{S} = B_{1n}\Delta S - B_{2n}\Delta S = 0$,可得

$$B_{1n} = B_{2n} \tag{3-145c}$$

$$\mu_1 H_{1n} = \mu_2 H_{2n} \tag{3-145d}$$

结论:在两种不同介质的分界面上 D_n 和 B_n 连续,E_n 和 H_n 不连续。

2. 切向分量边界条件

跨过两介质分界面作一个小矩形闭合回路,如图 3-19 所示。两长边平行于分界面,位于分界面两边,两窄边长为 h,是无限小量。

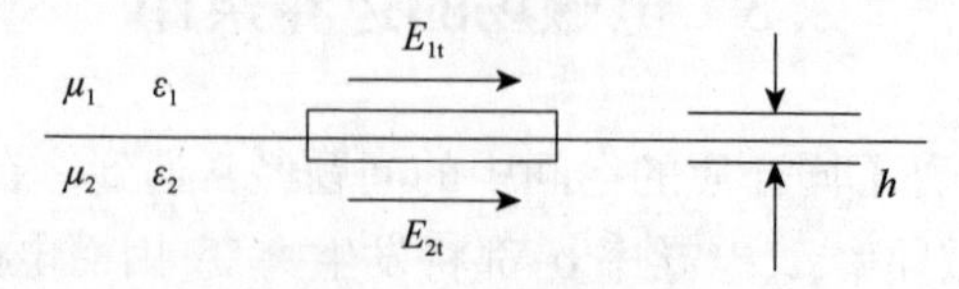

图 3-19 E_t 和 H_t 的边界条件

电场 $\boldsymbol{E}$ 沿矩形闭合回路的积分为

$$\oint_l \boldsymbol{E}\cdot \mathrm{d}\boldsymbol{l} = E_{1t}\Delta l - E_{2t}\Delta l = -\frac{\mathrm{d}\Phi}{\mathrm{d}t} \tag{3-146}$$

式中，$\mathrm{d}\Phi$ 为矩形回路包围的磁通。由于 h 为无限小量，所以矩形包围的面积 $S=\Delta l\cdot h\to 0$，$\mathrm{d}\Phi=\boldsymbol{B}\cdot\boldsymbol{S}\to 0$，于是得

$$E_{1\mathrm{t}}=E_{2\mathrm{t}} \tag{3-147a}$$

$$\frac{D_{1\mathrm{t}}}{\varepsilon_1}=\frac{D_{2\mathrm{t}}}{\varepsilon_2} \tag{3-147b}$$

磁场 $\boldsymbol{H}$ 沿矩形回路的积分为

$$\oint_l \boldsymbol{H}\cdot\mathrm{d}\boldsymbol{l}=H_{1\mathrm{t}}\Delta l-H_{2\mathrm{t}}\Delta l=\int_S\boldsymbol{J}\cdot\mathrm{d}\boldsymbol{S}+\frac{\partial}{\partial t}\int_S\boldsymbol{D}\cdot\mathrm{d}\boldsymbol{S}$$

相似地，由于 h 为无限小量，穿过矩形包围面积的电通量为 0，即上式右边第二项为 0。注意到这两种介质为理想介质，即 $\sigma_1=\sigma_2=0$，于是 $\boldsymbol{J}=0$，故上式右边第一项为 0，于是有

$$H_{1\mathrm{t}}=H_{2\mathrm{t}} \tag{3-147c}$$

$$\frac{B_{1\mathrm{t}}}{\mu_1}=\frac{B_{2\mathrm{t}}}{\mu_2} \tag{3-147d}$$

结论：两种不同介质分界面处 E_{t} 和 H_{t} 连续，D_{t} 和 B_{t} 不连续。

3.3.2 理想导体的边界条件

理想导体，即 $\sigma=\infty$ 的导体。在理想导体内，由于 $\boldsymbol{J}=\sigma\boldsymbol{E}$，$\boldsymbol{J}$ 只能为有限值，所以 $\boldsymbol{E}=0$。由于$\nabla\times\boldsymbol{E}=-\mathrm{j}\omega\mu\boldsymbol{H}$，所以 $\boldsymbol{H}=0$。也就是理想导体内 $\boldsymbol{E}=0$、$\boldsymbol{H}=0$。电流分布于理想导体的表面，称为表面电流 J_{S}。

在理想导体表面，沿图 3-20(a) 中的矩形闭合回路对 $\boldsymbol{H}$ 进行线积分：

$$\oint_l \boldsymbol{H}\cdot\mathrm{d}\boldsymbol{l}=H_{\mathrm{t}}\mathrm{d}l=J_{\mathrm{S}}\mathrm{d}l \tag{3-148}$$

于是得

$$\boldsymbol{H}_{\mathrm{T}}=\boldsymbol{J}_{\mathrm{S}} \tag{3-149}$$

式中，J_{S} 为理想导体表面的电流密度，是矢量；H_{t} 为理想导体与介质分界面附近介质空间中沿分界面的磁场切向分量。若用磁场矢量 $\boldsymbol{H}$ 与 J_{S} 表示，则

$$\boldsymbol{J}_{\mathrm{S}}=\boldsymbol{n}\times\boldsymbol{H} \tag{3-150}$$

式中，$\boldsymbol{n}$、$\boldsymbol{H}$、$\boldsymbol{J}_{\mathrm{S}}$ 三者为右手螺旋关系。

仿照图 3-18，在图 3-20(b) 中作小圆柱体，求 $\boldsymbol{D}$ 的通量。由于导体表面可以存在自由电荷，而理想导体内部 $\boldsymbol{E}=0$，$\boldsymbol{D}=0$，所以

$$\oint_{\mathrm{S}}\boldsymbol{D}\cdot\mathrm{d}\boldsymbol{S}=\boldsymbol{D}_{\mathrm{n}}\cdot\Delta S=\rho_{\mathrm{S}}\cdot\Delta S \tag{3-151}$$

$$D_{\mathrm{n}}=\rho_{\mathrm{S}} \tag{3-152}$$

式中，ρ_{S} 为导体表面的电荷面密度。

式(3-152)表明，在理想导体与介质分界面处，在介质中垂直于分界面的电位

移矢量等于导体表面的电荷密度。用矢量表示为

$$\boldsymbol{n} \cdot \boldsymbol{D} = \rho_S \tag{3-153}$$

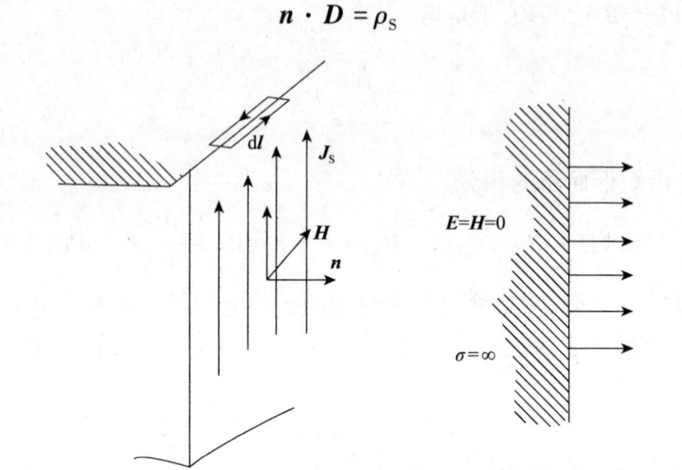

图 3-20　理想导体的边界条件

由于理想导体内 $\boldsymbol{E}=0$,则 $E_t=0$ 可知在分界面处的介质中,有

$$E_t = 0 \tag{3-154a}$$

$$B_n = 0 \tag{3-154b}$$

结论:理想导体与介质分界面上,理想导体一侧表面上 $\boldsymbol{E}=0,\boldsymbol{H}=0,\boldsymbol{D}=0,\boldsymbol{B}=0$。在介质一侧表面上 $H_t=J_S, D_n=\rho_S, E_t=0, B_n=0$。其中,$J_S$、$\rho_S$ 分别为导体表面上的电流面密度和电荷面密度。

对于实际的导体,$\sigma\neq\infty$,为有限值,所以表面上 $E_t\neq0$,即导体上有电压降。在 $E_t\neq0$ 的边界条件下求解是很困难的。但是,金属导体的 σ 是很大的,而且由于电磁波在金属表面发生强烈的反射,进入导体中的能量远小于入射波的能量,金属表面的 E_t 是很小的。因此,在求解空气中的场时,将实际金属导体用理想导体代替并不会引起显著的误差,而计算可以得到大大简化。

3.4　平面边界上的均匀平面波入射

前面讨论了均匀平面电磁波在充满均匀媒质的无限空间中传播的情况。实际上,电磁波在传播过程中将会遇到不同媒质的分界面,在分界面处要发生反射与折射现象,如图 3-21 所示。电磁波的能量在分界面处一部分被反射回原媒质中称为反射波;另一部分进入另一种媒质中称为折射波。不同媒质的分界面会造成不同的反射和折射现象,下面分别进行讨论。

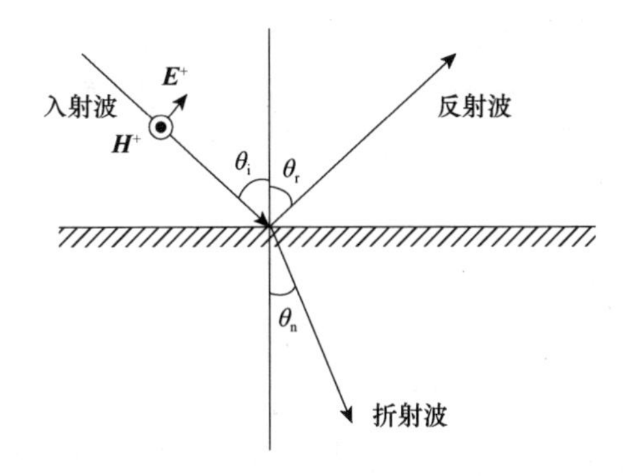

图 3-21　入射波,反射波与折射波

3.4.1　均匀平面波向媒质介面的垂直入射

1. 均匀平面波垂直入射到理想导体表面

在图 3-22 中,假设媒质 2 为半无限大完纯导体,界面为 xOy 平面,平面波由介质 1 沿 z 方向垂直入射到完纯导体表面,电场指向 x 方向,则入射波电场为

$$\boldsymbol{E}_x^+ = \boldsymbol{E}_m^+ \mathrm{e}^{-\mathrm{j}kz} \tag{3-155a}$$

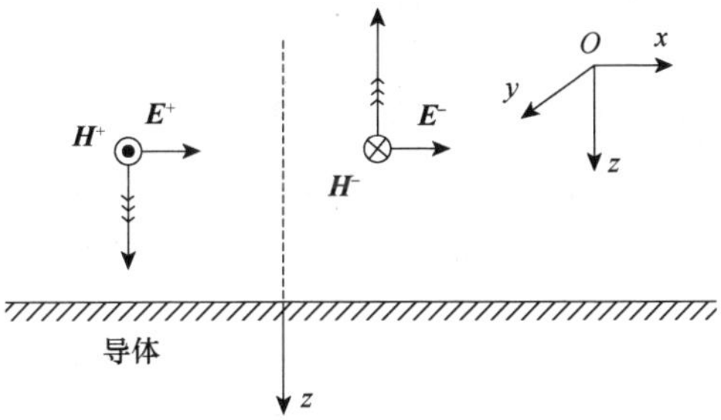

图 3-22　平面电磁波垂直入射到理想导体表面

由于电磁波不可能穿过完纯导体,因此当它到达分界面时必将被反射回来,沿 $-z$ 方向传播,形成反射波,如图 3-22 所示。反射波电场可写为

$$\boldsymbol{E}_x^- = \boldsymbol{E}_m^- \mathrm{e}^{\mathrm{j}kz} \tag{3-155b}$$

在媒质 1 中的合成电场 E_x 为入射波与反射波的叠加,即

$$E_x = E_x^+ + E_x^- = E_m^+ \mathrm{e}^{-\mathrm{j}kz} + E_m^- \mathrm{e}^{\mathrm{j}kz}$$

欲求解空间合成电场,要用到边界条件。在理想导体表面($z=0$)处,切向电场为 0,即 $E_t = 0$,因此

$$E_x\big|_{z=0} = (E_x^+ + E_x^-)\big|_{z=0} = E_m^+ + E_m^- = 0$$

即

$$E_m^+ = -E_m^- \tag{3-156}$$

所以,媒质 1 中的合成电场为

$$E_x = E_m^+(e^{-jkz} - e^{jkz}) = -j2E_m^+\sin(kz) \tag{3-157}$$

由麦克斯韦方程组之关系式

$$\boldsymbol{H} = \frac{1}{-j\omega\mu}\nabla\times\boldsymbol{E}$$

可得磁场 $\boldsymbol{H}$ 的表达式

$$\boldsymbol{H} = \boldsymbol{a}_y H_y = \boldsymbol{a}_y \frac{2E_m}{\eta}\cos(kz) \tag{3-158}$$

由式(3-157)和式(3-158)可得出电磁波经理想导体全反射后空间电磁场分布的一些重要特征。

(1)由入射波与反射波合成的电场与磁场在空间仍然是互相垂直的。

(2)合成场的振幅是随距离 z 变化的,在 $z=0,-\lambda/2,-2\lambda/2,\cdots,-n\lambda/2$ 等处,电场的幅值为 0。我们称这些点为电场波节点;而在 $z=-\lambda/4,-3\lambda/4,\cdots,-(\lambda/4+n\lambda/2)$ 等处,电场的幅值最大,这些点称为电场的波腹点。

分析式(3-157)与式(3-158)可知:电场的波节点是磁场的波腹点,电场的波腹点恰是磁场的波节点。这些波节点、波腹点固定不动的波称为驻波。

(3)电场和磁场在时间上有 90°相位差,即电场为最大值时,磁场为 0;磁场为最大值时,电场为 0。

2. 均匀平面波垂直入射到理想介质的分界面

如果均匀平面波垂直入射到两理想介质的分界面,则在分界面上除了有反射波,还有穿过界面的透射波存在。欲求反射波与透射波的大小,仍然要从边界条件出发。

设两种理想介质的分界面是无限大平面。媒质 1 和 2 的介电常数和磁导率分别是 ε_1、μ_1 和 ε_2、μ_2,电导率 $\sigma_1=\sigma_2=0$。在媒质 1 中除了向 z 方向传播的入射波,必然有反射波存在,而在媒质 2 中只有穿过分界面向 z 方向传播的透射波,只要不碰到任何不连续面,媒质 2 中就不会有向负 z 方向传播的反射波。

设入射波是 x 方向的极化波。则媒质 1 中的电磁场分量可写成

$$\boldsymbol{E}_{x1} = \boldsymbol{E}_1^+ e^{-jk_1 z} + \boldsymbol{E}_1^- e^{jk_1 z} \tag{3-159a}$$

$$\boldsymbol{H}_{y1} = \frac{1}{\eta_1}(\boldsymbol{E}_1^+ e^{-jk_1 z} - \boldsymbol{E}_1^- e^{jk_1 z}) \tag{3-159b}$$

其中

$$k_1 = \omega\sqrt{\mu_1\varepsilon_1},\ \eta_1 = \sqrt{\frac{\mu_1}{\varepsilon_1}}$$

在媒质 2 中只有透射波,所以

$$E_{x2} = E_2 e^{-jk_2 z} \tag{3-160a}$$

$$H_{y2} = \frac{E_2}{\eta_2} e^{-jk_2 z} \tag{3-160b}$$

其中

$$k_2 = \omega\sqrt{\mu_2 \varepsilon_2}, \eta_2 = \sqrt{\frac{\mu_2}{\varepsilon_2}}$$

在理想介质分界面上,电场强度和磁场强度的边界条件是切向分量连续,即

$$E_{1t} = E_{2t} \tag{3-161a}$$

$$H_{1t} = H_{2t} \tag{3-161b}$$

因此

$$E_1^+ + E_1^- = E_2$$

$$\frac{E_1^+}{\eta_1} - \frac{E_1^-}{\eta_1} = \frac{E_2}{\eta_2}$$

则

$$\frac{E_1^-}{E_1^+} = \frac{\mu_2 - \eta_1}{\eta_2 + \eta_1}$$

$$\frac{E_2}{E_1^+} = \frac{2\eta_2}{\eta_2 + \eta_1}$$

在一般情况下,E_2/E_1^+、E_1^-/E_1^+ 都可能是复数。反射波复振幅与入射波复振幅之比称为反射系数,用 Γ 表示:

$$\Gamma = \frac{\eta_2 - \eta_1}{\eta_2 + \eta_1} \tag{3-162}$$

透射波复振幅与入射波复振幅之比称为透射系数,用 T 表示:

$$T = \frac{2\eta_2}{\eta_2 + \eta_1} \tag{3-163}$$

如果两种媒质都是理想介质,则 Γ、T 均为实数。

将式(3-162)、式(3-163)代入式(3-159),得媒质1中的电场和磁场分别为

$$E_{x1} = E_1^+(e^{-jk_1 z} + \Gamma e^{jk_1 z}) = \Gamma E_1^+ 2\cos(k_1 z) + E_1^+(1-\Gamma)e^{-jk_1 z} \tag{3-164a}$$

$$H_{y1} = \frac{E_1^+}{\eta_1}(e^{-jk_1 z} - \Gamma e^{jk_1 z}) = -\frac{\Gamma}{\eta_1}E_1^+ 2j\sin(k_1 z) + \frac{E_1^+}{\eta_1}(1-\Gamma)e^{-jk_1 z} \tag{3-164b}$$

将式(3-162)、式(3-163)代入式(3-160),得媒质2中的电场和磁场分别为

$$E_{x2} = E_1^+ T e^{-jk_2 z} \tag{3-165a}$$

$$H_{y2} = \frac{E_1^+}{\eta_2} T e^{-jk_2 z} \tag{3-165b}$$

从式(3-164a)、式(3-164b)和式(3-165a)、式(3-165b)可以看出以下特性。

(1)在媒质1中存在着入射波与反射波。由于反射系数的模值总是小于1,反射波的振幅总是小于入射波的振幅,所以,如果把入射波分为两部分:一部分入射波的振幅和反射波相等,则它们叠加形成驻波;而入射波的其余部分仍为行波。所以,媒质1中的波沿 z 方向是行波和驻波之和,称为行驻波。

(2)根据 η_2/η_1 的比值可以判断界面上电场的节点性质:若比值 $\eta_2/\eta_1>1$,则 Γ 为正,说明在分界面上反射波电场与入射波电场相同,在界面上则必定出现电场最大值(波腹点);相反,若比值 $\eta_2/\eta_1<1$,则 Γ 为负,说明在分界面上反射波与入射波电场反相,在界面上为电场的波节点。

(3)在媒质2中,只有透射波,故必是行波。

3.4.2 均匀平面波向媒质界面的斜入射

均匀平面波斜入射到不同媒质的平面分界面情况,比垂直入射更有普遍意义,垂直入射是斜入射的一种特殊情况。在斜入射时,透射波的方向不再像垂直入射时那样沿着入射前进方向,而是在进入另一媒质时要发生偏折,因此不再称为透射波而称为折射波。

1. 平行极化和垂直极化

为了讨论方便,按电场的极化取向,把电磁波分为两种类型。如图3-23所示。电场矢量与入射面(入射线和界面法线构成的平面)垂直,极化如此取向的波称为垂直极化波;电场矢量在入射面内的称为平行极化波。

注意,在3.2.4节均匀平面电磁波的极化的讨论中是依波的电场矢量取向随时间变化的轨迹而分为线极化、圆极化和椭圆极化。而任意圆极化或椭圆极化都可分解成两个空间相互正交的线极化波。这里所说的把线极化波,按电场矢量的取向与入射面的关系分为水平极化与垂直极化。其讨论的结果完全适用于圆极化波与椭圆极化波。

2. 均匀平面波斜入射到理想导体表面

一个任意极化的平面波,总可分解为平行极化波和垂直极化波。为使讨论简便,对平行极化和垂直极化分别讨论。

1)平行极化波斜入射到理想导体表面

如图3-23(a)所示。无限大理想导体平面取为 xOy 平面,入射面为 xOz 平面,已知入射波射线方向为 $\boldsymbol{a}_\mathrm{i}$,入射角为 θ_i,假设各场矢量方向如图所示,则

$$\boldsymbol{a}_\mathrm{i}=\boldsymbol{a}_x\sin\theta_\mathrm{i}+\boldsymbol{a}_z\cos\theta_\mathrm{i}$$

$$\boldsymbol{r}=\boldsymbol{a}_x x+\boldsymbol{a}_z z$$

$$\boldsymbol{k}_\mathrm{i}\cdot\boldsymbol{r}=k\boldsymbol{a}_\mathrm{i}\cdot\boldsymbol{r}=k(x\sin\theta_\mathrm{i}+z\cos\theta_\mathrm{i})$$

入射波电场为

$$\boldsymbol{E}_{\mathrm{i}}=\boldsymbol{E}^{+}\,\mathrm{e}^{-\mathrm{j}\boldsymbol{k}_{\mathrm{i}}\cdot\boldsymbol{r}}=\boldsymbol{E}^{+}\,\mathrm{e}^{-\mathrm{j}k(x\sin\theta_{\mathrm{i}}+z\cos\theta_{\mathrm{i}})} \tag{3-166a}$$

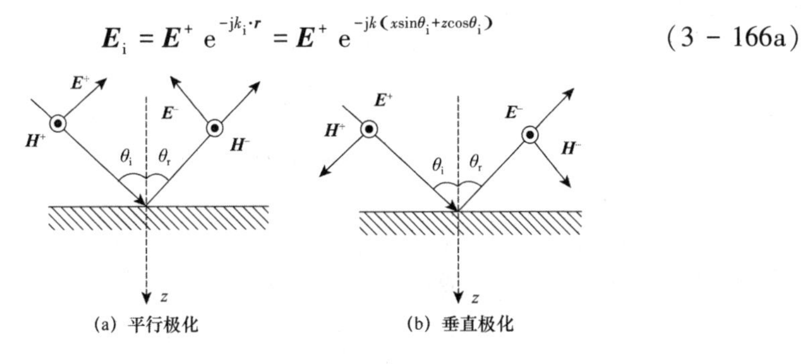

图 3-23　均匀平面波向导体界面的斜入射

假设反射波射线方向为 $\boldsymbol{a}_{\mathrm{r}}$，反射角为 θ_{r}，则反射波电场为

$$\boldsymbol{E}_{\mathrm{r}}=\boldsymbol{E}^{-}\,\mathrm{e}^{-\mathrm{j}\boldsymbol{k}_{\mathrm{r}}\cdot\boldsymbol{r}}=\boldsymbol{E}^{-}\,\mathrm{e}^{-\mathrm{j}k(x\sin\theta_{\mathrm{r}}-z\cos\theta_{\mathrm{r}})} \tag{3-166b}$$

式中，E^{+}和 E^{-}分别代表入射波和反射波在原点处的电场强度。因为电磁波不能进入完纯导体，故不存在折射波。反射面上半空间的合成场为入射波电场和反射波电场的叠加，合成电场为

$$\boldsymbol{E}(x,z)=\boldsymbol{E}_{\mathrm{i}}+\boldsymbol{E}_{\mathrm{r}} \tag{3-167}$$

x 分量与 z 分量分别为

$$E_{x}(x,z)=E^{+}\cos\theta_{\mathrm{i}}\mathrm{e}^{-\mathrm{j}\beta(x\sin\theta_{\mathrm{i}}+z\cos\theta_{\mathrm{i}})}-E^{-}\cos\theta_{\mathrm{r}}\mathrm{e}^{\mathrm{j}\beta(-x\sin\theta_{\mathrm{r}}+z\cos\theta_{\mathrm{r}})} \tag{3-168a}$$

$$E_{z}(x,z)=-E^{+}\sin\theta_{\mathrm{i}}\mathrm{e}^{-\mathrm{j}\beta(x\sin\theta_{\mathrm{i}}+z\cos\theta_{\mathrm{i}})}-E^{-}\sin\theta_{\mathrm{r}}\mathrm{e}^{\mathrm{j}\beta(-x\sin\theta_{\mathrm{r}}+z\cos\theta_{\mathrm{r}})} \tag{3-168b}$$

由完纯导体的边界条件，在 $z=0$ 平面上 E_x 应为 0，即

$$E_{x}(x,0)=E^{+}\cos\theta_{\mathrm{i}}\mathrm{e}^{-\mathrm{j}\beta x\sin\theta_{\mathrm{i}}}-E^{-}\cos\theta_{\mathrm{r}}\mathrm{e}^{-\mathrm{j}\beta x\sin\theta_{\mathrm{r}}}=0 \tag{3-169}$$

若要式(3-169)成立，两项的相位因子应相等，因此有

$$\theta_{\mathrm{r}}=\theta_{\mathrm{i}}$$

即反射角等于入射角，这就是反射定律。

两项的幅度应相等，有

$$E^{-}=E^{+} \tag{3-170}$$

定义反射系数为反射波电场与入射波电场之比，则反射系数为

$$\Gamma=\frac{E^{-}}{E^{+}}=1 \tag{3-171}$$

上半空间合成场量为

$$\begin{aligned}E_{x}(x,z)&=E^{+}\cos\theta(\mathrm{e}^{-\mathrm{j}k(x\sin\theta+z\cos\theta)}-\mathrm{e}^{-\mathrm{j}k(x\sin\theta-z\cos\theta)})\\&=-2\mathrm{j}E^{+}\cos\theta\sin(kz\cos\theta)\mathrm{e}^{-\mathrm{j}kx\sin\theta}\end{aligned} \tag{3-172a}$$

$$E_{z}(x,z)=-2E^{+}\sin\theta\cos(kz\cos\theta)\mathrm{e}^{-\mathrm{j}kx\sin\theta} \tag{3-172b}$$

由图 3-23(a)可以看出，入射波和反射波的磁场都只有 y 向分量，所以合成场为

$$H_y(x,z) = 2\frac{E^+}{\eta}\cos(kz\cos\theta)\,\mathrm{e}^{-\mathrm{j}kx\sin\theta} \tag{3-172c}$$

由上述结果可知上半空间电磁波的传播特性有如下特点。

(1)场的传播方向是 x 方向,相位因子为 $\mathrm{e}^{-\mathrm{j}kx\sin\theta}$,只与 x 有关,振幅与 z 无关,这是沿 x 方向传播的行波。

(2)电场波在 z 方向不传播,振幅沿 z 变化,在 $kz\cos\theta=n\pi$ 和 $kz\cos\theta=\pi/2+n\pi$ 处各场量振幅分别取得最大或最小值。所以有

$$z_n = \frac{n\pi}{k\cos\theta} = \frac{n\lambda}{2\cos\theta} \qquad (n=0,1,2,\cdots) \tag{3-173a}$$

$$z_n = \frac{\lambda}{\cos\theta}\left(\frac{\lambda}{4}+\frac{n\lambda}{2}\right) \qquad (n=0,1,2,\cdots) \tag{3-173b}$$

满足式(3-173a)的各点为 E_z、H_y 的波腹点,E_x 的波节点,满足式(3-173b)的各点为 E_z、H_y 的波节点,E_x 的波腹点。沿 z 方向为驻波。

(3)电磁波的等相位面是垂直于反射面且 x 等于常数的平面;等振幅面为平行于导体平面而 z 等于常数的平面。等相位面与等振幅面不重合,电磁波不是均匀平面波。从波型分析,在传播方向上存在电场的纵向分量($E_x\neq0$),而磁场的纵向分量为0($H_x=0$)。因此,电磁波不是TEM波,而是横磁波(TM波)。

2)垂直极化波斜入射到理想导体表面

与平行极化波相似,垂直极化波斜入射到理想导体表面时,同样满足反射定律,如图3-23(b)所示,即

$$\theta_\mathrm{i} = \theta_\mathrm{r} = \theta \tag{3-174}$$

入射波、反射波振幅 E^+、E^- 满足 $E^+=-E^-$,反射系数 $\Gamma=-1$。

上半空间合成场量为

$$E_y = -2\mathrm{j}E^+\sin(kz\cos\theta)\,\mathrm{e}^{-\mathrm{j}kx\sin\theta} \tag{3-175a}$$

$$H_x = \frac{-2E^+}{\eta}\cos\theta\cos(kz\cos\theta)\,\mathrm{e}^{-\mathrm{j}kx\sin\theta} \tag{3-175b}$$

$$H_z = -\frac{2\mathrm{j}E^+}{\eta}\sin\theta\sin(kz\cos\theta)\,\mathrm{e}^{-\mathrm{j}kx\sin\theta} \tag{3-175c}$$

由此可见,电磁波传播的特性如下。

(1)沿 x 方向是行波。

(2)沿 z 方向是驻波,$z_n=\dfrac{n\lambda}{2\cos\theta}$ $(n=0,\ 1,\ 2,\ \cdots)$时为 E_y、H_z 的波节点,H_x 的波腹点;$z_n=\dfrac{1}{\cos\theta}\left(\dfrac{\lambda}{4}+\dfrac{n\lambda}{2}\right)$ $(n=0,\ 1,\ 2,\ \cdots)$时为 H_x 的波节点,E_y、H_z 的波腹点,和平行极化时相比,相差 $\lambda/4$。

(3)电场没有纵向分量,$E_x=0$;而磁场存在 H_x 分量,是横电波(TE)。

(4)等相位面和等振幅面不重合,是非均匀平面波。

上面的分析表明,当电磁波斜入射到理想导体表面上产生反射后,入射波和反射波合成的波沿边界传播,因此导体表面有导行电磁波的功能。

3. 均匀平面波斜入射到理想介质分界面

采取与前面类似的方法进行讨论。把入射波分为平行极化波与垂直极化波,首先写出相应极化状态下入射波、反射波、折射波的电磁场表达式,根据边界条件建立电磁场方程。分析相位条件,可以得到反射定律、折射定律。分析振幅关系可得到菲涅尔(Augustin Jean Fresnel,1788—1827,法国物理学家)公式,描述平行极化波、垂直极化波斜入射到理想介质分界面的反射系数和折射系数。

1)反射定律与折射定律

反射定律:

$$\theta_i = \theta_r \tag{3-176}$$

表明反射角等于入射角,而且在同一个入射平面内。

折射定律:

$$\frac{\sin\theta_n}{\sin\theta_i} = \frac{n_1}{n_2} \tag{3-177}$$

式中, n_1、n_2 为第1、2媒质中的折射率,$n_1 = \sqrt{\mu_{r1}\varepsilon_{r1}}$,$n_2 = \sqrt{\mu_{r2}\varepsilon_{r2}}$。对非铁磁性物质,$\mu_{r1} \approx \mu_{r2} \approx 1$,表明在理想介质分界面折射角与入射角在同一入射平面内,且其正弦之比与相应介质的折射率 $n(n = \sqrt{\varepsilon_r})$ 成反比。因此,在介电常数大的介质中,波的传播方向与分界面法线之间的夹角小。

反射定律与折射定律反映了入射波、反射波、折射波之间的方向关系,和光学中的规律完全相同。

2)菲涅尔公式

平行极化波的反射系数与折射系数:

$$\Gamma_{/\!/} = \frac{\eta_1\cos\theta_i - \eta_2\cos\theta_n}{\eta_1\cos\theta_i + \eta_2\cos\theta_n} \tag{3-178}$$

$$T_{/\!/} = \frac{2\eta_2\cos\theta_i}{\eta_1\cos\theta_i + \eta_2\cos\theta_n} \tag{3-179}$$

$$1 + \Gamma_{/\!/} = \frac{\eta_1}{\eta_2}T_{/\!/}$$

对于非铁磁性物质,由于 $\mu_1 = \mu_2$,$n = \dfrac{\eta_1}{\eta_2} = \sqrt{\dfrac{\varepsilon_2}{\varepsilon_1}}$ 称为相对折射率,于是有

$$\Gamma_{/\!/} = \frac{n^2\cos\theta_i - \sqrt{n^2 - \sin^2\theta_i}}{n^2\cos\theta_i + \sqrt{n^2 - \sin^2\theta_i}} \tag{3-180a}$$

$$T_{/\!/}=\frac{2n\cos\theta_{\mathrm{i}}}{n^2\cos\theta_{\mathrm{i}}+\sqrt{n^2-\sin^2\theta_{\mathrm{i}}}} \tag{3-180b}$$

垂直极化波的反射系数与折射系数：

$$\Gamma_{\perp}=\frac{\eta_2\cos\theta_{\mathrm{i}}-\eta_1\cos\theta_{\mathrm{n}}}{\eta_2\cos\theta_{\mathrm{i}}+\eta_1\cos\theta_{\mathrm{n}}} \tag{3-181a}$$

$$T_{\perp}=\frac{2\eta_2\cos\theta_{\mathrm{i}}}{\eta_2\cos\theta_{\mathrm{i}}+\eta_1\cos\theta_{\mathrm{n}}} \tag{3-181b}$$

$$1+\Gamma_{\perp}=\frac{\eta_1}{\eta_2}T_{\perp}$$

对于非铁磁性物质，$\mu_1=\mu_2$，于是有

$$\Gamma_{\perp}=\frac{\cos\theta_{\mathrm{i}}-\sqrt{n^2-\sin^2\theta_{\mathrm{i}}}}{\cos\theta_{\mathrm{i}}+\sqrt{n^2-\sin^2\theta_{\mathrm{i}}}} \tag{3-182a}$$

$$T_{\perp}=\frac{2\cos\theta_{\mathrm{i}}}{\cos\theta_{\mathrm{i}}+\sqrt{n^2-\sin^2\theta_{\mathrm{i}}}} \tag{3-182b}$$

从上面给出的两个反射系数公式可引出两个重要概念。

(1)关于全反射的概念。光波由光密媒质进入光疏媒质，即 $\varepsilon_1>\varepsilon_2$ 时，根据折射定律：

$$\frac{\sin\theta_{\mathrm{n}}}{\sin\theta_{\mathrm{i}}}=\sqrt{\frac{\varepsilon_1}{\varepsilon_2}} \tag{3-183}$$

必有 $\theta_{\mathrm{n}}>\theta_{\mathrm{i}}$，因为 θ_{n} 随 θ_{i} 的增大而增大，当 θ_{i} 由 0 逐渐增大时，总有一个 θ_{i} 角使得 $\theta_{\mathrm{n}}=90°$，这时的 θ_{i} 角记作 θ_{c}，称为入射临界角，则

$$\sin\theta_{\mathrm{c}}=\sqrt{\frac{\varepsilon_2}{\varepsilon_1}} \tag{3-184}$$

当平面电磁波的入射角大于或等于临界角时，无论是垂直极化波还是平行极化波，它们的反射系数的模都等于 1，说明发生了全反射现象，这种现象已被人们用来制作介质波导和光波导。

放在空气中的一块介质板，当介质板中的电磁波在两个分界面上的入射角 $\theta_{\mathrm{i}}>\theta_{\mathrm{c}}=\arcsin\sqrt{\varepsilon_0/\varepsilon}$ 时，电磁波将发生全反射而被约束在介质板内，并向 z 方向传播，电磁波在介质板内的全反射同样适用于圆形介质线。当介质线内的电磁波发生全反射时，使它沿介质线传输，这种传输电磁波的系统称为介质波导。近年来，在光通信中经常应用的光纤，也是一种介质波导，称为光波导。

(2)关于全折射的概念。由式(3-180a)可以看出，当平行极化波的入射角满足 $n^2\cos\theta=\sqrt{n^2-\sin^2\theta}$ 时，$\Gamma_{/\!/}=0$，这时不存在反射波，电磁能量全部折射到第二种

媒质,发生全折射现象。将 $n^2=\varepsilon_2/\varepsilon_1$ 代入上式,可计算发生全折射的入射角 θ_B:

$$\theta_B = \arctan\sqrt{\frac{\varepsilon_2}{\varepsilon_1}} = \arcsin\sqrt{\frac{\varepsilon_1}{\varepsilon_1+\varepsilon_2}} \tag{3-185}$$

入射角 θ_B 称为布儒斯特(Sir David Brewster, 1781—1868,苏格兰物理学家)角。

对于垂直极化波,若使 $\Gamma_\perp=0$ 是不可能的,由式(3-182a)可知,只有 $n^2=\varepsilon_2/\varepsilon_1=1$ 时 $\cos\theta_i-\sqrt{n^2-\sin^2\theta_i}$ 才能为0,而研究的是两种不同媒质,$\varepsilon_2\neq\varepsilon_1$,故 $\Gamma_\perp\neq0$,总有反射波存在。

一个任意极化方向的平面波,当它以布儒斯特角入射到两种理想介质分界面时,平行极化波全部折射,没有反射,只有垂直极化波反射。换句话说,一个任意极化波的平面波以布儒斯特角入射时,反射波只有垂直极化分量,没有平行极化分量,故 θ_B 又称为极化角或偏振角。

习　题

1. 简述麦克斯韦方程的物理意义。

2. 简述物质方程的物理意义。

3. 如果在某一表面 $\boldsymbol{E}=0$,是否能得出 $\frac{\partial \boldsymbol{B}}{\partial t}=0$?为什么?

4. 证明 $\boldsymbol{p}\neq \mathrm{Re}[\boldsymbol{E}\times\boldsymbol{H}\mathrm{e}^{\mathrm{j}\omega t}]$。

5. 已知在自由空间传播的电磁波电场强度为

$$\boldsymbol{E}=\boldsymbol{a}_y 10\sin(6\pi\times10^8 t+2\pi z)$$

试问:

(1)该波是不是均匀平面电磁波?

(2)该波的频率、波长和相速各为多少?

(3)磁场强度 $\boldsymbol{H}$ 为多少?

(4)指出波的传播方向。

6. 求频率为30MHz的电磁波在水中($\varepsilon_r=80,\mu_r=1$)传播时的相速、波长及波阻抗。

7. 证明在任何无损耗的非铁磁性媒质中,有

$$k=k_0\sqrt{\varepsilon_r},\lambda=\frac{\lambda_0}{\sqrt{\varepsilon_r}},v_p=\frac{c}{\sqrt{\varepsilon_r}}$$

式中,ε_r 为媒质相对介电常数;k_0、λ_0、c 分别为真空中平面波的相移常数、波长和相速。

8. 由下列各组电场表达式,说明均匀平面波各是哪种极化?

(1) $\boldsymbol{E} = \boldsymbol{a}_x E\cos(\omega t - \beta z + \varphi_0)$

(2) $\begin{cases} E_x = E_0\cos(\omega t - \beta z + \varphi_0) \\ E_y = E_0\sin(\omega t - \beta z + \varphi_0) \end{cases}$

(3) $\begin{cases} E_x = E_0 e^{j0^\circ} \\ E_y = E_0 e^{j90^\circ} \end{cases}$

(4) $\begin{cases} E_x = 2E_0 e^{j90^\circ} \\ E_y = 3E_0 e^{-j30^\circ} \end{cases}$

9. 海水的 $\sigma = 1\text{S/m}, \varepsilon_r = 81$,求频率为 10kHz,100kHz,1MHz,10MHz,100MHz,1GHz 的电磁波在海水中的波长、衰减常数和波阻抗。

10. 大地电参数为 $\varepsilon_r = 10, \mu_r = 1, \sigma = 0.001\text{S/m}$,可将大地看作良导体的最高工作频率为多少?

11. 试证:电磁波在良导电媒质中传播时场量的衰减约为每波长 55dB。

12. 一均匀平面波垂直向下传播,由空气射向海面。已知波在空气中的波长为 16000m,海水的参量为 $\varepsilon_r = 81, \mu_r = 1, \sigma = 1\text{S/m}$,若刚进入海面,电场强度为 $2\times10^{-5}\text{V/m}$,求 10m 深处的场强值。若波在空气中的波长是 2m,结果又如何?由此可得出什么结论?

13. 一圆极化波,其电场为 $\boldsymbol{E} = \boldsymbol{E}_0(\boldsymbol{a}_x - \boldsymbol{a}_y \text{j})e^{-\text{j}\beta z}$,垂直投射到一完纯导体平面,求反射电场的表达式,并说明反射波的极化与旋向情况。

14. 下列各条论述是否正确?说明理由。

(1)无论怎样极化的均匀平面波,当其垂直投射到理想导体时,导体表面处均为电场强度波节点。

(2)任意极化的均匀平面波斜入射到理想导体时,导体表面处电场强度切线分量恒为 0。

15. 频率 $f = 1590\text{MHz}$ 的平面电磁波,在 $\varepsilon_r = 80, \mu_r = 1, \sigma = 0.1\text{S/m}$ 时的媒质中传播,当某处的电场强度幅值为 10V/m 时。求该处的传导电流密度和位移电流密度。

第4章　电磁辐射

本章将讨论电磁波的辐射问题。时变的电荷和电流是激发电磁波的源，各种无线电设备，如广播、电视、导航、雷达、航空、航天、遥感、遥测等都是靠空间传播的电磁波来传递信息的，电磁波的辐射和接收都是靠天线来完成的。为了有效地使电磁波能量按所要求的方向辐射出去，时变的电荷和电流必须按某种特殊的方式分布，天线就是设计成按规定的方式有效地辐射电磁波能量的装置。本章首先讨论电磁辐射原理，其次介绍一些常见的基本天线的辐射特性。

4.1　电磁波的辐射和接收

4.1.1　电磁波的辐射

电磁波辐射通常是由载有交变电流的导体产生的。由传输线基本原理知道，当一段末端开路的 $\lambda/4$ 平行线上有高频电压、电流传输时，在导线周围就会产生交变的电场和磁场，如图 4-1 所示。由于两根导线的距离很近，而且每一瞬间两根导线各对应点的电流大小相等、方向相反，所以在两根导线外部空间各点产生的磁场彼此相减而削弱，只在两根导线之间才彼此相加而增强，如图 4-1(b)所示。同理，两根导线上大小相等、极性相反的电压，也只在两根导线之间产生较强的电场，

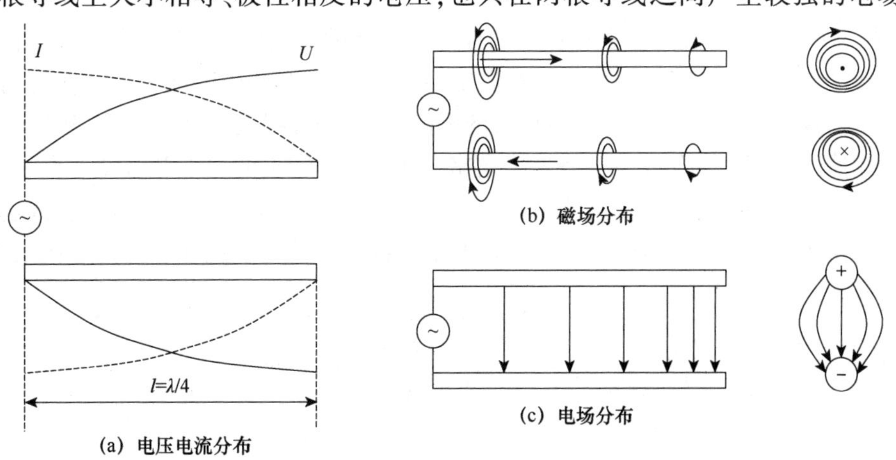

图 4-1　$\lambda/4$ 开路线上的驻波及电磁场的分布

如图 4-1(c)所示。这就是说,$\lambda/4$ 末端开路线上高频电压、电流产生的电磁场,大部分被束缚在两根导线之间,而不能有效向外辐射。如何使这些电磁场摆脱这种束缚,以电磁波的形式向空间辐射出去呢?实验证明,如果把两根导线张开,拉成一根长度为 $\lambda/2$ 的直导线,如图 4-2 所示,就能达到这个目的。这时,两根导线的电流方向相同,如图 4-2(a)所示,它们在周围所产生的磁场是互相加强的,如图 4-2(b)所示;两条线段上的电压极性相反,在周围空间所产生的电场也是互相加强的,如图 4-2(c)所示。所以,$\lambda/2$ 直导线上高频电压、电流产生的电磁场,能够向周围的空间辐射出去。

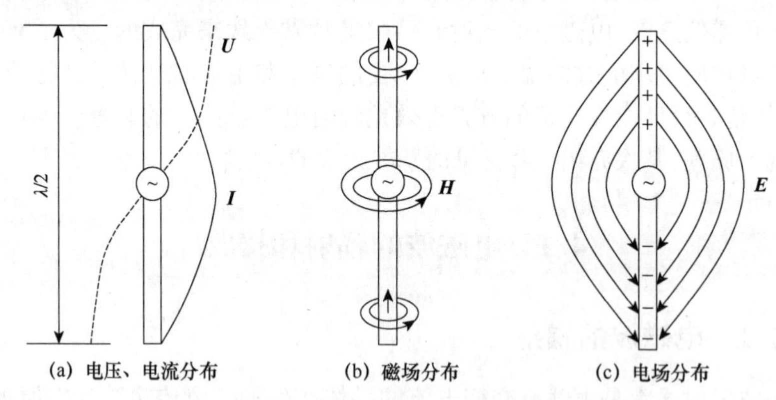

图 4-2 $\lambda/2$ 直导线上驻波电压电流及电磁场的分布

交变电磁场在空间的传播,是由交变电磁场的基本规律决定的。交变的磁场产生交变的电场,可用法拉第定律说明;交变的电场产生交变的磁场,可用位移电流定律说明。这样载流导体一旦在它周围空间产生交变磁场 $\boldsymbol{H}$ 以后,就会在邻近的区域中产生交变电场 $\boldsymbol{E}$,而交变电场 $\boldsymbol{E}$ 又将在较远的地方产生新的交变磁场 $\boldsymbol{H}'$;同样,新的交变磁场 $\boldsymbol{H}'$ 又会在更远的地方产生新的交变电场 $\boldsymbol{E}'$,如图 4-3 所示。于是,交变电场和交变磁场就在互相激励的过程中,将高频电磁能由近及远地向四周空间辐射出去。这一部分辐射出去的电磁场,称为辐射场。实验证明,辐射场向四周传播的速度,在空气中近似等于光速。载流导体附近的另一部分交变电磁场,始终受导体上电流、电荷的束缚,伴随着电流、电荷的出现而出现,并伴随着电流、电荷的消失而消失,不能辐射出去。这一部分依赖于导体电流、电荷而存在的电磁

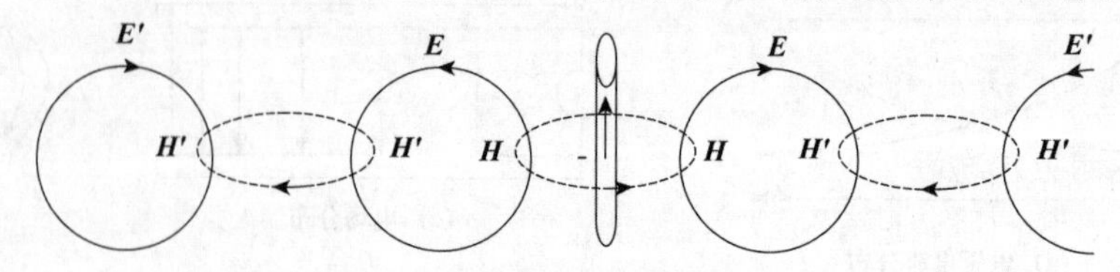

图 4-3 交变电磁场的传播

场,称为感应场。

4.1.2　电磁波的接收

1. 天线接收电磁波的过程

从目标反射回来的电磁波传到天线时,如图 4-4 所示,与振子轴线平行的电场分量将使振子中的自由电子随交变电场的变化而来回运动,从而在振子中产生感应电流。而电磁波中同导体垂直的磁场分量在传播的过程中被振子切割,从而在振子中产生感应电势。这都说明,天线振子能够把空间的一部分电磁能接收下来,通过高频传输系统送往接收机。

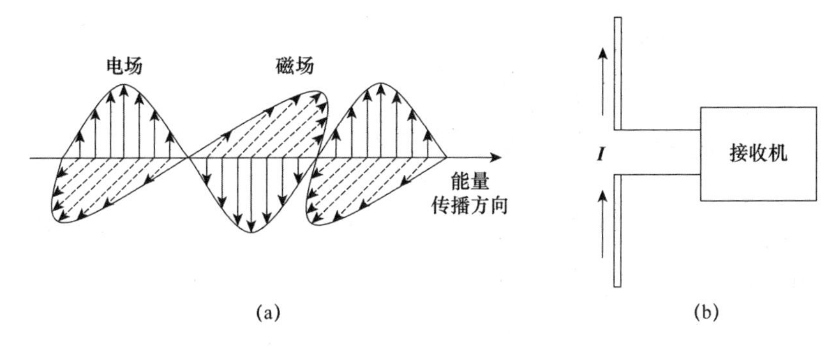

图 4-4　天线振子接收电磁波的示意图

因为只有同振子轴线平行的电场分量才能在振子中产生感应电势,所以为了有效地接收电磁波,接收天线的极化方向应当同电磁波的极化一致。

2. 天线接收电磁波的方向性

天线对于来自不同方向的电磁波,接收能力也是不同的。这种情形可用图 4-5 来说明。图中画出了来自三个不同方向的电磁波,对于从 A 方向传来的电磁波,因其电场方向和振子轴线平行,振子中产生的感应电势最大,即接收能力最强;对于从 C 方向传来的电磁波则不同,其电场方向同振子轴线垂直,振子不能产生感应电势,因而电磁波不能被振子接收;对于从 B 方向传来的电磁波,振子的接收能力介于上述两者之间。由此可见,天线用于接收时也具有方向性。

理论和实践证明,同一副天线,用于接收时的方向性和用于发射时的方向性是完全相同的。这种特性称为天线方向性的互易性。

4.1.3　辐射的计算

1. 达朗贝尔方程

第 1 章我们讨论过无源情况下,求解麦克斯韦方程的问题。现在研究有源情况下,已知场源(电流或电荷)分布求麦克斯韦方程的解。求解空间某一点的电磁场时,为了方便起见,一般不直接求场量 $\boldsymbol{E}$ 和 $\boldsymbol{H}$,而是引进一些辅助函数,首先求出

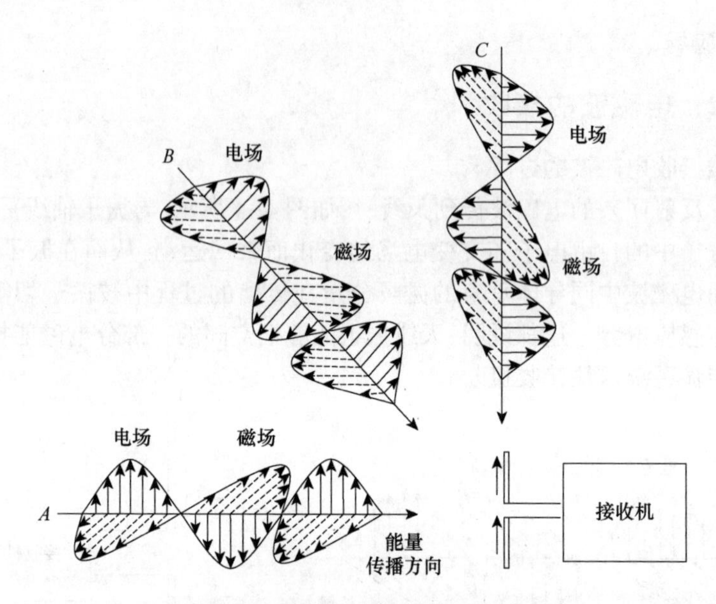

图 4-5　电磁波由不同方向传到天线振子

这些辅助函数的解,然后由辅助函数求 $\boldsymbol{E}$ 和 $\boldsymbol{H}$ 的解。矢量位和标量位就是广泛应用的一种辅助函数。

由矢量分析可知,一个矢量场的旋度的散度恒等于 0。所以由方程式(3-74d),即$\nabla\cdot\boldsymbol{B}=0$ 可引入矢量位 $\boldsymbol{A}$。

令

$$\boldsymbol{B}=\nabla\times\boldsymbol{A} \tag{4-1}$$

因此

$$\boldsymbol{H}=\frac{1}{\mu}\nabla\times\boldsymbol{A} \tag{4-2}$$

将式(4-2)代入式(3-74b) $\nabla\times\boldsymbol{E}=-\mathrm{j}\omega\boldsymbol{B}$ 中,可得

$$\nabla\times(\boldsymbol{E}+\mathrm{j}\omega\boldsymbol{A})=0 \tag{4-3}$$

因为一个标量场的梯度的旋度恒等于 0,根据式(4-3)又可以引入一个标量位 ϕ,令

$$\boldsymbol{E}+\mathrm{j}\omega\boldsymbol{A}=-\nabla\phi \tag{4-4}$$

于是

$$\boldsymbol{E}=-\nabla\phi-\mathrm{j}\omega\boldsymbol{A} \tag{4-5}$$

式(4-2)和式(4-5)表明,场量 $\boldsymbol{E}$ 和 $\boldsymbol{H}$ 可以用矢位 $\boldsymbol{A}$ 和标位 ϕ 来表示。如果找出 $\boldsymbol{A}$、ϕ 与交变电流、电荷的关系,那么根据电流和电荷的分布就可以求出交变电磁场 $\boldsymbol{E}$ 和 $\boldsymbol{H}$。

将式(4-2)和式(4-5)代入式(3-74a),并考虑式(3-75b)和式(3-75c)可得

$$\nabla\times\nabla\times\boldsymbol{A}=\mu\boldsymbol{J}+\mathrm{j}\omega\varepsilon\mu(-\nabla\phi-\mathrm{j}\omega\boldsymbol{A})$$

根据矢量恒等式

$$\nabla\times\nabla\times\boldsymbol{A}=\nabla(\nabla\cdot\boldsymbol{A})-\nabla^2\boldsymbol{A} \tag{4-6}$$

式(4-6)变为

$$\nabla(\nabla\cdot\boldsymbol{A})-\nabla^2\boldsymbol{A}=\mu\boldsymbol{J}-\mathrm{j}\omega\varepsilon\mu(\nabla\phi+\mathrm{j}\omega\boldsymbol{A})$$

$$\nabla^2\boldsymbol{A}+\omega^2\varepsilon\mu\boldsymbol{A}=\nabla(\nabla\cdot\boldsymbol{A}+\mathrm{j}\omega\varepsilon\mu\phi)-\mu\boldsymbol{J} \tag{4-7}$$

由场论知道,某一矢量场,只有其旋度和散度同时确定后,矢量场才唯一地确定。式(4-2)只确定了矢量 A 的旋度,所以还要确定其散度。为了使式(4-7)得到简化,令

$$\nabla\cdot\boldsymbol{A}=-\mathrm{j}\omega\varepsilon\mu\phi$$

可以证明,这一假设恰好符合电流连续性原理,称为洛仑兹(Hendrik Antoon Lorentz,1853—1928,荷兰物理学家)条件,于是式(4-7)简化为

$$\nabla^2\boldsymbol{A}+k^2\boldsymbol{A}=-\mu\boldsymbol{J} \tag{4-8}$$

式中,$k=\omega\sqrt{\varepsilon\mu}$。

再将式(4-5)代入式(3-74c),并利用式(3-75b)可得

$$\nabla\cdot(-\nabla\phi-\mathrm{j}\omega\boldsymbol{A})=\frac{\rho}{\varepsilon}$$

$$-\nabla^2\phi-\mathrm{j}\omega(-\mathrm{j}\omega\varepsilon\mu\phi)=\frac{\rho}{\varepsilon}$$

于是得

$$\nabla^2\phi+k^2\phi=-\frac{\rho}{\varepsilon} \tag{4-9}$$

式(4-8)和式(4-9)称为矢量位 $\boldsymbol{A}$ 和标量位 ϕ 的非齐次波动方程,也称为达朗贝尔(Jean Le Rond d'Alembert,1717—1783,法国数学和物理学家)方程。由此可见,在给定的 $\boldsymbol{J}$ 和 ρ 下求解式(4-8)和式(4-9),便可得到 $\boldsymbol{A}$ 和 ϕ 的解,然后利用式(4-2)和式(4-5)即可求得场量 $\boldsymbol{H}$ 和 $\boldsymbol{E}$。

2. 达朗贝尔方程的求解

现在求解式(4-9)和式(4-8)中的 ϕ 和 $\boldsymbol{A}$。由于这两个方程具有相同的形式,所以只求出一个方程的解即可,下面将求式(4-9)中 ϕ 的解。对于式(4-8),可以把 $\boldsymbol{A}$ 分解为三个分量,得到三个与式(4-9)相同的标量方程,然后直接套用 ϕ 的解来求之。

首先证明格林(Green)定理。

根据高斯散度定理,任何矢量场 $\boldsymbol{G}$ 满足关系式

$$\int_V\nabla\cdot\boldsymbol{G}\mathrm{d}V=\oint_S\boldsymbol{G}\cdot\mathrm{d}\boldsymbol{S} \tag{4-10}$$

式中,S 为包围体积 V 的封闭面;$\mathrm{d}\boldsymbol{S}$ 的方向为垂直于封闭面的外法线方向。

设$\boldsymbol{G}=\Psi\nabla\varphi$,这里$\Psi$和$\varphi$表示随空间所在位置变化的任意两个标量函数,将它代入式(4-10),并利用矢量恒等式(1-85)及式(1-90)可得

$$\oint_S \Psi\nabla\varphi\cdot \mathrm{d}\boldsymbol{S}=\int_V[\Psi\nabla^2\varphi+(\nabla\Psi\cdot\nabla\varphi)]\,\mathrm{d}V \tag{4-11}$$

如果将Ψ和φ互换,构成另一个矢量$\boldsymbol{G}=\varphi\nabla\Psi$并代入式(4-10),则

$$\oint_S \varphi\nabla\Psi\cdot \mathrm{d}\boldsymbol{S}=\int_V[\varphi\nabla^2\Psi+(\nabla\varphi\cdot\nabla\Psi)]\,\mathrm{d}V \tag{4-12}$$

将式(4-12)与式(4-11)相减,则得格林定理的第二恒等式:

$$\oint_S (\Psi\nabla\varphi-\varphi\nabla\Psi)\cdot \mathrm{d}\boldsymbol{S}=\int_V(\Psi\nabla^2\varphi-\varphi\nabla^2\Psi)\,\mathrm{d}V \tag{4-13}$$

这里要求Ψ和φ以及它们的一阶和二阶导数在体积V内是连续的。为了求解式(4-9),假设整个空间的体电荷密度ρ的分布已知,且在无限远处$\rho=0$,欲求空间某一点M的$\phi=\phi_M$,可以从格林定理出发。注意到Ψ和φ表示随空间所在位置变化的任意两个标量函数,故在式(4-13)中可令$\Psi=\phi,\varphi=\mathrm{e}^{-\mathrm{j}kr}/r$,$r$为由$M$点引出的距离。将其代入式(4-13)后可得

$$\oint_S\left[\phi\nabla\left(\frac{\mathrm{e}^{-\mathrm{j}kr}}{r}\right)-\left(\frac{\mathrm{e}^{-\mathrm{j}kr}}{r}\right)\nabla\phi\right]\cdot\mathrm{d}\boldsymbol{S}=\int_V\left[\phi\nabla^2\left(\frac{\mathrm{e}^{-\mathrm{j}kr}}{r}\right)-\left(\frac{\mathrm{e}^{-\mathrm{j}kr}}{r}\right)\nabla^2\phi\right]\mathrm{d}V \tag{4-14}$$

为了求M点的ϕ_M,由于$\varphi=\mathrm{e}^{-\mathrm{j}kr}/r$在$M$点不连续,选取的封闭面$S$是以$M$点为圆心,$r_0$为半径的小球表面$S_0$加上在无限远处的表面$S_\infty$,如图4-6所示。这时,在$S_0$与$S_\infty$间的体积就是式(4-14)等号右边体积分的范围,而左边的面积分可以写成

$$\oint_S=\oint_{S_0}+\oint_{S_\infty}$$

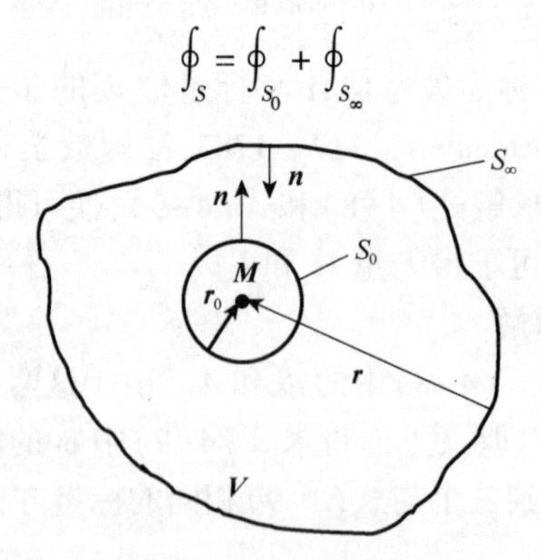

图4-6 求M点的ϕ值

因为ρ存在于有限空间,所以在无限远处的表面S_∞上$\phi=0$,于是,上式中右边第二项的积分$\oint_{S_\infty}=0$。则

$$\oint_S = \oint_{S_0} \tag{4-15}$$

将

$$\nabla\left(\frac{\mathrm{e}^{-\mathrm{j}kr}}{r}\right) = -\frac{\boldsymbol{r}}{r^3}(\mathrm{j}kr + 1)\,\mathrm{e}^{-\mathrm{j}kr}$$

$$\nabla^2\left(\frac{\mathrm{e}^{-\mathrm{j}kr}}{r}\right) = -k^2\,\frac{\mathrm{e}^{-\mathrm{j}kr}}{r}$$

代入式(4−14)中,并考虑式(4−15)可得

$$\oint_{S_0}\left[\frac{\phi\boldsymbol{r}}{r^3} + \frac{\mathrm{j}k\phi\boldsymbol{r}}{r^2} + \frac{\nabla\phi}{r}\right]\mathrm{e}^{-\mathrm{j}kr}\cdot \mathrm{d}\boldsymbol{S} = \int_V [k^2\phi + \nabla^2\phi]\,\frac{\mathrm{e}^{-\mathrm{j}kr}}{r}\mathrm{d}V \tag{4-16}$$

在小球面 S_0 上由于 $\mathrm{d}\boldsymbol{S}$ 和 $\boldsymbol{r}_0$ 的指向相反,因此 $\boldsymbol{r}_0\cdot \mathrm{d}\boldsymbol{S} = -r_0\mathrm{d}S$, 从而式(4−16)的左边可以写成

$$-\left[\frac{1}{r_0^2}\oint_{S_0}\phi\mathrm{d}S + \frac{\mathrm{j}k}{r_0}\oint_{S_0}\phi\mathrm{d}S + \frac{1}{r_0}\oint_{S_0}\frac{\partial\phi}{\partial r}\mathrm{d}S\right]\mathrm{e}^{-\mathrm{j}kr_0} \tag{4-17}$$

根据积分中值定理,设 $\bar{\phi}$ 及$\dfrac{\partial\bar{\phi}}{\partial r}$ 为 ϕ 及$\dfrac{\partial\phi}{\partial r}$ 在积分表面 S_0 上的一中值,即

$$\oint_{S_0}\phi\mathrm{d}S = \bar{\phi}\oint_{S_0}\mathrm{d}S = 4\pi r_0^2\bar{\phi}$$

$$\oint_{S_0}\frac{\partial\phi}{\partial r}\mathrm{d}S = \frac{\partial\bar{\phi}}{\partial r}\oint_{S_0}\mathrm{d}S = 4\pi r_0^2\,\frac{\partial\bar{\phi}}{\partial r}$$

于是,式(4−17)便可写成

$$-\left[4\pi\bar{\phi} + \mathrm{j}4\pi kr_0\bar{\phi} + 4\pi r_0\,\frac{\partial\bar{\phi}}{\partial r}\right]\mathrm{e}^{-\mathrm{j}kr_0} \tag{4-18}$$

当 $r_0\to 0$,即球面 S_0 缩为一点时,$\mathrm{e}^{-\mathrm{j}kr_0}\to 1$,$\bar{\phi}\to\phi_M$,式(4 − 18) 的值趋向于 $-4\pi\phi_M$,于是式(4 − 16) 变为

$$-4\pi\phi_M = \int_V (k^2\phi + \nabla^2\phi)\,\frac{\mathrm{e}^{-\mathrm{j}kr}}{r}\mathrm{d}V \tag{4-19}$$

将式(4−9)代入式(4−19)可得

$$-4\pi\phi_M = \int_V\left(-\frac{\rho}{\varepsilon}\right)\frac{\mathrm{e}^{-\mathrm{j}kr}}{r}\mathrm{d}V$$

由此可得

$$\phi_M = \frac{1}{4\pi\varepsilon}\int_V \frac{\rho}{r}\mathrm{e}^{-\mathrm{j}kr}\mathrm{d}V \tag{4-20}$$

如果把 $k=\omega/v$ 代入,并重新引入时间因子 $\mathrm{e}^{\mathrm{j}\omega t}$ 则得

$$\phi_M = \frac{1}{4\pi\varepsilon}\int_V \frac{\rho}{r}\mathrm{e}^{\mathrm{j}\omega\left(t-\frac{r}{v}\right)}\,\mathrm{d}V \tag{4-21}$$

这就是式(4-9)的解。

矢量位 $\boldsymbol{A}$ 可以分解为三个分量，它们的解也具有式(4-20)和式(4-21)的形式，则

$$\boldsymbol{A}=\frac{\mu}{4\pi}\int_V\frac{\boldsymbol{J}}{r}\mathrm{e}^{-\mathrm{j}kr}\mathrm{d}V \tag{4-22}$$

或

$$\boldsymbol{A}=\frac{\mu}{4\pi}\int_V\frac{\boldsymbol{J}}{r}\mathrm{e}^{\mathrm{j}\omega\left(t-\frac{r}{v}\right)}\mathrm{d}V \tag{4-23}$$

就是式(4-8)的解

式(4-21)和式(4-23)的因子 $\mathrm{e}^{\mathrm{j}\omega(t-r/v)}$ 表示，在动态场中，距离源点为 r 的观察点，某一时刻 t 的位场 ϕ 和 $\boldsymbol{A}$ 并不是由时刻 t 的源(电荷或电流)所产生，而是由略早的时刻 $t-r/v$ 的源所产生的。换句话说，观察点位场的变化滞后于源的变化，滞后的时间 r/v 就是电磁波传播 r 距离所需的时间，所以在动态场中标量位 ϕ 和矢量位 $\boldsymbol{A}$ 都称为滞后位。当 $\omega=0$ 时，式(4-20)、式(4-22)或式(4-21)、式(4-23)就变成静态场中的泊松(Simeon Denis Poisson，1781—1840，法国数学家和物理学家)方程

$$\nabla^2\boldsymbol{A}=-\mu\boldsymbol{J}$$

$$\nabla^2\phi=-\frac{\rho}{\varepsilon}$$

的解。

由式(4-7)可知，在动态场中 ϕ 和 $\boldsymbol{A}$ 相互有关，所以只要求出一个，就可以求出另一个。对式(4-7)两边取梯度，并代入式(4-5)可得

$$\boldsymbol{E}=\frac{1}{\mathrm{j}\omega\varepsilon\mu}\nabla(\nabla\cdot\boldsymbol{A})-\mathrm{j}\omega\boldsymbol{A} \tag{4-24}$$

由此可见，只要已知电流或电荷的分布，借助滞后位 ϕ 和 $\boldsymbol{A}$，便可根据式(4-24)及式(4-2)求出交变电磁场 $\boldsymbol{E}$ 和 $\boldsymbol{H}$。

4.2 基本电振子与基本磁振子

4.2.1 基本电振子的辐射场

前面用矢量位法得出了已知场源分布时麦克斯韦方程的解，现在把这一结果应用到天线问题中最简单也是最基本的一种情况，即用以计算基本电振子在空间产生的电磁场。

1. 基本电振子的辐射场解

基本电振子是一段长度很短的载有高频电流的直导线段，由于其长度远小于波长，所以线上电流的振幅和相位分布可以看成是均匀的。基本电振子实际上就

是线状天线的基本单元，如果知道基本电振子在空间产生的电磁场，就可以据此计算线状天线在空间产生的电磁场，所以计算和分析基本电振子的电磁场在实用上具有重要的意义。

把基本电振子 dl 的中心置于坐标原点，并使其轴和 z 轴重合，如图 4-7 所示。下面来求远区 P 点的电磁场。

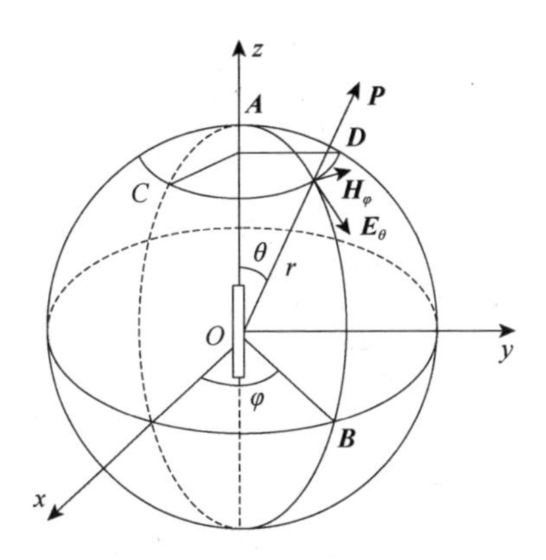

图 4-7　基本电振子的坐标

对于线电流情况，式(4-22)中的体积分可以化为线积分，因此

$$\boldsymbol{A}=\frac{\mu}{4\pi}\int\frac{\boldsymbol{I}\mathrm{e}^{-\mathrm{j}kr}}{r}\mathrm{d}l \tag{4-25}$$

因为 d$l \ll \lambda$，可以认为沿线的电流 I 不变，积分式(4-25)可得

$$\boldsymbol{A}=\frac{\mu}{4\pi r}I\mathrm{d}l\mathrm{e}^{-\mathrm{j}kr}\boldsymbol{a}_z$$

由此可见，P 点的矢量位 $\boldsymbol{A}$ 只有 z 方向的分量 A_z。根据坐标变换，A_z 在球坐标系统中的各分量为

$$A_r=A_z\cos\theta=\frac{\mu I\mathrm{d}l}{4\pi r}\mathrm{e}^{-\mathrm{j}kr}\cos\theta$$

$$A_\theta=-A_z\sin\theta=-\frac{\mu I\mathrm{d}l}{4\pi r}\mathrm{e}^{-\mathrm{j}kr}\sin\theta$$

$$A_\varphi=0$$

式中，A_θ 中的负号表示 A_θ 分量的方向是沿 θ 减小的方向。把 A_r、A_θ 和 A_φ 代入式(4-2)可求出磁场为

$$\boldsymbol{H}=\frac{1}{\mu}\nabla\times\boldsymbol{A}=\frac{1}{\mu r^2\sin\theta}\begin{vmatrix}\boldsymbol{a}_r & r\boldsymbol{a}_\theta & r\sin\theta\boldsymbol{a}_\varphi \\ \dfrac{\partial}{\partial r} & \dfrac{\partial}{\partial\theta} & \dfrac{\partial}{\partial\varphi} \\ A_z\cos\theta & -rA_z\sin\theta & 0\end{vmatrix}$$

由此解得磁场的三个分量为

$$H_{\varphi}=\frac{I\mathrm{d}l}{4\pi}\left(\mathrm{j}\frac{k}{r}+\frac{1}{r^{2}}\right)\sin\theta\mathrm{e}^{-\mathrm{j}kr} \tag{4-26a}$$

$$H_{r}=H_{\theta}=0 \tag{4-26b}$$

根据式(3-74a、b、c、d),由于场点 P 无源,即 $\boldsymbol{J}=0$,所以

$$\boldsymbol{E}=\frac{1}{\mathrm{j}\omega\varepsilon}\nabla\times\boldsymbol{H}$$

把 H_r、H_θ 和 H_φ 代入上式,可得电场的三个分量为

$$E_{r}=-\mathrm{j}\frac{I\mathrm{d}l}{2\pi\omega\varepsilon}\cos\theta\left(\frac{\mathrm{j}k}{r^{2}}+\frac{1}{r^{3}}\right)\mathrm{e}^{-\mathrm{j}kr} \tag{4-27a}$$

$$E_{\theta}=-\mathrm{j}\frac{I\mathrm{d}l}{2\pi\omega\varepsilon}\sin\theta\left(-\frac{k^{2}}{r}+\frac{\mathrm{j}k}{r^{2}}+\frac{1}{r^{3}}\right)\mathrm{e}^{-\mathrm{j}kr} \tag{4-27b}$$

$$E_{\varphi}=0 \tag{4-27c}$$

2. 基本电振子的辐射场分析

基本电振子辐射电磁波的过程如同电偶极子一样。如果流过基本电振子的电流随时间按正弦规律变化,那么基本电振子辐射的电磁场某一瞬时在空间的分布如图 4-8 所示(只画出了通过振子轴线的某一平面的图形)。

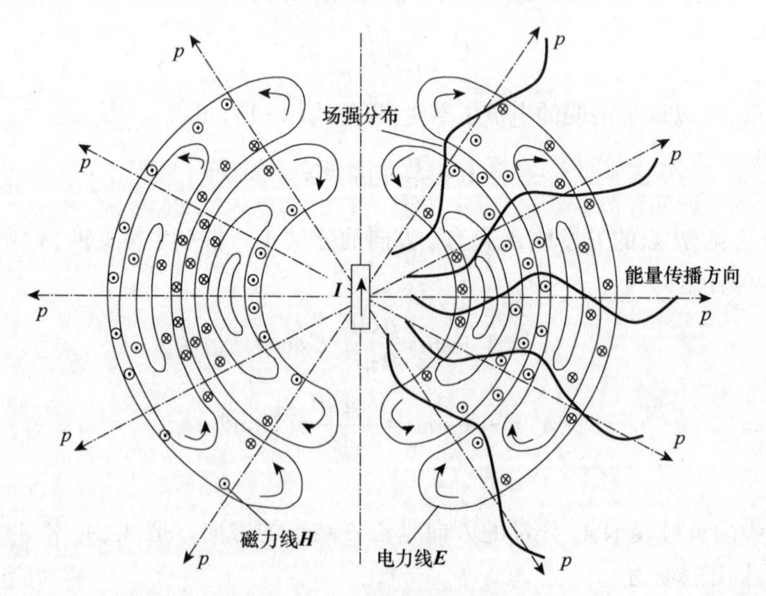

图 4-8 基本电振子的辐射场

1)近区场(感应场)

在邻近振子的近区范围内,$kr<<1$,基本电振子的电磁场主要由含 $1/r$ 的高次项决定,于是近区内的电磁场为

$$H_{\varphi}=\frac{Idl}{4\pi r^{2}}\sin\theta e^{-jkr} \tag{4-28a}$$

$$E_{\theta}=-j\frac{Idl}{2\pi\omega\varepsilon r^{3}}\sin\theta e^{-jkr} \tag{4-28b}$$

$$E_{r}=-j\frac{Idl}{2\pi\omega\varepsilon r^{3}}\cos\theta e^{-jkr} \tag{4-28c}$$

分析式(4-28a、b、c),得到如下重要结论。

(1)由于场强与 $1/r$ 的高次方成正比,所以近区场随距离的增大而迅速减小。

(2)电场和磁场相位相差90°,说明代表电磁能流的坡印廷矢量 $\boldsymbol{p}=\boldsymbol{E}\times\boldsymbol{H}$ 是虚数,在一个周期内源供给场的能量等于从场返回源的能量,所以没有电磁能向外辐射,这种场就是感应场。

2)远区场(辐射场)

在远区,$kr>>1$,基本电振子的电磁场主要由含 $1/r$ 的项决定,所以远区内的电磁场为

$$E_{\theta}=j\frac{k\eta Idl}{4\pi r}\sin\theta e^{-jkr} \tag{4-29a}$$

$$H_{\varphi}=j\frac{kIdl}{4\pi r}\sin\theta e^{-jkr} \tag{4-29b}$$

分析式(4-29a)和式(4-29b),可以得出基本电振子远区场的如下特点:

(1)在远区,基本电振子的场只有 E_{θ} 和 H_{φ} 两个分量,它们在空间任意一点相位相同,相互垂直,因此,坡印廷矢量 $\boldsymbol{p}=\boldsymbol{E}\times\boldsymbol{H}$ 是实数并指向正 $\boldsymbol{r}$ 方向,这说明远区场是一个沿 $\boldsymbol{r}$ 方向往外辐射的横电磁波,所以把远区场称为辐射场。

(2)电场 E_{θ} 和 H_{φ} 的比值 $\eta=E_{\theta}/H_{\varphi}=\sqrt{\mu/\varepsilon}$,称为媒质中的波阻抗。

(3)辐射场的大小与基本电振子上的电流强度 I 及电长度 dl/λ 成正比,与距离 r 成反比。

(4)基本电振子的辐射场是有方向性的,沿其轴向($\theta=0,\pi$)辐射场为0,垂直于轴线方向($\theta=\pm 90°$)的辐射场最强。

(5)辐射场中的相位因子 e^{-jkr} 说明电磁波以行波方式向前传播,距离越远,相位越滞后,且等相位面为球面。

3)中间区场

在远区与近区之间还存在中间区场。在中间区,感应场和辐射场相差不大,哪个场也不能略去不计,必须用式(4-26a、b)和式(4-27a、b、c)来计算基本电振子的电磁场。所以中间区的电磁场是比较复杂的。

4)远区的标准

上面指出,$kr>>1$ 的区域称为远区。远区是辐射场占优势,感应场可忽略不计

的区域。在实际工作中,距离 r 应该选多大才算是远区距离呢?

由式(4-26a、b)可知,基本电振子产生的磁场只有 H_φ 一个分量,其余两个分量 H_r 和 H_θ 均为0,所以用磁场来说明近区与远区的界限最方便。如果把任意距离 r 处的感应场与辐射场大小之比记为 C,则按式(4-26a、b)可得感应场与辐射场之比为

$$C=\frac{1/r^2}{k/r}=\frac{1}{kr}=\frac{\lambda}{2\pi r}\quad \text{或者 } C=20\lg\left(\frac{\lambda}{2\pi r}\right) \tag{4-30}$$

由式(4-30)可求得不同 r 处的 C,如表4-1所列。

表4-1 感应场与辐射场之比与距离 r 的关系

r	0.16λ	0.5λ	λ	1.6λ	5λ	10λ
C/dB	0.0	-5.0	-16.0	-20.0	-30.0	-36.0

如果规定感应场比辐射场低30dB的场区才认为是远区,则有 $r=5\lambda$。远区最小距离的确定,对于天线(尤其是小天线)的测试具有实用意义。

【例4-1】试计算基本电振子的远区场坡印廷矢量和近区场坡印廷矢量。

解:已知基本电振子的远区场公式(4-29a、b),则坡印廷矢量为

$$\boldsymbol{p}=\boldsymbol{E}\times\boldsymbol{H}^*=\frac{1}{2}\begin{vmatrix}\boldsymbol{a}_r & \boldsymbol{a}_\theta & \boldsymbol{a}_\varphi\\ 0 & \mathrm{j}\dfrac{k\eta I\mathrm{d}l}{4\pi r}\sin\theta\mathrm{e}^{-\mathrm{j}kr} & 0\\ 0 & 0 & -\mathrm{j}\dfrac{kI\mathrm{d}l}{4\pi r}\sin\theta\mathrm{e}^{\mathrm{j}kr}\end{vmatrix}$$

$$=\boldsymbol{a}_r\mathrm{j}\frac{k\eta I\mathrm{d}l}{4\pi r}\sin\theta\mathrm{e}^{-\mathrm{j}kr}\cdot\left(-\mathrm{j}\frac{kI\mathrm{d}l}{4\pi r}\sin\theta\mathrm{e}^{\mathrm{j}kr}\right)=\boldsymbol{a}_r\eta\left(\frac{kI\mathrm{d}l}{4\pi r}\sin\theta\right)^2$$

$$=\boldsymbol{a}_r\eta\left(\frac{I\mathrm{d}l}{2\lambda r}\right)^2\sin^2\theta$$

显然,基本电振子的远区场坡印廷矢量为指向 $\boldsymbol{r}$ 方向的实数。

同理,根据基本电振子的近区场公式(4-28a、b、c),近区场坡印廷矢量为

$$\boldsymbol{p}=\boldsymbol{E}\times\boldsymbol{H}^*=\begin{vmatrix}\boldsymbol{a}_r & \boldsymbol{a}_\theta & \boldsymbol{a}_\varphi\\ -\mathrm{j}\dfrac{I\mathrm{d}l}{2\pi\omega\varepsilon r^3}\cos\theta\mathrm{e}^{-\mathrm{j}kr} & -\mathrm{j}\dfrac{I\mathrm{d}l}{2\pi\omega\varepsilon r^3}\sin\theta\mathrm{e}^{-\mathrm{j}kr} & 0\\ 0 & 0 & -\dfrac{I\mathrm{d}l}{4\pi r^2}\sin\theta\mathrm{e}^{\mathrm{j}kr}\end{vmatrix}$$

$$=\boldsymbol{a}_r\left(-\mathrm{j}\frac{I\mathrm{d}l}{2\pi\omega\varepsilon r^3}\sin\theta\mathrm{e}^{-\mathrm{j}kr}\right)\cdot\left(\frac{I\mathrm{d}l}{4\pi r^2}\sin\theta\mathrm{e}^{\mathrm{j}kr}\right)$$

$$+\boldsymbol{a}_\varphi\left(-\mathrm{j}\frac{I\mathrm{d}l}{2\pi\omega\varepsilon r^3}\cos\theta\mathrm{e}^{-\mathrm{j}kr}\right)\cdot\left(\frac{I\mathrm{d}l}{4\pi r^2}\sin\theta\mathrm{e}^{\mathrm{j}kr}\right)$$

$$= -\boldsymbol{a}_r \mathrm{j}\frac{(I\mathrm{d}l)^2}{8\pi^2\omega\varepsilon r^5}\sin^2\theta - \boldsymbol{a}_\varphi \mathrm{j}\frac{(I\mathrm{d}l)^2}{8\pi^2\omega\varepsilon r^5}\sin\theta\cos\theta$$

由此可见,基本电振子的近区场坡印廷矢量为虚数且有 r 方向和 φ 方向,说明功率流沿着 r 方向和 φ 方向在源与场之间振荡。

4.2.2　基本磁振子与小环天线

1. 二重性原理

在讨论基本磁振子的辐射以前,先介绍磁流和磁荷的概念,从而导出二重性原理。

我们知道,电流和电荷是产生电磁场的唯一源泉,自然界中不存在磁流和磁荷,但是引入磁流和磁荷将使得求解某些天线的辐射场大为简化。

令 $\boldsymbol{J}_\mathrm{m}$ 为磁流密度矢量,ρ_m 为磁荷体密度。那么,$\boldsymbol{J}_\mathrm{m}$ 产生电场,ρ_m 产生磁场,电场和磁场成为完全对偶的场量,于是麦克斯韦方程可以写成完全对称的形式:

$$\nabla\times\boldsymbol{H} = \boldsymbol{J} + \frac{\partial\boldsymbol{D}}{\partial t} \tag{4 - 31a}$$

$$\nabla\times\boldsymbol{E} = -\boldsymbol{J}_\mathrm{m} - \frac{\partial\boldsymbol{B}}{\partial t} \tag{4 - 31b}$$

$$\nabla\cdot\boldsymbol{D} = \rho \tag{4 - 31c}$$

$$\nabla\cdot\boldsymbol{B} = \rho_\mathrm{m} \tag{4 - 31d}$$

其中,式(4-31a)右端没有负号说明电流产生的磁场按右手螺旋定则确定,式(4-31b)右端的负号代表磁流产生的电场按左手螺旋定则确定。

当场源只有磁流和磁荷时,麦克斯韦方程变为

$$\nabla\times\boldsymbol{E} = -\boldsymbol{J}_\mathrm{m} - \frac{\partial\boldsymbol{B}}{\partial t} \tag{4 - 32a}$$

$$\nabla\times\boldsymbol{H} = \frac{\partial\boldsymbol{D}}{\partial t} \tag{4 - 32b}$$

$$\nabla\cdot\boldsymbol{B} = \rho_\mathrm{m} \tag{4 - 32c}$$

$$\nabla\cdot\boldsymbol{D} = 0 \tag{4 - 32d}$$

将式(3-65a、b、c、d)与式(4-32a、b、c、d)比较,可见这两组方程式互相对称,这表示电流和电荷产生的场与磁流和磁荷产生的场形式对偶,其对偶量为

$$\boldsymbol{E}\leftrightarrow\boldsymbol{H} \tag{4 - 33a}$$

$$\boldsymbol{H}\leftrightarrow -\boldsymbol{E} \tag{4 - 33b}$$

$$\boldsymbol{J}\leftrightarrow\boldsymbol{J}_\mathrm{m} \tag{4 - 33c}$$

$$\rho\leftrightarrow\rho_\mathrm{m} \tag{4 - 33d}$$

$$\varepsilon\leftrightarrow\mu \tag{4 - 33e}$$

$$\mu \leftrightarrow \varepsilon \tag{4-33f}$$

式中,"↔"左端为电振子场量,右端为磁振子场量。在数学上,若描述两种不同现象的方程具有相同的数学形式和对称的边界条件,则其解具有相同的数学形式。当已知电振子辐射场时,用"↔"右端的场量取代"↔"左端的场量,就得到对偶的磁振子辐射场。同样地,当已知磁振子辐射场时,用"↔" 左端的场量取代"↔" 右端的场量,就得到对偶的电振子辐射场。这种在电磁场中,利用对称关系求对称场量的方法称为二重性原理或对偶原理。

2. 基本磁振子辐射场

和基本电振子类似,基本磁振子假设为一段长度很短的理想磁导体元。根据对偶原理,基本磁振子的辐射场可将式(4-33a、b、c、d、e、f)代入式(4-29a、b)得

$$E_{\varphi} = -\mathrm{j}k\frac{I_{\mathrm{m}}\mathrm{d}l}{4\pi r}\sin\theta \mathrm{e}^{-\mathrm{j}kr} \tag{4-34a}$$

$$H_{\theta} = \mathrm{j}\frac{kI_{\mathrm{m}}\mathrm{d}l}{4\pi\eta r}\sin\theta \mathrm{e}^{-\mathrm{j}kr} \tag{4-34b}$$

由此可见,基本磁振子的辐射场分布与基本电振子的辐射场分布完全相同,只是 $\boldsymbol{E}$ 和 $\boldsymbol{H}$ 互换了位置。

3. 小环天线

实际上并不存在真正的基本磁振子,但半径 $a \ll \lambda$ 的载有高频电流的小细环(简称小电流环)可等效为基本磁振子。

设环上载有均匀同相交变电流 $i=\mathrm{Re}(I\mathrm{e}^{\mathrm{j}\omega t})$,由电磁场理论知道,其磁矩为

$$\boldsymbol{p}_{\mathrm{m}} = \boldsymbol{n}\mu iS \tag{4-35}$$

式中,$\boldsymbol{p}_{\mathrm{m}}$ 为磁矩;S 为小环面积;$\boldsymbol{n}$ 为 S 的单位面矢量,与 i 的流向成右手螺旋关系。与基本电振子对比,小电流环可以认为由一对等值异号的磁荷 $+q_{\mathrm{m}}$ 与 $-q_{\mathrm{m}}$ 组成,磁偶极矩为

$$\boldsymbol{p}_{\mathrm{m}} = q_{\mathrm{m}}\mathrm{d}\boldsymbol{l} = \boldsymbol{n}q_{\mathrm{m}}\mathrm{d}l \tag{4-36}$$

式中,$\mathrm{d}l$ 为 $+q_{\mathrm{m}}$ 与 $-q_{\mathrm{m}}$ 间的距离,方向 $\boldsymbol{n}$ 与小环的单位面矢量相同。比较式(4-35)和式(4-36),可得

$$q_{\mathrm{m}} = \frac{\mu i S}{\mathrm{d}l}$$

$$\begin{aligned} i_{\mathrm{m}} &= \frac{\mathrm{d}q_{\mathrm{m}}}{\mathrm{d}t} = \frac{\mu S}{\mathrm{d}l}\cdot\frac{\mathrm{d}i}{\mathrm{d}t} = \frac{\mu S}{\mathrm{d}l}\cdot\frac{d}{\mathrm{d}t}\mathrm{Re}(I\mathrm{e}^{\mathrm{j}\omega t}) = \frac{\mu S}{\mathrm{d}l}\cdot\mathrm{Re}\left[\frac{d}{\mathrm{d}t}(I\mathrm{e}^{\mathrm{j}\omega t})\right] \\ &= \frac{\mu S}{\mathrm{d}l}\cdot\mathrm{Re}(\mathrm{j}\omega I\mathrm{e}^{\mathrm{j}\omega t}) = \mathrm{Re}\left(\mathrm{j}\omega I\frac{\mu S}{\mathrm{d}l}\cdot\mathrm{e}^{\mathrm{j}\omega t}\right) = \mathrm{Re}(I_{\mathrm{m}}\mathrm{e}^{\mathrm{j}\omega t}) \end{aligned}$$

$$I_{\mathrm{m}} = \mathrm{j}\frac{\omega\mu SI}{\mathrm{d}l} \tag{4-37}$$

将式(4-37)代入式(4-34)可得

$$H_\theta = -\frac{IS\pi}{r\lambda^2}\sin\theta e^{-jkr} \tag{4-38a}$$

$$E_\varphi = \frac{\eta IS\pi}{r\lambda^2}\sin\theta e^{-jkr} \tag{4-38b}$$

此时,环面矢量 $\boldsymbol{n}$ 与 z 轴正向一致。由式(4-38a)和式(4-38b)可知,小电流环在环平面上是均匀辐射的,但在包含环轴的平面上,方向图为 8 字形。由上式还可知,小电流环的辐射场与环的形状无关,而与环包围的面积成正比。

小电流环的辐射功率和辐射电阻可仿照基本电振子用坡印廷矢量法求出,辐射电阻为

$$R_\Sigma = \frac{8\pi\eta S^2}{3\lambda^4} \tag{4-39}$$

基本电振子的辐射电阻与 $(l/\lambda)^2$ 成正比,而小电流环的辐射电阻与 S^2/λ^4 成正比,若用同样长度的导线制成上述两种振子,则小环的辐射电阻要低得多,因此小电流环一般仅用作接收天线。

小电流环是一种实用天线,又称为环形天线。广泛应用于测向、无线电罗盘和中、短波广播接收机中。若增加环的匝数,或在环内插入相对磁导率为 μ_r 的磁棒,如图 4-9 所示,则辐射电阻可得到提高,即

$$R_\Sigma = \frac{320\pi^2 S^2}{\lambda^4}(N\mu_e)^2 \tag{4-40}$$

式中,N 为匝数;μ_e 为等效相对磁导率,取决于磁棒的尺寸和材料的性质,$\mu_e < \mu_r$。

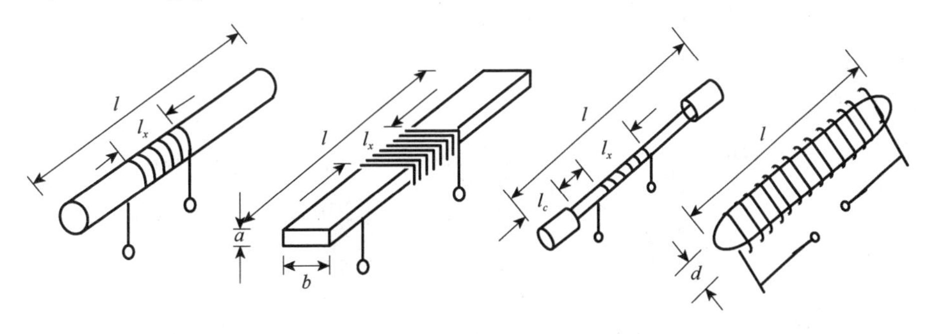

图 4-9　带磁芯的环天线(磁棒天线)

4.3　口径绕射

在求解对称振子天线的辐射场时,利用传输线理论确定导线上线电流分布,由已知电流分布再根据麦克斯韦方程求解辐射场。如果天线不是细长而是短粗,则

再用该法计算其辐射场就会发生很大的误差，因为这时产生辐射的不是线电流而是面电流。根据麦克斯韦方程求解这类天线的辐射场，通常由于数学运算的困难，只有在极简单的情况下，如反射面的形状为一平面、圆柱形或球形，并且辐射器是点源或线源时，才可能得到严格的准确解。在大多数情形下，只能采用近似方法求解，有以下两种：①电流分布法：根据天线上电荷及电流的分布，由场方程组求辐射场；②波动光学法：从几何光学原理出发，求出天线口径上的电磁场分布（解内场问题），然后再根据波动光学的方法，即利用惠更斯（Christian Huygens，1629—1695，荷兰物理学家）-菲涅尔原理求解辐射场（解外场问题），这种方法也称为口径场法。

本节将讨论天线口径上的场分布已知时，如何根据惠更斯-菲涅尔原理求解天线远区的辐射场。这些典型分布的口径场与实际天线中经常碰到的情况很相近，因而得到的结果是具有实际意义的。

4.3.1 惠更斯-菲涅尔原理

惠更斯原理指出：在波的传播过程中，波阵面上的每个点都可以看成一个新的点波源（称为二次波源），而每个点波源又产生向前传播的球面子波，这些球面子波的包络线构成下一时刻新的波阵面，如图 4-10(a)所示。

惠更斯原理只是波动过程的描绘，解释了波的传播方向问题，但不能确定沿不同方向波传播能量的大小，不能解释天线方向图的多瓣性。菲涅尔考虑了二次波源发出的球面波的干涉，把波的相干叠加原理补充进去，比较满意地解释了波的绕射现象，称为惠更斯-菲涅尔原理。根据惠更斯-菲涅尔原理，在口径外任意一点 P 的辐射场，可以认为是把口径上每个点都看作一个小的辐射源，每个小辐射源都发出球面波，这些球面波在空间任意点 P 所产生的场强的总和，构成 P 点的辐射场，如图 4-10(b)所示。

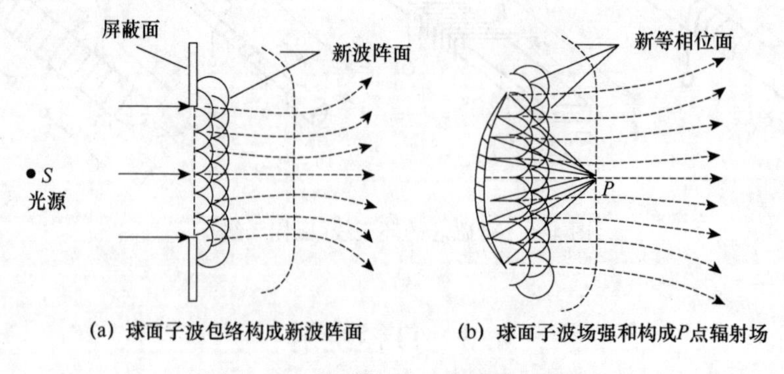

图 4-10 惠更斯-菲涅尔原理示意图

4.3.2　基尔霍夫公式

前面已经得到格林定理(式(4-13)),即

$$\oint_S (\Psi \nabla\varphi - \varphi \nabla\Psi) \cdot \mathrm{d}\boldsymbol{S} = \int_V (\Psi \nabla^2\varphi - \varphi \nabla^2\Psi)\,\mathrm{d}V$$

在上式中,如果 ψ 和 φ 均满足波动方程

$$(\nabla^2 + k^2)\psi = 0 \tag{4-41}$$

$$(\nabla^2 + k^2)\varphi = 0 \tag{4-42}$$

则以 ψ 乘以式(4-42)减去 φ 乘以式(4-41),可得

$$\psi \nabla^2\varphi - \varphi \nabla^2\psi = 0$$

因此式(4-13)等号右边为 0,可写成

$$\oint_S (\Psi \nabla\varphi - \varphi \nabla\Psi) \cdot \mathrm{d}\boldsymbol{S} = 0 \tag{4-43}$$

现在求图 4-11 中许多辐射源在某点 P 所产生的波函数 ψ_P。本来,可以分别求出每一辐射源在 P 点所产生的波函数的振幅与相位,再对它们求和而得到解答,但是根据惠更斯原理,也可以由包围 P 的封闭面上组合波函数的分布来计算 ψ_P,这一封闭面的内部应无辐射源。

与达朗贝尔方程的求解一样,令 $\varphi=\mathrm{e}^{-\mathrm{j}kr}/r$,这里 r 是从 P 点引向封闭面 S 上任意一点的距离,如图 4-12 所示。显然,除 P 点外,φ 在 V 内各点都是连续的。为此围绕 P 点作一半径为 r_0 的小球,它的表面为 S_0,那么,在封闭面 S 与小球面 S_0 之间的体积内 φ 都是连续的,而且 $\varphi=\mathrm{e}^{-\mathrm{j}kr}/r$ 满足波动方程式(4-42),所以可以用式(4-43)来求解

$$\oint_{S_0} (\Psi \nabla\varphi - \varphi \nabla\Psi) \cdot \mathrm{d}\boldsymbol{S} + \oint_S (\Psi \nabla\varphi - \varphi \nabla\Psi) \cdot \mathrm{d}\boldsymbol{S} = 0 \tag{4-44}$$

考虑 $\mathrm{d}\boldsymbol{S} = \boldsymbol{n}\mathrm{d}S$,则 $\nabla\varphi \cdot \mathrm{d}\boldsymbol{S} = \nabla\varphi \cdot \boldsymbol{n}\mathrm{d}S = \dfrac{\partial\varphi}{\partial n}\mathrm{d}S$,$\nabla\psi \cdot \mathrm{d}\boldsymbol{S} = \nabla\psi \cdot \boldsymbol{n}\mathrm{d}S = \dfrac{\partial\psi}{\partial n}\mathrm{d}S$,于是

$$\oint_{S_0} \left(\Psi \frac{\partial\varphi}{\partial n} - \varphi \frac{\partial\Psi}{\partial n}\right)\mathrm{d}S + \oint_S \left(\Psi \frac{\partial\varphi}{\partial n} - \varphi \frac{\partial\Psi}{\partial n}\right)\mathrm{d}S = 0 \tag{4-45}$$

将 $\varphi=\mathrm{e}^{-\mathrm{j}kr}/r$ 代入式(4-45),与达朗贝尔方程的求解一样,式(4-45)中左边第一项应等于$+4\pi\psi_P$。这里的正号是考虑在小球面上 $\boldsymbol{n}$ 与 $\boldsymbol{r}$ 的方向一致。因为在式(4-45)左边第二项中封闭面 S 上 $\boldsymbol{n}$ 与 $\boldsymbol{r}$ 的方向相反,所以式(4-45)可写成

$$\psi_P = \frac{1}{4\pi}\oint_S \left[\Psi \frac{\partial}{\partial n}\left(\frac{\mathrm{e}^{-\mathrm{j}kr}}{r}\right) - \frac{\mathrm{e}^{-\mathrm{j}kr}}{r}\frac{\partial\Psi}{\partial n}\right]\mathrm{d}S = 0 \tag{4-46}$$

这就是基尔霍夫公式,它表明了如何由一个封闭面 S 上的 ψ 和$\partial\psi/\partial n$ 的分布求 S 面内任意一点 P 的波函数 ψ_P。

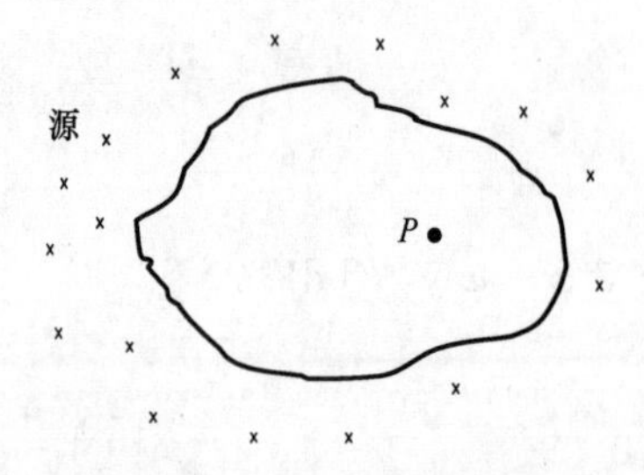

图 4-11　求 P 点的波函数

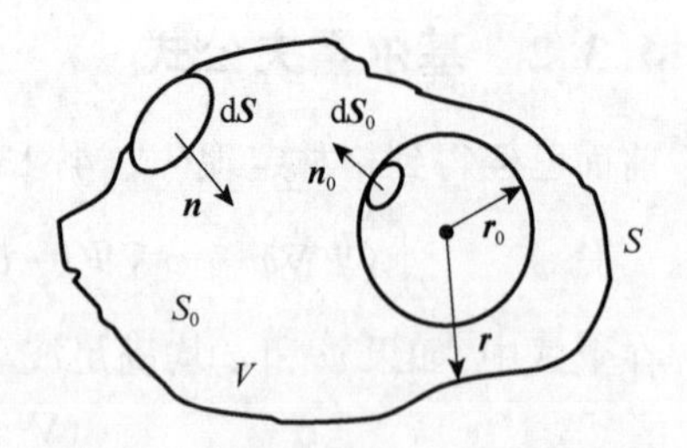

图 4-12　求封闭面内 P 点的波函数

利用式(4-46)可以求出包围辐射源的封闭面外任意点的电磁场。此处的 ψ 是电场 $\boldsymbol{E}$ 或磁场 $\boldsymbol{H}$ 的某个坐标分量,如可以是笛卡儿坐标系中的 E_x、E_y、E_z、H_x、H_y 或 H_z。这些坐标分量都满足波动方程,因此利用式(4-41),根据封闭面上这些场分量和它们的导数分布,就可以确定封闭面外任意点的电场和磁场分量。

图 4-13 表示一无限大金属平板,其上开有任意形状的小孔 S,辐射源放在 O 点。现在来求孔外一点 P 的场强。用一封闭面 $\sigma+\sigma'$ 将辐射源包起来,S 与孔的口径一致,σ'沿着金属屏蔽板延伸到无限远处。为了能用式(4-46)计算 P 点场强,必须预先知道 σ 和 σ'上的 ψ 和$\dfrac{\partial\psi}{\partial n}$的分布。

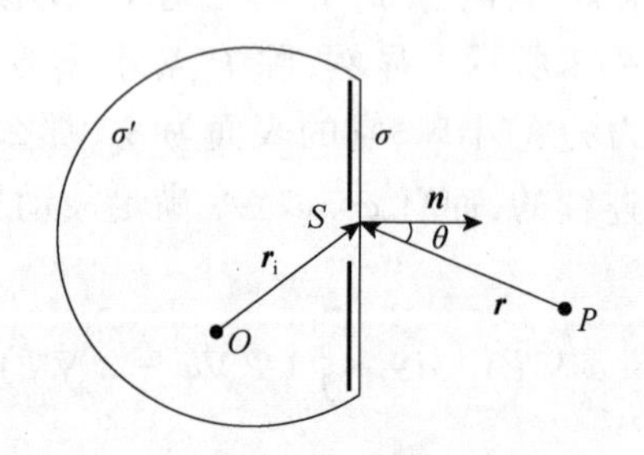

图 4-13　无限大金属平板上的口径绕射

当口径尺寸比工作波长大得多时,可以假设除口径边沿外 S 上的 ψ 和 $\dfrac{\partial\psi}{\partial n}$ 就是入射波在无金属屏蔽板时的值。由于金属板 σ 上的 ψ 和 $\dfrac{\partial\psi}{\partial n}$ 除口径边沿外均为 0,σ'在无限远处,也可以假设其上的 ψ 和 $\dfrac{\partial\psi}{\partial n}$ 为 0。因此,在采用式(4-46)时只需在 S 上进行积分即可

$$\psi_P = \frac{1}{4\pi}\int_S\left[\psi\,\frac{\partial}{\partial n}\left(\frac{\mathrm{e}^{-\mathrm{j}kr}}{r}\right) - \frac{\mathrm{e}^{-\mathrm{j}kr}}{r}\,\frac{\partial\psi}{\partial n}\right]\mathrm{d}S \tag{4-47}$$

口径 S 上的场由 O 点的辐射源产生,因而可设其场分布为

$$\psi = \psi_0 \frac{e^{-jkr_i}}{r_i} \tag{4-48}$$

式中，r_i 为波源到口径面的距离，如图 4-13 所示，显然 ψ 满足式(4-41)的波动方程。另外，由于

$$\frac{\partial}{\partial n}\left(\frac{e^{-jkr}}{r}\right) = \frac{\partial}{\partial r}\left(\frac{e^{-jkr}}{r}\right)\boldsymbol{a}_r \cdot \boldsymbol{n} = -\left(\frac{1}{r} + jk\right)\frac{e^{-jkr}}{r}\boldsymbol{a}_r \cdot \boldsymbol{n}$$

$$\frac{\partial\psi}{\partial n} = \psi_0 \frac{\partial}{\partial n}\left(\frac{e^{-jkr_i}}{r_i}\right) = \psi_0 \frac{\partial}{\partial r_i}\left(\frac{e^{-jkr_i}}{r_i}\right)\boldsymbol{a}_i \cdot \boldsymbol{n} = -\psi_0\left(\frac{1}{r_i} + jk\right)\frac{e^{-jkr_i}}{r_i}\boldsymbol{a}_i \cdot \boldsymbol{n}$$

式中，$\boldsymbol{a}_r$ 为 $\boldsymbol{r}$ 的单位矢量；$\boldsymbol{a}_i$ 为 $\boldsymbol{r}_i$ 的单位矢量(图 4-13)，所以式(4-47)可写成

$$\psi_P = -\frac{1}{4\pi}\int_S\left[\psi_0 \frac{e^{-jkr_i}}{r_i}\left(\frac{1}{r} + jk\right)\frac{e^{-jkr}}{r}\boldsymbol{a}_r - \psi_0 \frac{e^{-jkr}}{r}\left(\frac{1}{r_i} + jk\right)\frac{e^{-jkr_i}}{r_i}\boldsymbol{a}_i\right] \cdot \boldsymbol{n}\mathrm{d}S \tag{4-49}$$

当 r 和 r_i 比波长大得多时，包含 $1/r^2$ 和 $1/r_i{}^2$ 的各项可以忽略不计。于是，式(4-49)可简化为

$$\begin{aligned}\psi_P &= -\frac{jk}{4\pi}\int_S \frac{\psi_0 e^{-jkr_i}}{r_i}\frac{e^{-jkr}}{r}(\boldsymbol{a}_r - \boldsymbol{a}_i) \cdot \boldsymbol{n}\mathrm{d}S \\ &= -\frac{jk}{4\pi}\int_S \frac{\psi e^{-jkr}}{r}(\boldsymbol{a}_r - \boldsymbol{a}_i) \cdot \boldsymbol{n}\mathrm{d}S\end{aligned} \tag{4-50}$$

当来波是垂直口径面入射的均匀平面波时，如图 4-13 所示，$\boldsymbol{a}_i \cdot \boldsymbol{n} = 1$，$\boldsymbol{a}_r \cdot \boldsymbol{n} = -\cos\theta$，因而式(4-50)可写成

$$\psi_P = \frac{j}{2\lambda}\int_S(1 + \cos\theta)\psi \frac{e^{-jkr}}{r}\mathrm{d}S \tag{4-51}$$

由此可见，在口径外任意一点 P 的辐射场 ψ_P，可以认为是把口径上每一点都看作一小的辐射源 ψ，每个小辐射源都发出球面波，这些球面波在空间 P 点所产生的场强的总和，构成 P 点的辐射场，这就是惠更斯-菲涅尔原理。式(4-51)说明基尔霍夫公式是惠更斯-菲涅尔原理的数学式。

习　题

1. 分别写出基本电振子辐射的近区场和远区场，并说明其特性。

2. 一基本电振子的辐射功率 $P_\Sigma = 100\mathrm{W}$，试求 $r = 10\mathrm{km}$ 处，$\theta = 0°$、$45°$ 和 $90°$ 的场强，θ 为射线与振子轴之间的夹角。

3. 一小圆环与一基本电振子共同构成组合天线，环面和振子轴置于同一平面中，两天线的中心重合。试求此组合天线 E 面和 H 面的方向图，设两天线在各自

的最大辐射方向上远区等距离点产生的场强相等。

4. 甲、乙两天线的方向系数相同,但甲的增益系数是乙的2倍,它们都是以最大辐射方向对准远区的 M 点,试求两天线在 M 点产生的场强比,并用分贝(dB)表示。

(1) 天线的辐射功率相同时。

(2) 天线的输入功率相同时。

第 5 章　导波系统

本章用“场”的方法来分析能够传输电磁波的各种导波系统。

在电磁波的低频段，可以用平行双线来传输电磁波的能量。而当频率提高后，平行双线的热损耗增加，并会向空间辐射电磁波，频率越高，这种现象越显著。为了避免辐射而将传输线做成封闭形式，像同轴线那样。若频率再进一步提高，由于趋肤效应，同轴线内导体的表面积又小，使得同轴线内导体的欧姆损耗急剧增加。为减小损耗，把同轴线的内导体去掉，就变成了空心的金属管，即波导。通过实践和理论证明，只要金属管的横截面尺寸与其波长相比足够大，就可以传输电磁波，此时电能以管内电磁波的形式沿金属管由电源向负载传播，这就减小了导体的热损耗并提高了功率容量。

根据金属管的截面形状，波导可分为矩形波导、圆形波导、椭圆形波导和脊形波导。这些波导可以传输从厘米波段直至毫米波段的电磁波。因此，波导管是微波频段的主要传输线。

当频率增加到毫米波段和亚毫米波段时，金属损耗已经很大，而在这个频段由于低损耗介质的出现，于是就出现了介质波导。介质波导主要用于毫米波、亚毫米波乃至光波。

为适应微波集成电路的需要，已经出现了各种金属和介质的平面导波系统，如带状线、微带和介质带等。

本章根据电磁场理论来分析矩形波导、圆形波导的传播特性及其电磁场的分布规律，也简单介绍一些其他微波传输线。

5.1　导波系统的一般分析

在导波系统中，能量是以电磁波的形式传播的，因此必须应用电磁场理论来确定导波系统内电场 $\boldsymbol{E}$ 和磁场 $\boldsymbol{H}$ 的空间分布情况。这就要在所限定的边界条件下求麦克斯韦方程的解，通常将这种方法称为场解法。下面推导均匀无限长导波系统的场方程，其结果对各种长线系统都是适用的。

均匀导波系统是指其截面形状及电特性沿波的传播方向处处相同。通常选定波沿 z 轴方向传播。

对无限长的均匀导波系统，假设波导壁为理想导体，波导内为无源空间，并充有介电常数为ε、磁导率为μ的无损耗理想介质,则导波系统内的电磁场满足式(3-76a、b、c、d)的麦克斯韦方程:

$$\nabla\times \boldsymbol{H} = \varepsilon \frac{\partial \boldsymbol{E}}{\partial t}$$

$$\nabla\times \boldsymbol{E} = -\mu \frac{\partial \boldsymbol{H}}{\partial t}$$

和矢量波动方程式((3-81a)和式(3-81b)):

$$\nabla^2 \boldsymbol{E} + k^2 \boldsymbol{E} = 0$$

$$\nabla^2 \boldsymbol{H} + k^2 \boldsymbol{H} = 0$$

式中,$\boldsymbol{E}$和$\boldsymbol{H}$为空间坐标和时间变量的矢量函数。由于导波系统沿z方向是均匀的,所以对于正弦电磁场,沿z轴方向传播的行波可表示为

$$\boldsymbol{E} = \boldsymbol{E}_{\mathrm{m}}(x,\ y)\mathrm{e}^{\mathrm{j}\omega t - \gamma z} \tag{5-1a}$$

$$\boldsymbol{H} = \boldsymbol{H}_{\mathrm{m}}(x,\ y)\mathrm{e}^{\mathrm{j}\omega t - \gamma z} \tag{5-1b}$$

即场在横断面内的分布可以不同,在z轴方向要一致,且具有波动性。将式(5-1a、b)代入式(3-76a、b、c、d)可得

$$\nabla\times \boldsymbol{E} = -\mathrm{j}\omega\mu \boldsymbol{H} \tag{5-2}$$

$$\nabla\times \boldsymbol{H} = \mathrm{j}\omega\varepsilon \boldsymbol{E} \tag{5-3}$$

用笛卡儿坐标系的三个分量来表示,可写成

$$\frac{\partial E_z}{\partial y} + \gamma E_y = -\mathrm{j}\omega\mu H_x \tag{5-4a}$$

$$-\gamma E_x - \frac{\partial E_z}{\partial x} = -\mathrm{j}\omega\mu H_y \tag{5-4b}$$

$$\frac{\partial E_y}{\partial x} - \frac{\partial E_x}{\partial y} = -\mathrm{j}\omega\mu H_z \tag{5-4c}$$

$$\frac{\partial H_z}{\partial y} + \gamma H_y = \mathrm{j}\omega\varepsilon E_x \tag{5-4d}$$

$$-\gamma H_x - \frac{\partial H_z}{\partial x} = \mathrm{j}\omega\varepsilon E_y \tag{5-4e}$$

$$\frac{\partial H_y}{\partial x} - \frac{\partial H_x}{\partial y} = \mathrm{j}\omega\varepsilon E_z \tag{5-4f}$$

于是,如果用E_z和H_z来表示其他场分量,那么由式(5-4a、b、c、d、e、f)可得

$$E_x = -\frac{1}{k_{\mathrm{c}}^2}\left(\gamma \frac{\partial E_z}{\partial x} + \mathrm{j}\omega\mu \frac{\partial H_z}{\partial y}\right) \tag{5-5a}$$

$$E_y = \frac{1}{k_{\mathrm{c}}^2}\left(-\gamma \frac{\partial E_z}{\partial y} + \mathrm{j}\omega\mu \frac{\partial H_z}{\partial x}\right) \tag{5-5b}$$

$$H_x = \frac{1}{k_c^2}\left(j\omega\varepsilon\frac{\partial E_z}{\partial y} - \gamma\frac{\partial H_z}{\partial x}\right) \tag{5-5c}$$

$$H_y = -\frac{1}{k_c^2}\left(j\omega\varepsilon\frac{\partial E_z}{\partial x} + \gamma\frac{\partial H_z}{\partial y}\right) \tag{5-5d}$$

其中

$$k_c{}^2 = \gamma^2 + k^2 \tag{5-6}$$

式(5-5a)~式(5-5d)为均匀导波系统中纵向场分量与横向场分量的关系式。由该关系式可知,波导中的横向场分量可由纵向场分量确定。此外,还可以根据纵向场分量 E_z 和 H_z 的存在与否,对波导中传播的电磁波进行如下分类。

(1)横电磁波又称为 TEM 波,这种波既没有 E_z 分量也没有 H_z 分量。

(2)横磁波又称为 TM 波,这种波没有 H_z 分量,但包含非 0 的 E_z 分量。

(3)横电波又称为 TE 波,这种波没有 E_z 分量,但包含非 0 的 H_z 分量。

按定义,拉普拉斯(Pierre Simon de Laplace,1749—1827,法国数学家和天文学家)算子在笛卡儿坐标系统可分为三个分量:

$$\nabla^2 \boldsymbol{E} = \left(\frac{\partial^2}{\partial x^2} + \frac{\partial^2}{\partial y^2} + \frac{\partial^2}{\partial z^2}\right)\boldsymbol{E} = \nabla_{xy}^2\boldsymbol{E} + \frac{\partial^2}{\partial z^2}\boldsymbol{E} \tag{5-7}$$

这里引入了二维拉普拉斯算子

$$\nabla_{xy} = \frac{\partial^2}{\partial x^2} + \frac{\partial^2}{\partial y^2} \tag{5-8}$$

它是横向平面上的拉普拉斯算子。而由式(5-1)可知

$$\frac{\partial^2 \boldsymbol{E}}{\partial z^2} = \gamma^2 \boldsymbol{E} \tag{5-9}$$

把式(5-9)代入式(5-7),可得

$$\nabla^2 \boldsymbol{E} = \nabla_{xy}^2 \boldsymbol{E} + \gamma^2 \boldsymbol{E} \tag{5-10}$$

利用式(3-81a)和式(5-7),可得

$$\nabla_{xy}^2 \boldsymbol{E} = -(\gamma^2 + k^2)\boldsymbol{E} = -k_c^2 \boldsymbol{E} \tag{5-11}$$

类似地,可以求得关于磁场的方程:

$$\nabla_{xy}^2 \boldsymbol{H} = -k_c^2 \boldsymbol{H} \tag{5-12}$$

式(5-11)和式(5-12)就是导波系统中电场和磁场应满足的微分方程。在笛卡儿坐标系中,如果将式(5-11)和式(5-12)中的 $\boldsymbol{E}$、$\boldsymbol{H}$ 矢量用分量表示,则这两个矢量波动方程就可变为关于 E_x、E_y、E_z、H_x、H_y、H_z 的 6 个标量的波动方程,其形式完全相同。关于 E_z 和 H_z 的波动方程为

$$\nabla_{xy}^2 E_z = -k_c^2 E_z \tag{5-13}$$

$$\nabla_{xy}^2 H_z = -k_c^2 H_z \tag{5-14}$$

由此可见,对于具体的传输线,只要根据边界条件求出方程式(5-13)和式(5-

14)关于 E_z、H_z 的解,再代入式(5-5a、b、c、d),就可得到分布函数的横向分量,这种求解矢量波动方程的方法也称为纵向场解法。

上面引出的 k_c 和 γ 是由导波系统的边界条件及其传输的波型所决定的重要常数。为了确定这些常数,下面对波导和 TEM 波传输线分别进行讨论。

5.2 矩形波导

矩形波导是横截面为矩形的空心金属管,如图 5-1 所示。矩形波导不能传输 TEM 波。事实上,如果波导内果真有 TEM 波存在,那么磁力线在横截面内是闭合曲线。按麦克斯韦方程,闭合曲线上磁场的环路积分等于波导的纵向电流,该纵向电流可以是传导电流,也可以是位移电流。在同轴传输线中,纵向电流就是同轴线内导体上的传导电流,而在空心波导中纵向电流就只能是位移电流。纵向位移电流的存在表示沿轴的方向有交变电场存在,这与 TEM 波相矛盾,因此在波导中不可能存在 TEM 波。但是,波导中能够传输横电波(记为 TE 波或 H 波)和横磁波(记为 TM 波或 E 波)。要得到波导中 TE 波和 TM 波的电磁场分布情况,就要求解式(5-13)或式(5-14)的二阶偏微分方程。求解的方法有多种,下面只介绍分离变量法。

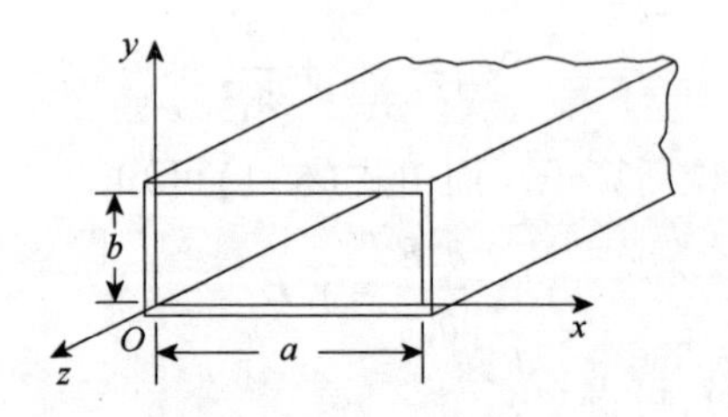

图 5-1 矩形波导

为求解式(5-13),可设

$$E_z(x, y) = X(x)Y(y)e^{j\omega t-\gamma z} \tag{5-15}$$

式中,$X(x)$ 仅为 x 的函数;$Y(y)$ 仅为 y 的函数。将式(5-15)代入式(5-13)可得

$$X''Y + XY'' = -k_c^2 XY \tag{5-16}$$

式中,字母右上角加撇表示取导数。式(5-16)等号两边都除以 XY,可得

$$\frac{X''}{X} + \frac{Y''}{Y} = -k_c^2 \tag{5-17}$$

要使式(5-17)对任何 x、y 均成立,只有 X''/X 和 Y''/Y 分别等于常数。因此,令

$$\frac{X''}{X} = -k_x^2 \tag{5-18}$$

$$\frac{Y''}{Y}=-k_y^2 \tag{5-19}$$

且

$$k_x^{\ 2}+k_y^{\ 2}=k_c^{\ 2} \tag{5-20}$$

式中,k_x 和 k_y 为待定常数。于是,式(5-13)的二阶偏微分方程变为二阶常系数的全微分方程,其解为

$$X(x)=C_1\cos(k_x x)+C_2\sin(k_x x) \tag{5-21}$$

$$Y(y)=C_3\cos(k_y y)+C_4\sin(k_y y) \tag{5-22}$$

于是

$$\begin{aligned} E_z &= XY\mathrm{e}^{\mathrm{j}\omega t-\gamma z} \\ &= (C_1C_3\cos(k_x x)\cos(k_y y)+C_1C_4\cos(k_x x)\sin(k_y y) \\ &\quad +C_2C_3\sin(k_x x)\cos(k_y y)+C_2C_4\sin(k_x x)\sin(k_y y))\mathrm{e}^{\mathrm{j}\omega t-\gamma z} \end{aligned} \tag{5-23}$$

式中,C_1、C_2、C_3、C_4 均为待定常数,由边界条件决定。

5.2.1 矩形波导中的 TM 波

对于横磁波,磁场与波的传播方向垂直,即 $H_z=0$。现在用边界条件来确定 C_1、C_2、C_3、C_4 以及 k_x、k_y。

(1)在 $x=0$ 的边界上,$E_z=0$,式(5-23)变为 $E_z=(C_1C_3\cos(k_y y)+C_1C_4\sin(k_y y))\mathrm{e}^{\mathrm{j}\omega t-\gamma z}=0$,欲对于一切 y 值均成立,显然 C_1 应等于 0。于是,式(5-23)变为

$$E_z=(C_2C_3\sin(k_x x)\cos(k_y y)+C_2C_4\sin(k_x x)\sin(k_y y))\mathrm{e}^{\mathrm{j}\omega t-\gamma z} \tag{5-24}$$

(2)在 $y=0$ 的边界上,$E_z=0$,式(5-24)变为 $E_z=C_2C_3\sin(k_x x)\mathrm{e}^{\mathrm{j}\omega t-\gamma z}=0$,欲对于一切 x 值均成立,C_2 或 C_3 应等于 0。显然,$C_2=0$ 将使 E_z 在非边界处也恒等于 0,这与 TM 波的情况不符,因此应取 $C_3=0$,以 E_0 代替 C_2C_4,于是式(5-24)变为

$$E_z=E_0\sin(k_x x)\sin(k_y y)\mathrm{e}^{\mathrm{j}\omega t-\gamma z} \tag{5-25}$$

(3)在 $x=a$ 的边界上,$E_z=0$,式(5-25)变为 $E_z=E_0\sin(k_x a)\sin(k_y y)\mathrm{e}^{\mathrm{j}\omega t-\gamma z}=0$,欲对于一切 y 值均成立,k_x 应满足关系:

$$k_x=\frac{m\pi}{a}\quad(m=1,\ 2,\ 3,\ \cdots) \tag{5-26}$$

式中,m 不能等于 0,否则 $k_x=0$,根据式(5-25),E_z 将恒等于 0。于是,式(5-25)变为

$$E_z=E_0\sin\left(\frac{m\pi}{a}x\right)\sin(k_y y)\mathrm{e}^{\mathrm{j}\omega t-\gamma z}\quad(m=1,\ 2,\ 3,\ \cdots) \tag{5-27}$$

(4)对于 $y=b$ 的边界,$E_z=0$,式(5-27)变为

$$E_z = E_0\sin\left(\frac{m\pi}{a}x\right)\sin(k_y b)\mathrm{e}^{\mathrm{j}\omega t-\gamma z} = 0$$

要使上式对一切 x 都成立,k_y 应满足关系:

$$k_y = \frac{n\pi}{b} \quad (n = 1,\ 2,\ 3,\ \cdots)$$

因此表示 E_z 的最后公式为

$$E_z = E_0\sin\left(\frac{m\pi}{a}x\right)\sin\left(\frac{n\pi}{b}y\right)\mathrm{e}^{\mathrm{j}\omega t-\gamma z} \tag{5-28}$$

将式(5-28)以及 $H_z=0$ 代入式(5-5),可得矩形波导中 TM 波的场分量为

$$E_x = -\frac{k_x\gamma}{k_c^2}E_0\cos(k_x x)\sin(k_y y)\mathrm{e}^{\mathrm{j}\omega t-\gamma z} \tag{5-29a}$$

$$E_y = -\frac{k_y\gamma}{k_c^2}E_0\sin(k_x x)\cos(k_y y)\mathrm{e}^{\mathrm{j}\omega t-\gamma z} \tag{5-29b}$$

$$H_x = \mathrm{j}\frac{\omega\varepsilon k_y}{k_c^2}E_0\sin(k_x x)\cos(k_y y)\mathrm{e}^{\mathrm{j}\omega t-\gamma z} \tag{5-29c}$$

$$H_y = -\mathrm{j}\frac{\omega\varepsilon k_x}{k_c^2}E_0\cos(k_x x)\sin(k_y y)\mathrm{e}^{\mathrm{j}\omega t-\gamma z} \tag{5-29d}$$

其中

$$k_x = \frac{m\pi}{a} \quad (m = 1,\ 2,\ 3,\ \cdots) \tag{5-30a}$$

$$k_y = \frac{n\pi}{b} \quad (n = 1,\ 2,\ 3,\ \cdots) \tag{5-30b}$$

$$k_c^2 = k_x^2 + k_y^2 = \left(\frac{m\pi}{a}\right)^2 + \left(\frac{n\pi}{b}\right)^2 \quad (m,\ n = 1,\ 2,\ 3,\ \cdots) \tag{5-30c}$$

由此可见,TM 波的各场分量沿波导轴呈行波状态,用 $\mathrm{e}^{-\gamma z}$ 表征;而在波导横截面内,即沿 x 和 y 方向呈驻波状态,它按正弦或余弦律分布。其中,m 代表场量沿波导宽边 a 上驻波的半周期数,n 代表场量沿波导窄边 b 上驻波的半周期数。将一组 m、n 值代入式(5-28)和式(5-29),就可以得到 TM 波波型函数的一组场方程解,每一种场分量方程代表一种 TM 波的模式(波型),用 TM_{mn} 或 E_{mn} 表示。由于 m 和 n 中只要有一个为 0,则所有场量均为 0,所以矩形波导中 TM 模的最低模式是 TM_{11} 波,而其他可能存在的 TM 波型均为高次模。图 5-2 所示为矩形波导中 TM_{11} 波的场结构立体分布。

5.2.2 矩形波导中的 TE 波

对于横电波,电场与波的传播方向垂直,即 $E_z=0$。与 TM 波的求解方法相似,

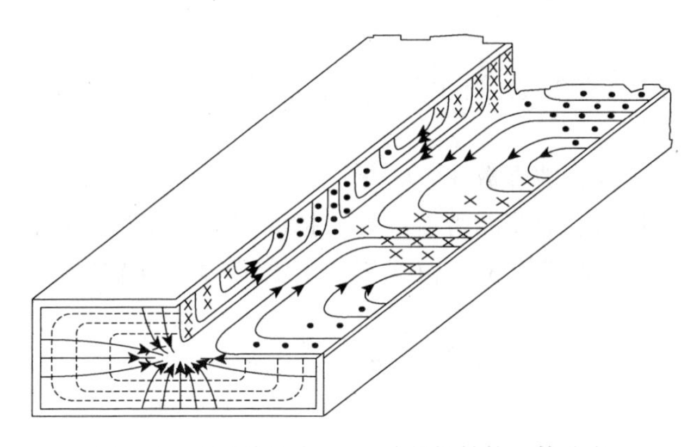

图5-2　矩形波导中 TM_{11} 波的场结构立体分布

可以得到波导中的场量表达式如下：

$$H_z = H_0\cos(k_x x)\cos(k_y y)\mathrm{e}^{\mathrm{j}\omega t-\gamma z} \tag{5-31}$$

$$H_x = \frac{k_x\gamma}{k_c^2}H_0\sin(k_x x)\cos(k_y y)\mathrm{e}^{\mathrm{j}\omega t-\gamma z} \tag{5-32a}$$

$$H_y = \frac{k_y\gamma}{k_c^2}H_0\cos(k_x x)\sin(k_y y)\mathrm{e}^{\mathrm{j}\omega t-\gamma z} \tag{5-32b}$$

$$E_x = \mathrm{j}\frac{\omega\varepsilon}{k_c^2}k_y H_0\cos(k_x x)\sin(k_y y)\mathrm{e}^{\mathrm{j}\omega t-\gamma z} \tag{5-32c}$$

$$E_y = -\mathrm{j}\frac{\omega\varepsilon}{k_c^2}k_x H_0\sin(k_x x)\cos(k_y y)\mathrm{e}^{\mathrm{j}\omega t-\gamma z} \tag{5-32d}$$

式中，k_x、k_y 仍按式(5-30)计算。

由式(5-32)可见，TE 波的各场分量沿 z 轴呈行波状态，行波的振幅和相位的变化情况用 $\mathrm{e}^{-\gamma z}$ 表征；在波导横截面内，即沿 x 和 y 方向呈驻波状态，也是按正弦或余弦律分布。其中，m 代表场量沿波导宽边 a 上驻波的半周期数，n 代表场量沿波导窄边 b 上驻波的半周期数。将一组 m、n 值代入式(5-32)就可以得到波型函数的一组场方程解，每一种场分量方程代表一种 TE 波的模式，用 TE_{mn} 或 H_{mn} 表示。只要 m 和 n 不同时为0，就可以保证全部场量不同时为0，所以 TE 波的最低模式是 TE_{01} 或 TE_{10} 波。

5.2.3　矩形波导中的传播特性

波沿纵向的变化用 $\mathrm{e}^{-\gamma z}$ 表示，其中 γ 为传播常数，与导体材料、填充介质、传输的波型及频率等因素有关。现考虑管壁材料为理想导体，波导空间为理想介质的情况。

1. 波导的传输条件

由式(5-6)可得

$$\gamma = \sqrt{k_c^2 - k^2} \tag{5-33}$$

当 $k<k_c$ 时，$\gamma = \alpha$ 为实数，则 $e^{-\gamma z} = e^{-\alpha z}$ 表示沿 z 方向按指数律衰减，因而波不能沿波导传播。

当 $k>k_c$ 时，$\gamma = j\beta$ 为纯虚数，$e^{-\gamma z} = e^{-j\beta z}$ 表示沿 z 方向的行波。

因此，$k = k_c = 2\pi/\lambda_c$ 是波能否沿波导传播的判据。此时对应的频率为临界频率 f_c，对应的波长为临界波长 λ_c。由式(5-33)和式(5-30c)可得

$$\omega_c^2 \mu\varepsilon = \left(\frac{m\pi}{a}\right)^2 + \left(\frac{n\pi}{b}\right)^2$$

即

$$f_c = \frac{1}{2\pi\sqrt{\mu\varepsilon}}\sqrt{\left(\frac{m\pi}{a}\right)^2 + \left(\frac{n\pi}{b}\right)^2} = \frac{1}{2\sqrt{\mu\varepsilon}}\sqrt{\left(\frac{m}{a}\right)^2 + \left(\frac{n}{b}\right)^2} \tag{5-34}$$

或

$$\lambda_c = \frac{v}{f_c} = \frac{2}{\sqrt{\left(\frac{m}{a}\right)^2 + \left(\frac{n}{b}\right)^2}} \tag{5-35}$$

因此，波导传输的条件为 $k>k_c$、$\lambda<\lambda_c$ 或 $f>f_c$，λ_c 为波导的截止波长，f_c 为波导的截止频率。

式(5-35)表明，波导的传输条件不仅与波导的尺寸 a 和 b 有关，还与模式指数 m、n 和工作频率 f 有关，只有 $f>f_c$ 时，波才能在波导中传播，所以波导具有高通滤波器的特性。由式(5-35)可知

$$\lambda_{cTE_{10}} = 2a \tag{5-36a}$$

$$\lambda_{cTE_{20}} = a \tag{5-36b}$$

$$\lambda_{cTE_{01}} = 2b \tag{5-36c}$$

$$\lambda_{cTE_{02}} = b \tag{5-36d}$$

$$\lambda_{cTE_{11}} = \lambda_{cTM_{11}} = \frac{2}{\sqrt{\left(\frac{1}{a}\right)^2 + \left(\frac{1}{b}\right)^2}} \tag{5-36e}$$

由此可见 TE_{10} 波的截止波长最长。这就意味着，凡波长比 $\lambda_{cTE_{10}}$ 还长的电磁波，在波导内不能传输。只有波长比 $\lambda_{cTE_{10}}$ 短的电磁波能够在波导内传输。如果一个电磁波的波长比矩形波导中多个模式的截止波长都短，则波导中可能有多个模式同时存在。这种多模工作会使激发模式和提取能量发生困难，所以实际使用中应尽量避免。大多数情况下，应使波导工作于单模状态。由于 TE_{10} 波的截止波长最长，通过选择波导尺寸就可以使波导工作于单模状态，所以 TE_{10} 波称为矩形波导的主模或最低模式。实现矩形波导 TE_{10} 波单模传输的条件为

$$\max\{a,2b\} < \lambda < 2a \tag{5-37}$$

图 5-3 表示在 $a=2b$ 的矩形波导中各种模式的截止波长分布图，由图可见，对相同频率的电磁波，其所能传输的模式是不同的。相同指数 m、n 的 TE 模和 TM 模具有相同的截止波长，具有不同指数 m、n 的模式之间也可能具有相同的截止波长，如图 5-3 中的 TE_{20} 和 TE_{01} 模式。这些具有相同截止波长但场分布不同的模式称为简并模式。由于矩形波导不存在 TM_{m0} 和 TM_{0n} 波，所以只有 TE_{m0} 和 TE_{0n} 波才有可能成为非简并模式。

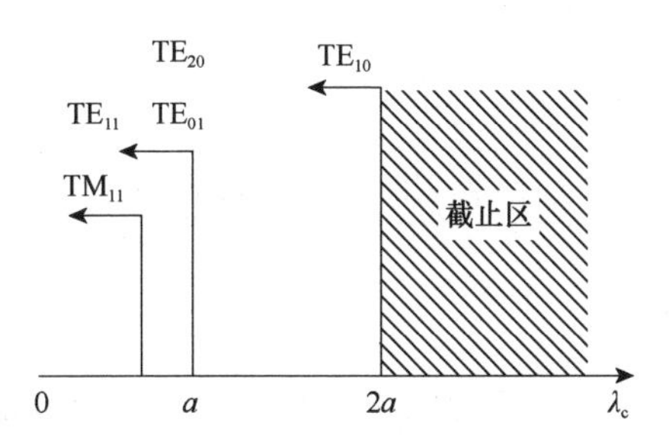

图 5-3　$a = 2b$ 矩形波导的截止波长分布

2. 相速 v_p 和波导波长 λ_g

相速是指某一频率的导行波，其等相位面沿传播方向移动的速度，可由行波的相位因子 $\omega t-\beta z=$常数来求得，即

$$v_p = \frac{dz}{dt} = \frac{\omega}{\beta} = \frac{v}{\sqrt{1-\left(\frac{\lambda}{\lambda_c}\right)^2}} \tag{5-38a}$$

若波导内的媒质是空气，则

$$v_p = \frac{c}{\sqrt{1-\left(\frac{\lambda_0}{\lambda_c}\right)^2}} \tag{5-38b}$$

式中，c 为自由空间的光速；λ_0 为工作频率在自由空间所对应的波长。

由此可见，频率不同，相速就不同，所以波导传输的 TE 波和 TM 波都是色散波。由于色散，信号在传输过程中会发生波形失真。

波导波长 λ_g 是指某一个频率的导行波，其等相位面在一个周期内沿轴向移动的距离，即

$$\lambda_g = \frac{2\pi}{\beta} = \frac{\lambda}{\sqrt{1-\left(\frac{\lambda}{\lambda_c}\right)^2}} > \lambda \tag{5-39}$$

式中，λ_c 为波导的截止波长。

3. 波阻抗

波阻抗定义为横向电场与横向磁场的比值。

对于 TE 波,有

$$\eta_{\mathrm{TE}} = \frac{E_x}{H_y} = -\frac{E_y}{H_x} = \frac{\omega\mu}{\beta} = \frac{\eta}{\sqrt{1 - \left(\dfrac{\lambda}{\lambda_{\mathrm{c}}}\right)^2}} > \eta \tag{5-40}$$

对于 TM 波,有

$$\eta_{\mathrm{TM}} = \frac{E_x}{H_y} = -\frac{E_y}{H_x} = \frac{\beta}{\omega\varepsilon} = \eta\sqrt{1 - \left(\frac{\lambda}{\lambda_{\mathrm{c}}}\right)^2} < \eta \tag{5-41}$$

式中,$\eta = \sqrt{\mu/\varepsilon}$ 为 TEM 波在无限大媒质中的波阻抗。

5.2.4 TE_{10} 波

由图 5-3 可以看到,TE_{10} 波的截止波长 λ_{c} 最大,截止频率 f_{c} 最低,所以只需适当选择波导的尺寸,即可实现单模工作。因此,实际矩形波导多工作于 TE_{10} 模式。在一般情况下,如无特别声明,就意味着矩形波导是以主模 TE_{10} 波工作的。

1. 场结构

由电磁场理论知道,在波导壁上应满足电场切向分量为 0 的边界条件,即在导体面上只能存在电场的法向分量;电力线间不能交叉。对磁力线,它或者围绕着载流导体,或者围绕着交变的电场而永远成闭合曲线;在波导壁上磁场的法向分量应为 0,即波导壁上只能存在磁场的切向分量;磁力线间也不能交叉。在空间任何位置,电力线和磁力线总是正交的。

对于 TE_{10} 波,将 $m=1,n=0$ 代入式(5-32),可得场量表达式为

$$H_z = H_0 \cos\frac{\pi}{a}x\mathrm{e}^{\mathrm{j}\omega t - \gamma z} \tag{5-42a}$$

$$H_x = \gamma\frac{a}{\pi}H_0 \sin\frac{\pi}{a}x\mathrm{e}^{\mathrm{j}\omega t - \gamma z} \tag{5-42b}$$

$$E_y = -\mathrm{j}\eta\left(\frac{2a}{\lambda}\right)H_0 \sin\frac{\pi}{a}x\mathrm{e}^{\mathrm{j}\omega t - \gamma z} \tag{5-42c}$$

$$H_y = E_x = E_z = 0 \tag{5-42d}$$

其中

$$\gamma = \sqrt{k_{\mathrm{c}}^2 - k^2} = \mathrm{j}\sqrt{k^2 - k_{\mathrm{c}}^2} = \mathrm{j}k\sqrt{1 - \frac{\left(\dfrac{\pi}{a}\right)^2}{\left(\dfrac{2\pi}{\lambda}\right)^2}} = \mathrm{j}k\sqrt{1 - \left(\frac{\lambda}{2a}\right)^2} \tag{5-43}$$

$$\eta = \sqrt{\frac{\mu}{\varepsilon}} \tag{5-44}$$

根据场方程并遵照上述规律可以画出不同截面的场结构。

在横截面 xOy 上,因电场只有 E_y 分量且与 y 无关,故电力线是一些平行于 y 轴的直线,在某一时刻它起自上壁止于下壁或相反。又因为 E_y 沿 x 轴按正弦规律变化,在 $x=a/2$ 处 E_y 最大,故此处电力线最密,越向两侧,电力线越疏。对于磁力线,因磁场只有 H_x 分量(在该面不考虑 H_z 分量)且与 y 无关,故磁力线是一些沿 y 轴方向均匀分布且平行于 x 轴的线。但由于 H_x 沿 x 轴按正弦规律变化,即在 $x=a/2$ 处 H_x 最大,越向两侧越小;相反,H_z 在 $x=a/2$ 处为0,越向两侧越大,这将是磁力线逐渐线 z 方向偏转。图5-4(a)给出了该面电力线和磁力线的分布图。

在垂直纵截面 yOz 上,电场和磁场分量 E_y 和 H_x 与 y 无关,即沿 y 方向均匀分布,而沿 z 轴方向为周期性变化,但横向场 E_y、H_x 与纵向场 H_z 之间有90°的相差,在横向场最大处纵向场分量最小,反之亦然。其场结构如图5-4(b)所示。

在水平纵截面 xOz 上,电力线与该面相垂直,而磁场既有 H_x 又有 H_z,合成的磁力线犹如椭圆形,如图5-4(c)所示。

综合图5-4(a)(b)(c)可得 TE_{10} 波的场量分布立体图,如图5-5所示。

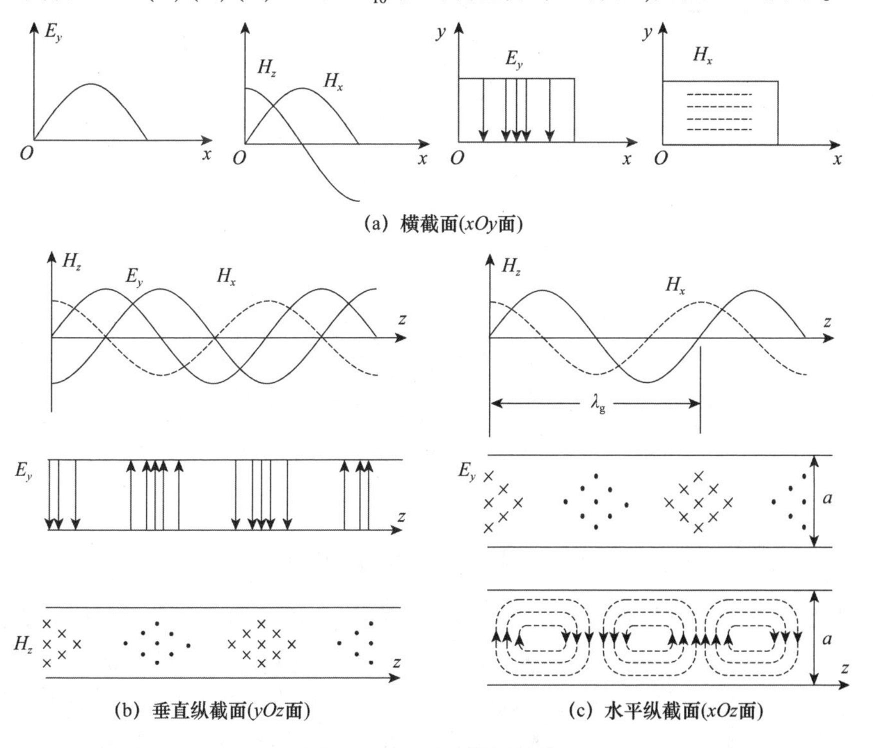

图5-4 TE_{10} 波的场结构

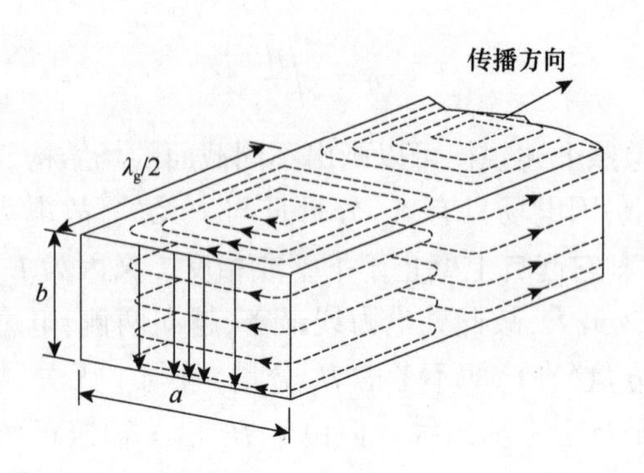

图 5-5　TE_{10} 波的电磁场结构立体图

2. 壁电流

当电磁波在波导中传播时，将在波导壁上产生高频感应电流。在微波频率下，由于趋肤效应，这种壁电流将集中在波导内壁的表面层内流动。该电流的大小和分布决定于波导壁附近磁场强度的大小和分布。根据边界条件，波导内壁上的高频面电流密度等于导体表面附近的切向磁场，即

$$\boldsymbol{J}_S = \boldsymbol{n} \times \boldsymbol{H} \tag{5-45}$$

式中，$\boldsymbol{n}$ 为波导内壁的法向单位矢量；$\boldsymbol{H}$ 为表面的磁场，可由式(5-42)中分别令 $x=0$ 和 a，$y=0$ 和 b 求得。式(5-45)说明，$\boldsymbol{J}_S$ 的大小等于 $\boldsymbol{H}$ 在表面处的切向磁场强度 $\boldsymbol{H}_t$，而 $\boldsymbol{J}_S$ 的方向与 $\boldsymbol{H}_t$ 相互垂直，指向可用右手定则确定。因此，电流线与波导内表面的磁力线是相互正交的两个曲线簇，即两簇曲线处处相互垂直，疏密相应。据此画出矩形波导传输 TE_{10} 波时波导壁上电流分布的情况，如图 5-6 所示。

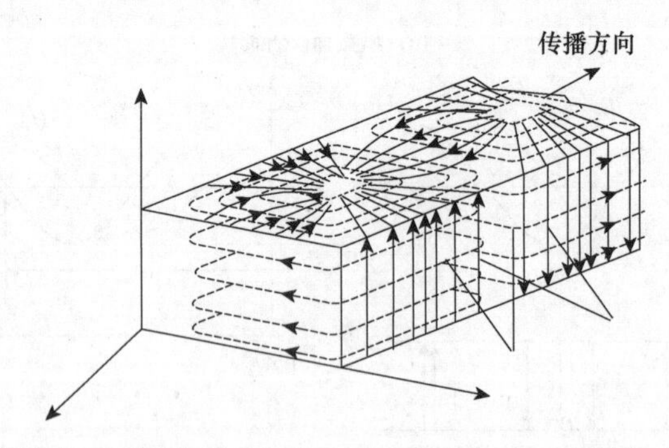

图 5-6　矩形波导传输 TE_{10} 波时波导壁上的电流分布

由图 5-6 可见，在波导的左右窄壁上，只有 J_y 电流分量，且大小相等方向相同；在上下两个宽壁上的电流由 J_x 和 J_y 合成，上下壁对应点上的电流大小相等但方向相反。此外，还可以看到，在宽壁中央附近某处的壁电流趋于 0，似乎电流发生了不连续现象。事实上，当管壁上的传导电流沿中央逐渐减小的同时，与之相对应的位移电流是逐渐增加的，两者构成了全电流且满足全电流定律。

知道了管壁上的电流分布，对处理一些问题具有指导意义。例如，若需在波导壁上开缝，而又要求不影响原来波导的传输特性或不希望波导向外辐射，则开缝必须选在不切割管壁电流线的地方，并使缝尽量窄。在波导宽壁中心线上开纵向窄缝，或在窄壁上开横向窄缝都属于这种情况，如图5-7的a缝和b缝。相反，如希望波导传输的能量向外辐射（如裂缝天线），或将波导的能量通过波导壁的开缝耦合到另一波导去，则开缝的位置应切断电流线，如图5-7的c缝和d缝。

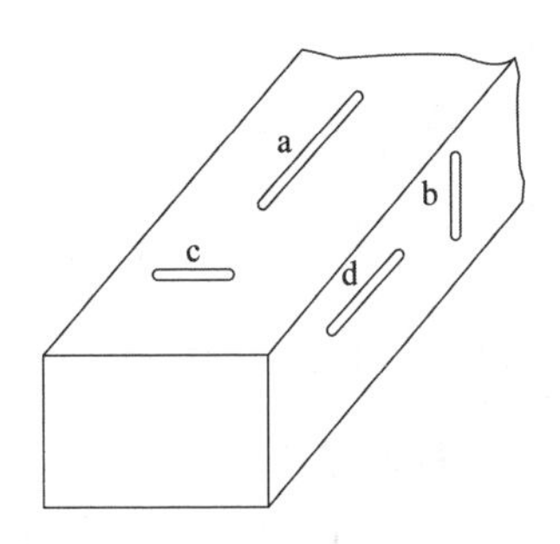

图5-7　矩形波导的开缝

5.2.5　矩形波导中高次模的场结构和场的对称性质

前面根据TE_{10}波的场表达式用电力线和磁力线的疏密表示波导中电场和磁场的强弱，描述了矩形波导中TE_{10}波的场结构。现在用同样的方法来描述其他导行模式的场结构。

1. 矩形波导中高次模的场结构

矩形波导中可能存在无穷多种TE_{mn}和TM_{mn}模，但其场结构却有明显的规律性，最基本的场结构模型是TE_{10}、TE_{01}、TE_{11}和TM_{11} 4种模式。

1）TE_{10}模和TE_{m0}模的场结构

由式(5-42)可知，TE_{10}模只有E_y、H_x和H_z三个场分量。电场只有E_y分量，且不随y变化；随x呈正弦变化，在$x=0$和$x=a$处为0，在$x=a/2$处最大，即在a边上有半个驻波分布。磁场有H_x和H_z两个分量，且均与y无关，所以磁力线是xz平面内的闭合曲线，矢端轨迹为椭圆。H_x随x呈正弦变化，在$x=0$和$x=a$处为0，在$x=a/2$处最大；H_z随x呈余弦变化，在$x=0$和$x=a$处最大，在$x=a/2$处为0。H_x和H_z在a边上均有半个波长驻波分布。电场和磁场沿z轴正向传播，即整个场型沿z轴正向传播。TE_{10}模的电场和磁场的结构横截面图如图5-8(a)所示。

仿照TE_{10}模，TE_{m0}模的场结构便是沿b边不变化，沿a边有m个半驻波分布；或者说沿b边不变化，沿a边有m个TE_{10}模场结构。图5-8(b)所示为TE_{20}模的场结构。

2) TE_{01} 模和 TE_{0n} 模的场结构

TE_{01} 模只有 E_x、H_y 和 H_z 三个场分量,其场结构与 TE_{10} 模的差别只是波的极化面旋转了 90°,即场沿 a 边不变化,沿 b 边有半个驻波分布。如图 5-8(c)所示。

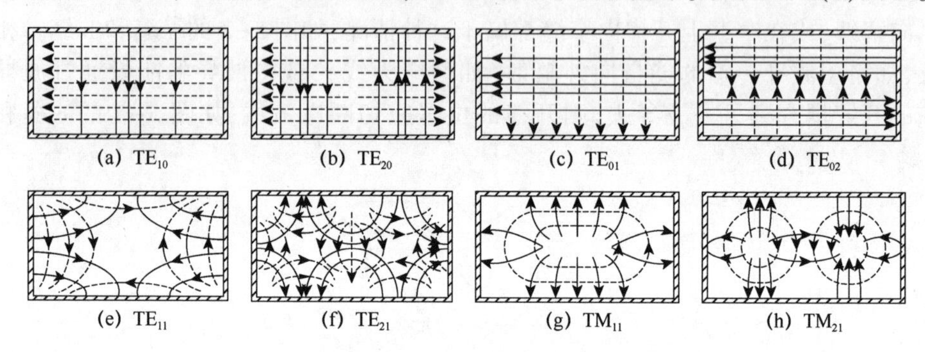

图 5-8　矩形波导中 TE 和 TM 模场结构截面图

仿照 TE_{01} 模,TE_{0n} 模的场结构便是沿 a 边不变化,沿 b 边有 n 个半驻波分布;或者说沿 a 边不变化,沿 b 边有 n 个 TE_{01} 模场结构。图 5-8(d)所示为 TE_{02} 模的场结构。

3) TE_{11} 模和 TE_{mn} 模的场结构

m 和 n 均不为 0 的最简单 TE 模是 TE_{11} 模,其场沿 a 边和 b 边都有半个驻波分布,如图 5-8(e)所示。m 和 n 都大于 1 的 TE_{mn} 模的场结构与 TE_{11} 模的场结构类似,场型沿 a 边有 m 个 TE_{11} 模场结构,沿 b 边有 n 个 TE_{11} 模场结构。图 5-8(f)所示为 TE_{21} 模的场结构。

4) TM_{11} 模和 TM_{mn} 模的场结构

TM 模最简单者为 TM_{11} 模,其磁力线完全分布在横截面内,且为闭合曲线,电力线则是空间曲线。场沿 a 边和 b 边均有半个驻波分布,如图 5-8(g)所示。

仿照 TM_{11} 模,m 和 n 都大于 1 的 TM_{mn} 模的场结构便是沿 a 边和 b 边分别分布有 m 个和 n 个 TM_{11} 模场结构,图 5-8(h)所示为 TM_{21} 模的场结构。

2. 场结构的对称性

从矩形波导各种模式的场分布图中不难看出:电场和磁场的分布相对于宽边和窄边上的两个几何对称面($x=a/2$ 平面和 $y=b/2$ 平面)都具有对称或反对称性质,规定如下。

(1)如果场型(包括场矢量的箭头方向)在对称面两边互为镜像,称为对于这个对称面是对称场(或称"偶"场)。

(2)如果场型在对称面两边互为镜像,但场矢量的箭头方向相反,称为对于这个对称面是反对称场(或称"奇"场)。

根据场的分布规律可知,如果场的模式指数 m 和 n 为奇数,则电场分别在宽边和窄边的对称面上都是对称场，而磁场都是反对称场，如 TE_{11}、TE_{31} 等模式；如果 m 和 n 为偶数（或0）时，则电场分别在宽边和窄边的对称面上都是反对称场，而磁场都是对称场，如 TE_{20}、TM_{22} 等模式；其余情况以此类推。对同一对称面来说，由于电场和磁场的对称性质总是相反的，因此一般只考虑一个场的对称性质就可以了。

5.2.6　部分波分析

电磁波之所以能在波导中沿轴向传播，是受空心金属管壁的限制和引导。一方面，管壁起屏蔽作用使电磁波限制在管内传播而不会辐射出去；另一方面，在内壁表面处电磁场必须满足边界条件，从而决定波导内壁附近的电磁场结构，使沿波导轴向传播的导行波具有色散特性。

实际上，电磁波在波导中传播的物理过程可视为均匀平面电磁波（以下简称平面波）以一定角度 θ 入射，在波导壁间曲折反射的结果。这就是“部分波”概念。

电场 $\boldsymbol{E}$ 与窄壁平行的两列 TEM 波各以入射角 θ 斜入射到矩形波导的两个窄壁上，这两列波经窄壁反射后又以同一入射角投射到对面的窄壁上，如此来回反射向前推进，如图 5-9 所示。波导中每一点的场量大小，都是这两列波在该点的场量叠加的结果。在波导的两窄壁上，为了满足导电壁上电场为0的边界条件，入射角 θ 应满足某种条件。图 5-10 是图 5-9 在 $x=b/2$ 时的剖面图，可见电场垂直于纸面，与窄壁平行。如果 $GA=\lambda/2$，则过 D 点和 A 点的入射波等相面的相位相反。由于入射角等于反射角，即 $\theta_i=\theta_r=\theta$，所以过 D 点和 A 点的反射波等相面的相位也相反。由图可以看出，A 点的电磁场为过 A 点的入射波等相面电磁场与过 A 点的反射波等相面电磁场的叠加。由于电场与窄壁平行，根据理想导体边界条件，A 点的合成电场为0，合成磁场平行于窄壁。同理，D 点的合成电场为0，合成磁场平行于窄壁。以此类推，窄壁上各点的合成电场为0，合成磁场平行于窄壁。满足导体的边界条件，合成波能够在波导中顺利传播。此时，入射角 θ 满足

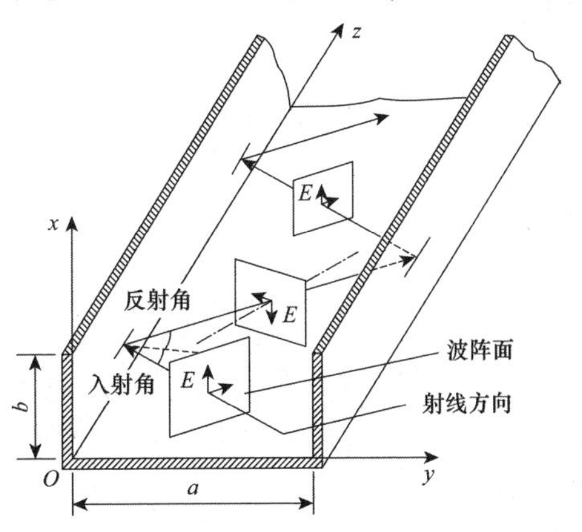

图 5-9　平面波在波导窄壁间的反射

$$\cos\theta = \frac{\lambda}{2a} \tag{5-46}$$

I 点和 J 点是合成波的电场最大点，A、D、I、J 点的场分布与 TE_{10} 波相同，波导中出现的是 TE_{10} 波。同理，如果 $\cos\theta = \lambda/a$，则波导中将出现 TE_{20} 波……

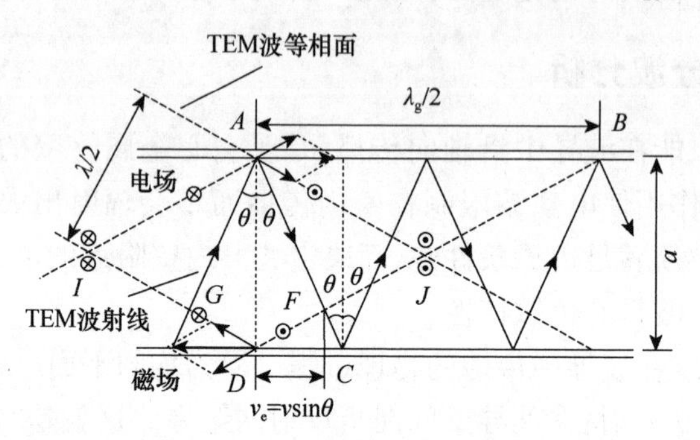

图 5-10　波导波长与能速

当 TEM 波向波导宽壁入射，且 TEM 波电场 $\boldsymbol{E}$ 平行于宽壁时，如果入射角 θ 合适，将会出现 TE_{01} 波、TE_{02} 波……

当 TEM 波以不同的极化向波导窄壁、宽壁上入射，或同时向波导宽壁、窄壁上入射时，如果入射角合适，将会出现其他模式的电磁波。

由图 5-10 可见，当 TEM 波由 A 点到达 F 点时，走过了 $\lambda/2$ 的路程，等相位面则沿波导轴向到达了 B 点，走过了 $\lambda_g/2$ 的路程，所以矩形波导的波导波长为

$$\lambda_g = \frac{\lambda}{\sin\theta} = \frac{\lambda}{\sqrt{1-\cos^2\theta}} = \frac{\lambda}{\sqrt{1-\left(\dfrac{\lambda}{2a}\right)^2}} \tag{5-47}$$

大于工作波长。相速

$$v_p = \frac{v}{\sqrt{1-\left(\dfrac{\lambda}{\lambda_c}\right)^2}}$$

与式(5-38a)相同。能速为

$$v_e = v\sin\theta = v\sqrt{1-\left(\frac{\lambda}{\lambda_c}\right)^2} \tag{5-48}$$

由式(5-46)可见，λ 应小于 $2a$ 才有意义；λ 越大，θ 越小。当 $\lambda = 2a$ 时，$\theta = 0°$，此时 TEM 波垂直波导窄壁来回发射，没有能量沿波导传播，称为截止状态。相应的波长就是前面提到的截止波长。

5.2.7　传输功率与功率容量

在传输大功率的场合,必须考虑波导所能传输的最大功率问题。波导传输的功率越大,波导中的电场强度就越大,当它达到波导内填充介质(通常为空气)的击穿强度时,空气将被击穿而发生电离。这时,不仅在电离处产生高热而损坏波导内壁,而且由于被电离的气体形成一个短路面而在该处发生强烈的反射,从而影响系统的正常工作和安全。

波导所能传输的最大功率或称极限功率,或称为波导的功率容量,与波导的尺寸、波型、波长以及波导中填充介质的击穿强度等因素有关。计算功率容量时:首先应求出传输功率与电场强度的关系式;其次由介质的击穿强度求出相应的功率,即为功率容量。下面以 TE_{10} 波为例加以说明。

在行波状态下,TE_{10} 波传输的平均功率为

$$P = \frac{1}{2}\int_S \frac{|E|^2}{\eta_{TE_{10}}}dS = \frac{1}{2\eta_{TE_{10}}}\int_0^a\int_0^b |E_y|^2 dxdy \tag{5-49}$$

将式(5-40)和式(5-42c)代入可得

$$P = \frac{ab}{4\eta_{TE_{10}}}E_m^2 = \frac{ab}{480\pi}E_m^2\sqrt{1-\left(\frac{\lambda}{\lambda_c}\right)^2} \tag{5-50}$$

设波导中介质的击穿电场强度为 E_{br},则当 $E_m = E_{br}$ 时波导将发生击穿,据此可求得行波状态下波导传输 TE_{10} 波($\lambda_c = 2a$)时的功率容量为

$$P_{br} = \frac{abE_{br}^2}{480\pi}\sqrt{1-\left(\frac{\lambda}{2a}\right)^2} \tag{5-51}$$

空气的击穿电场强度为 3×10^6V/m。

由式(5-51)可见,波导的截面尺寸越大、频率越高,传输的功率容量就越大;但是,当 f 趋于 f_c(或 λ 趋于 λ_c)时,传输功率趋于0。图5-11给出了 TE_{10} 波功率容量 P_{br} 与 λ/λ_c 的关系曲线。

由图5-11可见,当 $\lambda = \lambda_c = 2a$ 时,$P_{br} = 0$,此时波被截止;当 $\lambda/\lambda_c < 0.5$ 时,虽然 P_{br} 较大,但有可能出现高次模;当 $\lambda/\lambda_c > 0.9$ 时,P_{br} 急剧下降。因此,为保证只传输 TE_{10} 波,应选取 $0.5 < \lambda/\lambda_c < 0.9$ 为工作区,即工作波长与宽边尺寸 a 应满足关系式

$$a < \lambda < 1.8a \tag{5-52}$$

以上讨论是在行波状态下得出的。如果波导中存在反射波,则由于驻波波腹点处电场强度的增加而使功率容量减小。可以证明,此时波导的功率容量 P'_{br} 为

$$P'_{br} = \frac{1}{\rho}P_{br} \tag{5-53}$$

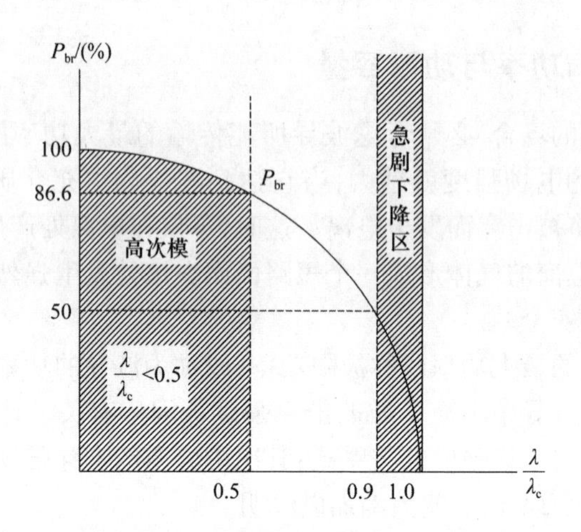

图 5-11　矩形波导功率容量与波长的关系

由此可见,要提高功率容量应设法提高介质的击穿场强 E_{br},并尽可能使负载与波导匹配。为此可向波导内充气,当其中气压大到几万帕时,击穿强度将比通常情况下的 3×10^6V/m 大许多倍。保持波导内干燥,避免湿气进入,对提高击穿场强也有所帮助。此外,波导由于加工的不完善而产生的不连续,或由壁的不清洁等将使电场在局部集中,从而引起击穿。考虑上述几方面的原因,波导允许传输的功率与 P_{br} 相比常留有较大的余量,一般传输功率为行波状态下功率容量的 25%~30%。

5.2.8　矩形波导尺寸的选择

矩形波导的尺寸必须根据具体的技术要求来确定。一般是在给定的频带内保证只传输主模,有足够的功率容量,损耗小,尺寸尽可能小。

为保证单模传输,要求

$$\frac{\lambda}{2} < a < \lambda \tag{5-54}$$

$$0 < b < \frac{\lambda}{2} \tag{5-55}$$

考虑功率容量的问题,一般要求

$$0.6\lambda < a < \lambda \tag{5-56}$$

$$b = \frac{a}{2} \tag{5-57}$$

考虑损耗小的要求,应使

$$a \geqslant 0.7\lambda \tag{5-58}$$

综合上述几个条件,矩形波导的尺寸一般选择为

$$a = 0.7\lambda \tag{5-59}$$

$$b = (0.4 \sim 0.5)a \tag{5-60}$$

由式(5-60)可知,一般先由工作波长确定宽边 a 的大小,而波导的窄边 b 通常约为宽边 a 的一半,即 $b \approx a/2$。这是因为,若 $b>a/2$,则 $\lambda_c(TE_{01})>\lambda_c(TE_{20})$,这会使波导的工作频带变窄;相反,若 $b<a/2$,波导的工作频带并不增加,但功率容量却下降了。所以,$b=a/2$ 是波导工作频带条件下达到功率容量最大的一种选择,这种 $b=a/2$ 的波导称为标准波导。在大功率情况下,为了提高功率容量,而传输的频率范围又不太宽的情况下,有时也选择 $b>a/2$ 的波导,这种波导称为"宽波导"。在小功率情况下,有时为了减小体积和重量,或为了满足器件结构上的特殊要求,而选择 $b<a/2$ 的波导,这种波导称为"扁波导"。

5.2.9　矩形波导的匹配

为了消除或减少波导中不连续性或不均匀性产生的反射,通常使用匹配元件,如金属膜片、销钉和螺钉匹配器等。

1. 金属膜片

插入矩形波导中的金属膜片,按其电性能可分为电容膜片和电感膜片两类。

在传输 TE_{10} 波的矩形波导中加入膜片后,在图5-12的情况下,波导沿 x 方向仍是连续的,但沿 y 方向产生不均匀性。因此,使 TE_{10} 波的电场沿 z 和 y 方向发生畸变。膜片两边的电场以边缘场的形式分布,故有纵向分量 E_z。由于 E_z 的存在,使膜片口径处激起的高次模主要是TM模。这些模式在膜片不远处衰减掉,仅在膜片附近有静电能储存。简而言之,这种膜片插入后,使 b 变为 b',缩短了上下之间的距离,引起电场集中。所以这种膜片可等效为一个集中电容元件。

膜片用良导体做成,且可做得很薄,因此可以认为是无耗的。它的等效电纳 $\mathrm{j}B$ 可测量得到,也可用长线理论分析得到。

若在波导终端接匹配负载,则该电纳引起的反射系数 Γ 为

$$\Gamma = \frac{Y - (Y + \mathrm{j}B)}{Y + (Y + \mathrm{j}B)} = \frac{-\mathrm{j}B}{2Y + \mathrm{j}B} \tag{5-61}$$

所以

$$\mathrm{j}B = -\frac{2Y\Gamma}{1 + \Gamma} \tag{5-62}$$

式中,Y 为所用波导对 TE_{10} 波的导纳。

用等效无耗传输线也可以近似分析膜片的电性能。插入膜片可以看成一段相移为 βd,截面变小的波导,这里 d 为膜片的厚度,截面由 b 变小为 b'。

对图5-13所示结构作类似分析,得到膜片为感性膜片。

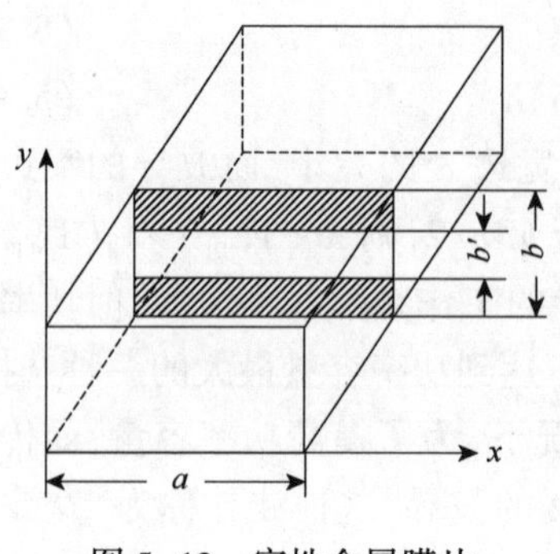

图 5-12　容性金属膜片

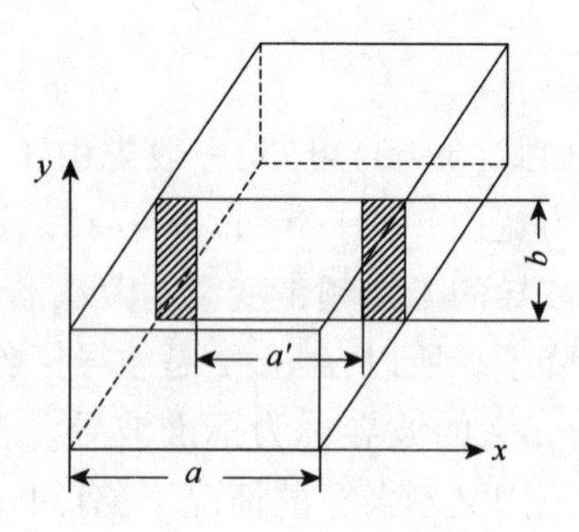

图 5-13　感性金属膜片

2. 销钉

常用的销钉有两种:一种是穿过波导管而固定的,它的作用与电感膜片相同,称为电感销钉;另一种是可调的,从波导管的顶面穿入,但不与底面接触,称为调谐销钉或调谐螺钉。

当波导中传输主模 TE_{10} 波时,销钉里将流过电流,因此呈现感性电抗或电纳的性质,称为电感销钉。

调谐螺钉与感性销钉一样供匹配用。使用调谐螺钉时有如下规律。

当螺钉进入波导较短,长度小于 $\lambda/4$ 时,在它附近集中电场,因而它是容性的。当插入波导较长,长度大于 $\lambda/4$ 时,螺钉里有电流产生磁场,因此变为电感螺钉。当插入深度在 $\lambda/4$ 左右时,容性和感性相抵消,产生串联谐振,波导短路。为了避免击穿,一般不插入很多,通常总是容性的。

3. 螺钉匹配器

单螺钉匹配装置如图 5-14 所示。位置可沿线滑动,深度不变。插入深度不超过 $\lambda/4$ 时,呈容性电纳,且电纳值不变。单螺钉可类比并联支节 l,其沿线滑动相当于并联支节的位置 d 可调,因此它在任何情况下都可调配使用。

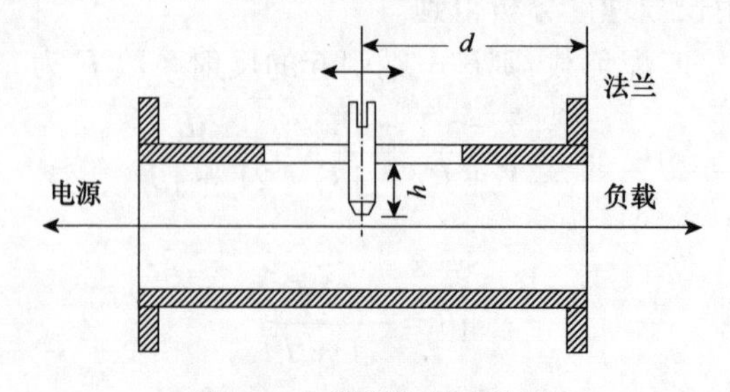

图 5-14　单螺钉匹配装置

双螺钉匹配器有两个螺钉,螺钉只能改变插入深度,且插入深度不超过 $\lambda/4$,呈容性。螺钉间距 d 固定,通常取 $3\lambda_g/8$ 或 $\lambda_g/8$。它的优点是结构简单,缺点是匹配范围小,匹配死区大,如图 5-15 所示。

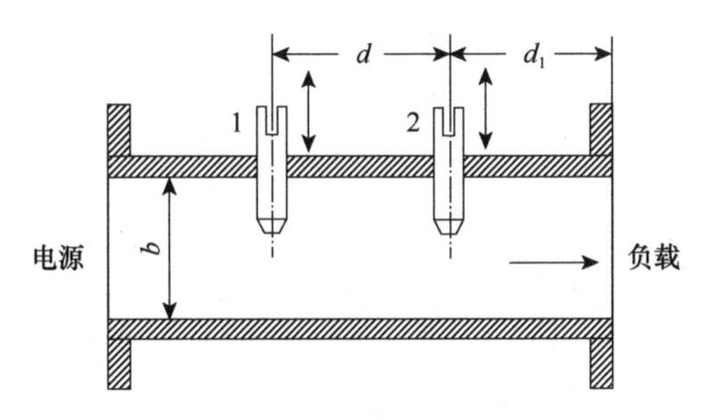

图 5-15　双螺钉匹配装置

为了克服双螺钉匹配器匹配死区大的缺点,设计了三螺钉匹配器,其结构如图 5-16 所示,螺钉之间的间距 d 取 $\lambda_g/8$ 或 $3\lambda_g/8$。

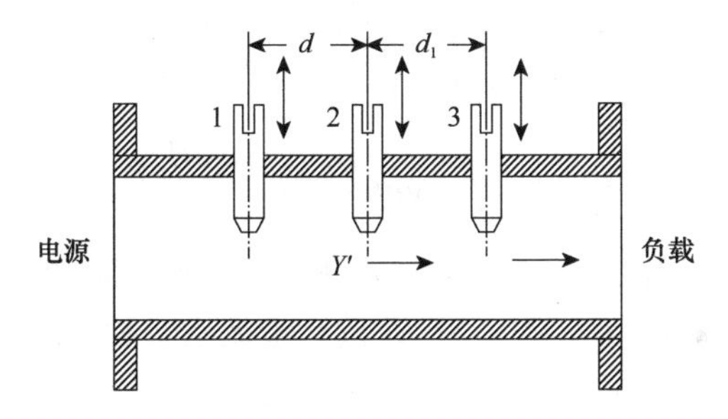

图 5-16　三螺钉匹配装置

螺钉匹配器的优点是调节方便,缺点是螺钉处电场集中,致使波导的功率容量下降。因此,多用于实验室中。

5.3　圆波导

图 5-17 所示半径为 a 的圆波导。圆波导内场量的分析方法与矩形波导相似,即首先根据边界条件求纵向场分量 E_z 或 H_z 的波动方程的解;其次利用横向分量与纵向分量的关系式求得各场量的表达式。

将复数形式的麦克斯韦方程在圆柱坐标系中展开,可得用 E_z 和 H_z 表示的场量表达式:

$$E_r = -\frac{1}{k_c^2}\left(\gamma\frac{\partial E_z}{\partial r} + \mathrm{j}\frac{\omega\mu}{r}\frac{\partial H_z}{\partial \varphi}\right) \tag{5-63a}$$

$$E_\varphi = \frac{1}{k_c^2}\left(-\frac{\gamma}{r}\frac{\partial E_z}{\partial \varphi} + \mathrm{j}\omega\mu\frac{\partial H_z}{\partial r}\right) \tag{5-63b}$$

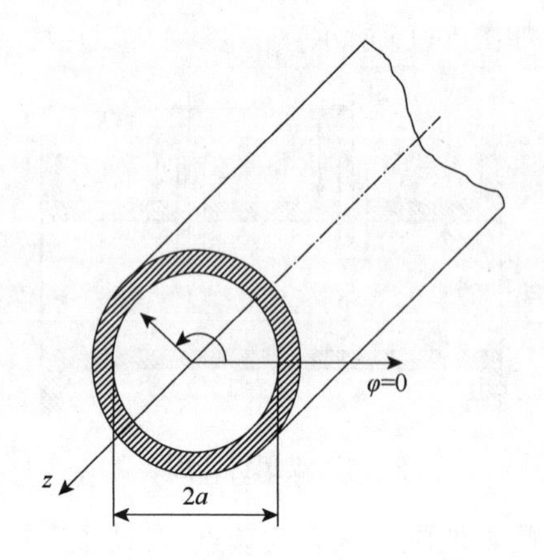

图 5-17　圆波导

$$H_r = \frac{1}{k_c^2}\left(\mathrm{j}\frac{\omega\varepsilon}{r}\frac{\partial E_z}{\partial\varphi} - \gamma\frac{\partial H_z}{\partial r}\right) \tag{5-63c}$$

$$H_\varphi = -\frac{1}{k_c^2}\left(\mathrm{j}\omega\varepsilon\frac{\partial E_z}{\partial r} + \frac{\gamma}{r}\frac{\partial H_z}{\partial\varphi}\right) \tag{5-63d}$$

由此可见,只要求出纵向场分量 E_z 或 H_z,其他场量就可以由式(5-63a、b、c、d)求出。为了求纵向场分量,将 E_z 或 H_z 的标量波动方程在圆柱坐标系中展开为

$$\frac{\partial^2 E_z}{\partial r^2} + \frac{1}{r}\frac{\partial E_z}{\partial r} + \frac{1}{r^2}\frac{\partial^2 E_z}{\partial\varphi^2} = -k_c^2 E_z \tag{5-64}$$

$$\frac{\partial^2 H_z}{\partial r^2} + \frac{1}{r}\frac{\partial H_z}{\partial r} + \frac{1}{r^2}\frac{\partial^2 H_z}{\partial\varphi^2} = -k_c^2 H_z \tag{5-65}$$

用分离变量法,令

$$E_z = R\Phi\mathrm{e}^{-\gamma z} \tag{5-66a}$$

$$H_z = R\Phi\mathrm{e}^{-\gamma z} \tag{5-66b}$$

将式(5-66a、b)代入式(5-64)和式(5-65),可以得到两个独立的微分方程,对其求解并利用边界条件确定待定常数,即可得到 E_z 或 H_z 的解,再代入式(5-63a、b、c、d)就可以得到全部场解。下面对 TM 波和 TE 波分别进行讨论。

5.3.1　圆波导中的 TM 波

对于 TM 波,$H_z = 0$。将式(5-66a)代入式(5-65a),可得

$$\frac{r^2 R''}{R} + \frac{rR'}{R} + k_c^2 = -\frac{\Phi''}{\Phi} \tag{5-67}$$

欲使此式对一切 r,φ 的值均成立,等式两边应分别等于同一常数 m^2,即

$$-\frac{\Phi''}{\Phi} = m^2 \tag{5-68}$$

$$\frac{r^2R''}{R}+\frac{rR'}{R}+k_c^2=m^2 \tag{5-69}$$

式(5-68)的解为

$$\Phi=A_1\cos(m\varphi)+A_2\sin(m\varphi)=A\begin{cases}\cos(m\varphi)\\ \sin(m\varphi)\end{cases} \tag{5-70}$$

为了使场量沿 φ 方向具有 2π 周期，m 应为自然数。

式(5-69)可写成

$$R''+\frac{1}{r}R'+\left(k_c^2-\frac{m^2}{r^2}\right)R=0 \tag{5-71}$$

这是贝塞尔(Friedrich Wilhelm Bessel，1784—1846，德国天文学家)方程，它的通解为

$$R=BJ_m(k_cr)+CY_m(k_cr) \tag{5-72}$$

式中，J_m 为 m 阶第一类贝塞尔函数；Y_m 为 m 阶第二类贝塞尔函数。由于 r 的变化范围可由0变到圆柱波导的半径 a，为了使 E_z 在 $r=0$ 处不致变为无限大，应取第一类贝塞尔函数，即令 $C=0$。于是，将式(5-70)和式(5-72)代入式(5-66a、b)得

$$E_z=R\Phi=E_0J_m(k_cr)\begin{cases}\cos(m\varphi)\\ \sin(m\varphi)\end{cases}\mathrm{e}^{-\gamma z} \tag{5-73}$$

此处，用 E_0 代替常数 A、B，它的大小由激励源决定。

将式(5-73)代入式(5-63a、b、c、d)，并考虑 $H_z=0$，可得圆波导中 TM_{mn} 波的场分量为

$$E_r=-\frac{\gamma}{k_c}E_0J_m'(k_cr)\begin{cases}\cos(m\varphi)\\ \sin(m\varphi)\end{cases}\mathrm{e}^{-\gamma z} \tag{5-74a}$$

$$E_\varphi=\frac{m\gamma}{k_c^2r}E_0J_m(k_cr)\begin{cases}\sin(m\varphi)\\ -\cos(m\varphi)\end{cases}\mathrm{e}^{-\gamma z} \tag{5-74b}$$

$$H_r=\mathrm{j}\frac{\omega\varepsilon m}{k_c^2r}E_0J_m(k_cr)\begin{cases}-\sin(m\varphi)\\ \cos(m\varphi)\end{cases}\mathrm{e}^{-\gamma z} \tag{5-74c}$$

$$H_\varphi=-\mathrm{j}\frac{\omega\varepsilon}{k_c}E_0J_m'(k_cr)\begin{cases}\cos(m\varphi)\\ \sin(m\varphi)\end{cases}\mathrm{e}^{-\gamma z} \tag{5-74d}$$

根据边界条件，在圆波导的内壁，$r=a$，E_z 应等于0。因此，有

$$J_m=(k_ca)=0 \tag{5-75}$$

由此可求出 k_c 的值。但对 m 阶贝塞尔函数，$J_m(a)=0$ 可以有许多个根，所以 k_c 不是单值的。如果用 P_{mn} 表示 m 阶贝塞尔函数的第 n 个根，则以相应的

$$k_{cmn}=\frac{P_{mn}}{a} \tag{5-76}$$

代入式(5-73)和式(5-74a、b、c、d)，所得的TM模式称为 TM_{mn} 波。

由式(5-74a、b、c、d)可知,场量沿圆周方向和半径方向都呈驻波分布。沿圆周方向(φ 方向)呈正弦或余弦律分布,沿半径方向(r 方向)呈贝塞尔函数或其倒数的规律分布。m 除表示贝塞尔函数的阶数,还表示场量沿圆周驻波分布的周期数(最大值个数的一半),n 除了表示贝塞尔函数的根的序号,还表示场量沿半径方向驻波分布的半周期数(最大值个数)。

与矩形波导的讨论方法一样,对圆波导可求得以下公式。

截止频率:

$$f_c = \frac{k_c}{2\pi\sqrt{\mu\varepsilon}} \tag{5-77}$$

截止波长:

$$\lambda_c = \frac{2\pi}{k_c} \tag{5-78}$$

传播常数:

$$\gamma = j\sqrt{k^2 - k_c^2} = jk\sqrt{1 - \left(\frac{f_c}{f}\right)^2} \tag{5-79}$$

相速:

$$v_p = \frac{\omega}{\beta} = \frac{c}{\sqrt{1 - \left(\frac{\lambda}{\lambda_c}\right)^2}} \tag{5-80}$$

波导波长:

$$\lambda_g = \frac{v_p}{f} = \frac{\lambda}{\sqrt{1 - \left(\frac{\lambda}{\lambda_c}\right)^2}} \tag{5-81}$$

表 5-1 给出部分 P_{mn} 的值及相应的 λ_c 值。

表 5-1 部分 TM 波的 P_{mn} 及 λ_c 值

模式	TM_{01}	TM_{11}	TM_{21}	TM_{02}	TM_{31}	TM_{12}	TM_{22}	TM_{03}
P_{mn}	2.405	3.832	5.136	5.520	6.379	7.061	8.417	8.654
λ_c	2.61a	1.64a	1.22a	1.14a	0.948a	0.90a	0.75a	0.72a

5.3.2 圆波导中的 TE 波

TE 波的 $E_z=0$,仿照上面的方法,可求得圆波导中 TE 波的各场量表达式为

$$H_z = H_0 J_m(k_c r)\begin{Bmatrix}\cos(m\varphi)\\ \sin(m\varphi)\end{Bmatrix} e^{-\gamma z} \tag{5-82}$$

$$H_r = -\frac{\gamma}{k_c} H_0 J'_m(k_c r) \begin{cases} \cos(m\varphi) \\ \sin(m\varphi) \end{cases} e^{-\gamma z} \tag{5-83a}$$

$$H_\varphi = \frac{m\gamma}{k_c^2 r} H_0 J_m(k_c r) \begin{cases} \sin(m\varphi) \\ -\cos(m\varphi) \end{cases} e^{-\gamma z} \tag{5-83b}$$

$$E_r = \mathrm{j}\frac{m\omega\mu}{k_c^2 r} H_0 J_m(k_c r) \begin{cases} \sin(m\varphi) \\ -\cos(m\varphi) \end{cases} e^{-\gamma z} \tag{5-83c}$$

$$E_\varphi = \mathrm{j}\frac{\omega\mu}{k_c} H_0 J'_m(k_c r) \begin{cases} \cos(m\varphi) \\ \sin(m\varphi) \end{cases} e^{-\gamma z} \tag{5-83d}$$

式中,H_0 为常数,它的大小由激励源决定。

根据边界条件,当 $r=a$ 时,E_φ 应等于 0,所以有

$$J'_m(k_c a) = 0 \tag{5-84}$$

如果用 P'_{mn} 表示 m 阶贝塞尔函数的导数 $J'_m(k_c a)=0$ 的第 n 个根,则以相应的

$$k_{cmn} = \frac{P'_{mn}}{a} \tag{5-85}$$

代入式(5-82)和式(5-83)所得的 TE 模式称为 TE_{mn} 波。关于 f_c、λ_c、k_z、v_p 和 λ_g 仍可用式(5-77)~式(5-81)进行计算。表 5-2 示出部分 P'_{mn} 值及其对应的 λ_c 值。

表 5-2　部分 TE 波的 P'_{mn} 及 λ_c 值

模式	TE_{11}	TE_{21}	TE_{01}	TE_{31}	TE_{12}	TE_{22}	TE_{02}	TE_{32}
P'_{mn}	1.841	3.054	3.832	4.201	5.331	6.705	7.016	8.015
λ_c	3.41a	2.06a	1.64a	1.50a	1.18a	0.94a	0.90a	0.78a

5.3.3　圆波导中的常用模式

由表 5-1 和表 5-2 可见,TE_{11} 波是圆波导的最低模式。圆波导中主波与紧邻高阶模式之间的间距比矩形波导中相应的间距小得多。所以,圆波导在单模工作时的带宽小于矩形波导单模工作时的带宽。

根据贝塞尔函数的性质,由于

$$\frac{\mathrm{d}}{\mathrm{d}x} J_0(x) = -J_1(x)$$

所以 TE 波的 P'_{0n} 应等于 TM 波的 P_{1n};换句话说,TE_{0n} 波与 TM_{1n} 波是简并的。圆波导有两种简并现象:一种是 TE_{0n} 波与 TM_{1n} 波的简并,这两种模式的场结构不同,但截止波长相同;另一种是极化简并,两种模式的 m、n 值相同,场分布相同,只是极化面旋转了 90°。除了 TM_{1n} 和 TE_{0n} 模式,其他模式都存在这种极化简并现象。

圆波导中实际应用较多的模式是 TE_{11}、TE_{01} 和 TM_{01} 三个模式。图 5-18 所示

为这三种模式的场量分布立体图。利用这三个模式场结构和管壁电流分布的特点,可以构成一些特殊用途的微波元件,用于微波天线、馈线系统中。

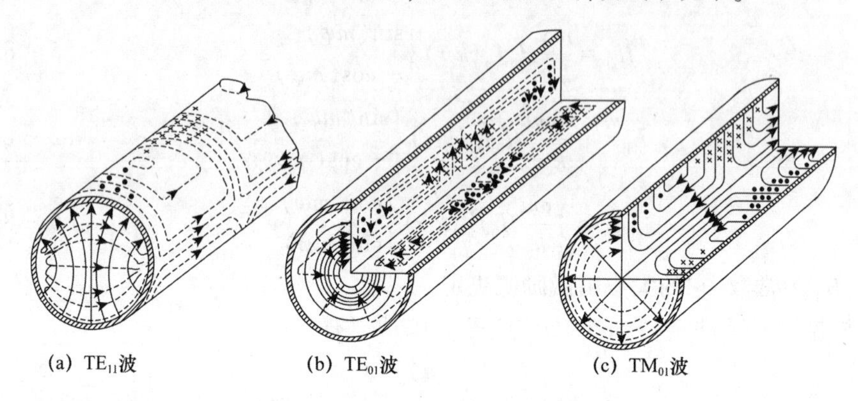

图 5-18　圆波导中几个低阶模式的场量分布

TE_{11} 模是圆波导的最低模式,即圆波导的主模。当 $2.62a<\lambda<3.41a$ 时,可以保证圆波导中只有 TE_{11} 波传播,而使其他模式都处于截止状态,但即使这样,仍不能保证圆波导的单模工作,因为 TE_{11} 模具有极化简并。TE_{11} 模的场结构与矩形波导主模 TE_{10} 模的场结构相似,因此很容易由矩形波导 TE_{10} 模来过渡变换成圆波导的 TE_{11} 模。

TE_{01} 模的电场和磁场具有轴对称性,因此不存在极化简并。它的电力线都是横截面内的同心圆,而且在波导中心和波导壁附近为0,管壁附近只有磁场纵向分量,没有纵向管壁电流。如图 5-19 所示。当传输功率一定时,随着频率的升高,管壁电流 0 点增加,功率损耗单调下降,这使 TE_{01} 模适于制作高 Q 谐振腔,但 TE_{01} 模不是主模,需要设法抑制其他模式。

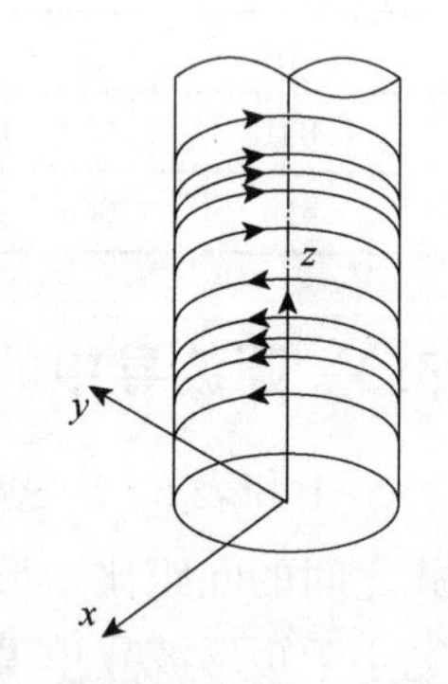

图 5-19　圆波导中 TE_{01} 模的壁电流

TM_{01} 模的电磁场具有轴对称性,不存在极化简并。电场在中心线附近最强,管壁电流只有纵向分量。这一特点使它适于作微波天线馈线系统的旋转关节。但 TM_{01} 模不是圆波导中的最低模式,因此使用中应设法抑制其他模式。此外,由于 TM_{01} 波在轴线上有较强的 E_z 分量,因此它可以有效地和轴向运动的电子流交换能量,一些微波管和直线型电子加速器所用的谐振腔和慢波系统往往是由这种波型演变而来的。

5.4　平行双导线

平行双导线是由两根相同尺寸的导体平行设置构成的导波系统。导体直径为 d，间距为 D。

两导体间有电压，两导体上有电流。两导体间电压是两导体间电场的积分，而载有电流的导体的周围必定有磁场存在。因而，平行双导线导波系统的周围必有电磁波。电场和磁场的强弱分别同电压和电流的大小成正比，故线上电场和磁场的分布规律分别与电压、电流的分布规律相同。图 5-20 表示某一瞬间平行线上电磁场的分布。

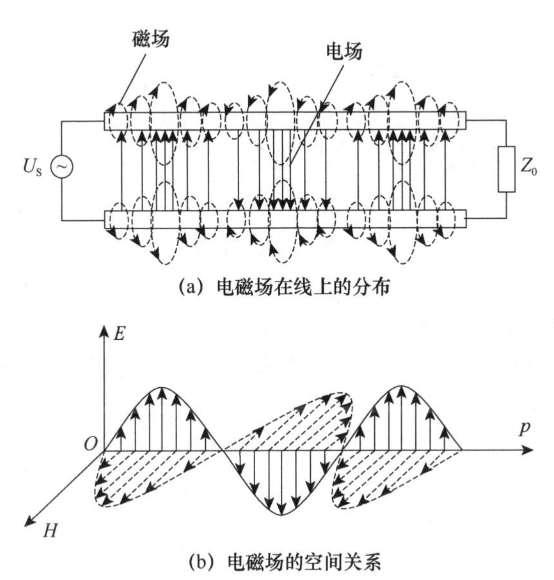

(a) 电磁场在线上的分布

(b) 电磁场的空间关系

图 5-20　平行线上电磁场的分布

5.4.1　平行双导线的工作模式

由于平行双导线是双导体系统，它的工作模式是 TEM 波。TEM 波的特征是 $E_z=0, H_z=0$，即电场和磁场只有横向分量。对于 $E_z=H_z=0$ 的 TEM 波，由式(5-5)可知，为了使其他场分量不为 0，必须有 $k_c{}^2=0$，得到 $f_c=0, \lambda_c=\infty$。所以，TEM 波在任何频率下都能满足 $f>f_c$ 的传播条件，也就是说，任何频率下 TEM 波均处于传播状态，没有截止状态。这也正是平行双导线、同轴线等导波系统的特点。根据式(5-6)，由于 $k_c=0$，所以 $\gamma = jk = j\beta$，故 TEM 波的相位常数为

$$\beta = k = \frac{2\pi}{\lambda} = \frac{2\pi}{c}f$$

TEM 波的波阻抗：

$$\eta_{\mathrm{TEM}}=\frac{E_x}{H_y}=-\frac{E_y}{H_x}=\frac{\beta}{\omega\varepsilon_0}=\frac{k}{\omega\varepsilon_0}=\sqrt{\frac{\mu_0}{\varepsilon_0}}=120\pi$$

TEM 波的 $E_z=0,H_z=0$,则

$$\boldsymbol{E}(x,y)=\boldsymbol{a}_x E_x(x,y)+\boldsymbol{a}_y E_y(x,y)$$
$$\boldsymbol{H}(x,y)=\boldsymbol{a}_x H_x(x,y)+\boldsymbol{a}_y H_y(x,y)$$

5.4.2 传输特性

电压是两导体间电场的积分,导体中的电流可由围绕导体的磁场的积分求得。平行双导线作为导波系统,其电磁波的传输特性与传输线的电压波、电流波的传输特性完全一致,这里不再重述。

在电磁波的低频段,可以用平行双导线来传输电磁波能量,而当频率提高后,平行双导线的热损耗增加,并会向空间辐射电磁波,频率越高,这种现象越显著。为了避免辐射,将传输线做成封闭形式,就是同轴线。

5.5 同轴线

同轴线是由两根同轴的圆柱导体构成的导波系统,内导体半径为 a,外导体内半径为 b,两导体间填充空气(硬同轴线)或相对介电常数为 ε_r 的高频介质(软同轴线),如图 5-21 所示。

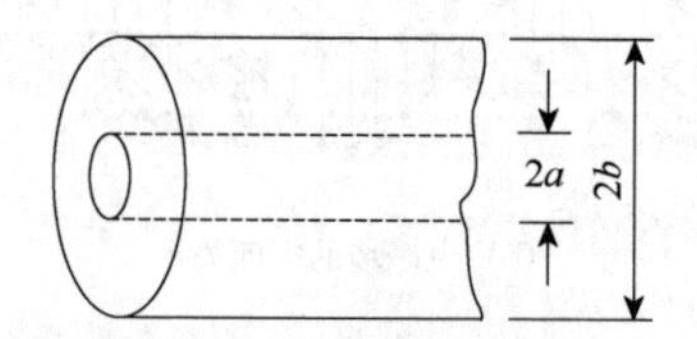

图 5-21 同轴线的结构

同轴线是双导体导波系统,可以传输 TEM 波,TEM 模是同轴线的主模。但是,当同轴线的横向尺寸与工作波长可比拟时,同轴线中也会出现 TE 和 TM 模,它们是同轴线的高次模。现在主要研究同轴线以 TEM 模工作时的传输特性,同时也分析研究如何防止高次模的出现。

5.5.1 同轴线中的 TEM 波

1. TEM 波场结构

由于 TEM 波的 $f_c=0$,任何频率的电磁波均能沿同轴线以 TEM 波的形式传播,因此 TEM 波是同轴线的主模。

当 $k_c=0$ 时,波动方程式(5-3)就变成拉普拉斯方程 $\nabla^2\boldsymbol{E}=0,\nabla^2\boldsymbol{H}=0$。将拉普拉斯方程在圆柱坐标系中展开,考虑同轴线的边界条件 $r=a$ 和 $r=b$ 处 $\boldsymbol{E}(r,\varphi,z)=\boldsymbol{E}_T(r,\varphi)e^{-j\beta z}$,由于 $\nabla\times\boldsymbol{E}_T=-j\omega\mu H_z\boldsymbol{a}_r=0$。所以,$\boldsymbol{E}_T$ 是无旋场,必定是位场,因而 $\boldsymbol{E}_T$ 是位函数 ϕ_T 的梯度场。从而有 $E_\varphi=H_r=0$,可以解得 TEM 波的场量为

$$E_r=E_0\frac{a}{r}e^{-j\beta z} \tag{5-86a}$$

$$H_\varphi=\frac{E_r}{\eta}=\frac{E_0a}{\eta r}e^{-j\beta z} \tag{5-86b}$$

$$E_\varphi=E_z=0,H_r=H_z=0 \tag{5-86c}$$

式中,E_0 为 $z=0$ 和 $r=a$ 处的电场,由激励源决定;$\eta=\sqrt{\mu/\varepsilon}$ 为介质的波阻抗。同轴线中 TEM 模的场结构,如图 5-22 所示。

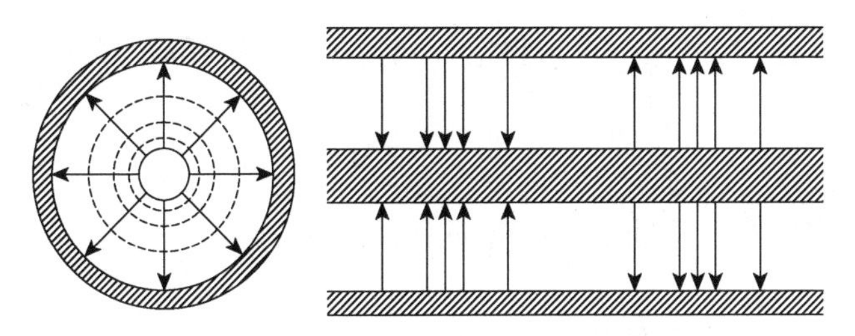

图 5-22 同轴线 TEM 导模场结构

2. 传输特性

1)相速度

对于 TEM 模,$k_c=0,\lambda_c=\infty,\beta=k$,则相速为

$$v_p=v=\frac{c}{\sqrt{\varepsilon_r}} \tag{5-87}$$

式中,c 为真空光速。

2)特性阻抗

同轴线内外导体之间的电位差为

$$U_{ab}=U_a-U_b=\int_a^b E_r\mathrm{d}r=U_0e^{-j\beta z} \tag{5-88a}$$

内导体上的总电流为

$$I_a=\int_0^{2\pi}H_r\mathrm{d}\varphi=\frac{2\pi U_0}{\eta\ln\dfrac{b}{a}}=I_0e^{-j\beta z} \tag{5-88b}$$

式中,$I_0=2\pi U_0/\eta\ln(b/a)$。

特性阻抗为

$$Z_0=\frac{U_{ab}}{I_a}=\frac{\eta\ln\dfrac{b}{a}}{2\pi}=\frac{60}{\sqrt{\varepsilon_{\mathrm{r}}}}\ln\frac{b}{a} \tag{5-89}$$

这与分布参数 L_1 和 C_1 求得的结果一致。

3)衰减常数

同轴线的导体衰减常数直接给出为

$$\alpha_{\mathrm{c}}=\frac{R_{\mathrm{s}}}{2\eta\ln(b/a)} \tag{5-90}$$

介质衰减常数直接给出为

$$\alpha_{\mathrm{d}}=\frac{k\tan\delta}{2} \tag{5-91}$$

由 $\dfrac{\partial\alpha_{\mathrm{c}}}{\partial a}=0$(固定 b 不变)可求得空气同轴线导体损耗最小的尺寸条件为

$$\frac{b}{a}=3.591 \tag{5-92}$$

此尺寸相应的空气同轴线特性阻抗为76.71Ω。

4)传输效率

由式(5-86a、b、c),同轴线上的功率流为

$$P=\frac{1}{2}\int_S \boldsymbol{E}\times\boldsymbol{H}^*\cdot\mathrm{d}\boldsymbol{S}=\frac{1}{2}\int_S \boldsymbol{E}_r\times\boldsymbol{H}_\varphi^*\cdot\mathrm{d}\boldsymbol{S}=\frac{1}{2}U_0I_0^*$$

此结果与电路理论结果相符。这说明传输线上的功率流完全是通过导体之间的电场和磁场而不是导体本身传输的。

由式(5-86a、b、c)可知,同轴线内导体附近的电场最强。由此可得击穿电压为 $U_{\mathrm{br}}=aE_{\mathrm{br}}\ln(b/a)$,$E_{\mathrm{br}}$ 是介质的击穿场强;对于空气,$E_{\mathrm{br}}=3\times10^6\mathrm{V/m}$,$Z_0=60\ln(b/a)$。因此,空气同轴线的最大功率容量为

$$P_{\mathrm{br}}=\frac{U_{\mathrm{br}}^2}{2Z_0}=\frac{a^2E_{\mathrm{br}}^2}{120}\ln\frac{b}{a} \tag{5-93}$$

似乎选用较大的同轴线(对于相同的 Z_0 而言,即对固定的 b/a,采用较大的 a 和 b)可增大功率容量,但这会导致高次模的出现,从而限制其最大的工作频率。

由 $\dfrac{\partial P_{\mathrm{br}}}{\partial a}=0$(固定 b 不变),可求得功率容量最大的尺寸条件为

$$\frac{b}{a}=1.649 \tag{5-94}$$

此尺寸相应的空气同轴线特性阻抗为30Ω。

5.5.2　同轴线中的高次模

同轴线中除了无色散的最低模式 TEM 波，还可能存在其他色散的高次模式 TE_{mn} 波和 TM_{mn} 波，这里 m、n 的意义与圆波导中的类似。同轴线中色散模式的场分布和截止波长可利用类似于圆波导的方法解出，这里仅直接给出其结果，如图 5-23 所示。

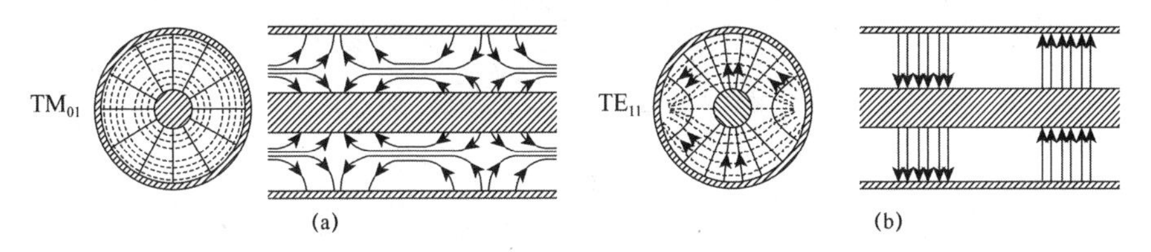

图 5-23　同轴线中 TM_{01}、TE_{11} 模的场分布

5.5.3　同轴线的尺寸选择

为了保证同轴线中仅有 TEM 模的单模传输，只要使 TE_{11} 模截止，则其余的高次模就全截止了（TE_{11} 是同轴线中各高次模式中截止波长最长的）。

当同轴线的 $b/a<4$ 时，有

$$(\lambda_c)_{TE_{11}} \approx \frac{\pi}{2}(2a + 2b) = \pi(a + b) \tag{5-95}$$

通常在设计同轴线尺寸时，允许取 5% 的保险系数，因此为保证 TEM 模传输要求工作波长满足

$$\lambda > 1.05(\lambda_c)_{TE_{11}} \approx 3.3(a + b) \tag{5-96}$$

在满足式(5-96)的条件下再对同轴线的传输特性优化，以确定尺寸 a 和 b：若要求衰减最小，取 $b/a=3.591$；若要求传输功率最大，取 $b/a=1.649$；若折中考虑，通常取

$$\frac{b}{a} = 2.303 \tag{5-97}$$

此尺寸相应的空气同轴线的特性阻抗为 50Ω。实际同轴线的特性阻抗有 75Ω 和 50Ω 两种规格，$Z_0=75\Omega$ 的同轴线是以损耗最小为原则的，而 $Z_0=50\Omega$ 的同轴线则是损耗最小与功率容量最大折中考虑的结果。

5.6　微带传输线

微带传输线是 20 世纪 50 年代发展起来的，它具有小型化、宽频带、可集成化等特点。微带传输线又称微带，其结构如图 5-24 所示。由沉积在介质基片上的金

属导体带和接地板构成,介质基片通常采用高介电系数、低损耗的光洁度很高的微波陶瓷片。由于微带具有分布参数效应,使它可以作为电路元件。微带线既可以用于连接电路的各种有源元件和过渡元件,又可设计成各种形式的微带电感、电容、谐振电路、滤波器、定向耦合器、功率分配器和微带环行器等无源微波器件。

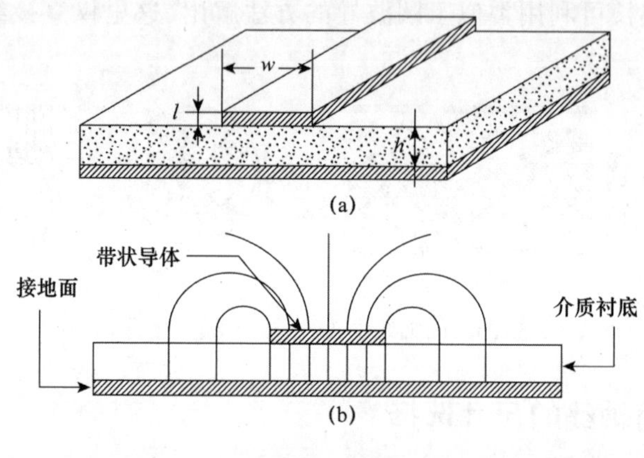

图 5-24　微带

5.6.1　微带的主要传输特性

微带可以看成由平行双导线演变而成,其演变过程如图 5-25 所示。所以微带线传输的主模是 TEM 模。然而,微带的导体带与接地板之间填充有介质,其余部分为空气,因此存在介质与空气的交界面,空气与介质交界面处的场必须满足边界条件。界面上必须满足切向电场和切向磁场连续性条件,因此有纵向分量 $E_z\neq0$,$H_z\neq0$,可以证明不是纯粹的 TEM 波的单模状态,但这些纵向分量所占比例不大,因此微带线传输的波是“准 TEM 波”。

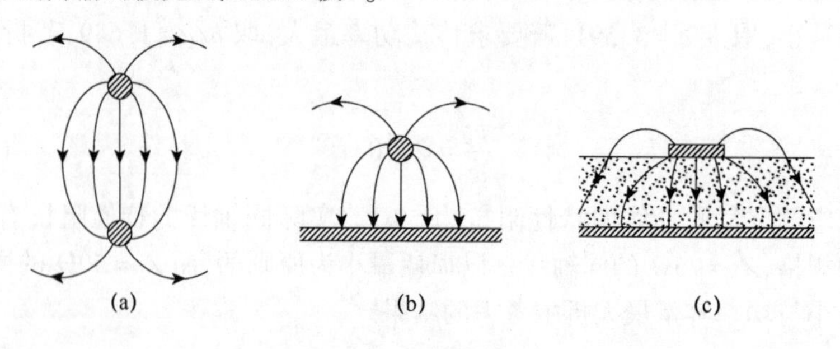

图 5-25　微带线的演变

在微波频率低端,微带基片的厚度 h 远小于波长。此时,微带中的大部分能量集中在导带下面的基片内,在此区域内纵向场分量很微弱,因此其主模可以看成 TEM 模。然而,当频率较高时,微带的截面尺寸 h 和 w 与波长可相比拟时,微带中可能出现高次模。

决定微带线传输特性的基本参量是它的特性阻抗 Z_0 和相速 v_p。

微带同其他传输线一样,满足传输线方程。因此,对 TEM 波而言,如不计损耗则有

$$Z_0 = \sqrt{\frac{L_1}{C_1}} = \frac{1}{v_p C_1} \tag{5-98a}$$

$$v_p = \frac{1}{\sqrt{L_1 C_1}} \tag{5-98b}$$

式中,L_1 和 C_1 分别为微带线上的分布电感和电容。

微带线的电场一部分处于介质中,另一部分在空气中。基片介质和空气都对相速产生影响。当不存在介质时,TEM 波的相速 $v_p = c \approx 3\times10^8 \mathrm{m/s}$。而当微带处于相对介电系数为 ε_r 的介质中时,相速则为 $v_p = \dfrac{c}{\sqrt{\varepsilon_r}}$,$c$ 为光速。所以,微带传输线中 TEM 波的相速在下述范围内:

$$\frac{c}{\sqrt{\varepsilon_r}} < v_p < c \tag{5-99}$$

为了方便,引入有效介电常数 ε_e,其定义为

$$v_p = \frac{c}{\sqrt{\varepsilon_e}} \tag{5-100}$$

$$\varepsilon_e = (c/v_p)^2 \tag{5-101}$$

根据有效介电系数 ε_e 的物理意义,假定导体带形状不变,而去掉介质后微带线的分布电容为 C_0,则由式(5-98b)有

$$c = \frac{1}{\sqrt{L_1 C_0}} \tag{5-102}$$

将式(5-102)及式(5-100)代入式(5-98b),并注意到 $\varepsilon_e = C_1/C_0$,可得实际微带线的特性阻抗为

$$Z_0 = \frac{Z_0^0}{\sqrt{\varepsilon_e}} \tag{5-103}$$

式中,$Z_0^0 = \dfrac{1}{cC_0}$ 为空气微带线的特性阻抗。

由此可见,求实际微带线的特性阻抗和相速的问题归结为求空气微带线的分布电容 C_0 和实际微带线的分布电容 C_1。这是求解静态场的边值问题,目前已有多种近似解法。

根据式(5-100)求出微带线中的相速后,不难得到微带线的相移常数 β 和波

导波长(或带内波长)λ_g:

$$\beta = \frac{\omega}{v_p} = \frac{\omega}{c}\sqrt{\varepsilon_e} = \sqrt{\varepsilon_e}\beta_0 \tag{5-104a}$$

$$\lambda_g = \frac{2\pi}{\beta} = \frac{\lambda}{\sqrt{\varepsilon_e}} \tag{5-104b}$$

式中,β_0 和 λ 分别为空气微带线的相移常数和波长,$\beta_0 = 2\pi/\lambda$。

5.6.2 微带线的损耗

微带线的损耗包括导体损耗、介质损耗和辐射损耗等。

导体损耗随导体宽度的增加而减小,当导体很窄时,宽度的减小将使导体损耗急剧增加。导体损耗还与基片厚度有关,基片越厚,损耗越小。

介质损耗随导体宽度的增加而增加,这是由于电场更集中于介质内的缘故。介质损耗与导体损耗相比,一般可忽略不计。

当线长较短时,辐射损耗随线长的增加而线性增加。与其他损耗相比,辐射损耗一般不能忽略不计。但在实际设计中,由于辐射损耗的定量计算很复杂,计算量很大,而且一般采用封闭式的结构,所以往往忽略其影响。

5.7 介质波导与光纤简介

随着频率的提高,尤其进入可见光波段,金属不再被视为良导体,不宜作为构成波导的材料,而对光透明或光传播损耗很小的介质就成为波导的首选材料。

5.7.1 介质波导简介

介质波导是由介质做成的没有封闭金属屏蔽的一种波导结构。它具有工艺简单、制造容易的优点。理论和实践证明,到了毫米波频段,这种介质波导能传输电磁波能量。随着频率的升高,介质波导能有效地将电磁能量的大部分限制在介质内部,而且损耗不大。由于它传输的是表面波,因此又称为表面波导。根据结构形式,介质波导可分为金属覆盖介质波导、介质管波导、介质棒波导、介质镜像线以及H型介质波导(又称带状介质波导)。

5.7.2 光纤简介

光纤是光导纤维的简称。它是介质波导的另一大类。光纤具有频带宽、损耗低、重量轻、直径细、传输容量大、保密性好、不受电磁干扰、材料来源丰富等许多优点,适用于大容量信息传输。目前,用激光器和光纤组成的新型传输系统正在发展成为划时代的信息传输手段,应用领域十分广泛。

光纤的传输原理是基于光在两种介质的分界面上的全反射现象。如图 5-26 所示，当光从一种媒质进入另一种媒质时，在分界面上将产生反射波和折射波。根据电磁波的反射和折射定律，入射角等于反射角，即

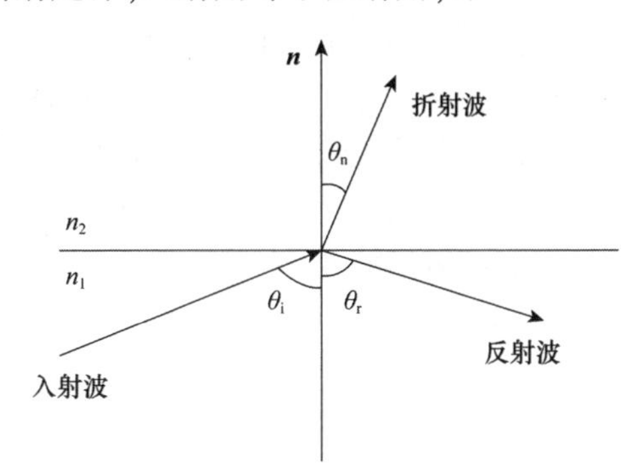

图 5-26　光的反射与折射

$$\theta_i = \theta_r$$

$$n_1 \sin\theta_i = n_2 \sin\theta_n$$

式中，n_1、n_2 为媒质的折射率；θ_i、θ_r、θ_n 分别为入射角、反射角和折射角。

当折射角 $\theta_n = 90°$ 时，表明折射波与分界面平行。此时对应的入射角称为临界角 θ_c，即

$$n_1 \sin\theta_c = n_2$$

若入射角继续增大，当 $\theta_i > \theta_c$ 即 $\sin\theta_i > \sin\theta_c$ 时，要求 $\sin\theta_n > 90° = 1$，说明 θ_n 无实数解，即无折射波存在，只有反射波。这种情形称为全反射。

光纤芯线的折射率大于包层的折射率，当入射角大于临界角 θ_c 时，光波就在芯线与包层间的界面上全反射并沿芯线的轴向传播。

1. 光纤的类型

光纤的芯线一般是由一种纯度很高的光学玻璃纤维拉制而成，用折射率较低的另一种介质材料作为芯线的包层。

从结构上看，光纤可分为阶梯型光纤和渐变型光纤两大类。阶梯型光纤由芯线到包层的折射率是突变的，在芯线与包层的界面上折射率由 n_1 突变到 n_2。当光由光纤一端以大于临界角的角度入射时，发生全反射，光束便在芯线中多次反射，向前传输，芯线越细，反射次数越多。其过程类似金属波导管中的传输。渐变型光纤由芯线到包层的折射率在径向是逐渐变化的，中心大，旁边小，此变化可以是线性的，也可以是二次曲线型的。光在渐变型光纤中的传播不是直线而是弯曲前进的。由于芯线到包层折射率是按设定规律由 n_1 渐变到 n_2，光束传播中逐步折射，可以使光束由轴心入射，经逐步折射又回到轴心，形成连续弯曲的射线轨迹，这种光纤称为自聚焦光纤。按传输特性，其可分为单模光纤和多模光纤，单模光纤的芯

很细,一般直径在 5μm 以下,多模光纤的芯的直径在 80μm 左右。

2. 光纤的主要参量

1)传输带宽

传输带宽主要决定于光纤的色散。光纤的色散可分为波导色散、材料色散和波形色散。波导色散是由于波长和波型的不同而引起相速和群速的不同,输入信号中的不同频率分量到达终端有先有后,时延不同,这与金属波导中的色散相同。材料色散是由于材料的折射率随波长的不同而引起的信号失真。波形色散是光纤中不同波型的衰减不同所引起的波形畸变。

光纤最大传输带宽为

$$\Delta f_{\max} \approx \frac{2n_1 C}{L\sin^2\alpha_c} \qquad (5-105)$$

式中,L 为光纤长度。对于 $L=1\text{km}$ 的光纤,极限带宽约为 10^{11}b/s。目前,光纤的带宽已达到每秒几万兆比特。

2)数值孔径

数值孔径用来表示光纤的接收性能,如图 5-27 所示。当光波以入射角 θ 射向光纤端面时,经折射后又投向芯线与包层的分界面。若要求光沿芯线轴向传播,则投射到芯线与包层分界面的入射角 θ_i 应大于临界角 θ_c,与该临界角相应,入射到光纤端面的入射角若为 θ_m,则只有 $\theta<\theta_m$ 的那部分射线才能在光纤中传播。由折射定律可知

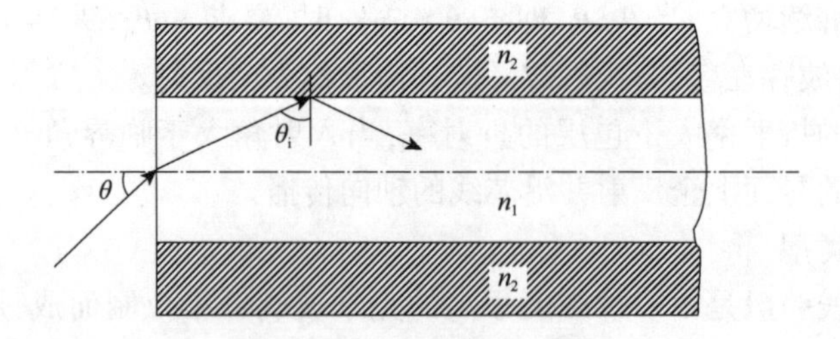

图 5-27 光纤的接收特性

$$\sin\theta < \frac{n_1}{n_0}\sqrt{1-\left(\frac{n_2}{n_1}\right)^2} = \frac{1}{n_0}\sqrt{n_1^2-n_2^2}$$

通常把光线在 n_1 与 n_2 界面上发生全反射的端面最大入射角 θ_m 定义为光纤的数值孔径 $N\cdot A$,它是光纤聚集功率能量的量度,即

$$N\cdot A = \sin\theta_m = \frac{1}{n_0}\sqrt{n_1^2-n_2^2}$$

一般光纤的光源均置于空气中,$n_0=1$,则

$$N \cdot A = \sin\theta_m = \sqrt{n_1^2 - n_2^2}$$

式中，θ_m 称为光纤的接收角，它决定于光纤内外层的折射率，在光纤耦合中它是关键参数。无论光源发射的总功率如何，只有张角 $2\theta_m$ 内的光功率能被光纤所接收。

从带宽的角度考虑，n_1 与 n_2 越接近，带宽越宽，当 $n_1=n_2$ 时，如包层为无限厚，则传输的波为平面波，此时无色散。但是，n_1 与 n_2 越接近，数值孔径越小，因此应折中考虑。在目前的通信系统中，光纤的数值孔径 $N \cdot A0.2 \sim 0.3$。为此，要求芯线与包层的折射率相差很小，$(n_1-n_2)/n_1 \approx 0.1\% \sim 0.3\%$。这种 n_1 与 n_2 很接近的光纤称为弱导光纤。目前，光纤理论的分析大多是建立在弱导条件上的。

3）光纤的损耗

光沿光纤传输的损耗有材料吸收损耗、散射损耗和辐射损耗。其中，最主要的是材料的吸收损耗，它取决于材料中包含的杂质情况，因此必须使光纤材料高度提纯。材料的散射损耗是由于材料的不均匀性引起的折射率扰动所致。散射主要是由于芯线、包层交界面不光滑而使光束入射角改变所引起的，特别是当起伏长度可与光波波长相比较时，损耗是可观的。辐射损耗主要是由于光纤弯曲使能量逸出交界面所致。

在光通信中，总希望有最少的损耗。由此对光纤的制造工艺提出了很高的要求。超纯净的芯，其杂质含量应低于百万分之一，芯线、包层界面必须很光滑，芯的直径在微米数量级，在拉丝过程中必须保证芯的均匀性和直线性等。这就给光纤制造工艺提出了很高的要求，除此之外，光纤质脆、无伸展性等也是它的缺点。

光纤的主要优点是通信容量大，一对光纤可传输上百万路电话或几千路电视，保密性强，体积小，重量轻；对温度极为稳定，可在恶劣环境下工作；制造光纤的原料极为丰富，可节省大量有色金属。

5.8 激励与耦合

微波能量的传输是经馈线系统从微波源到负载，往往要经过同轴线、矩形波导、圆波导、微带等各种传输系统。但在各种传输系统中传输模式各不相同。因此，必然涉及微波能量在不同传输系统中传输模式之间的转化问题，也就是激励和耦合问题。

激励是在传输系统中建立起所需工作模式，耦合则是从已有的传输波取出一部分，或由已有的传输波在另一元件中建立起所需工作模式的过程。

在某些情况下，一个波导内可能同时存在多个模式。例如，矩形波导中可能同时存在 TE_{10}、TE_{20}、TE_{11}、TM_{11}、TE_{12} 等各种模式。这些模式都各有自己的能量，而又在同一个传输系统中传输,那么,彼此之间有无能量交换,在什么条件下进行交换呢?习惯上,两个模式之间有能量交换称为“耦合”,没有能量交换的称为“无耦合”,或称“正交”。

5.8.1 均匀无耗传输系统中的模式正交性

设在均匀无耗传输系统中同时存在有1、2两个模式,则传输系统中的场是两个模式场的线性叠加:

$$\boldsymbol{E}=\boldsymbol{E}_1+\boldsymbol{E}_2 \tag{5-106a}$$

$$\boldsymbol{H}=\boldsymbol{H}_1+\boldsymbol{H}_2 \tag{5-106b}$$

传输系统中的复功率为

$$\begin{aligned}P&=\frac{1}{2}\int_S(\boldsymbol{E}\times\boldsymbol{H}^*)\cdot\mathrm{d}\boldsymbol{S}\\&=\frac{1}{2}\int_S(\boldsymbol{E}_1+\boldsymbol{E}_2)\times(\boldsymbol{H}_1{}^*+\boldsymbol{H}_2{}^*)\cdot\mathrm{d}\boldsymbol{S}\\&=\frac{1}{2}\int_S(\boldsymbol{E}_1\times\boldsymbol{H}_1{}^*)\cdot\mathrm{d}\boldsymbol{S}+\frac{1}{2}\int_S(\boldsymbol{E}_2\times\boldsymbol{H}_2{}^*)\cdot\mathrm{d}\boldsymbol{S}\\&\quad+\frac{1}{2}\int_S(\boldsymbol{E}_1\times\boldsymbol{H}_2{}^*)\cdot\mathrm{d}\boldsymbol{S}+\frac{1}{2}\int_S(\boldsymbol{E}_2\times\boldsymbol{H}_1{}^*)\cdot\mathrm{d}\boldsymbol{S}\\&=P_{11}+P_{22}+P_{12}+P_{21}\end{aligned} \tag{5-107}$$

其中

$$P_{11}=\frac{1}{2}\int_S(\boldsymbol{E}_1\times\boldsymbol{H}_1{}^*)\cdot\mathrm{d}\boldsymbol{S} \tag{5-108a}$$

$$P_{22}=\frac{1}{2}\int_S(\boldsymbol{E}_2\times\boldsymbol{H}_2{}^*)\cdot\mathrm{d}\boldsymbol{S} \tag{5-108b}$$

$$P_{12}=\frac{1}{2}\int_S(\boldsymbol{E}_1\times\boldsymbol{H}_2{}^*)\cdot\mathrm{d}\boldsymbol{S} \tag{5-108c}$$

$$P_{21}=\frac{1}{2}\int_S(\boldsymbol{E}_2\times\boldsymbol{H}_1{}^*)\cdot\mathrm{d}\boldsymbol{S} \tag{5-108d}$$

式(5-108a、b、c、d)的物理意义:P_{11}、P_{22} 都与一个模式的场量有关,分别是1、2两个模式单独存在的复功率。P_{12} 和 P_{21} 都是两个模式的场量交叉乘积组成的交叉功率,也就是表示1、2两个模式之间的能量交换。如果交叉功率等于0,则表示这两个模式之间没有能量交换,彼此“正交”。

模式正交定理:均匀无耗传输系统中的不同模式之间彼此正交。

通俗地说,就是在均匀无损耗传输系统中若同时存在多个模式,无论是简并模式,还是非简并模式,在数学上“彼此正交”,在能量的传输上是各按固有规律传输,彼此之间没有交换,互不影响。

5.8.2 模式耦合的规律性

上面叙述了在均匀无耗传输系统中模式的正交性,如果在传输系统的轴线方向上使截面发生变化(如截面尺寸改变、引入新的结构或向内部填入介质等),即引入不均匀性,模式的正交性还成立吗?

例如,在矩形波导轴向上某处,在其宽边两侧各插入一金属薄片,则该处宽边尺寸由 a 变为 a'。这显然是一种不均匀性。由于金属片的插入,使该处的边界条件发生了改变,破坏了模式之间的正交性,使得不同标号的模式之间发生能量交换,也就是发生了模式间的耦合。

一般地说,传输系统横截面的任何改变,都将破坏模式的正交条件,破坏模式的正交性,出现模式之间的耦合。下面讨论模式耦合的规律性与所遵循的原则。

根据式(5-108),传输系统中第 i 和第 j 模式之间的交叉功率为

$$P_{ij} = \frac{1}{2}\int_S (\boldsymbol{E}_i \times \boldsymbol{H}_j^*) \cdot \mathrm{d}\boldsymbol{S}$$

取横截面 S 垂直于传输系统的轴线方向,则 $\mathrm{d}\boldsymbol{S} = \boldsymbol{a}_z \mathrm{d}S$。由于 $(\boldsymbol{E} \times \boldsymbol{H}) \cdot \boldsymbol{a}_z = \boldsymbol{E}_\mathrm{T} \cdot \boldsymbol{H}_\mathrm{T}$,可得

$$P_{ij} = \frac{1}{2}\int_S (\boldsymbol{E}_i \times \boldsymbol{H}_j^*) \cdot \boldsymbol{a}_z \mathrm{d}S = \frac{\eta_i}{2}\int_S \boldsymbol{H}_{i\mathrm{T}} \cdot \boldsymbol{H}_{j\mathrm{T}}^* \mathrm{d}S = \frac{1}{2\eta_j}\int_S \boldsymbol{E}_{i\mathrm{T}} \cdot \boldsymbol{E}_{j\mathrm{T}}^* \mathrm{d}S \quad (5-109)$$

式中,T 表示场的横向分量;η_i,η_j 分别为第 i 和第 j 模式的波阻抗。

根据模式正交定理,在均匀无耗传输系统中 P_{ij} 具有这样的性质:$i=j$,$P_{ij} \neq 0$;$i \neq j$,$P_{ij}=0$。因此,式(5-109)表示各个不同模式的横向场分量之间是正交的。

引入归一化横向场 $f_i(x, y)$,使之满足正交归一化条件:

$$\int_S f_i(x,y) \cdot f_j(x,y)\, \mathrm{d}x\mathrm{d}y = \delta_{ij} \quad (5-110\mathrm{a})$$

$$\delta_{ij} = \begin{cases} 1, & (i=j) \\ 0, & (i \neq j) \end{cases} \quad (5-110\mathrm{b})$$

式中,f_i 为在横截面 S 平面内的二维横向场分量,它既可以代表 $E_{i\mathrm{T}}$,也可以代表 $H_{i\mathrm{T}}$。

有了正交归一化条件,就可以将传输系统中的任何场 F 在 S 面上展开为正交模式,即

$$\boldsymbol{F}(x,y) = \sum_i a_i \boldsymbol{f}_i(x,y) \quad (5-111)$$

将式(5-110)和式(5-111)各点乘 $\boldsymbol{f}_j^*(x, y)$,在 S 内积分,利用式(5-110a、b)可得

$$\int_S \boldsymbol{F}(x,y) \cdot \boldsymbol{f}_j^*(x,y)\, \mathrm{d}S = \sum a_i \int_S \boldsymbol{f}_i(x,y) \cdot \boldsymbol{f}_j^*(x,y)\, \mathrm{d}S = \sum a_i \delta_{ij} = a_i$$

因此,展开式的系数 a_i 为

$$a_i = \int_S \boldsymbol{F}(x,y) \cdot \boldsymbol{f}_j^*(x,y)\,\mathrm{d}S \tag{5-112}$$

根据5.2节中已经讨论的场的对称性质,对于某一对称面,可以把场按其空间对称性分为对称(偶)场和反称(奇)场两类。而且数学中已证明:奇函数乘以偶数等于奇函数;奇函数在对称区间中的积分等于0。因此,如果式(5-112)中的 $F(x, y)$ 与 $f_j^*(x, y)$ 对于某一对称面具有相反的对称性质(一个为奇,另一个为偶),则必有 $a_i=0$。这个规律说明:即使对场 $F(x, y)$ 的结构和表达式并不详细了解,但根据其对称性,就可以肯定在它的展开式中,某些模式的场 f_i 是否存在。

上述讨论的实用意义如下:设 F 为外来的激励场,目的是在传输系统中建立起某些所需要的模式。将 F 按式(5-111)展开为各正交模场的叠加,系数 a_i 代表模式 f_i 的相对大小。若 $a_i=0$,则表示在这种激励条件下,f_i 模式不存在,或者称为被禁戒。根据以上结果可得出结论:如果激励场 F 与被激励模式的场 f_i 具有相反的对称性,则此模式 f_i 被禁戒。这个规则不仅适用于传输系统的激励,只要其中的电磁场可以展开为正交归一化模式,并能找出某种空间对称性,都可以适用。

一般的奇偶禁戒规则可以归结为两点。

偶(对称)激励不可能激励起奇(反称)模式;

奇(反称)激励不可能激励起偶(对称)模式。

在具体应用这个规则时,应注意以下几点。

(1)场的对称性质都是相对于某一个确定的对称面而言的,这个对称面必须是几何对称面。

(2)激励场 $F(x, y)$ 与被激励场 $f_i(x, y)$ 的对称性质,可以都用电场来判断,也可以都用磁场来判断;可以证明,这两种分析的结果是一样的。因此,任选一种进行分析就足够了。

(3)只要能找到任何一个对称面,满足禁戒规则,就可以断定相应的模式是被禁戒的。

5.8.3 常用的激励耦合方式

1. 电激励

在波导的宽壁中央插入同轴线,同轴线的外导体与波导壁连接,内导体延伸进波导中。延伸的一段形成一个辐射小天线,也称为小探针。小探针在其附近空间激励起很多模式的场,当波导满足单模传输条件时,只有 TE_{10} 波在波导中传播,其他高次模因不满足传输条件很快衰减。调节短路活塞,使波导与同轴线匹配,并将功率全部反射,使输出最大。这样,同轴线中的TEM波就耦合成矩形波导中 TE_{10} 波,如图5-28所示。

2. 磁激励

在磁场分布最强的地方放入激励小环(磁偶极子),小环可以垂直接在波导的端面上,也可以接在波导的窄壁上。环面要与所建立波形的磁力线垂直,如图5-29所示。

由于这种激励是靠小环产生的磁场实现的,其耦合较弱。

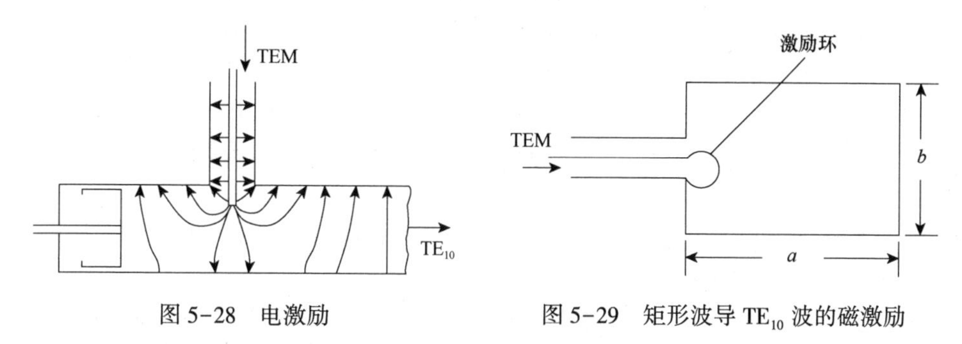

图5-28　电激励　　　图5-29　矩形波导 TE_{10} 波的磁激励

3. 孔、缝激励

在两个波导的公共壁上开小孔,以实现一个波导对另一个波导的激励。小孔激励可以是电场激励、磁场激励或二者兼有的电磁激励,如图5-30所示。这部分内容在第9章定向耦合器部分还要作进一步讨论。

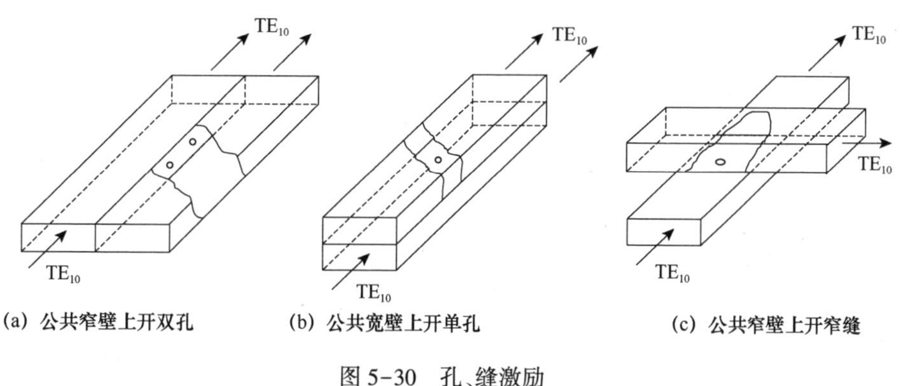

(a) 公共窄壁上开双孔　(b) 公共宽壁上开单孔　(c) 公共窄壁上开窄缝

图5-30　孔、缝激励

习　题

1. 波导为什么不能传输TEM波?

2. 矩形波导中的 λ_c 与 λ_g,v_p 与 v_g 有什么区别和联系?它们与哪些因素有关?

3. 矩形波导的横截面尺寸为 $a=23\text{mm}$,$b=10\text{mm}$,传输频率为10GHz的 TE_{10} 波,求截止波长 λ_c、波导波长 λ_g 和相速 v_p。如果频率稍微增大,上述参量如何变化?如果波导尺寸 a 或 b 发生变化,上述参量又如何变化?

4. 尺寸为 $a \times b = 23\text{mm} \times 10\text{mm}$ 的矩形波导,波长为 1.8cm、3cm、5cm 的信号能否在其中传播?可能出现哪些传输波形?为了保证单模传输,求该波导实际允许的工作频率范围。

5. 若用尺寸为 $a \times b = 72.14\text{mm} \times 34.04\text{mm}$ 的波导做馈线:

(1)当工作波长为 6cm 时,波导中可能传输哪些波形?

(2)测得波导中传输 TE_{10} 波时,两波节之间的距离为 10.9cm,求 λ_g 和 λ。

(3)波导中传输 TE_{10} 波,设 $\lambda = 10\text{cm}$,求 v_p、v_g、λ_c 和 λ_g。

6. 圆波导中的 TE_{11}、TE_{01}、TM_{01} 模各具有什么特点?有何用途?

7. 发射机工作波长范围为 10~20cm,用同轴线馈电,要求损耗最小,计算同轴线尺寸。

8. 设计一同轴线,要求所传输的 λ_{min} 为 10cm,特性阻抗为 50Ω,计算其尺寸(介质分别为空气和聚乙烯($\varepsilon_r = 2.5$))。

9. 用同轴线电缆对矩形波导进行激励,在激励 TE_{10} 波时,考虑同轴电缆应如何布置结构?

10. 在矩形波导中激励 TE_{10} 波的常用方法有哪几种?

第二篇　微波技术

微波技术是研究频率介于 300MHz~300GHz 范围内的无限电波的信息处理学科。微波技术的基本内容分为理论和实践两个方面。

微波技术具有较系统的理论基础,掌握这一基本理论,主要是以麦克斯韦方程为核心的电磁场理论。基本的研究方法是“场解”法,它涉及求解偏微分方程。除了非常简单的边界条件,一般直接求场解都相当复杂,往往要采用各种数值计算方法。微波技术的工程应用,要求发展一种简便的工程计算方法,类比于低频电路的概念,可以将本质属于场的微波问题,在一定条件下化为等效电路的问题。这种“化场为路”的方法,在微波技术中得到了广泛应用,形成了“微波等效电路理论”。第 6 章介绍微波传输线的等效电路理论——传输线理论。第 7 章介绍微波器件的等效电路理论——微波网络。在微波技术中,任何复杂的微波系统都是由若干微波元件组成的,因此了解微波元件的结构、原理和性能,对于解决各种实际问题十分重要。本编第 8~10 章介绍各种微波无源元件和器件的原理、结构和应用。

第 6 章　传输线理论

传输线理论是微波技术的基础。本章将用分布参数电路理论导出传输线方程;由传输线方程分析传输线的传输参量及其物理意义;重点分析无耗传输线的传输特性和工作状态;建立匹配的概念,掌握无耗传输线常用的匹配方法;学会用史密斯(Smith)圆图解决传输线的问题。

6.1　传输线的基本概念

凡是用来传输电磁能量的导体、介质系统均可称为传输线。按照使用波段,传输线可分为低频传输线和高频传输线,又把米波、分米波、厘米波乃至毫米波等的传输线统称为微波传输线。微波传输线不仅可以引导电磁波沿一定的方向传输,还可用来构成各种微波元件。

在低频传输线中,只需要研究一条线(因为另一条线是作为回路出现的)。电流几乎均匀地分布在导线内,电流和电荷可等效地集中在轴线上。由分析可知,坡印廷(Poynting)矢量集中在导体内部传播,外部极少。事实上,对于低频,只需用电压、电流和欧姆 定律解决即可,无须用电磁理论。不论导线怎样弯曲,电磁能能流都在导体内部和表面附近(这是因为场的平方反比定律)。在微波传输线中,由于频率的升高,会出现趋肤效应(Skin Effect)。导体的电流、电荷和场都集中在导体表面,导体内部几乎不存在电流、电荷,无能量传输。微波功率(绝大部分)只能在导线(体)之外的空间传输。因此,微波传输线与低频传输线有着本质的不同:在微波传输线中,导线只是起到引导的作用,微波功率(绝大部分)只能在导线(体)之外的空间传输。但是,没有导线又不行。

由于微波频率很高,频率范围较宽,应用要求各异,因此微波传输线的种类很多。矩形波导、圆波导和同轴线属于封闭型的规则金属波导;微带线属于半开放型的平面结构微波集成传输线;介质波导属于开放型的高频微波传输线。此外,还有一些特殊形式以及不断出现的新型传输线,如槽线、共面波导、鳍线等,它们都是为了适应高质量、小体积、低成本和易集成的要求而诞生的。对于微波传输线的基本要求是:保证电磁波能量在较宽的频带内以单一工作模式低损耗传输。与低频传输线不同的是,微波传输线除用于传输电磁能量之外,还用来构成各种形式的微波元件,如阻抗变换器、谐振腔、定向耦合器等。

图 6-1 所示为部分微波传输线的外形，它们的材料不同，形状各异，所传输的波的性质也不同。

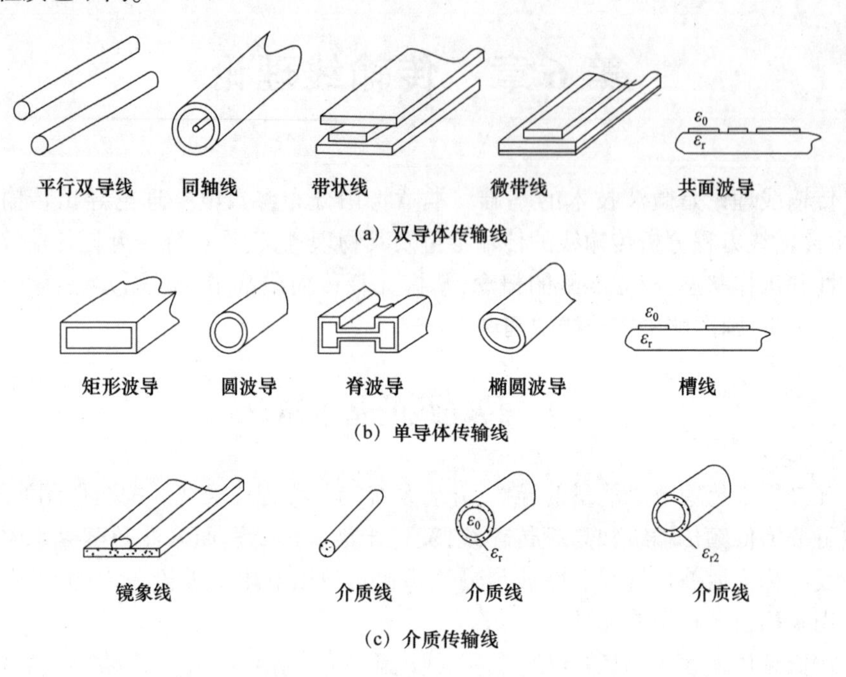

图 6-1 常见的微波传输系统

根据传输波的类别，微波传输线大体可分为三类。第一类是双导体传输线，如图 6-1(a)所示的平行双导线、同轴线、带状线、微带线及共面波导。这一类传输线主要用来传输横电磁波(TEM 波)，故又可称为 TEM 波传输线。第二类是单导体传输线，如图 6-1(b)所示的矩形波导、圆波导、脊波导、椭圆波导及槽线等。这一类只有单一导体或介质衬底带有槽缝金属贴片的传输线不能传输 TEM 波，只能传输有色散的横电波(TE 波)或横磁波(TM 波)，称为色散波传输线。第三类是介质传输线，如图 6-1(c)所示的镜像线、介质线等。这一类传输线也只能传输色散波，因所传电磁波主要沿线的表面传输，故又称为表面波传输线。

形式繁多的微波传输线各有其特点，并有它们自身的发展过程。在低频下，两根形状并无特殊要求的平行导线便可完成传输能量的任务，但当频率很高，波长短至与两平行导线间距相比拟时，能量便可能通过导线辐射到空间，致使辐射损耗增加，传输效率降低。

为了避免辐射损耗，可以将传输系统做成像同轴线那样的封闭形式，使电磁场完全被限制在内外导体之间。但随着频率进一步提高，同轴线的横截面尺寸必须相应减小，这会增加同轴线的欧姆损耗，而且损耗主要在较细的内导体上；另外，横截面尺寸的减小使得在同样电压条件下内导体表面的电场增强，容易引起击穿，从而限制了它的功率传输容量。

为了减小欧姆损耗和提高功率容量,考虑将造成此麻烦的主要因素——内导体去掉,变成空心金属管。理论与实践证明,只要空心管的横截面尺寸与波长相比足够大,电磁波便可以在其中传播。我们称这种能传输微波功率的空心金属管为"波导",其横截面可以做成各种形状,常用的有矩形波导和圆波导。波导具有损耗小、功率容量大等优点,但它的工作频带比同轴线窄。

随着空间技术的发展,对设备的体积和重量提出了越来越苛刻的要求,原来的同轴线、波导由于太笨重,已不能适应新的需要,于是出现了微带线。微带线具有频带宽、体积小、重量轻等优点,但损耗大、功率容量小,主要用于小功率微波系统中。

随着微波工作频率的进一步提高,微带线的缺点越来越明显,且尺寸也小至难以加工,于是出现了介质波导。介质波导具有损耗小、微波高频段加工较易的优点,故在毫米波及亚毫米波段得到了广泛应用。而鳍线的出现又为微波高频领域开辟了一片新天地,因它既保留了矩形波导损耗较小的优点,又克服了矩形波导尺寸公差加工严密的缺点,同时又体现了平面技术的先进特性,应用前景十分广泛。

6.1.1 长线的概念

微波频率高、波长短,一段传输线的长度往往是其所传电磁波波长的许多倍,传输线几何长度与电磁波波长的比值称为传输线的电气长度。如果传输线的几何长度大于它所传输的电磁波波长或可比拟(电气长度 $l/\lambda>0.1$),则认为传输线为长线,反之则称为短线。例如,50Hz 市电的波长是 6000km,长为 30km 的传输线,其 $l/\lambda=0.005$ 为短线,这时传输线的长度只占一个波长的极小部分,某一时刻线上各点电压的大小和相位几乎相同,电压和电流只是时间的函数。而长 10cm 的传输线传输 2cm 波长的电磁波时,电气长度 $l/\lambda=5$ 却为长线,此时,电压和电流不仅是时间的函数也是位置的函数。

长线和短线的物理意义是同一段传输线工作于低频和高频时,线上会有不同的表现。工作在低频时,通常传输线的长度只占一个波长的极小部分,电磁能沿线传输的时间远小于它的周期,因此在同一瞬间,线上各点的电流(或电压)的大小和相位可近似认为相同,电压和电流只是时间的函数,传输线可以当作集中参数电路,如图 6-2(a)所示。但在高频时,传输线的长度可以同电磁波的波长相比拟,电磁波沿线传播的时间(延时效应)不能忽略,在同一瞬间,线上各点电压的大小和相位明显不同,传输线分布参数的影响不能忽略,传输线是有分布参数的电路,如图 6-2(b)所示,远离波源点的相位明显滞后,这种现象称为相位滞后效应,也称为长线效应。

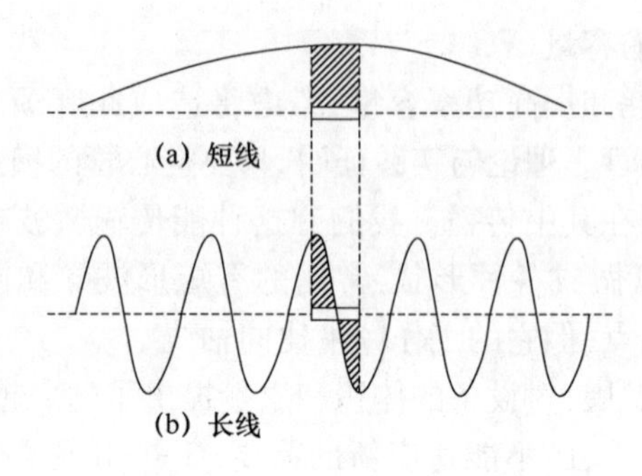

图 6-2　长线和短线的比较

6.1.2　传输线的分布参数和等效电路

传输线的分布参数是指分布在整个线上的电阻,电感以及两线间的电容和漏电导。分布参数的大小可分别用单位长度传输线上的电阻、电感、电容和漏电导的数值来度量。

传输线分布参数的物理意义可以这样来认识:电流流过导线而使其发热,是导线本身所具有的分布电阻在起作用;导线间绝缘不完善而存在着漏电流,意味着导线间处处有漏电导;当导线中通过电流时,导线周围就有磁场,因而导线存在着分布电感;两导线间有电压就有电场,于是导线间就存在分布电容。所以说,任何一段导线都具有上述分布参数。

表 6-1 列出了平行双导线和同轴线的分布电容、分布电感、分布电阻以及分布电导的计算公式。

表 6-1　双导线和同轴线的分布参数

参数	双导线 (D, d)	同轴线 (d, D)
L_1/(H/m)	$\frac{\mu}{\pi}\ln\frac{D+\sqrt{D^2-d^2}}{d}$	$\frac{\mu}{2\pi}\ln\frac{D}{d}$
C_1/(F/m)	$\frac{\pi\varepsilon}{\ln\frac{D+\sqrt{D^2-d^2}}{d}}$	$\frac{2\pi\varepsilon}{\ln\frac{D}{d}}$
R_1/(Ω/m)	$\frac{2}{\pi d}\sqrt{\frac{\omega\mu}{2\sigma_2}}$	$\sqrt{\frac{f\mu}{4\pi\sigma_2}\left(\frac{1}{d}+\frac{1}{D}\right)}$
G_1/(S/m)	$\frac{\pi\sigma_1}{\ln\frac{D+\sqrt{D^2-d^2}}{d}}$	$\frac{2\pi\sigma_1}{\ln\frac{D}{d}}$

表中 R_1、L_1、C_1、G_1 沿线均匀分布，即与距离无关的传输线称为均匀传输线。反之，称为非均匀传输线，本章主要研究均匀传输线。

对均匀传输线任取一无限小线元 dz(dz<<λ)，此线元可看作集总参数电路，由串联元件 R_1dz、L_1dz 和并联元件 G_1dz、C_1dz 组成四端网络。而传输线就可以看作由许多个四端网络级联而成的电路，如图 6-3 所示。

6.2　传输线方程及其解

设图 6-3 中的均匀传输线始端接有交变电压源 U_S，终端接负载 Z_L。若在传输线上距始端 z 处的电压和电流分别为 u 和 i，在 $z+\Delta z$ 处 u 变为 $u+\dfrac{\partial u}{\partial z}\mathrm{d}z$，电流变为 $i+\dfrac{\partial i}{\partial z}\mathrm{d}z$。根据基尔霍夫(Gustav Robert Kirchhoff，1824—1887，德国物理学家)定律，并考虑电压和电流是时间 t 和坐标 z 的函数得

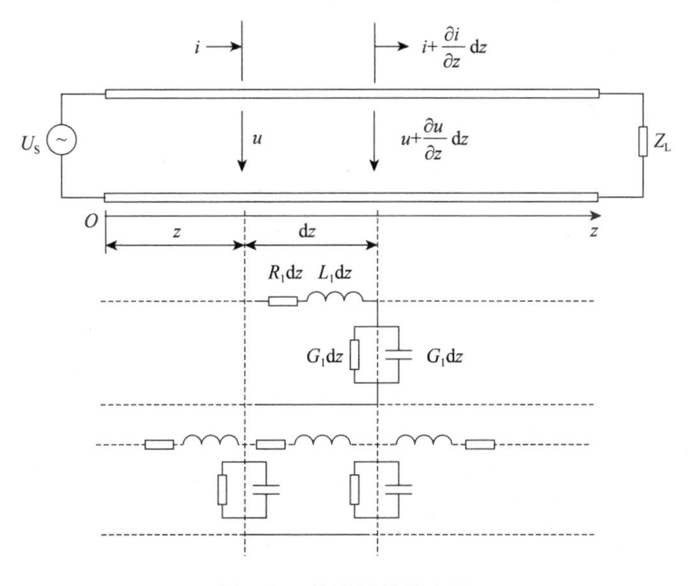

图 6-3　传输线等效电路

$$u-\left(u+\frac{\partial u}{\partial z}\mathrm{d}z\right)=R_1 i\mathrm{d}z+L_1\mathrm{d}z\frac{\partial i}{\partial t}$$

$$i-\left(i+\frac{\partial i}{\partial z}\mathrm{d}z\right)=G_1\mathrm{d}z\left(u+\frac{\partial u}{\partial z}\mathrm{d}z\right)+C_1\mathrm{d}z\frac{\partial}{\partial t}\left(u+\frac{\partial u}{\partial z}\mathrm{d}z\right)$$

对上式化简并略去二阶无穷小量$(\mathrm{d}z)^2$项，得

$$-\frac{\partial u}{\partial z}=R_1 i+L_1\frac{\partial i}{\partial t} \tag{6-1a}$$

$$-\frac{\partial i}{\partial z}=G_1 u+C_1\frac{\partial u}{\partial t} \tag{6-1b}$$

式(6-1a、b)称为均匀传输线方程或电报方程。

现在来研究传输线方程的正弦稳态解,即电源随时间按正弦规律变化,电路已达到稳定的工作状态。这样传输线上的电压、电流可以用复数形式表示,即

$$u(z,t)=\mathrm{Re}\left[U(z)\,\mathrm{e}^{\mathrm{j}\omega t}\right] \tag{6-2a}$$

$$i(z,t)=\mathrm{Re}\left[I(z)\,\mathrm{e}^{\mathrm{j}\omega t}\right] \tag{6-2b}$$

将式(6-2a、b)代入式(6-1a、b)并消去因子 $\mathrm{e}^{\mathrm{j}\omega t}$ 得

$$\frac{\mathrm{d}U}{\mathrm{d}z}=-Z_1 I \tag{6-3a}$$

$$\frac{\mathrm{d}I}{\mathrm{d}z}=-Y_1 U \tag{6-3b}$$

式中,$Z_1=R_1+\mathrm{j}\omega L_1$ 为传输线单位长度的串联阻抗;$Y_1=G_1+\mathrm{j}\omega C_1$ 为传输线单位长度的并联导纳。由式(6-3a、b)得

$$\frac{\mathrm{d}^2U}{\mathrm{d}z^2}-Z_1Y_1U=0 \tag{6-4a}$$

$$\frac{\mathrm{d}^2I}{\mathrm{d}z^2}-Z_1Y_1I=0 \tag{6-4b}$$

令

$$\gamma^2=Z_1Y_1=(R_1+\mathrm{j}\omega L_1)(G_1+\mathrm{j}\omega C_1) \tag{6-5}$$

则式(6-4a、b)变为

$$\frac{\mathrm{d}^2U}{\mathrm{d}z^2}-\gamma^2U=0 \tag{6-6a}$$

$$\frac{\mathrm{d}^2I}{\mathrm{d}z^2}-\gamma^2I=0 \tag{6-6b}$$

式(6-6a、b)就是均匀传输线的波动方程,它的通解为

$$U=A_1\mathrm{e}^{-\gamma z}+A_2\mathrm{e}^{\gamma z} \tag{6-7a}$$

$$I=\frac{\gamma}{Z_1}(A_1\mathrm{e}^{-\gamma z}-A_2\mathrm{e}^{\gamma z})=\frac{1}{Z_0}(A_1\mathrm{e}^{-\gamma z}-A_2\mathrm{e}^{\gamma z}) \tag{6-7b}$$

其中

$$Z_0=\sqrt{\frac{Z_1}{Y_1}}=\sqrt{\frac{R_1+\mathrm{j}\omega L_1}{G_1+\mathrm{j}\omega C_1}} \tag{6-8}$$

$$\gamma=\sqrt{Z_1Y_1}=\sqrt{(R_1+\mathrm{j}\omega L_1)(G_1+\mathrm{j}\omega C_1)}=\alpha+\mathrm{j}\beta \tag{6-9}$$

式中,Z_0 具有阻抗的量纲,称为传输线的特性阻抗,γ 称为传播常数,A_1 和 A_2 是由边界条件(始端或终端电压、电流)确定的待定常数。

1. 已知终端 U_L 和 I_L

如图 6-4 所示,将传输线的终端负载处($z=L$)的电压 $U(L)=U_L$,电流 $I(L)=I_L$,代入式(6-7a、b)可解得

$$A_1=\frac{1}{2}(U_L+I_LZ_0)\,e^{\gamma L} \tag{6-10}$$

$$A_2=\frac{1}{2}(U_L-I_LZ_0)\,e^{-\gamma L} \tag{6-11}$$

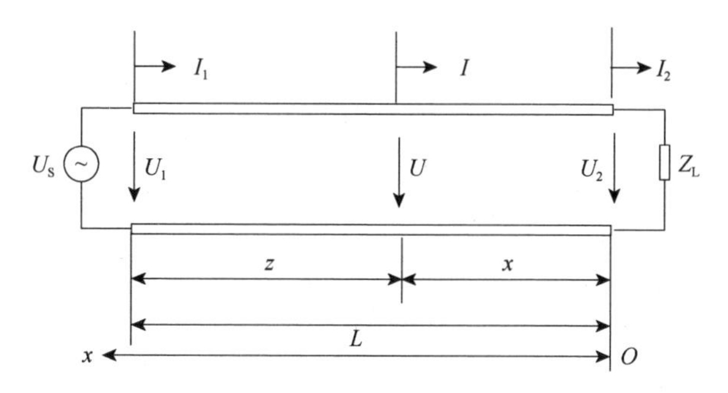

图 6-4　由边界条件确定待定常数

将 A_1 和 A_2 代入式(6-7a、b)可得

$$U=\frac{1}{2}(U_L+I_LZ_0)\,e^{\gamma(L-z)}+\frac{1}{2}(U_L-I_LZ_0)\,e^{-\gamma(L-z)} \tag{6-12a}$$

$$I=\frac{1}{2Z_0}(U_L+I_LZ_0)\,e^{\gamma(L-z)}-\frac{1}{2Z_0}(U_L-I_LZ_0)\,e^{-\gamma(L-z)} \tag{6-12b}$$

若距离从终端算起,如图 6-4 所示。线上任意一点距终端 $x=L-z$,则式(6-12a、b)变为

$$U=\frac{1}{2}(U_L+I_LZ_0)\,e^{\gamma x}+\frac{1}{2}(U_L-I_LZ_0)\,e^{-\gamma x} \tag{6-13a}$$

$$I=\frac{1}{2Z_0}(U_L+I_LZ_0)\,e^{\gamma x}-\frac{1}{2Z_0}(U_L-I_LZ_0)\,e^{-\gamma x} \tag{6-13b}$$

2. 已知始端 U_S 和 I_S

仿照上述步骤,可解得

$$U=\frac{1}{2}(U_S+I_SZ_0)\,e^{-\gamma z}+\frac{1}{2}(U_S-I_SZ_0)\,e^{\gamma z} \tag{6-14a}$$

$$I=\frac{1}{2Z_0}(U_S+I_SZ_0)\,e^{-\gamma z}-\frac{1}{2Z_0}(U_S-I_SZ_0)\,e^{\gamma z} \tag{6-14b}$$

6.3 传输线上的波和传输特性

6.3.1 入射波与反射波

由传输线方程解的一般形式式(6-7a、b)可以看出,传输线上任意一点的电压和电流都可看成由两个分量组成,即

$$U = A_1 e^{-\gamma z} + A_2 e^{\gamma z} = U^+ + U^- \tag{6-15a}$$

$$I = \frac{1}{Z_0}(A_1 e^{-\gamma z} - A_2 e^{\gamma z}) = I^+ - I^- \tag{6-15b}$$

其中

$$U^+ = A_1 e^{-\gamma z} \tag{6-16a}$$

$$U^- = A_2 e^{\gamma z} \tag{6-16b}$$

$$I^+ = \frac{1}{Z_0} A_1 e^{-\gamma z} \tag{6-16c}$$

$$I^- = \frac{1}{Z_0} A_2 e^{-\gamma z} \tag{6-16d}$$

式(6-16a、b、c、d)中,只要分析 U^+ ,就可以知道其他几项的意义,这里 A_1、A_2 和 γ 均为复数,令

$$A_1 = |A_1| e^{j\varphi_1}, A_2 = |A_2| e^{j\varphi_2}, \gamma = \alpha + j\beta$$

则 U^+ 的瞬时值表达式为

$$u^+(z,t) = \mathrm{Re}[U^+ e^{j\omega t}] = |A_1| e^{-\alpha z}\cos(\omega t - \beta z + \varphi_1) \tag{6-17}$$

由此可见,U^+ 或 $u^+(z, t)$ 为沿+z 方向传播的波,称为入射波或正向波。而 U^- 的瞬时值表达式为

$$u^-(z,t) = \mathrm{Re}[U^- e^{j\omega t}] = |A_2| e^{\alpha z}\cos(\omega t + \beta z + \varphi_2) \tag{6-18}$$

为沿-z 方向传播的波,称为反射波或反向波。U^+ 、U^- 传播速度均为 $v_p = \omega/\beta$,只是振幅沿线是衰减的,如图 6-5 所示。

同理可知,I^+ 为传输线上的电流入射波,I^- 为电流反射波。若传输线是无耗线,Z_0 为实数,则 I^+ 与 U^+ 在传输线上同一点处是同相位的,而 I^- 与 U^- 是反相的。原因是规定电流的正方向为向 z 增加的方向,而电流反射波的方向与此相反。

6.3.2 特性阻抗

由式(6-16a、b、c、d)可得,U^+ 与 I^+ 之比,U^- 与 I^- 之比都是传输线的特性阻抗 Z_0,即

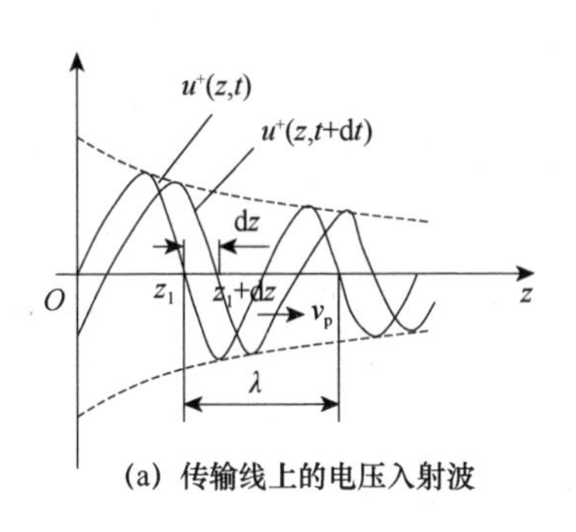

(a) 传输线上的电压入射波

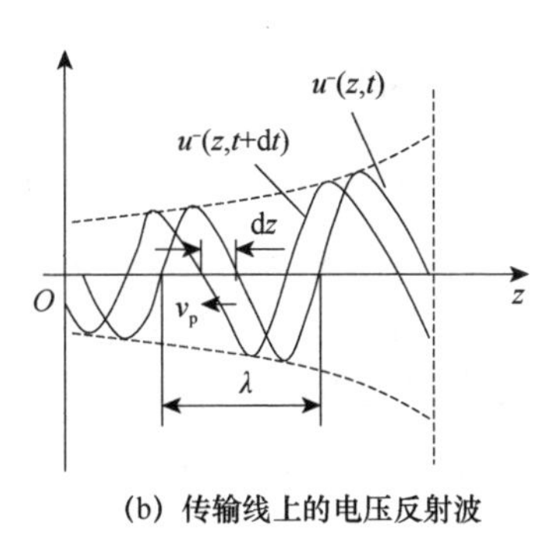

(b) 传输线上的电压反射波

图6-5　传输线上的电压波

$$Z_0 = \frac{U^+}{I^+} = \frac{U^-}{I^-} \tag{6-19}$$

Z_0 的定义式(6-8)为

$$Z_0 = \sqrt{\frac{R_1 + j\omega L_1}{G_1 + j\omega C_1}}$$

Z_0 是一个复数,它不仅与传输线的分布参数有关,而且与传输信号的频率有关。对于无耗传输线,$R_1=0$,$G_1=0$,则传输线的特性阻抗为一实数。

$$Z_0 = \sqrt{\frac{L_1}{C_1}} \tag{6-20}$$

微波传输线传输的信号频率很高,选用的导体 σ 很大,填充介质绝缘性能好,则 R_1、G_1 很小,通常都满足 $\omega L_1 >> R_1$,$\omega C_1 >> G_1$,所以就有 $R_1 + j\omega L_1 \approx j\omega L_1$,$G_1 + j\omega C_1 \approx j\omega C_1$,因此特性阻抗 Z_0 取为

$$Z_0 = \sqrt{\frac{L_1}{C_1}}$$

由此可见,无耗传输线或微波传输线的特性阻抗为纯电阻,它是由传输线的分布参数 L_1 和 C_1 决定的,与频率无关。

将表6-1中同轴线和平行双导线的分布参数代入式(6-20),就可以得到同轴线和平行双导线的特性阻抗。

同轴线的特性阻抗 Z_0 为

$$Z_0 = \frac{1}{2\pi}\sqrt{\frac{\mu}{\varepsilon}}\ln\frac{D}{d} = 60\sqrt{\frac{\mu_r}{\varepsilon_r}}\ln\frac{D}{d} \approx 138\sqrt{\frac{\mu_r}{\varepsilon_r}}\lg\frac{D}{d} \tag{6-21}$$

平行双导线的特性阻抗($D>>d$)Z_0 为

$$Z_0 = \frac{1}{\pi}\sqrt{\frac{\mu}{\varepsilon}}\ln\left[\frac{D}{d} + \sqrt{\left(\frac{D}{d}\right)^2 - 1}\right] \approx 120\sqrt{\frac{\mu_r}{\varepsilon_r}}\ln\frac{2D}{d} \approx 276\sqrt{\frac{\mu_r}{\varepsilon_r}}\lg\frac{2D}{d} \tag{6-22}$$

6.3.3 传播常数

传播常数 γ 表示行波经过单位长度后振幅和相位的变化,其表达式为

$$\gamma = \sqrt{(R_1 + j\omega L_1)(G_1 + j\omega C_1)} = \alpha + j\beta$$

通常情况下 γ 为复数,实部 α 称为衰减常数,单位是 Np/m。γ 的虚部 β 称为相移常数,单位是 rad/m。

对于无耗传输线,$R_1=0, G_1=0$,则有

$$\gamma = \sqrt{j\omega L_1 \cdot j\omega C_1} = j\omega\sqrt{L_1 C_1} = j\beta$$

对于微波传输线,不能简单地认为是无耗的,此时 γ 用二项式定理展开,略去高次项得

$$\begin{aligned}\gamma = \alpha + j\beta &= \sqrt{(R_1 + j\omega L_1)(G_1 + j\omega C_1)} \\ &= j\omega\sqrt{L_1 C_1}\left(1 + \frac{R_1}{j\omega L_1}\right)^{\frac{1}{2}}\left(1 + \frac{G_1}{j\omega C_1}\right)^{\frac{1}{2}} \\ &\approx \frac{R}{2}\sqrt{\frac{L_1}{C_1}} + \frac{G_1}{2}\sqrt{\frac{L_1}{C_1}} + j\omega\sqrt{L_1 C_1}\end{aligned} \tag{6-23}$$

于是,α 和 β 分别为

$$\alpha \approx \frac{R_1}{2}\sqrt{\frac{C_1}{L_1}} + \frac{G_1}{2}\sqrt{\frac{L_1}{C_1}} = \frac{R_1}{2Z_0} + \frac{G_1 Z_0}{2} \tag{6-24}$$

$$\beta \approx \omega\sqrt{L_1 C_1} \tag{6-25}$$

在实际应用中,微波传输线都比较短,因此可以把微波传输线当作无损耗线来分析。以下除特别说明外,将限于讨论无耗传输线,式(6-13a、b)和式(6-14a、b)变为

$$U = \frac{U_S + I_S Z_0}{2}e^{-j\beta z} + \frac{U_S - I_S Z_0}{2}e^{j\beta z} = U_S^+ e^{-j\beta z} + U_S^- e^{j\beta z} = U^+ + U^- \tag{6-26a}$$

$$I = \frac{U_S + I_S Z_0}{2Z_0}e^{-j\beta z} - \frac{U_S - I_S Z_0}{2Z_0}e^{j\beta z} = I_S^+ e^{-j\beta z} - I_S^- e^{j\beta z} = I^+ - I^- \tag{6-26b}$$

或

$$U = \frac{U_L + I_L Z_0}{2}e^{j\beta x} + \frac{U_L - I_L Z_0}{2}e^{-j\beta x} = U_L^+ e^{j\beta x} + U_L^- e^{-j\beta x} = U^+ + U^- \tag{6-27a}$$

$$I = \frac{U_L + I_L Z_0}{2Z_0}e^{j\beta x} - \frac{U_L - I_L Z_0}{2Z_0}e^{-j\beta x} = I_L^+ e^{j\beta x} - I_L^- e^{-j\beta x} = I^+ - I^- \tag{6-27b}$$

6.3.4　反射系数

定义：传输线上任意点处反射电压与入射电压之比称为该点的电压反射系数，简称反射系数，用 Γ 表示，即

$$\Gamma = \frac{U^-}{U^+} = |\Gamma| e^{j\theta} \tag{6-28}$$

传输线终端电压为 U_L，电流为 I_L，终端负载 $Z_L = \dfrac{U_L}{I_L}$，则终端反射系数 Γ_L 为

$$\Gamma_L = \frac{U_L^-}{U_L^+} = \frac{U_L - I_L Z_0}{U_L + I_L Z_0} = \frac{\dfrac{U_L}{I_L} - Z_0}{\dfrac{U_L}{I_L} + Z_0} = \frac{Z_L - Z_0}{Z_L + Z_0} \tag{6-29}$$

若以终端入射电压 U_L^+，反射电压 U_L^- 为参考值，则传输线上任意一点 x 处的入射波电压 U^+ 和反射波电压 U^- 分别为

$$U^+ = U_L e^{j\beta x}$$

$$U^- = U_L^- e^{-j\beta x}$$

于是，线上任意一点 x 处的反射系数为

$$\Gamma = \frac{U^-}{U^+} = \frac{U_L^- e^{-j\beta x}}{U_L^+ e^{j\beta x}} = \Gamma_L e^{-j2\beta x} \tag{6-30}$$

6.3.5　输入阻抗

传输线上任意一点处的电压 U 与电流 I 之比，具有阻抗的量纲，也符合欧姆定律，其物理意义是从该点处向传输线终端看去的阻抗，故称为该点的输入阻抗，记为 Z_i，则有

$$Z_i = \frac{U}{I} \tag{6-31}$$

考虑 U 为入射波电压 U^+ 和反射波电压 U^- 的叠加，I 为入射波电流 I^+ 和反射波电流 I^- 的叠加，式(6-31)表示为

$$Z_i = \frac{U^+ + U^-}{I^+ - I^-} = Z_0 \frac{1 + \Gamma}{1 - \Gamma} \tag{6-32}$$

从式(6-32)可解得 Γ 与 Z_i、Z_0 的关系为

$$\Gamma = \frac{Z_i - Z_0}{Z_i + Z_0} \tag{6-33}$$

由式(6-33)可见，当传输线的 Z_0 一定时，线上任意一点的输入阻抗与该点的反射系数有一一对应的关系。

利用欧拉(Leonhard Euler,1707—1783,瑞士数学家和物理学家)公式,可以将式(6-13a、b)写成

$$U = U_{\mathrm{L}}\cos\beta x + \mathrm{j}I_{\mathrm{L}}Z_0\sin\beta x \tag{6-34a}$$

$$I = I_{\mathrm{L}}\cos\beta x + \mathrm{j}\frac{U_{\mathrm{L}}}{Z_0}\sin\beta x \tag{6-34b}$$

将式(6-34a、b)代入式(6-32)并经整理,可得

$$Z_{\mathrm{i}} = Z_0\frac{Z_{\mathrm{L}} + \mathrm{j}Z_0\tan\beta x}{Z_0 + \mathrm{j}Z_{\mathrm{L}}\tan\beta x} \tag{6-35}$$

显然,输入阻抗通常为复阻抗,它不仅是线上位置的函数,还与终端负载阻抗有关。

6.4 无耗传输线的工作状态

传输线的负载对传输线的工作状态有决定性的影响,如果改变传输线的负载,也就改变了传输线的性能。通常终端所接负载有以下几种情况。

(1)负载与传输线特性阻抗相等,即

$$Z_{\mathrm{L}} = Z_0$$

与之相应的终端反射系数 Γ_{L} 为

$$\Gamma_{\mathrm{L}} = \frac{Z_{\mathrm{L}} - Z_0}{Z_{\mathrm{L}} + Z_0} = 0 \tag{6-36}$$

终端反射系数为0,也就是入射波到达终端负载,能量全部被吸收,没有反射现象,所以沿线只有行波。这就是行波工作状态,此时终端负载称为匹配负载。

(2)负载短路、开路或为纯电抗,即 $Z_{\mathrm{L}}=0$、$Z_{\mathrm{L}}=\infty$ 或 $Z_{\mathrm{L}}=\mathrm{j}X$。与之对应的终端反射系数 Γ_{L} 的模 $|\Gamma_{\mathrm{L}}|$ 为

$$|\Gamma_{\mathrm{L}}| = \left|\frac{Z_{\mathrm{L}} - Z_0}{Z_{\mathrm{L}} + Z_0}\right| = 1 \tag{6-37}$$

也就是入射波到达终端负载,能量全部被反射回去,反射波与入射波振幅相等。传输线上入射波与反射波的叠加形成驻波,这就是传输线的驻波工作状态。

(3)负载为一般阻抗,且 $Z_{\mathrm{L}}\neq Z_0$、0、∞、jX。这种情况下,终端反射系数 Γ_{L} 的模 $|\Gamma_{\mathrm{L}}|$ 应为

$$0 < |\Gamma_{\mathrm{L}}| < 1 \tag{6-38}$$

这种情况就是终端负载对入射波有吸收也有反射,而反射波的振幅小于入射波的振幅。在传输线上叠加的结果是既有行波成分,又有驻波成分,因此称为传输线的行驻波工作状态。后文将分别讨论这几种工作状态。

6.4.1　行波工作状态

行波状态时,传输线上无反射波,只有入射波 U^+、I^+ 。则行波电压、电流的瞬时值表达式为

$$u(z,t) = \mathrm{Re}(U\mathrm{e}^{\mathrm{j}\omega t}) = |U_{\mathrm{S}}^{+}|\cos(\omega t + \varphi_{\mathrm{S}} - \beta z) \tag{6-39a}$$

$$i(z,t) = \mathrm{Re}(I\mathrm{e}^{\mathrm{j}\omega t}) = |I_{\mathrm{S}}^{+}|\cos(\omega t + \varphi_{\mathrm{S}} - \beta z) \tag{6-39b}$$

由式(6-39a、b)可以看出,传输线上的行波电压和电流既是时间 t 的函数,也是位置 z 的函数。根据行波方程可给出沿线电压和电流分布,如图 6-6 所示。

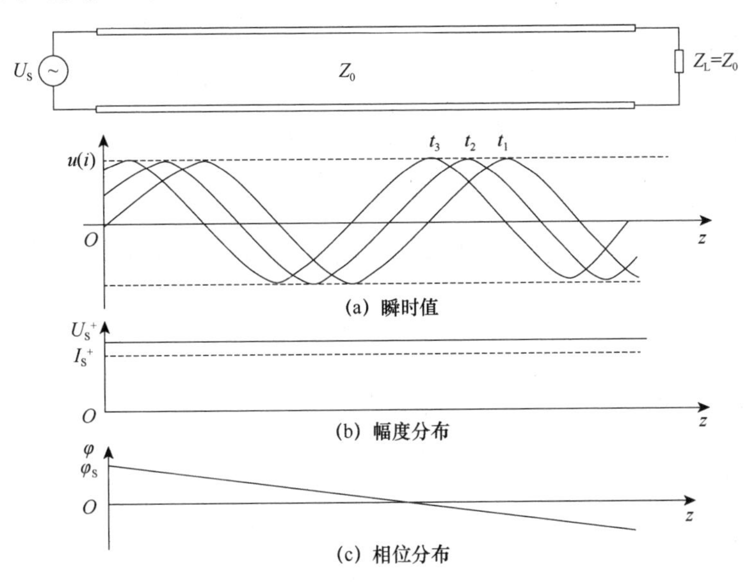

图 6-6　行波电压和电流的沿线分布

行波状态有以下特点。

(1)行波电压与电流同相:由式(6-39a、b)可以看出,电压与电流具有相同的相位因子 $\cos(\omega t+\varphi_{\mathrm{S}}-\beta z)$,说明两者同相。

(2)电压(或电流)的振幅为常数:由于讨论的是无耗传输线,波在传输的过程中没有能量损耗,故振幅不变。

(3)相位沿传输线呈线性变化:行波是等相位点以速度 $v_{\mathrm{p}} = 1/\sqrt{\varepsilon\mu}$ 向一个方向传播的波,这表明在同一瞬间波的相位是随着距离增加而线性滞后的,如图 6-6(c)所示。

(4)沿线传输的功率为常数:因为是无耗传输线,且负载无反射,所以由电源输出的功率全部传给负载,显然,沿线传输的功率为常数。

6.4.2 驻波工作状态

驻波工作状态即传输线终端全反射，$|\Gamma_L|=1$，此时终端负载开路、短路或为纯电抗。这三种情况产生的驻波特性是一样的，只是驻波在线上的分布位置有所不同。下面重点讨论终端短路的情况。

1. 终端短路

终端短路时，$Z_L=0, U_L=0, \Gamma_L=-1$，由式(6-27a、b)可得短路线上的电压和电流为

$$U=U_L^+(e^{j\beta x}-e^{-j\beta x})=j2U_L^+\sin\left(\frac{2\pi}{\lambda}x\right) \tag{6-40a}$$

$$I=I_L^+(e^{j\beta x}+e^{-j\beta x})=2I_L^+\cos\left(\frac{2\pi}{\lambda}x\right) \tag{6-40b}$$

瞬时值为

$$u(x,t)=2|U_L^+|\sin\left(\frac{2\pi}{\lambda}x\right)\cos(\omega t+\varphi_L+90^\circ) \tag{6-41a}$$

$$i(x,t)=2\frac{|U_L^+|}{Z_0}\cos\left(\frac{2\pi}{\lambda}x\right)\cos(\omega t+\varphi_L) \tag{6-41b}$$

式中，φ_L 为 U_L 的初相角。

根据式(6-41a、b)，画出终端短路的传输线上电压、电流的瞬时分布曲线，如图 6-7(a)所示(实线为电压分布)。

1)终端短路线的驻波特性

从式(6-40)和图 6-7(a)可以看出，终端短路传输线有以下几个特点。

(1)沿线电压、电流的振幅是位置的函数，即

$$|U|=\left|j2U_L^+\sin\left(\frac{2\pi}{\lambda}x\right)\right|=2|U_L^+|\left|\sin\left(\frac{2\pi}{\lambda}x\right)\right| \tag{6-42a}$$

$$|I|=2|I_L^+|\left|\cos\left(\frac{2\pi}{\lambda}x\right)\right| \tag{6-42b}$$

其振幅分布曲线如图 6-7(b)所示。在距离终端短路处 $x=n\lambda/2$ $(n=0,1,2,\cdots)$的各点，电压振幅永远为 0，称为“电压波节”；而电流振幅永远为最大值，该值为入射波电流振幅的两倍，称为“电流波腹”，即 $U_{\min}=0, I_{\max}=2|I_L^+|$。

在距离终端 $x=(2n+1)\lambda/4$ $(n=0,1,2,\cdots)$的各点，电压振幅永远为最大值，该值为入射波电压振幅的 2 倍，称为“电压波腹”；而电流振幅永远为 0，称为“电流波节”，即 $U_{\max}=2|U_L^+|, I_{\min}=0$。

由此可见，电压波腹点也就是电流波节点，反之亦然。这也正是驻波的重要特点。

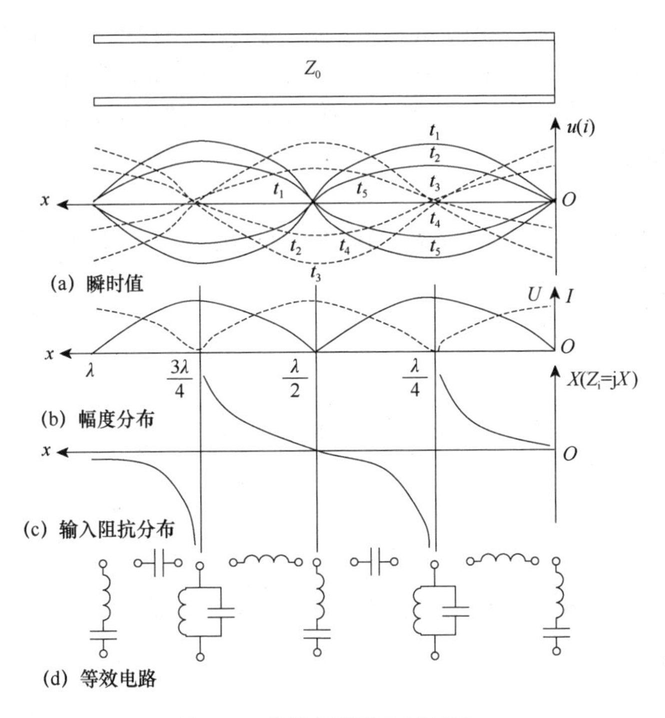

图 6-7　终端短路传输线特性

(2)电压波节点两侧各点的相位相反,而相邻两波节点之间各点的相位都相同。

(3)沿线电压、电流的振幅随时间而变。但随着时间的变化,电压、电流的波形并不移动,而仅做上下振动,故称为驻波。显然,驻波状态下沿传输线没有功率传输。

(4)沿线电压和电流彼此在时间上有 90°(1/4 周期)的相位差,在空间位置上也有 90°(λ/4 波长)的相位差。

2)沿线各点的输入阻抗的特点

沿线各点的输入阻抗 Z_i 为

$$Z_i=\frac{U}{I}=\frac{j2U_L^+\sin\left(\frac{2\pi}{\lambda}x\right)}{2I_L^+\cos\left(\frac{2\pi}{\lambda}x\right)}=jZ_0\tan\left(\frac{2\pi}{\lambda}x\right) \qquad (6-43)$$

输入阻抗沿线分布如图 6-7(c)所示。由图中可以看出如下几个特点。

(1)输入阻抗为纯电抗,随距离周期性变化,其周期为 λ/2。

(2)在距终端 $x=n\lambda/2(n=0,1,2,\cdots)$ 的各点,即电流波腹、电压波节点的输入阻抗为 0,相当于串联谐振;在 $x=(2n+1)\lambda/4$ 的各点,即电流波节、电压波腹各点的输入阻抗为无穷大,相当于并联谐振或开路;在 $n\lambda/2<x<(2n+1)\lambda/4$ 范围内,输入阻抗为感抗;在 $(2n+1)\lambda/4<x<(n+1)\lambda/2$ 范围内,输入阻抗为容抗。

(3)相距 $\lambda/4$ 的点输入阻抗互为倒数,相距 $\lambda/2$ 的点输入阻抗相同,称为 $\lambda/4$ 的变换性和 $\lambda/2$ 的重复性。

2. 终端开路

终端开路的传输线,即 $Z_L=\infty$,相应地,$I_L=0$,$\Gamma_L=1$,由式(6-27a、b)可得传输线上的电压和电流为

$$U = U_L^+(e^{j\beta x} + e^{-j\beta x}) = 2U_L^+\cos\left(\frac{2\pi}{\lambda}x\right) \tag{6-44a}$$

$$I = I_L^+(e^{j\beta x} - e^{-j\beta x}) = j2I_L^+\sin\left(\frac{2\pi}{\lambda}x\right) \tag{6-44b}$$

开路线的输入阻抗为

$$Z_i = -jZ_0\cot\left(\frac{2\pi}{\lambda}x\right) \tag{6-45}$$

仿照终端短路线可以画出沿开路线的电压、电流及输入阻抗的分布曲线,如图 6-8 所示。

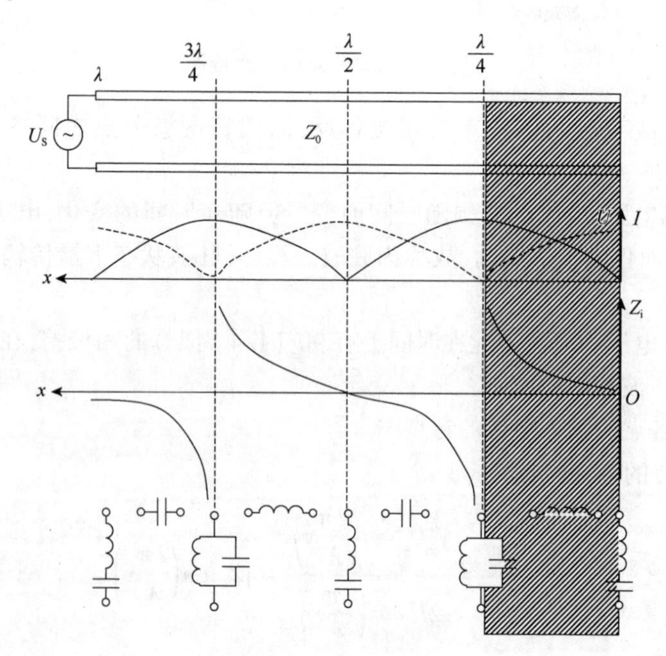

图 6-8　开路线的特性

将式(6-44)与式(6-40)比较,式(6-45)与式(6-43)比较,并将图 6-8 与图 6-7 比较可知,只要将终端短路传输线延长(或缩短)$\lambda/4$,其分布规律就与终端

开路线相同。无须再讨论开路传输线的特性。图 6-8 示出终端开路传输线的特性曲线，由读者自行分析。

3. 终端接电抗性负载

当 $Z_L = \pm jX_L$ 时，$\varGamma_L$ 是模值为 1 的复数。在传输线上也是驻波工作状态。

从式(6-43)和式(6-45)可知，当短路线或开路线的长度发生变化时，输入阻抗都是纯电抗，其值在 $-\infty \sim \infty$ 之间。因而对于任何纯电抗都可用一段适当长度的短路线或开路线等效。

当负载为纯感抗时，可用一段小于 $\lambda/4$ 的短路线来等效。等效短路线的长度公式为

$$L_0 = \frac{\lambda}{2\pi}\arctan\left(\frac{X_L}{Z_0}\right) \tag{6-46}$$

当负载为纯容抗时，可用一段小于 $\lambda/4$ 的开路线来等效。等效开路线的长度公式为

$$L_\infty = \frac{\lambda}{2\pi}\text{arccot}\left(\frac{X_L}{Z_0}\right) \tag{6-47}$$

纯感抗负载线的特性和纯容抗负载线的特性分别如图 6-9 和图 6-10 所示。

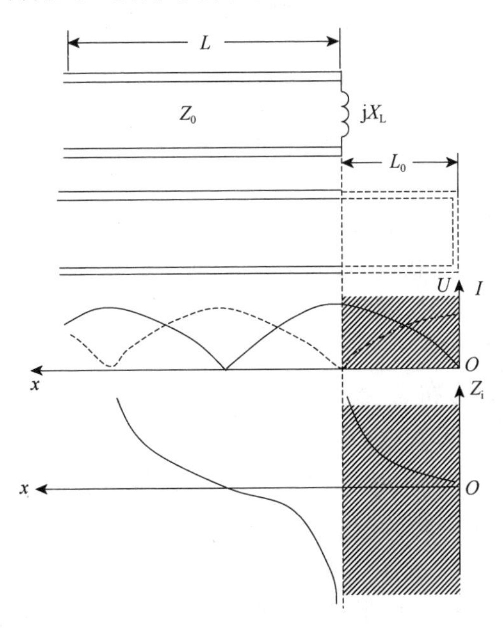

图 6-9　纯感抗负载传输线的特性

由此可见，终端接纯感抗负载的传输线上电压、电流及输入阻抗沿线的分布规律与长度为 $L+L_0$ 的短路线上的分布规律一样；终端接纯容抗负载的传输线上电压、电流及输入阻抗的沿线分布规律与长度为 $L+L_\infty$ 的开路线上的分布规律完全一

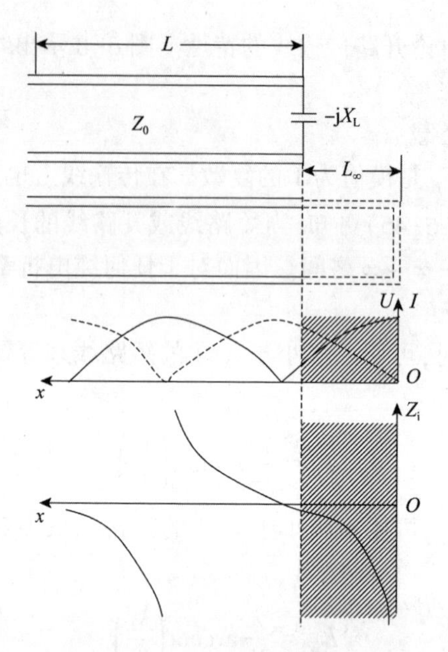

图 6-10 纯容抗负载传输线的特性

样。因此,传输线上的驻波特性及阻抗特性可参照短路线,请读者自行总结。

6.4.3 行驻波工作状态

当无耗传输线的负载是电阻,但不等于特性阻抗,或者负载是复阻抗时,无耗传输线工作于行驻波状态。

工作于行驻波状态的传输线负载为 $Z_L=R_L+jX_L$。实部 $R_L\neq0$。入射波到达负载后必有一部分能量被负载吸收,但又不能全部吸收,是一种失配状态,即负载对入射波部分吸收,部分反射,因此其终端反射系数 Γ_L 为小于 1 的复数。这是传输线最普遍的一种工作状态。

1. 沿线电压、电流分布

由式(6-27a、b)可知

$$\begin{aligned}U &= U_L^+ e^{j\beta x} + U_L^- e^{-j\beta x} = U_L^+ e^{j\beta x} + U_L^+ \Gamma_L(\cos\beta x - j\sin\beta x)\\ &= U_L^+ e^{j\beta x} + 2U_L^+ \Gamma_L \cos\beta x - U_L^+ \Gamma_L e^{j\beta x}\\ &= 2U_L^+ \Gamma_L \cos\beta x + U_L^+(1-\Gamma_L)e^{j\beta x}\end{aligned} \tag{6-48a}$$

$$\begin{aligned}I &= I_L^+ e^{j\beta x} - I_L^- e^{-j\beta x} = I_L^+ e^{j\beta x} - I_L^+ \Gamma_L(\cos\beta x - j\sin\beta x)\\ &= j2I_L^+ \Gamma_L \sin\beta x + I_L^+(1-\Gamma_L)e^{j\beta x}\end{aligned} \tag{6-48b}$$

式中第一项是驻波,第二项是行波,沿线电压、电流是行波与驻波的叠加,故称为行驻波状态。

将式(6-48a、b)改写成

$$U = U_L^+ e^{j\beta x} + U_L^+ \Gamma_L e^{-j\beta x}$$

则沿线各点的电压振幅为

$$\begin{aligned}|U| &= |U_L^+||1 + \Gamma_L e^{-j2\beta x}| = |U_L^+||1 + |\Gamma_L| e^{j(\varphi_L - 2\beta x)}| \\ &= |U_L^+| \sqrt{1 + |\Gamma_L|^2 + 2|\Gamma_L|\cos(2\beta x - \varphi_L)} \\ &= |U_L^+| \sqrt{[1 + |\Gamma_L|\cos(2\beta x - \varphi_L)]^2 + [|\Gamma_L|\sin(2\beta x - \varphi_L)]^2}\end{aligned} \tag{6-49a}$$

同理,沿线上各点的电流振幅为

$$|I| = |I_L^+ e^{j\beta x} - I_L^+ \Gamma_L e^{-j\beta x}| = |I_L^+| \sqrt{1 + |\Gamma_L|^2 - 2|\Gamma_L|\cos(2\beta x - \varphi_L)} \tag{6-49b}$$

由式(6-49a、b)可见,行驻波状态时,电压和电流的振幅是沿线位置的函数,振幅最大处为波腹点,振幅最小处为波节点。

在电压波腹点、电流波节点,$\cos(2\beta x-\varphi_L)=1$,$2\beta x-\varphi_L=2n\pi$,所以

$$x_{\max} = \frac{\varphi_L + 2n\pi}{2\beta} = \frac{\varphi_L \lambda}{4\pi} + \frac{n\lambda}{2} \quad (n = 0,\ 1,\ 2\cdots) \tag{6-50}$$

电压波腹点、电流波节点振幅分别为

$$|U|_{\max} = |U_L^+|(1 + |\Gamma_L|),\ |I|_{\min} = |I_L^+|(1 - |\Gamma_L|) \tag{6-51}$$

在电压波节点、电流的波腹点,$\cos(2\beta x-\varphi_L)=-1$,$2\beta x-\varphi_L=(2n+1)\pi$,即

$$x_{\min} = \frac{\varphi_L \lambda}{4\pi} + \frac{(2n+1)\lambda}{4} \quad (n = 0,\ 1,\ 2\cdots) \tag{6-52}$$

电压波节点、电流波腹点的振幅分别为

$$|U|_{\min} = |U_L^+|(1 - |\Gamma_L|),\ |I|_{\max} = |I_L^+|(1 + |\Gamma_L|) \tag{6-53}$$

由式(6-49a、b)~式(6-51)可见,在行驻波状态下,线上电压(或电流)波腹点的振幅小于入射波电压(或电流)振幅的 2 倍,而电压(或电流)波节点的振幅不为 0。相邻电压(或电流)波腹点与波节点之间的距离为 $\lambda/4$,相邻电压(或电流)波腹点或波节点之间的距离为 $\lambda/2$。

由式(6-49a、b)可以画出不同负载阻抗时,沿线电压、电流振幅的分布曲线,如图 6-11 所示。

2. 反射系数

当传输线终端为任意负载 $Z_L=R_L\pm jX_L$ 时,其终端反射系数 Γ_L 为

$$\begin{aligned}\Gamma_L &= \frac{Z_L - Z_0}{Z_L + Z_0} = \frac{R_L \pm jX_L - Z_0}{R_L \pm jX_L + Z_0} \\ &= \frac{R_L^2 - Z_0^2 + X_L^2}{(R_L + Z_0)^2 + X_L^2} \pm j\frac{2X_L Z_0}{(R_L + Z_0)^2 + X_L^2} \\ &= |\Gamma_L| e^{\pm j\phi_L} = \Gamma_{La} \pm j\Gamma_{Lb}\end{aligned} \tag{6-54}$$

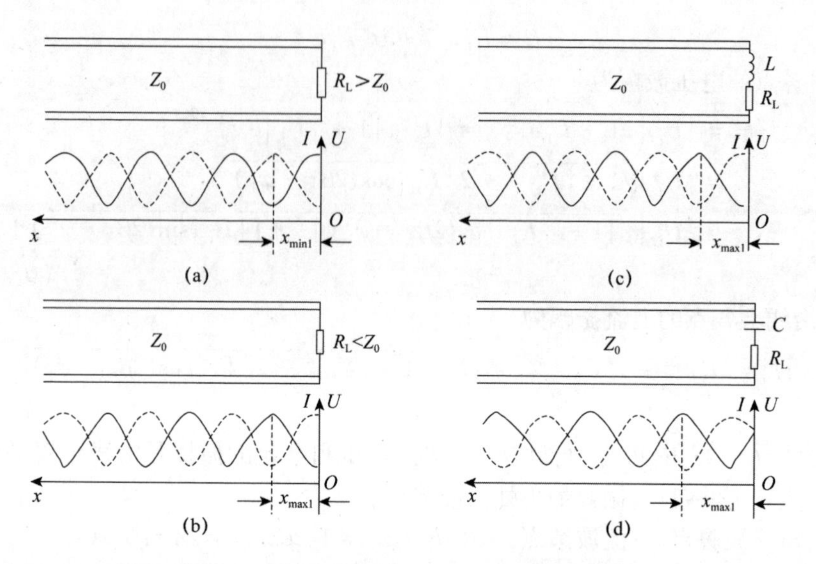

图 6-11　任意负载时沿线电压、电流振幅分布

其中，$|\Gamma_L|$，φ_L 分别为

$$|\Gamma_L| = \sqrt{\frac{(R_L - Z_0)^2 + X_L^2}{(R_L + Z_0)^2 + X_L^2}} < 1$$

$$\varphi_L = \arctan\frac{2X_L Z_0}{R_L^2 + X_L^2 - Z_0^2}$$

沿线各点的反射系数 Γ 为

$$\Gamma = \frac{U^-}{U^+} = \frac{U_L^- e^{-j\beta x}}{U_L^+ e^{j\beta x}} = \frac{U_L^-}{U_L^+}e^{-j2\beta x} = \Gamma_L e^{-j2\beta x} = |\Gamma_L| e^{-j(2\beta x - \varphi_L)} \tag{6-55}$$

3. 波腹点与波节点的分布

1）$Z_L = R_L > Z_0$

当 $Z_L = R_L > Z_0$ 时，$\varphi_L = 0$，代入式(6-50)得电压波腹点的位置为 $x_{max} = n\pi/2$（n= 0, 1, 2, …），第一个波腹点的位置为

$$x_{max1} = 0 \tag{6-56}$$

因此，当负载为大于特性阻抗的纯电阻时，传输线终端为电压波腹点、电流波节点，这种情况下，沿线电压和电流振幅的分布曲线如图 6-11(a)所示。

2）$Z_L = R_L < Z_0$

当 $Z_L = R_L < Z_0$ 时，$\varphi_L = \pi$，第一个电压波腹点的位置为

$$x_{max1} = \lambda/4 \tag{6-57}$$

第一个电压波节点的位置为

$$x_{min1} = 0 \tag{6-58}$$

由此可见,当负载阻抗为小于特性阻抗的纯电阻时,传输线终端为电压波节点、电流波腹点。这种情况下,沿线电压和电流的振幅分布曲线如图 6-11(b)所示。

3) $Z_L=R_L+jX_L$

当 $Z_L=R_L+jX_L$ 时,$0<\varphi_L<\pi$,则有

$$0 < x_{max1} < \lambda/4 \tag{6-59}$$

由此可见,当负载为感性复阻抗时,离开终端出现的第一个极点是电压波腹点、电流波节点。沿线电压、电流振幅分布曲线如图 6-11(c)所示。

4) $Z_L=R_L-jX_L$

当 $Z_L=R_L-jX_L$ 时,$\pi<\varphi_L<2\pi$,则有

$$\lambda/4 < x_{max1} < \lambda/2 \tag{6-60}$$

$$0 < x_{min1} < \lambda/4 \tag{6-61}$$

因此,当负载为容性复阻抗时,离开终端出现的第一个极点是电压波节点、电流波腹点。沿线电压、电流的振幅分布曲线如图 6-11(d)所示。

4. 驻波系数和行波系数

驻波系数(又称电压驻波比)定义为传输线上电压最大值 $|U|_{max}$ 和电压最小值 $|U|_{min}$ 之比,用字母 ρ 表示,即

$$\rho = \frac{|U|_{max}}{|U|_{min}} \tag{6-62}$$

显然,ρ 也能反映传输线的工作状态,由于 $|U|_{max}$ 与 $|U|_{min}$ 是可以测量的,因此 ρ 能够通过测量方便地获得。

将式(6-51)和式(6-53)代入式(6-62),得到 ρ 与反射系数 $|\Gamma_L|$ 的关系:

$$\rho = \frac{|U|_{max}}{|U|_{min}} = \frac{|U_L^+|(1+|\Gamma_L|)}{|U_L^+|(1-|\Gamma_L|)} = \frac{1+|\Gamma_L|}{1-|\Gamma_L|} \tag{6-63}$$

驻波系数的倒数称为行波系数,用 K 表示,即

$$K = \frac{1}{\rho} = \frac{|U|_{min}}{|U|_{max}} = \frac{1-|\Gamma_L|}{1+|\Gamma_L|} \tag{6-64}$$

由式(6-63)和式(6-64)得到反射系数与驻波系数、行波系数的关系:

$$|\Gamma_L| = \frac{\rho-1}{\rho+1} \tag{6-65}$$

$$|\Gamma_L| = \frac{1-K}{1+K} \tag{6-66}$$

当终端匹配时,$|\Gamma_L|=0$,$\rho=1$,$K=1$;当负载短路(或开路时),$|\Gamma_L|=1$,$\rho=\infty$,$K=0$;当负载为任意复阻抗时,$0<|\Gamma_L|<1$,$1<\rho<\infty$,$0<K<1$。

由此可见,反射系数、驻波系数、行波系数之间有一一对应关系,都是传输线工

作状态的特性参量。

5. 输入阻抗

终端负载为任意复阻抗的情况下,线上任意一点的输入阻抗 Z_i 为

$$Z_i=\frac{U}{I}=\frac{U_L^+}{I_L^+}\cdot\frac{1+|\Gamma_L|e^{-j(2\beta x-\varphi_L)}}{1-|\Gamma_L|e^{-j(2\beta x-\varphi_L)}}=Z_0\frac{1+|\Gamma_L|e^{-j(2\beta x-\varphi_L)}}{1-|\Gamma_L|e^{-j(2\beta x-\varphi_L)}} \quad (6-67)$$

在电压波腹(电流波节)点,$2\beta x-\varphi_L=2n\pi$,输入阻抗为

$$Z_i=Z_0\frac{1+|\Gamma_L|}{1-|\Gamma_L|}=\rho Z_0=R_{max} \quad (6-68)$$

在电压波节(电流波腹)点,$2\beta x-\varphi_L=(2n+1)\pi$,输入阻抗为

$$Z_i=Z_0\frac{1-|\Gamma_L|}{1+|\Gamma_L|}=KZ_0=R_{min} \quad (6-69)$$

由此可以得出一个重要结论:传输线上电压波腹点和波节点处的输入阻抗为纯电阻,且其值分别为驻波系数和行波系数乘以特性阻抗 Z_0。

当已知终端负载时,传输线上任意一点的输入阻抗用式(6-35)计算较为方便,即

$$Z_i=Z_0\frac{Z_L+jZ_0\tan\beta x}{Z_0+jZ_L\tan\beta x}$$

若线长 $x=\lambda/4$,则由上式可得

$$Z_i=\frac{Z_0^2}{Z_L} \quad (6-70)$$

当 $Z_L=R_L>Z_0$ 时,$Z_i=R_i<Z_0$;当 $Z_L=R_L<Z_0$ 时,$Z_i=R_i>Z_0$;当 $Z_L=R_L+jX_L$(感性)时,$Z_i=R_i-jX_i$(容性);当 $Z_L=R_L-jX_L$(容性)时,$Z_i=R_i+jX_i$(感性)。

显然,$\lambda/4$ 传输线具有阻抗变换作用,可以用作 $\lambda/4$ 阻抗变换器和 $\lambda/4$ 阻抗匹配器。

将 $Z_L=R_L+jX_L$ 代入式(6-35),可解得 $Z_i=R_i+jX_i$ 中 R_i 和 X_i 表达式分别为

$$R_i=Z_0^2R_L\frac{\sec^2\beta x}{(Z_0-X_L\tan\beta x)^2+(R_L\tan\beta x)^2} \quad (6-71)$$

$$X_i=Z_0\frac{(Z_0-X_L\tan\beta x)(X_L+Z_0\tan\beta x)-R_L^2\tan\beta x}{(Z_0-X_L\tan\beta x)^2+(R_L\tan\beta x)^2} \quad (6-72)$$

图 6-12 表示终端为阻感性任意负载时,输入阻抗沿线的分布曲线。可以看出,终端接任意负载的传输线,其输入阻抗具有 $\lambda/4$ 的变换性和 $\lambda/2$ 的周期性。

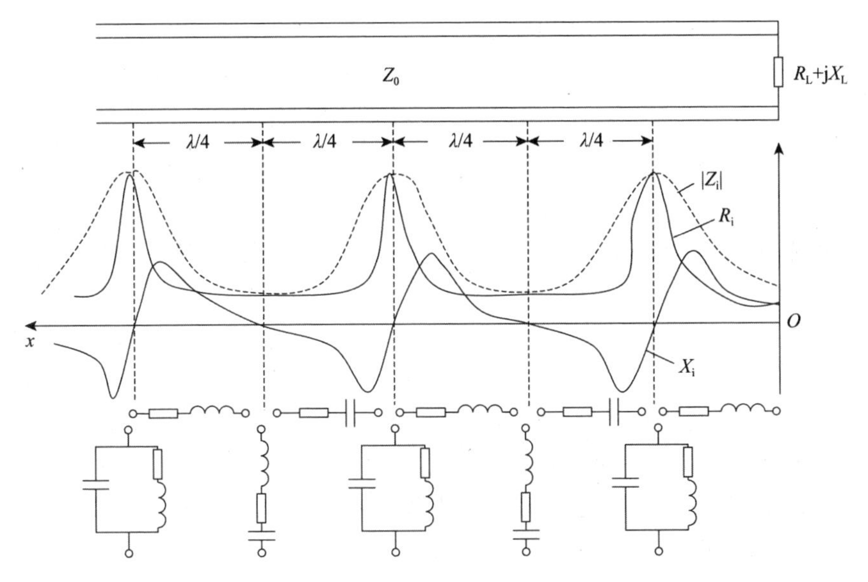

图 6-12　阻感性任意负载时输入阻抗沿线的分布

6.5　传输线的阻抗匹配

传输线是用来传输功率和信息的。当然就希望从电源传输到负载的功率尽可能多,而传输线本身的损耗尽可能少。由于来自失配负载和连接处的反射都将导致产生反射波和所携带的信息失真,这就要求负载与传输线相匹配,以使线上的驻波系数尽量接近于 1。

传输线的阻抗匹配包括两个方面:一是传输线与负载的阻抗匹配,目的是消除负载的反射,使传输线工作于行波状态;二是传输线与微波源的阻抗匹配,目的是从微波源获得最大功率输出。阻抗匹配通常有负载阻抗匹配、波源阻抗匹配和共轭阻抗匹配三种。

如果负载的阻抗与传输线的特性阻抗相等,称为负载阻抗匹配,如图 6-13 所示。此时 $Z_L=Z_0$,负载无反射,传输线工作于行波状态,负载将吸收全部入射功率;传输线的效率最高,功率容量最大;而且传输线的输入阻抗处处呈纯电阻性,它的大小不会随频率而变化,使微波源的输出功率和输出频率比较稳定。

当信号源的内阻 Z_S 等于传输线的特性阻抗时,称为波源阻抗匹配。此时 $Z_S=Z_0$,这种信号源称为匹配源。如果负载不匹配,负载引起的反射波也将被信号源内阻吸收,不再产生二次反射,因此匹配源输出的入射波不随负载而变,这样可以减少测量误差。

共轭阻抗匹配是指负载阻抗不匹配时,在传输线任意截面上,输入阻抗 Z_i 与

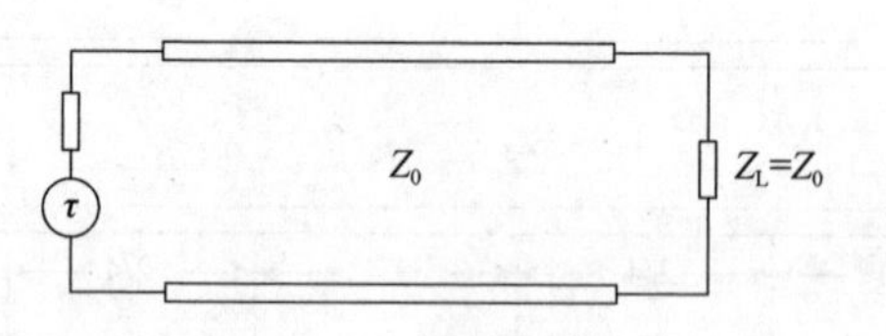

图 6-13　负载阻抗匹配

信号源内阻 Z_S 互为共轭值,即 $Z_i=Z_S^*$。此时信号源输出功率最大,但是共轭阻抗匹配时,线上可能有反射,传输线上不一定是行波状态。

在微波工程中,我们希望三种匹配同时实现,但一般情况下,不可能同时满足。最基本、最重要的阻抗匹配是负载阻抗匹配,它使传输线工作于行波状态。如果传输线与负载不匹配,就要接入阻抗匹配器。至于波源的匹配,通常采用去耦隔离构成匹配源。这里主要讨论负载阻抗的匹配。

阻抗匹配的主要目的是使负载能吸收最大功率,因此匹配器本身不能有损耗。最基本的阻抗匹配器有 $\lambda/4$ 阻抗变换器和支节匹配器。

6.5.1　$\lambda/4$ 阻抗变换器

由式(6-71)可知:距离负载为 $\lambda/4$ 处的输入阻抗 Z_i 为

$$Z_i=\frac{Z_0^2}{Z_L} \tag{6-73}$$

因此,若传输线特性阻抗为 Z_0,负载阻抗 $Z_L=R_L\neq Z_0$,为纯电阻,则可以在负载与传输线间加一段特性阻抗为 Z_{01} 的 $\lambda/4$ 传输线来匹配,如图 6-14 所示。

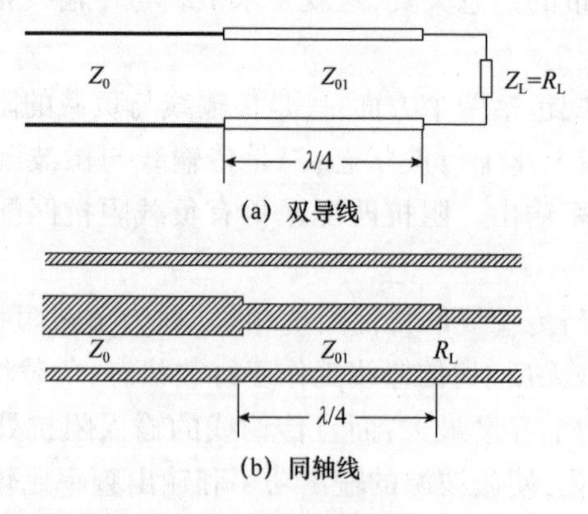

图 6-14　$\lambda/4$ 阻抗变换器

图 6-14 中,$\lambda/4$ 线段就称为 $\lambda/4$ 阻抗变换器。其特性阻抗 Z_{01} 的求解如下:

$$Z_i=\frac{Z_{01}^2}{R_L} \tag{6-74}$$

为了匹配要求 $Z_i = Z_0$，于是可得

$$Z_{01} = \sqrt{Z_0 \cdot R_L} \tag{6-75}$$

$\lambda/4$ 阻抗变换器原则上只用于匹配纯电阻性负载。当负载为复阻抗而仍然需要用它来匹配时，则变换器应在电压波节点或电压波腹点接入，因为电压波节点或电压波腹点的输入阻抗是纯电阻。通常采取在电压波节点接入的方法。如图6-15(a)所示。此时

$$Z_a = R_{min} = \frac{Z_0}{\rho} \tag{6-76}$$

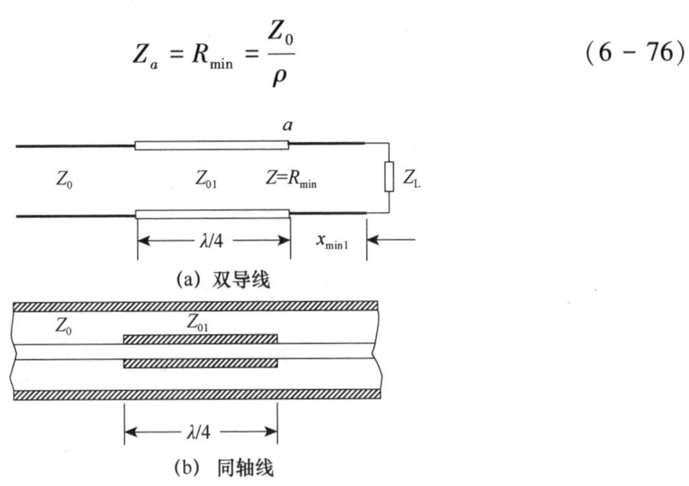

图6-15　用 $\lambda/4$ 变换器匹配复数负载阻抗

于是

$$Z_{01} = \sqrt{Z_0 \cdot R_{min}} = \frac{Z_0}{\sqrt{\rho}} \tag{6-77}$$

这样，变换器的特性阻抗 Z_{01} 就小于主传输线的特性阻抗 Z_0。对于同轴线情况，可做成可移动的套筒形式来实现。如图6-15(b)所示。

【例6-1】一信号发生器通过特性阻抗 $Z_0 = 50\Omega$ 的无耗传输线，以相等的功率送给两个分别为 $Z_{L1} = 64\Omega$ 和 $Z_{L2} = 25\Omega$ 的负载。如图6-16所示。若以 $\lambda/4$ 线来实现负载与主传输线的连接。试求：

(1) $\lambda/4$ 线应具有的特性阻抗；

(2) 在匹配线上的驻波比。

解：

(1) 为了使传输给两个负载的功率相同，在接头处由主传输线向每一个负载看去的输入阻抗都必须为 $2Z_0$，即 $Z_{i1} = Z_{i2} = 2Z_0 = 100\Omega$，故匹配线的特性阻抗 Z'_{01}、Z'_{02} 分别为

$$Z'_{01} = \sqrt{Z_{L1} Z_{i2}} = \sqrt{64 \times 100} = 80(\Omega)$$

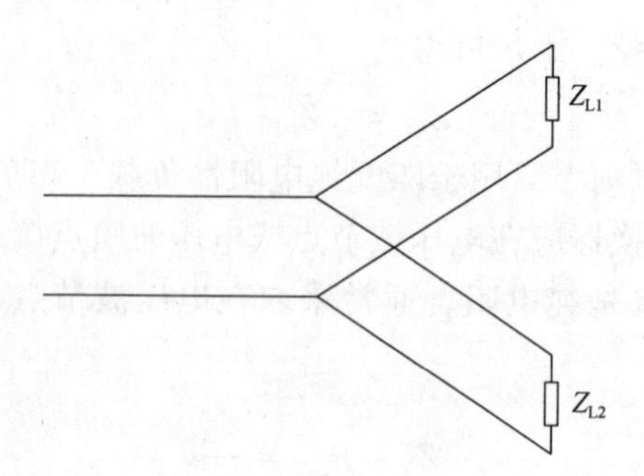

图 6-16　用 λ/4 线作阻抗

$$Z'_{02} = \sqrt{Z_{L2} Z_{i2}} = \sqrt{25 \times 100} = 50(\Omega)$$

(2)在匹配情况下,主传输线上为行波,故在两段匹配线上的驻波比如下。

匹配线 1:

$$\Gamma_1 = \frac{Z_{L1} - Z'_{01}}{Z_{L1} + Z'_{01}} = \frac{64 - 80}{64 + 80} \approx -0.11$$

$$\rho_1 = \frac{1 + |\Gamma_1|}{1 - |\Gamma_1|} = \frac{1 + 0.11}{1 - 0.11} \approx 1.25$$

匹配线 2:

$$\Gamma_2 = \frac{Z_{L2} - Z'_{02}}{Z_{L2} + Z'_{02}} = \frac{25 - 50}{25 + 50} = -\frac{1}{3}$$

$$\rho_2 = \frac{1 + |\Gamma_2|}{1 - |\Gamma_2|} = \frac{1 + \frac{1}{3}}{1 - \frac{1}{3}} = 2$$

6.5.2　单支节匹配器

λ/4 阻抗匹配器是在主传输线与负载之间串接一段适当特性阻抗的传输线来实现主传输线与负载的匹配。实际工程上也大量采用并联短路线的方法来实现阻抗匹配,就是支节匹配器。

单支节匹配器如图 6-17 所示。它是在离负载适当位置(如 $a-a'$)并联一可调短路线(称为短路支节)。调节位置 d_1 和支节长度 l_1,使得 $a-a'$左边主传输线达到匹配。

终端接有 Z_L 的传输线与长度为 l_1 的单支节短路线在图 6-17 中 $a-a'$截面处并联。很明显,用导纳来分析更为方便。为使传输线匹配,在 $a-a'$截面处,从主传输线向两个负载看去的输入导纳为

$$Y_i = Y_1 + Y_2 = Y_0 = \frac{1}{Z_0} \tag{6-78}$$

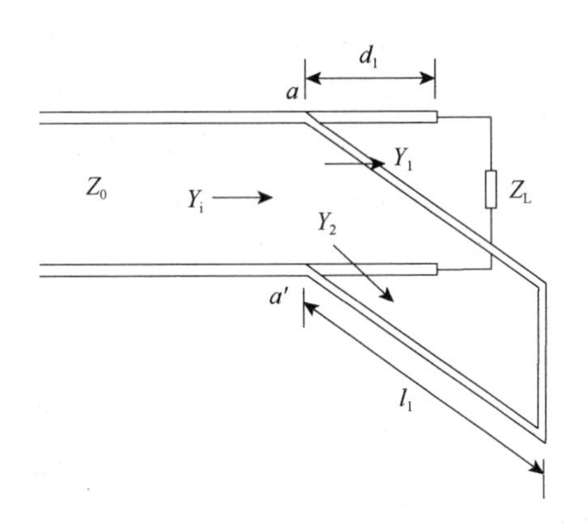

图6-17　单支节匹配器

式中，Y_2 为短路支节的输入导纳，应为纯虚数；Y_1 为从 $a-a'$截面向负载看去长度为 d_1 的传输线的导纳。由式(6-78)可知，Y_1、Y_2 应为

$$Y_1 = Y_0 + \mathrm{j}B_1 \tag{6-79a}$$

$$Y_2 = -\mathrm{j}B_1 \tag{6-79b}$$

才能满足式(6-78)。我们要做的工作就是求出 d_1，使从 $a-a'$截面处向右看去负载段的导纳 Y_1 实部为 Y_0，再求短路支节的长度 l_1，以使其输入导纳为$-\mathrm{j}B_1$，从而使主传输线匹配。

数学分析推导如下。

从 $a-a'$截面向负载看去的输入阻抗为 Z_1，则有

$$Z_1 = Z_0 \frac{1+\Gamma}{1-\Gamma} \tag{6-80}$$

从 $a-a'$截面向负载看去的输入导纳为 Y_1，则有

$$Y_1 = \frac{Z_0}{Z_i} = \frac{1-\Gamma}{1+\Gamma} = Y_0 + \mathrm{j}B_1 \tag{6-81}$$

式中，$\Gamma = \Gamma_L \mathrm{e}^{-\mathrm{j}2\beta d_1}$，将 $\Gamma_L = \dfrac{Z_L - Z_0}{Z_L + Z_0} = |\Gamma_L| \mathrm{e}^{\mathrm{j}\theta_L}$ 代入式(6-81)，由实部为 Y_0 可以求出并联支节的接入位置 d_1，再由虚部相等可以得到 B_1。

令 $a-a'$向末端短路线看去的输入导纳为

$$Y_2 = -\mathrm{j}\frac{1}{Z_0}\cot\frac{2\pi l_1}{\lambda} = -\mathrm{j}B_1 \tag{6-82}$$

可计算所需并联支节的长度 l_1。

6.5.3　双支节匹配器

单支节匹配器的优点是能对任何负载进行匹配，结构简单；缺点是支节的位置

d_1 需要调节。这对双导线是可行的,但对同轴线和波导就难以实现了。解决的办法是采用图 6-18 所示的双支节匹配器,即两个支节的位置 d_1 和 d_2 是固定不动的,而两个支节的长度 l_1 和 l_2 则是可调节的,通过改变 l_1 和 l_2 来达到匹配。d_2 的长度一般为 $\lambda/8$ 和 $3\lambda/8$ 等,但不能取 $\lambda/2$ 和 $\lambda/4$。

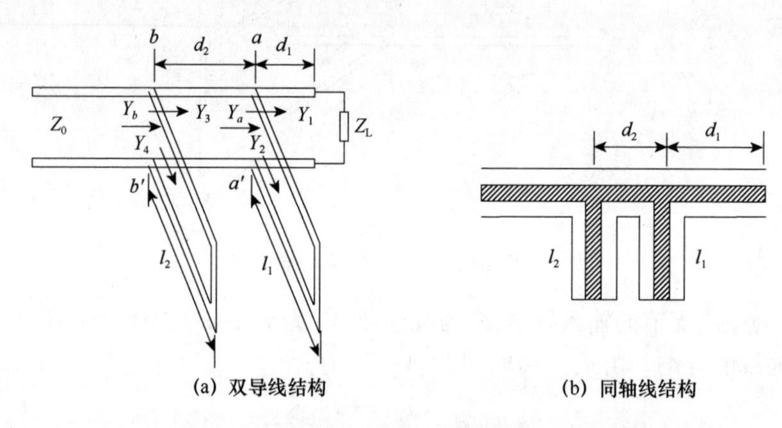

图 6-18 双支节匹配器

双支节匹配器调匹配的原理如图 6-18(a)所示,为使 bb'左边主传输线上匹配($Y_b=Y_0$),就必须使 $Y_3=Y_0+\mathrm{j}B_3$,再调节 l_2 的长度抵消 bb'处的电纳分量 $\mathrm{j}B_3$,以达到匹配。由于 bb'与 aa'之间为均匀传输线,间距为 d_2,以 aa'截面为参考面,有

$$Y_3 = Y_0 \frac{1 - \Gamma_{aa'}\mathrm{e}^{-\mathrm{j}2\beta d_2}}{1 + \Gamma_{aa'}\mathrm{e}^{-\mathrm{j}2\beta d_2}} = Y_0 + \mathrm{j}B_3 \tag{6-83}$$

$$Y_4 = -\mathrm{j}Y_0\cot\frac{2\pi l_2}{\lambda} = -\mathrm{j}B_3 \tag{6-84}$$

又由于

$$Y_a = Y_1 + Y_2 = \frac{1 - \Gamma_{aa'}}{1 + \Gamma_{aa'}} \tag{6-85}$$

$$Y_1 = Y_0 \frac{1 - \Gamma_{\mathrm{L}}\mathrm{e}^{-\mathrm{j}2\beta d_1}}{1 + \Gamma_{\mathrm{L}}\mathrm{e}^{-\mathrm{j}2\beta d_1}} \tag{6-86}$$

$$Y_2 = -\mathrm{j}Y_0\cot\frac{2\pi l_1}{\lambda} \tag{6-87}$$

将式(6-83)~式(6-87)联立求解,如果可以得到 l_1、l_2 的值,则可以通过调节 l_1、l_2 实现匹配。如果 l_1、l_2 无解,则说明匹配落入死区,不能实现匹配。此时,可以将双支节左移或右移 $\lambda/8$,必能实现调匹配。

上面介绍的仅是几种典型的匹配装置,还可以用串联支节,$\lambda/4$ 阻抗变换器与支节调配器组合使用等调匹配。调匹配的计算方法除了上面介绍的数学计算，普遍使用的还有史密斯阻抗圆图和计算机辅助设计，有兴趣的同学请参阅有关资料。

6.6　有耗传输线

6.6.1　有耗传输线的特性

前面讨论的是理想传输线，忽略了传输线的损耗，实际使用的传输线都有损耗。传输线的损耗主要有导体损耗、辐射损耗、介质损耗等。如果这些损耗较大或者传输线的长度很长，就必须考虑损耗的影响，这种损耗不能忽略的传输线称为有耗传输线，有耗传输线的分析方法和所得到的结果与无耗传输线在很多方面是相似的。

由传播常数的定义，有耗传输线的传播常数为

$$\gamma = \sqrt{(R_1 + \mathrm{j}\omega L_1)(G_1 + \mathrm{j}\omega C_1)} = \alpha + \mathrm{j}\beta \tag{6-88}$$

在微波频率下，$R_1 << \omega L_1$，$G_1 << \omega C_1$，将式(6-88)用二项式展开，略去高次项可得

$$\begin{aligned}\gamma &= \mathrm{j}\omega\sqrt{L_1 C_1}\sqrt{1 + \frac{R_1}{\mathrm{j}\omega L_1}}\sqrt{1 + \frac{G_1}{\mathrm{j}\omega C_1}} \\ &\approx \mathrm{j}\omega\sqrt{L_1 C_1}\left(1 + \frac{R_1}{2\mathrm{j}\omega L_1}\right)\left(1 + \frac{G_1}{2\mathrm{j}\omega C_1}\right) \\ &\approx \mathrm{j}\omega\sqrt{L_1 C_1} + \frac{1}{2}\left(R_1\sqrt{\frac{C_1}{L_1}} + G_1\sqrt{\frac{L_1}{C_1}}\right)\end{aligned} \tag{6-89}$$

因此得

$$\alpha \approx \frac{R_1}{2}\sqrt{\frac{C_1}{L_1}} + \frac{G_1}{2}\sqrt{\frac{L_1}{C_1}} = \alpha_c + \alpha_d \tag{6-90}$$

$$\beta \approx \omega\sqrt{L_1 C_1} \tag{6-91}$$

特性阻抗为

$$Z_0 = \sqrt{\frac{R_1 + \mathrm{j}\omega L_1}{G_1 + \mathrm{j}\omega C_1}} \approx \sqrt{\frac{L_1}{C_1}}\left[1 - \mathrm{j}\left(\frac{R_1}{2\omega L_1} - \frac{G_1}{2\omega C_1}\right)\right] \approx \sqrt{\frac{L_1}{C_1}} \tag{6-92}$$

由此可见，由于线上的损耗，传输线的特性阻抗 Z_0 一般为复数，而且与频率有关。对于损耗较小的均匀有耗传输线，特性阻抗 Z_0 和相移常数 β 可近似认为与均匀无耗传输线相同，衰减常数 α 一般用式(6-90)计算，式中 α_c 表示导体损耗，α_d 表示介质损耗。

有耗传输线上的电压、电流分别表示为

$$U(x) = U_L^+ e^{\gamma x} + U_L^- e^{-\gamma x} = U_L^+ e^{\alpha x} e^{j\beta x} [1 + |\Gamma_L| e^{-2\alpha x} e^{j(\phi_L - 2\beta x)}] \tag{6-93a}$$

$$I(x) = I_L^+ e^{\gamma x} - I_L^- e^{-\gamma x} = \frac{U_L^+}{Z_0} e^{\alpha x} e^{j\beta x} [1 - |\Gamma_L| e^{-2\alpha x} e^{j(\phi_L - 2\beta x)}] \tag{6-93b}$$

由此可得沿线电压和电流的驻波最大值和最小值为

$$|U|(x)_{\max} = |U_L^+| e^{\alpha x} (1 + |\Gamma_L| e^{-2\alpha x}) \tag{6-94a}$$

$$|U|(x)_{\min} = |U_L^+| e^{\alpha x} (1 - |\Gamma_L| e^{-2\alpha x}) \tag{6-94b}$$

$$|I|(x)_{\max} = \frac{|U_L^+|}{Z_0} e^{\alpha x} (1 + |\Gamma_L| e^{-2\alpha x}) \tag{6-94c}$$

$$|I|(x)_{\min} = \frac{|U_L^+|}{Z_0} e^{\alpha x} (1 - |\Gamma_L| e^{-2\alpha x}) \tag{6-94d}$$

反射系数为

$$\Gamma(x) = |\Gamma_L| e^{-2\alpha x} e^{j(\phi_L - 2\beta x)} \tag{6-95}$$

电压驻波比为

$$\rho(x) = \frac{1 + |\Gamma_L| e^{-2\alpha x}}{1 - |\Gamma_L| e^{-2\alpha x}} \tag{6-96}$$

由此可见,有耗线上电压和电流的驻波最大值和最小值是位置的函数,驻波比不再是常数,这与无耗线情况不同。

有耗线上任意一点的输入阻抗由式(6-93a、b)和式(6-94a、b、c)得

$$Z_i = \frac{U}{I} = Z_0 \frac{1 + \Gamma(x)}{1 - \Gamma(x)} \tag{6-97}$$

6.6.2 传输线的功率

1. 传输功率的计算

传输线的作用是将信号源的能量输送到负载上。假定信号源匹配,由式(6-93)可得线上任意一点 x 处的功率为

$$\begin{aligned}
P(x) &= \frac{1}{2} \mathrm{Re}[U(x) I^*(x)] \\
&= \frac{1}{2} \mathrm{Re}[(U_L^+ e^{\gamma x} + U_L^- e^{-\gamma x})(I_L^+ e^{\gamma x} - I_L^- e^{-\gamma x})^*] \\
&= \frac{1}{2} \mathrm{Re}\left[U_L^+ e^{\alpha x + j\beta x}(1 + |\Gamma_L| e^{-2\alpha x} e^{j(\phi_L - 2\beta x)}) \frac{U_L^{+*}}{Z_0} e^{\alpha x - j\beta x}(1 - |\Gamma_L| e^{-2\alpha x} e^{j(\phi_L - 2\beta x)})^*\right] \\
&= \frac{1}{2} \frac{|U_L^+|^2}{Z_0} (e^{2\alpha x} - |\Gamma_L|^2 e^{-2\alpha x})
\end{aligned}$$

$$= \frac{1}{2}|U_L^+|e^{\alpha x}(1 + |\Gamma_L|e^{-2\alpha x})\frac{|U_L^+|}{Z_0}e^{\alpha x}(1 - |\Gamma_L|e^{-2\alpha x})$$

$$= \frac{1}{2}|U|(x)_{max}|I|(x)_{min} \tag{6-98}$$

在负载端（$x=0$）：

$$P_L = \frac{1}{2}\frac{|U_L^+|^2}{Z_0}(1 - |\Gamma_L|^2) \tag{6-99}$$

在电源端（$x=l$）：

$$P_S = \frac{1}{2}\frac{|U_L^+|^2}{Z_0}(e^{2\alpha l} - |\Gamma_L|^2 e^{-2\alpha l}) \tag{6-100}$$

2. 传输线的功率容量

传输线上允许传输的最大功率称为传输线的功率容量或极限功率。

每种传输线都具有一定的击穿电压,当线上的电压超过击穿电压时,介质就会被击穿,致使传输效率显著降低,甚至使传输线短路。

击穿电压用 U_{br} 表示,功率容量为

$$P_{br} = \frac{1}{2}\frac{U_{br}^2}{Z_0}K \tag{6-101}$$

由此可见,传输线的功率容量除了与本身的结构、材料有关,还与传输线的工作状态有关。行波系数越大,即越接近行波状态,功率容量越大。实际工程中,当传输线用作大功率发射机馈线时,必须考虑传输线的功率容量问题,以防绝缘介质高压击穿或大电流使传输线烧毁。通常,传输脉冲功率时,主要考虑击穿电压,而传输连续功率时,功率容量则受温升的限制,即若容许的最大电流为 I_{br},则

$$P_{br} = \frac{1}{2}KI_{br}^2 Z_0 \tag{6-102}$$

6.6.3　传输效率

传输效率定义为负载吸收功率 P_L 与传输线输入功率 P_i 之比,用 η 表示,即

$$\eta = P_L / P_i \tag{6-103}$$

将式(6-99)和式(6-100)代入式(6-103)可得

$$\eta = \frac{1 - |\Gamma_L|^2}{e^{2\alpha L} - |\Gamma_L|^2 e^{-2\alpha L}} = \frac{1}{\cosh(2\alpha L) + \frac{1}{2}\left(\rho + \frac{1}{\rho}\right)\sinh(2\alpha L)} \tag{6-104}$$

对于低耗线,$\alpha L<<1$,$\cosh(2\alpha L)\approx 1$,$\sinh(2\alpha L)\approx 2\alpha L$,式(6-104)近似为

$$\eta \approx \frac{1}{1+\left(\rho+\frac{1}{\rho}\right)\alpha L} \approx 1-\left(\rho+\frac{1}{\rho}\right)\alpha L = 1-\left(K+\frac{1}{K}\right)\alpha L \quad (6-105)$$

可见传输线的传输效率与线上的衰减系数 α、线长 L 及工作状态有关。显然 α 越大，L 越长，效率就越低。当 αL 一定时，K 越大，效率越高。$K=1$（行波状态）时，η 具有最大值，则

$$\eta_{\max} = 1-2\alpha L \approx e^{-2\alpha L} \quad (6-106)$$

因此，为了提高效率，应尽量使传输线工作于行波状态。当 $K<0.5$ 时，行波系数对效率的影响很大，而当 $K>0.5$ 后，K 再提高，效率提高甚微。仅从效率观点来看，只要求 $K>0.5$ 即可。

习　题

1. 求内外导体直径分别为 0.25cm 和 0.75cm 的空气同轴线的特性阻抗；在此同轴线内外导体之间填充聚四氟乙烯（$\varepsilon_r=2.1$），求其特性阻抗与 300MHz 时的波长。

2. 设有一传输线，其分布参数为 R_1、G_1、L_1、C_1，并满足 $L_1G_1=R_1C_1$，证明：$\alpha=\sqrt{R_1G_1}$，$\beta=\omega\sqrt{L_1C_1}$，$v_p=\frac{1}{\sqrt{L_1C_1}}$ 和 $Z_0=\sqrt{\frac{R_1}{G_1}}$。

3. 一特性阻抗为 500Ω 的无耗线，当终端短路时，测得输入阻抗为 866Ω 的感抗，若终端接 1866Ω 的纯感抗，输入阻抗是多少？若终端接 866Ω 的容抗，输入阻抗又是多少？

4. 欲以特性阻抗为 600Ω 的短路线代替电感为 2×10^{-5}H 的线圈，频率为 300MHz，问该短路线长度应是多少？欲以特性阻抗为 600Ω 的开路线代替电容为 0.884pF 的电容器，频率为 300MHz，求该开路线长度。

5. 无耗线的特性阻抗 $Z_0=100\Omega$，接以 $Z_L=130+j85\Omega$ 的负载，工作波长 $\lambda=360$cm。(1) 求距离负载 25cm 处的输入阻抗；(2) 求线上的驻波比；(3) 若线上最高电压为 1kV，求负载功率。

6. 已知一传输线的特性阻抗 $Z_0=50\Omega$，用测量线测得传输线上驻波电压最大值为 $U_{\max}=100$mV，最小值为 $U_{\min}=20$mV，邻近负载的第一个电压波节点到负载的距离为 $l_{\min}=0.33\lambda$，求负载阻抗的值。

7. 在特性阻抗为 200Ω 的无耗双导线上，测得负载处为电压波节点，$|U|_{\min}$ 为 8V，距负载 $\lambda/4$ 处为电压波腹点，$|U|_{\max}$ 为 10V，试求负载阻抗及负载吸收的功率。

8. $Z_0$300Ω 的无耗线端接纯电感，在 1500MHz 时的反射系数为 $1.0e^{j50°}$，求此电感值。

9. 传输线的特性阻抗 $Z_0 = 500\Omega$，要求线上任意一点的瞬时电压不得超过 5kV，求传输线所能传输的最大平均功率及其所需的负载。

10. 传输线特性阻抗 $Z_0 = 600\Omega$，负载阻抗 $Z_L = 66.7\Omega$。为了使主线上不出现驻波，在主线与负载之间接以 $\lambda/4$ 匹配线。(1) 求匹配线的特性阻抗；(2) 设负载功率为 1kW，不计损耗，求电源端的电压和电流值；(3) 求负载端的电压和电流；(4) 求主线与匹配线接点处的电压和电流值；(5) 画出主线上电压和电流的分布。

第7章 微波网络基础

对于一个实际的复杂微波系统,并不总是需要详细求出系统的内部场结构,而只需要知道电信号通过系统后其幅度和相位的变化,即只要了解系统外特性就可以了。因此,在一定条件下,可以将均匀传输系统等效为长线,微波元件(不均匀区)等效为网络。这是一种化"场"为"路"的处理方法。

尽管许多元件都适合用"路"的方法分析,但仍有些元件适合用"场"的方法分析(如谐振腔、波导激励、耦合等问题)。实际工作中,对微波元件的分析常采用"场""路"及实验分析三者相辅相成的综合研究方法。

7.1 微波网络的基本概念

如图7-1(a)所示,在一个工作于基模的单模波导 W 中,插入一个任意不均匀区 V,任意不均匀区,就是其边界形状是任意的,并且其中不存在非线性媒质。输入波导 W_1 中的导行波由左侧入射到不均匀区以后,由于 V 内边界条件的复杂性,可以想象其中的电磁场也是很复杂的。这种复杂场将使得靠在不均匀区的两段波导的临近区域 V_1 和 V_2(称为近区)中也激起相当复杂的场。V_1 和 V_2 已属于均匀波导部分,其中的场无论如何复杂,总可以表示为波导中基模和高次模的叠加。但由于 W 是单模波导,除了基模能传播,所有高次模都是被截止的。近区中的这些高次模沿波导轴向以指数规律迅速衰减,在离不均匀区稍远的位置 T_1 和 T_2 参考面之外,这些高次模的场已衰减到可以忽略的程度。因此,在参考面以外的波导"远区"中就只剩下单一工作模式的波,它包括两种波:一种是入射波,另一种是反射波。除此之外,再没有别的波型。因此,可以得出结论:无论插入的不均匀区如何复杂,它对与之连接的单模波导远区的唯一可能影响,是引起了输入波导 W_1 中的反射波与输出波导 W_2 中的透射波。所以,在单模波导的远区中,只要知道了由于插入不均匀区所引起的反射波与透射波的相对振幅和相位(相对入射波而言),不均匀区的特性就唯一地确定了。综上所述,只要能建立一个可以描述不均匀区所产生的入射波、反射波、透射波的相对振幅和相位关系的电路,那么此不均匀区的外特性就可以用等效电路来描述,从而避免了对其内部复杂电磁场的求解,这就是等效电路的方法。

微波等效电路在这里的含义就是把均匀波导等效为长线,有不均匀区的微波元件等效为网络,长线与网络之间的界面即参考面,图 7-1(a)所示的不均匀区就等效为图 7-1(b)所示的与输入/输出长线相连接的双口网络。如果不均匀区与 n 个单模传输系统相连,则其等效电路就是与 n 条长线相连的 n 口网络。通常规定从各传输系统进入网络的波称为"进波",从网络中出来的波称为"出波"。进波与出波的关系用网络的特性参量来描述。

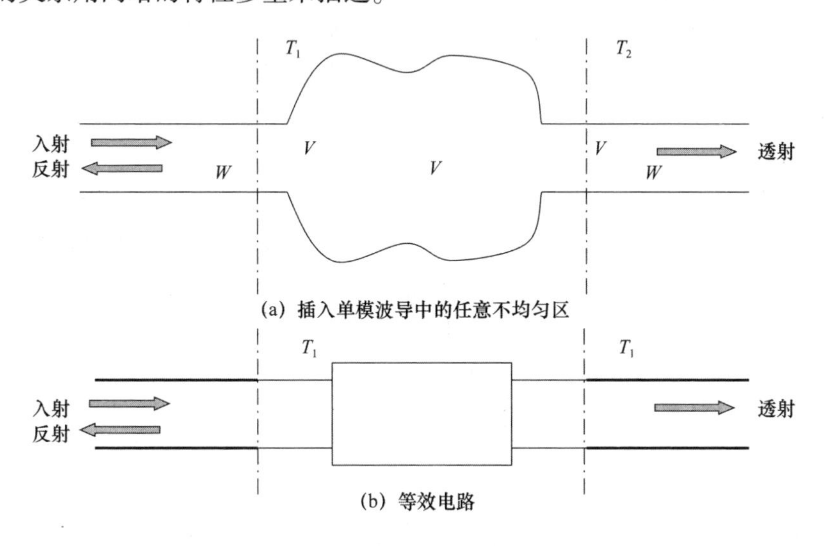

图 7-1　不均匀区等效为网络

对于微波系统"场"与"路"的分析方法是相辅相成的。"场"的方法是"路"的方法的基础,因为要知道网络参量,有时仍需要利用场方程和不均匀性的边界条件求解边值问题,当然这在一般情况下是比较困难的。但是网络参量也可以用实验的方法来测定,因此网络理论在微波技术中得到了广泛的应用。网络方法包括网络分析和网络综合两方面的内容:网络分析是在已掌握网络结构的情况下,分析网络的外部特性;网络综合是根据预定的对工作特性的要求,进行网络的结构设计。微波网络理论是微波技术的一个重要分支,限于篇幅,本章只是简单地介绍微波网络的基本概念和应用。至于更深入广泛的讨论,读者可以参阅有关书籍。

需要指出的是,本章研究的网络是微波网络,它和由集总参数元件构成的低频网络不同,微波网络一般是由微波传输线(如波导)和微波元件(不均匀区)构成的分布参数电路系统,主要有以下特点。

(1)在将微波系统等效为网络时,就电磁场的不同模式而言,不同的模式等效为不同的网络,具有不同的网络参量。微波元件通常是由不均匀区域和与其相连接的 n 条均匀波导构成的,如果每条波导只能传输主模,那么,该元件就可以等效为一个 n 端口网络。

(2)微波系统中的连接段(波导)都是具有分布参数的传输线,传输线本身也是一个微波元件,其长短直接影响网络参量。因此,在将微波系统等效为网络时,参考面位置的选择是非常重要的,如图 7-1 中的 T_1、T_2,参考面一经选定,网络所代表的区域也就确定了。若网络的一个或数个参考面发生变化,则网络所代表区域和网络参量都会随着发生变化。网络端口的参考面,一般应选在远离不均匀区的波导横截面上,即高次模可以忽略,只有基模存在的区域。

(3)微波元件是由几何形状不同的结构所组成的复杂系统,根据它所储存和消耗的电磁场能量而等效成的电感、电容、电阻都是频率的函数。因此,微波元件与微波网络之间的等效关系仅对某一频率或某一窄频带才是正确的。

(4)在微波传输线中传输的能量取决于电磁场的横向分量,因此,网络端口参考面上的等效电压和等效电流应分别与电场的横向分量和磁场的横向分量成比例。而且,由于等效方法的不同,所得出的等效电压和电流也不同,即端口参考面上的等效电压和等效电流不是唯一的。

总之,为了避免对不均匀性结构内部场分布的复杂计算,可以采用网络分析的方法,采用网络分析的前提就是将微波系统中的均匀波导等效为双线传输线(长线),不均匀区域(微波元件)等效为网络。

微波网络的种类很多,可以根据各种不同的角度对网络进行分类。若按网络的特性进行分类,则可分为以下几种。

(1)线性与非线性网络。若网络内部充填媒质是与场强无关的线性媒质,则描述网络特性的方程为一组线性代数方程,这种微波网络称为线性网络;反之,则称为非线性网络。一般大多数无源微波元件等效为线性网络,而有源微波器件则等效为非线性网络。

(2)可逆与不可逆网络。若网络内只含有各向同性媒质,则网络参考面上的场量呈可逆状态,这种网络称为可逆网络或互易网络;反之,称为不可逆网络。可逆网络满足互易定理。大多数无源的非铁氧体微波元件等效为可逆微波网络,而铁氧体微波元件和有源微波电路则等效为不可逆微波网络。

(3)无耗与有耗网络。若网络内部为无耗媒质,且导体是理想导体,则网络不损耗功率,即网络的输入功率等于网络的输出功率,这种网络称为无耗网络,而匹配负载和衰减器等微波元件则等效为有耗网络。

(4)对称与非对称网络。如果微波元件的结构具有对称性,则与它相对应的微波网络称为对称网络;反之,称为非对称网络。为了便于网络综合,大多数微波元件都设计成某种对称结构。例如,匹配双 T 和许多微波滤波器等,它们可以等效为对称网络。

除上述按网络特性分类外,还可按微波元件的功能来分,则有阻抗匹配网络、功率分配网络、滤波网络和波型变换网络等。

7.2　场路等效原理

7.2.1　模式电压和模式电流

由前面学习可知，对于规则波导，讨论的主要问题是电磁波在波导横截面上的分布规律和它沿波导纵向的传播特性。波导中的传输功率 P_w 可表示为

$$P_w = \frac{1}{2}\mathrm{Re}\left[\iint_S (\boldsymbol{E}_t \times \boldsymbol{H}_t^*) \cdot \mathrm{d}\boldsymbol{S}\right] \tag{7-1}$$

由此可见，它只取决于电磁场的横向分量，因此在分析波导传输特性时，横向分量是关注的重点。在矩形波导中，对于沿波导轴线正 z 方向传播的 TE 波，根据麦克斯韦方程可得

$$\begin{cases} \dfrac{\partial \boldsymbol{E}_t}{\partial z} = -\mathrm{j}\omega\mu \boldsymbol{H}_t \\ \dfrac{\partial \boldsymbol{H}_t}{\partial z} = -\mathrm{j}\dfrac{\beta^2}{\omega\mu}\boldsymbol{E}_t \end{cases} \tag{7-2}$$

又根据传输线理论的内容可知，双线传输线上的传输功率取决于线上电压和电流的复振幅，它们满足

$$\begin{cases} \dfrac{\mathrm{d}U}{\mathrm{d}z} = -ZI \\ \dfrac{\mathrm{d}I}{\mathrm{d}z} = -YU \end{cases} \tag{7-3}$$

式(7-2)与式(7-3)是互相对应的。在行波状态下，波导中某一模式电场横向分量与磁场横向分量之比：$\left(|E_t|/|H_t|\right)$ 为一常数，称为波型阻抗，它与双线传输线行波状态下的电压电流之比 $(\dot{U}/\dot{I})$，即特性阻抗 Z_0 是相对应的。可见，波导中的 $\boldsymbol{E}_t$ 和 $\boldsymbol{H}_t$ 与双线传输线中的 U 和 I，在传输电信号的作用上，具有相同的规律。因此，在一定条件下可以将波导中电场的横向分量等效为电压，磁场的横向分量等效为电流。

在笛卡儿坐标系中，电磁场的横向分量可写为

$$\begin{cases} \boldsymbol{E}_t(x,y,z) = U(z)\boldsymbol{e}_t(x,y) \\ \boldsymbol{H}_t(x,y,z) = I(z)\boldsymbol{h}_t(x,y) \end{cases} \tag{7-4}$$

对于沿波导轴线正 z 方向传输的波，式中 $U(z)$ 和 $I(z)$ 可表示为

$$\begin{cases} U(z) = U_m \mathrm{e}^{-\mathrm{j}\beta z} \\ I(z) = I_m \mathrm{e}^{-\mathrm{j}\beta z} \end{cases} \tag{7-5}$$

二者分别称为波导中的模式电压和模式电流，它们是仅与 z 有关的量，表示波

沿波导轴向的传输规律。U_m 和 I_m 为其振幅，$\boldsymbol{e}_t$ 和 $\boldsymbol{h}_t$ 称为模式矢量，它们是仅与横向坐标(x,y)有关的函数，表示电磁场在波导横截面上的分布规律。

需要指出的是，模式电压和模式电流是从只有场的横向分量对传输功率有贡献的观点出发而定义的一种等效参量，其数值和量纲在选择上具有任意性，是不唯一的，因此它只是分析问题的一种描述手段，只具有形式上的意义，并非真实存在。

7.2.2 微波传输线等效为长线

如前所述，波导中电磁场横向分量的传播规律与双线传输线中电压波和电流波的传播规律相似，两者之间存在着等效关系，即电压与电场的横向分量(大小)成比例，电流与磁场的横向分量(大小)成比例。由于波导中模式电压和电流具有多值性，因此不能直接把它们作为与波导相等效的双线传输线的电压和电流。但是，在波导的传输功率和波型阻抗与等效双线的传输功率和特性阻抗分别相等的条件下，模式电压和电流的值是确定的，因此可以把它们作为等效双线的等效电压和等效电流。下面具体加以讨论。

1. 功率相等条件

波导中的传输功率为

$$P_w = \frac{1}{2}\mathrm{Re}\left[\int_S (\boldsymbol{E}_t \times \boldsymbol{H}_t^*)\cdot \mathrm{d}\boldsymbol{S}\right] \tag{7-6}$$

等效双线传输线的传输功率为

$$P_e = \frac{1}{2}\mathrm{Re}[U_e I_e^*] \tag{7-7}$$

式中，U_e 为等效电压，I_e^* 为等效电流的共轭值。功率相等条件是指在将波导等效为双线时，应该使 $P_e = P_w$，即

$$U_e I_e^* = \int_S (\boldsymbol{E}_t \times \boldsymbol{H}_t^*)\cdot \mathrm{d}\boldsymbol{S} \tag{7-8}$$

根据式(7-4)，有

$$U_e I_e^* = U(z) I^*(z) \int_S [\boldsymbol{e}_t(x,y) \times \boldsymbol{h}_t(x,y)]\cdot \mathrm{d}\boldsymbol{S} \tag{7-9}$$

可以规定模式矢量满足

$$\int_S [\boldsymbol{e}_t(x,y) \times \boldsymbol{h}_t(x,y)]\cdot \mathrm{d}\boldsymbol{S} = 1 \tag{7-10}$$

式(7-10)称为模式矢量的归一化条件。在这个条件下的模式电压和模式电流就是等效双线传输线的等效电压和等效电流，即

$$\begin{cases} U_e = U(z) \\ I_e = I(z) \end{cases} \tag{7-11}$$

2. 阻抗相等条件

波导的波型阻抗为 $Z_w = |E_t|/|H_t|$，等效双线传输线的等效特性阻抗为 $Z_e =$

U_e/I_e。阻抗相等条件是指当把波导等效为双线时,应该使 $Z_e = Z_w$,即

$$Z_e = \frac{U_e}{I_e} = \left|\frac{\boldsymbol{E}_t}{\boldsymbol{H}_t}\right| = \frac{U(z)\,|\boldsymbol{e}_t(x,y)|}{I(z)\,|\boldsymbol{h}_t(x,y)|} \tag{7-12}$$

当 $\boldsymbol{e}_t(x,y)$ 和 $\boldsymbol{h}_t(x,y)$ 满足模式矢量的归一化条件即式(7-11),并使得式(7-11)也成立时,则

$$|\boldsymbol{e}_t(x,y)| = |\boldsymbol{h}_t(x,y)| \tag{7-13}$$

这表明,在模式矢量满足归一化的条件下,为保持阻抗相等条件,则电场和磁场的模式矢量的大小应该相等。

根据上述把波导等效为双线传输线的两个等效条件,当已知波导中某一模式场的横向分量 $\boldsymbol{E}_t$ 和 $\boldsymbol{H}_t$ 时,即可求出等效双线的等效电压和等效电流。在行波状态下,等效双线的传输功率可写为

$$P_e = \frac{1}{2}U_e I_e^* = \frac{|U_e|^2}{2Z_e} = \frac{1}{2}Z_e|I_e|^2 \tag{7-14}$$

由此可得

$$\begin{cases} |U_e| = \sqrt{2P_e Z_e} = \sqrt{\displaystyle\int_S (\boldsymbol{E}_t \times \boldsymbol{H}_t^*)\cdot \mathrm{d}\boldsymbol{S}\left|\frac{\boldsymbol{E}_t}{\boldsymbol{H}_t}\right|} \\ |I_e| = \sqrt{\dfrac{2P_e}{Z_e}} = \sqrt{\displaystyle\int_S (\boldsymbol{E}_t \times \boldsymbol{H}_t^*)\cdot \mathrm{d}\boldsymbol{S}\left|\frac{\boldsymbol{H}_t}{\boldsymbol{E}_t}\right|} \end{cases} \tag{7-15}$$

下面通过一个例子来具体说明这一等效过程。

【例 7-1】当矩形波导传输 TE_{10} 波时,试确定一组等效电压和等效电流。

解:考虑矩形波导中 TE_{10} 模式的横向场 $\boldsymbol{E}_t$ 就是 $\boldsymbol{a}_y E_y$,$\boldsymbol{H}_t$ 就是 $\boldsymbol{a}_x H_x$,因此

$$\boldsymbol{E}_t = \boldsymbol{a}_y E_y = \boldsymbol{a}_y E_{ym}\sin\left(\frac{\pi}{a}x\right)\mathrm{e}^{-\mathrm{j}\beta z}$$

$$\boldsymbol{H}_t = \boldsymbol{a}_x H_x = \boldsymbol{a}_x \frac{E_{ym}}{\eta_{TE_{10}}}\sin\left(\frac{\pi}{a}x\right)\mathrm{e}^{-\mathrm{j}\beta z}$$

式中,$\eta_{TE_{10}}$ 为 TE_{10} 模式的波型阻抗。令满足归一化条件的模式矢量为

$$\boldsymbol{e}_t = K\sin\left(\frac{\pi}{a}x\right)\boldsymbol{a}_y$$

$$\boldsymbol{h}_t = K\sin\left(\frac{\pi}{a}x\right)\boldsymbol{a}_x$$

为了确定式中的任意常数 K,将上式代入式(7-14)中,得 $K = \sqrt{2/ab}$。这样,模式矢量为

$$\begin{cases}\boldsymbol{e}_{\mathrm{t}} = \sqrt{\dfrac{2}{ab}}\sin\left(\dfrac{\pi}{a}x\right)\boldsymbol{a}_y \\ \boldsymbol{h}_{\mathrm{t}} = \sqrt{\dfrac{2}{ab}}\sin\left(\dfrac{\pi}{a}x\right)\boldsymbol{a}_x\end{cases}$$

根据式(7-19),或根据

$$\begin{cases}\boldsymbol{E}_{\mathrm{t}} = \boldsymbol{a}_y E_y = \boldsymbol{a}_y E_{y\mathrm{m}}\sin\left(\dfrac{\pi}{a}x\right)\mathrm{e}^{-\mathrm{j}\beta z} = U(z)e_{\mathrm{t}} \\ \boldsymbol{H}_{\mathrm{t}} = \boldsymbol{a}_x H_x = \boldsymbol{a}_x \dfrac{E_{x\mathrm{m}}}{\eta_{\mathrm{TE}_{10}}}\sin\left(\dfrac{\pi}{a}x\right)\mathrm{e}^{-\mathrm{j}\beta z} = I(z)\boldsymbol{h}_{\mathrm{t}}\end{cases}$$

都可以求出等效电压和等效电流为

$$\begin{cases}U_{\mathrm{e}} = U(z) = \sqrt{\dfrac{ab}{2}}E_{y\mathrm{m}}\mathrm{e}^{-\mathrm{j}\beta z} \\ I_{\mathrm{e}} = I(z) = \sqrt{\dfrac{ab}{2}}\dfrac{E_{y\mathrm{m}}}{\eta_{\mathrm{TE}_{10}}}\mathrm{e}^{-\mathrm{j}\beta z}\end{cases}$$

7.2.3 不均匀区域等效为网络

把微波系统中的不均匀性等效为网络是基于复功率定理,即交变电磁场中的能量守恒定律。假定有一个图 7-2 所示由良导体围成的,具有 n 个端口的微波结,$T_1, T_2, \cdots, T_n$ 为各个端口的参考面。设想作一闭合曲面 Ω 将微波结包围在内,曲面在端口处与参考面重合。在参考面处只存在基模,不存在高次模场。根据电磁场理论可知,在封闭的曲面 Ω 上,求复数坡印廷矢量的积分,即可得到进入由封闭曲面所包围的空间 V 内的复功率与该空间内电磁场能量之间的关系式,即

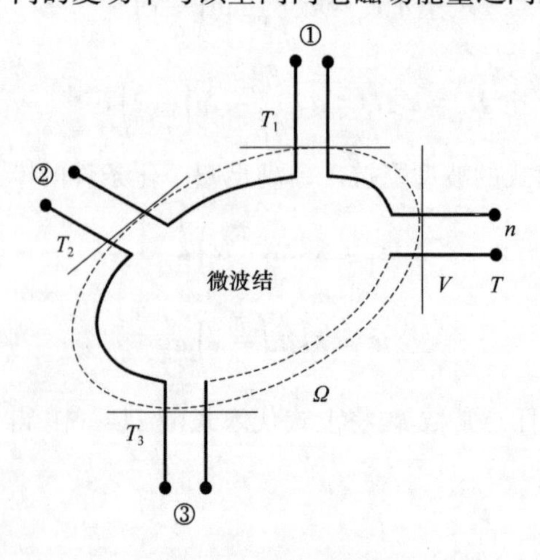

图 7-2 n 端口微波

$$-\frac{1}{2}\oint_{\Omega}(\boldsymbol{E}\times\boldsymbol{H}^{*})\cdot \mathrm{d}\boldsymbol{\Omega}=\mathrm{j}2\omega(W_{\mathrm{m}}-W_{\mathrm{e}})+P_{1} \tag{7-16}$$

式中,等号左端的负号表示功率是流入封闭曲面的;W_{m}、W_{e} 和 P_1 分别表示 V 内存储的磁场、电场能量平均值和媒质损耗功率的平均值。

由于微波结是由良导体构成的,因此它与外界的能量交换只能通过端口来进行。这样,求封闭面 Ω 上的复数坡印廷矢量的积分,实际上即变为对各端口参考面上的积分,即与各端口相连接的波导横截面上的积分,因此式(7-16)可写为

$$-\frac{1}{2}\oint_{\Omega}(\boldsymbol{E}\times\boldsymbol{H}^{*})\cdot \mathrm{d}\boldsymbol{\Omega}=\frac{1}{2}\sum_{i}\int_{S_i}(\boldsymbol{E}_{\mathrm{t}i}\times\boldsymbol{H}_{\mathrm{t}i}^{*})\cdot \mathrm{d}\boldsymbol{S}_{i} \tag{7-17}$$

式中,下标 i 的不同表示端口的不同;S_i 为各端口的横截面(其法线方向指向端口内)。考虑到式(7-4),则有

$$\begin{aligned}-\frac{1}{2}\oint_{\Omega}(\boldsymbol{E}\times\boldsymbol{H}^{*})\cdot \mathrm{d}\boldsymbol{\Omega}&=\frac{1}{2}\sum_{i}U_{i}(z)I_{i}^{*}(z)\int_{S_i}(\boldsymbol{e}_{\mathrm{t}i}\times\boldsymbol{h}_{\mathrm{t}i})\cdot \mathrm{d}\boldsymbol{S}_{i}\\&=\mathrm{j}2\omega(W_{\mathrm{m}}-W_{\mathrm{e}})+P_{1}\end{aligned} \tag{7-18}$$

当各端口的模式矢量满足归一化条件时,则

$$\frac{1}{2}\sum_{i}U_{i}(z)I_{i}^{*}(z)=\mathrm{j}2\omega(W_{\mathrm{m}}-W_{\mathrm{e}})+P_{1} \tag{7-19}$$

上述关系式不仅对集总参数电路适用,而且对微波电路也是适用的。利用这一关系式,可将微波结中储存和损耗电磁能量的作用,用一个集总参数电路来等效,从而达到将不均匀性等效为网络的目的。

为了便于对式(7-19)的理解,下面通过一个具体的例子来说明。

【例 7-2】试将如图 7-3 所示的单端口微波结等效为网络。

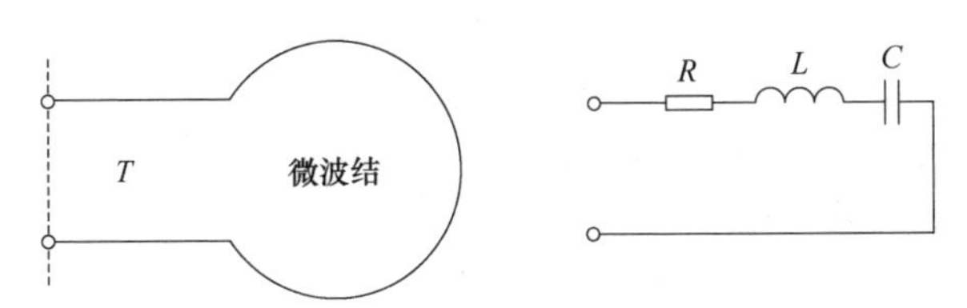

图 7-3　单端口微波结

解:由式(7-19),通过参考面 T 输入微波结的功率为

$$\sum_{i}U_{i}(z)I_{i}^{*}(z)=4\mathrm{j}\omega(W_{\mathrm{m}}-W_{\mathrm{e}})+2P_{1}$$

上式等号两端除以 $I(z)I^{*}(z)=|I(z)|^{2}$,可得

$$Z=\frac{U(z)}{I(z)}=\frac{4\mathrm{j}\omega(W_{\mathrm{m}}-W_{\mathrm{e}})+2P_{1}}{|I(z)|^{2}}$$

若将储存的磁场能量和电场能量分别用等效电感 L 和等效电容 C 的储能来表

示,用电阻 R 来表示媒质的损耗功率,则

$$Z=\frac{U(z)}{I(z)}=\frac{2P_1}{|I(z)|^2}+\frac{4\mathrm{j}\omega W_\mathrm{m}}{|I(z)|^2}+\frac{-4\mathrm{j}\omega W_\mathrm{e}}{|I(z)|^2}=R+\mathrm{j}\omega L+\frac{1}{\mathrm{j}\omega C}$$

分析上式可得

$$P_1=\frac{1}{2}R|I(z)|^2$$

$$W_\mathrm{m}=\frac{\mathrm{j}\omega L}{4\mathrm{j}\omega}|I(z)|^2=\frac{1}{4}L|I(z)|^2$$

考虑 $i(z,t)=\frac{\partial q}{\partial t}$ 及 $I(z)=\mathrm{j}\omega q$ 可推出

$$W_\mathrm{e}=\frac{|I(z)|^2}{-4\mathrm{j}\omega}\cdot\frac{1}{\mathrm{j}\omega C}=\frac{|\mathrm{j}\omega q|^2}{4\omega^2 C}=\frac{|q|^2}{4C}$$

以上说明,一个单端口的微波结可用图 7-3 所示的由 R、L、C 串联的集总参数电路来等效。微波结也可等效为一个由 G、L、C 相并联的集总参数电路。由此可见,微波等效电路不是唯一的。

7.2.4 归一化参量

在微波元件中常会遇到端口接有不同传输线的情况。为了使所讨论的问题具有通用性和运算方便,通常需要对上述各量进行归一化处理,这样就得到了归一化的参量,归一化的各参量之间具有比较简单的关系。

1. 阻抗的归一化

阻抗的归一化是指网络各端口的输入阻抗对该端口相连接的等效双线的特性阻抗的归一化:

$$z_i=\frac{Z_i}{Z_{0i}} \tag{7-20}$$

式中,Z_{0i} 为第 i 个等效双线的特性阻抗;Z_i 为与第 i 个等效双线有关的输入阻抗。

2. 电压和电流的归一化

在行波状态下,等效双线的传输功率为

$$P=\frac{1}{2}\frac{|U|^2}{Z_0}=\frac{1}{2}Z_0|I|^2 \tag{7-21}$$

为了保持传输功率不变,规定

$$u=\frac{U}{\sqrt{Z_0}},\quad i=I\sqrt{Z_0} \tag{7-22}$$

式中,u 和 i 分别代表归一化电压和电流,而传输功率可写为

$$P=\frac{1}{2}\frac{|U|^2}{Z_0}=\frac{1}{2}Z_0|I|^2=\frac{1}{2}|u|^2=\frac{1}{2}|i|^2 \tag{7-23}$$

由此可见,归一化电压和电流具有相同的量纲,它们不再具有通常意义上的电压和电流的概念,而只是为了运算方便而引入的一种“记号”。

由传输线理论可知,一般情况下传输线上的电压、电流由入射波和反射波构成

$$U = U^{+} + U^{-}, \quad I = I^{+} + I^{-} = \frac{U^{+}}{Z_0} - \frac{U^{-}}{Z_0} \tag{7-24}$$

按照电压电流归一化方法,其归一化值对应的关系为

$$u = u^{+} + u^{-}, \quad i = i^{+} + i^{-} = u^{+} - u^{-} \tag{7-25}$$

由此可见

$$u^{+} = i^{+}, u^{-} = - i^{-} \tag{7-26}$$

令

$$u^{+} = i^{+} = a, \quad u^{-} = - i^{-} = b$$

称 a 为“入波”,b 为“出波”,于是

$$u = a + b, \quad i = a - b \tag{7-27}$$

7.3　微波网络参量

微波网络是微波系统或微波电路抽象化的物理模型,如微波网络的引所述,网络理论并不要求研究网络内部的场结构,而只是研究网络的外部特性。网络是通过端口与外界相联系的,当从某一端口馈入信号时,其他端口所产生的响应是由网络本身所决定的。因此,当研究端口物理量之间的关系时,可采用网络参量来描述网络的外部特性。需要指出的是,这里只研究线性网络,其所代表的不均匀区内没有非线性媒质,不产生非线性效应。在此条件下电磁场方程是线性方程,不均匀区和与之相连接的传输系统的场矢量之间是线性关系,由此得出结论:线性网络的端口物理量之间的关系也是线性的,线性关系满足叠加定理。

下面介绍几种常见的微波网络参量。

7.3.1　微波网络的电路参量

1. 非归一化化阻抗参量和导纳参量

如图 7-4 所示,一个具有 n 个端口的网络,其端口物理量为非归一化的电压与电流,各端口所接传输线的特性阻抗分别为 $Z_{01}, Z_{02}, Z_{03}, \cdots, Z_{0n}$。由各端口电压所构成的列矩阵为

$$[U] = [U_1 \quad U_2 \quad U_3 \quad \cdots \quad U_n]^{\mathrm{T}} \tag{7-28}$$

式中,T 表示矩阵转置。由各端口电流所构成的列矩阵为

$$[I] = [I_1 \quad I_2 \quad I_3 \quad \cdots \quad I_n]^{\mathrm{T}} \tag{7-29}$$

非归一化端口电压和电流之间的关系可用阻抗矩阵和导纳矩阵给出:

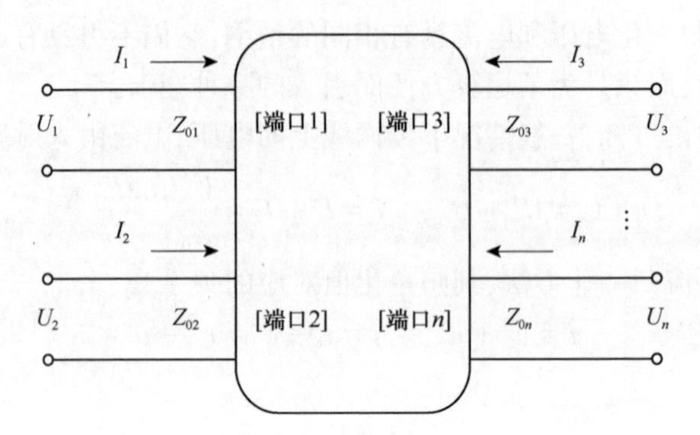

图 7-4　n 端口网络

$$[U]=[Z]\cdot[I] \tag{7-30}$$

$$[I]=[Y]\cdot[U] \tag{7-31}$$

式中,$[Z]$为非归一化阻抗矩阵,其元素称为 n 端口网络的阻抗参量,共有 n^2 个,即

$$[Z]=\begin{bmatrix} Z_{11} & Z_{12} & \cdots & Z_{1n} \\ Z_{21} & Z_{22} & \cdots & Z_{2n} \\ \vdots & \vdots & & \vdots \\ Z_{n1} & Z_{n2} & \cdots & Z_{nn} \end{bmatrix} \tag{7-32}$$

$[Y]$为非归一化导纳矩阵,其元素称为 n 端口网络的导纳参量,也有 n^2 个,即

$$[Y]=\begin{bmatrix} Y_{11} & Y_{12} & \cdots & Y_{1n} \\ Y_{21} & Y_{22} & \cdots & Y_{2n} \\ \vdots & \vdots & & \vdots \\ Y_{n1} & Y_{n2} & \cdots & Y_{nn} \end{bmatrix} \tag{7-33}$$

Z_{ii} 为除第 i 端口外,其余各端口的电流都为 0(开路)时第 i 端口的电压与电流之比,即除第 i 端口外,其余各端口开路时第 i 端口的输入阻抗。Z_{ij} 是除第 j 端口外,其余各端口均开路时第 i 端口的电压与第 j 端口的电流之比,即除第 j 端口外,其余各端口均开路时第 j 端口到第 i 端口的转移阻抗。

Y_{ii} 为除第 i 端口外,其余各端口的电压都为 0(短路)时第 i 端口的电流与电压之比,即除第 i 端口外,其余各端口短路时第 i 端口的输入导纳。Y_{ij} 是除第 j 端口外,其余各端口均短路时第 i 端口的电流与第 j 端口的电压之比,即除第 j 端口外,其余各端口均短路时第 j 端口到第 i 端口的转移导纳。

将式(7-31)代入式(7-30),得$[U]=[Z]\cdot[Y]\cdot[U]$,由此可知$[Z]$与$[Y]$之积为单位矩阵$[I]$,即

$$[Z]\cdot[Y]=[I] \tag{7-34}$$

这说明阻抗矩阵与导纳矩阵互为逆矩阵。

2. 归一化阻抗参量和导纳参量

在微波网络中,为了理论分析方便,经常把各端口电压、电流加以归一化,而描述归一化端口电压、电流之间关系的电路参量有归一化阻抗参量和导纳参量。下面从单根传输线归一化电压、电流与非归一化电压、电流的关系出发,导出归一化阻抗参量和导纳参量与非归一化阻抗参量和导纳参量之间的关系。由式(7-22)、式(7-28)和式(7-29)可以写出

$$[u]=[(\sqrt{Z_0})^{-1}]\cdot[U] \tag{7-35}$$

$$[i]=[\sqrt{Z_0}]\cdot[I] \tag{7-36}$$

式中,$[(\sqrt{Z_0})^{-1}]$ 及 $[\sqrt{Z_0}]$ 是对角阵,则

$$[(\sqrt{Z_0})^{-1}]=\begin{bmatrix}(\sqrt{Z_{01}})^{-1} & & & 0\\ & (\sqrt{Z_{02}})^{-1} & & \\ & & \ddots & \\ 0 & & & (\sqrt{Z_{0n}})^{-1}\end{bmatrix} \tag{7-37}$$

$$[\sqrt{Z_0}]=\begin{bmatrix}\sqrt{Z_{01}} & & & 0\\ & \sqrt{Z_{02}} & & \\ & & \ddots & \\ 0 & & & \sqrt{Z_{0n}}\end{bmatrix} \tag{7-38}$$

对角线上的各个元素表示各个端口所接传输线的特性阻抗。

把式(7-30)代入式(7-35)得

$$[u]=[(\sqrt{Z_0})^{-1}]\cdot[Z]\cdot[I] \tag{7-39}$$

由式(7-36)可知 $[I]=[\sqrt{Z_0}]^{-1}[i]$,式中 $[\sqrt{Z_0}]^{-1}$ 是 $[\sqrt{Z_0}]$ 的逆矩阵,并且由于 $[\sqrt{Z_0}]$ 是对角阵,因此可以证明 $[\sqrt{Z_0}]^{-1}=[(\sqrt{Z_0})^{-1}]$ 。于是,式(7-39)可写作

$$[u]=[(\sqrt{Z_0})^{-1}]\cdot[Z]\cdot[(\sqrt{Z_0})^{-1}]\cdot[i] \tag{7-40}$$

由此可以得到归一化阻抗矩阵与非归一化阻抗矩阵的关系为

$$[z]=[(\sqrt{Z_0})^{-1}]\cdot[Z]\cdot[(\sqrt{Z_0})^{-1}] \tag{7-41}$$

具体到阻抗矩阵的一个元素

$$z_{ij}=\frac{Z_{ij}}{\sqrt{Z_{0i}Z_{0j}}} \tag{7-42}$$

当 $i=j$ 时

$$z_{ii}=\frac{Z_{ii}}{Z_{0i}} \tag{7-43}$$

当n端口网络退化为单端口网络时,式(7-42)在形式上也退化为传输线理论中的结果。

对于导纳矩阵可用类似的方法导出类似的结果,归一化导纳矩阵与非归一化导纳矩阵的关系为

$$[y]=[(\sqrt{Y_0})^{-1}]\cdot[Y]\cdot[(\sqrt{Y_0})^{-1}] \tag{7-44a}$$

$$y_{it}=\frac{Y_{it}}{Y_{0i}} \tag{7-44b}$$

式中,$[(\sqrt{Y_0})^{-1}]$为n阶对角矩阵;Y_{0i}表示第i端口的特性导纳。

7.3.2 微波网络的散射参量

微波工程中散射参量和散射矩阵具有非常重要的地位,它的应用极为广泛,因为它处理的是波与波之间的关系。图7-5所示用入波、出波表示的n端口网络,a_i是第i端口的入波,b_i是第i端口的出波,入波与出波的关系可用式(7-45)表示,式中a_i,b_i,s_{ij}都是复数,$i,j=1,2,\cdots,n$,a_i和b_i都是相对于某一截面而言的,此截面称为第i端口的参考面。

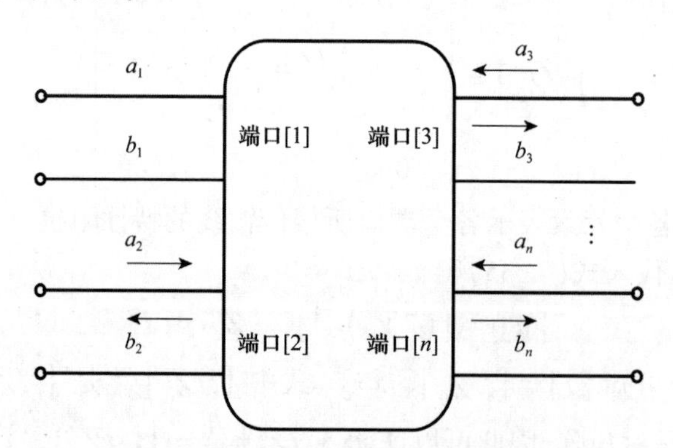

图7-5 用入波、出波表示的n端口网络

$$\left.\begin{aligned} b_1&=s_{11}a_1+s_{12}a_2+\cdots+s_{1n}a_n\\ b_2&=s_{21}a_1+s_{22}a_2+\cdots+s_{2n}a_n\\ &\vdots\\ b_n&=s_{n1}a_1+s_{n2}a_2+\cdots+s_{nn}a_n \end{aligned}\right\} \tag{7-45}$$

式(7-45)可以写成矩阵形式

$$[b]=[s]\cdot[a] \tag{7-46}$$

式中,$[a]$和$[b]$为列矩阵;$[s]$为n阶方阵,称为散射矩阵,即

$$[s]=\begin{bmatrix} s_{11} & s_{12} & \cdots & s_{1n} \\ s_{21} & s_{22} & \cdots & s_{2n} \\ \vdots & \vdots & & \vdots \\ s_{n1} & s_{n2} & \cdots & s_{nn} \end{bmatrix} \tag{7-47}$$

$[s]$的各个元素称为散射参量,共有 n^2 个,它们有明确的物理意义,其定义式为

$$s_{ii}=\left.\frac{b_i}{a_i}\right|_{a_k=0} \quad (i,k=1,2,\cdots,n,但\ k\neq i) \tag{7-48}$$

$$s_{ij}=\left.\frac{b_i}{a_j}\right|_{a_k=0} \quad (i,j,k=1,2,\cdots,n,但\ k\neq j,\ i\neq j) \tag{7-49}$$

s_{ii} 表示除第 i 端口外,其他端口均接匹配负载时,端口 i 的反射系数;s_{ij} 表示除第 j 端口外,其他端口均接匹配负载时,端口 j 到端口 i 的传输系数。

7.3.3 散射参量与电路参量的关系

下面导出散射矩阵与阻抗、导纳矩阵的关系。

把各端口的归一化电压电流与入波出波的关系表示为矩阵形式,即

$$\begin{cases} [u]=[a]+[b] \\ [i]=[a]-[b] \end{cases} \tag{7-50}$$

利用散射矩阵$[s]$,可以将式(7-50)改写为

$$\begin{cases} [u]=([I]+[s])\cdot[a] \\ [i]=([I]-[s])\cdot[a] \end{cases} \tag{7-51}$$

$[u]$与$[i]$之间是通过归一化阻抗矩阵$[z]$联系起来的,式(7-51)可变为

$$([I]+[s])\cdot[a]=[z]\cdot([I]-[s])\cdot[a] \tag{7-52}$$

$[a]$是任意的,故

$$([I]+[s])=[z]\cdot([I]-[s]) \tag{7-53}$$

由式(7-53)可解得

$$[z]=([I]+[s])\cdot([I]-[s])^{-1} \tag{7-54}$$

$$[s]=([z]+[I])^{-1}\cdot([z]-[I]) \tag{7-55}$$

式(7-54)和式(7-55)就是归一化阻抗矩阵与散射矩阵的关系。

仿照上述推导过程,读者可以导出归一化导纳矩阵与散射矩阵的关系。

$$[y]=([I]-[s])\cdot([I]+[s])^{-1} \tag{7-56}$$

$$[s]=([I]+[y])^{-1}\cdot([I]-[y]) \tag{7-57}$$

散射矩阵是必然存在的,而阻抗矩阵与导纳矩阵却不一定存在。如果($[I]-[s]$)的逆矩阵不存在,则归一化阻抗矩阵不存在;如果($[I]+[s]$)的逆矩阵不存在,则归一化导纳矩阵不存在。

7.3.4 网络参量的性质

由于微波网络的性质是由网络本身确定的,因此也称之为网络对网络参量的限制。网络应当遵循能量原理,特别对于线性、互易、对称网络而言,其网络参量还具有一些特殊的性质,这些性质会给确定网络参量带来方便,下面从线性、无耗、对称三个方面给出网络参量的性质。

1. 线性网络参量的性质

线性网络即其中填充的是各向同性媒质的微波网络,这样的网络具有互易性,即其阻抗矩阵、导纳矩阵和散射矩阵均为对称矩阵 $[Z]^{\mathrm{T}}=[Z]$,$[Y]^{\mathrm{T}}=[Y]$,$[s]^{\mathrm{T}}=[s]$。这一性质可以利用电磁场中的洛仑兹互易定理来加以证明(此处证明略)。写成元素关系为

$$Z_{ij}=Z_{ji},Y_{ij}=Y_{ji},s_{ij}=s_{ji} \qquad (i\neq j) \tag{7-58}$$

2. 无耗网络参量的性质

如果外界流入网络的能量在网络内部要损耗一部分,这样的网络称为有耗网络;如果网络把外界流入它内部的能量全部传给了负载,而网络本身不消耗任何能量,这样的网络称为无耗网络。

理论证明,无耗网络的 Z 参量和 Y 参量均为纯虚数,即网络可以看成一个由若干像电感和电容这样的储能元件构成的整体。写成元素关系为

$$Z_{ii}+Z_{ii}^{*}=0,\quad Z_{ij}+Z_{ij}^{*}=0 \tag{7-59}$$

$$Y_{ii}+Y_{ii}^{*}=0,\quad Y_{ij}+Y_{ij}^{*}=0 \tag{7-60}$$

对于无耗互易网络,s 参量具有幺正性,即

$$[s]^{*}\cdot[s]=1 \tag{7-61}$$

式中,$[s]^{*}$ 表示 $[s]$ 的转置共轭矩阵。

s 参量的幺正性包括两方面的特性,即

$$\sum_{i=1}^{n}s_{ij}^{*}s_{ij}=1 \quad (j=1,2,\cdots,n) \tag{7-62}$$

$$\sum_{i=1}^{n}s_{ij}^{*}s_{ik}=0 \quad (k\neq j \quad k,j=1,2,\cdots,n) \tag{7-63}$$

前者称为无耗互易网络 s 参量的单元特性,后者称为 s 参量 0 特性。

无耗网络 s 参量的幺正性是由能量原理来确定的,而且它还表示 s 参量的幅值和相位之间的关系,这一点在后面章节的讨论中会加以说明。

3. 网络的对称性

微波元件在结构上有时会存在某种对称性:如端口对某一平面对称的面对称,或端口对某一轴线旋转一定角度而构成的轴线对称。如果一个微波元件在结构上对称、填充的是各向同性媒质,那么,它的等效网络在电性能上也是对称的。这样

就可以利用对称性减少所求参量的个数。

例如,对于无耗互易的二端口网络,若其结构是对称的,则必然是一个对称网络,即

$$Z_{12} = Z_{21},\quad Z_{11} = Z_{22}$$

$$Y_{12} = Y_{21},\quad Y_{11} = Y_{22}$$

$$s_{12} = s_{21},\quad s_{11} = s_{22}$$

显然利用了网络性质,使原本确定 4 个参量的工作量减少到两个。

7.4　参考面移动对网络参量的影响

微波网络是多模系统和分布参数系统。前面,通过对特定工作模式定义了等效端口电压和电流,而把其他模式的作用根据其储能和耗能归结为网络参量,这样建立了对特定工作模式的等效网络。由于微波网络是一个分布参数系统,在传输线的不同参考面上电压、电流也会随之不同,因此,表征各参考面端口物理量之间关系的网络参量也随着参考面的位置而变化。所以,某一微波结构的某一等效网络时,要特别指明其参考面的取法、位置。若参考面移动,则网络参量也会随之改变。

在参考面移动而受到影响的网络参量中,以散射参量的变化比较简单,而且也易于计算,并且散射参量在微波技术中应用广泛。所以,下面着重说明参考面移动对散射参量的影响。

设有一个图 7-6 所示的二端口网络,当参考面为 T_1 和 T_2 时其散射参量为

$$[s] = \begin{bmatrix} s_{11} & s_{12} \\ s_{21} & s_{22} \end{bmatrix} \tag{7 - 64}$$

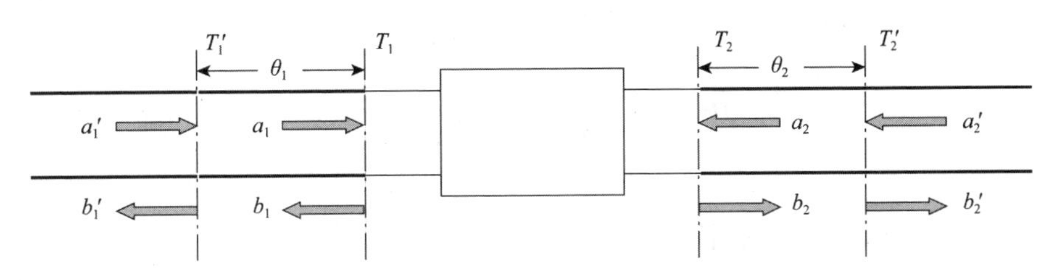

图 7-6　参考面移动对散射参量的影响

若将参考面 T_1 和 T_2 分别向外移动到 T_1'和 T_2',移动的距离分别为 d_1 和 d_2,对应的相移分别为 $\theta_1=\beta d_1$ 和 $\theta_2=\beta d_2$。因为网络端口的引出线为均匀无耗线,所以根据传输线理论可知,入波 a 和出波 b 均为行波,因此有

$$a_1 = a'_1 e^{-j\theta_1} \tag{7 - 65a}$$

$$a_2 = a'_2 e^{-j\theta_2} \tag{7-65b}$$

$$b'_1 = b_1 e^{-j\theta_1} \tag{7-65c}$$

$$b'_2 = b_2 e^{-j\theta_2} \tag{7-65d}$$

写成矩阵形式为

$$\begin{bmatrix} a_1 \\ a_2 \end{bmatrix} = \begin{bmatrix} e^{-j\theta_1} & 0 \\ 0 & e^{-j\theta_2} \end{bmatrix} \begin{bmatrix} a'_1 \\ a'_2 \end{bmatrix} \tag{7-66a}$$

$$\begin{bmatrix} b'_1 \\ b'_2 \end{bmatrix} = \begin{bmatrix} e^{-j\theta_1} & 0 \\ 0 & e^{-j\theta_2} \end{bmatrix} \begin{bmatrix} b_1 \\ b_2 \end{bmatrix} \tag{7-66b}$$

则

$$\begin{bmatrix} b'_1 \\ b'_2 \end{bmatrix} = \begin{bmatrix} e^{-j\theta_1} & 0 \\ 0 & e^{-j\theta_2} \end{bmatrix} \begin{bmatrix} s_{11} & s_{12} \\ s_{21} & s_{22} \end{bmatrix} \begin{bmatrix} e^{-j\theta_1} & 0 \\ 0 & e^{-j\theta_2} \end{bmatrix} \begin{bmatrix} a'_1 \\ a'_2 \end{bmatrix} \tag{7-67}$$

显然,参考面移动后其散射参量为

$$[s'] = \begin{bmatrix} s'_{11} & s'_{12} \\ s'_{21} & s'_{22} \end{bmatrix} = \begin{bmatrix} e^{-j\theta_1} & 0 \\ 0 & e^{-j\theta_2} \end{bmatrix} \begin{bmatrix} s_{11} & s_{12} \\ s_{21} & s_{22} \end{bmatrix} \begin{bmatrix} e^{-j\theta_1} & 0 \\ 0 & e^{-j\theta_2} \end{bmatrix} \tag{7-68}$$

即

$$[s'] = \begin{bmatrix} s_{11} e^{-j2\theta_1} & s_{12} e^{-j(\theta_1+\theta_2)} \\ s_{21} e^{-j(\theta_1+\theta_2)} & s_{22} e^{-j2\theta_2} \end{bmatrix} \tag{7-69}$$

可见,参考面移动仅对散射参量的相角造成影响,而其模则不变化。

对于 n 端口网络,设各端口参考面移动时对应的相移为 $\theta_1,\theta_2,\cdots,\theta_n$,本书规定参考面向外移动时 θ 为正,参考面向内移动时 θ 为负,定义对角矩阵 $[p]$ 为

$$[p] = \begin{bmatrix} e^{-j\theta_1} & & & 0 \\ & e^{-j\theta_2} & & \\ & & \ddots & \\ 0 & & & e^{-j\theta_n} \end{bmatrix} \tag{7-70}$$

则参考面移动后的散射矩阵为

$$[s'] = [p] \cdot [s] \cdot [p] \tag{7-71}$$

$[s']$ 中各元素与 $[s]$ 中各元素的关系为

$$s'_{ii} = s_{ii} e^{-j2\theta_i} \tag{7-72}$$

$$s'_{ij} = s_{ij} e^{-j(\theta_i+\theta_j)} \tag{7-73}$$

可以看出,当网络为单端口网络时, s_{ii} 就是反射系数 Γ,s'_{ii}就是 Γ',而 $\Gamma' = \Gamma e^{-j2\theta}$,这与传输线理论中的结论是一致的。

习　　题

1. 一无耗金属矩形波导(尺寸为 $a\times b$),传输 TE_{10} 波,其长度小于 $\lambda_g/4$,试求波导管终端短路时的等效电路。

2. 试求出图示网络的阻抗矩阵和导纳矩阵。

3. 根据散射参量的定义式,试求出图示网络的散射矩阵。

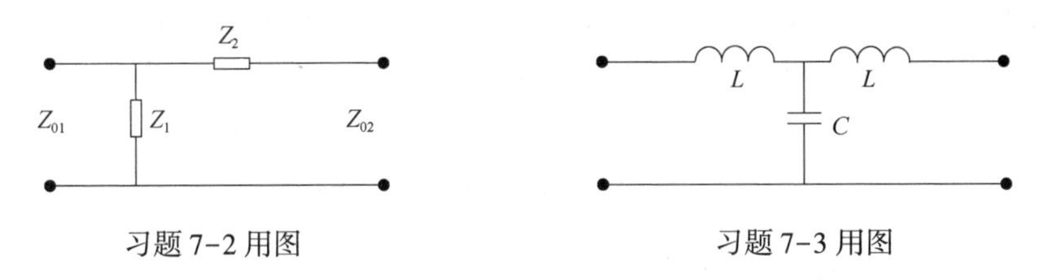

习题 7-2 用图　　　　习题 7-3 用图

4. 利用传输线理论和散射参量的定义,证明特性导纳分别为 Y_{01} 和 Y_{02} 的两个均匀传输线的不均匀连接面为一理想变压器,其变比为 $1:n$, $n=\sqrt{Y_{01}/Y_{02}}$ 。

5. 如图所示的参考面 T_1、T_2、T_3、T_4 所确定的四端口网络的散射参量矩阵为

$$[s]=\begin{bmatrix} s_{11} & s_{12} & s_{13} & s_{14} \\ s_{21} & s_{22} & s_{23} & s_{24} \\ s_{31} & s_{32} & s_{33} & s_{34} \\ s_{41} & s_{42} & s_{43} & s_{44} \end{bmatrix}$$

求参考面移动后,新参考面 T_1'、T_2'、T_3'和 T_4'所确定的散射参量矩阵 $[s']$ 。

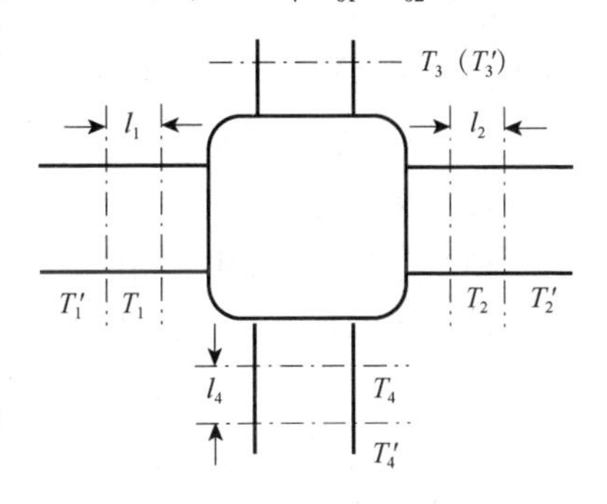

习题 7-5 用图

6. 有一无耗四端口网络,各端口均接以匹配负载,已知其散射参量矩阵为

$$[s]=\frac{1}{\sqrt{2}}\begin{bmatrix} 0 & 1 & 0 & \mathrm{j} \\ 1 & 0 & \mathrm{j} & 0 \\ 0 & \mathrm{j} & 0 & 1 \\ \mathrm{j} & 0 & 1 & 0 \end{bmatrix}$$

当高频功率从端口 1 输入时,试问端口 2、3、4 的输出功率为多少?若以端口 1 的输入场为基准,求各端口输出场的相位关系。

第8章　常用微波元件

微波元件是微波系统的重要组成部分。种类繁多、形状各异的微波元件,就各自的功能而言,无非是对微波进行各种变换或控制,如变换波的极化方式;控制波的振幅、频率、相位;改变波的传输方向和路径等。

8.1　连接元件与过渡元件

8.1.1　连接元件

在实际工作中,需要把各种微波元件连接起来组成微波系统。这些微波元件连接的好坏对整个传输系统的功能要产生重大影响。因为,连接不好就要在连接处引起附加反射。这样,当系统作测试用时,就将影响测试精度;而当系统用于大功率传输时,就可能因其接触不良而打火。另外,连接不良还要增加传输损耗,从而降低系统的传输效率。因此,连接问题是微波系统中一个十分重要的问题。

把两段尺寸、形状、工作模式都相同的传输线连接在一起的装置称为连接元件。传输线的连接元件包括刚性同轴接头、同轴电缆接头、矩形波导接头和圆波导接头等。

对连接元件的共同要求是:连接头的电接触良好,无功率泄漏,匹配良好,具有满足要求的工作频带和装拆方便等。

1. 同轴连接元件

图8-1所示为理想同轴线的直接连接和抗流连接示意图。直接连接时,要求同轴线内外导体理想地结合在一个平面上,并且轴线对准。最常用的方法是采用图8-1(a)所示的介质垫圈结构。只要垫圈的结构形式设计得当,就可以保证同轴线内外导体共轴线连接而不出现明显的反射。

抗流连接不要求内外导体在结构上直接接触,而由一段$\lambda/2$短路线来保证其良好的电接触性能。如图8-1(b)所示,内外导体隙缝都是一段$\lambda/2$短路线,所以由a、b和c、d看向各自的短路点,其输入阻抗均为0,故电性能上相当于该隙缝不存在,即内外导体有良好的电接触。而在紧固套处,隙缝处于离短路点$\lambda/4$位置,故e、f处于电流的波节位置,因而接触点不会引起损耗。

同轴接插头结构示于图8-2(a),它由互相配合的插头和插座组成。图中内导

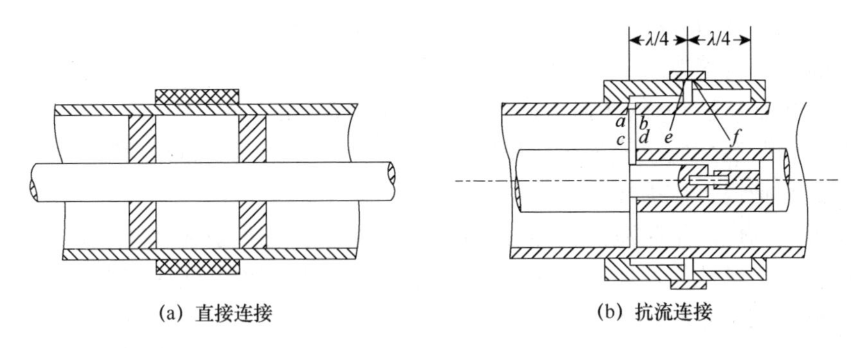

(a) 直接连接　　(b) 抗流连接

图 8-1 同轴线的连接

体一个做成插塞,另一个做成插座,用插塞和插座连接。外导体则通过螺纹或卡口连接。通常,在做成插座的内导体上开槽,并用富有弹性的材料如铍青铜或硅锰青铜做成,以便靠接触处的径向弹力保证插塞和插座的良好接触。这类接头是目前国内广泛使用的连接头。

由于插座开槽,外导体的有效直径就相应变大,而内导体的有效直径则相应变小。于是同轴线的特性阻抗就要增高。但因其相对变化值一般不大,故通常可以不予考虑。另外,同轴接插头在相连接时,只能保证外导体端面紧密接触,而不可能使内外导体端面都同时紧密接触,否则就可能在插头和插座连接时把内导体顶弯。为此,制造工艺上常将内导体端面留一间隙。如图 8-2(b)所示。这个间隙也将导致特性阻抗的改变,因此产生反射波。连同内导体开槽引入的反射波一并考虑,其驻波比的计算公式为

$$\rho = 1 + 2.52fg\ln\left(\frac{\pi d - Nw}{\pi d_g - Nw}\right) \tag{8-1}$$

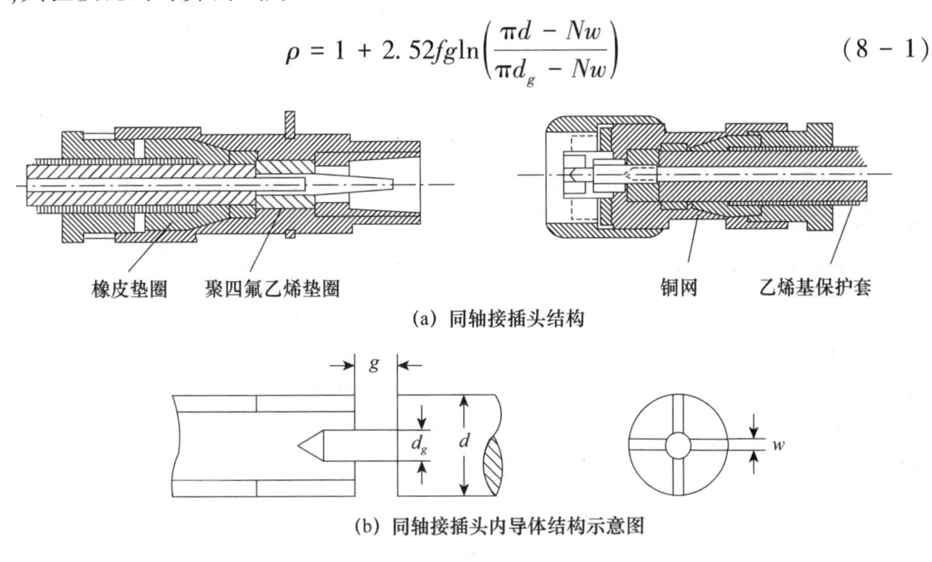

(a) 同轴接插头结构

(b) 同轴接插头内导体结构示意图

图 8-2 同轴接插头及其内导体的连接

式中,f代表频率(kHz);g为间隙宽度(mm);d_g为插塞的直径(mm);d为内导体直径(mm);w为槽宽(mm);N为插座上开槽数。

和同轴线特性一样,接插头内外导体尺寸公差、偏心等各种机械缺陷,介质支撑,电镀涂覆,装配质量等都直接影响它的性能。尤其是接触间隙和偏心,严重不合格时还将造成机械损坏。

接插头的优点是制造比较容易,但也有许多缺点,如反射大,频带窄,多次接插由于磨损使接触性能变坏,并且插头和插座必须配对,因而给使用带来一些不便。

2. 波导连接元件

波导的连接装置有平面法兰盘和抗流法兰盘两种类型,图 8-3 所示为它们的结构示意图。平面法兰的优点是工作频带宽,多用于小功率精密测量系统中。但对机械加工的要求高,特别是接触表面的加工精度要求更高。这种接头用于大功率时,往往会由于某些不可避免的不连续性而引起打火,使波导系统发生严重失配,法兰本身的接触表面处被破坏。设计良好的平法兰,在极宽的频带内,其驻波系数可以小于 1.01。

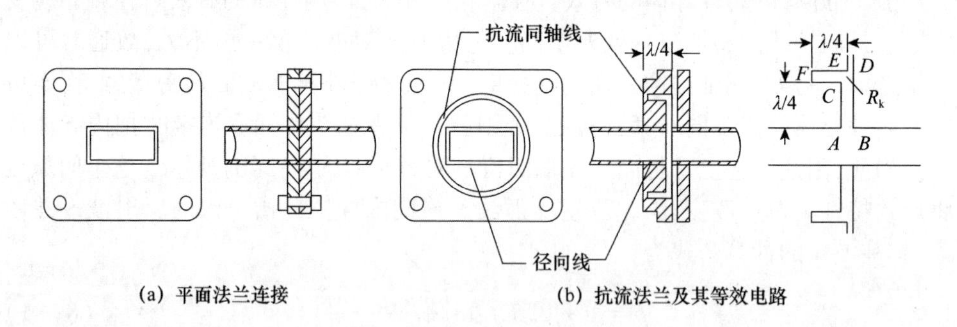

(a) 平面法兰连接　　(b) 抗流法兰及其等效电路

图 8-3　波导连接

在大功率雷达馈线中广泛采用抗流法兰连接,其结构如图 8-3(b)所示。抗流法兰连接并不要求机械上的直接接触,而是利用半波长短路线特性来实现电气上的良好接触。图中 EF 部分为 1/4 TE_{11}°(“°”表示圆波导)模式波长的短路同轴线,BD 部分为 1/4 TE_{11} 模式波长的径向传输线。由于抗流槽深度为同轴线 TE_{11} 模式波长的 1/4,接触电阻 R_k 就处于高频电流波节位置(E、D 两点之间)上,因而不会引起损耗。另外,即使法兰盘完全没有接触,从 C 点看进去的输入阻抗为无穷大,其间的空隙也没有辐射。然后又经过 1/4 波长径向线的变换,在 AB 处看进去的输入阻抗为 0,达到高频短路,从而保证了良好的电接触。

设计良好的抗流法兰,连接时驻波比也可小于 1.01。在大功率馈电设备中,用这种连接可以减轻由于接触不良所引起的损耗和打火击穿的危险。抗流法兰盘的缺点是工作频带不如平面法兰宽,故宽频带工作时宜用平面法兰连接。

8.1.2　过渡元件

一个微波系统往往同时使用多种传输线。过渡元件就是用来连接形式不同，或形式相同但尺寸不同的传输线用的。不同形式传输线的过渡元件包括同轴-波导、同轴-微带和矩形波导-圆波导等的过渡，这类过渡元件实际担负着模式变换和阻抗匹配的双重任务，因此为了尽量减少和避免过渡段所出现的高次模式，过渡元件往往做成渐变的形式。

1. 同轴-波导过渡

将微波能量有效地从同轴线传输至波导，或相反地从波导传输至同轴线，就要采用同轴-波导过渡。这种过渡在波导激励，波导和同轴系统的转换以及一些微波电子器件的输出装置中应用很广。

实际使用中，除要求同轴-波导过渡有良好的匹配外，有时还要求一定的频带宽度和功率容量。通常，在20%~30%的频带内，这种过渡的驻波比在1.05~1.10。由于这种过渡计算复杂，且都只能是一些近似结果，故对它的精确设计必须通过实验调试来修正。图8-4所示为同轴-波导过渡的几种结构。其中(a)为窄带小功率过渡，具有结构简单的优点。为扩展其频带，可以采用图(b)、(c)的改进措施，即将探针改成探球的结构或$\lambda/4$短截线支撑的结构。(d)为宽带中功率过渡，称为横梁式过渡装置。其优点是结构简单，频宽可达±10%左右。(e)为大功率同轴-波导过渡，也称门钮式过渡装置。这种结构有很大的功率容量，而且与匹配膜片配合使用时工作频带也较宽。其缺点是加工比较困难。

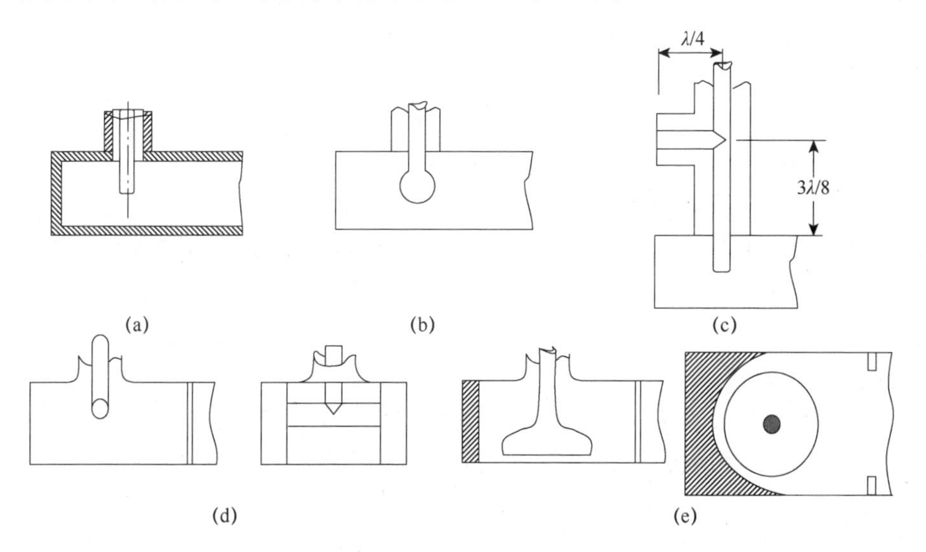

图8-4　同轴-波导过渡

还有其他形式的同轴-波导过渡结构，在此就不一一列举了。

2. 同轴-微带过渡

同轴-微带过渡也有垂直过渡和水平过渡两类。由于微带主要用于集成电路，多采用氧化铝陶瓷作基片，垂直过渡要打孔穿通基片，不如平行过渡来得方便，所以，实用中主要采用平行过渡，如图 8-5 所示。

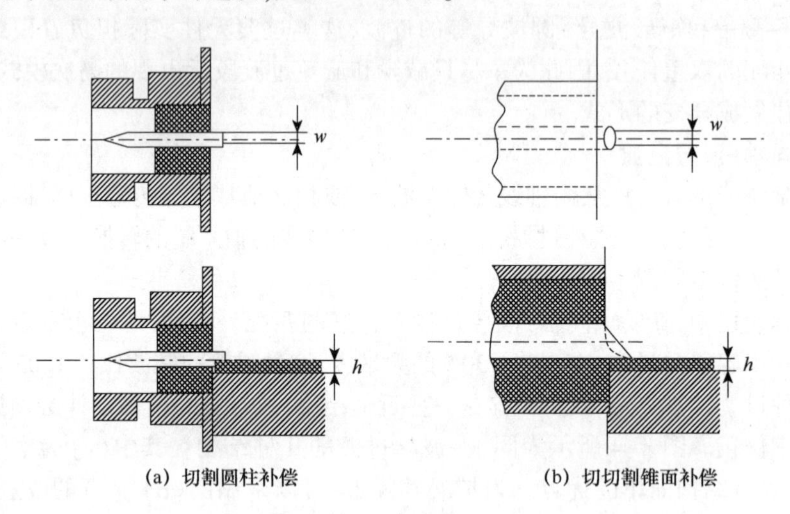

图 8-5　同轴-微带过渡

3. 矩形波导-圆波导过渡

矩形波导和圆波导之间的过渡有几种形式。从这些过渡的几何形状可分为渐变过渡、阶梯过渡和垂直过渡等。从模式变换来看，又可分成：矩形波导中的 TE_{10} 模式与圆波导中的 TE_{11} 模式之间的过渡，通常把它们表示为 $TE_{10}\sim TE_{11}^{\circ}$ 过渡，矩形波导 TE_{10} 模式与圆波导中的 TM_{01}° 模式之间的过渡，即 $TE_{10}\sim TM_{01}^{\circ}$ 过渡，以及矩形波导 TE_{10} 模式与圆波导 TE_{01} 模式之间的过渡，也就是 $TE_{10}\sim TE_{01}^{\circ}$ 过渡三种形式。

下面简单介绍一下这些过渡器的结构形式。

图 8-6 所示为 $TE_{10}\sim TE_{11}^{\circ}$ 模式过渡器的一种结构形式，因为它的过渡部分近乎直线，故亦称直线锥形过渡器。由图可见，过渡段的作用是把矩形波导中的 TE_{10} 模式逐渐变换成圆波导中的 TE_{11}° 模式。如果渐变部分的长度 l 等于几个波导波长，其驻波比可以做到小于 1.1，且频带宽度可达 10%~15%。长度较长和难以加工是这种过渡器的缺点。

阶梯突变式 $TE_{10}\sim TE_{11}^{\circ}$ 过渡器，是由矩形波导和圆波导之间加一段或几段“切割”过的圆波导段组成的，也称为切割圆波导阶梯变换器。这类过渡器按其阶梯数可分为单级(节)过渡和多级过渡。单级过渡器如图 8-7 所示，其切割圆波导段一般取 1/4 切割圆波导的波导波长。由于是切割过的圆波导，故其波导波长既不等于圆波导被切割前的波导波长，也不等于与之相连接的矩形波导的波导波长。另外，这种过渡器的中间段长度与波长密切相关，所以在一定驻波比的要求下，是一种窄带过渡。

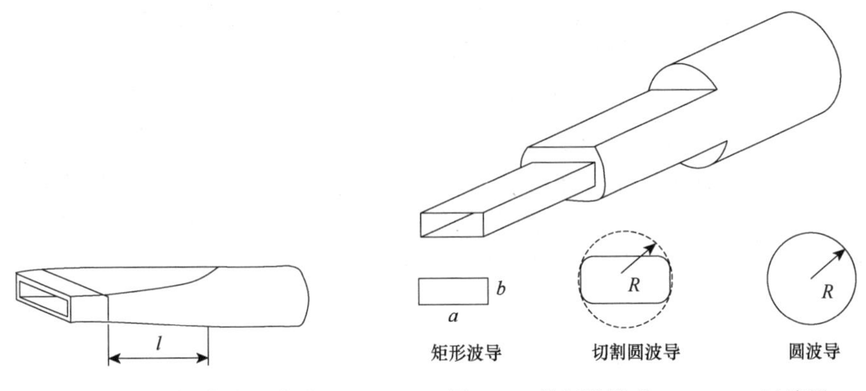

图 8-6　$TE_{10} \sim TE_{11}^{\circ}$直线过渡器　　图 8-7　单级阶梯式 $TE_{10} \sim TE_{11}^{\circ}$过渡器

鉴于矩形波导与圆波导相接处的不连续电抗目前还无法计算，因此要设计出质量高的单级阶梯过渡器是相当困难的。现有的办法是采用多级过渡以减少不连续电抗的影响。采用多级过渡可以扩展阶梯过渡器的工作频带。

在实际工作中，有时需要由矩形波导的 TE_{10} 模式成直角地过渡到圆形波导的 TE_{11} 模式，这就是矩形波导到圆波导的垂直过渡。这类过渡一般有串联耦合与并联耦合两种方式。在串联耦合中，矩形波导的宽边与圆波导的轴线正交，如图 8-8 所示，这样在圆形波导中 TE_{11}°模式的最大电场方向平行于矩形波导的轴线。为了使连接部分匹配，在图 8-8(a)中采用了楔形装置，有时还加有其他匹配元件如电感膜片，如图 8-8(b)所示，以使匹配更臻完善。

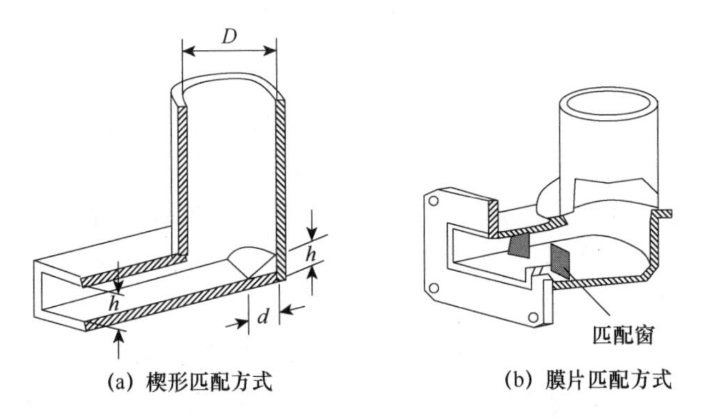

图 8-8　矩形波导-圆波导垂直过渡(串联耦合)

现在讨论由矩形波导中的 TE_{10} 模式过渡为圆波导的 TM_{01}°模式的问题。圆波导 TM_{01}°模式的截止波长比 TE_{11}°模式的截止波长短，即它并不是圆波导的主模，但因它的场结构具有轴对称特性，故在扫描天线装置中作旋转关节颇有价值。这种过渡装置可以采用图 8-9 所示的结构形式，即在矩形波导的宽壁平面接入圆波导的结构，后者的尺寸应设计到能使 TM_{01}° 模式通过。自然，在这种情况下，TE_{11}° 模式是不可避免的，应该加置其他抑制机构予以消除。此外，为了获得匹配，在矩形波导和圆波导内还应加置匹配元件。图 8-9 所示为 TE_{10} ~ TM_{01}° 模式过渡的另一种结构形式。在这种过渡中，圆波导穿过矩形波导在另一端短路，当短路部分的长度为 TE_{11}° 模式的 $\lambda/4$（由短路点到矩形波导中心）时，在圆波导中就可获得较纯的 TM_{01}° 模式的 $\lambda/4$，故一般结构上都采用 TE_{11}° 模式的 $3\lambda/4$ 作为适中段的长度，此时经由实验选择短路段的直径，并使其长度对 TM_{01}° 模式为 $\lambda/2$。由这种结构所产生的驻波比约为 1.5，可借助电感膜片进行匹配。

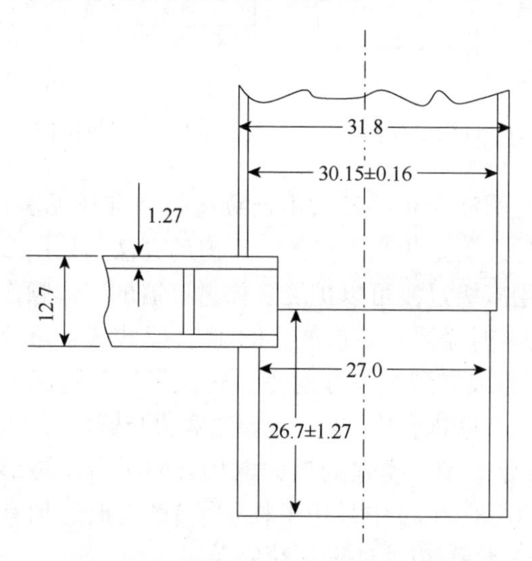

图 8-9　帕莱斯登 TE_{10} ~ TM_{01}° 过渡装置

4. 相同形式传输线之间的过渡

相同形式传输线之间的过渡元件，不存在模式变换的问题，只起阻抗匹配的作用。实质上，它是一种"阻抗匹配器"。这类过渡器有两种形式：一种采用渐变过渡，称为渐变过渡器（渐变形式有几种，如直线式、指数线式等，其中以直线式较为常用）；另一种采用阶梯形过渡，称为阶梯过渡器。在满足一定驻波比指标下，渐变过渡器尺寸较长，但易于加工，阶梯过渡器尺寸较短，加工较困难。

图 8-10 所示为直线式波导过渡器和同轴过渡器的结构示意图。当取渐变段的长度 L 为半波长的整数倍时，反射较小，且渐变段越长，反射越小。所以，在空间不受限制的地方，这种过渡用得较多。

图 8-11 和图 8-12 所示为阶梯过渡器，其过渡段是一段不均匀传输线，它在沿电磁波的传输方向上，特性阻抗采取阶梯式突变。多阶梯过渡器用作宽带匹配，因为采用多阶梯变换之后，由于阶梯增加，相邻两个阶梯之间的不连续电容减小，而各个阶梯间的反射可以互相抵消，因而频带加宽。

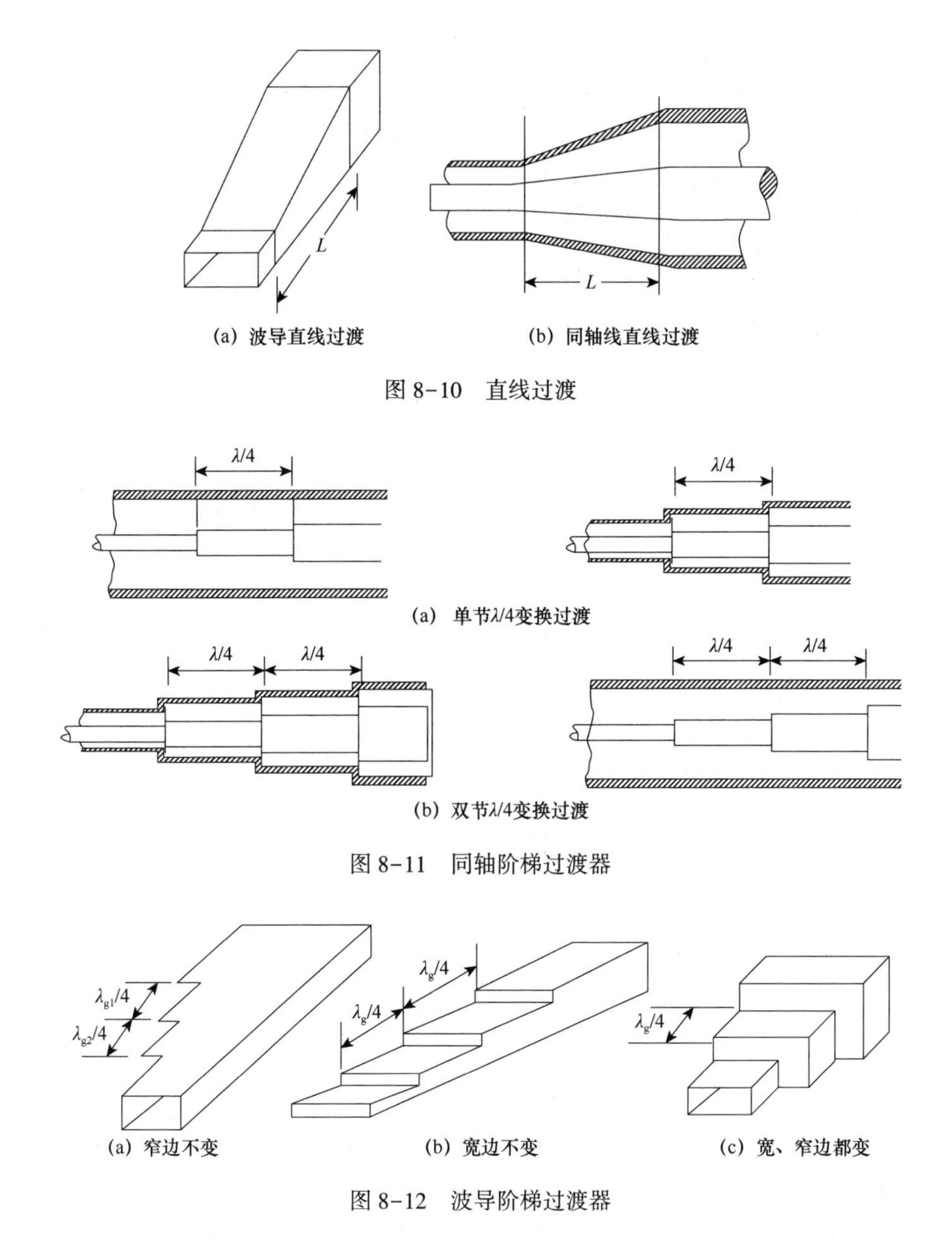

(a) 波导直线过渡　　(b) 同轴线直线过渡

图 8-10　直线过渡

(a) 单节λ/4变换过渡

(b) 双节λ/4变换过渡

图 8-11　同轴阶梯过渡器

(a) 窄边不变　　(b) 宽边不变　　(c) 宽、窄边都变

图 8-12　波导阶梯过渡器

8.2　衰减器与移相器

衰减器和移相器是微波技术中常用的二端口元件。衰减器用来改变微波信号的幅度,移相器用来改变微波信号的相位,对于衰减器和移相器来说,除了要求具有一定的衰减量和相移量,对其工作频带、驻波比、功率容量等都有一定的要求。

8.2.1 衰减器

衰减器是用来改变或降低传输系统中功率电平的一种微波元件。其衰减量的大小,一般用衰减器输出端接匹配负载情况下衰减器的输入功率 P_{i} 与其输出功率 P_{o} 的比值来表示,如果假设输入端为 1 口,输出端为 2 口,那么以分贝形式定义的衰减量表示为

$$A = 10\lg \frac{P_{\mathrm{i}}}{P_{\mathrm{o}}} = 20\lg \frac{1}{|s_{21}|} \tag{8-2}$$

对于二端口网络而言,A 也称为插入衰减,为了说明 A 的物理意义,把式(8-2)改写为

$$\begin{aligned} A &= 20\lg \frac{1}{|s_{21}|} = 10\lg \frac{1-|s_{11}|^2}{|s_{21}|^2} \cdot \frac{1}{1-|s_{11}|^2} \\ &= 10\lg \frac{1-|s_{11}|^2}{|s_{21}|^2} + 10\lg \frac{1}{1-|s_{11}|^2} \end{aligned} \tag{8-3}$$

设

$$A_{\mathrm{a}} = 10\lg \frac{1-|s_{11}|^2}{|s_{21}|^2} = 10\lg \frac{(1-|s_{11}|^2)\cdot a_1^2}{|s_{21}|^2 \cdot a_1^2} = 10\lg \frac{a_1^2 - b_1^2}{b_2^2} = 10\lg \frac{P_{\mathrm{i}}}{P_{\mathrm{L}}} \tag{8-4a}$$

$$A_{\mathrm{r}} = 10\lg \frac{1}{1-|s_{11}|^2} = 10\lg \frac{a_1^2}{a_1^2 - b_1^2} = 10\lg \frac{P_1^+}{P_1^+ - P_1^-} = 10\lg \frac{P_1^+}{P_{\mathrm{i}}} \tag{8-4b}$$

则有 $A = A_{\mathrm{a}} + A_{\mathrm{r}}$。

由上面的推导结果可知插入衰减的物理意义。插入衰减由两部分组成:一部分代表网络本身产生的吸收衰减,即 A_{a};另一部分代表网络输入口与前级传输线不匹配所引起的反射衰减,即 A_{r}。对于常用的衰减器而言,人们总是希望有一定的吸收衰减,而反射衰减要尽量小,以免影响传输线的工作状态和信号源的工作稳定性。

根据衰减原理,可以把衰减器分为吸收式衰减器和截止式衰减器两类。吸收式衰减器利用的是衰减元件吸收部分微波功率的衰减作用,截止式衰减器则是利用模式截止作用的衰减器。下面主要介绍几种衰减器的结构形式。

1. 吸收式衰减器

一种矩形波导吸收式衰减器的结构如图 8-13 所示。这种衰减器是利用吸收片吸收部分能量而达到衰减效果的。在一段矩形波导中,垂直于宽壁沿纵向放一块两端做成尖劈形(以减小反射)的介质片,片上涂有电阻膜以构成吸收片。由于吸收片与矩形波导中模的电场力线平行,故其片上将有电流流过 $\boldsymbol{J} = \sigma \boldsymbol{E}$,于是一部分电磁能量将在电阻膜上转化为热能,构成衰减。

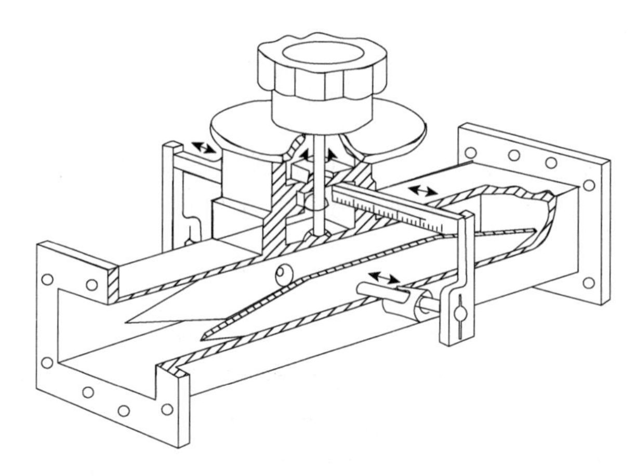

图 8-13　一种吸收式衰减器

因为 TE_{10} 波的电场沿波导宽边的分布是中间强，两边弱，于是吸收片位于波导中央时衰减最大，移向窄壁时衰减减小。利用这个原理设法将吸收片沿波导宽边移动便可做成可变衰减器。移动吸收片位置的支撑杆可用细介质圆棒做成，若吸收片较长需用两根杆支撑时，杆距 l 常取 $\lambda_g/4$ 的奇数倍，目的是使两根介质棒产生的反射波在波导输入口处反相而抵消。如图 8-14 所示。

另一种矩形波导吸收式可变衰减器的结构如图 8-15 所示，它是沿波导宽壁纵向中线开槽，槽中插入吸收片，片与 TE_{10} 模的电场平行。这种衰减器的衰减量随吸收片插入深度的深浅而改变。

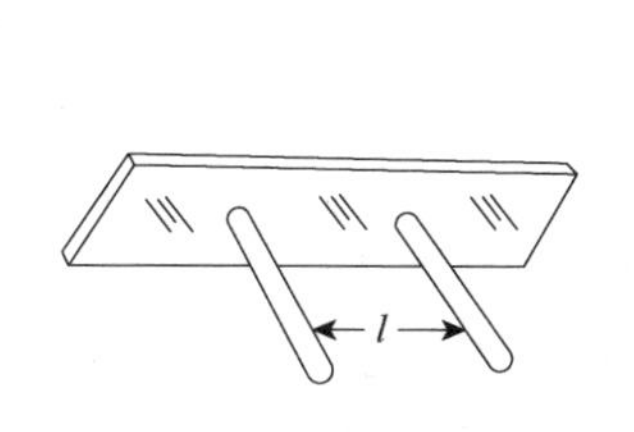

图 8-14　吸收片的支撑杆

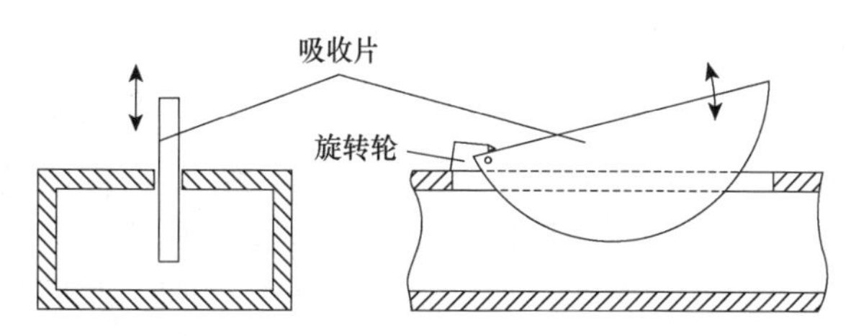

图 8-15　另一种吸收式衰减器

以上所述的吸收片可用玻璃、陶瓷或胶木等介质材料做基片，表面涂敷金属粉末、石墨粉或蒸发上镍铬合金等电阻材料，表面电阻为 200~300Ω/cm²。为使性能稳定，通常还要浸渍一层氧化硅或氟化镁做保护层。

衰减器的衰减量大小用 A 表示，常以自然对数或常用对数来度量，单位分别为 Np 和 dB，对于吸收式衰减器，设 E_i 和 E_o 分别为衰减器的输入和输出电场强度，则 $E_o = E_i e^{-A}$。

$$A = \ln \frac{E_i}{E_o} \tag{8-5}$$

或

$$A = 20\lg \frac{E_{\mathrm{i}}}{E_{\mathrm{o}}} \tag{8-6}$$

一般来说,吸收式衰减器的衰减量 A 与吸收片的位置及频率之间没有一个简单的数学关系,必须用功率计或标准衰减器进行点频定标,获得刻度-衰减量定标曲线以备查用。

2. 极化衰减器

还有一种无须另外定标的可变衰减器——极化衰减器。它的衰减量与衰减片位置之间有确定的函数关系,其结构如图 8-16 所示。衰减器的中间部分是一段可旋转的圆波导 B,两边是由矩形波导到圆波导的渐变转换段 A 和 C,每一段波导的中央都固定有一衰减量足够大且做成尖劈形的薄衰减片,其中片 1 和片 3 分别与两端的矩形波导宽壁平行,片 2 置于中间一段圆波导内,可绕轴转动,圆波导外表面装有刻度盘,可读出片 2 相对于片 1 和片 3 的夹角 θ。众所周知:如果某电场与衰减片成一定角度,总可以将其分解成两个电场分量,其中一个与衰减片平行,另一个与衰减片垂直。因为衰减片的衰减量足够大,能将平行于该片的电场全部吸收而让垂直于该片的电场分量无损耗地通过。极化衰减器正是基于这个原理构成的。

当矩形波导中的 TE_{10} 波(电场强度为 E_i)从图 8-16(a)所示衰减器的左端进入时,经波型转换器变成圆波导中的 TE_{11} 波。在衰减器入口处的 TE_{11} 波,由于它的电场与衰减片 1 垂直,因此无衰减地通过,片 1 在这里只起固定电场参考方向的作用,如图 8-16(b)所示。当 TE_{11} 波到达中间圆波导的衰减片 2 时,该片的法向与电场成一夹角 θ,该 θ 角的大小可通过旋转中间圆波导段来调节,如图 8-16(c)所示。其中,平行于衰减片 2 的电场分量 $E_i|\sin\theta|$ 被衰减掉,只有垂直分量 $E_i|\cos\theta|$ 继续向前传播。在出口处电场分量 $E_i|\cos\theta|$ 又与衰减片 3 的法向成一夹角 θ ,如图 8-16(d)所示,再次将 $E_i|\cos\theta|$ 分解为水平和垂直两分量,结果只剩下垂直分量 $E_i\cos^2\theta$ 经过输出段的波型转换器,恢复成矩形波导中的 TE_{10} 波输出。若忽略波型转换器的损耗,则衰减量为

$$A = 20\lg \frac{E_i}{E_0} = 20\lg \frac{E_i}{E_i\cos^2\theta} = -40\lg|\cos\theta| \tag{8-7}$$

当旋转衰减片 2 与两端衰减片的夹角 $\theta = 0°$ 时,衰减最小;当 $\theta = 90°$ 时,衰减最大。即 θ 在 0°~90°变化时,衰减量在 0 ~ ∞ dB 变化。另外,这种衰减器的衰减量 A 与旋转角 θ 的余弦的对数成正比,而与三个吸收片本身的衰减量(当然要求足够大)无关。因此,这种衰减器可作为一种定标的标准衰减器。但由于这种衰减器结构复杂,体积大,价格贵,故一般只作为衰减量的标准用来校刻其他衰减器或用于衰减量的精密测量。

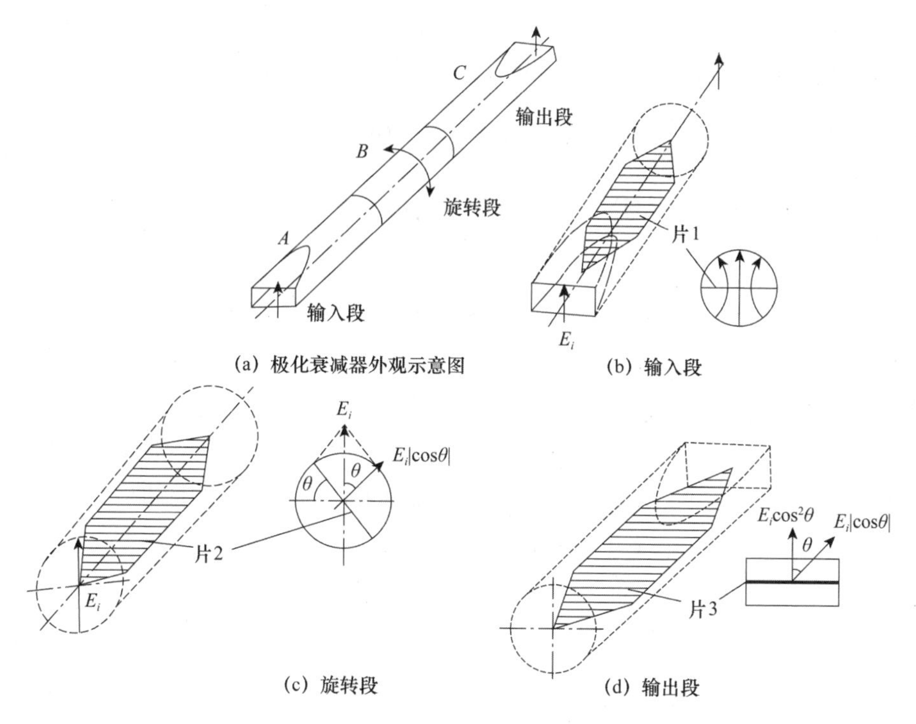

图 8-16　极化衰减器原理

3. 截止式衰减器

截止式衰减器是利用波导的截止特性做成的。图 8-17(a)所示为截止式衰减器的结构示意图。这种截止式衰减器的主体是一段处于截止状态的圆波导。选择圆波导的半径应满足截止条件

$$\lambda >> (\lambda_c)_{TE_{11}} \tag{8-8}$$

由于 TE_{11} 模是圆波导中的最低模式,故如果 TE_{11} 模被截止,则其他所有高次模全被截止。输入同轴线在圆波导的始端激励起 TE_{11} 模式的截止场,这种截止场的磁场 H 沿圆波导纵向(z 方向)呈指数律衰减,即 $H \propto e^{-\alpha z}$,其中衰减系数为

$$\alpha = \frac{2\pi}{\lambda}\sqrt{\left(\frac{\lambda}{\lambda_c}\right)^2 - 1} \approx \frac{2\pi}{\lambda_c} \quad (\lambda \gg \lambda_c) \tag{8-9}$$

输出同轴线通过一个小环与圆波导作磁耦合,圆波导中的 TE_{11} 模截止场激励小环,使得一部分功率进入输出同轴线中,这部分功率正比于小环所在处的磁场强度的平方,即 $P \propto e^{-2\alpha z}$。

借助于附设的调节机构,使整个输出同轴线沿圆波导的轴线做纵向移动,设小环位于 $z=0$ 处的起始位置时耦合到输出同轴线中的功率为 $P(0)=P_0$,则当输出同轴线被拉出到使小环处于 $z=l$ 时的耦合功率为

$$P_2 = P(l) = P_0 e^{-2\alpha l} \tag{8-10}$$

这也即为此时的输出功率，它相对于输入功率 P_1 的衰减量为

$$\begin{aligned} L(l) &= 10\lg \frac{P_1}{P_2} = 10\lg \left[\frac{P_1}{P_0} \cdot \frac{P_0}{P(l)}\right] = 10\lg \frac{P_1}{P_0} + 10\lg \frac{P_0}{P(l)} \\ &= L(0) + 10\lg e^{2\alpha l} = L(0) + 8.68\alpha l \end{aligned} \tag{8-11}$$

其中

$$L(0) = 10\lg \frac{P_1}{P_0} \tag{8-12}$$

为 $z=0$ 时的起始衰减量。

截止式衰减器具有如下特点：

(1)衰减量(dB 数)与移动距离 l 之间呈线性关系，如图 8-17(b)所示；并且衰减系数 α 可由式(8-9)计算，因此这种衰减器也可作为衰减量的标准。

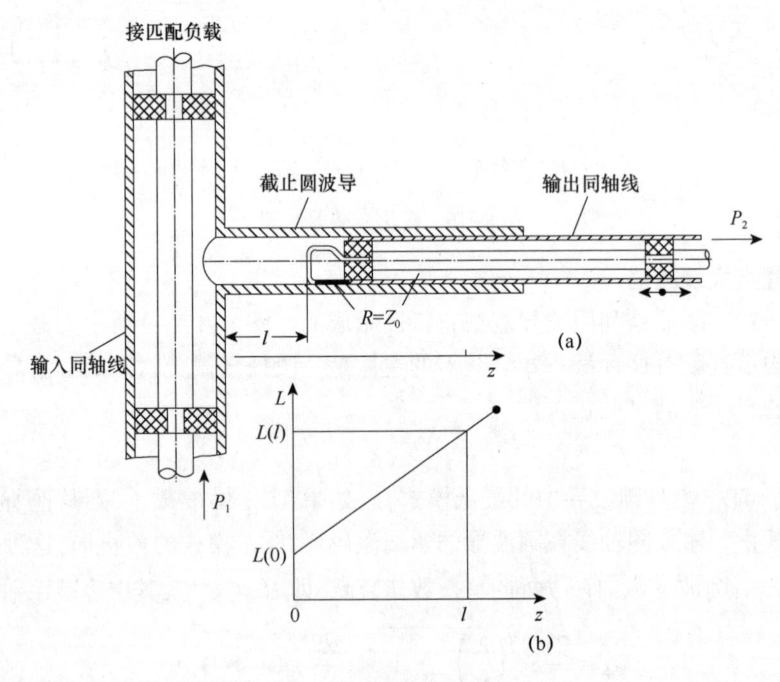

图 8-17　截止式衰减器结构示意图

(2)当 $\lambda_c \ll \lambda$ 时，衰减系数 α 很大，移动不太长的一段距离，就可得到很大的衰减量，如最大可达 120dB。

(3)由于截止圆波导中不存在吸收性材料，故其衰减是由反射所引起的，所以截止式衰减器属于反射式衰减器的一类。由于圆波导输入、输出端反射都很大，因此无论对输入同轴线还是输出同轴线而言都是严重失配的。

为了改善其输入端的匹配,在输入同轴线的终端接以匹配负载;为了改善其输出端的匹配,在小环上装有一个电阻,使其阻值 $R=Z_0$,经如此改善后的输入、输出同轴线几乎都接近匹配。

在需要获得很大衰减量或者要求衰减调节范围很宽时可采用截止式衰减器。

除波导型衰减器外,还有其他类型的衰减器,其原理不外乎是吸收、反射、截止等,这里不再介绍。

对衰减器通常提出的主要要求有:一定的工作频带;较小的输入端驻波比;较小的起始衰减量以及确定的衰减-频率特性。当衰减器作为测量仪器的一个构成部件时,还应具有可靠的衰减-频率校正曲线。

衰减器的主要应用有:

(1)“去耦”,即消除负载失配对信号源的影响,这是保证微波系统稳定工作的重要措施。

(2)调节微波源输出功率电平。

8.2.2　移相器

微波移相器是能改变电磁波相位的装置。按控制其相移量的手段,移相器可分为机械控制(有惯性控制)和电子控制(无惯性控制)两种;按构成移相器的材料和结构,移相器又可分为介质移相器、PIN 二极管移相器、场效应管移相器和铁氧体移相器等。因均匀传输线上两点之间的相位差等于相移常数 β 与两点之间距离 l 的乘积:

$$\varphi_2 - \varphi_1 = \beta l = \frac{2\pi}{\lambda_p} l \tag{8-13}$$

因此,就原理而言,移相器只有波程式移相器和波导波长式移相器两种。最简单的波程式移相器是一段可滑动伸缩的传输线或设置几段不同长度的传输线段用 PIN 二极管或场效应管开关跳跃变程的传输线。而通过改变波导波长改变相移量的方法可有多种,如介质片式、销钉式和铁氧体式等。

1. 介质片移相器

图 8-18 所示为一种简单的横向移动介质片移相器。当介质片的介电常数一定时,由于矩形波导中 TE_{10} 波的电场沿波导宽边是按正弦分布的,所以介质片对电磁波相移常数的影响随位置而变:处于宽边中央时影响最大,处于两侧边时影响最小。

如果介质片的高度与波导窄边高度相等,厚度较薄,则用微扰理论可求得其相数增量为

$$\beta - \beta_0 = 2\pi(\varepsilon_r - 1)\frac{\Delta S}{S}\frac{\lambda_{p0}}{\lambda^2}\sin^2\frac{\pi x_1}{a} \tag{8-14}$$

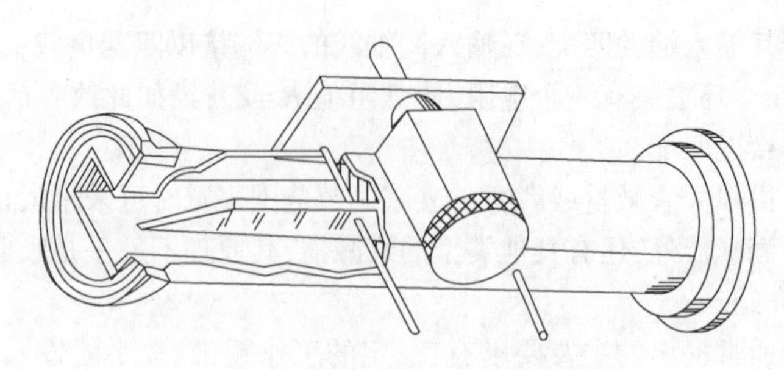

图 8-18　横向移动介质片移相器

式中，$\beta_0 = 2\pi/\lambda_{p0}$ 为空波导中的相移常数；$\beta = 2\pi/\lambda_p$ 为组合结构的相移常数；ε_r 为介质片的相对介电常数；S 为空波导的横截面积；ΔS 为介质片的横截面积；x_1 为介质片离侧边的距离。

由式(8-14)可见，当介质片位于波导宽边中央($x_1 = a/2$)时相移量最大，位于侧边($x_1 = 0$)时相移量为 0。

介质片移相器的一个缺点是相移量 $(\beta - \beta_0)l$ 与片的移动距离 x_1 不呈线性关系；它的另一缺点是采用机械传动方式改变 x_1 的位置，很难做出相移的精确刻度，即移相精度不高。

在结构上，介质片的两端做成尖劈渐变形，渐变段的长度为 $\lambda_p/2$ 的整数倍以减小片反射；支撑介质片的两根小棒间距取为 $\lambda_p/4$ 的奇数倍，使由两根小棒引起的反射相互抵消。

图 8-19 表示一种纵向移动的介质片移相器。在矩形波导的横截面内沿纵向依次排有三块与波导窄边等高而宽度不同的介质片，其中间的一块介质片可作纵向滑动，当其滑到不同位置时便将波导分成了 4 段长度不同、相移常数不同的波导段，而整段矩形波导的相移量便随中间介质片的滑动而改变。下面来讨论它的工作原理：

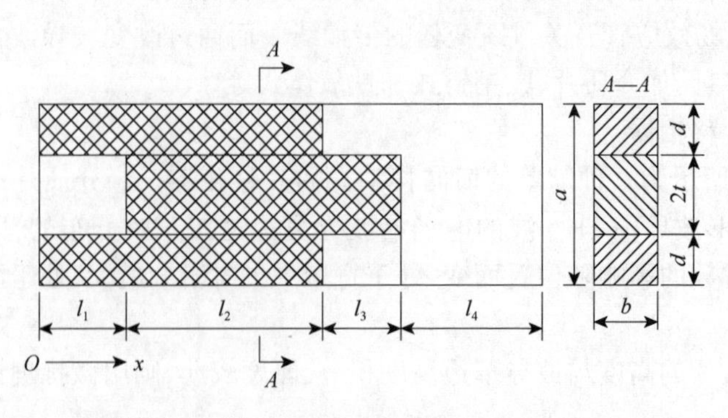

图 8-19　纵向移动的介质片移相器

图 8-20 画出了图 8-19 所示的移相器中 4 段波导的截面图。其中，图 8-20

(a)为空气填充,其相移常数为 β_4;图 8-20(b)为全部介质填充,相移常数为 β_2;图 8-20(c)为波导两侧填充介质,相移常数为 β_1;图 8-20(d)为波导中间填充介质,相移常数为 β_3。

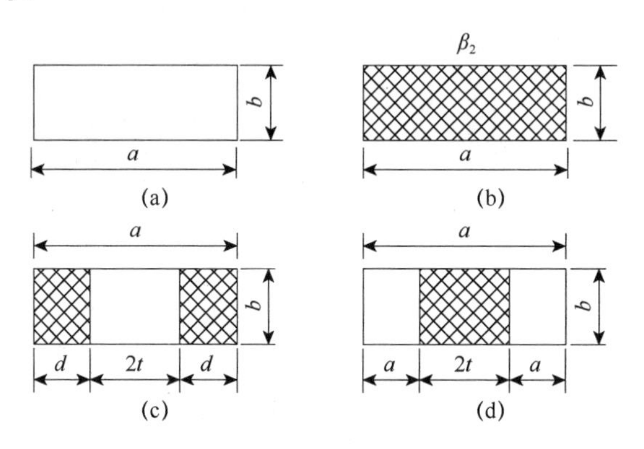

图 8-20　4 种不同填充的波导截面图

通过波导理论分析,可以证明:

$$\beta_1 + \beta_3 > \beta_2 + \beta_4$$

令

$$(\beta_1 + \beta_3) - (\beta_2 + \beta_4) = \beta \tag{8-15}$$

设中间介质片从起始位置向右滑行 x 距离,则 l_1 和 l_3 各增加了 x,而 l_2 和 l_4 各缩短了 x,参见图 8-19。因此,移相器相移由起始值

$$\varphi_0 = (\beta_1 l_1 + \beta_3 l_3) + (\beta_2 l_2 + \beta_4 l_4)$$

变为

$$\varphi = \beta_1(l_1 + x) + \beta_3(l_3 + x) + \beta_2(l_2 - x) + \beta_4(l_4 - x)$$

净增相移量为

$$\Delta\varphi = \varphi - \varphi_0 = (\beta_1 + \beta_3)x - (\beta_2 + \beta_4)x = \beta x \tag{8-16}$$

理论分析表明,介质的 ε_r 越大,β 就越大;另外,当滑动介质块相对宽度($2t/a$)在 1/3~1/4 时 β 获得最大值。

由式(8-16)可知,相移量与滑动距离 x 成正比关系,这是该移相器的突出优点,至于 β_1、β_2、β_3、β_4 之值,可预先通过测量手段获得。

下面再来介绍一种较精密的介质移相器,即旋转式介质片移相器,其结构与 8.2.1 节中介绍的极化衰减器相似,如图 8-21 所示,由三段波导组成,两端波导固定,中间一段波导可做旋转运动。所不同的是移相器中各波导段内置的是介质片,而衰减器中各波导段内置的是电阻性吸收片,故前者引起的是相移而后者引起的是功率衰减,各自在微波系统中起不同的作用。

现在来看图 8-21 所示的旋转式介质片移相器,两端的波导在其水平方向各内置一介质片,它让平行场分量引起附加 90°的滞后相移,而对垂直场分量不产生附

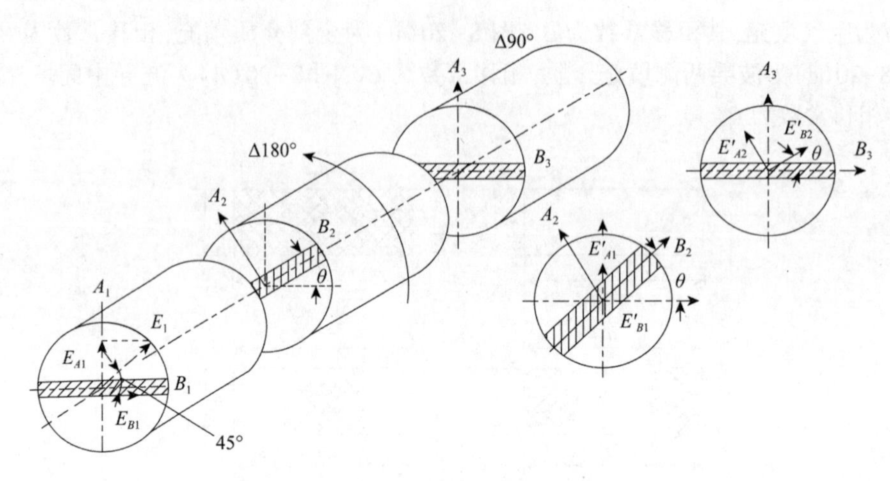

图 8-21　旋转式介质片移相器

加相移;中间的波导段在与水平方向成 θ 角的平面上也内置一介质片,它使与其平行的场分量引起附加 180°的滞后相移。这种移相器通常用来对圆波导中的 TE_{11} 波进行移相,但如果两端再接上一段圆-矩过渡段,则也可对矩形波导中的 TE_{10} 波进行移相。若中间的一段介质片旋转 θ 角,则可证明由该移相器的中间段所引起的附加超前相移为

$$\Delta\varphi = 2\theta \tag{8-17}$$

由式(8-17)可见,这种移相器可以直接按机械转角 θ 做较精密的刻度。下面来证明式(8-17)。

设入射场 E_1 与水平轴 B_1 的夹角为 θ_0,其值为

$$E_1 = E_0\cos(\omega t)$$

分成沿水平轴 B_1 和垂直轴 A_1 两个分量(在这里不妨令 $\theta_0 = 45°$,这并不失一般性):

$$\begin{cases} E_{B1} = \dfrac{E_0}{\sqrt{2}}\cos(\omega t) \\ E_{A1} = \dfrac{E_0}{\sqrt{2}}\cos(\omega t) \end{cases} \tag{8-18}$$

入射场通过第一段波导后,除了都滞后 φ_1 相角,B_1 轴的分量多滞后 $\pi/2$ 相角,变为

$$\begin{cases} E'_{B1} = \dfrac{E_0}{\sqrt{2}}\sin(\omega t - \varphi_1) \\ E'_{A1} = \dfrac{E_0}{\sqrt{2}}\cos(\omega t - \varphi_1) \end{cases} \tag{8-19}$$

式(8-19)说明,E'_{B1} 与 E'_{A1} 合成的场是顺时针旋转的圆极化波。进入第二段波导时,由于波导旋转了 θ 角,所以与中间介质片平行和垂直的两个分量为

$$\begin{cases} E_{B2} = E'_{A1}\sin\theta + E'_{B1}\cos\theta \\ E_{A2} = E'_{A1}\cos\theta - E'_{B1}\sin\theta \end{cases}$$

将式(8-19)代入,得

$$\begin{cases} E_{B2} = \dfrac{E_0}{\sqrt{2}}\sin(\omega t - \varphi_1 + \theta) \\ E_{A2} = \dfrac{E_0}{\sqrt{2}}\cos(\omega t - \varphi_1 + \theta) \end{cases} \tag{8 - 20}$$

这两个分量通过第二段波导后,除了都滞后一相角 φ_2 外,E_{B2} 又多滞后 π 相角,即第二段波导输出处场为

$$\begin{cases} E'_{B2} = -\dfrac{E_0}{\sqrt{2}}\sin(\omega t - \varphi_1 - \varphi_2 + \theta) \\ E'_{A2} = \dfrac{E_0}{\sqrt{2}}\cos(\omega t - \varphi_1 - \varphi_2 + \theta) \end{cases} \tag{8 - 21}$$

可见,它们合成为一个反时针旋转的圆极化波进入第三段,再分为水平和垂直两分量:

$$\begin{cases} E_{B3} = E'_{B2}\cos\theta - E'_{A2}\sin\theta \\ E_{A3} = E'_{B2}\sin\theta + E'_{A2}\cos\theta \end{cases}$$

将式(8-16)代入,得

$$\begin{cases} E_{B3} = -\dfrac{E_0}{\sqrt{2}}\sin(\omega t - \varphi_1 - \varphi_2 + 2\theta) \\ E_{A3} = \dfrac{E_0}{\sqrt{2}}\cos(\omega t - \varphi_1 - \varphi_2 + 2\theta) \end{cases} \tag{8 - 22}$$

它们经过第三段波导,除了都滞后 φ_3 相角,E_{B3} 又多滞后 $\pi/2$ 相角,故在输出处为

$$\begin{cases} E'_{B3} = \dfrac{E_0}{\sqrt{2}}\cos(\omega t - \varphi_1 - \varphi_2 - \varphi_3 + 2\theta) \\ E'_{A3} = \dfrac{E_0}{\sqrt{2}}\cos(\omega t - \varphi_1 - \varphi_2 - \varphi_3 + 2\theta) \end{cases} \tag{8 - 23}$$

可见,它们仍合成为与水平轴 B_3 成 45°的线极化波:

$$E_3 = E_0\cos(\omega t - \varphi_1 - \varphi_2 - \varphi_3 + 2\theta)$$

总相移为

$$\varphi = -(\varphi_1 + \varphi_2 + \varphi_3) + 2\theta \tag{8-24}$$

由中间段介质片旋转 θ 角引起的附加超前相移为

$$\Delta\varphi = 2\theta \tag{8-25}$$

2. PIN 管数字式移相器

PIN 管是由重掺杂 P 区和 N 区之间夹一层电阻率很高的本征半导体 I 层组成的，当给其 0 偏压时，由于空间电荷层内的载流子已被耗尽，电阻率很高，故 PIN 管在 0 偏时呈现高阻抗；当给其正偏压时，PIN 管呈低阻抗，正偏压越大管子阻抗越低；当给其反偏压时，PIN 管的阻抗比 0 偏时更大，类似于以 P，N 为极板的平板电容。

利用 PIN 管的正反向特性可构成开关电路。图 8-22 所示为并联接在传输线中的 PIN 管控制射频短路的开关电路。若将 PIN 管先串联一电容再并联一电感构成图 8-22(a)所示的“正向模式”，则当加以一定正偏压时可使 PIN 管所在支路产生串联谐振而短路；若将 PIN 管先串联一电感再并联一电容构成图 8-22(b)所示的“反向模式”，则当加以一定反偏压时可使 PIN 管所在支路的总电感与结电容产生串联谐振而短路。显然，“反向模式”的管子加以一定的正偏压可使整个回路产生并联谐振而开路；同理，对“正向模式”的管子加以一定的反偏压也可使整个回路产生并联谐振而开路。所以，用适当极性和数值的偏压便可控制 PIN 管的开关状态。

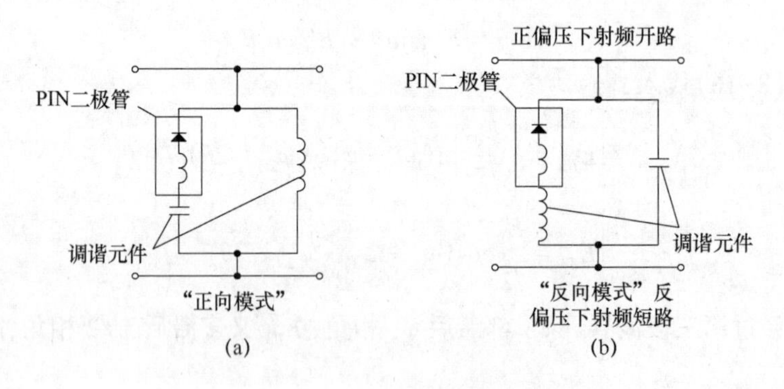

图 8-22　PIN 管的开关电路

利用 PIN 管的开关特性可构成数字式移相器。图 8-23 所示为 4 位传输式数字移相器的方框图，其中任意个相移位均可选用开关线相移位或电桥耦合相移位或周期加载相移位三种基本电路形式中的任意种。

现在看图 8-24 所示的开关线相移位，图中虚线框中是一个 H-T 接头，两个 PIN 管对称地安装在距接头 $\lambda_p/4$ 处。设采用“正向模式”工作的 PIN 管，若对下通道的两个二极管加正偏压至串联谐振而呈低阻抗，则经 $\lambda_p/4$ 变换到 T 接头处为一

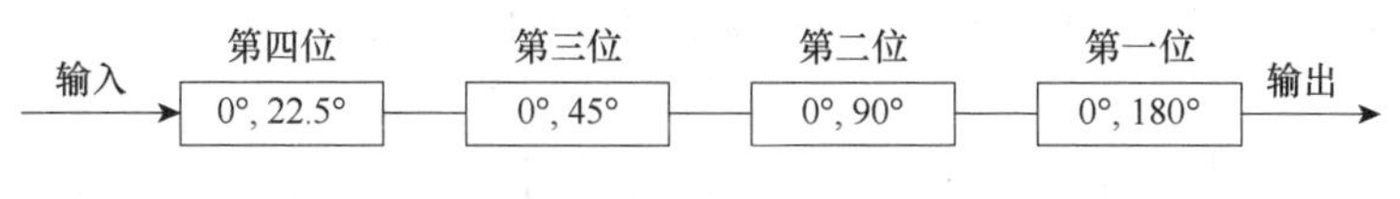

图 8-23　4 位传输式移相器示意图

高阻抗,射频信号不从下通道通过,称该通道为断开状态;同时,对上通道的两个二极管加反偏压至并联谐振呈高阻抗,让射频信号通过,相当于接通状态。信号通过上通道时经延滞线产生了附加相移。相反,若全部偏压反过来,则信号从下通道通过而不经延滞线,故不产生附加相移。开关线相移位的相移量由延滞线长度决定,如 $\lambda_p/16$ 的延滞线移相 22.5°, $\lambda_p/4$ 的延滞线移相 90°等。

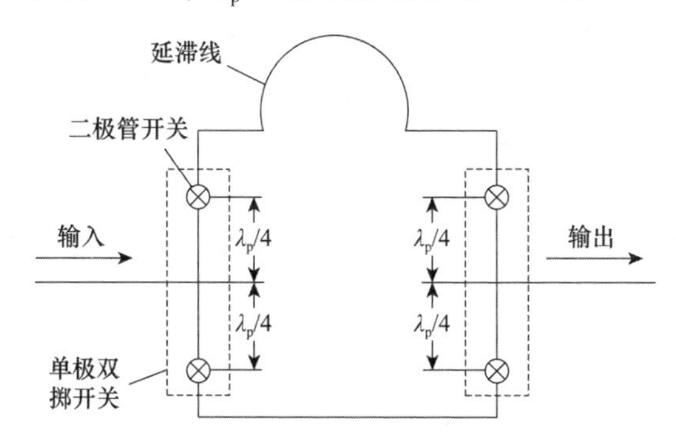

图 8-24　开关线相移位

采用开关线相移位要注意到,虽然断开通道的线长可以是任意的,但要避开本通道内两个二极管相距近似为 $\lambda_p/2$ 的倍数的状态,否则可能会产生谐振而出现损耗峰值;另外,断开通道的隔离度必须大于 20dB,以免信号由此漏过。

通过分别控制图 8-23 中各单元相移器 PIN 管的偏置状态可使输入信号到输出信号的相移量从 0°到 360°每隔 22.5°作步进相移。例如,起始时 4 个单元相移器都置“0”,需要 135°相移量时,可控制 PIN 管的偏置电路,使第二位和第三位处于移相状态,分别产生 45°和 90°的相移,则输出微波信号比输入微波信号的相位滞后了 135°。因此,由图 8-23 中的 4 位移相器可获得 16 种相移量,即 0°,22.5°,45°,67.5°,90°,112.5°,135°,157.5°,180°,202.5°,225°,247.5°,270°,292.5°,315°,337.5°。

8.3　极化变换器

在雷达和通信技术中,收、发机内的微波器件和部件一般都工作在线极化状态,但在某些情况下,却需要让电磁波在空间以左、右旋圆极化波的方式传播。例如,为了抗雨点干扰,雷达天线需用圆极化波,因为圆对称的雨滴反射回来的是反旋向的圆极化波,不能被天线接收。又如,卫星通信中也收、发圆极化电磁波。在这些场合下,就需要有一种能将线极化波与圆极化波相互转换的装置,即极化变换器。

任何线极化波都可看成由两个空间方向互相垂直、时间相位同相或反相的线极化波的叠加;而圆极化波是两个空间方向互相垂直、时间相位相差 π/2 的等幅线极化波的合成。因此,将线极化波分解为两个互相垂直的等幅线极化波,并用分量移相器使其两分量产生 π/2 相位差便可获得圆极化波;相反,用分量移相器使圆极化波的两个分量变成同相状态便可得到线极化波。下面简单介绍两种能完成此任务的分量移相器。

1. 45°隔板分量移相器

如图 8-25 所示,在矩形喇叭口上加设一些 45°角的金属隔板,将原来 TE_{10} 波的电场 E 分解成平行和垂直于金属隔板的两个等幅分量 $E_{/\!/}$ 与 $E_{\perp}$。其中,$E_{\perp}$ 不受隔板影响,仍以原波导波长传播 $E_{/\!/}$ 受到隔板间狭缝的影响,因为相邻隔板对 $E_{/\!/}$ 构成宽度远小于波导宽边尺寸的平板波导,故波导波长将增大,相移常数减小。适当选择隔板间隔及长度,可使二分量经过隔板之后的相位相差 π/2,从而获得圆极化波。

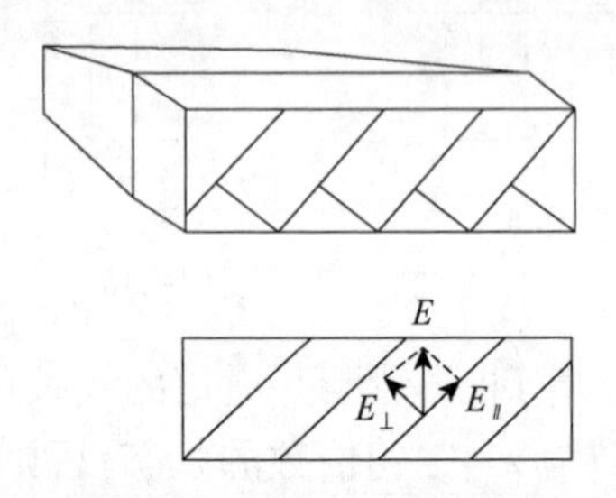

图 8-25　45°隔板分量移相器

2. 45°介质片分量移相器

如图 8-26 所示,在圆波导中与线极化 TE_{11} 波的电场成 45°角放置介质片。该介质片对 TE_{11} 波的电场平行分量 $E_{/\!/}$ 有影响,可使其波导波长减小,相移常数增大;而对垂直分量 $E_{\perp}$,其波导波长几乎不变。选择适当片长 l(一般通过实验才能最后确定),可使二分量产生 π/2 的相位差,合成为圆极化波。

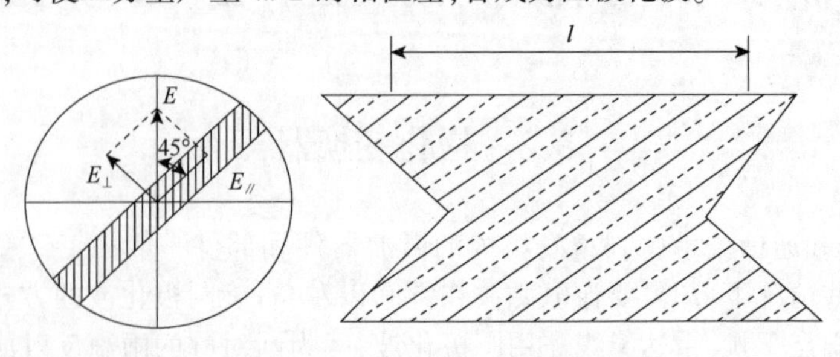

图 8-26　45°介质片分量移相器

8.4　终端元件

在微波传输系统中,波的传输状态与该系统的终端特性有很大关系。因此,正确地设计、使用终端元件是很重要的。终端元件包括终端短路元件和终端匹配元件两类,通常也把它们称为短路活塞和匹配负载。显然终端元件可以看成一个单端口网络。

8.4.1　匹配负载

由传输线理论可知,为使传输线传输的功率在终端全部被吸收而不被反射,在传输线终端应接上和传输线特性阻抗相等的负载。这种等于传输线特性阻抗的电阻负载,称为匹配负载。从物理概念来讲,匹配负载完全吸收了传输线所传输的能量,因此可以用一段传输线加能够吸收微波功率的材料来构成匹配负载。匹配负载是单口网络,只有一个散射参量,在理想条件下 $s_{11}=\Gamma=0$。

按吸收功率的大小,匹配负载可分为高功率负载、中功率负载和小功率负载三类。小功率负载的平均功率小于 1W,主要用在定向耦合器和微波测试设备中;中功率负载的平均功率为数瓦,大功率负载的平均功率为数十瓦以上,后者主要用于大功率发射机测试中。若按照所接传输线的不同,匹配负载又可分为波导型匹配负载、同轴线型匹配负载和微带线型匹配负载。下面分别介绍它们的一些结构形式。

1. 波导型匹配负载

低功率波导型匹配负载的结构示意图如图 8-27 所示。它是由一段终端短路的波导和安装在波导中的吸收体组成的。吸收体可以有多种形状,大体上可分为片式(表面式)和块(体积)式两种。吸收体前端制作成尖劈形,以减少波的反射,得到较好的匹配效果。片式吸收体通常是在高频陶瓷片或石英玻璃片上用真空镀膜技术被以非常薄的电阻性材料,如碳化硅薄膜、铬合金薄膜、铂-金薄膜、铂-铑以及钽薄膜等。片式吸收体应安置于波导内电场最强的位置,与电场的极化方向相平行,并固定于终端的短路板上,若短路板是可以滑动的,则称为滑动式匹配负载。体积式吸收体的吸收材料,可以是碳粉与固塑剂的混合物,并把它模压成型,也有的把含有羰基铁的粉状物与固塑剂混合后模压成型,并经烧结后,再加工成所需要的形状。

高功率匹配负载的两种结构型式如图 8-28 所示。其中一种称为干负载,即在一段波导内填充以吸收电磁能量的材料,如石墨和水泥的混合物、铁粉与水泥或砂的混合物等。负载上还可以装有散热片。另一种是用水作为吸收材料的,称为水负载。在一段波导内安置一个其前半部呈圆锥形、后半部呈圆柱形的一个玻璃容

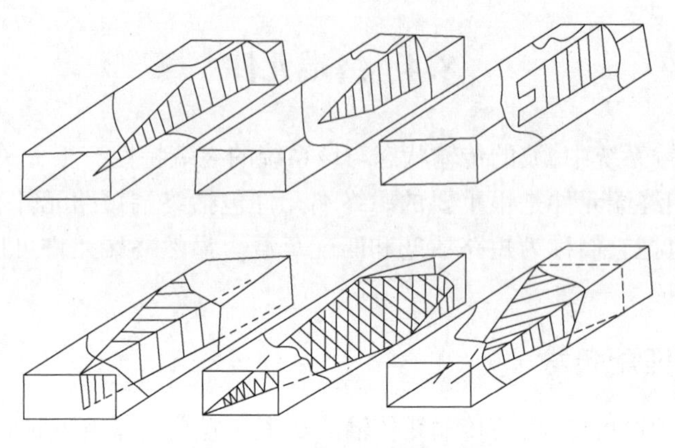

图 8-27　波导型匹配负载

器,其底部装有进水管和出水管,使容器内的水不断地流动,以得到较好的散热性。

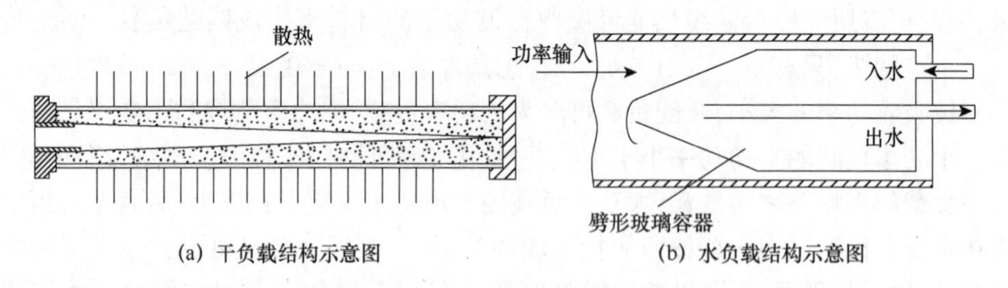

(a) 干负载结构示意图　　(b) 水负载结构示意图

图 8-28　高功率匹配负载示意图

2. 同轴线型匹配负载

同轴线型匹配负载的结构型式很多,这里只介绍其中的几种。图 8-29 所示的同轴线匹配负载,它们的外导体都是圆形,而内导体:一个是棒状薄膜电阻器;另一个是具有一定斜度的锥形薄膜电阻器。终端短路,以防止功率漏逸,薄膜的材料可以是碳、钽或铬合金等。把电阻器做成锥形,可以使匹配性能更好。还有一种结构型式如图 8-30 所示,将吸收材料填充于内外导体之间,并使之成为尖劈形或阶梯形。负载终端是短路的。

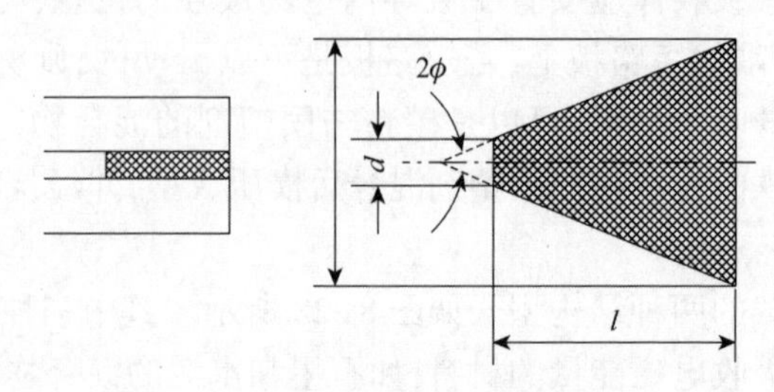

图 8-29　薄膜电阻匹配负载

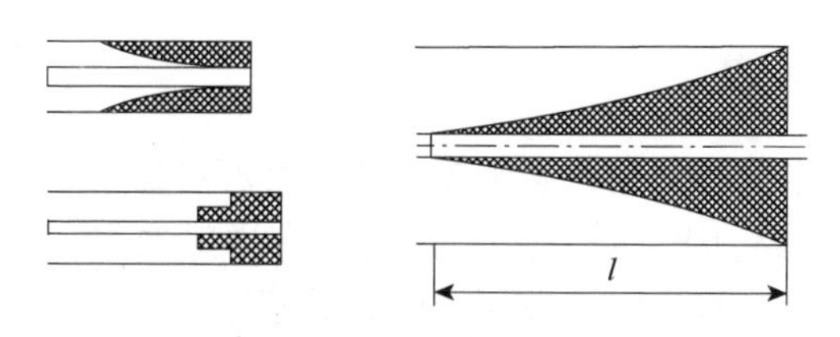

图8-30　同轴线型匹配负载

如果匹配负载承受的功率较大,可采取图8-31所示的结构型式。它们的内导体都是由薄膜电阻器构成的,而外导体的半径为:图8-31(a)是沿轴线按指数曲线规律变化;图8-31(b)是沿轴线按直线规律变化。这种外导体渐变式同轴线匹配负载,理论分析指出:它的输入阻抗中的电抗成分是很小的,可认为基本上是电阻性的。这种匹配负载可以做得较长,因此可承受较大的功率。为了加工方便,可把指数线改为直线,即图8-31(b),如果设计得当也能得到较好的匹配性能。

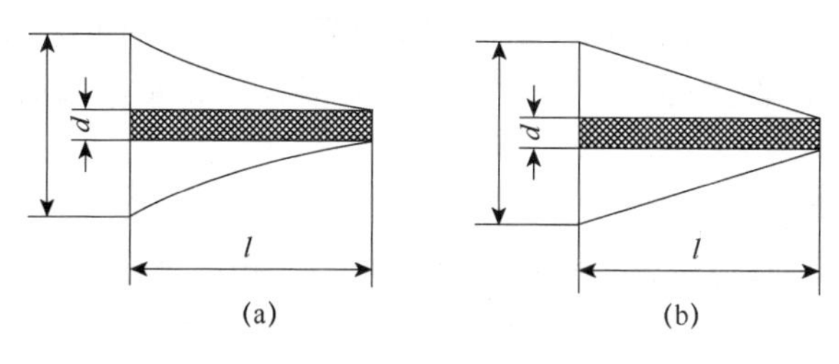

图8-31　高功率同轴匹配负载

3. 微带线型匹配负载

在微波集成电路中,也常用到匹配负载,如图8-32(a)所示,称为吸收式匹配负载。斜线部分表示电阻性的薄膜或厚材料(如铬合金膜、钽膜等),用以吸收微波功率。若尺寸选取适当,则可以在较宽的频带内得到良好的匹配效果。另一种如图8-32(b)所示,称为阻抗匹配式终端负载。斜线部分是电阻性薄膜或厚薄材料,用以吸收微波功率,电阻性材料后面是一段 $\lambda_g/4$ 开路线,这样,就可以使匹配电阻的末端等效于接地(短路),从而构成匹配负载。薄膜或厚膜电阻的分布形状除是矩形外,还可以采取半圆形(频带较宽)或其他形状。

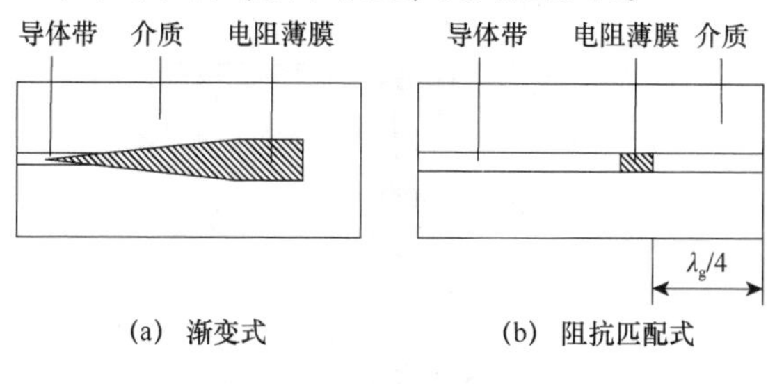

图8-32　微带线型匹配负载

8.4.2 短路活塞

在低频电路中,电路的开路状态和短路状态都容易建立。但在微波电路中,却不可能实现真正的开路,因为如果像低频电路那样采取“断开”的方法来实现开路,则在传输线断开的位置将向外辐射并同时向传输线内反射电磁能量,其结果就不是端接了无限大的电阻,而是接了一个有限的阻抗。短路状态则容易实现,只要用良导体将传输线封闭即可,波导开路也可用增长 $\lambda_g/4$ 的短路来实现。在微波测量中常常要求短路平面的位置可调,它一般附有测微读数装置,以确定活塞在传输线中的相对位置。短路活塞作为单端口网络也是只有一个散射参量,在理想状态下 $s_{11}=\Gamma=-1$。

在波导或同轴线设备中,短路器可以提供任意数值的电抗值,也可当匹配元件用。对短路器输入端的驻波比、功率、带宽以及稳定性等,都有一定的要求。短路器可分为固定式(用金属板将波导或同轴线的终端封闭)和可移动式(用可沿轴向移动的短路金属板)两大类。可移动式又分为接触式和非接触式两类。这里只介绍常用的几种短路器。

1. 接触式短路器

图 8-33 给出了矩形波导和同轴线型的接触式短路器的结构示意图。图 8-33(a)是滑块式,它的金属短路板是可移动的,并要求它与波导内壁有良好的接触。这种短路器由于工艺要求高,以及长期磨损会使性能下降,因此很少采用。图 8-33(b)是弹性片式,在短路活塞端块的两个宽边上带有切槽,并形成许多细爪的弹

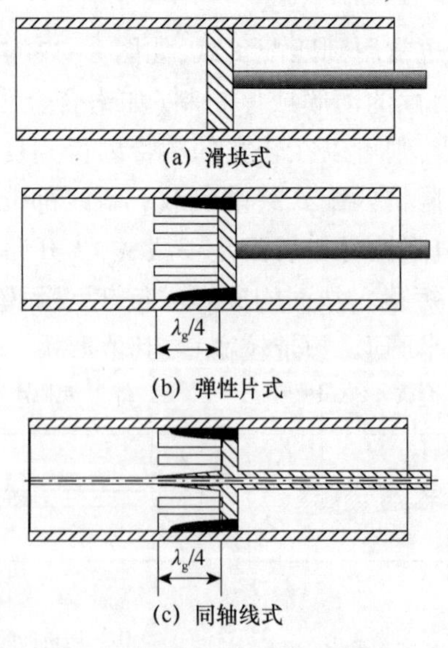

图 8-33 接触式短路器

性片(如磷青铜、铁青铜、镀银或镀铜的优质弹性钢片等),使接触更加密切。图 8-33(c)是同轴线式短路器的结构简图。

无论是波导式还是同轴线式,其弹性片的长度应等于 $\lambda_g/4$,使短路活塞与波导或同轴线的接触点位于高频电流的节点处,以减少由接触电阻而产生的损耗。这种结构的特点是:当活塞移动时,接触情况不稳定,在大功率的情况下还可能产生火花现象,而且,对传动机构也有较严格的要求。

2. 非接触式短路器

1)S 形短路器

图 8-34 是在同轴线中的一种短路器的示意图及其等效电路,因其纵剖面呈 S 形,所以称为 S 形短路器。短路活塞与同轴线外导体的内壁,以及与内导体的外表面均不接触,而是留有很小的间隙。为使活塞在移动中保持恒定的间隙,可在活塞的外表面喷涂(或缠绕)一层很薄的低损耗介质薄膜(如聚四氟乙烯)。这种结构,对于需要把同轴线内外导体上的直流隔开时,显得特别方便。

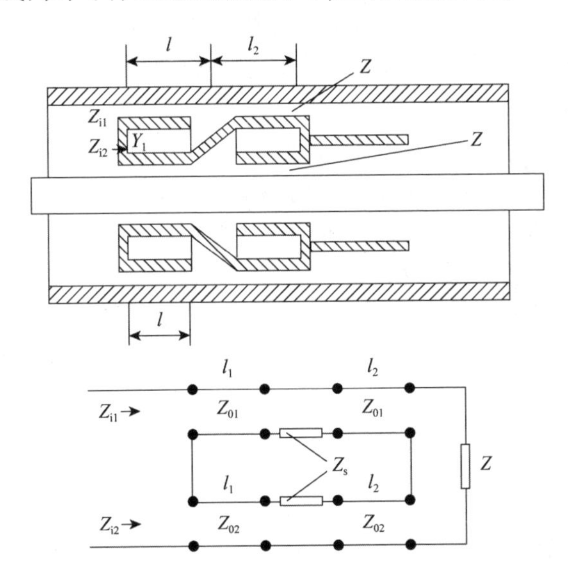

图 8-34 S 形短路器极其等效电路

现在分析 S 形短路器的工作原理。由图 8-34 可见,活塞的外表面与主同轴线外导体的内表面之间构成两段同轴线,设其特性阻抗均为 Z_{01};同样,活塞的内表面(靠近主同轴线内导体的外表面)与主同轴线内导体的外表面之间也构成两段同轴线,设其特性阻抗均为 Z_{02}。从图上还可看到,活塞的前半部和后半部,都有一个“凹入”活塞内部的挖空部分,其深度 l 近似等于 l_1($l_1=l_2=\lambda/4$),这两个挖空部分便构成了两段终端短路的同轴线。若活塞的壁很薄,而且它与主同轴线外导体的内表面之间,以及与内导体的外表面之间的间隙又很小,则这两段短路同轴线的特

性阻抗可近似地认为与主同轴线的特性阻抗 Z_0 相等。设这两段短路同轴线的输入阻抗为 Z_s,则

$$Z_s = jZ_0\tan\beta l = jZ_0\tan\left(\frac{2\pi}{\lambda}\frac{\lambda}{4}\right) = j\infty \tag{8-26}$$

于是,从等效电路可知,这相当于在两段传输线 l_1 和 l_2 之间串接了一个无穷大的阻抗,使 l_1 和 l_2 之间形成断路。这样,从短路器输入端向右看去的输入阻抗 Z_{i1} 和 Z_{i2},就是一个长为 $\lambda/4$、终端接有无穷大负载(开路)的传输线的输入阻抗,显然,这两个输入阻抗均为 0,即

$$Z_{i1} = -jZ_{01}\cot\beta l_1 = 0 \tag{8-27}$$

$$Z_{i2} = -jZ_{02}\cot\beta l_2 = 0 \tag{8-28}$$

这样,在 S 形短路器的输入端就形成了一个等效短路面。

在上面的分析中,忽略了由于结构上的不连续性所造成的影响,并作了一些近似性的假设,因此只是一种粗略的分析。在实际上,只要使输入阻抗 Z_{i1} 和 Z_{i2} 比挖空部分的特性阻抗(近似地讲,即主同轴线的特性阻抗 Z_0)小得多,则 S 形短路器仍具有较好的性能。其缺点是结构复杂,制作较烦琐。

2)哑铃式短路器

哑铃式短路器习惯上也称为哑铃式短路活塞,是目前在矩形波导(尤其是小尺寸波导)中应用较广泛的一种非接触式短路器。图 8-35 是它的原理性示意图和等效电路。在一段标准矩形波导中,安置两个或多个直径为 D 的圆柱形金属活塞,活塞之间用金属细杆连接起来,这样就构成了一个哑铃式短路器。每节活塞与矩形波导构成了一段长度为 l_1 的外矩内圆的同轴线,它的特性阻抗 Z_{01} 较低;而直径为 d,长为 l_2 的金属连杆与矩形波导也构成了一段外矩内圆的同轴线,它的特性阻抗 Z_{02} 较高。

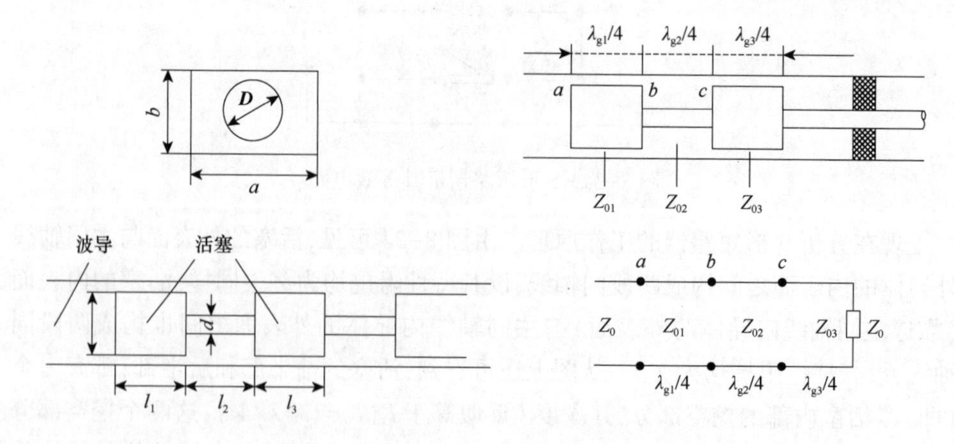

图 8-35 哑铃式短路器极其等效电路

哑铃式短路器的优点是能够得到比较大的反射(即反射系数的模较大),而且随频率的变化比较小。

8.5　电抗元件

在微波技术中获得电抗元件的方法有多种,如膜片、谐振窗、销钉、螺钉等。这些电抗元件可用作阻抗匹配、变换元件,也可用以构成谐振腔,进而由谐振腔构成滤波器。

8.5.1　膜片

膜片是波导中常见的电抗元件。膜片可以看作厚度远远小于工作波长的理想导体,根据在波导中所放置的位置,有容性膜片和感性膜片,下面用传输线理论进行定性分析。

将金属片从波导宽边插入,则构成容性膜片,有对称型和非对称型两种,如图 8-36 和图 8-37 所示,图 8-36(b)、(c)标出了对称型容性膜片的结构参数,膜片厚度为 l。

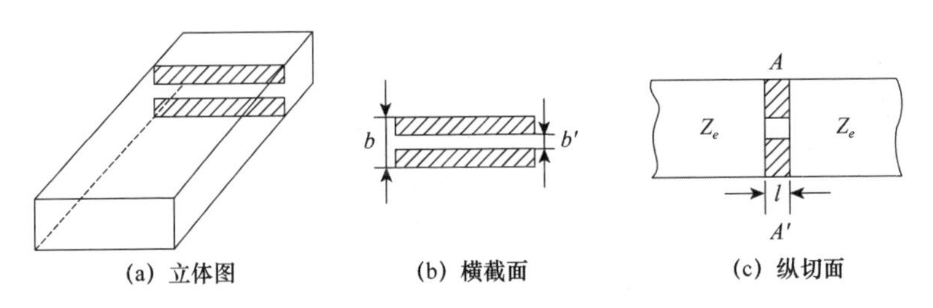

(a) 立体图　(b) 横截面　(c) 纵切面

图 8-36　对称型容性膜片

容性膜片等效为并联电容,其等效电路如图 8-38 所示,矩形波导 $a \times b$ 的等效阻抗为 Z_e,等效电容近似计算公式为

$$B_c \approx \frac{4b}{\lambda_e}\ln\left(\csc\frac{\pi b'}{2b}\right) + \frac{2\pi l}{\lambda_e}\left(\frac{b}{b} - \frac{b'}{b}\right) \tag{8-29}$$

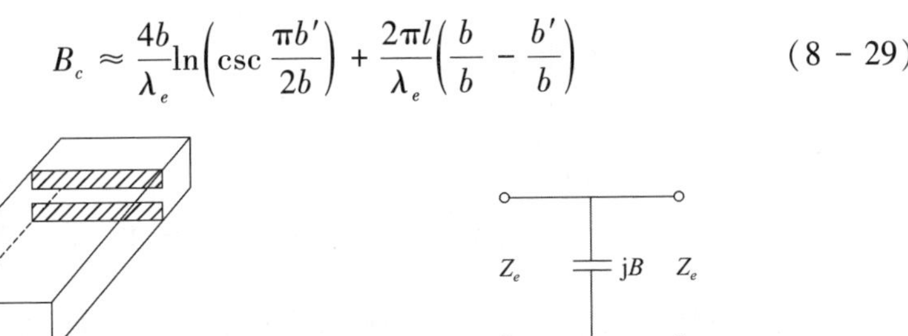

图 8-37　非对称型容性膜片　　图 8-38　容性膜片的等效电路

在波导轴线方向上,可以将膜片看作长为 l 的微型波导,其等效阻抗为

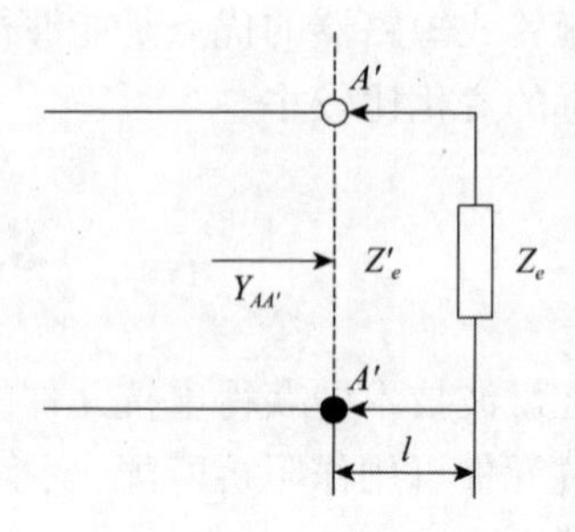

图 8-39　波导中膜片的等效电路

$$Z'_e=\frac{b'}{a}\sqrt{\frac{\mu}{\varepsilon}}\frac{1}{\sqrt{1-(\lambda/2a)^2}}<Z_e \tag{8-30}$$

由此,波导中膜片的等效电路如图 8-39 所示,若膜片的等效阻抗和相移常数分别为 Z'_e 和 β',则在 AA' 处输入导纳为

$$Y_{AA'}=\frac{1}{Z'_e}\frac{Z'_e+\mathrm{j}Z_e\tan\beta' z}{Z_e+\mathrm{j}Z'_e\tan\beta' z} \tag{8-31}$$

由于膜片很薄,$\beta' l\ll 1$,式(8-31)近似为

$$Y_{AA'}\approx\frac{1}{Z'_e}\frac{Z'_e+\mathrm{j}Z_e\beta' z}{Z_e+\mathrm{j}Z'_e\beta' z}\approx\frac{1}{Z'_e}+\mathrm{j}\frac{\beta' l}{Z'_e}\left[1-\left(\frac{Z'_e}{Z_e}\right)^2\right]=G+\mathrm{j}B \tag{8-32}$$

由式(8-30),$Z'_e<Z_e$,$B>0$,所以为容性膜片。容性膜片的缺点是易击穿。

将金属片从波导窄边插入,则构成感性膜片,也有对称型和非对称型两种,如图 8-40 和图 8-41 所示。其均可等效为一个并联电感,等效电路如图 8-42 所示。

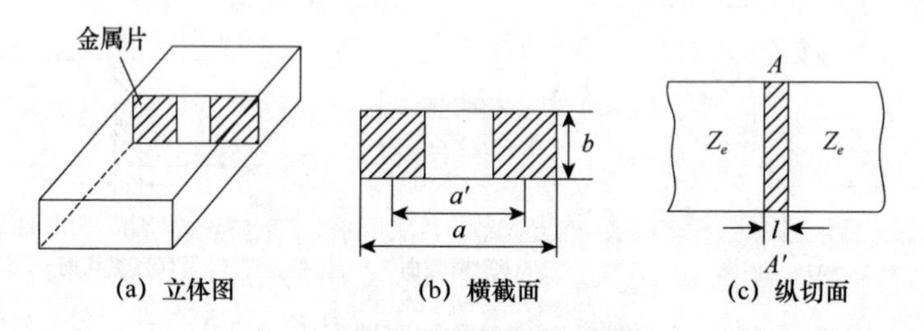

(a) 立体图　(b) 横截面　(c) 纵切面

图 8-40　对称型感性膜片

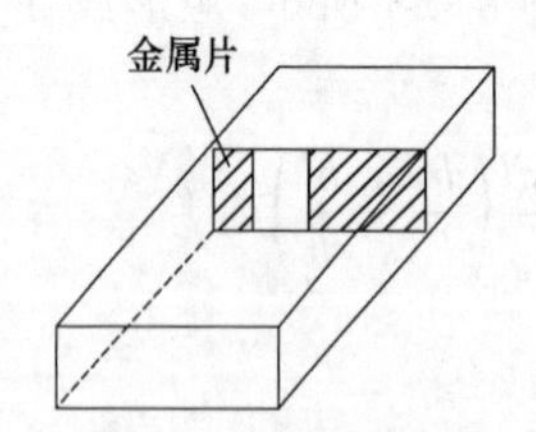

图 8-41　非对称型感性膜片

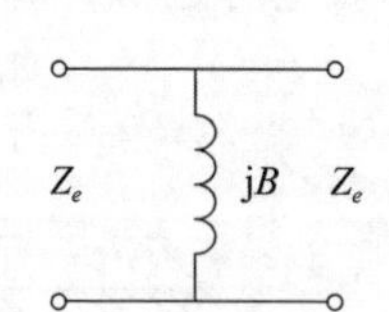

图 8-42　感性膜片等效电路

同样,在波导轴线方向上,可以将膜片看作长为 l 的微型波导,其等效阻抗为

$$Z'_e=\frac{b}{a'}\sqrt{\frac{\mu}{\varepsilon}}\frac{1}{\sqrt{1-(\lambda/2a')^2}}>Z_e \tag{8-33}$$

由式(8-32),$B<0$,所以为感性膜片。感性膜片等效电感的近似计算公式为

$$B_L \approx -\frac{\lambda_g}{a}\cot^2\left[\frac{\pi a'}{2a}\left(1-\frac{3l}{a}\right)\right] \tag{8-34}$$

8.5.2　谐振窗

将感性膜片和容性膜片组合在一起,即构成谐振窗,图 8-43 是三种不同横截面的谐振窗及其等效电路。谐振窗无反射的条件是 $Z'_e = Z_e$,即

$$\frac{b}{\sqrt{a^2-\lambda^2/4}} = \frac{b'}{\sqrt{a'^2-\lambda^2/4}}$$

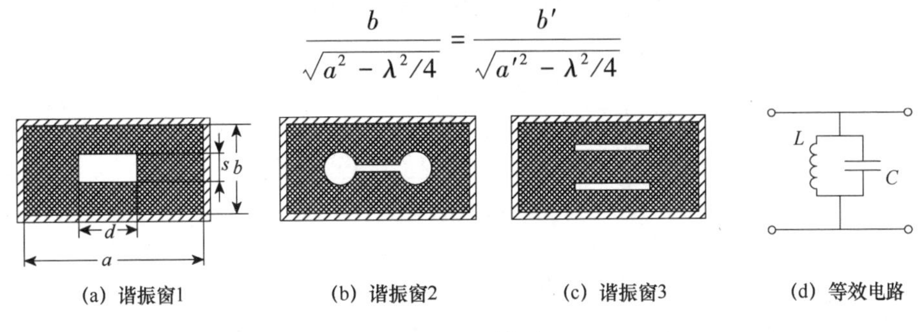

图 8-43　谐振窗

由此可见,通过选择膜片尺寸,可使谐振窗反射很小。当波导中需要薄的隔层,将波导分隔成两部分(如真空与非真空),且不破坏沿波导的传输时,可用这类谐振窗,它在速调管、磁控管、气体放电管等电真空器件中得到应用。

8.5.3　销钉

垂直于矩形波导宽边插入的一根或多根金属棒,便是销钉,如图 8-44 所示。销钉越粗,相对电纳越大;相同直径的销钉根数越多,相对电纳越大。

销钉的工作原理与电感膜片类似,呈感性电抗,在等效电路中相当于并联电感。一个和两个销钉的归一化电纳近似公式分别为

$$\frac{B}{Y_e} \approx \frac{2\lambda_g}{a\left[\ln\left(\frac{2a}{\pi r}\right)-2\right]} \tag{8-35}$$

$$\frac{B}{Y_e} \approx \frac{12\lambda_g}{a\left[11.63-9.2\ln\frac{a}{r}-22.8\frac{r}{a}-0.22\left(\frac{a}{\lambda}\right)^2\right]} \tag{8-36}$$

多个销钉的电纳近似公式可参考有关微波工程手册。

若在垂直于窄边方向插入金属棒,则等效电抗呈容性。

8.5.4　螺钉

在垂直于矩形波导宽边方向旋入的深度可调金属螺钉,可等效为并联电纳,随

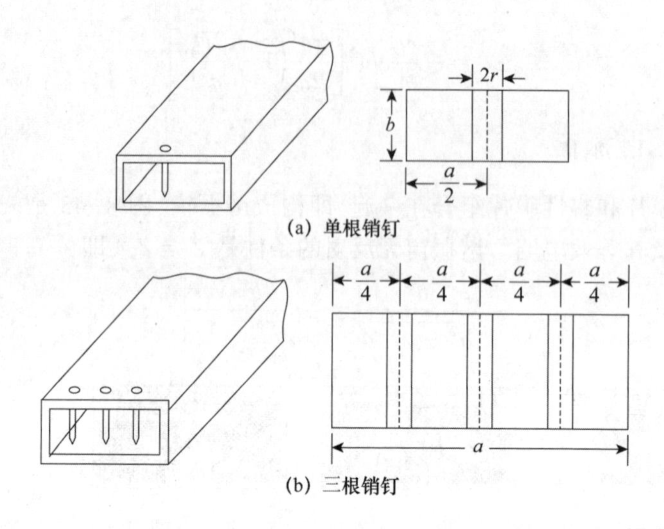

图 8-44　矩形波导中的销钉及其位置

着旋入深度的增加，依次呈现为容性、串联谐振和感性，如图 8-45 所示。当旋入长度 $d < \lambda_g/4$ 时，虽然有波导宽壁内表面上的纵向电流流过螺钉，并在其周围产生磁场，但其等效电感量并不大，而螺钉附近集中的电场却较强，呈容性。当螺钉旋入长度 $d = \lambda_g/4$ 时，感抗与容抗值相等，产生串联谐振。当旋入长度 $d > \lambda_g/4$ 时，磁场能量占优势，螺钉等效为电感。

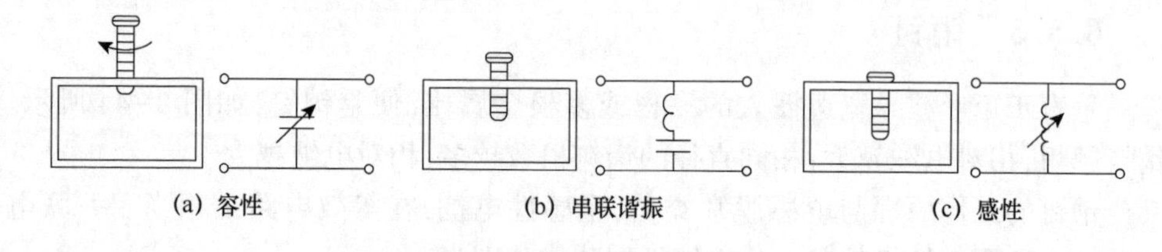

图 8-45　螺钉及其等效电路

在实际应用中，为了避免串联谐振，或大功率下产生击穿现象，螺钉旋入长度较小，即使得螺钉工作于容性状态。在波导纵向放置多个螺钉可实现阻抗匹配。

8.6　阻抗匹配元件

如果在微波信道中的各元器件之间阻抗匹配不理想甚至失配，将产生以下一系列问题：①传输效率低；②引起附加损耗（失配损耗和插入损耗）；③系统功率容量低等。因此，在微波信息系统中用于实现匹配的微波元器件是不可或缺的。用于实现阻抗匹配微波元器件种类繁多，其基本原理在 6.5 节中已做过详细阐述，下面介绍阶梯阻抗变换器、指数渐变线阻抗变换器和螺钉匹配器。

8.6.1　阶梯阻抗变换器

6.5 节中已介绍的“$\lambda/4$ 阻抗变换器”是一种窄带阻抗变换用以完成匹配任务的器件。$\lambda/4$ 是针对中心频率 f_0 而言的，如果偏离中心频率 f_0 阻抗变换器的性能将变坏，就不能指望它在较宽的频带完成阻抗匹配功能，因此它是一种窄带器件。这一构成“窄带”原理，不妨称它为“$\lambda_g/4$ 效应”。解决这类问题的途径通常是采用多节级联的方法，具体到阻抗变换器扩展频带的方法是采用多节阶梯式的阻抗变换器或简称为“阶梯阻抗变换器”。

图 8-46 所示是一个由两节 $\lambda_g/4$ 波导段构成的阶梯阻抗变换器，其简单原理是利用阶梯不连续处的反射波在输入“第 1 阶梯 T_0”处相互抵消再进而获得匹配的；即是利用 $\lambda_g/4$ 波的行程距离，使得从“第 1 阶梯 T_1”处的反射波和从“第 2 阶梯 T_2”处的反射波到达“第 0 阶梯 T_0”处反相合成抵消再进而获得匹配的。就两节 $\lambda_g/4$ 波导段构成的阶梯阻抗变换器而言，“$\lambda_g/4$ 效应”仍然存在，不过随着变换器的节数增多其影响将会随之减小，其带宽也随之加宽。

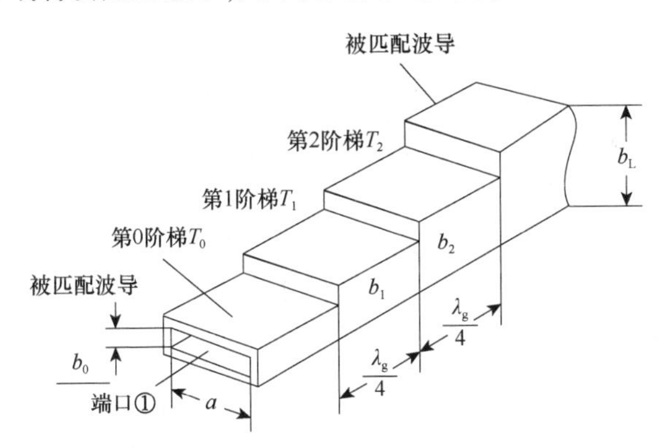

图 8-46　金属波导阶梯阻抗变换器

8.6.2　指数渐变线阻抗变换器

渐变线阻抗变换器是对 N 节阶梯阻抗变换器的一种改进，图 8-47 所示为渐变线阻抗变换器的等效电路。由该图可以看出：渐变线阻抗变换器改变了阶梯阻抗变换器的特性阻抗由 Z 跳变到 $Z_{01}, Z_{02}, Z_{03}, \cdots, Z_{0N}$，的性质，将其改变成为特性阻抗作微小阶梯渐变式变化的性质，其特性阻抗从 $z=0$ 处的 Z_0 阶梯渐变到 $z=L$ 处的 Z_L，逼近渐变线的连续渐变特性阻抗。只要渐变线阻抗变换器的长度远远大于其工作波长（即 $L \gg \lambda$ ），上述“逼近处理法”是非常有效的，而且被匹配传输线输入端的反射系数就可以做到很小。

取图 8-47 所示渐变线阻抗变换器上的连续两个微小增量段 Δz_1 和 Δz_2 来观

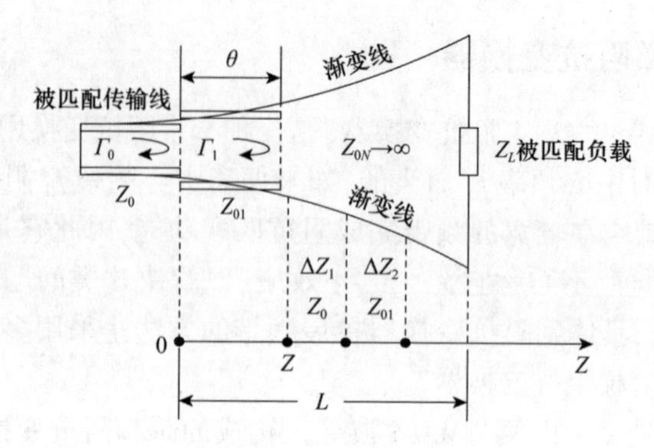

图 8-47　渐变线阻抗变换器的传输线等效电路

察,显然在 z 处的反射系数的增量可以表示为

$$\Delta\Gamma_n=\frac{[Z_{02}(z)+\Delta Z_{02}(z)]-Z_{01}(z)}{[Z_{02}(z)+\Delta Z_{02}(z)]+Z_{01}(z)}\approx\frac{\Delta Z_{02}(z)}{2Z_{02}(z)}\approx\frac{\Delta\tilde{Z}_{0n}(z)}{2\tilde{Z}_{0n}(z)}\quad(8-37)$$

式中

$$\Delta\tilde{Z}_{0n}(z)=\frac{\Delta Z_{0n}(z)}{Z_0},\tilde{Z}_{0n}(z)=\frac{Z_{0n}(z)}{Z_0}\quad(8-38)$$

令增量段 $\Delta z_n=\Delta z_1=\Delta z_2$,并对式(8-37)求极限得

$$\lim_{\Delta z\to 0}\Delta\Gamma_n\approx\lim_{\Delta z\to 0}\frac{\Delta\tilde{Z}_{0n}(z)}{2\tilde{Z}_{0n}(z)}$$

再利用 $(\mathrm{d}\ln x/\mathrm{d}x)=1/x$ 可得

$$\mathrm{d}\Gamma_n\frac{\mathrm{d}\tilde{Z}_{0n}(z)}{2\tilde{Z}_{0n}(z)}=\frac{1}{2}\mathrm{d}\ln\tilde{Z}_{0n}(z)=\frac{\mathrm{d}\ln\tilde{Z}_{0n}(z)}{\mathrm{d}z}\mathrm{d}z\quad(8-39)$$

式(8-39)表示渐变线阻抗变换器上任意一个微小增量段 dz 输入端口处的反射系数;如果从 $z=0$ 到 $z=L$ 线段,将每一个微小增量段 dz 的反射系数加和,就可以得到渐变线阻抗变换器输入端口处的总反射系数:

$$\Gamma_{\text{in}}=\frac{1}{2}\int_0^L\frac{\mathrm{d}\ln\tilde{Z}_{0n}(z)}{\mathrm{d}z}\mathrm{e}^{-\mathrm{j}2\beta z}\mathrm{d}z\quad(8-40)$$

式中, $\mathrm{e}^{-\mathrm{j}2\beta z}\mathrm{d}z$ 为微小增量段 dz 上的相移因子。

对于指数型渐变线而言,沿线的特性阻抗按照指数规律增加:

$$Z_{0n}(z)=Z_0\mathrm{e}^{\alpha e}0<z<L\quad(8-41)$$

而在 $z=0$ 处 $Z_{0n}(0)=Z_0$,在 $z=L$ 处 $Z_{0n}(L)=Z_L=Z_0\mathrm{e}^{\alpha L}$,由此可得

$$\alpha=\frac{1}{L}\ln\frac{Z_L}{Z_0}\quad(8-42)$$

将式(8-41)和式(8-42)代入式(8-40),可得渐变线阻抗变换器输入端口处的总反射系数的具体表达式:

$$\Gamma_{\text{in}} = \frac{1}{2}\int_0^L \frac{\mathrm{d}\ln\tilde{Z}_{0n}(z)}{\mathrm{d}z}\mathrm{e}^{-\mathrm{j}2\beta z}\mathrm{d}z = \frac{1}{2}\left|\frac{\sin\beta L}{\beta L}\ln\frac{Z_L}{Z_0}\right|\mathrm{e}^{-\mathrm{j}\beta L} \tag{8-43}$$

注意:在推导式(8-43)时,实际上已经假设了相移常数 $\beta = 2\pi/\lambda$ 与空间距离 z 无关,这种假设只适用于 TEM 输线。由式(8-43)可以求得反射系数的模值为

$$\Gamma_{\text{in}} = \frac{1}{2}\left|\frac{\sin(\beta L)}{\beta L}\ln\frac{Z_L}{Z_0}\right| \tag{8-44}$$

使用式(8-44),以 βL 为变量、Z_L/Z_0 为参变量,可绘制图 8-48 所示的曲线。从该组曲线可以看出以下几点。

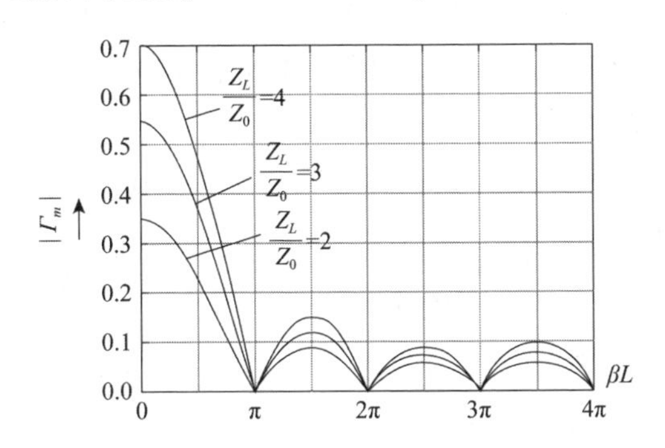

图 8-48　反射系数幅度与 βL 的关系曲线

(1)Z_L/Z_0 比值越大(即被匹配的负载与被匹配传输线的特性阻抗 Z_0 的差距越大),反射系数 $|\Gamma_{\text{in}}|$ 也就越大。说明使用渐变线阻抗变换器要获得理想的匹配状况,Z_L/Z_0 比值应该小一些。

(2)对一定长度 L 的渐变线阻抗变换器而言,其工作频率 f 越高(即工作波长 λ 越短),βL 就越大;随着 βL 增大,$|\Gamma_{\text{in}}|$ 将非单调下降。当工作频率 f 无限增高,$\beta L\to\infty$ 将使 $|\Gamma_{\text{in}}|\to 0$。这说明:渐变线阻抗变换器上限工作频率 $f_{\max}$ 无限制,而可以按照要求任意确定,其工作频带仅取决于 $|\Gamma_{\text{in}}|$ 所能允许下限频率 $f_{\min}$。

(3)因为在 $\beta L<\pi$ 的区域内,随着 βL 增加 $|\Gamma_{\text{in}}|$ 单调下降。此时,对于一定工作波长 λ_0(或频率 f_0)的渐变线阻抗变换器而言,在几何装配空间允许的条件下 L 取长一点、匹配状态也可以更好一点;为了使被匹配的负载阻抗 Z_L 和被匹配传输线的特性阻抗 Z_0 获得良好的匹配,插入两者之间的渐变线阻抗变换器的设计长度 L 应该大于 $\lambda_0/2$(即 $L>\lambda_0/2$)。

一般来说,在给定阻抗变换比 $R=Z_L/Z_0$ 和终端反射系数 $|\Gamma_L|$ 的条件下,指数渐变线阻抗变换器的最短设计长度计算公式为

$$L_{\min} = \frac{1}{4\beta|\Gamma_L|}\left|\ln\frac{Z_L}{Z_0}\right| = \frac{1}{4\beta|\Gamma_L|}|\ln R| \tag{8-45}$$

如果阻抗变换比 $R=Z_L/Z_0$ 不大,可以将指数渐变线用直线代替,这样处理将使机械加工容易得多。

8.6.3 螺钉匹配器

在微波平衡混频器中的两只混频二极管和魔 T(一种四端口器件)之间使用了两个三螺钉(调整)匹配器,以获得混频二极管和魔 T 之间的阻抗匹配。图 8-49 所示就是三螺钉匹配器结构,螺钉通常装置在波导宽壁的中心线上。因为图中使用了三个调匹配螺钉,故称为三螺钉匹配器。螺钉匹配器常见于矩形波导和同轴线微波电路系统中,通常的有一(单)螺钉、两螺钉、三螺钉和四螺钉匹配器等。在图 8-49 中给出了单螺钉匹配器和双螺钉匹配器的结构示意,螺钉匹配器中一个螺钉就相当于一个短路分支线。

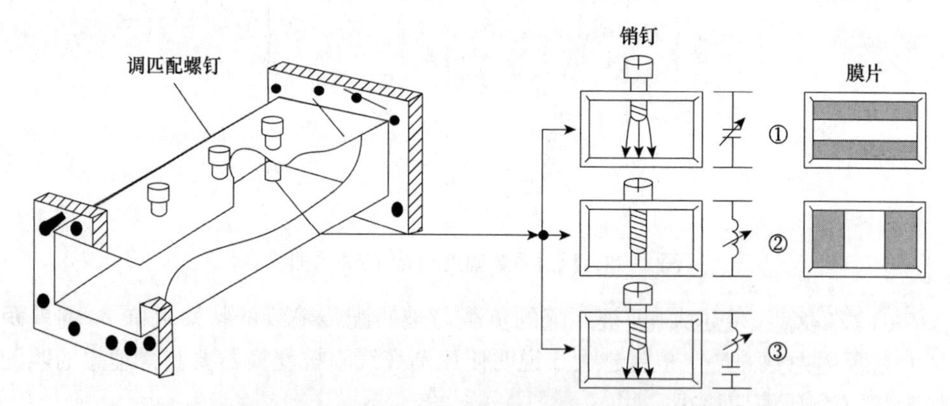

图 8-49　三螺钉匹配器

在短波中使用的短路分支线阻抗匹配器,是依靠调整短路分支线的长短以调整接入主传输线的电感或电容来完成匹配的;而对于基本原理与短路分支线阻抗匹配器完全相同的螺钉匹配器,则是依靠调整螺钉深入波导中的深浅获得不同性质的电抗元件的。在图 8-49 中给出了调整螺钉可能出现的三种位置所获得的三种不同性质的电抗元件。以电路的观点观察图 8-49 中可调螺钉三种位置所形成的三种不同性质的元件,可以做以下简单解释。正常应用情况下,矩形金属波导中传输的是 TE_{10} 波,根据电流连续定理,在插入波导中螺钉是有电流流过的。流经螺钉上的电流由传导电流和螺钉顶端的位移电流(螺钉顶端和波导内壁之间的电场形成)组成。螺钉上的传导电流集中磁场,故表现为电感性;顶端的位移电流等同于集中电场,故表现为电容性。在图8-49中的第③种螺钉位置螺钉上的传导电流等于顶端的位移电流,故螺钉呈现一个“串联谐振电路”;而螺钉处在第①和②位置所呈现元件性质就容易理解了:螺钉插入波导深,其上传导电流强,螺钉表现为电感性;螺钉插入波导浅,其上位移电流强,螺钉表现为电容性。一般而论:传输 TE_{10} 波的金属波导中不管是销钉还是膜片,它们都将引起波导中的边界条件的不连续性,而这种不连续的边界条件需要各种高次模电磁场与 TE_{10} 模电磁场叠加才能使不连续的边界条件得以满足;换言之,销钉或是膜片的周围总是束缚了许多不能传输的高次模的电场分量。如果销钉或膜片在其周围束缚高次模的电场分量强,就呈现电容性;反之,则呈现电感性。作为螺钉匹配器中的销钉所提供的电纳值及其插入的深度尺寸,通常是依靠实验调整确定的;为了防止波导被电击穿,一般只允许调整成电容性(即调整到图8-49中的位置①)。

8.7　微波谐振腔

微波谐振腔,也称为微波谐振器,相当于低频电路中的 *LC* 振荡回路,电感存储磁能,电容存储电能。但是在微波波段,谐振回路的长度与电磁波的波长相比拟,由此产生一些不利因素,如产生辐射、介质损耗和导体损耗急剧增加、集总参数的 *LC* 谐振回路性能变得很差,所以到分米波段就不能运用集总参数谐振回路了,而要用微波谐振腔。和低频 *LC* 回路的作用相同,微波谐振腔是一种具有储能和选频特性的微波谐振元件,它可以用作微波波长计、雷达回波箱等。

8.7.1　谐振腔的结构形式

微波谐振腔的结构形式很多,大体上与传输线的类型相一致,主要有矩形、圆柱形、环形、同轴谐振腔。图8-50所示为矩形、圆柱形和环形谐振腔由普通的集中参数回路演变而成的过程。

一个普通的集中参数回路,其电容器由两块矩形金属板组成,如图8-50(a)所示,为了减小电感以提高谐振频率,电感由线圈演变为并联短路线,进而在极限情况下,形成矩形谐振空腔。根据同样的道理,也可以由集中参数发展成圆柱形和环形的谐振空腔,它们分别如图8-50(b)和图8-50(c)所示。

由此可见,谐振空腔只是回路在频率很高时的一种特殊形式,它和集中参数振荡回路一样,也能够产生电磁振荡。但因结构形式不同,谐振空腔和集中参数回路毕竟有别:集中参数回路内的电场和磁场分别集中在电容器和线圈中,而空腔内的电场和磁场却分布在整个腔体之内。

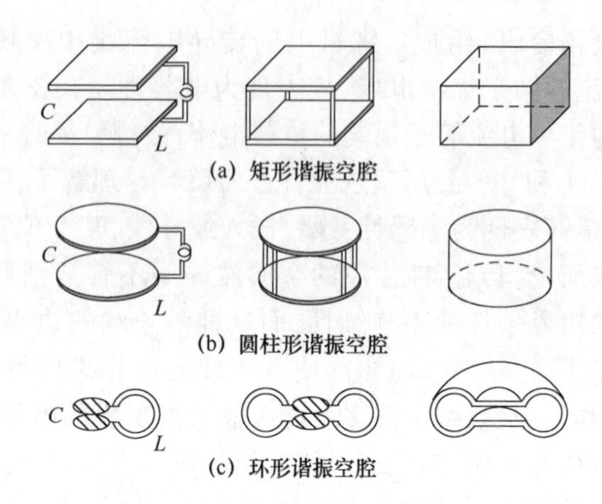

图 8-50 谐振回路到谐振腔的演变

8.7.2 谐振腔的特性参数

用来描述微波谐振腔的主要基本参数是谐振频率 f_0、固有品质因数 Q_0。

谐振频率 f_0 是指谐振腔中某模式的场发生谐振时的频率，对于规则的谐振腔，可以通过其结构尺寸计算。

谐振腔的品质因数 Q 定义为

$$Q = 2\pi \frac{W_0}{W_T} = \omega_0 \frac{W_0}{P_e} \tag{8-46}$$

式中，W_0 为谐振腔储能；W_T 为谐振腔每周耗散的能量；P_e 为一周期内的平均损耗功率。考虑损耗功率分两部分：一部分是谐振腔自身产生的损耗，记为 P_0，另一部分是谐振腔所带负载引起的损耗，记为 P_L，式(8-46)可写为

$$\frac{1}{Q} = \frac{1}{\omega_0 \dfrac{W_0}{P_0 + P_L}} = \frac{P_0}{\omega_0 W_0} + \frac{P_L}{\omega_0 W_0} + \frac{1}{Q_0} + \frac{1}{Q_L} \tag{8-47}$$

式中，Q_0 为谐振腔的固有品质因数；Q_L 为外部品质因数；Q 为有载品质因数。显然，$Q<Q_0$，即外接负载后，其品质因数降低了。

8.7.3 矩形谐振腔

1. 矩形空腔内的电磁振荡

矩形空腔内的电磁振荡，是由于电磁波在腔壁间来回反射，使电能和磁能相互转换而形成的。假定在矩形波导内传播的是 TE_{10} 波，并将波导一端用金属板封闭起来，如图 8-51(a)所示，则当电磁波在波导内传播时，不仅两侧壁之间产生全反射，而且传至金属板时也会产生全反射，因而沿波导的轴向也会形成驻波。由于导

体表面的平行电场必须为 0,所以在波导被金属板短路的一端为电场的节点和磁场的环点,而在距短路端为半个波导波长整数倍的各处,如图 8-51(a)中的 AA' 及 BB' 处,也是电场的节点和磁场的环点。如果在 AA' 处再加一块金属板,将波导封闭,就构成了图 8-51(b)所示的矩形空腔。虽然电磁波会在空腔内来回反射而形成驻波,但因两端都能满足电磁场的边界条件,所以空腔内电磁场的分布不会受影响。又由于驻波电场和磁场在时间上有 90°的相位差,即空腔内电能最大时,磁能为 0;磁能最大时,电能为 0。这种电能和磁能的互相转换,就形成了空腔内的电磁振荡。

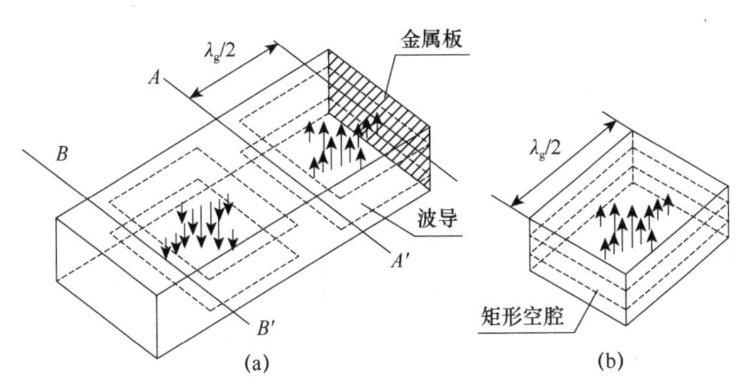

图 8-51　TE_{101} 型矩形谐振腔

当空腔内产生电磁振荡时,电磁场的分布是有一定形式的。为了满足边界条件,电磁场沿空腔的轴向分布的驻波半波长数应为整数,并以 p 表示;而空腔内电磁场分布的形式则以 TE_{mnp} 和 TM_{mnp} 来表示,与波导中表示波型的符号相比较,只多了一个注脚 p。例如,在图 8-51(b)中,电磁场沿空腔的轴向分布的驻波半波长数为 1,故空腔内的波型为 TE_{101}。这是矩形空腔中比较常用的一种波型。

2. 矩形空腔的谐振波长

矩形空腔的谐振波长与空腔的容积和波型有关。它们之间的关系式,可以根据空腔的长度与波导波长 λ_g 的关系以及波导波长与谐振波长的关系推导出来。因为空腔谐振时,其轴向长度应为若干半个波导波长,则有

$$l = p\frac{\lambda_g}{2} \quad 或 \quad \lambda_g = \frac{2l}{p} \tag{8-48}$$

式中,p 为正整数;而当矩形空腔与波导的波型相同时,波导中的波导波长和截止波长就是空腔内的波导波长和截止波长,波导的自由空间波长则对应于空腔的谐振波长。因此,可以根据波导中波导波长的关系式求出空腔的谐振波长。

波导波长 λ_g 和自由空间波长 λ 及截止波长 λ_c 之间的关系式为

$$\lambda_g = \frac{\lambda}{\sqrt{1-(\lambda/\lambda_c)^2}}$$

将此式代入式(8-48),并经整理后得

$$\lambda = \frac{1}{\sqrt{\left(\frac{p}{2l}\right)^2 + \left(\frac{1}{\lambda_c}\right)^2}} \tag{8-49}$$

又知矩形波导的截止波长 λ_c 为

$$\lambda_c = \frac{1}{\sqrt{\left(\frac{m}{2a}\right)^2 + \left(\frac{n}{2b}\right)^2}}$$

将此式代入式(8-49),则得矩形空腔谐振波长的表达式为

$$\begin{aligned}\lambda &= \frac{1}{\sqrt{\left(\frac{m}{2a}\right)^2 + \left(\frac{n}{2b}\right)^2 + \left(\frac{p}{2l}\right)^2}} \\ &= \frac{2}{\sqrt{\left(\frac{m}{a}\right)^2 + \left(\frac{n}{b}\right)^2 + \left(\frac{p}{l}\right)^2}}\end{aligned} \tag{8-50}$$

由谐振波长的表达式可以看出:

(1)谐振波长与空腔的宽边 a、窄边 b 以及长度 l 有关,亦即与空腔的容积有关。因此,只要用调谐活塞改变空腔的容积,就可达到改变谐振频率的目的。

(2)当空腔尺寸一定时,如果 m、n、p 的数值不同(即空腔内的波型不同),则谐振波长也不同。这表明同一个空腔可以有许多谐振波长,这种特性称为空腔的多谐性,是空腔和集中参数回路的主要区别之一。但是,一个空腔的许多谐振波长之间,彼此相差一定的数值,因而在一定的工作波长范围内,仍可将空腔看成具有单一波长的振荡回路。

(3)如果 m、n、p 中任何一个为 0,则谐振波长与空腔相应一边的尺寸无关,如 $n=0$,波长就与窄边无关。

3. 固有品质因数

矩形谐振腔的储能为

$$W_0 = W_e + W_m = \frac{1}{2}\int_V \mu |H|^2 \mathrm{d}V \tag{8-51}$$

式中,W 的下标 e 和 m 分别表示电场和磁场储能;V 为腔体的体积。谐振腔的平均损耗功率为

$$P_0 = \frac{1}{2}\oint_S |J_S|^2 \cdot R_S \mathrm{d}S = \frac{1}{2}R_S\oint_S |H_t|^2 \mathrm{d}S \tag{8-52}$$

式中,R_S 为表面电阻率;H_t 为切线方向磁场;S 为内壁表面积。

由式(8-51)和式(8-52)可得出

$$Q_0 = \frac{\omega\mu}{R_S} \frac{\int_V |H^2| dV}{\oint_S |H_t|^2 dS} = \frac{2}{\delta} \frac{\int_V |H^2| dV}{\oint_S |H_t|^2 dS} \tag{8-53}$$

式中，δ 为腔壁导体的透入深度。

谐振腔内壁附近的切向磁场总要大于腔内部的磁场，如果近似认为 $|H|^2 \approx \frac{1}{2}|H_t|^2$，则

$$Q_0 \approx \frac{1}{\delta} \cdot \frac{V}{S} \tag{8-54}$$

由此近似公式可以看出，腔体固有品质因数和 V/S 成正比，和 δ 成反比。这个结论也定性地适用于圆柱谐振腔和环形谐振腔。

8.7.4　圆柱谐振腔

圆柱谐振空腔由一段两端封闭的圆形波导构成，和矩形空腔一样，圆柱谐振空腔内也有 TE_{mnp} 和 TM_{mnp} 型式的场，其中 m 表示场沿半个圆周分布的最大值的个数，n 表示场沿半径方向分布的最大值的个数，p 表示场沿轴向分布的驻波半波数。在这许多振荡型式中，用得最多的是 TE_{111} 型和 TE_{011} 型。下面分别加以介绍。

1. TE_{111} 型圆柱空腔

TE_{111} 型是圆柱空腔中的基本波型，它不仅易于实现单模工作，而且腔体尺寸小。TE_{111} 型的场分布如图 8-52 所示，其谐振波长为

$$\lambda_{TE_{111}} \frac{1}{\sqrt{\left(\frac{1}{2l}\right)^2 + \left(\frac{1}{1.71d}\right)^2}} \tag{8-55}$$

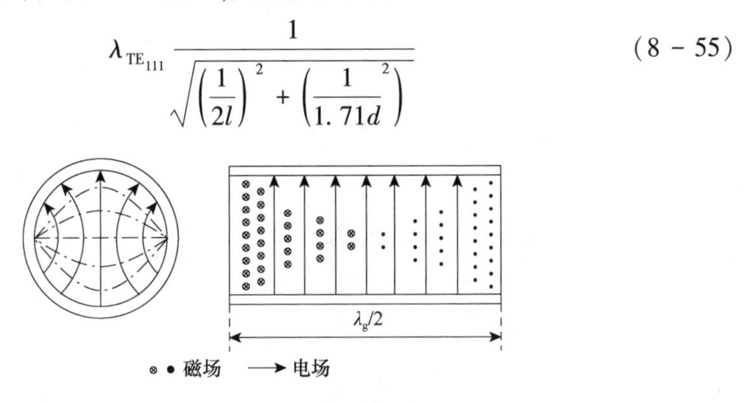

图 8-52　TE_{111} 型圆柱谐振腔

式中，l 为腔体的轴向长度；d 为直径。

由于 TE_{111} 型的谐振波长与腔体的长度有关，只要用短路活塞就可以方便地实现调谐，因此常用在空腔式波长计中。

2. TE_{011} 型圆柱空腔

TE_{011} 型场的分布如图 8-53 所示。由于圆形波导中 TE_{01} 波的管壁电流只有横向分量而没有纵向分量，因而具有频率越高损耗越小的特点。TE_{011} 型空腔的谐振波长为

$$\lambda_{TE_{011}} \frac{1}{\sqrt{\left(\frac{1}{2l}\right)^2 + \left(\frac{1}{0.82d}\right)^2}} \qquad (8-56)$$

同样，它也是利用短路活塞来进行调谐的。由于 TE_{011} 型空腔的损耗很小，Q 值很高（一般可达 10^4 量级），因此凡高精度的腔体都工作于 TE_{011} 型。

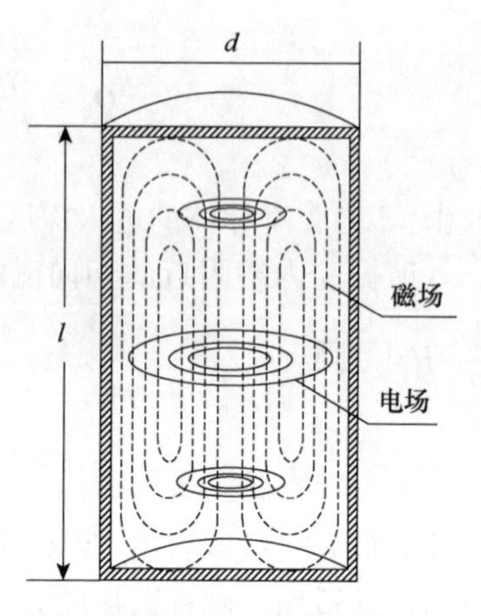

图 8-53　TE_{011} 型圆柱谐振腔

8.7.5　环形谐振空腔

环形谐振空腔在厘米波雷达接收机的外腔式速调管中得到广泛的应用。腔体形状如图 8-54 所示。它们的共同特点是空腔中央部分的两个圆片距离较近，形成比较集中的电容，四周的空心环则形成比较集中的电感。因此，环形腔可以等效成集中参数的振荡回路。设环形腔的等效电感为 L，等效电容为 C，电磁波传播速度为 c，则谐振波长为

$$\lambda = 2\pi c\sqrt{LC}$$

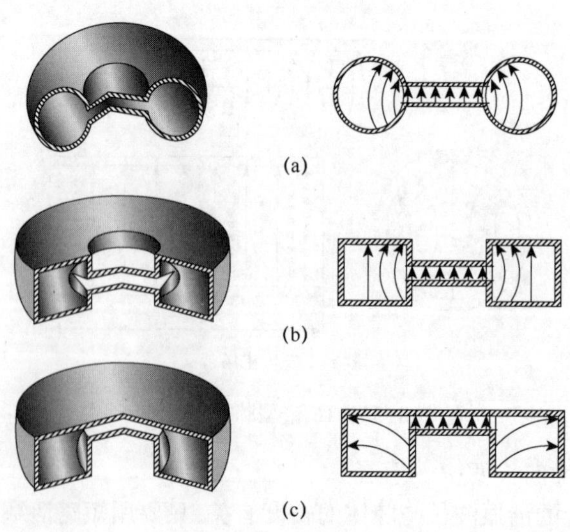

图 8-54　环形空腔

谐振波长与空腔的形状及尺寸有关:若空腔中央的圆片面积减小或片之间的距离增大,则等效电容减小,谐振波长缩短;若空腔的体积减小,则等效电感减小,谐振波长也缩短。据此,可以采用适当的方法对环形空腔进行调谐。

环形腔的调谐方法有电感调谐与电容调谐两种。电感调谐如图8-55所示:在环形腔的腔壁上装金属螺杆或金属叶片。当螺杆旋进空腔时,由于磁力线在螺杆上引起感应电流而产生反磁通,削弱了空腔原来的磁场,因而空腔的等效电感减小,谐振波长缩短。同样,若旋转金属叶片使其与腔内的磁场平面垂直,叶片产生的感应电流最大,反磁通最强,空腔的谐振波长最短;而叶片与磁场平行时,磁场基本不受影响,则谐振波长最长。

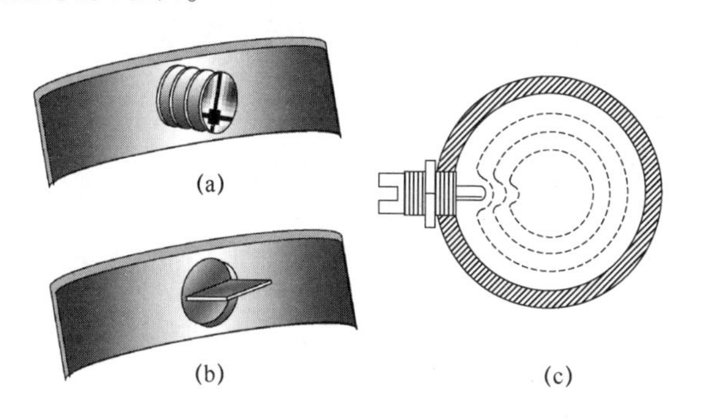

图8-55　环形空腔的电感调谐

电容调谐是通过改变环形空腔中央部分两圆片的间隙来实现的,如图8-56所示。它可由一块具有弹性的金属薄膜制成,如图8-56(a)所示;也可用一块可调的金属圆柱体构成,如图8-56(b)所示。当薄膜被压入或将圆柱体旋进时,空腔中央部分的间隙减小,等效电容增大,谐振波长增长;反之,则等效电容减小,谐振波长缩短。

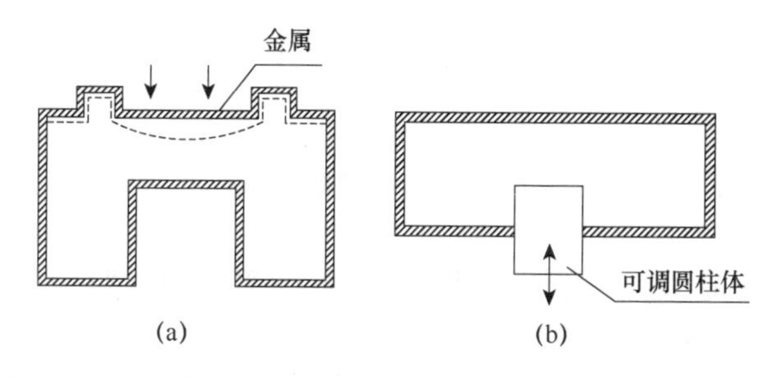

图8-56　环形空腔的电容调谐

通常,谐振波长为10cm左右的环形空腔,多用电感调谐;谐振波长为3cm或更短波段的环形空腔,多采用电容调谐。

8.7.6 谐振腔的耦合与激励

在实际应用中,谐振腔总是要通过一个或者多个端口与外电路连接以进行能量的交换,这就是谐振腔的耦合与激励。

谐振腔与波导一般通过小孔直接耦合,小孔大小决定耦合强弱,但是小孔越大,腔的有载品质因数越低。谐振腔的耦合原理随耦合孔在矩形波导上所开位置的不同,可分为电耦合、磁耦合和电磁混合耦合三种。以矩形波导 TE_{101} 模的激励为例,若耦合孔开于波段终端或波导窄壁,则为磁耦合,如图 8-57(a)、(b)所示;若耦合孔开于波导宽壁的宽边中央,则为电磁混合耦合,如图 8-57(c)所示。图 8-58 所示为微带谐振腔和介质谐振腔与微带线的耦合。

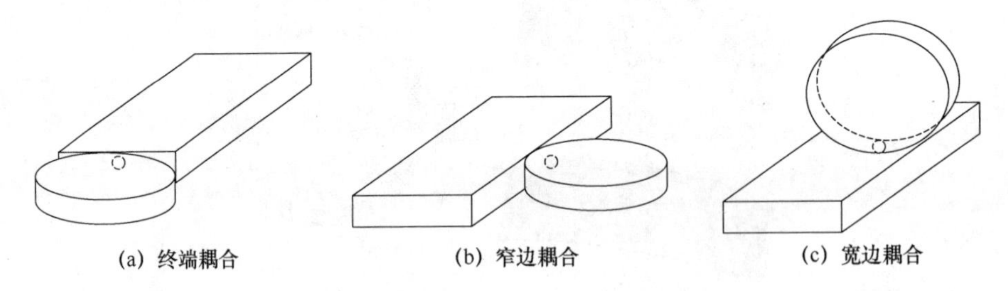

图 8-57　圆柱形谐振腔与矩形波导的耦合

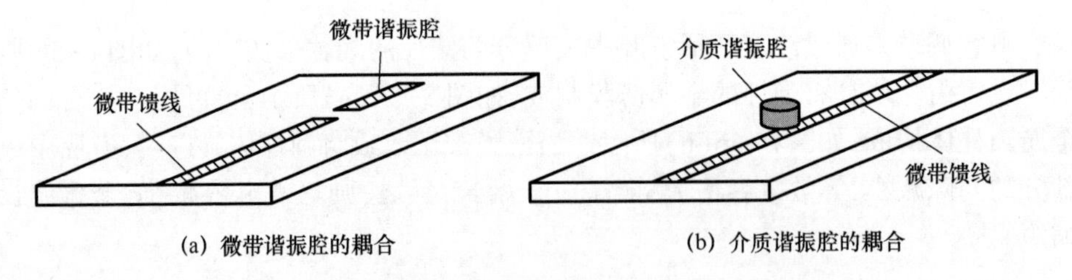

图 8-58　微带谐振腔和介质谐振腔与微带线的耦合

习　题

1. 试分别叙述矩形波导中的接触式和抗流式连接的优缺点。
2. 试阐述阻抗匹配的工作原理。
3. 结合方向图乘积原理与移相器、衰减器原理,简述你对相控阵天线的理解。
4. 简述微波谐振腔的应用。

第 9 章　分支元件与定向耦合器

9.1　分支元件

在微波系统中,常常需要将一路能量分为几路来传输,而且对于各路能量的分配比例及传输方向都有一定的要求;或者相反,需要将几路能量合并成一路。分支就是为这个目的而设计的。分支元件在微波系统中应用很广。它可以用于功率分配器、雷达天线的收发开关、平衡混频器和驻波测量仪等。

9.1.1　波导单 T 分支

波导单 T 分支可分为 E-T 分支和 H-T 分支两种,如图 9-1(a)、(b)所示。当分支平面与 TE_{10} 模式的电力线位于同一平面时,称为 E-T 分支;而当分支平面与 TE_{10} 模式的磁力线位于同一平面时,就称为 H-T 分支。下面首先定性地分析单 T 分支的基本特性,其次由其特性求出它的散射参量。

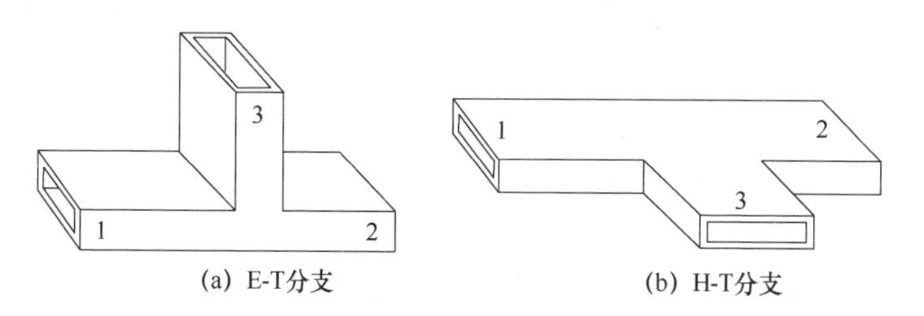

图 9-1　波导单 T 分支

将单 T 分支看作三端口网络,对各臂进行编号,主波导的臂称为端口 1 和端口 2,分支臂称为端口 3,工作波型为 TE_{10} 波,根据边界条件可以大致地画出单 T 分支中的电场分布。图 9-2 中的三张图画出了 E-T 分支中三种不同激励情况下的电场分布示意图,需要说明的是,在波导非均匀区的场是非常复杂的,这里仅是一种示意图,由图 9-2 可以看出,波从端口 3 输入时,端口 1 和 2 有等幅反相波输出;端口 1 和 2 等幅反相激励时,端口 3 有输出;端口 1 和 2 等幅同相激励时,端口 3 无输出。

对于 H-T 分支,三种激励情况如图 9-3 所示。由图 9-3 可以看出,波从端口 3 输入时,端口 1 和 2 有等幅同相波输出;端口 1 和 2 等幅同相激励时,端口 3 有输出;端口 1 和 2 等幅反相激励时,端口 3 无输出。

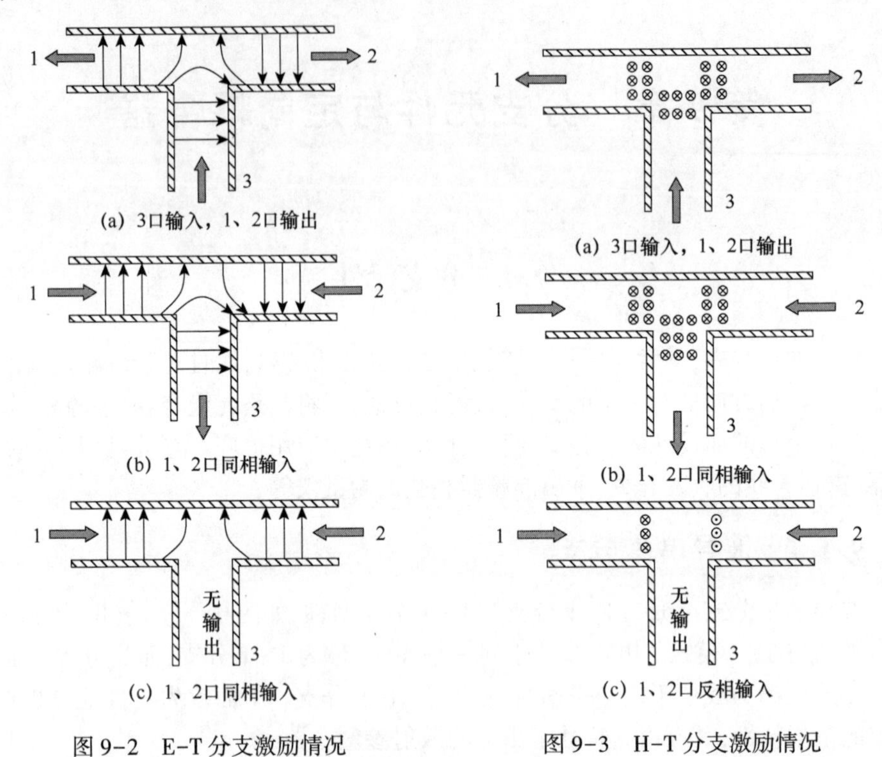

图 9-2　E-T 分支激励情况　　　图 9-3　H-T 分支激励情况

以上仅仅是根据场的概念所作的定性的判断推测,在此基础上,根据微波网络理论作进一步的分析,可以求得 E-T 和 H-T 分支的散射矩阵。

对于 E-T 分支,如图 9-1(a)所示,由于其结构的对称性,应有

$$s_{11} = s_{22} \tag{9-1}$$

因其是互易网络,必有

$$s_{ij} = s_{ji} \quad (i \neq j;\ i,j = 1,2,3) \tag{9-2}$$

由图 9-2(a)所示特性,应有

$$s_{23} = -s_{13} \tag{9-3}$$

设在端口 3 上将网络本身调好匹配,即 $s_{33}=0$,则 E-T 分支的散射矩阵可以写成

$$[s] = \begin{bmatrix} s_{11} & s_{12} & s_{13} \\ s_{12} & s_{11} & -s_{13} \\ s_{13} & -s_{13} & 0 \end{bmatrix} \tag{9-4}$$

由于网络无耗,满足幺正性,即

$$[s]^*[s] = [I] \tag{9-5}$$

$[s]^*$ 的第一行乘以 $[s]$ 的第一列得

$$|s_{11}|^2 + |s_{12}|^2 + |s_{13}|^2 = 1 \tag{9-6}$$

$[s]^*$ 的第三行乘以 $[s]$ 的第三列得

$$2|s_{13}|^2 = 1 \tag{9-7}$$

可求出

$$|s_{13}| = \frac{1}{\sqrt{2}} \tag{9-8}$$

设

$$s_{13} = \frac{1}{\sqrt{2}}e^{j\varphi_1} \tag{9-9}$$

式中，φ_1 为任意相角，它取决于端口 1 和端口 3 参考面的位置。

$[s]^*$ 的第三行乘以 $[s]$ 的第一列得

$$s_{13}^* s_{11} - s_{13}^* s_{12} = 0 \tag{9-10}$$

所以

$$s_{11} = s_{12} \tag{9-11}$$

将式(9-9)和式(9-11)代入式(9-6)得

$$|s_{11}| = \frac{1}{2} \tag{9-12}$$

设

$$s_{11} = s_{12} = \frac{1}{2}e^{j\varphi_2} \tag{9-13}$$

式中，φ_2 为任意相角，它取决于端口 1 和 2 参考面的位置，适当选择各端口参考面的位置，使 $\varphi_1=\varphi_2=0$，在这组特定的参考面下，E-T 分支的散射矩阵为

$$[s] = \frac{1}{2}\begin{bmatrix} 1 & 1 & \sqrt{2} \\ 1 & 1 & -\sqrt{2} \\ \sqrt{2} & -\sqrt{2} & 0 \end{bmatrix} \tag{9-14}$$

用类似的方法可以求得 H-T 分支的散射矩阵为

$$[s] = \frac{1}{2}\begin{bmatrix} 1 & -1 & \sqrt{2} \\ -1 & 1 & \sqrt{2} \\ \sqrt{2} & \sqrt{2} & 0 \end{bmatrix} \tag{9-15}$$

E-T 分支和 H-T 分支的散射参量表明，如果 3 口调好匹配，在端口 2、3 都接匹配负载的情况下，当波从端口 1 输入时，将有 1/4 的功率被反射回 1 口，1/4 的功率传送到 2 口，1/2 的功率传送到 3 口；当波从端口 2 输入时，将有 1/4 的功率被反射回 2 口，1/4 的功率传送到 1 口，1/2 的功率传送到 3 口；当波从端口 3 输入，将不存在反射波，端口 1 和端口 2 各得一半功率，称为三分贝功分器。图 9-2(b)和

图 9-3(b)是将单 T 分支当作功率合成器使用的情况,显然 E-T 分支的分支臂输出两路信号之差,H-T 分支的分支臂输出两路信号之和。

9.1.2 波导双 T 分支与魔 T

波导双 T 分支是由两个单 T 分支组合而成的,它们在微波系统中有着广泛的用途。波导双 T 分支的结构及各端口的编号如图 9-4 所示。这种结构可以看成是由 E-T 分支(由 2、4、3 臂组成)和 H-T 分支(由 2、1、3 臂组成)在对称平面上重合而成的。

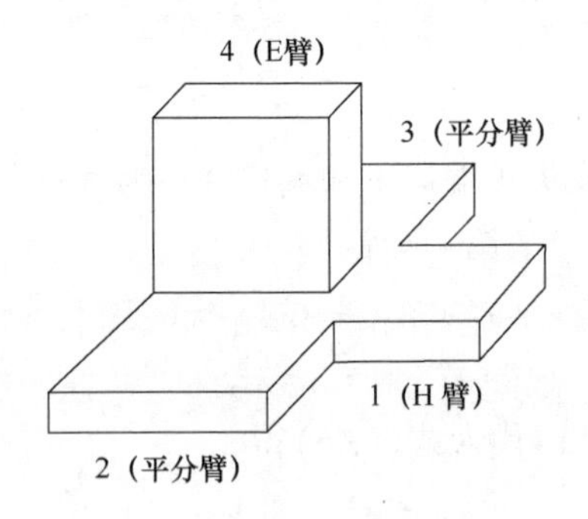

图 9-4 波导分支结构示意图

由于双 T 分支是由 E-T 分支和 H-T 分支组合而成的,结构具有一定的对称性。由前面分析可知,端口 1 进入的波在端口 2 和 3 是等幅同相输出的,端口 4 进入的波在端口 2 和 3 是等幅反相输出的。另外,从 TE_{10} 波的场结构来看,如图 9-5 所示,端口 1 和 4 应是互相隔离的,因为对称分布的场不能激励起反对称分布的场,端口 1 的电场分布是对称的,而端口 4 的电场分布是反对称的,所以端口 1 和 4 互相隔离。

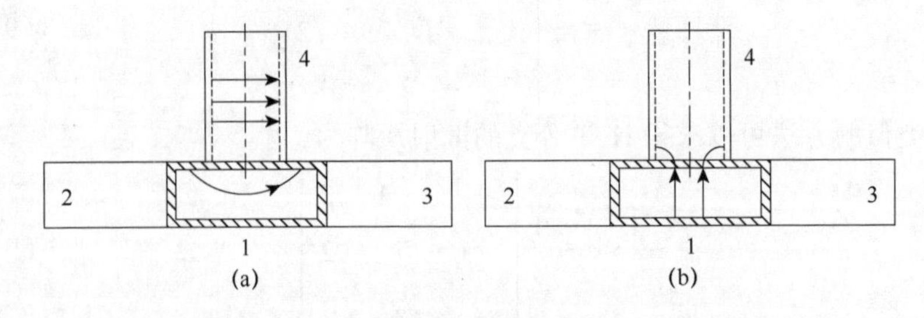

图 9-5 双 T 分支 E 臂、H 臂互相隔离的原理

根据上述分析,考虑结构的对称性和网络的互易性,可知波导双 T 分支的散射参量的关系为

$$s_{21} = s_{31}, \quad s_{24} = -s_{34} \tag{9-16}$$

$$s_{41} = s_{14} = 0, \; s_{22} = s_{33} \tag{9-17}$$

$$s_{ij} = s_{ji} \quad (i \neq j; i,j = 1,2,3,4) \tag{9-18}$$

于是,双 T 分支的散射矩阵为

$$[s] = \begin{bmatrix} s_{11} & s_{12} & s_{12} & 0 \\ s_{12} & s_{22} & s_{23} & s_{24} \\ s_{12} & s_{23} & s_{22} & -s_{24} \\ 0 & s_{24} & -s_{24} & s_{44} \end{bmatrix} \tag{9-19}$$

需要指出的是,在波导双 T 分支的实际应用中,可以对称地放置匹配元件,使网络本身端口 1 和 4 匹配,即 $s_{11}=s_{44}=0$,那么端口 2 和 3 会自动达到匹配,即 $s_{22}=s_{33}=0$。下面的分析将可以看到对于这种无耗网络结构,这是一必然的结果。这种匹配的波导双 T 分支,通常称为魔 T。

实际中,对于一般的双 T 分支,由于分支结点所引入的结电抗的影响,它们不可能是一种匹配元件。换句话说,如果没有特别的调配装置,一般的双 T 分支就不可能实现魔 T 要求的匹配特性,必须在一般双 T 分支中加上必要的匹配元件。图 9-6 是波导双 T 分支电路中常用的几种匹配方式。其中,(a)是采用金属膜片和金属棒杆构成匹配元件的,(b)是采用金属圆锥和金属棒杆构成匹配元件的,(c)是采用双膜片匹配的方式,(d)的匹配方式称为 British 匹配。

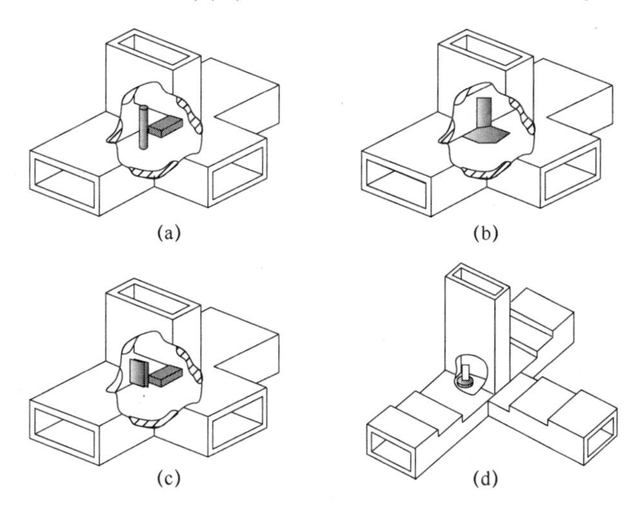

图 9-6　匹配的双 T 分支——魔 T

匹配后的波导双 T 分支有 $s_{11}=s_{44}=0$,其散射矩阵变为

$$[s] = \begin{bmatrix} 0 & s_{12} & s_{12} & 0 \\ s_{12} & s_{22} & s_{23} & s_{24} \\ s_{12} & s_{23} & s_{22} & -s_{24} \\ 0 & s_{24} & -s_{24} & 0 \end{bmatrix} \tag{9-20}$$

式(9-20)中只有4个独立参数待求。设魔T无耗,满足散射参量的幺正性,即

$$[s]^* \cdot [s] = 1 \tag{9-21}$$

$[s]^*$的第一行乘以$[s]$的第一列得

$$2|s_{12}|^2 = 1 \tag{9-22}$$

不妨设

$$s_{12} = \frac{1}{\sqrt{2}}e^{j\varphi_1} \tag{9-23}$$

式中,φ_1为任意相角,它取决于端口1和2参考面的位置。$[s]^*$的第四行乘以$[s]$的第四列得

$$2|s_{24}|^2 = 1 \tag{9-24}$$

同理可设

$$s_{24} = \frac{1}{\sqrt{2}}e^{j\varphi_2} \tag{9-25}$$

当端口2的参考面确定后,相角φ_2仅取决于端口4参考面的位置,适当选取端口1,2,4参考面的位置,使$\varphi_1=\varphi_2=0$,于是

$$s_{12} = s_{24} = \frac{1}{\sqrt{2}} \tag{9-26}$$

$[s]^*$的第二行乘以$[s]$的第二列得

$$|s_{12}|^2 + |s_{22}|^2 + |s_{23}|^2 + |s_{24}|^2 = 1 \tag{9-27}$$

将式(9-26)代入式(9-27),得

$$|s_{22}|^2 + |s_{23}|^2 = 0 \tag{9-28}$$

式(9-28)中,两项皆为正值,其和为0,故必须分别为0,即

$$s_{22} = 0, \quad s_{23} = 0 \tag{9-29}$$

总结上述结果,魔T散射矩阵为

$$[s] = \frac{1}{\sqrt{2}}\begin{bmatrix} 0 & 1 & 1 & 0 \\ 1 & 0 & 0 & 1 \\ 1 & 0 & 0 & -1 \\ 0 & 1 & -1 & 0 \end{bmatrix} \tag{9-30}$$

从式(9-30)可以看到,$s_{22}=s_{33}=0$,这表明端口1和4达到匹配后,端口2和3将自动实现匹配,同时也看到,除表明端口1和4互相隔离外,端口2和3也是互相隔离的,这正是魔T的神奇所在。从魔T的散射参量可以分析得出,只要E臂(端口4)和H臂(端口1)匹配良好,两平分臂(端口2和端口3)也就匹配良好,并且相互隔离。由此可见,魔T的相对臂相互隔离,输入臂的邻臂功率均分。所以,魔T实际上也是一个三分贝功率分配器。通过分析,可知魔T具有如下具体性能:

(1)平分性:相邻两口有3dB的耦合量,即从1口(H臂)或4口(E臂)馈入魔T的能量在2、3口平分。

(2)匹配性:当 1 口和 4 口匹配时,2 口和 3 口都自动获得匹配,即四口网络可以做到完全匹配。

(3)隔离性:1 口与 4 口隔离,在匹配条件下 2 口与 3 口也是隔离的,即全匹配条件下对口隔离。

图 9-7 所示为魔 T 分支应用的两个例子。图 9-7 (a)是用作阻抗测量的方块图。当信号由振荡器送入 H 臂时,若 2 臂和 3 臂所接的负载相同,其反射波在对称平面上同相,故 E 臂无输出,指示器读数为 0。而当负载不一样时,E 臂就有输出。由此可以通过标准负载比较待测负载的值。这种利用魔 T 接头测量阻抗的装置称为阻抗电桥。图 9-7 (b)是用魔 T 作平衡混频器的原理图。在接收机混频电路中,为使本振信号与接收信号隔离,可将它们分别接在匹配双 T 的 E 臂(4 臂)和 H 臂上(1 臂),而主线的两臂(即 2、3 臂)中装接混频体。这样,本振和接收信号都能以相等的幅度、适当的相位加在两晶体上进行混频,其差频信号送至中放电路进行放大。另外,采用平衡混频电路可抑制本振噪声,有利于降低噪声系数,提高混频器性能。

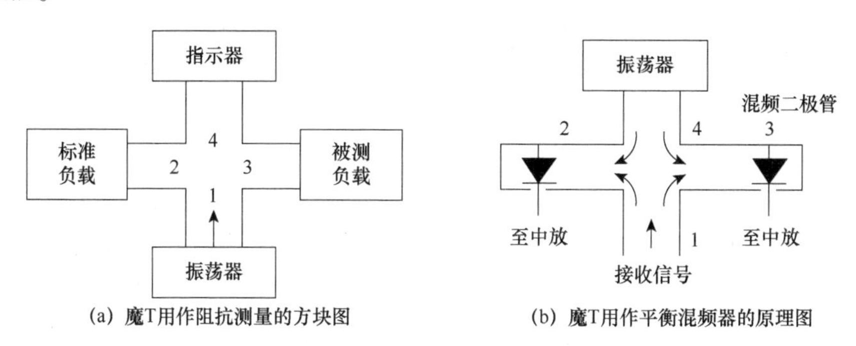

图 9-7　匹配双 T 应用的两个例子

在实际的雷达应用中,还经常使用魔 T 的变形结构,如折叠双 T。折叠式双 T 是缩小体积的双 T 分支,它可以分为 H 面折叠和 E 面折叠两种形式。将普通双 T 分支的平分臂 2 和 3 在 H 面上弯曲,最后折叠成具有公共壁的双连波导管,就构成 H 面折叠双 T,如图 9-8(a)所示。其中,1 臂仍称为 H 臂,4 臂仍称为 E 臂,2、3 臂称为平分臂,若再加上适当的匹配元件和过渡段,就成了 H 面折叠魔 T。这种结构的性能和一般匹配的双 T 一样,但它结构紧凑,频带宽,便于和外电路连接,因此广泛用于单脉冲雷达的馈源和高频加减器以及大功率四臂环流器。E 面折叠双 T 和 H 面折叠双 T 所不同的地方,主要是两个平分臂是在 E 平面弯曲,最后折叠而成,如图 9-8(b)所示。这两种折叠双 T 中的电磁波有着不同的极化方向,因而 E 面折叠双 T 性能是:若信号从两平分臂输入,则 E 壁输出两信号之和,H 臂输出两信号之差。E 面折叠双 T 跟标准魔 T 的性能不同。H 面折叠双 T 与标准魔 T 相同。

把两个 H 面折叠双 T 并在一起,又把折叠后的两个 H 臂作为另一个 E 面折叠臂,除留下前面的 H 面隔板和 E 面隔板以便隔成 4 个喇叭外,其作公共壁均拿去,这样就构成了一个包含三个魔 T 的紧凑结构,如图 9-9 所示,并将它称为复合折叠双 T,它是单脉冲雷达馈源的重要组成部分。

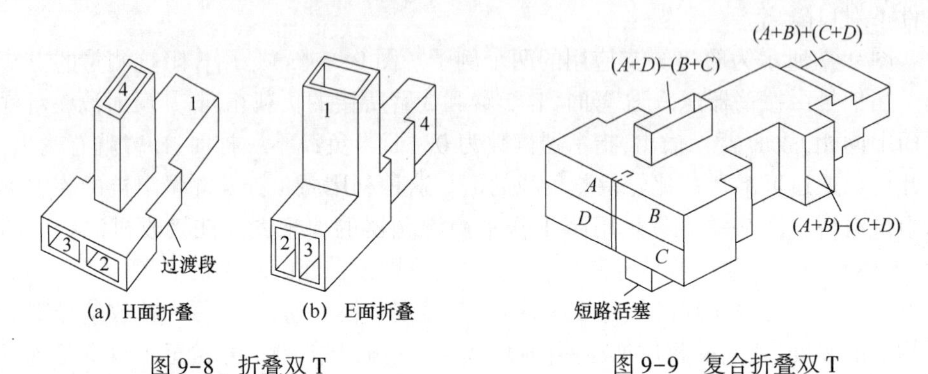

图 9-8 折叠双 T　　　图 9-9 复合折叠双 T

与单个折叠双 T 一样,在复合折叠双 T 结构中,波导窄边和宽边都有突变的地方,为了阻抗匹配,采用了 $\lambda/4$ 的阶梯过渡段。又由于有分支波导口存在,它会引起附加的电纳,因此除了阶梯过渡,在接头内还常加有一些匹配膜片和匹配销钉。

在复合折叠双 T 中,信号从 4 个喇叭组成两个 H 面折叠双 T 输入,由 H 面折叠双 T 的性质可知,两信号之和$(A+B)$进入前面波导(H 臂),两信号之差$(A-B)$进入顶面波导(E 臂)。同理,$(D+C)$进入前面波导,$(D-C)$进入底面波导。前面的波导构成 E 面折叠双 T,和信号$(A+B)+(D+C)$进入 E 臂波导输出,差信号$(A+B)-(D+C)$进入 H 臂输出。在底面波导接一短路活塞,调节其反射波与顶面波导的波同相叠加,从而在顶面波导输出$(A+D)-(B+C)$信号。于是,一个复合折叠双 T 就实现了 4 个信号的和差组合。

9.1.3 混合环

混合环又称为环形电桥。早先的环形电桥由波导做成,功率容量较大,宜作雷达收发天线开关用,但体积较大、笨重。微带环形电桥具有体积小、重量轻、容易加工等优点,在小功率微波集成平衡混频器中作为功率分配器而获得广泛的应用。图 9-10 所示为制作在介质基片上的微带混合环的几何图形,环的全长为 $\dfrac{3\lambda_{g0}}{2}$,其中 λ_{g0} 为中心频率 f_0 对应的相波长,4 个分支线并连在环上,将环分为 4 段,各段的长度和特性导纳值如图 9-10 所示,与环相接的 4 个分支的导纳值均等于 Y_0。

混合环具有类似于魔 T 的性质,下面对其特性做定性分析。设①端口接微波源,其余各端口均接匹配负载。由于微带线中的电场相对于其中心对称面是对称分布的,因而从①端口输入的对称电场将在环路中激起两个反方向传播的等幅同

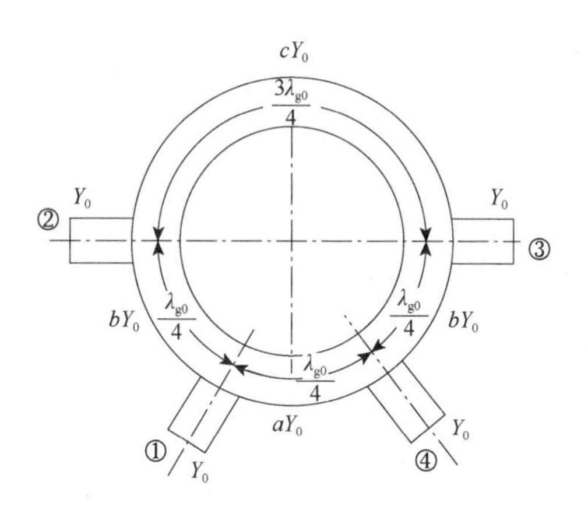

图 9-10　微带混合环

相波。由图 9-10 中可见,从①端口出发的这两路波到达③端口的行程相差半个波长,两者到达③端口时相位差 π,是等幅反相的,故③端口无输出。这时①端口输入的功率只能在②、④两端口输出,而②、④两端口到①端口的距离相等,所以这时在②、④端口将有等幅同相波输出,输出功率是①端口输入功率的一半。用类似的方法可以推出:如果③端口接信号源,其余各端均接匹配负载,则①端口无输出,②、④两端口有等幅反相输出,这是因为②、④两端口到③端口的波程差为半波长,由此引起的相位差为 π。与魔 T 不同的是:②、④两端口和①、③两端口处于完全同等地位,因此②、④两端口的互相隔离是可以直接看出的。

网络分析结果表明,对于 3dB 混合环,其各线段归一化特性导纳值相等,其值为

$$a = b = c = \frac{1}{\sqrt{2}}$$

实际使用的微带混合环还必须考虑对分支线连接处 T 型接头电抗效应的修正,从而最后确定环的各段微带线的宽度及长度等结构尺寸。可以推出理想 3dB 混合环的散射矩阵为

$$[S] = \frac{1}{\sqrt{2}}\begin{bmatrix} 0 & -j & 0 & -j \\ -j & 0 & j & 0 \\ 0 & j & 0 & -j \\ -j & 0 & -j & 0 \end{bmatrix} \tag{9-31}$$

这种特定的结构可用于功率合成器和混频器。例如,图 9-11 所示电路,本振电压从 4 端口输入,则 2 端口与 3 端口有等幅反相输出。接收信号由 1 端口输入,则 2 端口与 3 端口得到等幅同相的信号。这时,本振信号反相加于两个混频管,而接收信号同相加于两个混频管,即构成本振反相混频器。这种电路的优点是能抑

制本振的偶次谐波分量。

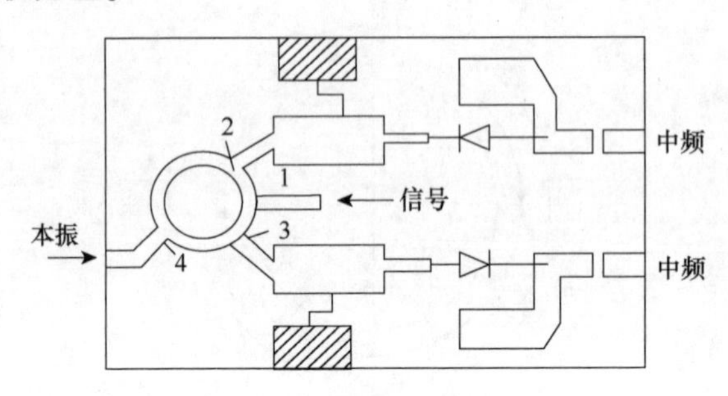

图 9-11　反相型平衡混频器

9.2　定向耦合器

9.2.1　引言

定向耦合器是一种具有方向性的功率分配器,它能从主传输系统的正向波中按一定比例分出部分功率,并基本上不从反向波中分出。因此,利用定向耦合器可以对主传输系统中的入射波和反射波分别进行取样。无疑它是一种很有用的微波器件。

1. 定向耦合器的分类与构成思想

定向耦合器的种类和形式多样,结构差异很大,工作原理也不尽相同。可以从不同角度对定向耦合器进行分类,如可按传输线类型、按耦合方式或按输出的相位关系等来区分。显然,这样分类可能会使一只定向耦合器同时属于几种不同要别。图 9-12 示出了几种定向耦合器的结构形式,其中图 9-12(a)为微带分支定向耦合器,图 9-12(b)为波导单孔定向耦合器,图 9-12(c)为平行耦合线定向耦合器,图 9-12(d)为波导匹配双 T,图 9-12(e)为波导多孔定向耦合器,图 9-12(f)为微带混合环。

定向耦合器可等效为四端口网络,如图 9-13 所示。主线的两个端口为(1)和(2),副线的两个端口为(3)和(4)。两线间有一定的耦合机构。当功率由端口(1)输入时,一部分功率从直通端口(2)输出;还有一部分功率耦合到副线中,利用各分波的场矢量叠加或波程差,设法使耦合到副线中的波在其中一端口同相叠加形成耦合口,而在另一端口反相抵消形成隔离口。至于端口(3)和(4)中哪个为耦合口哪个为隔离口,取决于定向耦合器的耦合机构。通常在隔离端口外接匹配负载。

定向耦合器这一类多端口器件在微波技术中应用非常广泛。图 9-14 所示的定向耦合器就是用于监测功率的一例,它从微波信号发生器至负载的主传输线中

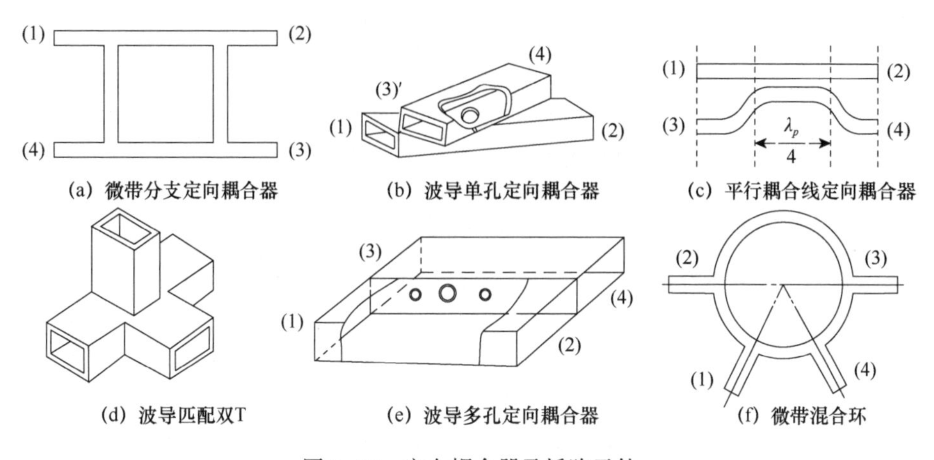

图 9-12　定向耦合器及桥路元件

图 9-13　定向耦合器的框图

取出一小部分功率输至功率监测器,只要知道耦合强弱便可由监测器的功率读数得知信号发生器的输出功率。

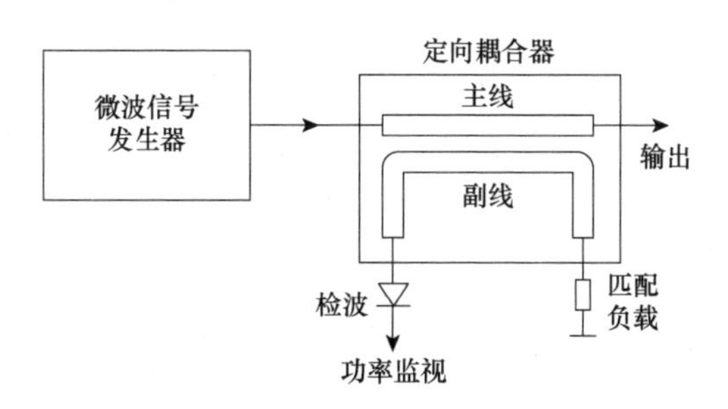

图 9-14　微波信号发生器的功率监测

2. 波导定向耦合器的技术指标

通过合理选择耦合结构及结构尺寸可使定向耦合器的耦合度、隔离度、方向系数、输入驻波比、频带宽度等技术指标达到所需要求。一种定向耦合器视它的使用场合不同对其要求亦不同,常用的技术指标如下:

(1)耦合度:也称为耦合系数,其定义为主线端口①的输入功率 P_1 与耦合端(端口③)的输出功率 P_3 之比,通常用分贝(dB)表示,记为 L,即

$$L = 10\lg \frac{P_1}{P_3} = 20\lg \frac{1}{|s_{31}|} \tag{9-32}$$

(2)方向系数：定义为耦合端(端口③)输出功率 P_3 与隔离端(端口④)输出功率 P_4 之比，记为 D，也以 dB 表示，即

$$D = 10\lg \frac{P_3}{P_4} = 20\lg \frac{|s_{31}|}{|s_{41}|} \tag{9-33}$$

(3)隔离度：定义为主线端口①的输入功率 P_1 与隔离端(端口④)的输出功率 P_4 之比，记为 I，也以 dB 表示，即

$$I = 10\lg \frac{P_1}{P_4} = 20\lg \frac{1}{|s_{41}|} \tag{9-34}$$

(4)输入驻波比：当端口②、③、④均接匹配负载时，输入端口①的驻波比。

$$\rho = \frac{1 + |s_{11}|}{1 - |s_{11}|} \tag{9-35}$$

(5)频带宽度：耦合度、方向系数、隔离度、输入驻波比都满足要求时，定向耦合器的工作频率范围。

定向耦合器的种类很多，波导、同轴线和微带线都可以构成定向耦合器，而耦合机构的形式也很多，主要有单孔耦合、多孔耦合、分支耦合和平行线耦合等。这里主要介绍对称理想定向耦合器的散射矩阵以及雷达装备上常用的几种定向耦合器。

9.2.2 对称理想定向耦合器的散射矩阵

对称理想定向耦合器如图 9-13 所示，假设端口(1)和(4)完全隔离，由于结构对称，端口(2)和(3)也完全隔离，即

$$s_{14} = s_{23} = s_{41} = s_{32} = 0$$

结构对称还使散射参量的关系有

$$s_{11} = s_{44}, s_{22} = s_{33}, s_{13} = s_{42}, s_{12} = s_{43}$$

设网络各端口均已调好匹配，即 $s_{ii} = 0 (i = 1,2,3,4)$，同时考虑网络的互易性，综合上述特点，散射矩阵应有的形式为

$$[s] = \begin{bmatrix} 0 & s_{12} & s_{13} & 0 \\ s_{12} & 0 & 0 & s_{13} \\ s_{13} & 0 & 0 & s_{12} \\ 0 & s_{13} & s_{12} & 0 \end{bmatrix}$$

理想无耗定向耦合器散射参量满足幺正性，即

$$[s]^* \cdot [s] = 1$$

$[s]^*$ 的第一行乘以 $[s]$ 的第一列得

$$|s_{12}|^2 + |s_{13}|^2 = 1 \tag{9-36}$$

$[s]^*$的第一行乘以$[s]$的第四列得

$$s_{12}^* s_{13} + s_{13}^* s_{12} = 0$$

此式也可写作

$$(s_{12}s_{13}^*)^* + (s_{12}s_{13}^*) = 0$$

可见 $s_{12}s_{13}^*$ 为纯虚数,其中一种可能是

$$s_{12} = c, s_{13} = \mathrm{j}d$$

式中,c、d 都是正实数。从式(9-36)应有

$$c^2 + d^2 = 1$$

所以可得对称理想定向耦合器的散射矩阵为

$$[s] = \begin{bmatrix} 0 & c & \mathrm{j}d & 0 \\ c & 0 & 0 & \mathrm{j}d \\ \mathrm{j}d & 0 & 0 & c \\ 0 & \mathrm{j}d & c & 0 \end{bmatrix} \tag{9-37}$$

由此可以看到图 9-13 所示的对称理想定向耦合器的一个特点,在直通端(端口(2))和耦合端(端口(3))的出波之间存在着 90°的相位差。

9.2.3　波导定向耦合器

1. 十字缝定向耦合器

十字缝定向耦合器的结构如图 9-15 所示,主副波导互相垂直放置,耦合公共壁为波导的宽壁,耦合结构为开在两波导相交面对角线上的十字形孔。常见的有双十字缝定向耦合器和斜双十字缝定向耦合器两种类型。

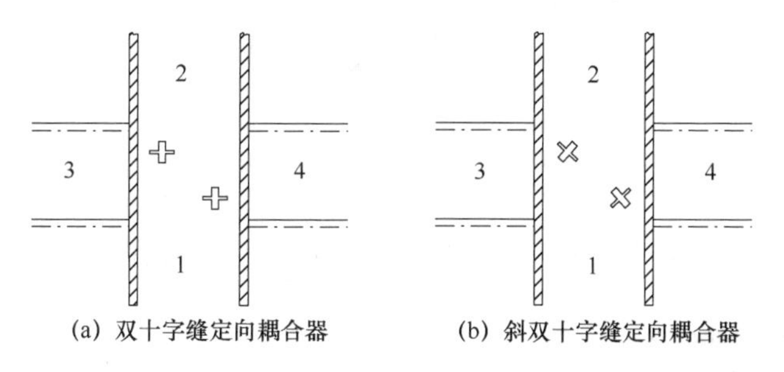

(a) 双十字缝定向耦合器　　(b) 斜双十字缝定向耦合器

图 9-15　十字缝定向耦合器

下面从物理概念上说明十字缝定向耦合器具有方向性的原因,为了简化分析,考虑单个十字缝的情况。十字缝可以看成两条互相垂直的窄缝组合而成,分析时认为缝很窄,因而可忽略电耦合和短轴方向上的磁耦合,只考虑长轴方向的磁耦合。如图 9-16(a)所示,当 TE_{10} 波在主波导中由 1 向 2 传输时,假定 $t=0$ 时刻十字缝处的磁场横向分量最大,纵向分量为 0。这时图 9-16(b)所示磁场的横向分

量与纵缝垂直,无耦合输出,电磁场只能经横缝耦合到副波导中,并在副波导中激励起向左、右传输的 TE_{10} 波。由于在十字缝处,副波导内的磁场方向应该与主波导内的一致,所以向左、右传输的 TE_{10} 波的磁场方向都是顺时针方向的。经过 1/4 周期,主波导内的 TE_{10} 波向前传输了 $\lambda_g/4$ 的距离,在十字缝处磁场只有纵向分量,横向分量为 0,磁场的纵向分量经纵缝耦合到副波导中,也在副波导中激励起向左、右传输的 TE_{10} 波,如图 9-16(c)所示。由于在十字缝处,主波导内的磁场方向是向上的,所以图 9-16(d)所示副波导内向左传输的磁场方向是逆时针的,向右传输的磁场方向是顺时针的。磁场的纵向分量不能经横缝在副波导中耦合出 TE_{10} 波,但图 9-16(e)所示在 $t=0$ 时刻经横缝耦合到副波导内的 TE_{10} 波已向左、右方向各传输了 $\lambda_g/4$ 的距离,并且磁场方向与主波导内的一致,即都是瞬时针的,所以向左、右传输的 TE_{10} 波的磁场方向都是顺时针方向的。对比图 9-16(d)与图 9-16(e)可以看出,经横缝与纵缝耦合到副波导内的 TE_{10} 波在端口 4 方向同相加强,在端口 3 方向反向削弱。如果适当选择十字缝的位置,可使电磁波只从端口 4 输出,从而实现定向耦合。

如图 9-17 所示,在双十字缝定向耦合器的实际使用中,电磁波的耦合方向总是穿过连接十字缝的对角线,这一规律读者可以根据上述讨论自行分析。

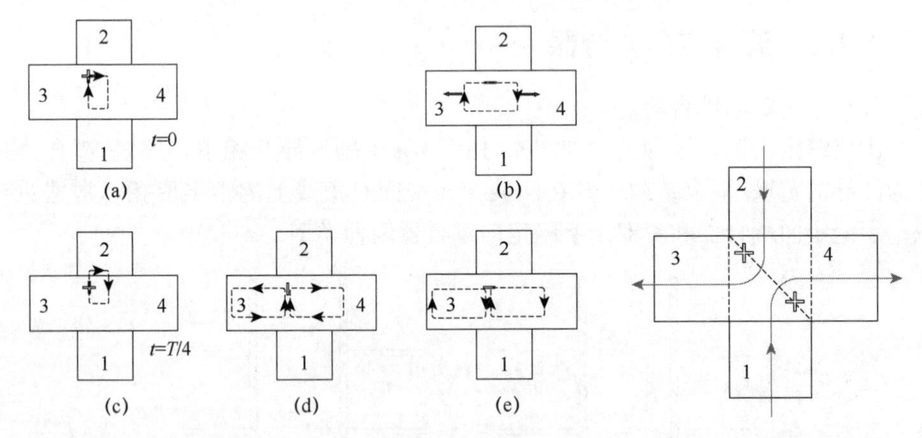

图 9-16　十字缝定向耦合器工作原理示意图　　　图 9-17　耦合方向示意图

2. 双孔定向耦合器

如图 9-18(a)所示,双孔定向耦合器通常是在波导公共窄壁上开两个孔,图 9-18(b)所示为双孔定向耦合器的工作原理。两孔相距 Δz,若 $\Delta z = \lambda_g/4$,这样从两个孔耦合到副波导并向端口 4 传输的波是彼此相消的,这是由于经过两个孔耦合后,传输的波的相位差为 $2\beta\Delta z$,在 $\Delta z = \lambda_g/4$ 时,两者有 180°的相位差。但经两孔耦合到副波导向端口 3 传输的波是同相的,彼此加强。这样,就形成了定向耦合功能。由于两孔之间的距离 Δz 的选择随频率而变,因而这种定向耦合器的频带宽度较窄。

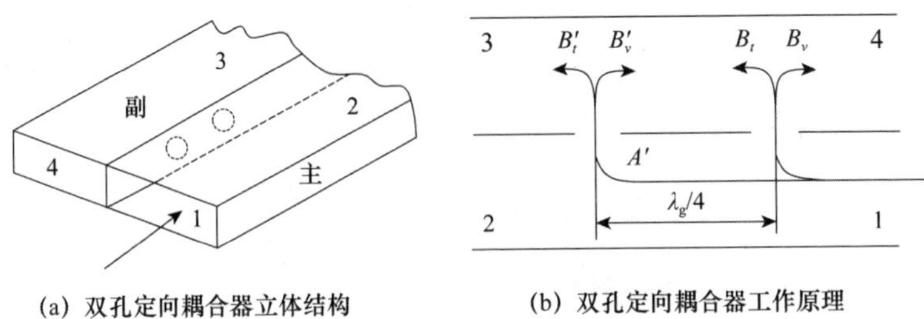

(a) 双孔定向耦合器立体结构　　(b) 双孔定向耦合器工作原理

图 9-18　双孔定向耦合器

3. 多孔定向耦合器

为了在一个频段内有较高隔离度，可以应用多孔定向耦合器。

图 9-19 所示为共有 N 个孔元的耦合器，它们的孔间间距均为 Δz。假定总的耦合功率与入射功率相比很小，即在主波导中可以忽略耦合引入的衰减因素，则每个孔由主波导耦合到副波导的能量基本上可以认为具有相同幅度 a。这样耦合到 3 臂的波为

$$A_3 = \sum_{i=1}^{N} a_i \mathrm{e}^{-\mathrm{j}(N-1)\varphi} = aNe^{-\mathrm{j}(N-1)\varphi} \tag{9-38}$$

式中，$\varphi = 2\pi/\lambda_g$。而耦合到 4 臂的波为

$$\begin{aligned} A_4 &= a[1 + \mathrm{e}^{-\mathrm{j}z\varphi} + \mathrm{e}^{-\mathrm{j}4\varphi} + \mathrm{e}^{-\mathrm{j}z(N-1)\varphi}] \\ &= a\mathrm{e}^{-\mathrm{j}(N-1)\varphi}\mathrm{e}^{\mathrm{j}\varphi}[\mathrm{e}^{\mathrm{j}N\varphi} + \mathrm{e}^{\mathrm{j}(N-2)\varphi} + \cdots + \mathrm{e}^{-\mathrm{j}(N-1)\varphi}] \end{aligned} \tag{9-39}$$

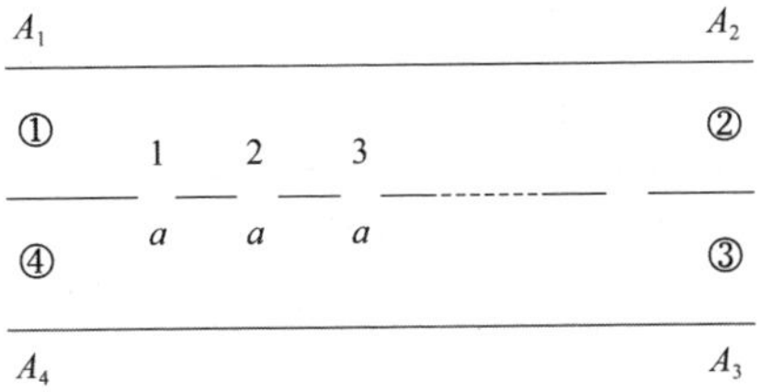

A_1　　A_2

①　1　2　3　②

a　a　a

④　③

A_4　　A_3

图 9-19　多孔定向耦合器

利用等比级数求和公式，式(9-39)可化为

$$A_4 = a\mathrm{e}^{-\mathrm{j}(N-1)\varphi}\frac{\mathrm{e}^{\mathrm{j}\varphi N} - \mathrm{e}^{-\mathrm{j}\varphi N}}{\mathrm{e}^{\mathrm{j}\varphi} - \mathrm{e}^{-\mathrm{j}\varphi}} \tag{9-40}$$

利用欧拉公式，则

$$A_4 = a\mathrm{e}^{-\mathrm{j}(N-1)\varphi}\frac{\sin(N\varphi)}{\sin\varphi} \tag{9-41}$$

而方向性系数 D 为

$$D = 20\lg\left|\frac{A_3}{A_4}\right| = 20\lg\frac{N\sin\varphi}{sin(N\varphi)} \tag{9-42}$$

由式(9-42)可知,N(孔数)越大,D 也就越大。理想情况是 $\sin(N\varphi)=0$,即 $N\varphi=n\pi$ $(n=0,1,2,\cdots)$,两孔的间距为

$$\frac{2\pi}{\lambda_g}\Delta z = \varphi,\text{即 } \Delta z = \frac{\lambda_g}{2\pi}\varphi = \frac{\pi}{2N}\lambda_g \tag{9-43}$$

取 $n=1$,当 $N=2$ 时即为前述的双孔定向耦合器。

多孔定向耦合器的各个孔的孔径可以做成不相等的,也就是说各个孔的耦合量不相同。使这些孔的耦合量按一定规律分布,如按二项式展开式中的系数分布,以及根据频率响应是切比雪夫多项式规律分布的定向耦合器等,采用这些规律的目的是获取一种最优设计。图 9-20 所示为某型雷达上采用的五孔定向耦合器。

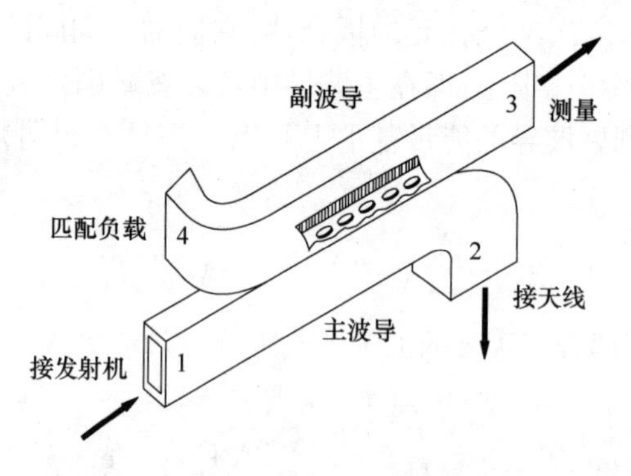

图 9-20　五孔定向耦合器

若将孔的数目无限制地增多,将孔之间的间距无限制地缩小,就构成了连续耦合定向耦合器,它具有宽频带的特性,缺点是尺寸较长,一般用于测量技术中。对于矩形波导,还有孔开在宽壁上的单孔、丁字形孔、十字形孔、双十字形孔等定向耦合器,它们的主副波导的轴线可以是平行的、斜交的、或正交的。总之,定向耦合器的具体结构形式可以是多种多样的。

顺便指出,在实际应用中,定向耦合器的隔离端口一般都接有匹配负载,用以吸收传来的微波功率,避免产生反射,否则不匹配引起的反射波,会影响其他端口的功率分配,使定向耦合器的性能下降。

9.2.4　裂缝电桥

前面介绍的均属于小孔耦合的定向耦合器,实际应用中还存在像裂缝电桥这样,属于大孔耦合的定向耦合器。由于波导裂缝电桥在雷达上应用广泛,下面加以详细介绍。

图 9-21(a)所示的矩形波导裂缝电桥,在主副波导的公共窄壁上切去长为 l

的一段,作为耦合缝隙。合理地选取 l 的尺寸,就可以使由主波导端口 1 输入功率的一半耦合到副波导中的端口 3,这种裂缝电桥又称为 3dB 电桥。在端口③处电场的相位滞后于端口②处电场的相位 90°;副波导中的端口④无输出。下面分析它的工作原理。

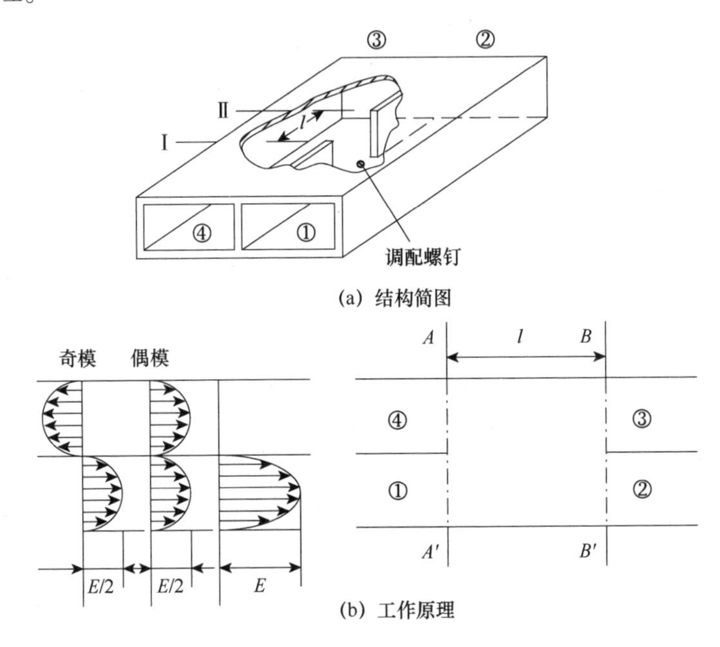

图 9-21　波导裂缝电桥

设从主波导的端口①输入电场幅度为 E 的 TE_{10} 波,其余端口均接匹配负载。选取合适的波导尺寸,使主副波导耦合段 l 内只能传输 TE_{10} 和 TE_{20} 两种模式,根据叠加原理,可以把端口①输入的波看作在端口①和端口④同时输入电场幅度为 $E/2$ 的偶模波和奇模波的叠加,如图 9-21(b)所示,可以认为在裂缝电桥的端口①、④上同时有偶模和奇模两种模激励。根据奇偶禁戒规则,偶模激励可以在耦合段 l 内产生 TE_{10} 波,它的波导波长和相移常数分别为

$$\lambda_{g10} = \frac{\lambda}{\sqrt{1-(\lambda/4a)^2}}, \quad \beta_{10} = \frac{2\pi}{\lambda_{g10}} = \beta_e$$

奇模激励可以在耦合段 l 内产生 TE_{20} 波,它的波导波长和相移常数分别为

$$\lambda_{g20} = \frac{\lambda}{\sqrt{1-(\lambda/2a)^2}}, \quad \beta_{20} = \frac{2\pi}{\lambda_{g20}} = \beta_o$$

以上各式中的 a 是主副波导宽壁的内尺寸,耦合段的宽度为 $2a$。上述两种模式的波,既传向端口②又传向端口③。若把耦合段的 AA' 界面作为相位的 0 参考点,则端口②处的电场 E_2 为

$$E_2 = \frac{1}{2}E\mathrm{e}^{-\mathrm{j}\beta_e l} + \frac{1}{2}E\mathrm{e}^{-\mathrm{j}\beta_o l}$$

经整理得

$$E_2 = E\cos\left[\frac{(\beta_e - \beta_o)l}{2}\right]\mathrm{e}^{-\mathrm{j}(\beta_e+\beta_o)\frac{l}{2}} \tag{9-44}$$

端口③处的电场 E_3 为

$$E_3 = \frac{1}{2}E\mathrm{e}^{-\mathrm{j}\beta_e l} + \frac{1}{2}E\mathrm{e}^{-\mathrm{j}(\beta_o l+\pi)}$$

式中的 π 是由于在端口③处 TE_{10} 波的电场与 TE_{20} 波的电场反相而引起的相位差。经整理得

$$E_3 = -\mathrm{j}E\sin\left[\frac{(\beta_e - \beta_o)l}{2}\right]\mathrm{e}^{-\mathrm{j}(\beta_c+\beta_o)\frac{l}{2}} \tag{9-45}$$

由式(9-44)和式(9-45)知,E_2 的相位比 E_3 的相位超前 π/2。

根据对裂缝电桥的要求,即端口③应输出端口①输入功率的一半,另一半功率由端口②输出,则应有

$$\left|\frac{E_3}{E_2}\right| = \left|\frac{\sin\left[\frac{(\beta_e - \beta_o)l}{2}\right]}{\cos\left[\frac{(\beta_e - \beta_o)l}{2}\right]}\right| = 1$$

即

$$\left|\tan\left[\frac{(\beta_e - \beta_o)l}{2}\right]\right| = 5$$

这就要求

$$\frac{(\beta_e - \beta_o)l}{2}\frac{\pi}{4}$$

由此可得

$$l = \frac{\pi}{2(\beta_e - \beta_o)}$$

或

$$l = \frac{1}{\left(\frac{1}{\lambda_{g10}} - \frac{1}{\lambda_{g20}}\right)}$$

需要指出的是,在上述分析中由于忽略了结构不连续的影响,因而实际结构与理论计算的 l 尺寸是有差别的。在实际的波导裂缝电桥中,为了改善匹配和加宽频带,需要在耦合区的中心线上放置螺钉。由上面分析过程不难写出理想波导裂

缝电桥的散射矩阵为

$$[s]=\frac{1}{\sqrt{2}}\begin{bmatrix}0&1&-j&0\\1&0&0&-j\\-j&0&0&1\\0&-j&1&0\end{bmatrix} \tag{9-46}$$

实际的定向耦合器只有三个端口,其隔离端固定地接匹配负载,因为若隔离端不匹配,由其产生的反射波便会返回到副波导中从耦合口输出,这样在主波导中存在反向波(若终端负载不匹配)并对其取样时便会降低定向耦合器的方向性。而若在隔离口接以匹配负载,则副波导的耦合口便只对正向波提取功率。当需要对主波导中的入射波和反射波分别取样时,必须采用两个这样的定向耦合器:一个正接对入射波取样,另一个反接对反射波取样。微波测量中用的反射计就是按这个思想设计制作的。

图 9-22 所示为用反射计测量反射系数的装置示意图,其中有两个以相反方向接入主线的具有高方向性的定向耦合器,各自按同一比例取出入射与反射波中的一小部分功率,经检波后输入比值计便可在经过校准的仪表上读出反射系数的大小(幅值),或直接以驻波比刻度。反射计的准确度首先取决于所用定向耦合器的方向性,方向性越高,误差越小,要求在整个工作频带内方向性大于 30dB。其次,准确度还与检波器特性以及比值计的准确度有密切关系。入射与反射通道的检波器特性必须在整个频带内一致:故应事先经过挑选配对选出一对特性一致的晶体二极管或热丝检波器。比值计是对输入的两路(反射与入射)检波信号进行除法运算的电子仪器,其输出的两个信号的比值可由表头指示或输入示波器显示。图中的短路活塞和匹配负载是配以对比值计进行测量前的校对之用的。

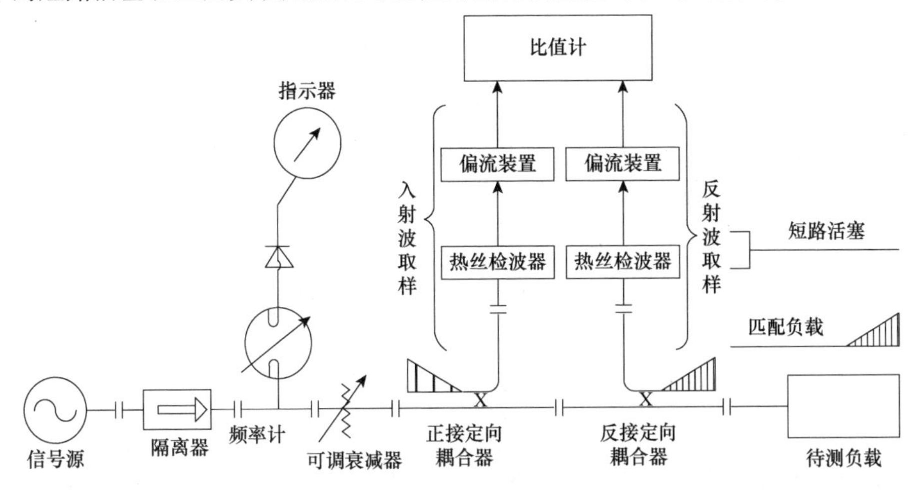

图 9-22　用反射计测量反射系数的装置示意图

9.3 功率分配器

前面几节所讨论的定向耦合器都可以作为功率分配器使用,但在单纯进行功率分配的情况下,一般不用那些结构较复杂、成本较高的器件,而多用T型接头或T型接头的变形。微波大功率功率分配器采用波导或同轴线结构,微波中小功率则可采用微带线结构的功率分配器。

图9-23所示为微带三端口功率分配器原理,它是在微带T型接头的基础上发展起来的,其结构较简单,信号由端口(1)输入(所接传输线的特性阻抗为 Z_0),分别经特性阻抗为 Z_{02}、Z_{03} 的两分支微带线从端口(2)、(3)输出,负载电阻分别为 R_2、R_3。两分支间无耦合,各自在中心频率时的电长度均为 $\theta = \pi/2$。

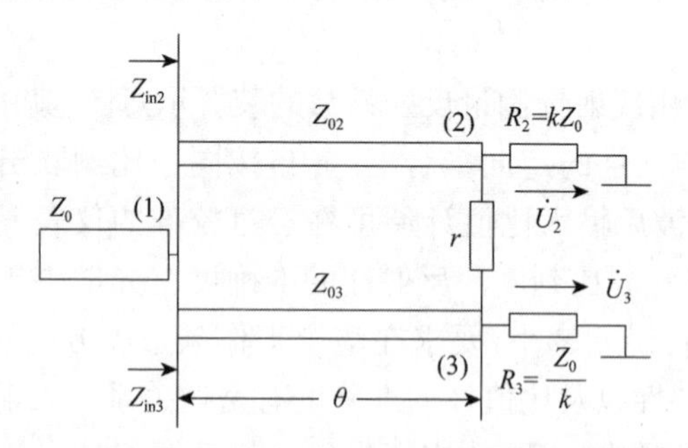

图9-23 微带三端口功率分配器原理

功率分配器应满足下列条件:①端口(2)与端口(3)的输出电压等幅、同相,输出功率比可为任意指定值;②输入端口(1)无反射。由这些条件可确定 Z_{02}、Z_{03} 及 R_2、R_3 的值。

由于端口(2)、(3)的输出功率与输出电压的关系为

$$P_2 = \frac{U_2^2}{2R_2}, P_3 = \frac{U_3^2}{2R_3}$$

如由条件①要求输出功率比为

$$\frac{P_2}{P_3} = \frac{1}{k^2} \tag{9-47}$$

则

$$\frac{U_2^2}{2R_2}k^2 = \frac{U_3^2}{2R_3}$$

按条件①中的 $\dot{U}_2 = \dot{U}_3$,由上式可得

$$R_2 = k^2 R_3 \tag{9-48}$$

若取

$$R_2 = kZ_0 \tag{9-49}$$

则

$$R_3 = \frac{Z_0}{k} \tag{9-50}$$

由条件②，端口(1)无反射，即要求 Z_{in2} 与 Z_{in3} 并联而成的总输入阻抗等于 Z_0。由于在中心频率处 $\theta = \pi/2$，则 $Z_{\text{in2}} = Z_{02}^2/R_2$，$Z_{\text{in3}} = Z_{03}^2/R_3$ 均为纯电阻，所以

$$Y_0 = \frac{1}{Z_0} = \frac{R_2}{Z_{02}^2} + \frac{R_3}{Z_{03}^2} \tag{9-51}$$

如以输入电阻表示功率比，则

$$\frac{P_2}{P_3} = \frac{Z_{\text{in3}}}{Z_{\text{in2}}} = \frac{Z_{03}^2}{R_3}\frac{R_2}{Z_{02}^2} = \frac{1}{k^2} \tag{9-52}$$

联立式(9-48)~式(9-52)可解得

$$Z_{02} = Z_0\sqrt{k(1+k^2)},\ Z_{03} = Z_0\sqrt{\frac{1+k^2}{k^3}} \tag{9-53}$$

由于 $\dot{U}_2$ 与 $\dot{U}_3$ 等幅、同相，故在端口(2)、(3)间跨接一电阻 r 并不会影响功率分配器的性能。但当(2)、(3)两端口外接负载不等于 R_2、R_3 时，来自负载的反射波功率便分别由(2)、(3)两端口输入，此时该三端口网络变为一功率合成器。为使(2)、(3)两端口彼此隔离，须在其间加一吸收电阻 r 起隔离作用。隔离电阻 r 的数值可由图 9-24 所示的等效电路分析求得，即

$$r = \frac{1+k^2}{k}Z_0 \tag{9-54}$$

隔离电阻 r 通常是用镍铬合金或电阻粉等材料制成的薄膜电阻。

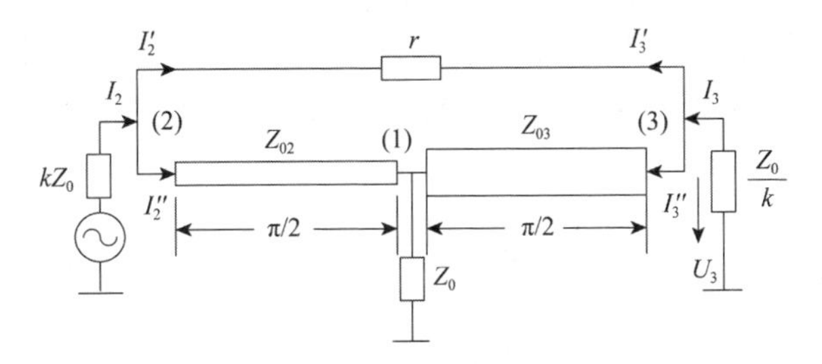

图 9-24　微波功率相加器等效电路

实际情况往往是输出端口(2)、(3)所接负载并不是电阻 R_2 和 R_3，而是特性阻抗为 Z_0 的传输线，因此为要获得指定的功分比，需在其间各加一 $\lambda_{p0}/4$ 线段作为阻抗变换器，如图 9-25 所示。变换段的特性阻抗分别为 Z_{04} 和 Z_{05}，其计算公

式为

$$\begin{cases} Z_{04} = \sqrt{R_2 Z_0} = \sqrt{k} Z_0 \\ Z_{05} = \sqrt{R_3 Z_0} = \dfrac{Z_0}{\sqrt{k}} \end{cases} \tag{9-55}$$

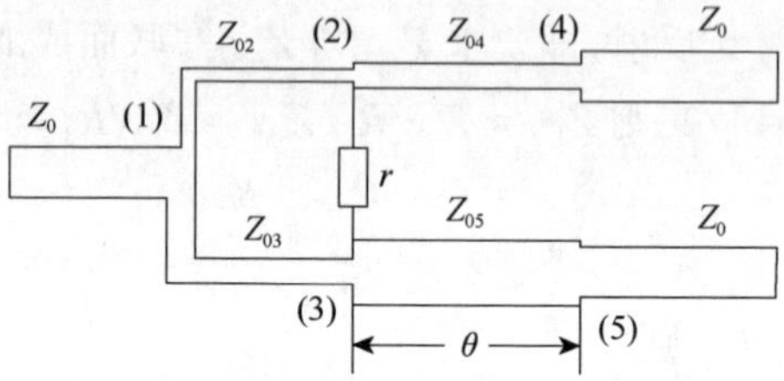

图 9-25　微带三端口功率分配器

对于等功率分配器，则 $P_2 = P_3, k = 1$，于是有

$$\begin{cases} R_2 = R_3 = Z_0 \\ Z_{02} = Z_{03} = \sqrt{2} Z_0 \\ r = 2Z_0 \end{cases} \tag{9-56}$$

显然，由式(9-53)和式(9-55)设计的功率分配器的工作频带较窄，其性能只在 $\theta = \pi/2$ 的中心频率附近较理想，频率一旦偏移中心工作频率，无论是隔离度还是输入驻波比都将变差。

习　题

1. 简述魔 T 的特性。

2. 简述十字缝定向耦合器的耦合方向。

3. 一个魔 T 分支，在端口 2 接匹配负载，在端口 3 内置短路活塞，当信号从端口 1(H 臂)输入时，端口 1 与端口 4(E 臂)的隔离度如何？

第 10 章　微波铁氧体器件

10.1　铁氧体的概念及其特性

10.1.1　铁氧体的物理特性

铁氧体是二价金属(锰、镁、镍、锌等)和铁的氧化物烧结而成的。目前,铁氧体材料可分为硬磁、软磁、矩磁、压磁和旋磁 5 类。硬磁铁氧体一般作永磁体,可用于电声器件、电表和电机等;软磁铁氧体一般作电感元件的磁芯,可用于磁性天线、中周磁芯等;矩磁铁氧体一般作记忆元件,可用于电子计算机中;压磁铁氧体一般作磁致伸缩元件,可用于超声波换能器等;旋磁铁氧体一般作微波元件,可用于隔离器、环行器等。

铁氧体呈黑褐色,机械性能类似陶瓷,硬而脆。这种材料的一个重要物理特性是具有很高的电阻率,为 $10^6 \sim 10^8 \Omega \cdot cm$,因而电磁波完全能穿透其中。另一重要物理特性是其磁导率和一般媒质很不相同,由于其独特的磁导率,电磁波在其中传播时将发生特殊的现象,人们分析了这种现象,并依此制作成各种各样的微波铁氧体器件。

10.1.2　正圆波和负圆波

在实际工作中,人们都要给工作在微波频率下的铁氧体材料施加一个恒定磁场,简称为外施磁场,记为 $\boldsymbol{H}_0$。$\boldsymbol{H}_0$ 的方向可以与波的传播方向一致(或相反),也可以与波的传播方向相垂直,前者称为纵向外施磁场,后者称为横向外施磁场。

定义:如果铁氧体中电磁波磁场的旋转方向与外施磁场 $\boldsymbol{H}_0$ 呈左手螺旋关系,则称该电磁波表现为负圆极化波,如图 10-1(a)所示。若两者呈右手螺旋关系,则称该电磁波表现为正圆极化波,如图 10-1(b)所示。

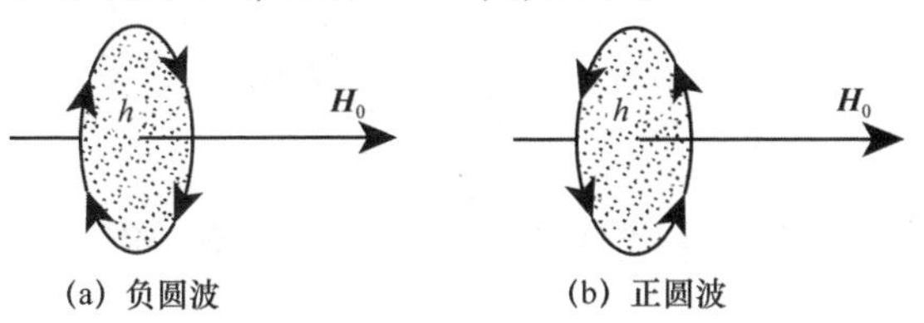

图 10-1　负圆波与正圆波

10.1.3 微波铁氧体的磁导率

单个自由电子除带有电量外,其本身尚以自旋的方式存在,因此,这个自旋的带电体既具有自旋动量矩又具有自旋磁矩。对铁氧体材料施加恒定磁场 $\boldsymbol{H}_0$,并让电磁波在其中传播,铁氧体中的自旋电子将受到外旋磁场 $\boldsymbol{H}_0$ 及交变磁场 $\boldsymbol{H}\mathrm{e}^{\mathrm{j}\omega t}$ 的共同作用,即受合成磁场 $\boldsymbol{H}=\boldsymbol{H}_0+\boldsymbol{H}\mathrm{e}^{\mathrm{j}\omega t}$ 的作用。由于 $\boldsymbol{H}$ 对自旋磁矩的作用会引起电子自旋动量矩的变化,而自旋动量矩的变化又会影响自旋磁矩,可以预料,电磁波在加有外施恒定磁场的铁氧体中传播时,其磁化强度的变化是复杂的。图 10-2 画出了在微波工作频率下,铁氧体材料对正圆波和负圆波的磁导率 μ^+ 与 μ^- 随外施恒定磁场 $\boldsymbol{H}_0$ 的变化曲线。由图可见,①如果不加恒定磁场,即 $\boldsymbol{H}_0=0$ 时,铁氧体对正负圆极化磁场所提供的导磁系数 μ^+ 和 μ^- 相等,铁氧体和普通均匀媒质一样。②在法拉第旋转区,$0<\mu^+<\mu^-$,正负圆极化波都能在铁氧体中顺利传播,但由于 $\mu^+<\mu^-$,正圆波的传播速度将大于负圆波的传播速度。③在场移区,$\mu^+<0<\mu^-$,此时,由于 $\mu^+<0$,正圆极化波将很难在铁氧体中存在,即正圆波将被排挤出铁氧体。④在谐振点,$\mu^+\to\infty$,$\mu^->0$。此时发生磁共振,铁氧体将大量吸收正圆极化波的能量,而负圆极化波仍可以顺利地在铁氧体中传播。⑤在高场区,$0<\mu^-<\mu^+$,正负圆极化波均能顺利地在铁氧体中传播,但由于 $\mu^-<\mu^+$,正圆极化波的传播速度将小于负圆极化波。

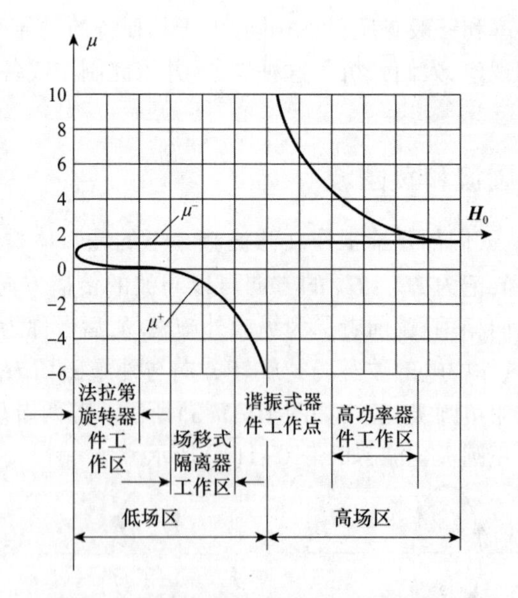

图 10-2 铁氧体对正负圆波呈现的磁导率

10.1.4　微波铁氧体对电磁场的特殊作用

1. 法拉第旋转效应

前面已讲过，一个角频率为 ω 的线极化波，可以分解为两个角频率仍为 ω、幅度相等、旋转方向相反的正负圆极化波。如果加在铁氧体上的恒定磁场强度选择合适，使得 $0<\mu^-<\mu^+$，则当正负圆极化磁场分量沿恒定磁场方向传播一段距离 l 时，它们的相位将变为

$$\phi^+ = \omega t - \omega l\sqrt{\mu^+ \varepsilon} \tag{10-1}$$

$$\phi^- = \omega t - \omega l\sqrt{\mu^- \varepsilon} \tag{10-2}$$

在 $z=l$ 处，正负圆极化磁场分量的合成仍为一线极化磁场。但由于 $\mu^+<\mu^-$，所以 $\varphi^+ > \varphi^-$，即合成的线极化磁场的极化方向向正圆波旋转方向转过一个角度 θ，如图 10-3(a)所示。

$$\theta = \frac{1}{2}(\varphi^+ - \varphi^-) = \frac{1}{2}\omega l(\sqrt{\mu^- \varepsilon} - \sqrt{\mu^+ \varepsilon}) \tag{10-3}$$

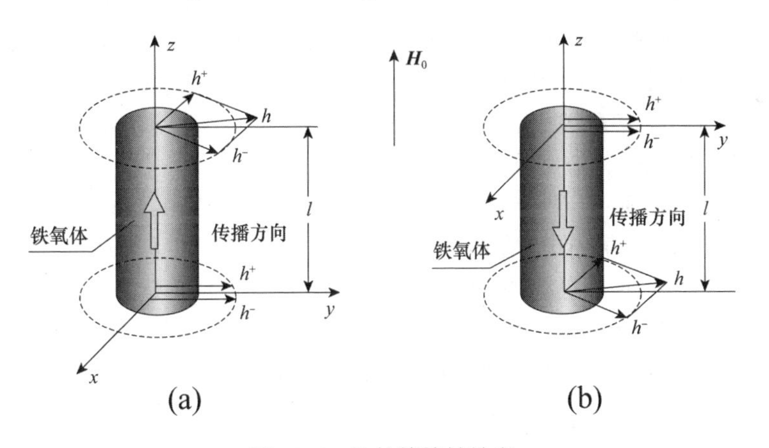

图 10-3　法拉第旋转效应

同理，如果线极化波逆着直流磁场方向传播一段距离 l，由于 $\mu^+<\mu^-$，线极化磁场的极化方向也将按正圆极化旋转方向转过一个角度 θ，如图 10-3(b)所示，这种由于 $\mu^-\neq\mu^+$，而使得线极化波的极化方向随电磁波在铁氧体中传播而不断旋转的现象称为法拉第旋转效应。旋转角 θ 称为法拉第旋转角。

显然，当 $\mu^+>\mu^->0$ 时，线极化电磁波在铁氧体中传播也将发生法拉第旋转效应，但其旋转角 θ 将偏向负圆波旋转方向。

2. 场移效应

当在矩形波导中传输 TE_{10} 波时，在平行于宽壁的平面内有 h_x 和 h_z 两个分量。彼此正交而且在时间上相差 90°相位，h_x 和 h_z 两个分量的幅值决定于离宽壁的距

离 d,适当选择 d,就可以找到一点 M,该点的 h_x 和 h_z 的振幅相等,如图 10-4 所示。这样两个振幅相等、互相垂直、相位差 90°的交变磁场就构成了一个圆极化波。

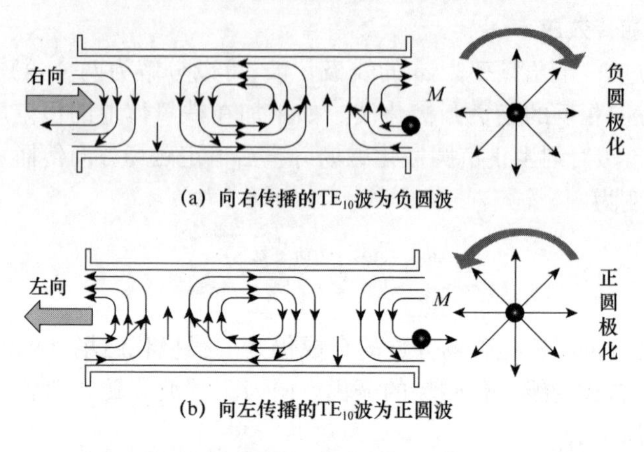

图 10-4　M 点的磁场变化

如图 10-4 所示,如果在 M 点放一铁氧体,并外施恒定磁场 $\boldsymbol{H}_0$ 垂直于宽壁,设 $\boldsymbol{H}_0$ 穿出纸面向外,则当电磁波从左向右传播时,M 点的电磁波磁场的旋转与 $\boldsymbol{H}_0$ 是左手螺旋关系,故称为负圆极化波。当电磁波从右向左传播时,M 点的电磁波为正圆极化波。如果调整 $\boldsymbol{H}_0$ 使铁氧体工作于场移区,$\mu^+<0<\mu^-$,则铁氧体片就将对正反向传输的正负圆极化波起不同作用。

如图 10-5(a)所示,对于 M 点的正圆极化波,由于 $\mu^+<0$,铁氧体起排挤电磁场的作用,因此波导中的正向波在传到 M 点时,场分布向空气中偏移;如图 10-5(b)所示。对于 M 点的负圆极化波,由于 $\mu^- >\mu_0$,μ_0 为空气的磁导率,故电磁波在铁氧体中传播比在空气中传播来得容易,铁氧体起吸引电磁波的作用。铁氧体能改变矩形波导中交变电磁场分布的这种效应,称为场移效应。

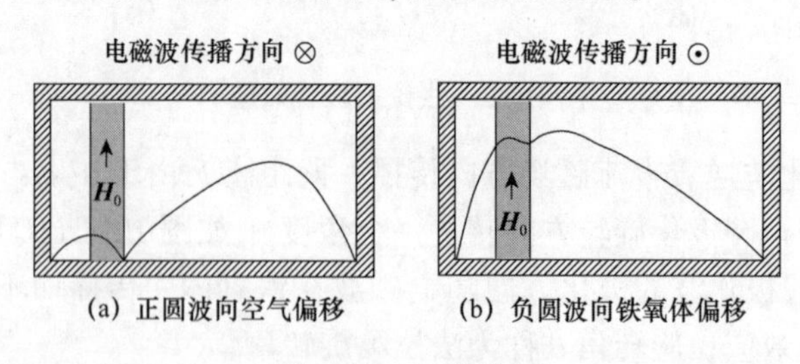

图 10-5　场移效应

如果在铁氧体右表面处放有衰减片。当电磁波传播方向如图 10-5(a)所示时,铁氧体右表面处电场为 0,衰减片不起作用,电磁波可以顺利地传播。相反,当电磁波传播方向如图 10-5(b)所示时,铁氧体右表面处电场很强,衰减片对电磁波衰减很大,因而起到隔离作用。

通过上面的介绍,微波铁氧体在外施恒定磁场作用下,会对电磁场产生法拉第旋转效应、场移效应等特殊的物理现象,而微波铁氧体器件的工作原理就是建立在这样一些物理现象之上的,下面将介绍一些常见的微波铁氧体器件。

10.2　微波铁氧体隔离器

10.2.1　隔离器的技术指标

隔离器是微波技术中比较常用的一种器件,它的作用是只允许电磁波向一个方向传播,而不允许向相反的方向通过,它通常接在信号源的输出端,其意义在于减小反射波对振荡器工作产生的影响。隔离器属于二端口网络,显然理想的微波隔离器的散射矩阵应该为

$$[s] = \begin{bmatrix} 0 & 0 \\ 1 & 0 \end{bmatrix} \tag{10 - 4}$$

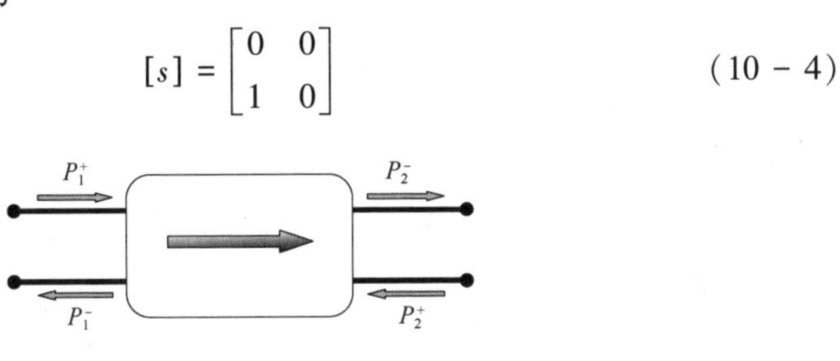

图 10-6　隔离器

隔离器的技术指标主要有以下几个:

正向衰减 α_+
$$\alpha_+ = 10\lg \frac{P_1^+}{P_2^-} = 20\lg \frac{1}{|s_{21}|} \tag{10-5}$$

正向衰减 α_+表示电磁波通过隔离器(图 10-6)时,铁氧体本身引起损耗的大小,当然是 α_+越小越好。

反向衰减 α_-
$$\alpha_- = 10\lg \frac{P_2^+}{P_1^-} = 20\lg \frac{1}{|s_{12}|} \tag{10-6}$$

反向衰减 α_- 越大,表示隔离隔离性能好。

隔离比 K
$$K = \frac{\alpha_-}{\alpha_+} \tag{10-7}$$

我们通常希望隔离比越大越好。

驻波比 ρ:表示隔离器驻波特性的参量。除了上述基本参量,有时对隔离器还有频带宽度的要求。

10.2.2　法拉第旋转式隔离器

旋转式隔离器的结构如图 10-7 所示。它由一段带铁氧体的圆形波导和两

段矩形波导连接而成。在圆形波导的轴线上装有一段铁氧体,为了达到匹配,铁氧体的两端做成锥形。圆形波导外面装有磁铁,用来产生与波导轴线平行的直流磁场 $\boldsymbol{H}_0$,圆形波导两端所接的矩形波导,其宽壁不在同一平面上,而是互成 45°。矩形波导在传输 TE_{10} 波,圆形波导在传输 TE_{11}°波,这两种波型通过圆方波导进行转换。

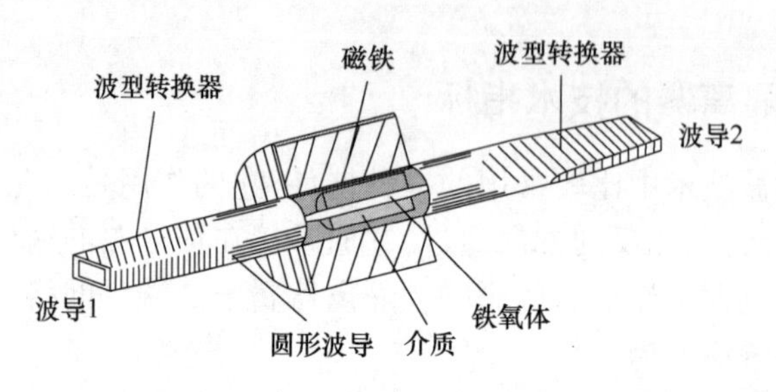

图 10-7　旋转式隔离器结构

旋转式隔离器是根据法拉第旋转效应制成的铁氧体器件。其特性是:电磁波从波导 1 向波导 2 传播时,波导 2 有输出;相反,电磁波从波导 2 向波导 1 传播时,波导 1 没有输出。为了使问题简单些,下面只用电场矢量来说明其工作原理,如图 10-8 所示。

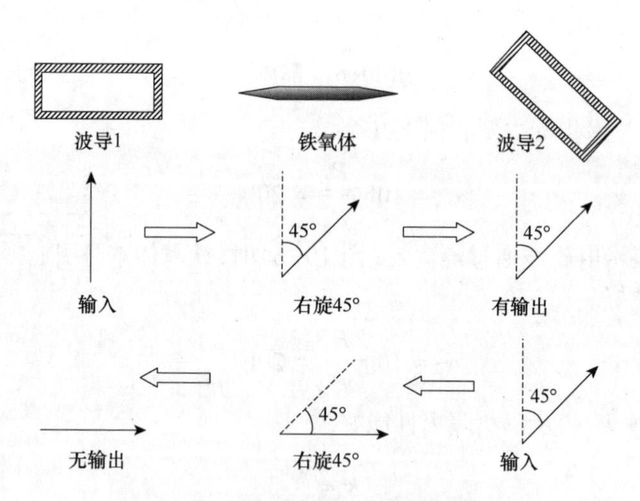

图 10-8　旋转式隔离器的工作原理

从波导 1 输入的 TE_{10} 波,传到圆形波导时转换为 TE_{11}°波的电场和横向磁场都可以看作是线极化的,根据法拉第效应,在 $\mu^- > \mu^+ > 0$ 的情况下,TE_{11}°波经过铁氧体以后,横向磁场的极化方向将向右旋转一个角度。适当地选择铁氧体的长度和外施磁场的强度,可使旋转角正好旋转 45°。因为交变电场与横向磁场互相垂直,所以 TE_{11}°波电场极化的方向也右旋 45°。这样,TE_{11}°波的电场就和波导 2 宽壁垂直,能够在波导 2 中激励起 TE_{10} 波。因此，从波导 1 输入的 TE_{10} 波能够从波导 2 输出。

当 TE_{10} 波从波导 2 输入时，经过铁氧体以后，极化方向也右旋 45°，于是 TE_{11}° 波的电场和波导 1 的宽壁平行，不能在波导 1 中激励起 TE_{10} 波。因此，从波导 2 输入的 TE_{10} 波不能从波导 1 输出(条件是矩形波导满足单模传输条件)。

如果波导 1 同发射机连接，波导 2 同天线连接。则从发射机向天线传输的电磁波可以顺利传输，而从天线反射回来的反射波就不能传输到发射机，即起到了隔离作用。

10.2.3　场移式铁氧体隔离器

场移式隔离器的结构如图 10-9(a)所示，使铁氧体片置于矩形波导基模 TE_{10} 波的圆极化场位置 x_0 处，外施恒定磁场由天然磁铁给出，铁氧体表面紧贴有可以吸收电磁场的电阻片。如果适当选择 $\boldsymbol{H}_0$ 的大小和铁氧体片的位置，使铁氧体片工作于场移效应区，则可使矩形波导横截面上正向波与反向波的电场分布如图 10-9(b)所示。由于反向波主要存在于铁氧体附近，吸收电阻片会对其产生强烈的吸收，从而不允许反向波通过；相反，正向波远离吸收电阻片，不会产生明显的衰减，因此正向波可以顺利通过，这就构成了单向传输的微波器件，由于这种器件是利用场移效应的不可逆性构成的，因此称为场移式隔离器。

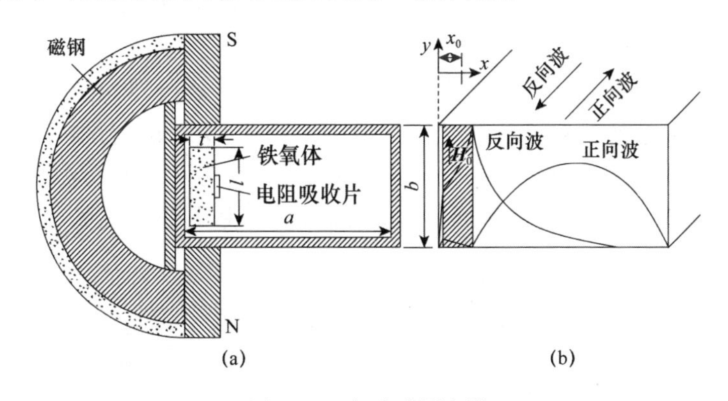

图 10-9　场移式隔离器

10.2.4　谐振式铁氧体隔离器

谐振式铁氧体隔离器是利用横向磁化的铁氧体片在波导中的铁磁谐振现象所构成的单向传输器件。其结构与场移式隔离器有相似之处，同属“横场器件”，如图 10-10 所示。其中，图 10-10(a)是铁氧体片被置于矩形波导中 TE_{10} 波的纯圆极化位置处，且其宽面平行于波导窄壁；图 10-10(b)是铁氧体片被置于矩形波导

中 TE_{10} 波的纯圆极化位置处,且其宽面平行于波导宽壁。只是现在要求的外加静磁场 $\boldsymbol{H}_0$ 应大到使铁氧体工作在磁共振状态,即工作在图 10-2 中,μ^- 趋于 $\pm\infty$ 的区域。

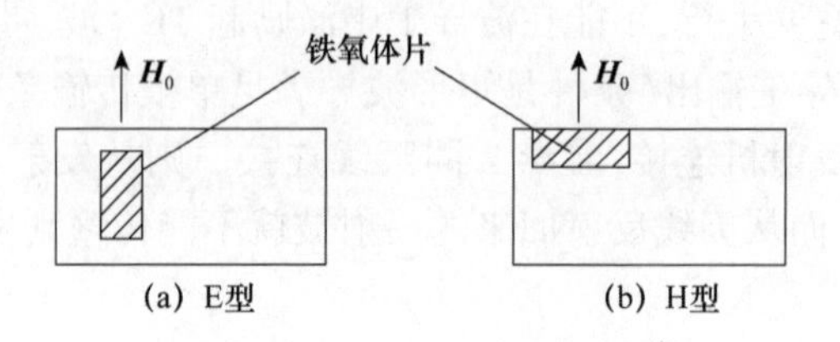

图 10-10　谐振式铁氧体隔离器

谐振式铁氧体隔离器的工作原理是利用磁化的铁氧体对于右旋极化波来说,铁氧体对其产生很大的谐振吸收,而对左旋圆极化波几乎无影响,从而构成了单向传输器。注意,铁氧体对正、反向传输波的左、右旋的反应完全可以通过改变外加静磁场 $\boldsymbol{H}_0$ 的方向来调整。

10.3　微波铁氧体环行器

环行器是微波技术中常用的元件之一,它可用作雷达天馈系统中的收发开关,也可在微波通信中作为分路元件,此外,在参量放大器中也有广泛应用,在测试设备中它还可作为定向耦合器、隔离器、开关使用。

环行器是一种具有若干分支的元件,常见的有三端环行器和四端环行器,四端环行器可以由三端环行器组合而成,这里重点介绍 Y 形三端环行器。

图 10-11 所示是环行器的等效三端口网络,微波铁氧体环行器的技术指标可以根据该图给出。微波铁氧体环行器产品说明书上主要应见到以下两项技术指标。

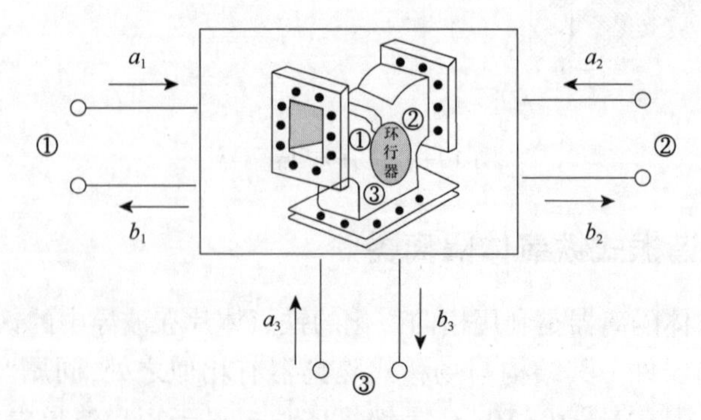

图 10-11　环行器的等效三端口网络

1. 正向插入损耗(或衰减)

根据图 10-11,微波铁氧体环行器"端口①"至"端口②"的正向传输功率衰减可表示为

$$a^{+}=10\lg\frac{|a_1|^2}{|b_2|^2}=10\lg\frac{1}{|S_{21}|} \tag{10-8}$$

微波铁氧体环行器的正向插入衰减很小,通常 $a^{+}\leqslant 0.2\text{dB}$ 。

2. 反向衰减(或隔离度)

根据图 10-11,微波铁氧体环行器"端口③"至"端口①"的反向功率衰减可表示为

$$a^{-}=10\lg\frac{|a_1|^2}{|b_3|^2}=10\lg\frac{1}{|S_{13}|} \tag{10-9}$$

微波铁氧体环行器的隔离度通常 $a^{-}>20\text{dB}$,调整合适有时可达到 28dB 左右。

10.3.1　环形器的种类及其分析方法

环行器的种类很多,从短波波段一直延伸到毫米波波段都能找到适宜使用的环行器,相应地,有适合于短波波段使用的集中参数环行器;有适合于分米波波段和米波波段使用的带状线和微带线集中参数环行器;有适合于微波波段使用的金属波导环行器、微带线和带状线环行器,甚至还有集中参数环行器等。图 10-12 所示的环行器是一个带状线集中参数器内部照片(常使用于米波和分米波波段),它是一种 Y 形结结构。

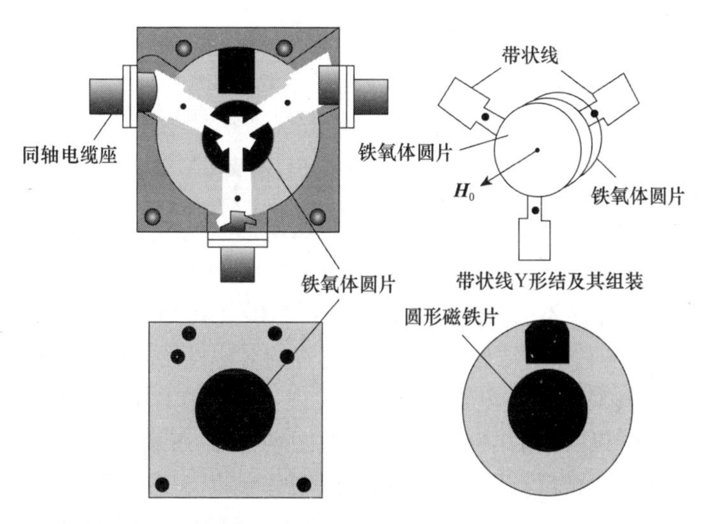

图 10-12　一个集中参数环行器内部结构及其组装零件照片

环行器问世后,由于其器内部结构较复杂,在相当长的一段时间内人们对其内部物理机理是不清楚的。目前,分析环行器的方法有两种:一种是对环行器内部用电磁场理论进行分析,得出相应的数学模型用计算机结合实验求解;另一种是使用网络分析方法,用散射矩阵表示环行器各个端口对外表现出的特性。具体分析时需要结合能量守恒、环行器所使用的分支接头(如图 10-13(b)所示的分支接头)的几何对称性以及该接头是可逆的或是不可逆的等情况进行分析。得出的分析结果,可以用来指导设计、计算和调整环行器。

在以上两种分析方法中第二种比较实际,下面拟简单采用第二种方法进行讨论,以使读者对环行器的分析方法有一个了解;同时,它也是培养思维方法的一个有趣问题。

在电气性能上要得到环行,对所使用的设施要求是非常严格的,首要问题是要选择好分支接头的几何形状。对此,不少数学家用群伦理论研究可供选择的分支接头的几何形状。环行现象在数学群伦中,称为"环行置换"(或替代);对于三端口环行器而言,类似图 10-13(b)中 Y 形结作为分支线是可供选择的最好几何形状之一。

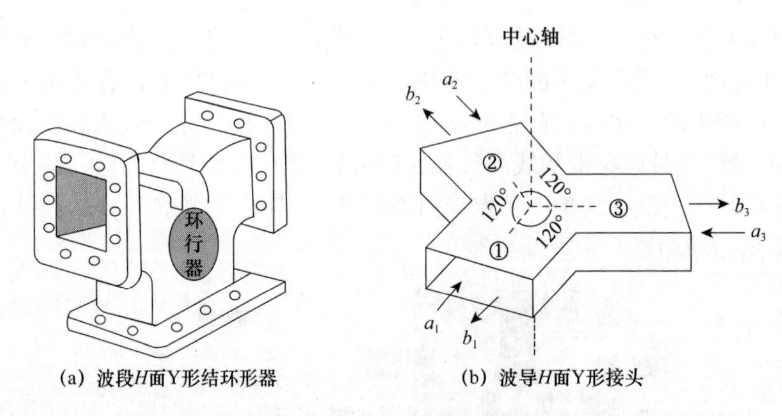

图 10-13 波导 H 面 Y 形结环行器及 Y 形结接头

首先观察图 10-13(b)所示的 Y 形结的几何形状特点:假设 Y 形结的三个端口臂对称且其上不做任何标志,如果先将它围绕其"中心轴"旋转 120°、240°和 360°之后,再回看时绝不会发现它已经作了 120°、240°和 360°的旋转。这称为 120°旋转对称性,在三分支结构中,它是最完善的对称性的几何分支形状。

再看 120°旋转对称性在电器性能上的表现:假设端口①有电磁场输入,则在端口②臂和端口③臂以及结的中心有一定的电磁场分布;若从端口②输入电磁场,则在端口①臂和端口③臂以及结的中心的电磁场分布将与上面端口②臂和端口③臂以及结的中心的电磁场分布完全相同。这是因为将端口②旋转 120°时就占据了端口①的位置,从端口②输入就等同于从端口①输入;由于 120°旋转对称性,其激励与响应结果显然会一样。以此类推,对于从端口③输入的情况,其激励与响应结果也会完全一样。因此,可以得出以下结论:对于三端口环行器而言,几何形状120°旋转对称性就是环行的对称性;用数学术语表达,可以说成Y形结的特征矢量就是三端口环行器的特征矢量。反言之,其他几何形状的分支线不具有120°旋转对称性,因此Y形结的特征矢量唯一就是三端口环行器的特征矢量。

10.3.2 微波铁氧体Y形环行器

图10-13(b)所示的Y形结接头是一个对称无损耗的三端口接头,它可以等效成一个三端口无损耗互易网络。理论上讲,对于任何一种三端口网络,要求既做到无损耗,又做到互易和三个端口完全匹配是绝对不可能的。如果像图10-13(b)那样在Y形结中心轴线上放置一块圆柱形磁性铁氧体去破坏理论上的限制,就可以获得三个端口同时匹配了。

如果微波铁氧体Y形结环行器的三个端口都能同时匹配,则三个端口的反射系数都为0,即 $S_{11}=S_{22}=S_{33}=0$。如果再考虑圆柱形磁性铁氧体破坏了Y形结120°旋转对称性,即成为非对称或不可逆,则有 $S_{12}\neq S_{21}$、$S_{13}\neq S_{31}$ 和 $S_{23}\neq S_{32}$。此时,三端口网络的散射矩阵就应该改写成

$$[S]=\begin{bmatrix}0 & S_{12} & S_{13}\\ S_{21} & 0 & S_{23}\\ S_{31} & S_{32} & 0\end{bmatrix} \tag{10-10}$$

如果不考虑磁性铁氧体的损耗,将铁氧体Y形结环行器看成一个无损耗非互易三端口网络,则有

$$\begin{cases}|S_{21}|^2+|S_{31}|^2=1\\ |S_{12}|^2+|S_{32}|^2=1\\ |S_{13}|^2+|S_{23}|^2=1\end{cases} \tag{10-11}$$

$$S_{31}^*S_{32}=S_{21}^*S_{23}=S_{12}^*S_{13}=0 \tag{10-12}$$

根据式(10-12)可知:磁性铁氧体Y形结环行器三个端口之间的传输系数出现以下两种情况时,可使式(10-10)成立。

(1)当 $S_{12}=S_{23}=S_{31}=0$ 时,可使式(10-10)成立;再根据式(10-11)可得,$|S_{21}|=1$、$|S_{32}|=1$ 和 $|S_{13}|=1$。

如果磁性铁氧体Y形结环行器三个端口的参考面选择得合适,可使 $|S_{21}|=1$、$|S_{32}|=1$ 和 $|S_{13}|=1$ 三个参数的相角为0。因此,再由式(10-10)可得

$$[S]=\begin{bmatrix}0 & 0 & 1\\ 1 & 0 & 0\\ 0 & 1 & 0\end{bmatrix} \tag{10-13}$$

式(10-13)表明:磁性铁氧体Y形结环行器的环行方向如图10-14(a)所示,为①→②→③→①。

(2)当$S_{21}=S_{32}=S_{13}=0$时,可使式(10-10)成立;再根据式(10-11)可得,$|S_{12}|=1$、$|S_{23}|=1$和$|S_{31}|=1$。

如果磁性铁氧体Y形结环行器三个端口的参考面选择得合适,可使$|S_{12}|=1$、$|S_{23}|=1$和$|S_{31}|=1$三个参数的相角为0。因此,再由式(10-10)可得

$$[S]=\begin{bmatrix}0&1&0\\0&0&1\\1&0&0\end{bmatrix} \tag{10-14}$$

式(10-14)表明:磁性铁氧体Y形结环行器的环行方向如图10-14(b)所示,为①→③→②→①。

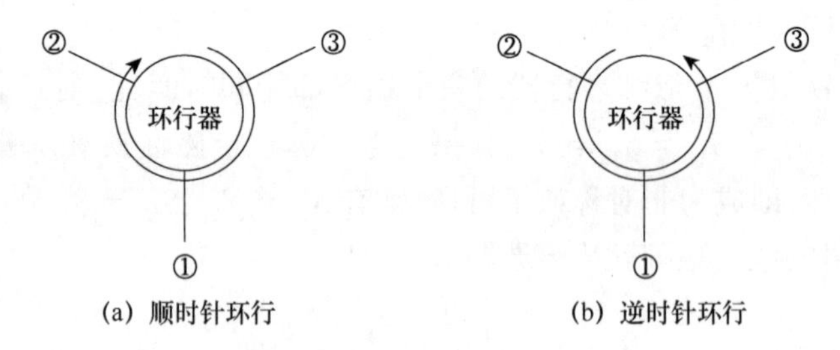

(a) 顺时针环行　　(b) 逆时针环行

图10-14　环行器的环行方向

以上分析是在将磁性铁氧体Y形结环行器看成一个无损耗非互易三端口网络的前提下得出的,即一个无损耗非互易三端口网络特性,完全可以描述一个理想(无损耗)铁氧体Y形结环行器的单向环行特性。

以上分析还表明:磁性铁氧体Y形结环行器的三个端口同时得到匹配(即$S_{11}=S_{22}=S_{33}=0$),是得到环行的先决条件。

如果使用某种特殊激励电磁场去激励上述无损耗非互易三端口网络时,它将会做出何种响应呢?对此下面将做进一步分析。前面讨论曾指出:对于三端口环行器而言,几何形状120°旋转对称性就是环行对称性;用数学术语言表达,可以说成Y形结的特征矢量就是三端口环行器的特征矢量。特征矢量是指对三个端口的特殊激励电磁场。对于图10-13(b)所示的等效三端口网络可建立线性方程:

$$\boldsymbol{S}_n\begin{bmatrix}\boldsymbol{a}_1\\\boldsymbol{a}_2\\\boldsymbol{a}_3\end{bmatrix}_n=\begin{bmatrix}S_{11}&S_{12}&S_{13}\\S_{21}&S_{22}&S_{23}\\S_{31}&S_{32}&S_{33}\end{bmatrix}\begin{bmatrix}\boldsymbol{a}_1\\\boldsymbol{a}_2\\\boldsymbol{a}_3\end{bmatrix} \tag{10-15}$$

式中,$S_n=\dfrac{b_1}{a_1}=\dfrac{b_2}{a_2}=\dfrac{b_3}{a_3}(n=1,2,3)$为①、②和③端口参考面处的反射系数,它是在特殊激励条件下各端口所具有的共同反射系数;等式右边第二个因子就是特征矢

量,它代表一种对网络的特殊激励。对于图10-13(b)所示的等效三端口网络而言,共有以下三组特殊激励:

$$\boldsymbol{a}_1 = \begin{bmatrix} a_1^{(1)} \\ a_2^{(1)} \\ a_3^{(1)} \end{bmatrix}, \boldsymbol{a}_2 = \begin{bmatrix} a_1^{(2)} \\ a_2^{(2)} \\ a_3^{(2)} \end{bmatrix}, \boldsymbol{a}_3 = \begin{bmatrix} a_1^{(3)} \\ a_2^{(3)} \\ a_3^{(3)} \end{bmatrix} \tag{10-16}$$

式中,$\boldsymbol{a}_1$、$\boldsymbol{a}_2$ 和 $\boldsymbol{a}_3$ 分别表示图10-13(b)中,激励三个端口的三种不同的输入特征矢量;a 的上标注代表"组"的编号,下标注代表图10-13(b)中的三个端口的编号。例如,$a_1^{(1)}$、$a_2^{(1)}$ 和 $a_3^{(1)}$ 分别表示激励①、②、③端口的第一组输入特征矢量(特殊输入)。即是说,如空间中某一点的(特征)矢量 $\boldsymbol{a}_1$ 是由 $a_1^{(1)}$、$a_2^{(1)}$ 和 $a_3^{(1)}$ 这三个分量合成的。

仍然参见图10-13(b):如果有 $\boldsymbol{a}_1$ 输入,$\boldsymbol{b}_1$ 将有输出;一般地说,三个端口分别有 $\boldsymbol{a}_1$、$\boldsymbol{a}_2$ 和 $\boldsymbol{a}_3$ 输入,将有 $\boldsymbol{b}_1$、$\boldsymbol{b}_2$ 和 $\boldsymbol{b}_3$ 输出。因此,根据式(10-15)、式(10-16)可相应得出三组输出特征矢量:

$$\boldsymbol{b}_1 = \begin{bmatrix} b_1^{(1)} \\ b_2^{(1)} \\ b_3^{(1)} \end{bmatrix} = \boldsymbol{S}_1\boldsymbol{a}_1, \boldsymbol{b}_2 = \begin{bmatrix} b_1^{(1)} \\ b_2^{(1)} \\ b_3^{(1)} \end{bmatrix} = \boldsymbol{S}_2\boldsymbol{a}_2, \boldsymbol{b}_3 = \begin{bmatrix} b_1^{(3)} \\ b_2^{(3)} \\ b_3^{(3)} \end{bmatrix} = \boldsymbol{S}_3\boldsymbol{a}_3 \tag{10-17}$$

式(10-17)表示图10-13(b)所示Y形结的三组不同输出特征矢量。

现在要问,什么"量"最能表征图10-13(b)所示Y形结的特征?答案是:"特征值"最能表征图10-13(b)所示Y形结的特征,这个特征值就是指以下反射系数:

$$\boldsymbol{S}_1 = \frac{\boldsymbol{b}_1}{\boldsymbol{a}_1}, \boldsymbol{S}_2 = \frac{\boldsymbol{b}_2}{\boldsymbol{a}_2}, \boldsymbol{S}_3 = \frac{\boldsymbol{b}_3}{\boldsymbol{a}_3} \tag{10-18}$$

以第一组激励为例:为了讨论方便起见,将 $a_1^{(1)}$、$a_2^{(1)}$ 和 $a_3^{(1)}$ 取归一化,使理想(无损耗)磁性铁氧体Y形结环行器输入的总功率等于1,此时 $\boldsymbol{a}_1$ 可以写成

$$\boldsymbol{a}_1 = \frac{1}{\sqrt{3}}\begin{bmatrix} 1 \\ 1 \\ 1 \end{bmatrix} \tag{10-19}$$

这是因为如果 $a_1^{(1)}$、$a_2^{(1)}$ 和 $a_3^{(1)}$ 表示电场强度,故 $[a_1^{(1)}]^2$、$[a_2^{(1)}]^2$ 和 $[a_3^{(1)}]^2$ 表示功率。因此,它们功率相加等于1。

根据能量守恒定理和Y形结的120°旋转对称性可知:如果从三个端口输入1的功率,就会输出1的功率。因此,有

$$\boldsymbol{S}_1 = |\boldsymbol{S}_1| = \left|\frac{\boldsymbol{b}_1}{\boldsymbol{a}_1}\right| = 1 \tag{10-20}$$

如果第一组激励为式(10-19),则第二组为右旋激励,有

$$a_2 = \frac{1}{\sqrt{3}}\begin{bmatrix} 1 \\ e^{-j\frac{2}{3}\pi} \\ e^{+j\frac{2}{3}\pi} \end{bmatrix} \tag{10-21}$$

如果第一组激励为式(10-19),则第三组为左旋激励,有

$$a_3 = \frac{1}{\sqrt{3}}\begin{bmatrix} 1 \\ e^{+j\frac{2}{3}\pi} \\ e^{-j\frac{2}{3}\pi} \end{bmatrix} \tag{10-22}$$

使用以上 $\boldsymbol{a}_1$、$\boldsymbol{a}_2$ 和 $\boldsymbol{a}_3$ 输入三组特征矢量去激励磁性铁氧体 Y 形结环行器。例如,将表示顺时针(右旋)环行的式(10-13)代入以下本征方程:

$$\det([\boldsymbol{S}] - \boldsymbol{S}_n[I]) = 0 (\text{其中} [I] \text{是单位矩阵})$$

即

$$-\boldsymbol{S}_n^3 + 1 = 0$$

就可以得到理想磁性铁氧体 Y 形结环行器的特征值,即

$$\begin{cases} \boldsymbol{S}_1 = 1 \\ \boldsymbol{S}_2 = e^{-j\frac{2}{3}\pi} \\ \boldsymbol{S}_3 = e^{j\frac{2}{3}\pi} \end{cases} \tag{10-23}$$

由式(10-23)所表示的响应(或产生的特征值),是一种顺时针(右旋)环行矢量;在图 10-15(a)中画出了它们的分布图。同理,对式(10-14)做上述相同处理,可得

$$\begin{cases} \boldsymbol{S}_1 = 1 \\ \boldsymbol{S}_2 = e^{j\frac{2}{3}\pi} \\ \boldsymbol{S}_3 = e^{-j\frac{2}{3}\pi} \end{cases} \tag{10-24}$$

由式(10-24)表示的响应(或产生的特征值),是一种逆时针(左旋)环行矢量;在图 10-15(a)中画出了它们的分布图。

图 10-15(a)表示理想铁氧体 Y 形结环行器的特征值分布,它们是一种标准的分布。

现在再来看:假设在图 10-13(b)所示 Y 形结的中心位置放置一块铁氧体棒(圆柱形或三角形),而不加外加恒定磁场 $\boldsymbol{H}_0$。此时,Y 形结 120°旋转对称性不被破坏,仍然为互易三端口 Y 形结,它可以等效为一个三端口无损互易网络。因为 Y 形结 120°旋转对称性,

$$\begin{cases} S_{11} = S_{22} = S_{33} = S_r \\ S_{12} = S_{21} = S_{13} = S_{31} = S_{23} = S_{32} = S_t \end{cases} \tag{10-25}$$

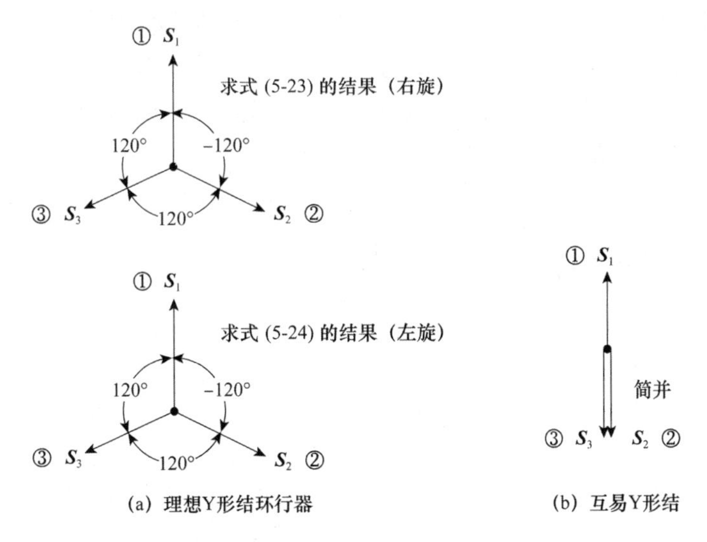

图 10-15　两种特征值的分布

应该成立，则有

$$[\boldsymbol{S}] = \begin{bmatrix} S_r & S_t & S_t \\ S_t & S_r & S_t \\ S_t & S_t & S_r \end{bmatrix} \tag{10-26}$$

如果使用与前相同的输入特征矢量 $\boldsymbol{a}_1$、$\boldsymbol{a}_2$ 和 $\boldsymbol{a}_3$ 去激励 Y 形结的三个端口，将式(10-26)代入以下本征方程

$$\det([S] - S_n[I]) = 0 \text{(其中 } [I] \text{ 是单位矩阵)}$$

就可以得到特征值，即

$$\begin{cases} \boldsymbol{S}_1 = S_r + 2S_t \\ \boldsymbol{S}_2 = \boldsymbol{S}_3 = S_r - S_t \end{cases} \tag{10-27}$$

在与前相同的激励下，$\boldsymbol{S}_1$ 和 $\boldsymbol{S}_2=\boldsymbol{S}_3$ 三者之间的关系已绘制在图 10-15(b)中，其中特征值 $\boldsymbol{S}_2=\boldsymbol{S}_3$ 称为“简并”。这表明：Y 形结的中心位置仅放置一块铁氧体棒（不加外加恒定磁场 $\boldsymbol{H}_0$）的这样一种互易 Y 形结，它对于式(10-21)和式(10-22)所给予的“右旋激励”和“左旋激励”没有能力“分辨”；它不像理想磁性铁氧体 Y 形结环行器那样“分辨”得很清楚(图 10-15(a))。注意：两者之间的区别是前者没有外加恒定磁场 $\boldsymbol{H}_0$，后者则加有外加恒定磁场 $\boldsymbol{H}_0$，据此可以判断：外加恒定磁场 $\boldsymbol{H}_0$ 可以破坏互易 Y 形结的特征值 $\boldsymbol{S}_2=\boldsymbol{S}_3$ 的“简并”，使之分裂。原因是：磁性铁氧体在低场区对左旋极化波所呈现的导磁率 μ_R^+ 为正，对右旋极化波所呈现的导磁率 μ_R^+ 为负(可以理解为很小值)，从而造成“左旋激励”和“右旋激励”波的传播速度不同(前者慢，后者快)。由于“右旋激励”波的传播速度快、“左旋激励”波的传

播速度慢,所以就引起了两者反射波的相位差,使反射系数 $\boldsymbol{S}_2$ 和 $\boldsymbol{S}_3$ 分裂;磁性铁氧体对于由式(10-19)给予的激励所引起反射波,不会有任何变化。如果外加恒定磁场 $\boldsymbol{H}_0$、铁氧体参数和形状尺寸选择得合适,就可以使图 10-15(b)中 $\boldsymbol{S}_1$、$\boldsymbol{S}_2$ 和 $\boldsymbol{S}_3$ 三者之间的相位差为 120°;这样,图 10-15(b)和图 10-15(a)就相同了。可见,Y 形结的中心位置放置一块铁氧体棒,再加外加恒定磁场 $\boldsymbol{H}_0$,就成了环行器。

10.3.3 带状线集中参数环行器

图 10-12 所示的环行器是一个带状线集中参数环行器内部照片(常使用于米波和分米波波段),它是一种 Y 形结结构。由该图可见:Y 形结带状线导体带被夹在两片铁氧体圆片中间,对外连接环行器的①、②和③三个同轴电缆座端口;两片圆形铁氧体片的另一面是金属接地板,外加恒定磁场 $\boldsymbol{H}_0$,与金属接地板垂直。

带状线集中参数环行器也可以使用上述特征矢量和特征值的方法进行分析,即使用网络分析方法进行分析。如果使用电磁场理论方法分析带状线集中参数环行器,可以将圆形铁氧体片看成一个介质谐振腔。该介质谐振腔可以看成由一段介质波导传输线的横向圆切片构成,当环行器未加外加恒定磁场 $\boldsymbol{H}_0$ 时,在谐振腔体内将产生一个具有 $\cos\varphi$(或 $\sin\varphi$)分布的电磁场最低次 TM 谐振单模。图 10-16(a)所示是谐振单模的电磁场分布,它是一种由环行器输入端口①的输入信号激发起的驻波分布场型。根据 Y 形结的 120°旋转对称性可以看出,此时环行器的输出端口②和端口③有相同的输出(同相电场⊙输出);该最低次 TM 谐振单模驻波场由两个谐振频率相近的振荡模式重叠相加而成。再参见图 10-16(b),当环行器加有合适外加恒定磁场 $\boldsymbol{H}_0$ 时,可以使两个谐振频率相近的振荡模出现以下分裂:一是在外加恒定磁场 $\boldsymbol{H}_0$ 的条件下选择一个合适的环行器的频率,使得在输出端口②振荡模式场重叠相加输出(有同相电场⊙输出);二是使得在隔离端口③的振荡模式场相互抵消,而无输出(由反相等副电场⊙和⊗相减)。根据 Y 形结的 120°旋转对称性,上述输出结果相当于外加恒定磁场 $\boldsymbol{H}_0$,将图 10-16(a)所示的电磁场型分布向右旋转 30°,从而获得图 10-16(b)所示的电磁场型分布,使得端口②有输出。

以上仅对带状线集中参数环行器做了简单描述,限于本书的宗旨,不对此做更深入的分析。在米波和分米波波段,带状线集中参数环行器应用非常广泛,在米波和分米波信号通道中凡是需要前后隔离的地方,使用这种环行器可以取得非常好的效果。

这类环行器通常具有以下技术指标:①插入损耗(如端口①→端口②):0.2dB 左右;②隔离度(如端口①→端口③):大于 25dB(端口③接吸收负载电阻)。有的这类环行器的三个端口上接有可调匹配电容,通过调整匹配电容和更换铁氧体圆片和恒定磁圆片可以达到以上技术指标。

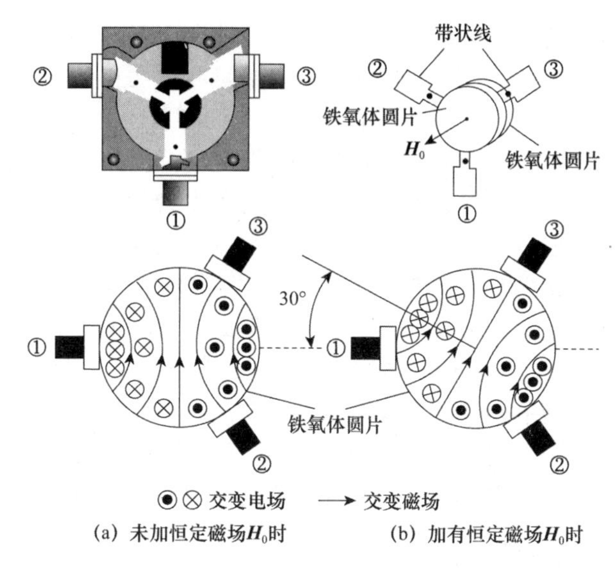

图 10-16　集中参数环行器铁氧体内部电磁场分布

10.4　微波铁氧体移相器

任取一段波导就可作一个移相器使用，只不过这个移相器是互易的，且欲通过不改变波导长度而要改变相移量是比较麻烦的。利用铁氧体的某些特性可构成非互易的移相器，如法拉第旋转移相器、H 面移相器、锁式波导移相器、背脊式波导移相器等，这类移相器在一定范围内可比较方便地调节相移量。

10.4.1　法拉第旋转移相器

法拉第旋转效应器件一般工作在弱磁场区。图 10-17 所示为法拉第旋转移相器的结构，其中间段为圆波导，铁氧体棒置于圆波导中心，棒沿轴线方向受外加低静磁场 $\boldsymbol{H}_0$ 的偏置，$\boldsymbol{H}_0$ 由绕在圆波导外层的线圈中的直流电流产生，圆波导两端各内置有 $\lambda_p/4$ 的介质片，并通过一段矩-圆过渡与矩形波导相接，两段矩形波导的宽边及窄边彼此平行。

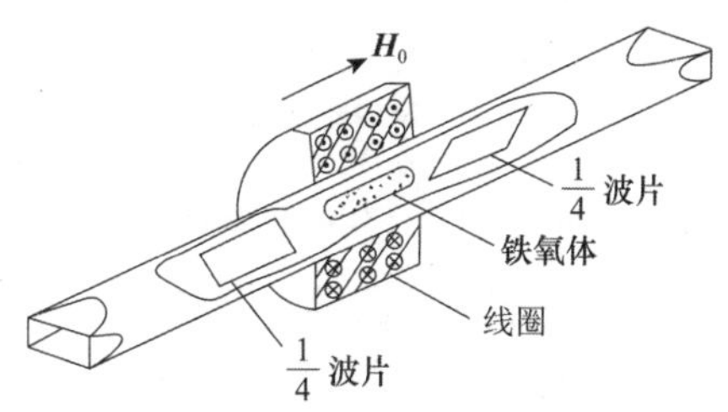

图 10-17　法拉第旋转相移器

设 TE_{10} 波从左端输入,经 $\lambda_p/4$ 的波片后变成了相对于传播方向来说为右旋的圆极化波(因介质片将原线极化波分解为两个幅度相等而相互垂直的分波,其中垂直于介质片的分量之相位经介质片后几乎不变,而平行于介质片的分量之相位经介质片后因相移常数的增加而超前,选择合适长度、合适介电常数的介质片可使两分波的相位差为 π/2,从而形成圆极化波),相对图中 $\boldsymbol{H}_0$ 来说也是右旋的,又因 $\boldsymbol{H}_0$ 选为低场,故 μ_{r-} 较小, v_- 较大, β_- 较小,通过铁氧体后所产生的相移量较小,再经 $\lambda_p/4$ 的波片后又变成线极化的 TE_{10} 波输出。若波自右端输入,经 $\lambda_p/4$ 的波片后变成相对于传播方向来说为右旋的圆极化波,但此时相对于 $\boldsymbol{H}_0$ 来说为左旋,故 μ_{r+} 较大, v_+ 较小, β_+ 较大,通过铁氧体后所产生的相移量较大,再经 $\lambda_p/4$ 的波片后又变成线极化波输出。由此可见,正反方向传播时波的相移特性是不同的,即相移为非互易的。改变线圈中电流的大小可调节 $+\boldsymbol{H}_0$ 方向相移量的大小,而 $-\boldsymbol{H}_0$ 方向的相移量基本不变。若线圈中电流反向,则正反方向传播波的相移特性也将随之颠倒过来。

由于该移相器的相移量取决于正、反两方向插入相位的差值,故又称为差相移器。

10.4.2 *H* 面移相器

H 面移相器是在矩形波导内 TE_{10} 模的 *H* 面(平行于宽壁)的适当位置放置一条或两条铁氧体片构成的,其结构如图 10-18(a)、(b)所示,外加静磁场 $\boldsymbol{H}_0$ 可由图 10-18(c)所示的波导外的永磁体或图 10-18(d)所示的直流线圈提供。在这里所需外加静磁场 $\boldsymbol{H}_0$ 的大小,应使 μ_{r-} 处于图 10-2 对中远大于 1 的高场区, $\boldsymbol{H}_0$ 的方向垂直于波导宽边,这便构成了 $\boldsymbol{H}_0$ 与微波传播方向相垂直的"横场器件"。法拉第旋转器件中的静磁场 $\boldsymbol{H}_0$ 的方向是与微波传播方向相平行的,此类器件称为"纵场器件"。

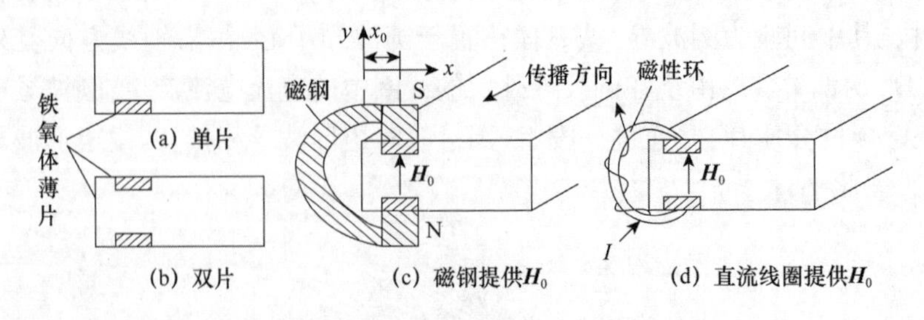

图 10-18 *H* 面移相器

由于 *H* 面移相器中所置的铁氧体片很薄,故它对波导中场分布的影响很小,但该铁氧体片的工作区域 ($\mu_{r-} \gg \mu_{r+}$) 及其所放置的特殊位置(TE_{10} 波的圆极化处),使得其对正、反两向传输的波呈现出不同的相移常数 β_- 及 β_+,其中 $\beta_- \gg \beta_+$,

故可构成不可逆移相器。

关于矩形波导中圆极化波位置的讨论如下：现随微波的传播来观察图 10-19 所示的波导中一固定点 P_1 处的磁场。注意，P_1 点的位置不随微波的传播而移动。观察结果得 P_1 处的磁场为图 10-20 第一排的左端所示，即是一个椭圆极化场，相对于 $+y$ 方向（即 $+\boldsymbol{H}_0$ 方向）来说为右旋极化。在 P_1 处的椭圆极化场等于一个大右旋圆极化场和一个小左旋圆极化场的合成，如图 10-20 所示。图 10-20 中也示出了点 P_2，P_3，P_4 处的磁场，由图可见，在图 10-18 所示的 $\boldsymbol{H}_0$ 方向及波的传播方向上，其波导中 $0 < x < a/2$ 的区域磁场是左旋椭圆极化的，而在 $a/2 < x < a$ 的区域是右旋椭圆极化的。可以预期，在 P_1 与 P_2 之间某处的磁场是右旋圆极化的，同样，在 P_3 与 P_4 之间某处的磁场是左旋圆极化的。如果微波传播方向反向，则左、右旋极化的所在位置对换。

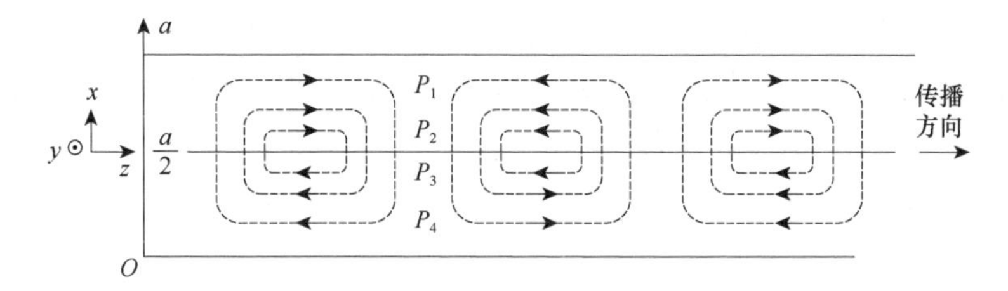

图 10-19　矩形波导中的微波磁场

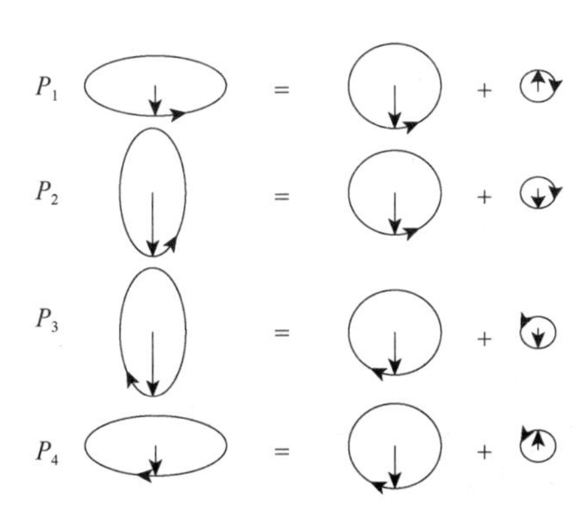

图 10-20　波导中各处磁场的分析

铁氧体的插入位置 x_0 可由下述方法决定：

矩形波导中传输主模 TE_{10} 波时

$$
\begin{cases}
H_x = \dfrac{\beta}{\mu}\,\dfrac{\pi}{a}\sin\left(\dfrac{\pi}{a}x\right)\mathrm{e}^{\mathrm{j}\omega t} \\[2ex]
H_z = \mathrm{j}\,\dfrac{\pi^2}{\mu a^2}\cos\left(\dfrac{\pi}{a}x\right)\mathrm{e}^{\mathrm{j}\omega t}
\end{cases}
$$

当 H_x,H_z 振幅相等时(即圆极化点)解出 x_0 为

$$x_0 = \frac{a}{\pi}\arctan\frac{\pi}{\beta a} \tag{10-28}$$

以 $\beta = 2\pi/\lambda_p$,$\lambda_p = \lambda/\sqrt{1-(\lambda/\lambda_c)^2}$ 代入式(10-28),得

$$x_0 = \frac{a}{\pi}\text{arccot}\sqrt{\left(\frac{f}{f_c}\right)^2 - 1} \tag{10-29}$$

式中,f 为工作频率;f_c 为截止频率。当 $f=\sqrt{2}f_c$ 时,$x_0 = a/4$ 或 $3a/4$,即在此频率下距矩形波导窄边 $x_0 = a/4$ 或 $3a/4$ 处的磁场是一纯圆极化波位置。

H 面移相器正、反向相移量的差值可通过选择铁氧体的厚度、长度、材料以及改变 $\boldsymbol{H}_0$ 的大小来调节成固定值,如 90°、180°等。显然,H 面移相器也属于差相移器。

另外,若在铁氧体表面采用介质加载(图 10-21),则既可减薄铁氧体厚度,便于散热,从而提高通过功率;又可明显提高差相移量;同时,还可降低产品成本。

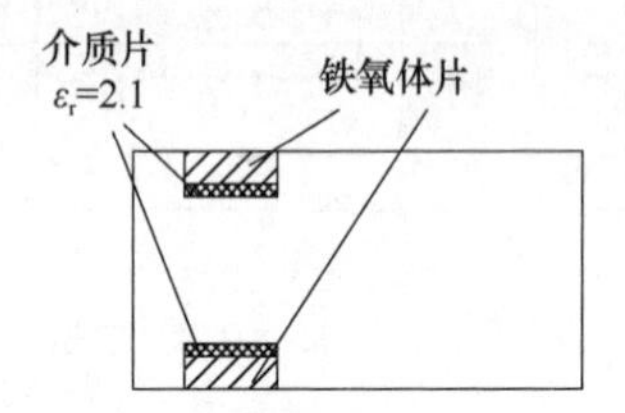

图 10-21　介质加载 H 面移相器

10.4.3　锁式波导移相器

在 H 面移相器中,铁氧体中的高静磁场 $\boldsymbol{H}_0$ 是由磁钢或线圈提供的,从体积和重量上来说肯定是不便的。另外,当用在天线收发开关中时,其线圈中的电流倒相速度太慢,再者,由于铁氧体中的磁路是开放的,漏磁现象很严重,当工作在高频微波信号时所需的大 $\boldsymbol{H}_0$ 值必须由很大电流的线圈或很强磁场的磁钢提供,这显然不便于工程应用,故应运而生了锁式波导移相器。图 10-22(a)示出了一种锁式矩形波导移相器的横截面,波导中置一铁氧体环,环中填充电介质,介质中心通一金属导线,导线从波导两端引出(与波导壁绝缘)接上电源通以电流给环形铁氧体提供环形静磁场 $\boldsymbol{H}_0$,图 10-22(b)和 10-22(c)所示。注意,首先,仅与 $\boldsymbol{H}_0$ 相垂直的微波磁场分量才能使铁氧体产生旋磁特性,故上、下两铁氧体片对差相移量无贡献;其次,左、右两铁氧体片的磁化方向虽然相反,但它们对称地放置在 $a/2$ 的左右两侧,分别处于旋向相反的右、左圆极化区,对于某一方向传输的微波信号,相对于各自的 $\boldsymbol{H}_0$ 方向,两者具有相同旋向的圆极化波。故对正向波同时呈现 μ_{r-} 值,而对反向波同时呈现 μ_{r+} 值,即产生相同的差相移。预期该结构除能解决漏磁问题外还

可提高差相移量。

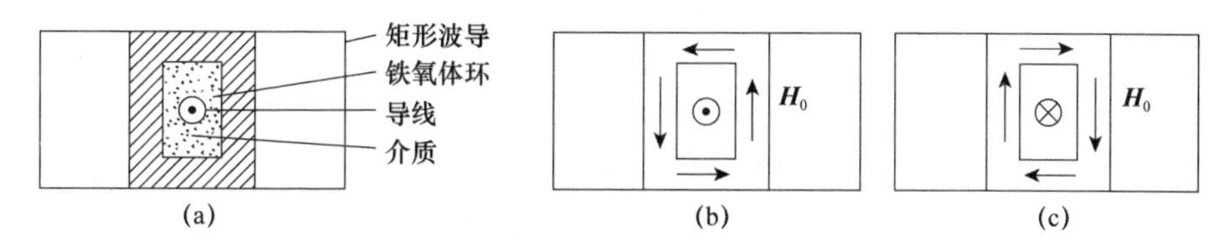

图 10-22　矩形波导与铁氧体环

锁式波导移相器所用的铁氧体材料的磁滞回线越近于理想的矩形越好。磁化电流可以是正、负脉冲电流，当有电流流过时，其强度要足够大到使铁氧体磁化到饱和，脉冲过后，铁氧体保持在剩余磁化强度 $+M_r$ 或 $-M_r$ 上。对于通过的微波信号，其右、左圆极化波的相位常数分别为β_- 和β_+，差相移为 $\Delta\varphi=(\beta_- - \beta_+)l$，其中 l 为铁氧体长度。$\Delta\varphi$ 的大小可通过选择铁氧体材料和所填电介质的电介特性或通过调节铁氧体环的厚度、M_r 的大小以及铁氧体环的长度等诸因素使其为某一固定值，如 22.5°，45°，90°，180°等。若将这些具有不同相移量的单级铁氧体移相器级联组合并配以控制电路便可构成数字式锁式移相器，可分别产生步长为 22.5°的 16 种不同的相移量：22.5°，45°，67.5°，…，337.5°，360°。

另一种锁式波导移相器是在波导内置一根足够长的铁氧体环，控制通过其脉冲电流的大小或宽度以获得小于 360°的任意差相移值，这种移相器称为模拟式移相器。这种结构移相器的相位控制精度较高，但要求产生脉冲电流的电路具有相位的温度补偿能力。

10.4.4　背脊式波导移相器

由于锁式波导铁氧体移相器的激励功率小、功率容量大、开关时间短（微秒级），因此在相控阵雷达天线中得到了广泛应用。几十年来，人们对此作了不少改进，先后提出了环孔介质加载技术、边缘倒角技术等以提高器件的差相移。20 世纪 70 年代末，又提出了背脊式波导移相器理论，背脊式波导铁氧体移相器的结构如图 10-23 所示，它实质上是一个“十”字波导移相器。从图中可看出，背脊式波导移相器与锁式波导移相器在结构上的区别在于波导窄壁部分（上、下两段）地向内推进了一段距离，这一小小的结构改造可使同样尺寸下的锁式波导移相器的相移量提高 30%，平均功率容量提高将近 1 倍，脉冲功率门限提高 10%，器件插入损耗降低 10%～20%。究其原因，一是因为窄壁的部分推进，改变了铁氧体处微波磁场的垂直分量与水平分量的比例，具体来说，适当减小了左、右铁氧体片处的 H_x 分量，同时适当增加了 H_z 分量，也即使得铁氧体片处的波更趋于圆极化，故差相移量可提高；二是因为窄壁的部分推进，使得铁氧体与导体壁有更大面积的直接接触，便于散热，故可提高功率容量。由于该器件的综合指标全面提高，而且体积明显减小,故在工程技术中得到了广泛应用。

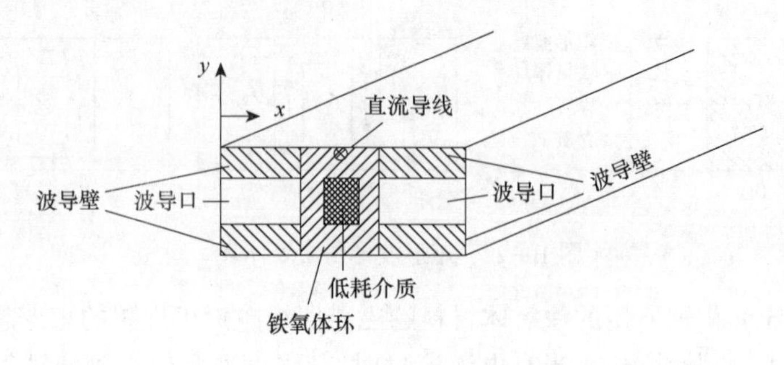

图 10-23　背脊式波导移相器

利用铁氧体差相移器对正、反两向通过的波产生不同相移的原理可构成天线的收、发开关和各种环行器,收、发开关实际上也是一种环行器。

习　题

1. 微波波段中非互易无源微波元器件主要包括哪几种？它们的非互易性能主要是依靠哪种材料获得的？

2. 什么是磁性铁氧体？试根据图 10-2 所示曲线说明它的主要特性。

3. 某谐振式铁氧体隔离器的工作频率为 f=10GHz,试求:①该谐振是隔离器的振频率 ω_0;②该单向器的外加恒定磁场(估算值)$\boldsymbol{H}_0$。

4. 试比较铁氧体法拉第旋转隔离器、波导场移式隔离器及谐振吸收式隔离器在工作原理及工作条件上的主要差异。

5. 对于如图所示的铁氧体场移式隔离器,试确定其对 TE_{10} 模电磁波的隔离方向。

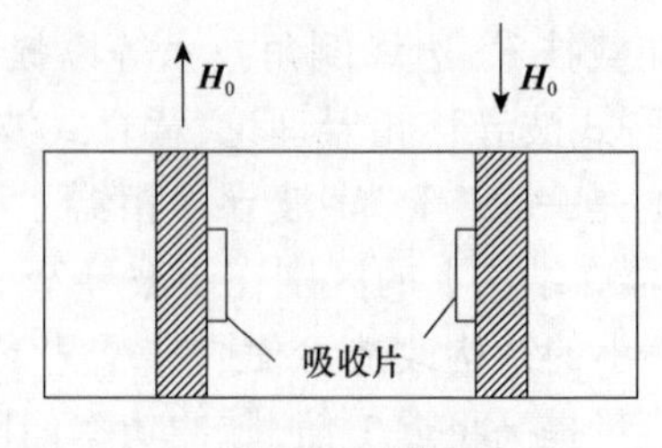

图 10-5 题图

第三篇　实用天线技术

一切无线电设备(包括无线电通信、广播、电视、雷达、导航等系统)都是利用无线电波来进行工作的,而从几兆赫的超长波到40多吉赫的毫米波段电磁波的发射和接收都要通过天线来实现。天线是这样一个部件,作发射时,它将电路中的高频电流或馈电传输线上的导行波有效地转换成某种极化的空间电磁波,向规定的方向发射出去;作接收时,则将来自空间特定方向的某种极化的电磁波有效地转换为电路中的高频电流或传输线上的导行波。

天线的形式很多。按工作性质,其可分为发射天线、接收天线和收发共用天线;按用途,其可分为通信天线、广播天线、电视天线、雷达天线、导航天线、测向天线等;按使用波段,其可分为长波天线、超长波天线、中波天线、短波天线、超短波天线和微波天线等。

第三编主要介绍常见陆军装备的实用天线。从便于分析和研究天线的性能出发,将大部分天线按其结构形式特点分为:由金属导线构成的实用线天线,由尺寸远大于波长的金属面或口径面构成的实用面状天线;此外,还有某些雷达采用的波导裂缝天线和作为阵列天线单元出现的微带天线。本编首先介绍实用天线基本原理,其次按章依次介绍实用线天线、实用面天线、波导裂缝天线、微带天线,最后介绍天线主要参数测量技术。

第 11 章　实用天线基本原理

天线的理论分析是建立在电磁场理论分析的基础上的，求解天线问题实质上就是求解满足特定边界条件的麦克斯韦方程的解，其求解过程一般都是非常烦琐和复杂的。针对实际天线工程中的设计，具体采用的思路是既有严格的概念，也有近似的处理，还可依靠数值分析软件进行计算机辅助设计。本章在介绍天线基本参数的基础上给出基本电线单元振子天线分析方法和阵列天线的方向图乘积原理。

11.1　天线参数

要了解天线性能或从事天线理论研究或工程设计方面的工作，就必须了解天线的基本参数，天线参数既是在天线方面互相交流的基础，也是衡量天线性能的电气指标。本节介绍工程中常用的天线参数。

11.1.1　天线方向图

天线的方向性，通常用方向图来表示。

天线的方向图是表示离开天线等距离而不同方向的空间各点辐射场强（或能流密度）的变化图形。由于天线的定向辐射性，在距天线等距离的球面上各点的辐射场强（或能流密度）并不相等。天线在空间的方向图可用一个立体图来表示。取各方向极径的长度正比于该方向的辐射场强（或能流密度），将端点连成曲面，就得到极坐标形式表示的天线的立体方向图，如图 11-1(a)所示。

为了便于使用，通常用两个平面方向图来表示天线的方向性。通过最大辐射方向并与电场 E 平行的平面方向图称为 E 平面方向图，通过最大幅射方向并与磁场 H 平行的平面方向图称为 H 平面方向图。在工程上，常以地面为参照，将立体方向图在水平面和垂直面切开，如图 11-1(a)所示，就可以得到两个平面方向图。具体地说，通过最大辐射方向并与地面平行的平面方向图（xz 平面上的），称为水平方向图，如图 11-1(b)所示；通过最大辐射方向并与地面垂直的平面方向图（yz 平面上的），称为垂直方向图，如图 11-1(c)所示。图中实线表示场强，虚线表示能流密度。由于能流密度与场强的平方成正比，因而能流密度的方向图要窄一些。

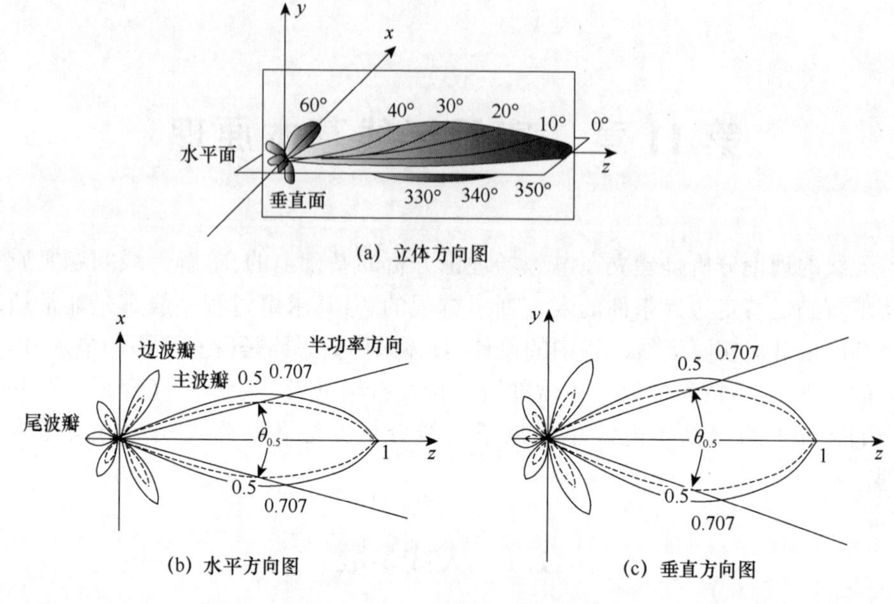

图 11-1　天线的方向图

为了便于比较,通常在方向图上不标场强的具体数值,而标以各方向场强与最大辐射方向场强的比值,即相对场强,这样的方向图称为相对方向图。图 11-1(b)、(c)所示就是相对方向图,最大辐射方向的相对场强为 1,其他方向的相对场强小于 1,如某个方向的相对场强为 0.707,说明该方向的场强为最大辐射方向场强的 70.7%,即为半功率点。

方向图可以画成直角坐标形式,如图 11-2 所示,也可以画成极坐标形式。一般极坐标表示法较直观,适用于波瓣较宽的方向图。直角坐标表示法可以灵活选择坐标的刻度大小,因而有较高的准确性,特别适用于绘制波瓣极窄的强方向性天线的方向图。

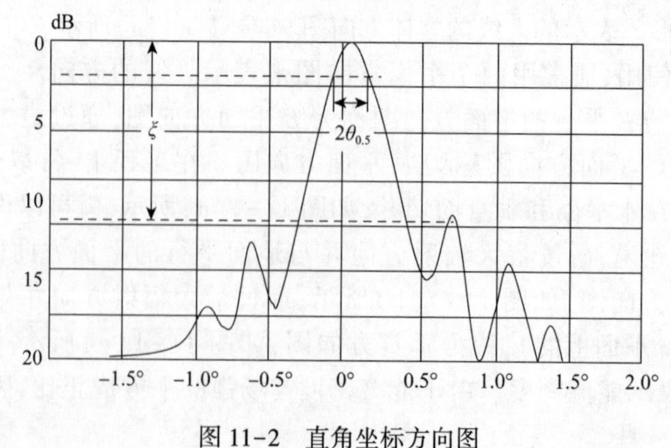

图 11-2　直角坐标方向图

方向图中场强或功率密度的大小采用相对单位(即百分数或分贝数)表示,用分贝(dB)数表示的优点是可以表示出相对辐射强度十分悬殊的情况。

11.1.2　波瓣宽度和副瓣电平

方向图呈花瓣状,因此又称为波瓣图,最大辐射方向的瓣称为主瓣,其他方向的瓣称为副瓣(或旁瓣),天线的方向性常用波瓣宽度(或波束张角)和副瓣电平表示。波瓣宽度一般指的是方向图的主瓣上两个半功率(场强为 0.707)方向之间的夹角,以 $2\theta_{0.5}$ 或 $2\theta_{3dB}$ 表示。有时还取主瓣两侧 0 点间的夹角 $2\theta_0$ 表示,称为主瓣的 0 点角。天线辐射的电磁能量主要集中在这个范围。副瓣电平是指副瓣最大值和主瓣最大值之比(或其分贝值之差),通常副瓣的最大值是处于主瓣两侧的第一个副瓣上。天线的副瓣不但分散了辐射功率,而且对于接收天线来说,还容易引入外界的噪声,因此要求天线的副瓣电平尽可能小。

11.1.3　方向系数、效率和增益

1. 方向系数

有了天线的方向图后,辐射场在空间的分布情况就知道了。方向图的波瓣宽度越窄、副瓣电平越低,说明天线辐射的电磁能越集中,天线的方向性越强。另外,人们还希望用一个参数来表示最大辐射方向能量的集中程度,以便定量地比较不同天线的方向性,这个参数就是方向系数 D。

方向系数的定义是,在相同辐射功率下,有方向性天线在最大辐射方向的远区点的功率密度 $p_{\max}$ 与无方向性天线在同一点的功率密度 p_0 之比,即

$$D = \frac{p_{\max}}{p_0} \quad (\text{相等辐射功率}) \tag{11-1}$$

由于电场强度的平方是和辐射功率成正比的,所以方向系数也可定义为:在同一远区点产生相等电场强度下,无方向性天线的总辐射功率 P_{Σ_0} 与有方向性天线的总辐射功率 P_Σ 之比,即

$$D = \frac{P_{\Sigma_0}}{P_\Sigma} \quad (\text{相等电场强度}) \tag{11-2}$$

这两种定义是等价的。

显然,方向图越窄,辐射能量越集中,则 D 值越大,一般雷达天线的 D 值在几百至几千。

2. 效率

实际应用中,天线辐射到空间的功率不易直接测量,能测定的是由发射机送到天线的输入功率。但由于天线中存在一定的损耗,如天线上的导体损耗,某些天线中使用了介质而存在的介质损耗等,所以实际辐射功率小于输入功率,为了反映输

入功率和辐射特性的关系,引入天线效率。

天线效率定义为天线的辐射功率和输入功率之比,即

$$\eta = \frac{P_{\Sigma}}{P_{i}} \tag{11-3}$$

3. 增益

在天线工程中,有一个常见的参数称为天线的增益,用 G 表示。增益的定义是:在相同输入功率下,有方向性天线在最大辐射方向上远区点的功率密度 p'_{max} 与无方向性天线在同一点的功率密度 p'_0 之比,即

$$G = \frac{p'_{max}}{p'_0} \quad (\text{相等输入功率}) \tag{11-4}$$

同样,G 也可以定义为:在同一点产生相等电场强度下,无方向性天线需要的输入功率 P_{i0} 与有方向性天线需要的输入功率 P_i 之比,即

$$G = \frac{P_{i0}}{P_i} \quad (\text{相等电场强度}) \tag{11-5}$$

D 和 G 是指天线在最大辐射方向上的方向系数和增益。它们的差别只在于一个定义在相同辐射功率下,一个定义在相同输入功率下,因此,它们之间的关系和天线效率有关。假定无方向性理想天线的效率为 1,则 $P_{\Sigma_0} = P_{i0}$,由式(11-3)~式(11-5)可得

$$G = \eta \cdot D \tag{11-6}$$

对于一般的微波天线,$\eta \approx 1$,所以 $G \approx D$。

11.1.4 阻抗特性

天线通过馈线系统与发射机和接收机相连,发射时天线从发射机得到功率并将它辐射至空间。因此,天线相对于发射机是一个负载。接收时天线把从空间收到的能量输送给接收机,故天线相对于接收机是一个信号源。这两种情况都有一个阻抗匹配问题,匹配状况是由天线的阻抗特性来决定的。对于某些天线,如对称振子,其阻抗是比较有规律的,它是天线的长度、粗细及工作频率的函数。其他大多数天线的阻抗,因为影响因素复杂,无法得出简单规律,只能用实验方法进行测量。

当没有非互易元件时,根据互易定理,发射状态匹配良好时,同一通道用作接收时将会有同样良好的匹配。

天线阻抗的匹配对雷达工作影响很大,如果驻波系数太大,不仅辐射功率减少,作用距离减小,还会引起馈线内某些地方电场太强而打火,引起发射机或接收机工作不稳定。通常要求在工作频带内,天线的驻波系数在 1.5 以下。

11.1.5　频带宽度

当天线的工作频率改变时，天线的特性参数会发生变化。例如，方向图形状或最大辐射方向的改变、副瓣电平增大、增益系数降低、阻抗匹配性变坏等。因此，天线的特性参数符合规定的技术指标时的频率范围称为天线的带宽或通频带。显然，它没有严格的定义，而是取决于对天线系统的要求。如果同时对几个参量都有要求，则以其中最严格的要求作为确定天线频带宽度的依据。

天线通频带可以用相对频带宽度（$2\Delta f/f_0$）来表示，也可以用上限频率与下限频率之比（f_{max}/f_{min}）来表示。例如，天线的带宽为 10%、20% 等，是用相对频带宽度（$2\Delta f/f_0$）表示的带宽，而天线的带宽为 2 : 1、3 : 1 或 5 : 1 则是用上限频率与下限频率之比（f_{max}/f_{min}）表示的天线带宽。

一般天线通频带的相对宽度（$2\Delta f/f_0$）可达百分之几到百分之几十或者更多，这主要取决于天线的型式和结构。

11.1.6　极化特性

发射天线所辐射的电磁波是极化电磁波，极化是电场矢量在空间的取向。天线的极化就是在最大辐射方向上电场矢量的取向。通常有线极化（工程上通常使用垂直极化和水平极化）、圆极化和椭圆极化。

由于不同极化的电磁波在传播时有不同的特点，根据天线的任务不同，常常对天线的极化特性提出要求。

上述天线的参数是从发射天线的角度来叙述的。根据互易原理，同一天线在用作发射和接收时，其特性参数是相同的，只是含义有所不同。但是，针对天线工作于接收这一特定状态而言，还有两个用来直接衡量其接收特性的电参数需要讨论。一个是衡量接收天线吸收到达的电磁波能力的有效接收面积；另一个是反映接收天线向接收机输送噪声功率的等效噪声温度。

11.1.7　有效接收面积

有效接收面积用来表示接收天线接收到达的电磁波的能力。其物理含义是：假设有一块平面与来波（平面波）的方向垂直，则它所截获的功率正好等于接收天线实际传给与其匹配的接收机的功率，则这块平面的面积就是该接收天线的有效接收面积，并记为 S_e。有效接收面积反映了天线在最大接收方向上的接收能力，它与方向性系数 D 的关系为

$$S_e = \frac{\lambda^2}{4\pi}D \tag{11-7}$$

对口面天线，有效接收面积 S_e 等于其几何面积 S 与天线口面利用系数 v 的

乘积

$$S_e = \upsilon \cdot S \tag{11-8}$$

显然有效面积总是小于或等于其几何面积。

11.1.8 等效噪声温度

接收天线的等效噪声温度是天线工作于接收微弱信号状态时的一个重要电参数。特别是当天线应用在卫星通信、射电天文以及超远程雷达等技术设备中更是如此,因为这些设备的作用距离非常远,接收到的信号电平很低。在此情况下,仅仅用天线的方向系数已不能判断天线性能的优劣,而应该用天线输送给接收机的信号功率和噪声功率的比值来衡量天线的接收性能。表征天线向接收机输送噪声功率的参数就是天线的等效噪声温度。

首先,回忆电路中的噪声问题。设有一个电阻 R,电子的无规则热运动在电阻两端产生一个不平衡的起伏电压——噪声电压 e,根据热力学定律,有

$$e^2 = 4kT\Delta fR$$

式中,k 为玻耳兹曼常数,$k=1.38054\times10^{-23}$(J/K);T 为电阻 R 的物理温度,用热力学温度表示;Δf 为接于电阻 R 的网络的带宽(Hz)。

设与噪声电阻 R 相接的网络的输入阻抗只有电阻分量,其电阻值也等于 R,则它从噪声源得到最大热噪声功率为

$$P_a = \frac{e^2}{4R} = kT\Delta f$$

可见,匹配负载上所获得的噪声功率与电阻 R 值无关,而与热力学温度 T 成正比。因此,在带宽一定的前提下,可以用 T 直接衡量电阻产生的噪声的大小,并把它称为电阻 R 的噪声温度。

对于接收天线的情况如何呢?接收天线把从周围空间接收的噪声功率送往接收机的过程,与噪声电阻把噪声功率输送给与之相接的电路网络的过程是类似的。接收天线可以等效为一个温度 T_a 的电阻,天线向匹配接收机输送的噪声功率 P_a 就等于该电阻输送的最大噪声功率。注意,T_a 不是天线本身的物理温度,是一个等效的噪声温度,即

$$T_a = \frac{P_a}{k\Delta f} \tag{11-9}$$

显然,噪声源分布在天线周围的空间,经过推导得到天线的等效噪声温度 T_a 为

$$T_a = \frac{D}{4\pi}\int_0^{2\pi}\int_0^{\pi} T(\theta,\varphi)F^2(\theta,\varphi)\sin\theta \mathrm{d}\theta \mathrm{d}\varphi \tag{11-10}$$

式中,D 为天线的方向系数;$F(\theta,\varphi)$ 为天线的归一化方向函数;$T(\theta,\varphi)$ 为噪声源在

空间的分布,称为亮度温度分布函数,简称为亮度温度。

通过以上分析可知,接收天线的等效噪声温度 T_a 是表征天线接收噪声功率大小的一个参数。T_a 越高,送至接收机的噪声就越大,反之就越小。它一方面取决于周围空间的噪声源的强度和分布,另一方面取决于天线的方向性。所以为了减小通过天线而进入接收机的噪声,不应使天线最大辐射方向对准强的噪声源,同时应尽量压低天线的旁瓣和尾瓣。

11.2　振子天线

11.2.1　基本电振子天线的参数

第一编中导出了基本电振子的辐射场如下:

$$E_\theta = \mathrm{j}\frac{k\eta I\mathrm{d}l}{4\pi r}\sin\theta \mathrm{e}^{-\mathrm{j}kr} \tag{11-11a}$$

$$H_\varphi = \mathrm{j}\frac{kI\mathrm{d}l}{4\pi r}\sin\theta \mathrm{e}^{-\mathrm{j}kr} \tag{11-11b}$$

下面我们分析其参数。

1. 基本电振子的方向函数和方向图

由式(11-11)知,在不同的方向(θ,φ)上,相同距离处基本电振子的辐射是不同的,这就是辐射场的方向性,表征辐射场方向性的函数称为方向函数,记为 $f(\theta,\varphi)$。显然,基本电振子的方向函数为

$$f(\theta,\varphi) = \sin\theta \tag{11-12}$$

按方向函数绘制的立体方向图如图 11-3(a)所示,E 平面和 H 平面方向图分别如图 11-3(b)和(c)所示。可见,在 E 平面(φ=常数)上,距振子中心等距离各点处的场强随 θ 按正弦规律变化,方向图为"∞"字形,具有方向性。在 H 平面(θ=常数)上,因为方向函数与 φ 无关,因此场强不随 φ 变化,方向图是一个圆,所以无方向性。立体方向图可看作是将 E 平面方向图绕振子轴旋转一周得到的。

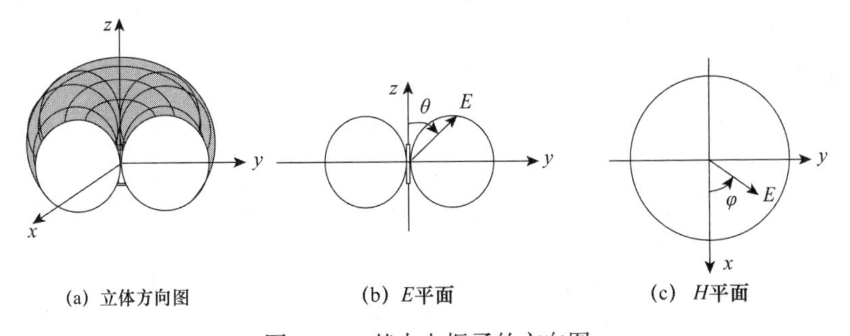

图 11-3　基本电振子的方向图

图 11-3(a)、(b)和(c)是用极坐标绘制的,称为极坐标方向图。

2. 基本电振子的辐射功率与辐射电阻

天线的辐射功率可以用坡印廷矢量在闭合曲面上积分来计算。为方便起见,通常以天线为中心做一个封闭球面(图 11-4),球面半径应选得足够大,以使球面位于远区。因此,天线的辐射功率为

$$P_{\Sigma} = \oint_{S} \boldsymbol{p} \cdot \mathrm{d}\boldsymbol{S} \tag{11-13}$$

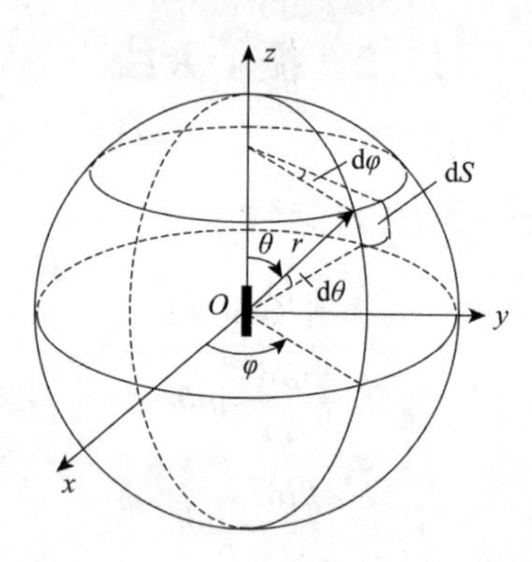

图 11-4　求天线的辐射功率

用这种方法计算天线的辐射功率时,必须满足两个条件:第一,闭曲面内没有吸收电磁波能量的媒质;第二,闭曲面上及其所包含的体积内没有其他辐射源。

对辐射场来说,空间任意一点的电场与磁场相互垂直且有 $H=E/\eta$ 的关系,所以平均功率流密度

$$p = \frac{1}{2}EH = \frac{E^2}{2\eta}$$

式中,E 和 H 为电场和磁场的模值。

由于沿辐射方向上,$\boldsymbol{p}$ 和 $\mathrm{d}\boldsymbol{S}$ 同方向。因此,式(11-13)变为

$$P_{\Sigma} = \oint_{S} p\mathrm{d}S = \frac{1}{2\eta}\int_{0}^{2\pi}\int_{0}^{\pi} E^2 r^2 \sin\theta \mathrm{d}\theta \mathrm{d}\varphi$$

这是计算天线辐射功率的一般公式。

对于基本电振子,将式(11-11)代入上式积分可得

$$P_{\Sigma} = \frac{\pi\eta I^2}{3}\left(\frac{\mathrm{d}l}{\lambda}\right)^2$$

天线向空间辐射能量,对于天线来说,可以看成一种损耗,把这种损耗等效为天线的辐射电阻 R_{Σ},即

$$P_{\Sigma} = \frac{1}{2}I^2 R_{\Sigma} \tag{11-14}$$

所以

$$R_{\Sigma} = \frac{2\pi\eta}{3}\left(\frac{\mathrm{d}l}{\lambda}\right)^2$$

在自由空间，$\eta=\eta_0=120\pi$，基本电振子的辐射电阻为

$$R_{\Sigma} = 80\pi^2\left(\frac{\mathrm{d}l}{\lambda}\right)^2$$

可见，基本电振子的辐射电阻取决于其电长度 $\mathrm{d}l/\lambda$。

3. 基本电振子的方向系数

由式(11-11)知，基本电振子的最大辐射方向为 $\theta=90°$，该方向的功率密度为

$$p_{\max} = \frac{1}{2\eta}\cdot E_{\theta\max}^2 = \frac{1}{2\eta}\cdot\left(\frac{\eta I\mathrm{d}l}{2r\lambda}\right)^2 = \frac{\eta I^2}{8r^2}\cdot\left(\frac{\mathrm{d}l}{\lambda}\right)^2$$

无方向性天线要产生同样的辐射功率密度需要辐射的总功率为

$$P_{\Sigma_0} = 4\pi r^2\cdot p_{\max} = \frac{\pi}{2}\eta I^2\cdot\left(\frac{\mathrm{d}l}{\lambda}\right)^2$$

因此，基本电振子的方向系数

$$D = \frac{P_{\Sigma_0}}{P_{\Sigma}} = \frac{\pi\eta I^2}{2}\left(\frac{\mathrm{d}l}{\lambda}\right)^2 \Big/ \frac{\pi\eta I^2}{3}\left(\frac{\mathrm{d}l}{\lambda}\right)^2 = 1.5$$

【例 11-1】计算基本电振子的波瓣宽度。

解：由式(11-12)知，基本电振子的场强方向函数为

$$f(\theta,\varphi) = \sin\theta$$

令

$$f_{\max}(\theta,\varphi) = 1$$

则最大辐射方向为

$$\theta_{\max} = \arcsin(1) = 90°$$

-3dB 辐射方向为

$$\theta_0 = \arcsin(0.707) = 45° \text{ 或 } 135°$$

所以，基本电振子的波瓣宽度为 $2\theta_{3\mathrm{dB}}=(135°-90°)+(90°-45°)=90°$。

【例 11-2】一无方向天线的辐射功率为 $P_{\Sigma}=100\mathrm{W}$，求距天线 10km 远处 M 点的辐射场强。如果改用方向系数 $D=100$ 的强方向性天线，最大辐射方向对准 M 点，再求 M 点的辐射场强。

解：无方向天线的辐射功率为

$$P_{\Sigma} = 4\pi r^2 p = 4\pi r^2\cdot\frac{1}{2\eta}E^2$$

将 $P_{\Sigma}=100\mathrm{W}$，$r=10\mathrm{km}$ 及 $\eta=\eta_0=120\pi$ 代入，解得

$$E(10\mathrm{km}) \approx \sqrt{\frac{\eta P_{\Sigma}}{2\pi r^2}} \approx 0.0077(\mathrm{V/m}) \approx 7.7(\mathrm{mV/m})$$

无方向天线在 M 点产生的辐射场强为 7.7mV/m。

对于 $D=100$ 的强方向性天线，其辐射功率也为 100W，根据式(11-1)方向系数的定义，在相同辐射功率下

$$D=\frac{P_{\max}}{P_0}=\left(\frac{E_{\max}}{E_0}\right)^2$$

$$E_{\max}=\sqrt{D}E_0$$

式中，$E_{\max}$ 为强方向性天线在 M 点产生的辐射场强；E_0 为无方向天线在 M 点产生的辐射场强。将 $D=100$，$E_0=7.7\text{mV/m}$ 代入，得 $E_{\max}=77\text{mV/m}$。所以，$D=100$ 的强方向性天线在 M 点产生的辐射场强为 77mV/m，是无方向天线辐射场的 10 倍。

11.2.2 对称振子天线

对称振子是中间馈电的一根直导线，馈电点两边导线的长度相等。它是使用最广的线天线，既可作为独立天线使用，也可作为复杂天线阵的辐射单元和口面天线的馈源。

1. 对称振子的辐射场

计算对称振子的辐射场，必须首先确定对称振子的电流分布。根据边界条件求解麦克斯韦方程，可以严格算出导线周围的场分布，特别是可以算出导线表面上磁场强度矢量的切线分量，由该分量可以确定导线的面电流密度 $\boldsymbol{J}_S=\boldsymbol{n}\times\boldsymbol{H}$，从而计算远区辐射场。但是严格计算导线周围场的分布会遇到数学上的困难，工程上采用近似法解决这个问题，通常把对称振子看成末端张开的开路传输线，可近似地假设对称振子上的电流分布和开路线相同，即按正弦规律分布。对于细长天线来说，严格的计算和实验证明，这种假设与实际很符合，对于一般的理论计算和工程设计，精度已经足够，因此，以后的分析计算都近似认为对称振子上的电流按正弦分布。

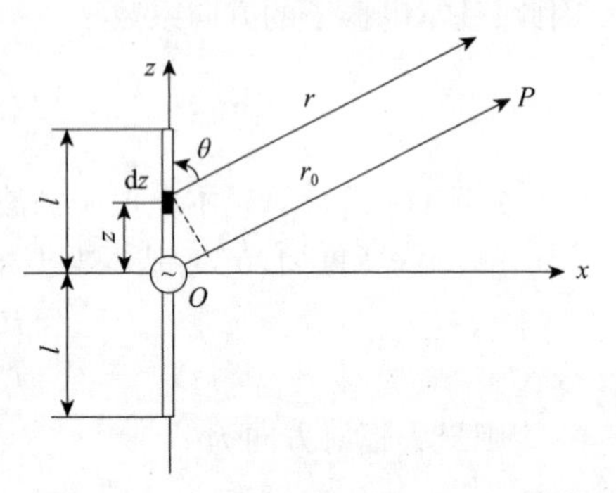

图 11-5 计算对振子的辐射场

设对称振子的轴与 z 轴重合，振子的中心为坐标系原点，振子两臂上的电流为正弦分布，如图 11-5 所示。振子上的电流可以写成

$$I(z)=\begin{cases}I_m\sin(k(l-z)) & (l\geqslant z\geqslant 0)\\ I_m\sin(k(l+z)) & (-l\leqslant z\leqslant 0)\end{cases}$$

式中，I_m 为对称振子上电流波腹点电流振幅值；k 为相移常数；l 为对称振子一臂之长。显然，上式可简写为

$$I(z)=I_m\sin(k(l-|z|))\quad(-l\leqslant z\leqslant l)$$

将整个对称振子分割为一系列的小段(每段长度 dz),每小段就是一个基本电振子,则整个对称振子的辐射就是这一系列基本电振子辐射之和。按基本电振子辐射场表达式(11-11)可写出一小段电流元 $l(z)\mathrm{d}z$ 的辐射场 $\mathrm{d}E_\theta$ 为

$$\mathrm{d}\,E_\theta = \mathrm{j}\,\frac{60\pi I_\mathrm{m}\sin(k(l-|z|))\,\mathrm{d}z}{r\lambda}\sin\theta\mathrm{e}^{-\mathrm{j}kr}$$

考虑对远区点,在幅度上 $r \approx r_0$;在相位上 $r\approx r_0 - z\cos\theta$,则整个对称振子的辐射场即为

$$E_\theta = \int_{-l}^{l}\mathrm{d}\,E_\theta = \mathrm{j}\,\frac{60I_\mathrm{m}}{r_0}\,\frac{\cos(kl\cos\theta)-\cos(kl)}{\sin\theta}\mathrm{e}^{-\mathrm{j}kr_0} \tag{11-15}$$

常用的对称振子是全长为 $2l=\lambda/2$ 的半波对称振子,辐射场为

$$E_\theta = \mathrm{j}\,\frac{60I_\mathrm{m}}{r_0}\,\frac{\cos\left(\dfrac{\pi}{2}\cos\theta\right)}{\sin\theta}\mathrm{e}^{-\mathrm{j}kr_0} \tag{11-16}$$

式中,r_0 是对称振子中心至观察点的距离。

2. 对称振子的方向性

由式(11-15)知,对称振子的方向函数为

$$f(\theta,\varphi) = \frac{\cos(kl\cos\theta)-\cos(kl)}{\sin\theta} \tag{11-17}$$

归一化方向函数为

$$F(\theta,\varphi) = \frac{E_\theta}{E_{\theta\max}} = \frac{\cos(kl\cos\theta)-\cos(kl)}{\sin\theta(1-\cos(kl))} \tag{11-18}$$

一般天线的方向图都是按归一化方向函数画的,这样可以很方便地比较各种天线辐射的波束图形。图 11-6 所示为不同臂长的对称振子的水平面方向图形。

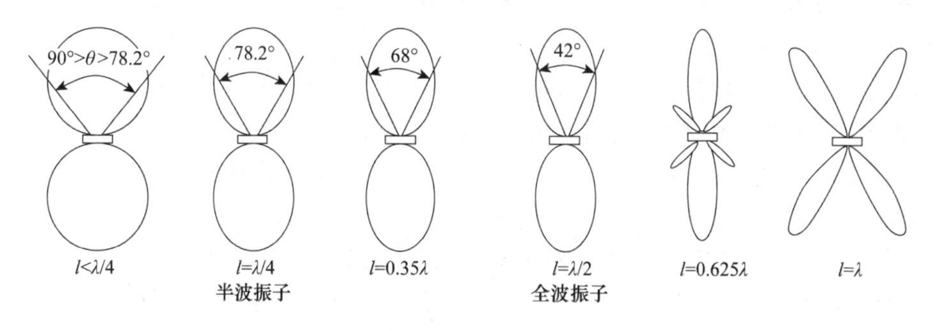

图 11-6　不同臂长的对称振子的水平方向图形

由图 11-6 可见,当振子臂长较短($l<\lambda/4$)时,波瓣较宽,方向性较差;随着臂长加长($l<\lambda/2$),方向性得到改善,并且都只有主瓣,主瓣方向垂直于振子轴线。但是,当振子臂长过长($l>\lambda/2$),出现了副瓣,并随着 l 的增长,原来的副瓣

逐渐变成主瓣，而原来的主瓣则变成了副瓣；在 $l=\lambda$ 时，主瓣消失，使方向性大大变坏。

为什么对称振子的水平方向图会随振子臂长而变化呢？这是由于振子上的电流分布随振子臂长变化的缘故。对应于图 11-6 中不同臂长的对称振子上的电流分布如图 11-7 所示。由图 11-7 可知，当 $l<\lambda/2$ 时，振子左右两臂的电流同相。由于各基本振子到空间某一点的距离不同（即电磁波传到该点的行程不同，称为行程差），因此各基本振子在该点产生的辐射场之间便有了相位差。在垂直于振子轴线的方向上，此相位差为 0，场强同相相加，即有最大的辐射。而在其他方向，此相位差不为 0，故场强不是同相相加，有互相抵消的作用，辐射比最大辐射方向的小，方向图呈“8”字形。若 l 增长，则相当于基本电振子的数目增加，于是在与振子轴线不垂直的各方向上，场强叠加时的抵消作用也将有所增强，使辐射减小得更快，所以方向图将变窄，即方向性变好。这时，只有主瓣。

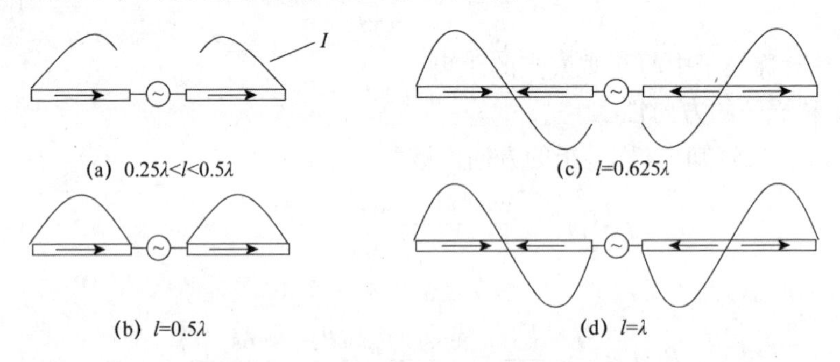

图 11-7　不同臂长的对称振子上的电流分布

当 $l>\lambda/2$ 时，振子上出现反向电流，所以各基本振子的场强叠加时，不仅有行程差所引起的相位差，还有由电流的相位不同所引起的相位差。这时，在某些方向的场强就可能完全抵消为 0，结果将出现副瓣。l 再逐渐增长，则反向电流的长度比例相应地增加，这样就使得副瓣逐渐地相对增大，主瓣则相对减弱，以致原来的副瓣变成了主瓣，原来的主瓣则变成了副瓣，在 $l=\lambda$ 时主瓣消失。

若雷达天线用对称振子作为基本辐射单元，在选择振子长度时，一定要考虑当雷达工作频率变化时（如工作在频段的最高频率上），臂长的电气长度 l/λ 应小于 0.6，使方向图无大的畸变。由于对称振子的臂长在 $\lambda/4$ 附近时没有副瓣，主瓣随臂长的变化也不显著，因此，雷达天线常用半波振子作为基本辐射元件。

半波振子的方向函数为

$$F_0(\theta,\varphi)=\frac{\cos\left(\dfrac{\pi}{2}\cos\theta\right)}{\sin\theta} \tag{11-19}$$

其波瓣宽度为 78.2°，方向系数 $D=1.64$。

3. 对称振子的辐射功率和辐射电阻

用求基本电振子辐射功率同样的方法,也可以求出对称振子的辐射功率

$$
\begin{aligned}
P_\Sigma &= \frac{1}{2\eta}\int_0^{2\pi}\int_0^{\pi} E^2 r^2 \sin\theta \mathrm{d}\theta \mathrm{d}\varphi \\
&= \frac{1}{2}\int_0^{2\pi}\int_0^{\pi} \frac{1}{120\pi}\left(\frac{60I_\mathrm{m}}{r}\right)^2 \left[\frac{\cos(kl\cos\theta)-\cos(kl)}{\sin\theta}\right]^2 r\sin\theta \mathrm{d}\theta \mathrm{d}\varphi \\
&= 30I_\mathrm{m}^2\int_0^{\pi} \frac{[\cos(kl\cos\theta)-\cos(kl)]^2}{\sin\theta}\mathrm{d}\theta
\end{aligned} \tag{11-20}
$$

根据辐射电阻的定义

$$
R_\Sigma = \frac{P_\Sigma}{\frac{1}{2}I^2}
$$

在基本振子中,电流 I 在天线上是均匀的,但在振子天线中,电流沿线是变化的。因此,辐射电阻大小与用哪一点的电流作参考有关,一般以波腹电流 I_m 为参考电流。把式(11-20)代入式(11-19)得到相对于波腹电流的辐射电阻为

$$
R_\Sigma = \frac{P_\Sigma}{\frac{1}{2}I_\mathrm{m}^2} = 60\int_0^{\pi} \frac{[\cos(kl\cos\theta)-\cos(kl)]^2}{\sin\theta}\mathrm{d}\theta \tag{11 - 21}
$$

由该式计算对称振子辐射电阻与振子的电长度 l/λ 的关系如图 11-8 所示。

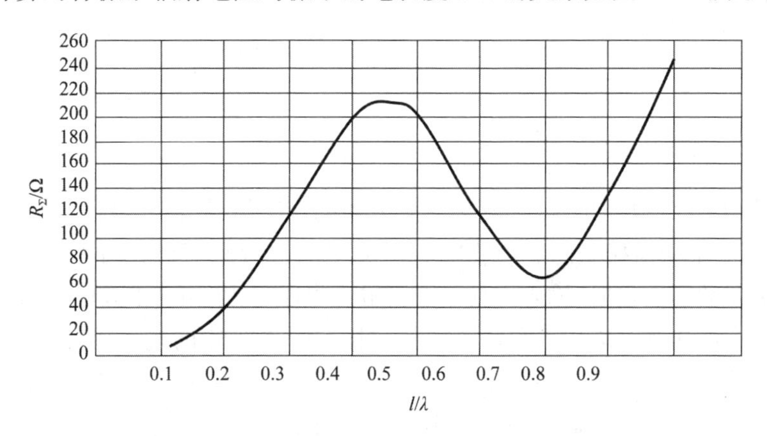

图 11-8　对称振子的辐射电阻与 l/λ 的关系

理想半波振子的辐射电阻为 73.1Ω,而实际的半波振子的辐射电阻为 50~70Ω。

4. 对称振子的输入阻抗

对称振子输入端呈现的阻抗,称为输入阻抗。它等于对称振子输入端电压与电流的比值,即

$$Z_{\mathrm{i}}=\frac{U_{\mathrm{i}}}{I_{\mathrm{i}}}=R_{\mathrm{i}}+\mathrm{j}X_{\mathrm{i}} \tag{11-22}$$

式中,R_{i} 为对称振子的输入电阻;X_{i} 为对称振子的输入电抗。

输入阻抗可能是纯电阻,也可能是复阻抗,其数值随振子的粗细 d(特性阻抗 Z_0)和电气长度 l/λ 而变化。输入电阻包括辐射电阻和损耗电阻两部分。辐射电阻即前面所说的代表振子向空间辐射而产生的损耗,损耗电阻则代表振子是非理想导体而产生的热损耗和因绝缘物而产生的介质损耗。由于振子的长度不大,又相当粗,故后者同前者相比较可以忽略。一般来说,只要把以振子波腹电流幅度为参考的辐射电阻换成以振子输入端电流幅度为参考,就成了振子的输入电阻。

计算对称振子的输入阻抗是十分烦琐的,因此实用上,对应于振子直径 d(或特性阻抗 Z_0)的不同数值,作出 $Z_{\mathrm{i}}=f(l/\lambda)$ 的各种曲线来求输入阻抗,如图 11-9 所示。因为对称振子可以看成张开的有耗开路线,所以这些曲线的形状,同有耗开路线的输入电阻和输入电抗曲线相似。

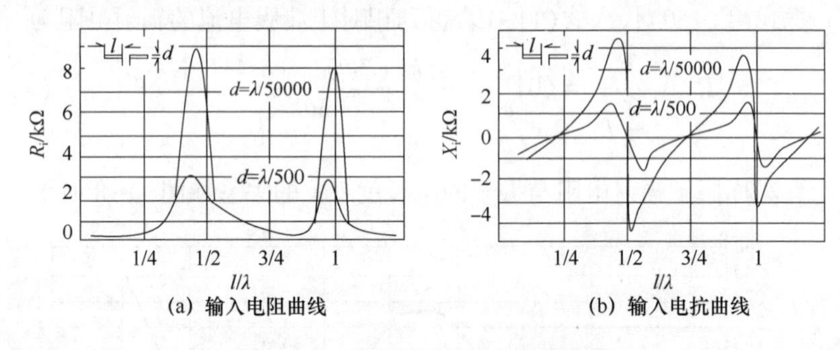

图 11-9　对称振子的输入阻抗曲线

由图 11-9 可以看出,振子臂长约为 $\lambda/4$ 的奇数倍时,输入电抗为 0,输入电阻很小,相当于串联谐振状态。半波振子的输入阻抗为纯电阻性,约为 73.1Ω。振子臂长为 $\lambda/4$ 的偶数倍时,输入电抗为 0 而输入电阻最大,相当于并联谐振状态。全波振子的输入电阻可达几千欧姆。振子臂长不等于 $\lambda/4$ 的整数倍时,输入阻抗中既有电阻成分,也有电抗成分,相当于失谐状态。振子臂长 $l<\lambda/4$ 时,输入阻抗呈阻容性;$\lambda/4<l<\lambda/2$ 时,输入阻抗呈阻感性。由于振子臂长在 $\lambda/4$ 附近,输入阻抗曲线的斜率最小,因此,当工作波长稍有改变时,半波振子输入阻抗的变化量最小,有利于保持天线和传输线之间的匹配。这也是雷达天线常采用半波振子作为基本辐射元件的原因之一。

由图 11-9 还可以看出,振子的直径 d 较大(特性阻抗 Z_0 较小)时,输入阻抗曲线较为平坦,这是因为输入阻抗与特性阻抗成正比的缘故。因此,采用直径较粗的振子,频带宽度较宽,当工作波长改变时,仍能基本保持振子与传输线之间的匹配,有利于在较宽的频带内使天线同高频传输系统保持匹配。

电抗等于 0 的长度是天线的谐振长度,从图 11-9 中可以看出,振子天线的谐振长度略小于 $\lambda/4$ 的整倍数。在传输线中谐振长度却等于 $\lambda/4$ 的整倍数,为什么呢？这是因为在振子末端平面存在分布电容,使得末端边缘上电力线分布密集,电荷比较集中,这一现象称为末端效应。末端效应的影响,相当于振子的有效长度增长,如图 11-10 所示。振子越粗,末端效应越大。实际工作中考虑末端效应时,半波振子天线的实际长度要比 $\lambda/2$ 稍短一些,根据振子粗细不同,缩短的长度也不同,一般缩短 3%～10%。

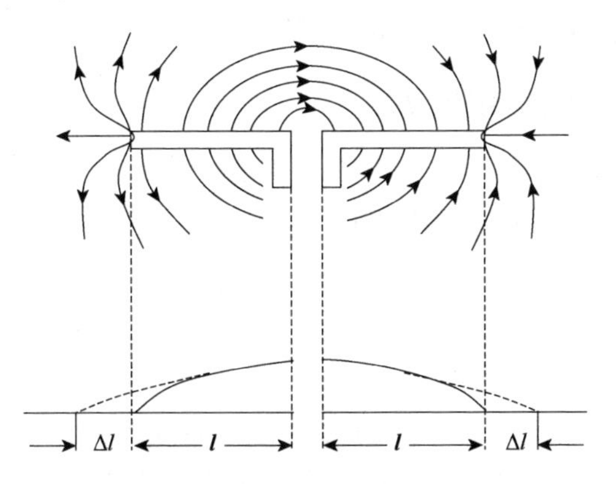

图 11-10　末端电容对天线有效长度的影响

【例 11-3】半波振子轴线与 x 轴重合,求其方向函数表达式。

解:已知轴线与 z 轴重合的半波振子的方向函数为

$$F_0(\theta,\varphi)=\frac{\cos\left(\frac{\pi}{2}\cos\theta\right)}{\sin\theta}$$

可见,轴线与 z 轴重合的半波振子的方向函数只与 θ 有关,根据对称性,轴线与 x 轴重合的半波振子的方向函数为

$$F(\theta,\varphi)=\frac{\cos\left(\frac{\pi}{2}\cos\alpha_x\right)}{\sin\alpha_x}$$

式中,α_x 为 $\boldsymbol{r}$ 与 x 轴的夹角,α_x 与 θ、φ 的关系为 $\cos\alpha_x=\sin\theta\cos\varphi$,代入上式得

$$F(\theta,\varphi)=\frac{\cos\left(\frac{\pi}{2}\cos\alpha_x\right)}{\sin\alpha_x}=\frac{\cos\left(\frac{\pi}{2}\cos\alpha_x\right)}{\sqrt{1-\cos^2\alpha_x}}=\frac{\cos\left(\frac{\pi}{2}\sin\theta\cos\varphi\right)}{\sqrt{1-\sin^2\theta\cos^2\varphi}}$$

11.3　方向图乘积原理与阵列天线

通过上面的讨论知道，对称振子的方向性是很弱的，半波振子的波瓣宽度达78°，增益只有2.17dB，全波振子的波瓣宽度也只有47°，增益4.4dB，都远远达不到雷达实际应用的要求。为了提高天线的方向性，可以把多个振子排列起来形成阵列天线，或用多个无源振子和对称振子形成引向天线。使天线的波瓣宽度达到几度甚至1°以下。这样在辐射功率一定时，尽量提高雷达的作用距离、测角精度和角分辨力。此外，还可减少接收时的外界干扰。

11.3.1　方向图乘积原理

1. 二元天线的方向性

为了分析方便起见，先从最简单的二元天线讨论。设有两个相似元排列如图11-11所示，两单元间的距离为d，它们到观察点P的距离分别为r_1和r_2，两元上的电流分别为I_1和I_2，$I_2=mI_1\mathrm{e}^{\mathrm{j}\phi}$，其中$m$为两单元电流振幅的比值，而$\phi$为$I_2$超前$I_1$的相角。由于观察点很远，$r_1$和$r_2$可视为平行，在计算$P$点的场强振幅时，可以认为$r_1\approx r_2$，但在计算场强的相位时，波程差$\Delta r=d\cos\theta$不能忽略，其中$\theta$为相似元连线与$OP$的夹角。设单元1在$P$点产生的场强为$E_1=E_{1\mathrm{m}}f_1(\theta,\varphi)$，则由于场强与天线电流成正比，因此单元2在$P$点产生的场强为$E_2=mE_1\mathrm{e}^{\mathrm{j}\psi}$，其中$\psi=kd\cos\theta+\phi$，为场强$E_2$超前$E_1$的相角。于是，天线阵在$P$点的合成场强为

$$E=E_1+E_2=E_1(1+m\mathrm{e}^{\mathrm{j}\psi})$$

$$|E|=|E_1|\cdot|1+m\mathrm{e}^{\mathrm{j}\psi}|=E_{1\mathrm{m}}f_1(\theta,\varphi)\cdot|1+m\mathrm{e}^{\mathrm{j}\psi}| \tag{11-23}$$

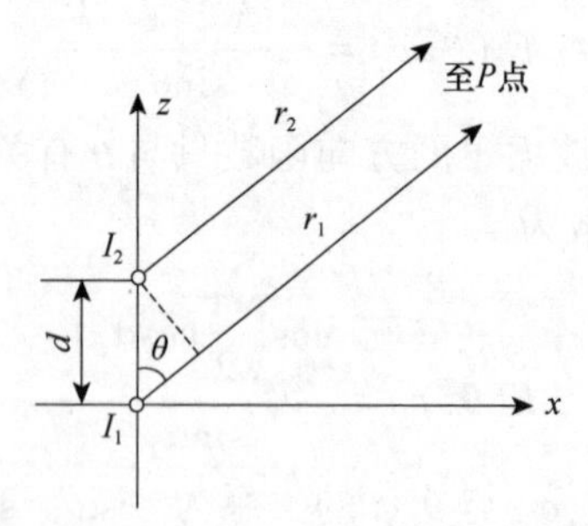

图11-11　二元天线阵

式中，$E_{1\mathrm{m}}$为单元1在最大辐射方向的场强；$f_1(\theta,\varphi)$为单元1的方向函数。由于单元2和单元1是相似元，所以$f_1(\theta,\varphi)$也是单元2的方向函数。由式(11-23)可得二元阵的方向函数为

$$f(\theta,\varphi)=\frac{|E|}{E_{1m}}=f_1(\theta,\varphi)\cdot|1+me^{j\psi}|=f_1(\theta,\varphi)f_2(\theta,\varphi) \tag{11-24}$$

式中 $f_2(\theta,\varphi)=|1+me^{j\psi}|=\sqrt{1+m^2+2m\cos(kd\cos\theta+\phi)}$

当 $m=1$ 时

$$f_2(\theta,\varphi)=2\cos\frac{1}{2}(kd\cos\theta+\phi) \tag{11-25}$$

由于 $f_2(\theta,\varphi)$ 只与两个单元间的距离、排列方式、电流的振幅和相位有关,和单元方向图无关,所以被称为天线阵的阵因子。图 11-12 所示为不同 d 和 ϕ 情况下的阵因子方向。

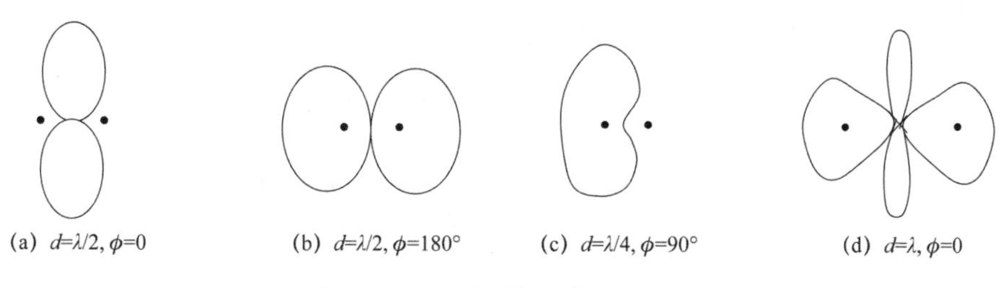

(a) $d=\lambda/2, \phi=0$　(b) $d=\lambda/2, \phi=180°$　(c) $d=\lambda/4, \phi=90°$　(d) $d=\lambda, \phi=0$

图 11-12 二元天线的阵因子方向

2. 多元直线阵的方向性

图 11-13 所示为 n 元天线直线阵,设各单元到第一单元的距离分别为 d_{12}、d_{13}、…、d_{1n},以第一单元的 I_1 为参考,其余各单元上的电流分别为

$$I_2=m_{12}I_1e^{j\phi_{12}}$$
$$I_3=m_{13}I_1e^{j\phi_{13}}$$
$$\vdots$$
$$I_n=m_{1n}I_1e^{j\phi_{1n}}$$

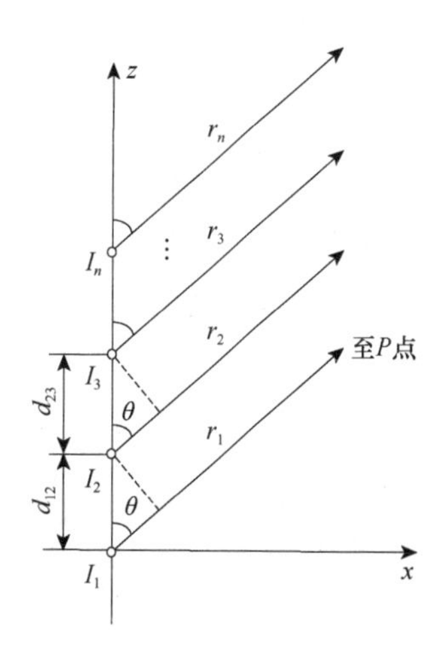

图 11-13 n 元天线直线阵

则各单元在 P 点产生场强的相位差为

$$\psi_{12}=kd_{12}\cos\theta+\phi_{12}$$
$$\psi_{13}=kd_{13}\cos\theta+\phi_{13}$$
$$\vdots$$
$$\psi_{1n}=kd_{1n}\cos\theta+\phi_{1n}$$

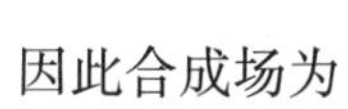

因此合成场为

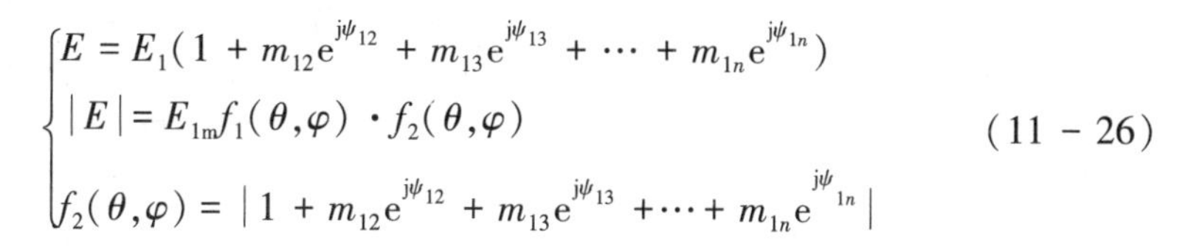

$$\begin{cases} E=E_1(1+m_{12}e^{j\psi_{12}}+m_{13}e^{j\psi_{13}}+\cdots+m_{1n}e^{j\psi_{1n}}) \\ |E|=E_{1m}f_1(\theta,\varphi)\cdot f_2(\theta,\varphi) \\ f_2(\theta,\varphi)=|1+m_{12}e^{j\psi_{12}}+m_{13}e^{j\psi_{13}}+\cdots+m_{1n}e^{j\psi_{1n}}| \end{cases} \tag{11-26}$$

式中，$f_1(\theta,\varphi)$为单元函数；$f_2(\theta,\varphi)$为阵因子。

如果多元直线阵各单元间距相等，电流振幅相等，相位为线性滞后情况，即

$$d_{12}=d, d_{13}=2d, \cdots, d_{1n}=(n-1)d$$

$$m_{12}=m_{13}=\cdots=m_{1n}=1$$

$$\phi_{12}=\phi, \phi_{13}=2\phi, \cdots, \phi_{1n}=(n-1)\phi$$

$$\psi_{12}=kd\cos\theta+\phi=\psi$$

$$\psi_{13}=2kd\cos\theta+2\phi=2\psi$$

$$\vdots$$

$$\psi_{1n}=(n-1)kd\cos\theta+(n-1)\phi=(n-1)\psi$$

$$f_2(\theta,\varphi)=\left|1+e^{j\psi}+e^{j2\psi}+\cdots+e^{j(n-1)\psi}\right|$$

$$=\left|\frac{1-e^{jn\varphi}}{1-e^{j\varphi}}\right|=\frac{\sin\dfrac{n\psi}{2}}{\sin\dfrac{\psi}{2}}=\frac{\sin\dfrac{n}{2}(kd\cos\theta+\phi)}{\sin\dfrac{1}{2}(kd\cos\theta+\phi)} \tag{11-27}$$

可以求得$f_2(\theta,\varphi)$的最大值点位于$\psi=0$，即

$$\theta=\theta_s=\arccos\left(\frac{\phi}{kd}\right) \tag{11-28}$$

最大值

$$f_2(\theta_s,\varphi)=n$$

式(11-28)说明，当辐射元的相位线性渐变时，主瓣的最大方向将偏离线阵垂直方向一个角度θ_s，因此常把θ_s称为波束偏角。当线阵的其他参数固定后，偏角θ_s基本上取决于辐射元上的馈电相位ϕ，如能控制相位ϕ的变化，则波瓣就能在空间扫描。

当$\phi=0$时，各辐射元为同相、等电流馈电，线阵天线的主瓣位于$\theta_s=0$，即与线阵垂直的方向上，图11-14所示为$d=\lambda/2$、$\phi=0$、$n=10$的线阵阵因子方向图。

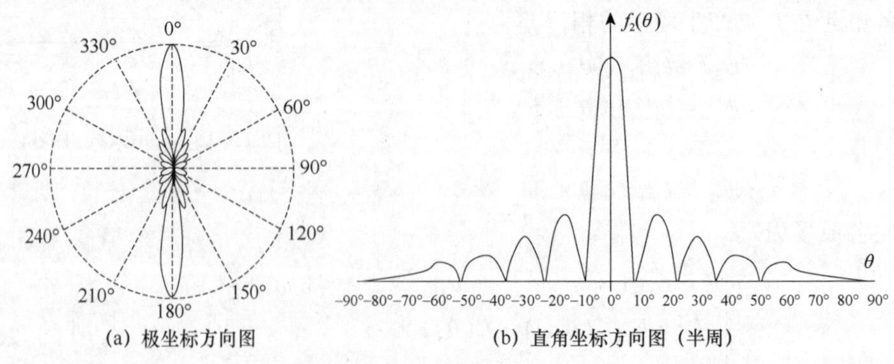

(a) 极坐标方向图　　(b) 直角坐标方向图（半周）

图11-14　十元线阵的方向图

3. 方向图乘积原理

由多个相似元组成的天线阵,其方向图等于单元天线的方向因子$f_1(\theta,\varphi)$与天线阵的阵因子$f_2(\theta,\varphi)$的乘积,这就是方向图乘积原理,这里要注意的是:①只要组成天线阵的各单元是相似元,不管各单元的间距是否相等,电流振幅和相位是否均匀,方向图乘积原理都是成立的;②相似元可以是任意形式的天线,也可以是一个子阵,只要子阵间符合相似条件,那么方向图乘积原理总是可用的。

11.3.2　阵列天线

线阵虽能提高方向性,但只限于包含阵轴的平面,而在垂直于阵轴的平面内方向性没有变化。通常对微波天线,特别是雷达天线,要求互相垂直的两个平面都有很强的方向性,因此,常把辐射元排列成平面形成平面天线阵。

一般的面天线阵中辐射元的排列都是规则的,其中最简单的一种排列形式,是将辐射元排列成m行n列,辐射元间隔成矩形,因此天线阵的轮廓也成矩形,但有时也将阵的轮廓做成非矩形阵。这里主要讨论矩形阵。

1. 等幅同相面阵的方向性函数

设所有辐射元排列在xy平面内,如图11-15所示。在x方向排m行,其间距为d_x;在y方向排n列,其间距为d_y。从原点O到空间任意一点P的距离为r,射线OP同x、y、z轴的夹角分别为α_x、α_y、α_z,则

$$\begin{cases} x = r\cos\alpha_x \\ y = r\cos\alpha_y \\ z = r\cos\alpha_z \end{cases}$$

根据坐标变换关系,直角坐标可以用球坐标表示为

$$\begin{cases} x = r\sin\theta\cos\varphi \\ y = r\sin\theta\sin\varphi \\ z = r\cos\theta \end{cases}$$

比较两式可得射线的方向余弦为

$$\cos\alpha_x = \sin\theta\cos\varphi \tag{11-29a}$$

$$\cos\alpha_y = \sin\theta\sin\varphi \tag{11-29b}$$

$$\cos\alpha_z = \cos\theta \tag{11-29c}$$

$m\times n$个辐射元在空间任意一点P所产生的总场强可以先求出各辐射元到P点的波程差,根据波程差求出各辐射元在P点所产生场强的相位差,将这些场强矢量加起来就可求得在P点产生的总场强,然后求得面阵总的方向函数。在这里利用方向图乘积原理,首先把每一行看成一个子阵,每个子阵都是由n个辐射元在x方向排列的线阵,利用前述方法可以求出子阵的阵函数

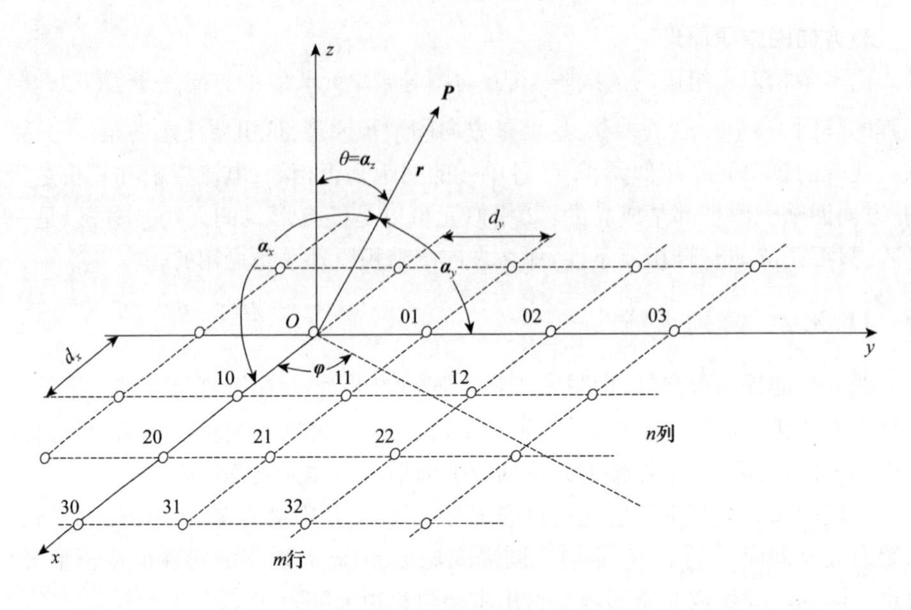

图 11-15　m×n 矩形阵的坐标

$$f_x(\theta,\varphi)=\frac{\sin\frac{n}{2}(kd_x\cos\alpha_x)}{\sin\frac{1}{2}(kd_x\cos\alpha_x)}=\frac{\sin\frac{n}{2}(kd_x\sin\theta\cos\varphi)}{\sin\frac{1}{2}(kd_x\sin\theta\cos\varphi)} \tag{11-30}$$

其次,把沿 x 方向的各个线阵看作相似元,求出 m 个相似元在 y 方向排成的线阵的阵函数

$$f_y(\theta,\varphi)=\frac{\sin\frac{n}{2}(kd_y\cos\alpha_y)}{\sin\frac{1}{2}(kd_y\cos\alpha_y)}=\frac{\sin\frac{n}{2}(kd_y\sin\theta\sin\varphi)}{\sin\frac{1}{2}(kd_y\sin\theta\sin\varphi)} \tag{11-31}$$

于是整个面阵的阵函数为

$$f(\theta,\varphi)=f_x(\theta,\varphi)\cdot f_y(\theta,\varphi)=\frac{\sin\frac{n}{2}(kd_x\sin\theta\cos\varphi)\cdot\sin\frac{n}{2}(kd_y\sin\theta\sin\varphi)}{\sin\frac{1}{2}(kd_x\sin\theta\cos\varphi)\cdot\sin\frac{1}{2}(kd_y\sin\theta\sin\varphi)} \tag{11-32}$$

2. 等幅相位渐变的面阵

设在 x 方向上各单元间的相位增量为 ϕ_x,在 y 方向上各单元的相位增量为 ϕ_y,仿照式(11-27)、式(11-31)和式(11-32),可直接写出单元相位渐变的情况下,面阵的阵因子为

$$f(\theta,\varphi)=\frac{\sin\frac{n}{2}(kd_x\cos\alpha_x+\phi_x)\sin\frac{m}{2}(kd_y\cos\alpha_y+\phi_y)}{\sin\frac{1}{2}(kd_x\cos\alpha_x+\phi_x)\sin\frac{1}{2}(kd_y\cos\alpha_y+\phi_y)} \tag{11-33}$$

可见,只要适当控制 ϕ_x 和 ϕ_y,波束就可以在空间任意扫描。相控阵天线就是利用这个原理实现波束在空间的电扫描的。

【例 11-4】求图 11-16(a)所示半波双振子系的方向函数。

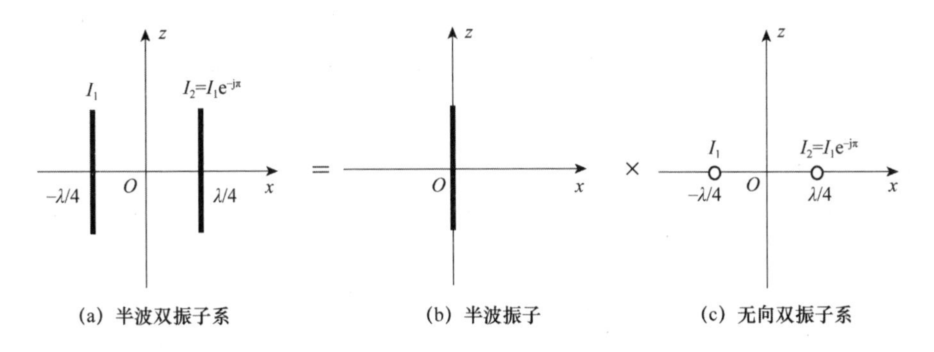

图 11-16　相距 λ/2 的半波双振子系及其分解

解:根据方向图乘积原理,图 11-16 所示半波双振子系的方向函数是单个半波振子方向函数与无向双振子系方向函数的乘积,如图 11-16(b)和(c)所示。

在图 11-16(b)图中,半波振子的轴线与 z 轴重合,其方向函数由式(11-19)为

$$f_1(\theta,\varphi)=F_0(\theta,\varphi)=\frac{\cos\left(\frac{\pi}{2}\cos\theta\right)}{\sin\theta}$$

在图 11-16(c)中,无向双振子系的振子连线与 x 轴重合,根据对称性及式(11-25)得其方向函数为

$$f_2(\theta,\varphi)=2\cos\frac{1}{2}(kd\cos\alpha_x+\phi)$$

将 $k=2\pi/\lambda$, $d=\lambda/2$, $\phi=-\pi$, $\cos\alpha_x=\sin\theta\cos\varphi$ 代入,得

$$f_2(\theta,\varphi)=2\cos\frac{1}{2}(\pi\sin\theta\cos\varphi-\pi)=2\cos\frac{\pi}{2}(\sin\theta\cos\varphi-1) \tag{11-34}$$

所以,半波双振子系的方向函数为

$$f(\theta,\varphi)=f_1(\theta,\varphi)f_2(\theta,\varphi)=2\cos\frac{\pi}{2}(\sin\theta\cos\varphi-1)\cos\left(\frac{\pi}{2}\cos\theta\right)/\sin\theta \tag{11-35}$$

【例 11-5】画出图 11-16(a)所示半波双振子系的 E 平面和 H 平面方向图。

解:首先确定 E 平面和 H 平面。在图 11-16 中,由于半波振子的取向为 z 轴方

向,所以,H 平面为 xy 平面,E 平面与 z 轴共面。由于半波振子的最大辐射方向为垂直于 z 轴的方向,而无向双振子系的最大辐射方向可以通过分析其方向函数 $f_2(\theta,\varphi)$ 得到。

令
$$|f_2(\theta,\varphi)| = \left|2\cos\frac{\pi}{2}(\sin\theta\cos\varphi - 1)\right| = 2$$

则 $\sin\theta\cos\varphi=-1$,解得 $\theta=\pi/2,\varphi=\pi$,为 x 轴负向;$\sin\theta\cos\varphi=1$,解得 $\theta=\pi/2,\varphi=0$,为 x 轴正向。可见,无向双振子系的最大辐射方向为 x 轴方向。所以,E 平面为 xz 平面。

根据方向图乘积原理,图 11-17 所示半波双振子系的方向图是单个半波振子方向图与无向双振子系方向图的乘积。

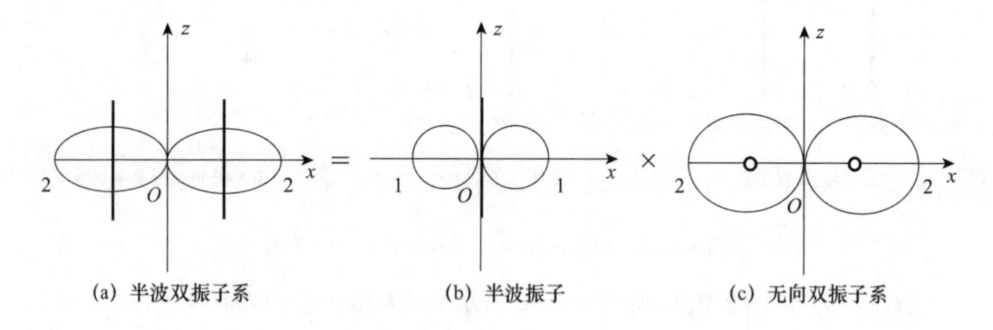

图 11-17　相距 $\lambda/2$ 的半波双振子系 E 平面方向图

确定 E 平面方向图。由于 E 平面为 xz 平面,即 $\varphi=0$。平面半波振子和无向双振子系的方向函数分别为

$$f_1(\theta,0) = \frac{\cos\left(\frac{\pi}{2}\cos\theta\right)}{\sin\theta}$$

$$f_2(\theta,0) = 2\cos\frac{\pi}{2}(\sin\theta - 1)$$

画出其方向图分别如图 11-17(b)和(c)所示。因此,半波双振子系的 E 平面方向图如图 11-17(a)所示。

同理,xy 平面即 $\theta=\pi/2$ 的平面,得

$$f_1(\pi/2,\varphi) = 1$$

$$|f_2(\pi/2,\varphi)| = \left|2\cos\frac{\pi}{2}(\cos\varphi - 1)\right|$$

其方向图如图 11-18(b)和(c)所示。半波双振子系的 H 平面方向图如图 11-18(a)所示。

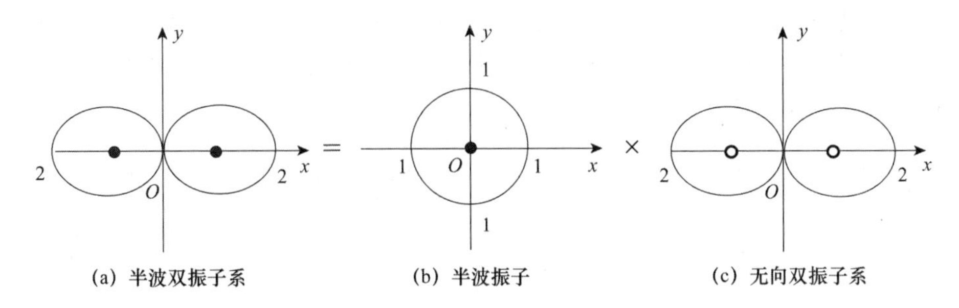

图 11-18　相距 $\lambda/2$ 的半波双振子系 H 平面方向图

3. 实际阵列天线的方向性

图 11-19 所示为一实用矩形阵列天线。各个对称半波振子水平放置,利用 $\lambda/4$ 的金属绝缘支架固定在反射网上,左右按相等间隔排成“行”,上下按相等间隔排成“列”,组成阵列天线。

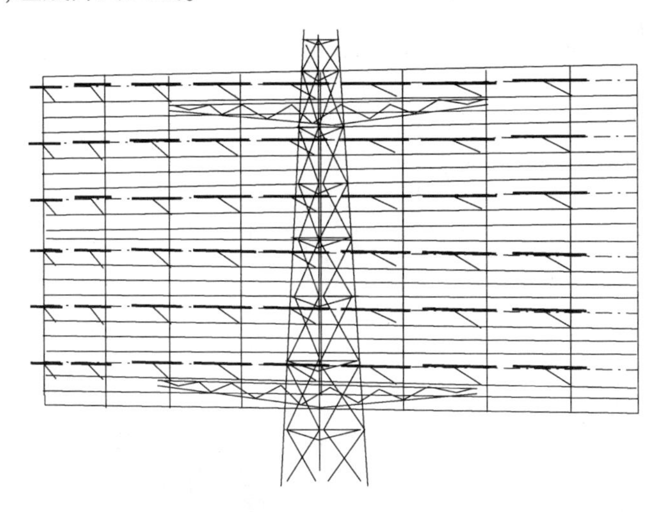

图 11-19　矩形阵列天线

在以前的分析中,已经知道面阵天线的阵因子和对称半波振子的方向因子,现在来考察一下反射网的作用。设反射网为理想导电平面,天线阵的振子与反射网平行,因此,当振子辐射的入射电场 E_1 到达时,将被反射回来,形成反射电场 E_2。根据边界条件,在反射网上,反射电场 E_2 与入射电场 E_1 大小相等,方向相反,使导体平面上总的电场为 0,从而消除了向后辐射。

在天线阵的前方,由于振子与反射网的间隔为 $\lambda/4$,当振子向后辐射的电场传到反射网,再经过反射后传到振子处,在空间的行程差为 $\lambda/2$,加上在反射过程中的半波损失,传到振子处的反射电场比振子辐射的电场在相位上刚好滞后 360°。因此,对天线阵的前方,反射网的作用相当于一面镜子。如果把阵列天线作为一个辐射元看待,则在反射网背后对称点有一个相似元,其上电流与辐射元大小相等,相位相反,组成一个 $d=\lambda/2, I_2=I_1, \phi=-\pi$ 的双振子系。如图 11-20 所示,根据式(11-25)该双振子系的阵因子为

$$f_3(\alpha_z)=\cos\frac{1}{2}(kd\cos\alpha_z+\phi)=\cos\frac{1}{2}\left(\frac{2\pi}{\lambda}\cdot\frac{\lambda}{2}\cos\alpha_z-\pi\right)=\sin\left(\frac{\pi}{2}\cos\alpha_z\right)$$

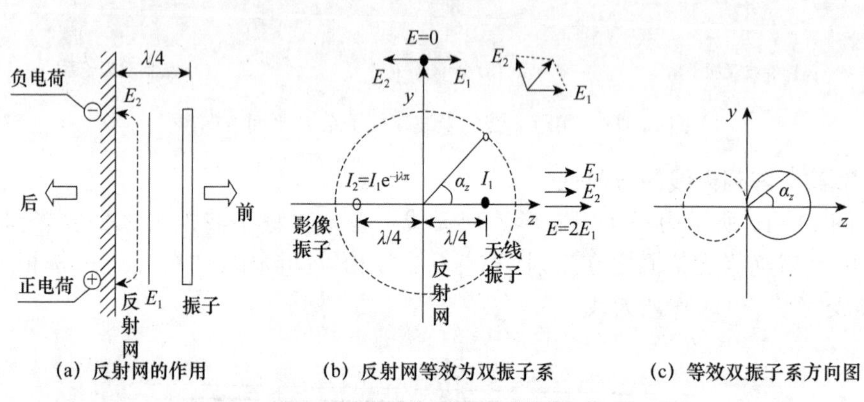

(a) 反射网的作用　(b) 反射网等效为双振子系　(c) 等效双振子系方向图

图 11-20　反射网的反射作用

又因为半波振子的方向因子为

$$f_1(\alpha_x)=\cos\left(\frac{\pi}{2}\cos\alpha_x\right)/\sin\alpha_x$$

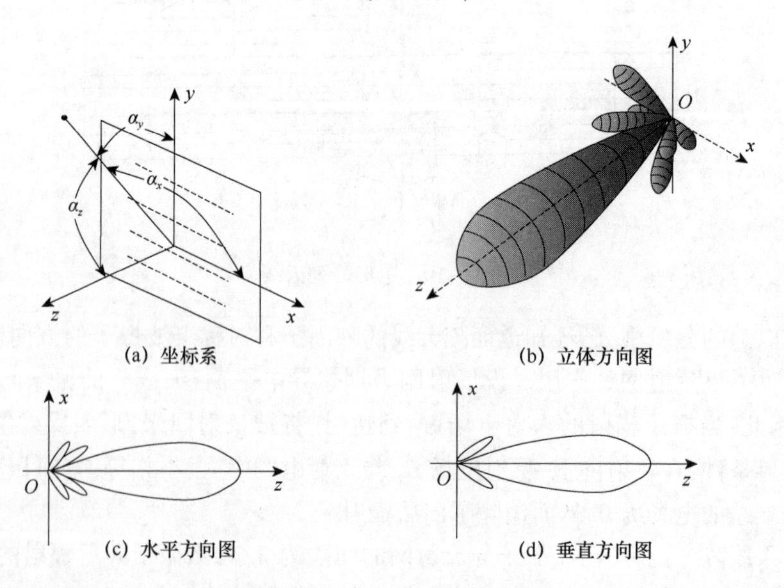

(a) 坐标系　(b) 立体方向图

(c) 水平方向图　(d) 垂直方向图

图 11-21　阵列天线的方向图

所以,阵列天线的方向函数为

$$f(\alpha_x,\alpha_y,\alpha_z)= f_1(\alpha_x)\cdot f_2(\alpha_x,\alpha_y,\alpha_z)\cdot f_3(\alpha_z)$$

$$=\frac{\cos\left(\frac{\pi}{2}\cos\alpha_x\right)}{\sin\alpha_x}\cdot\frac{\sin\frac{n}{2}(kd_x\cos\alpha_x+\phi_x)\sin\frac{m}{2}(kd_y\cos\alpha_y+\phi_y)}{\sin\frac{1}{2}(kd_x\cos\alpha_x+\phi_x)\sin\frac{1}{2}(kd_y\cos\alpha_y+\phi_y)}\cdot\cos\left(\frac{\pi}{2}\cos\alpha_z\right)$$

$$=\frac{\cos\left(\frac{\pi}{2}\sin\theta\cos\varphi\right)}{\sqrt{1-\sin^2\theta\cos^2\varphi}}\cdot\frac{\sin\frac{n}{2}(kd_x\sin\theta\cos\varphi+\phi_x)\sin\frac{m}{2}(kd_y\sin\theta\sin\varphi+\phi_y)}{\sin\frac{1}{2}(kd_x\sin\theta\cos\varphi+\phi_x)\sin\frac{1}{2}(kd_y\sin\theta\sin\varphi+\phi_y)}\cdot\cos\left(\frac{\pi}{2}\cos\theta\right)$$

图 11-21 所示为 $m=4, n=6, \phi_x=\phi_y=0$，间距 $d_x=d_y=\lambda/2$ 时阵列天线的方向图。

4. 天线的副瓣及抑制原理

在阵列天线中采用多个振子，虽可增强天线的方向性，但是副瓣的数目也随之增多。强的副瓣对工作是有害的，既妨碍对目标回波的观察，也影响对目标方位的正确判断。图 11-22(a)表示水平面副瓣方向上的地物回波干扰主波瓣方向上的目标回波，因而不利于观察目标。图 11-22(b)表示水平面副瓣方向上的目标回波，有可能被误认为主波瓣方向上的目标回波，造成判断目标方位的错误。因此，必须抑制副瓣。

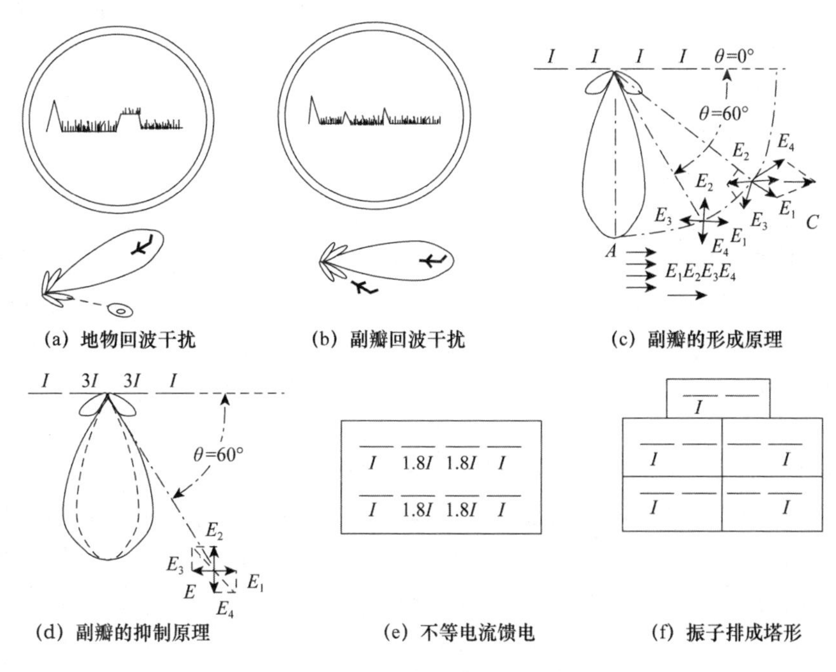

图 11-22　副瓣的危害及抑制

水平面上的副瓣通常是对称地分布在主瓣两侧,并且越靠近主瓣的越强。例如,同相等电流馈电的阵列天线,靠主瓣最近的第一水平副瓣的强度为主瓣的15%~27%;这样强的副瓣,对于最大探测距离为500km的远程警戒雷达来说,就可以探测到75~135km处的目标。由于第一水平副瓣的危害最大,因此,抑制副瓣主要是抑制第一水平副瓣。

要抑制副瓣,首先必须了解副瓣是怎样产生的,它的大小同哪些因素有关;其次才好采取对策,从而有效地抑制。

下面以图11-22(c)所示的天线行来说明副瓣是怎样产生的。设天线行由4个同相等电流馈电的半波振子组成,各振子依次相距$\lambda/2$。4个振子辐射的电磁波,在天线行的正前方,即$\theta=90°$的方向上,彼此同相加强;在θ等于0°和180°的方向上,彼此反相抵消;在θ等于60°和120°的方向上,各电磁波的行程差依次相差$\lambda/4$,相位相差90°,相互叠加的结果,合成场强为0。在θ为0°~60°以及120°~180°,4个振子辐射的电磁波的行程差依次大于$\lambda/4$,小于$\lambda/2$,相位差依次大于90°,小于180°。空间某点C的场强E_1和E_4(分别由靠两边的振子产生)的合成场强大于E_2和E_3(分别由靠中间的两个振子产生)的合成场强,于是总的合成场强不能抵消为0,形成副瓣。

副瓣的大小同各振子辐射场强的大小有关。由图11-22(c)可以看出,如果使靠中间的两个振子产生的辐射场强增大,那么在OC方向上总的合成场强就会减弱,副瓣也就减小。这说明,只要使各振子的辐射场强符合中强外弱、两边对称的规律,就可以达到抑制副瓣的目的。计算和实验证明,如果天线行中各振子的辐射场强按照二项式系数的比例分配(如对于4个半波振子来说,按照1∶3∶3∶1的比例分配),副瓣就可以抑制到最小。

事物总是一分为二的,改变各振子的辐射场强虽可抑制副瓣,但又会使主瓣变宽。图11-22(d)表示具有4个半波振子的天线行,在副瓣消除后,θ等于60°和120°的方向上总的合成场强不再等于0,因而主波瓣比原来的(虚线画的波瓣)要宽。为了不使主波瓣增宽太多,通常并不将副瓣完全消除,而只是将它减小到允许的程度。

根据上述道理,在阵列天线中常采用两种方法来抑抵水平副瓣:一种是采用不等电流馈电;另一种是使中间振子数目加多,将振子排列成“塔”形。

用不等电流馈电的阵列天线,各个振子仍然排列成矩形的天线阵,但中间各列的馈电电流较强,两边的逐渐减弱。图11-22(e)所示为二行四列的阵列天线,各个振子是按照1∶1.8∶1.8∶1的关系进行馈电的。用不等电流馈电抑制水平副瓣,优点是天线结构比较紧凑,缺点是馈电比较复杂。

图11-22(f)是将振子排列成塔形的阵列天线。在这种天线中,各个振子是等电流馈电的,但各天线列辐射的场强仍然是中强外弱,两边对称,因此也能抑制副

瓣。用塔形阵列天线抑制副瓣,馈电比较简单,但结构比较复杂。

5. 阵列天线的馈电

为了使阵列天线辐射的电磁波在正前方最强,必须使每个振子同相馈电。下面就来讨论如何得到同相等电流馈电和同相不等电流馈电的方法。

利用交叉馈电或等长馈电都可以使阵列天线的各个振子获得相位相同、幅度相等的馈电电流。

图 11-23(a)所示为平行线交叉馈电,各个振子间的馈电线均为半个波长。根据传输线的原理,线上的电压每经过半个波长反相一次,而电压的大小保持不变,因此,把馈电线交叉地连接到相邻两个振子上,就能保持同相等电流馈电。交叉馈电的优点是结构简单,馈电线较短;缺点是在工作波长改变时,各个振子间的馈电线不再等于半个波长,不能继续保持同相等电流馈电,会使方向图发生畸变。所以,交叉馈电适用于工作波段较窄的阵列天线。

图 11-23(b)所示为同轴线等长馈电,射频能量经过转动铰链器后,再经过同轴线 ϕ-9 送到天线中心的 5∶1 阻抗变换器 Y-3。Y-3 将能量分成 5 个相等的部分,分别经过 5 根等长的同轴线 ϕ-8 送到 5 个 3∶1 阻抗变换器 Y-2。每个 Y-2 又将能量分成三个相等部分,分别通过三根等长的同轴线 ϕ-6 送到三个 4∶1 阻抗变换器 Y-1。每个 Y-1 将能量等分为 4 部分,分别经过 4 根等长电缆 ϕ-4 送到单元天线上。ϕ-4 向单元天线馈电时,先经过平衡变换器 ϕ-2、ϕ-3,然后分别经过两个 $\lambda/4$ 平行线阻抗变换器 ϕ-1 送到两个对称振子的中心。因此,从输入端到每个振子的馈电线长度是相等的,不论它们工作波长改变与否,各个振子都能保持同相等电流馈电。等长馈电的缺点是所需的馈电线比较长,损耗比较大。

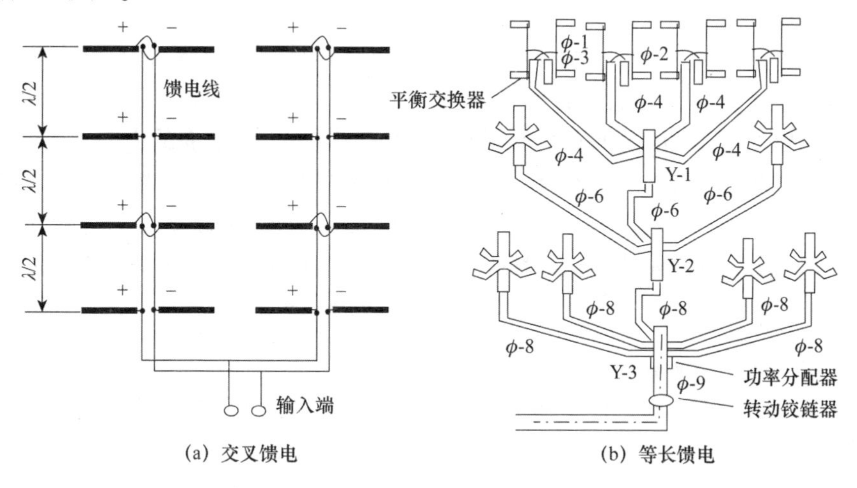

图 11-23　阵列天线的馈电

在阵列天线中,利用 $\lambda/4$ 阻抗变换器的阻抗变换作用,可以使各列振子的馈电电流不等,这里不再详述。

习 题

1. 一基本电振子的辐射功率 $P_\Sigma=100\text{W}$,试求 $r=10\text{km}$ 处,$\theta=0°$、45°和 90°的场强,θ 为射线与振子轴之间的夹角。

2. 甲、乙两天线的方向系数相同,但甲的增益系数是乙的两倍,它们都是以最大辐射方向对准远区的 M 点,求两天线在 M 点产生的场强比,并用分贝表示。

(1) 天线的辐射功率相同时。

(b) 天线的输入功率相同时。

3. 已知某天线的场强归一化方向函数为

$$F(\theta)=\cos\left(\frac{\pi}{4}\cos\theta\right)$$

用直角坐标绘出 E 面方向图,并计算其 $2\theta_{3\text{dB}}$。

4. 已知某天线的归一化方向函数为

$$F(\theta)=\begin{cases}\cos^2\theta & (|\theta|\leqslant\pi/2)\\ 0 & (|\theta|>\pi/2)\end{cases}$$

试求其方向系数 D。

5. 某天线的增益系数为 20dB,天线效率 $\eta=0.9$,试求其有效接收面积 S_e。

6. 某天线接收远方传来的圆极化波,接收点的功率密度为 1mW/m^2,接收天线为线极化天线,增益系数为 30dB,$\eta=1$,天线的最大接收方向对准来波方向,求该天线的接收功率。

7. 两无方向性天线位于 z 轴上,相距 $\lambda/4$,馈电电流大小相等,相位相差 $\pi/2$,如图所示。求该无向双振子系的远区辐射场强、方向函数、主瓣宽度、方向系数及位于最大辐射方向 10km 处的辐射场强,并画出 xz 平面和 xy 平面的方向图。

8. 两无方向性天线位于 x 轴上,相距 $\lambda/2$,馈电电流大小相等,相位相差 $\pi/2$,如图所示。求该无向双振子系的远区辐射场强、方向函数、主瓣宽度、方向系数及位于最大辐射方向 10km 处的辐射场强,并画出 xz 平面和 yz 平面的方向图。

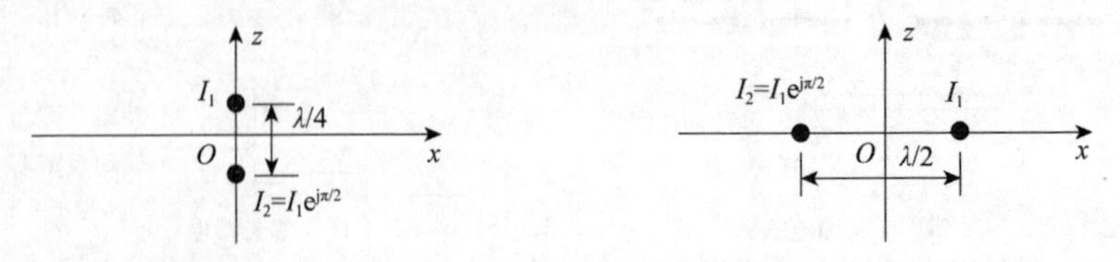

11-7 题图　无向双振子系　　　11-8 题图　无向双振子系

9. 两无方向性天线位于 y 轴上，相距 $\lambda/2$，馈电电流大小相等，相位相差 $\pi/4$，如图所示。求该无向双振子系的远区辐射场强、方向函数、主瓣宽度、方向系数及位于最大辐射方向 10km 处的辐射场强，并画出 yz 平面和 xz 平面的方向图。

10. 两半波振子天线位于 z 轴上，相距 $\lambda/4$，馈电电流大小相等，相位相差 $\pi/2$，如图所示。求该半波双振子系的远区辐射场强、方向函数、主瓣宽度、方向系数及位于最大辐射方向 10km 处的辐射场强，并画出 E 平面和 H 平面的方向图。

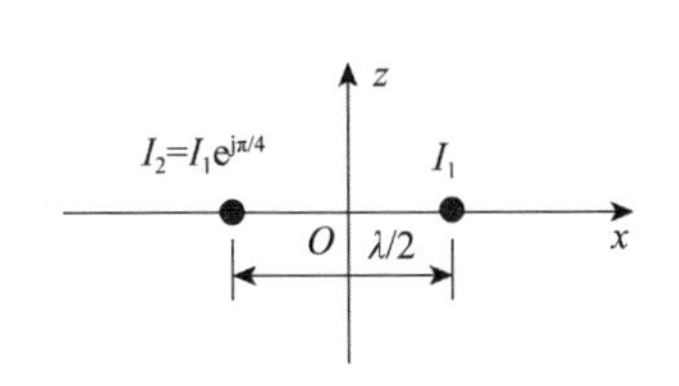

11-9 题图　无向双振子系

11-10 题图　半波双振子系

11. 两半波振子天线位于 x 轴上，相距 $\lambda/2$，馈电电流大小相等，相位相差 $\pi/2$，如图所示。求该半波双振子系的远区辐射场强、方向函数、主瓣宽度、方向系数及位于最大辐射方向 10km 处的辐射场强，并画出 xz 平面和 yz 平面的方向图。

12. 两半波振子天线位于 y 轴上，相距 $\lambda/2$，馈电电流大小相等，相位相差 $\pi/4$，如图所示。求该半波双振子系的远区辐射场强、方向函数、主瓣宽度、方向系数及位于最大辐射方向 10km 处的辐射场强，并画出 yz 平面和 xz 平面的方向图。

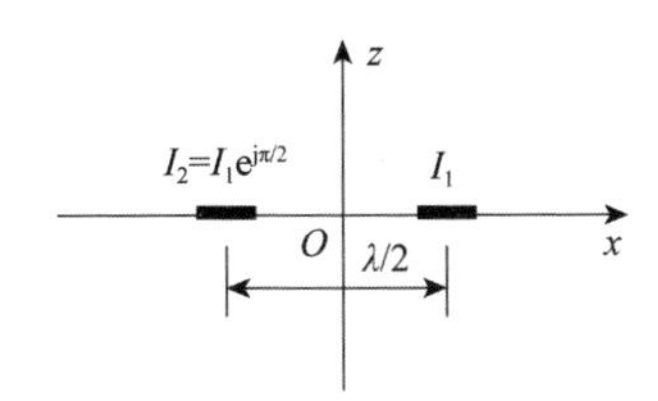

11-11 题图　半波双振子系

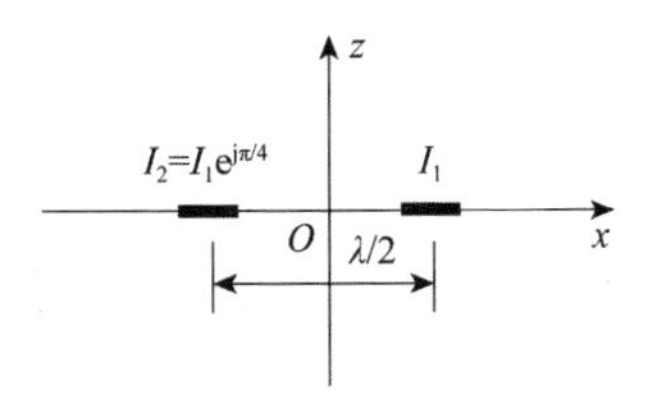

11-12 题图　半波双振子系

第 12 章　实用线天线

由截面半径远小于波长的金属导体(导线或金属塔)构成的天线均归类于线天线,其特点是通过沿导线分布的纵向电流来激励空间的电磁场。在长、中短波及超短波波段所应用的天线,基本上均属于此类天线。

12.1　引向天线

引向天线(又称八木天线)是一种较常用的米波和分米波天线。它由有源振子和若干个无源振子组成,如图 12-1 所示。其中,有源振子就是一个半波对称振子,它和馈线相接用以辐射电磁波,称为辐射器,无源振子本身不馈电,它们依靠有源振子的场在其中引起的感应电流而产生辐射。有的无源振子起引导电磁波的作用称为引向器,有的无源振子起反射电磁波的作用称为反射器。由辐射器辐射的电磁波经反射器的反射和引向器的引导后,将沿着引向器所在的方向形成单方向辐射。

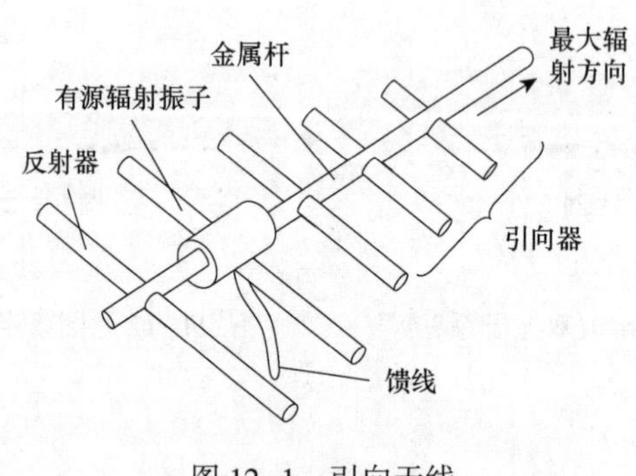

图 12-1　引向天线

12.1.1　工作原理

由于无源振子上的电流分布及其相位很难准确地求解,目前有关引向天线的理论尚不能给出满意的计算公式。下面将定性地分析引向天线的工作原理。

为说明问题方便起见,下面介绍图 12-2(a)所示的二元引向天线。若无源振子 2 和有源振子 1 间的距离为 $\lambda/4$,有源振子 1 上的电流 I_1 所产生的同相磁通 Φ_1 经过 $\lambda/4$ 的路程后到达无源振子 2 时,在无源振子周围的磁通 Φ_{12} 将比电流 I_1 滞后 90°,如图 12-2(b)所示。根据电磁感应定律 $\nabla\times\boldsymbol{E}=-\mathrm{j}\omega\boldsymbol{B}$,磁通 Φ_{12} 将在无源振子上产生感应电动势 E_{12},E_{12} 的相位比 Φ_{12} 又滞后 90°,这就是说,在有源振子近区场的作用下,无源振子上的感应电动势 E_{12} 的相位将比有源振子上电流 I_1 的相位落后 180°,E_{12} 将在无源振子 2 上激起电流 I_2。若无源振子 2 的总长度稍大于 $\lambda/2$,则振子 2 相当于一段长度稍大于 $\lambda/4$ 的开路线,其输入阻抗 $Z_i=-\mathrm{j}Z_0\cot\left(\dfrac{2\pi}{\lambda}x\right)$ 为电感性,因而其上电流 I_2 的相位又将落后电压 E_{12} 的相位 90°,这样 I_2 的相位就落后 I_1 的相位 270°,即相当于 I_2 超前 I_1 相角 90°。根据线阵天线方向性的分析可知,有源振子和无源振子产生的辐射场沿 z 方向相互叠加而加强,沿 $-z$ 方向将互相抵消而减弱。可见,长度稍大于 $\lambda/2$ 的无源振子起着反射电磁波的作用,故称为反射体。同理,长度稍小于 $\lambda/2$ 的无源振子,其输入阻抗呈电容性,辐射场在正 z 方向加强,起着牵引电磁波的作用,故称为引向体。

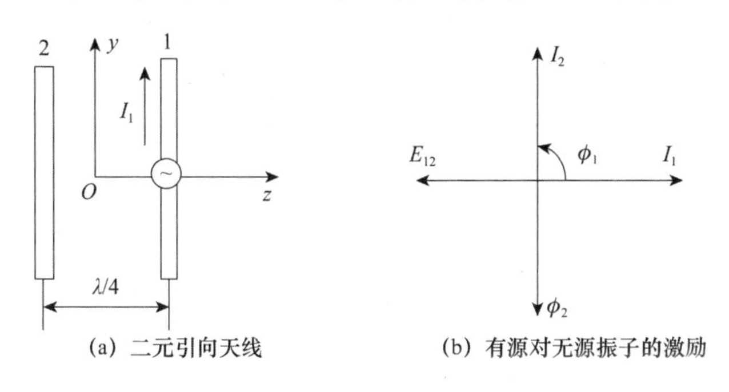

图 12-2　二元引向天线

以上分析说明,在各振子间的距离为 $\lambda/4$ 时,只要反射体的长度稍大于 $\lambda/2$,引向体的长度稍小于 $\lambda/2$,引向天线就能定向辐射。

为增强引向天线的方向性,通常要增加引向体的数目,而反射体通常只有一个。因为用一个反射体就可以收到较好的反射效果,而增加引向体个数相当于增加辐射元数,故对方向性影响很大,但引向体的个数也不宜太多,一般不超过 10 个,因为远离有源振子的引向体上感应电流已较弱,引向作用不明显,相反会增加天线重量。

应当指出,上述分析中忽略了许多因素的影响。例如,没有考虑各振子间的相互影响,也没有考虑各个无源振子产生辐射时,在它们输入阻抗中会出现电阻分量,感应电流的大小和相位将发生变化等。因此,引向天线的方向性与各振子的长度、直径、间距以及振子有关,理论计算比较困难。实际工作中,通常由实验来确定最佳尺寸。一般来说,有源振子的总长度为(0.47~0.49)λ,无源反射体的总长度为(0.49~0.52)λ,它与有源振子的距离为(0.15~0.25)λ,无源引向体的总长度为(0.38~0.46)λ,引向体和有源振子间以及各引向体之间的距离为(0.1~0.34)λ。

引向天线的方向系数 D 和波瓣宽度 $2\theta_{3dB}$ 分别由经验公式和实验曲线给定。

$$D = K_1 \frac{L}{\lambda} \tag{12-1}$$

式中,L 为引向天线的总长,即从反射体到最后一个引向体之间的距离;K_1 为与振子数目有关的比例系数,由图 12-3 确定。

引向天线的波瓣宽度近似计算为

$$2\theta_{3dB} = 55^\circ \sqrt{\frac{\lambda}{L}} \tag{12-2}$$

用式(12-2)得到的主瓣宽度是两个主平面上波瓣宽度的平均值。图 12-4 是引向天线波瓣宽度 $2\theta_{3dB}$ 与 L/λ 的关系曲线。

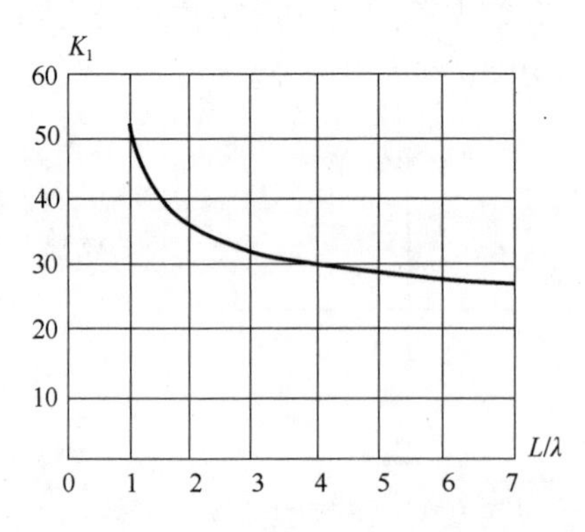

图 12-3　K_1 与 L/λ 的关系曲线

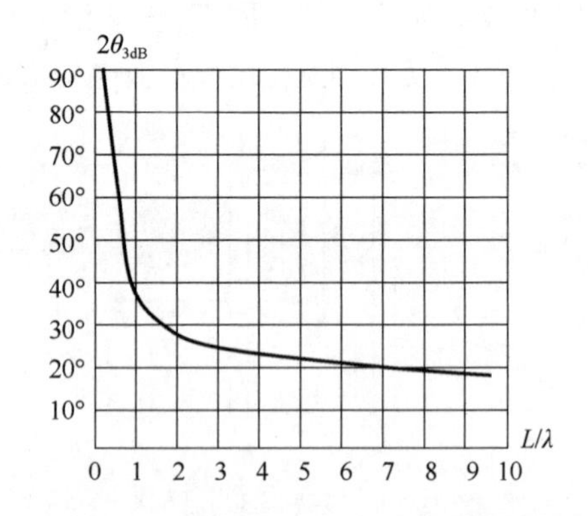

图 12-4　波瓣宽度与 L/λ 的关系曲线

引向天线具有结构简单、馈电方便等优点,因此,在通信、电视、雷达、导航等方面应用较广。它的缺点是设计、调试困难,频带较窄。为了提高天线的方向性,雷达中常用几组引向天线组成天线阵。

【例 12-1】已知 10 单元引向天线振子间的平均间距为 $d=0.2\lambda$,试计算其波瓣宽度和方向系数。

解:引向天线的总长为　$L = (N-1)d = (10-1) \times 0.2\lambda = 1.8\lambda$

查图 12-3 得　$K_1 \approx 38$

所以方向系数　$D = K_1 \dfrac{L}{\lambda} = 38 \times 1.8 = 68.4 = 18.35\ \text{dB}$

波瓣宽度　$2\theta_{3dB} = 55^\circ \sqrt{\dfrac{\lambda}{L}} = 55^\circ \times 0.745 \approx 41^\circ$

12.1.2　折叠振子

引向天线的有源振子在无源振子的耦合作用下,要供给无源振子能量,使输入电流增大、输入阻抗降低。若有源振子采用一般半波振子，由于无源振子的影响，将使输入阻抗由 73.1Ω 降低到 60Ω 以下，甚至低到 15~20Ω。引向天线用同轴电缆馈电，而标准同轴电缆的特性阻抗一般为 50~100Ω。为使天线和同轴电缆匹配，引向天线的有源振子一般均采用折叠式半波振子（简称折叠振子），以提高天线的输入阻抗，使其能补偿无源振子引起的阻抗下降。

折叠振子是一个有源半波振子两端接上一个无源振子而构成的，两振子间的距离远小于波长，如图 12-5 所示。折叠振子可以看成从中点横向拉开的 $\lambda/2$ 短路传输线，拉开之后，原来反相分布的电流变为同相分布，如图 12-6 所示。

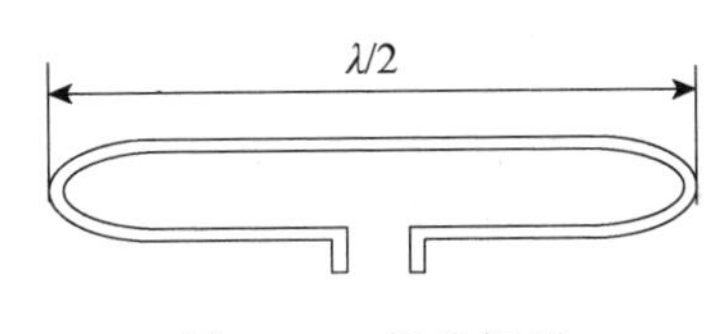

图 12-5　折叠振子

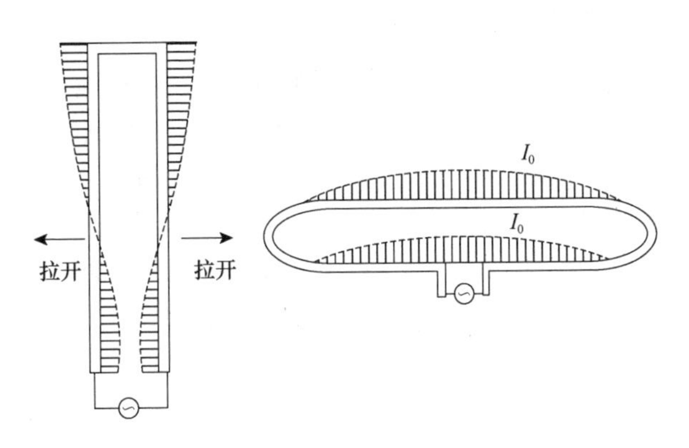

图 12-6　折叠振子的形成

由于折叠振子两振子间的距离远小于波长，故对外部空间来说，它相当于电流为 $2I_0$ 的一个半波单振子。于是，其辐射功率为

$$P_\Sigma = \frac{1}{2}(2I_0)^2 R_\Sigma$$

若天线是理想的（即效率 $\eta=1$），则辐射功率 P_Σ 就等于输入功率 P_i，而天线的输入功率为

$$P_i = \frac{1}{2} I_0^2 R_i$$

以上两式相等可得折叠振子的输入电阻为半波单振子的 4 倍，即

$$R_i = 4R_\Sigma = 4 \times 73.1 \approx 300(\Omega)$$

由于两振子电流同相，且距离很小，所以折叠振子的方向图和半波单振子的方向图相同。

12.2 直立天线

在长、中波波段,由于波长较长,天线架设的电高度 h/λ 受限,若采用水平悬挂的天线,受地面负镜像的作用,天线的辐射能力很弱。另外,在此波段,主要采用地波传播方式,当波沿地表面传播时,水平极化波的衰减很大,要求天线辐射垂直极化波。鉴于以上因素,在长、中波波段主要使用垂直于地面架设的天线。这种天线还广泛应用于短波和超短波波段的移动通信电台,一般用一节或数节金属棒或金属管构成,节间可以用螺接、卡接或拉伸等方法连接,由于此波段天线的长度并不长,外形像鞭,故又称为鞭天线。另外,在长、中波波段,天线的几何高度很高,除用高塔(木杆或金属)作为支架将天线吊起外,还可直接用铁塔作为辐射体,称为铁塔天线或桅杆天线。

12.2.1 简单直立天线

图 12-7 示出一种典型情况,一根线状导体垂直放置在地面上,其下端与地面之间有一个绝缘支座,馈线在下端与地面之间引出与发射机(或接收机)相连,这种天线常称为直立天线。图 12-7 中,(b)是(a)的等效情况,原振子与其镜像构成了对称振子。因此,在地面上半空间,长为 h 的直立天线的方向图与全长为 $2L=2h$ 的对称振子方向图完全一样,在下半空间场为 0。方向函数为

$$|f(\Delta)|=\left|\frac{\cos(kh\sin\Delta)-\cos(kh)}{\cos\Delta}\right|$$

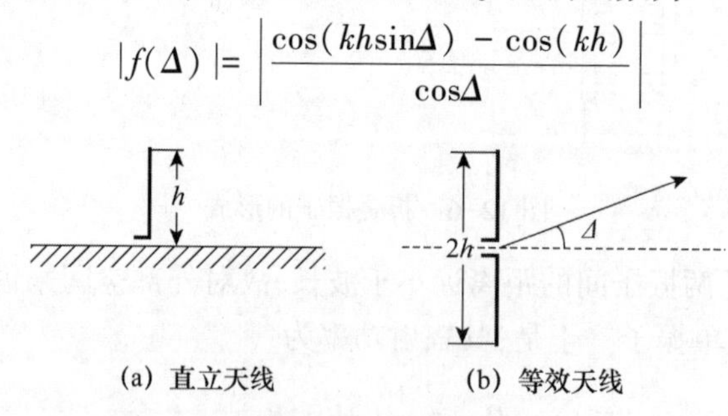

图 12-7 简单直立天线

按上式可画出不同 h 值时的方向图,如图 12-8 所示。由图可见,只要 $h\leqslant 5\lambda/8$,天线最大辐射方向始终在沿着地面的方向,即在 $\Delta=0°$的方向上辐射为最大。

对于直立天线来说,值得注意的是天线的效率问题。图 12-9 所示为直立天线与大地间的电流回路示意图,由于大地是半导电的有耗材料,回路电流流经大地时,将产生一定的损耗,有时甚至是巨大的损耗。计算表明,在干土地(设 $\sigma=0.01\text{S/m}$)上的一个直立天线,如高度 $h=75\text{m}$,工作频率 $f=1\text{MHz}$,当馈线接地端只是采用简单的插地杆时,天线效率 $\eta=60\%$,当高度降低至 $h=15\text{m}$ 时,天线效率 $\eta=$

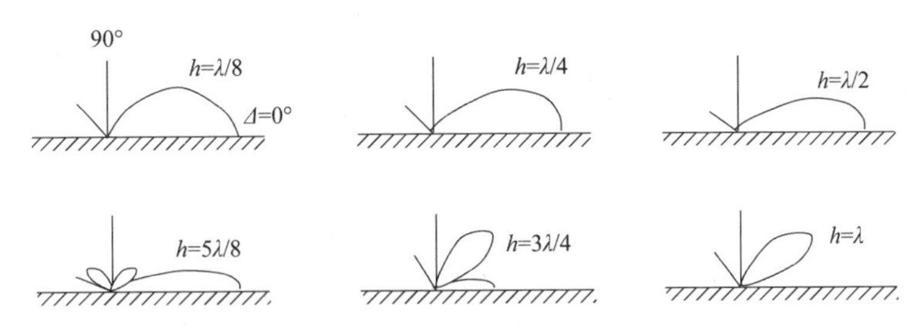

图 12-8　地平面上直立天线的方向图

6.5%(表 12-1)。这说明了两个问题:一是大地损耗的确使天线效率下降;二是天线高度越低,效率就越低,甚至低得惊人。注意,这里的天线高度,实质上是指天线的电高度即 h/λ,频率 $f=1\text{MHz}$ 时波长为 $\lambda=300\text{m}$,高度 $h=75\text{m}$ 与 15m 时,其电高度相应为 $h/\lambda=0.25$ 和 0.05。所以说,如果不采取措施减小地损耗,那么,当直立天线的电高度明显小于 $\lambda/4$ 时,其效率将是很低的。

12-1　简单直立天线的效率 $\eta(f=1\text{MHz},\sigma=0.01\text{S/m})$

天线高度(h/λ)	0.05	0.25
只用直径为 10cm 的插地杆	$\eta=6.5\%$	$\eta=60\%$
用 15 根长 25m 导线组成的地网	$\eta=51\%$	$\eta=81\%$
用 120 根长 120m 导线组成的地网	93%	95%

为了克服地损耗,通常要在地面下辅设地网。一般来说,地网是具有相当面积的网状导体结构,但为了节省费用和辅设的方便起见,大多采用以天线底部为中心的多根径向导线构成辐射状的方式,导线直径一般取毫米量级,导线根数从 15 根到 120 根不等,埋设深度一般为 0.2~0.5m,至于导线长度,一般来说,有半个波长也就够了。图 12-10 给出了径向辐射状地网示意图。图 12-11 所示为地网导线上的电流在地电流总值中所占的比例,越靠近天线底部中心所占比例越大,这是容易理解的,因为越靠近天线底部中心处,导线密度越大。

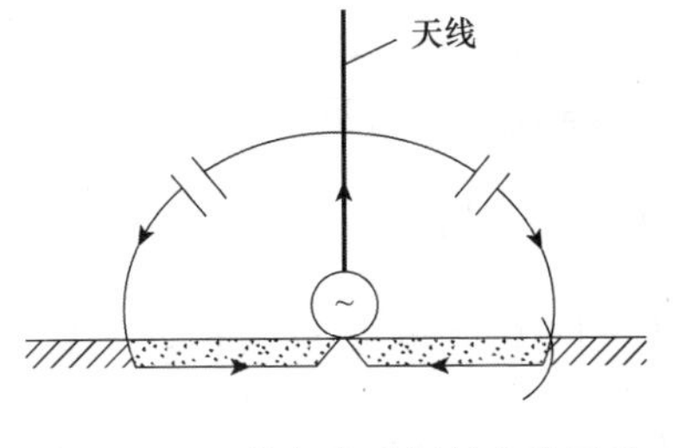

图 12-9　天线与大地间的电流回路

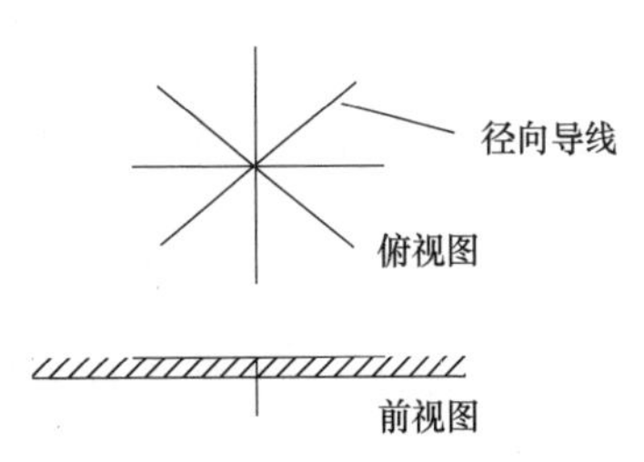

图 12-10　径向辐射状地网

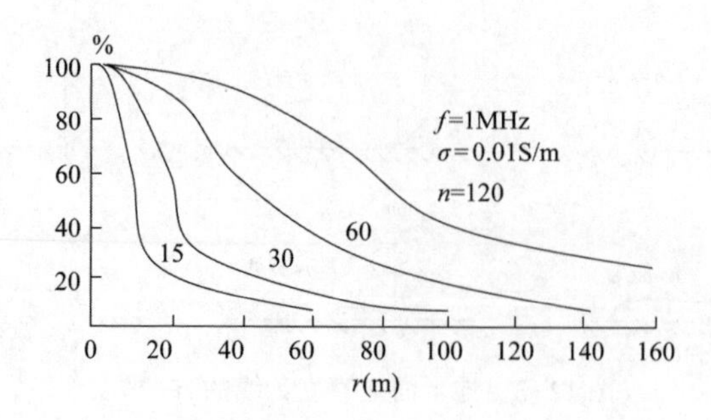

图 12-11　地网导线电流在总地电流中所占比例

12.2.2　接地天线的加载

在长、中波波段，由于天线的电高度不可能很高，因此其辐射电阻很低。要在不增加高度 h 的条件下增大辐射电阻，唯一的办法是提高天线的有效高度 h_e。设法改变沿天线的电流分布 $I(l)$，可以提高 h_e。理想的情况是电流分布等同于基本电振子的电流分布，沿线的电流是等幅同相的，则 $h_e=h$。可以采用加载的办法来改善电流分布，加载又分为集中加载和分布加载两种，加载的内容可以是电容性或电感性负载。

在直立接地天线的顶部加一根或几根水平或倾斜的导线，就构成了 T 形、倒 L 形和伞形天线。也可在中波铁塔天线的顶端加一水平金属网、球或柱，在短波鞭形天线的顶端加星状辐射叶片。这些顶端所加的线、板、片等都成为天线的顶负载，其作用是增大顶端对地的分布电容，使天线顶端的电流不再为 0。这些天线的外形如图 12-12 所示。

可以将顶端电容等效为一垂直线段，如图 12-13 所示。设顶端负载电容为 C_a，垂直线段的特性阻抗为 Z_{0A}，则此等效线段长度 h' 可计算如下：

$$Z_{0A}\cot(kh')=\frac{1}{\omega C_a},h'=\frac{1}{k}\operatorname{arccot}\frac{1}{Z_{0A}\omega C_a}$$

这时天线的输入电抗为

$$X_i=-Z_{0A}\cot(k(h+h'))=-Z_{0A}\cot(kh_0)$$

式中，$h_0=h+h'$ 为加顶后天线的虚高。天线上的电流分布可近似为

$$I_z=\frac{I_0}{\sin(kh_0)}\sin(k(h_0-z))$$

式中，z 为天线上一点到输入端的距离。于是，归于输入电流 I_0 的有效高度为

$$h_e=\frac{1}{I_0}\int_0^h I_z\mathrm{d}z=\frac{2\sin\left(k\left(h_0-\frac{h}{2}\right)\right)\sin\left(\frac{kh}{2}\right)}{k\sin(kh_0)}$$

当 $h_0/\lambda<<1$ 时,上式可简化为

$$h_e \approx h\left(1 - \frac{h}{2h_0}\right) \tag{12-3}$$

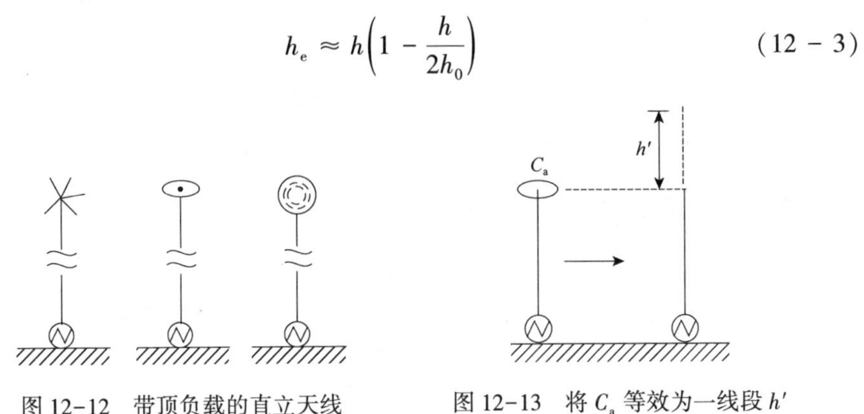

图 12-12　带顶负载的直立天线　　　　图 12-13　将 C_a 等效为一线段 h'

对于高度很小的直立天线,未加顶时的有效高度近似等于 0.5h,加顶后,由式(12-3)可知,因 $h/h_0<1$,故 $h_e>0.5h$,有效高度得到提高。这是沿线电流分布比较均匀所致。

对于短波波段的移动电台,天线的顶负载允许大一些,显然这些较长的导线,不能再视为集中电容,而是一分布系统。但其处理方法仍和前述集中电容类似。以倒 L 形天线为例,设水平部分线段的长度为 h_2,水平和垂直线段的特性阻抗分别为 Z_{0h} 和 Z_{0v},则水平部分在垂直导线顶端的输入电抗为

$$Z_{ih} = -\mathrm{j}Z_{0h}\cot(kh_2) \tag{12-4}$$

折合为垂直导线的延长线段 h' 为

$$h' = \frac{1}{k}\mathrm{arccot}\left[\frac{Z_{0h}}{Z_{0v}}\cot(kh_2)\right] \tag{12-5}$$

T 形和伞形天线的顶负载可按上述方法处理,但 Z_{ih} 等于这些水平线段并联后的输入阻抗。只要天线顶离地面不是太大,顶线不是太长,水平部分的辐射由于负镜像的作用就可忽略。

由图 12-14 可知,天线加顶后,电流波腹点提高了,这不仅可增大辐射,而且可以减小输入端的容抗,从而缓和天线绝缘底座的过压,降低调谐线圈的损耗。

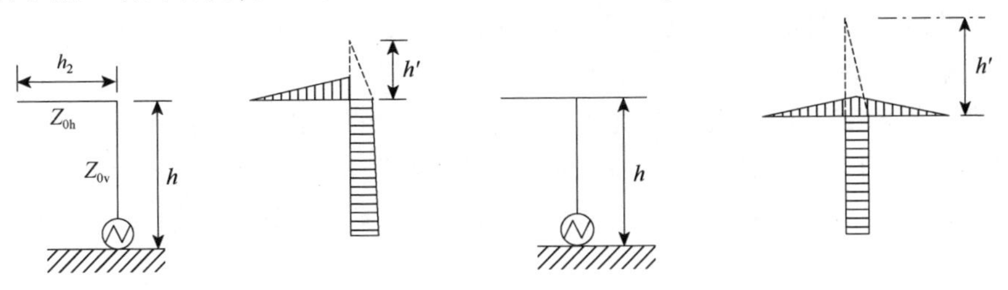

图 12-14　Γ 形与 T 形天线的电流分布

加顶天线的方向函数为

$$F(\Delta,\varphi)=\frac{\cos(kh')\cos((kh\sin\Delta))-\sin(kh')\sin((kh\sin\Delta))-\cos(k(h+h'))}{[\cos(kh')-\cos(k(h+h'))]\cos\Delta}$$

由于虚高 h'部分并不产生辐射,因此在计算辐射电阻时不能计入,应该按目前条件先求出远处的电场和辐射功率,然后再求出辐射电阻。

12.2.3 多段同轴振子天线

切断同轴线的外导体形成若干个串馈的对称振子,如图 12-15(a)所示。为抑制同轴线外皮上的反相电流,在切断口的上下侧均加一扼流套,扼流套的外表面构成振子的臂,在扼流套的开口处与同轴线外导体间的阻抗很大,故该点扼流套外表面的电流近似为 0。整个天线上的电流分布如图 12-15(b)所示。多段同轴振子天线在铅垂平面的波瓣宽度随段数的增加而变窄。在 150MHz,三段同轴振子天线的增益为 6.38dB,垂直面波瓣宽度为 24°。6 段同轴振子天线则分别为 8.65dB 和 12°。

多段同轴振子天线的另一形式为多段同轴交叉振子天线,其结构和等值电路如图 12-16 所示。将若干长 $\lambda'/2$ 的同轴电缆交叉连接,λ'为电缆内传输波的波长,即将一段电缆的内导体和外导体交叉地与另一段电缆的内导体和外导体连接,利用交叉连接达到倒相的目的。设电缆是无耗的,由 $\lambda'/2$ 传输线阻抗的重复性,若将线段由下而上依次编号为 $0,1,\cdots,N-1,N$,并令第 0 段和第 1 段之间的间隙为第 1 个激励点,依次类推,则第 $N-1$ 段和第 N 段间的间隙为第 N 个激励点,这是一个 N 激励点的直线振子。各个激励点的负载阻抗应是该点以上传输线的输入阻抗和该点激励天线的输入阻抗并联后的阻抗。由于第 N 线段终端开路,因此,第 N 激励点的阻抗等于该点天线的输入阻抗,设为 Z_N。第 $N-1$ 个激励点的阻抗等于 Z_N 和该点天线输入阻抗 Z_{N-1} 的并联阻抗。依次类推,第 1 个激励点的阻抗等于 $Z_1,Z_2,\cdots,Z_{N-1}$ 和 Z_N 并联后的阻抗。如果 $Z_1=Z_2=\cdots=Z_N$,则每个间隙激励的功率是相等的,电压是等幅同相的。由以上简单分析可知,实际上对各间隙是并联激励的,如图 12-16(b)中的等值电路所示。

天线上的电流分布和富兰克林天线类似,若不用交叉而在线段间串入一倒相器也可达到同样的目的。注意,应按电缆内传输的波长来截取线段,对于常用的聚乙稀或聚苯乙烯绝缘电缆,$\lambda'\approx\lambda/1.5$。

多段同轴交叉振子天线的优点是结构简单,可根据增益的要求选取线段的段数,因而便于设计;缺点主要是频带窄,需精确调整。一般来说,这种天线的输入阻抗很难和馈线的阻抗达到直接匹配,需采用匹配措施改善馈线上的电压驻波比。

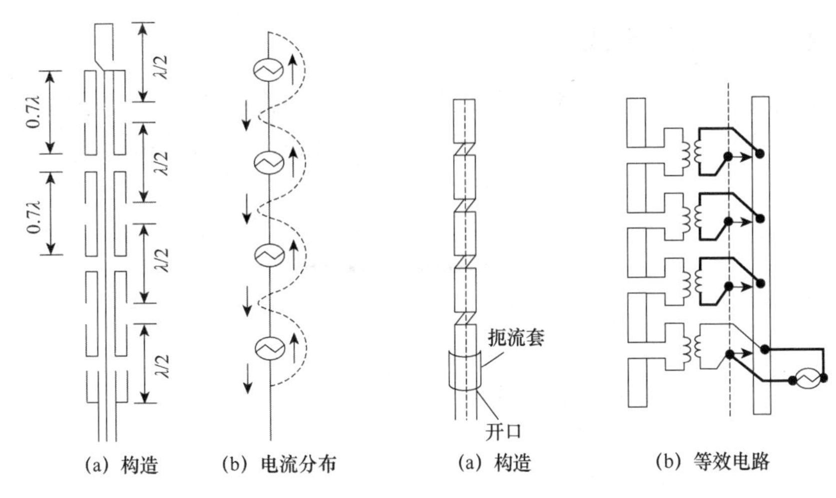

图 12-15　多段同轴振子天线

图 12-16　多段同轴交叉振子天线

12.2.4　直立共线阵

可按天线阵理论将垂直振子在垂直于地面的直线上排阵，以压缩铅垂平面的波瓣宽度。在排阵时需克服支架和馈线对方向性的影响，如将馈线收藏在支撑的钢管中，辐射器与支撑钢管同轴并套在钢管外，振子之间用扼流器抑制支撑钢管上的电流，采用功率分配器分别给各振子馈电。

图 12-17 示出了在桅杆上安装的折合振子所构成的直线阵。馈电方式可采用上述方法，用功率分配器保证各振子得到等幅同相激励，即并馈的方式。也可以利用传输线 $\lambda/2$ 阻抗重复性依次给各振子馈电，馈线内导体和折合振子一端连接，折合振子的另一端和金属桅杆即同轴线的外导体短接，这种串馈的方式既可省去功率分配器，又可仅用一根馈线而省去由分配器接到各振子的分支馈线。为保持天线的全向性不被金属桅杆破坏，各振子可环绕桅杆四周错开一定角度安装，依据振子数目，可错开 180°、120°或 90°。此外，还可在三角截面或四方截面塔体的各个侧面排阵，用若干垂直振子共轴排列在塔的前侧，塔体既是支撑架也是反射面，如果组合得当，也可得到接近全向性的水平面方向图。

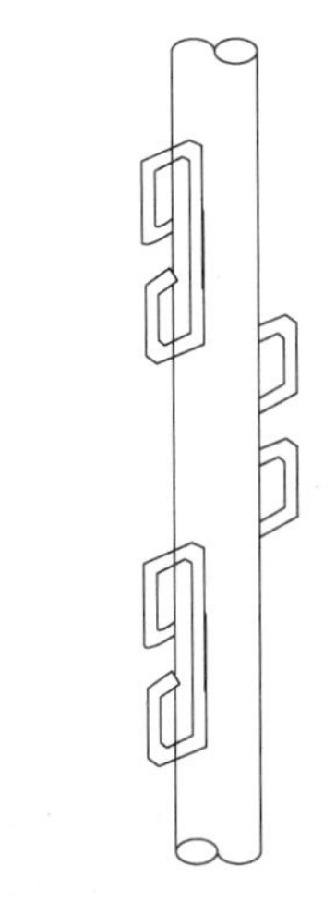

图 12-17　折合振子共线阵

12.2.5　盘锥天线

如果将圆盘地面上的单极直立天线稍加修改，即将圆盘板向下折成一锥面，将 $\lambda/4$ 的直立振子改为一圆盘，就构成了盘锥天线，如图 12-18 所示。

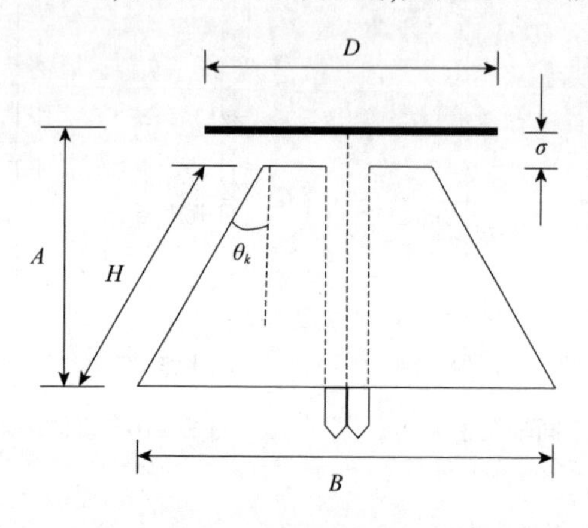

图 12-18　盘锥天线

盘锥天线出现于 1945 年，它实际上是以双锥天线为基础发展起来的。它是一垂直极化、全向的宽频带天线，主要应用于 VHF 和 UHF 频段，可以在 5 : 1 的频率范围中保持 50Ω 同轴馈线上的 $\rho \leqslant 1.5$，同轴线的外导体和下部的锥体连接，内导体接盘的中心。

可以在工作频段的最低工作频率上设计盘锥天线，圆盘直径 $D \geqslant 0.15\lambda_{\max}$，天线高度 $A \geqslant 0.2\lambda_{\max}$，圆锥的半锥角 θ_k 在 25°~30°。典型的中心频率为

$$H = 0.7\lambda, B = 0.6\lambda, D = 0.4\lambda, \theta_k = \arcsin(B/2H), \sigma \ll D$$

例如，当中心频率为 1GHz 时，$H = 21.3\text{cm} = 0.71\lambda$，$B = 19.3\text{cm} = 0.64\lambda$，$\theta_k = \arcsin(B/2H) = 27°$。

在低频时，此结构小于一个波长，方向图与短振子类似；如果频率增高，由于盘的电尺寸增大，辐射瓣被限制在下半空间；若频率更高，其方向性能接近无限长盘锥的性能。另一个实例是 $D = 23\text{cm}$，$A = 31\text{cm}$ 和 $B = 35\text{cm}$，在 200~1000MHz 频率范围中，$\rho < 1.5$。

圆盘的尺寸对方向图的影响很大，尺寸太大将使水平方向以上的上半空间的辐射减弱，尺寸太小则趋向于破坏天线的宽频带特性。盘与锥之间的距离要求不严格。盘与锥均可用辐射状或伞骨状的金属片来代替完整金属片，为了携带方便，有时就仿照伞的结构，不用时可收成一束。

12.3　螺旋天线

12.3.1　螺旋鞭天线

螺旋鞭天线是用导电性良好的金属做成的螺旋形导线,是空心的或绕在低耗的介质棒上,圈的直径可以是相等的也可以是随高度逐渐锥削变小,圈间的距离可以是等距的或变距的。它通常是由同轴线馈电,同轴线的内导线和螺旋线的一端相连接,外导线则和金属圆盘即接地板相接。螺旋线的另一端处于自由状态或与同轴线外导体相连,如图 12-19 所示。

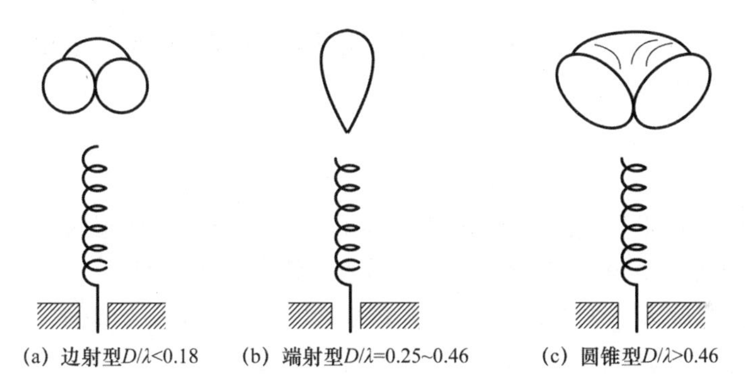

图 12-19　螺旋天线的三种辐射状态

这种天线既可用作反射镜或透镜天线的辐射器,也可用作单独的天线,被广泛地应用于短波及超短波的各类小型电台中。

螺旋天线的方向性在很大程度上取决于螺旋直径与波长的比值 D/λ。当 $D/\lambda<0.18$ 时,螺旋天线在垂直于螺旋轴线的平面上有最大的辐射,并且在这个平面上得到圆形对称的方向图,如图 12-19(a)所示,称为边射型螺旋天线。当 $D/\lambda=0.25\sim0.46$ 时,天线沿轴线方向具有最大辐射,如图 12-19(b)所示,称为端射型螺旋天线。当进一步增大比值 D/λ 时,螺旋的方向图变为圆锥型,如图 12-19(c)所示,称为圆锥型螺旋天线。这里只讨论边射型螺旋天线和端射型螺旋天线。

1. 边射型螺旋天线

边射型螺旋天线也称为法向模螺旋天线,其结构如图 12-19(a)所示。设螺旋的平均直径为 $2a$,s 为螺距,h 为轴向长度,l 为每圈的平均长度,θ 为螺旋角,N 为圈数,显然

$$l^2=s^2+(2\pi a)^2=\left(\frac{s}{\sin\theta}\right)^2$$

$$h=Ns$$

可以将边射型螺旋天线看成由 N 个合成单元组成,每一个单元又由一个小环

和一基本电振子构成。由于环的直径很小,合成单元上的电流可以认为是等幅相同的,如图 12-20 所示。由小环产生的远区电场只有 E_φ 分量,即

$$E_\varphi = \frac{120\pi^2 I}{r} \frac{S}{\lambda^2} \sin\theta \qquad (12-6)$$

式中,S 为小环的面积,$S = \pi a^2$。基本电振子的电场只有 E_θ 分量,即

$$E_\theta = \mathrm{j} \frac{60\pi I}{r} \frac{s}{\lambda} \sin\theta \qquad (12-7)$$

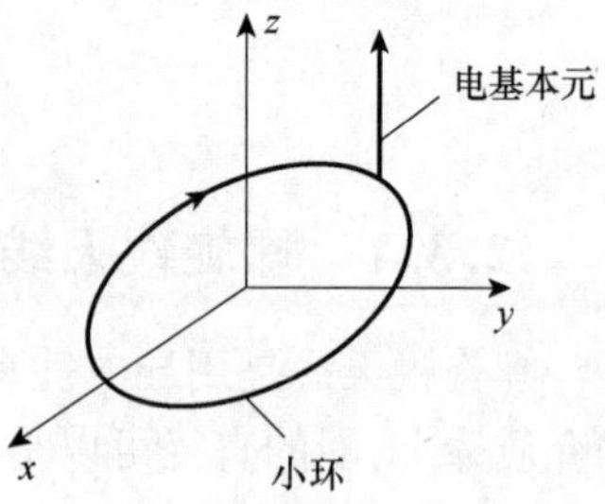

图 12-20　将螺旋分解为小环与电基本元的组合

由式(12-6)和式(12-7)可知,E_φ 和 H_θ 在空间互相垂直,时间上相为差 90°,因此合成电场是椭圆极化场。极化椭圆的轴比是长轴与短轴之比,以 AR 表示,则

$$|\mathrm{AR}| = \frac{|E_\theta|}{|E_\varphi|} = \frac{s\lambda}{2\pi S} = \frac{2s\lambda}{(2\pi a)^2} = \frac{s\lambda}{2(\pi a)^2} \qquad (12-8)$$

理论和实验证明,沿螺旋线轴线方向的电流分布仍接近正弦分布。它是一种慢波结构,电磁波沿轴线传播的相速比沿直导线传播的相速小。

边射型螺旋天线主要缺点是带宽较窄,可以采用集中加载来改进频率特性。另一个问题是螺旋天线效率 η 较同高度电振子鞭天线要低一些,这是由于绕制螺旋的导线细而长即铜耗较大所引起的,不过因为螺旋鞭的输入电抗很低,虽然其输入电阻低,仅要求一个阻抗变换器就可以了,这样引入的损耗较小。故从整个系统来看,其效率还是可以接受的。

2. 端射型螺旋天线

端射型螺旋天线($D/\lambda = 0.25 \sim 0.46$),又称为轴向模螺旋天线或简称螺旋天线,是一种最常用的典型圆极化天线。圆极化波具有下述重要性质:①圆极化波是一等幅旋转场,它可分解为两正交、等幅、相位相差 90°的线极化波;②辐射左旋圆极化波的天线,只能接收左旋圆极化波,反之亦然;③当圆极化波入射到某一对称目标(如平面、球面)时,其反射波旋向倒转,即入射波与反射波的旋向相反。圆极化的上述性质,使它有广泛的应用价值。

如果通信的一方或双方处于方向、位置不定的状态,如在剧烈摆动或旋转的运载体(如飞行器等)上,为了提高通信的可靠性,收发天线之一应采用圆极化天线。在人造卫星和弹道导弹的空间遥测系统中,信号穿过电离层传播后,因法拉第旋转效应产生极化畸变,也要求地面上安装圆极化天线作发射或接收天线。

为了干扰和侦察对方的通信或雷达目标,也需应用圆极化天线,因为它对任何极化都干扰和接收,此外,在电视中为了克服杂乱反射所产生的重影,也可采用圆极化天线。因为它只能接收旋向相同的直射波,抑制了反射波传来的重影信号,当

然,这需对整个电视天线系统作改造,目前仍应用的是水平线极化天线。此外,在雷达中,利用圆极化波来消除云雨的干扰以及在气象雷达中利用雨电的散射极化响应来识别目标,凡此等等,圆极化天线的研究得到重视。

与讨论边射型螺旋天线相似,可以近似地将端射型螺旋天线看成由 N 个平面圆环串接而成,即看成用环天线组成的天线阵。为此先讨论单个环辐射的极化特性,设环的周长等于一个波长 λ,并设螺旋天线上传输的是行波电流。如图 12-21 所示,在某一时刻 t_1,圆环上的电流分布如图 12-21(a)所示,图(a)表示将圆环展成直线时线上的电流分布,图(b)则是圆环的情况。在平面圆环上,对称于 x 轴和 y 轴分布的 A、B、C 和 D 4 点的电流都可以分解为 I_x 和 I_y 两个分量,由图可看出

$$\begin{cases} I_{xA} = -I_{xB} \\ I_{xC} = -I_{xD} \end{cases}$$

上式对任意两对称于 y 轴的点都成立。因此,在 t_1 时刻,对环轴(z 轴)方向场有贡献的只是 I_y,且它们产生的场是同方向的,即轴向辐射场 $\boldsymbol{E} = \boldsymbol{a}_y E$。

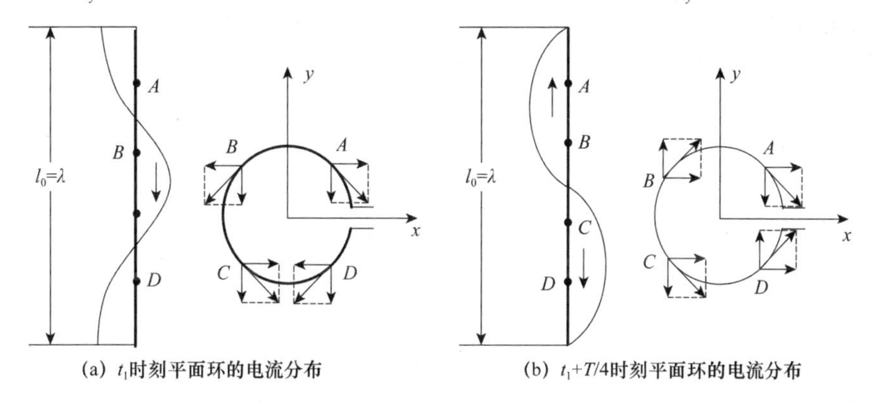

图 12-21 不同时刻平面环的电流分布

再研究 $t_2=t_1+T/4$ 时的情况,电流分布如图 12-21(b)所示,A、B、C 和 D 4 点的电流发生了变化,此时

$$\begin{cases} I_{yA} = -I_{yB} \\ I_{yC} = -I_{yD} \end{cases}$$

可见,此时轴向辐射场 $\boldsymbol{E} = \boldsymbol{a}_x E$。这说明,经过 $t/4$ 的时间间隔后,轴向辐射场绕天线轴 z 旋转了 90°。显然,经过一个周期 T 的时间间隔,$\boldsymbol{E}$ 将旋转 360°。由于线上电流振幅值是不变的,故轴向辐射的场也不会变。因此,一个波长载行波的圆环沿轴向辐射的是圆极化波。

如果将多个圆环按端射式直线阵的条件排列,则可在 z 轴方向获得最大辐射。当然,在以上介绍中,没有考虑天线的终端存在能量反射,也没有考虑各圈间的相互耦合。何况各环并不是平面圆环。

比较严格的理论分析表明，在螺旋结构中可以传播 T_v 模式，下标 v 表示沿一圈螺旋电流的波长数。使螺旋天线获得轴向辐射状态的条件是 T_1 模式在一定频段内天线附近场结构中为优势波，而这一波段决定于螺旋天线的结构特点和激励方式。

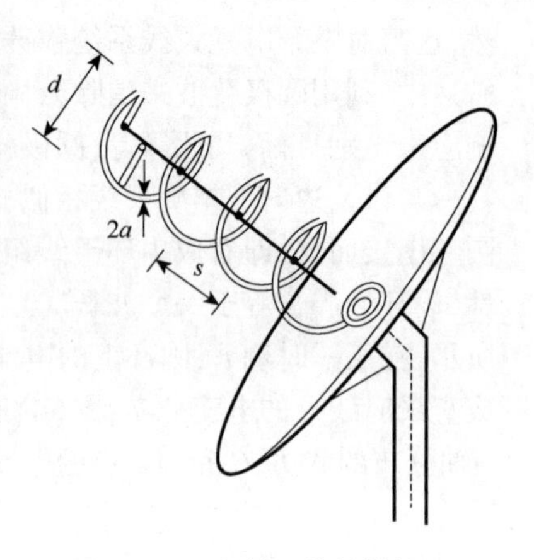

图 12-22　螺旋天线的结构

图 12-22 所示为螺旋天线的结构，它通常有接地板(或接地栅网)，同轴馈电线的内导体与螺旋线连接，外导体接地板。设螺旋角为 θ_0，导线直径为 $2a$，螺距为 s，螺旋柱直径为 d。

载有 T_1 模的圆柱螺旋天线的方向图可用单圈的方向图乘以阵因子求得。已知一个波长环的方向函数近似表示式为 $\cos\varphi$，φ 为观察点与螺旋轴(即环轴)之间的夹角，则整个螺旋天线的方向函数为

$$F(\varphi) = K\cos\varphi \frac{\sin(N\psi/2)}{N\sin(\psi/2)} \tag{12-9}$$

式中

$$\psi = s\cos\varphi + \xi \tag{12-10}$$

式中，ξ 为相邻元之间电流的相位差，依据强方面性端射阵

$$\xi = -\left(ks + 2\pi + \frac{\pi}{N}\right) \tag{12-11}$$

当 N、$s>>1$ 时，在方向图主瓣范围内可近似认为 $\cos\varphi=1$，即天线的方向图近似等于阵因子。当螺距角 $\theta_0=12°\sim16°$，圈数 $N>3$，每圈长度 $l_0=(3/4\sim4/3)\lambda$ 时，对端射式圆柱螺旋天线进行多次测量，得到经验公式为

$$D = 15\left(\frac{l_0}{\lambda}\right)^2 \frac{Ns}{\lambda} \tag{12-12}$$

$$2\theta_{3\mathrm{dB}} = \frac{52°}{\frac{l_0}{\lambda}\sqrt{Ns/\lambda}} \tag{12-13}$$

$$Z_{\mathrm{i}} = R_{\mathrm{i}} = 140\frac{l_0}{\lambda}$$

$$|AR| = \frac{2N+1}{2N}$$

如果 N 很大，则轴比 $|\mathrm{AR}|\approx1$。螺旋天线在轴向辐射时的主要特点是：①沿轴线有最大辐射；②辐射场是圆极化的；③沿螺旋导线传播的是行波；④输入阻抗

近似为辐射电阻；⑤频带较宽等。

为了进一步增加旋螺天线的频带宽度，还可以做成圆锥形螺旋天线，如图12-23所示。

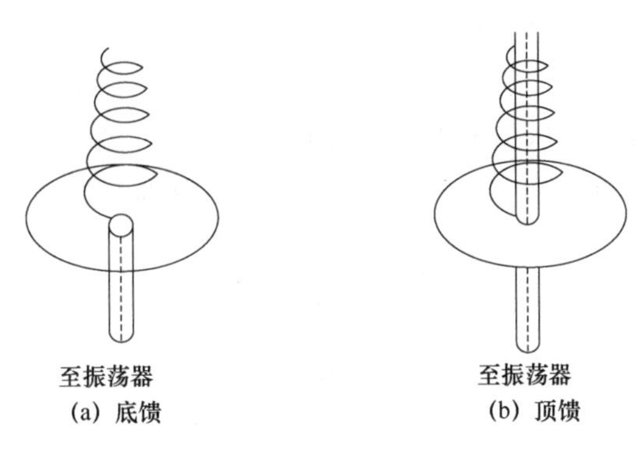

图12-23　圆锥形螺旋天线

如前所述，只有当$3\lambda/4 \leqslant l_0 \leqslant 4\lambda/3$时，$T_1$模才为优势模。如果将螺旋天线做成圆锥形，如图12-23所示，则对于某一频带而言，仅有合乎上述条件的部分线圈可激励T_1模，其余$l_0<3\lambda/4$的线圈，即小环，T_0模占主要地位；$l_0>4\lambda/3$的大直径环，T_2、T_3等高次模将占主要地位。对于T_0模与T_1模相比辐射很弱，特别在轴向方向上的辐射为0。而在T_2、T_3等高次模的线圈中，由于存在相反相位的线段，其辐射相互削弱，故圆锥形螺旋天线中主要是工作于轴向辐射的线圈群。

由以上分析可知，圆锥形螺旋天线的方向系数或3dB主瓣宽度与螺旋的总长度并无直接关系，而是取决于T_1模占优势的圈数和这部分线段的长度。当然，其他线圈虽然不起主要作用，但也会对它们产生影响。

实验证明，将圆柱形螺旋天线改型为圆锥形螺旋天线可以增大带宽，它在轴向辐射的场近似于圆极化，该天线的输入阻抗中电抗成分也很低。

此外，还可将多组螺旋线绕在同一圆柱面上，图12-24所示为4线圈螺旋天线，θ_0为30°，馈点对称地置于圆柱四周，各邻线间的馈电相位相差90°，它具有接近5倍频程的带宽，该天线的接地板直径大约为螺旋柱直径的3倍。

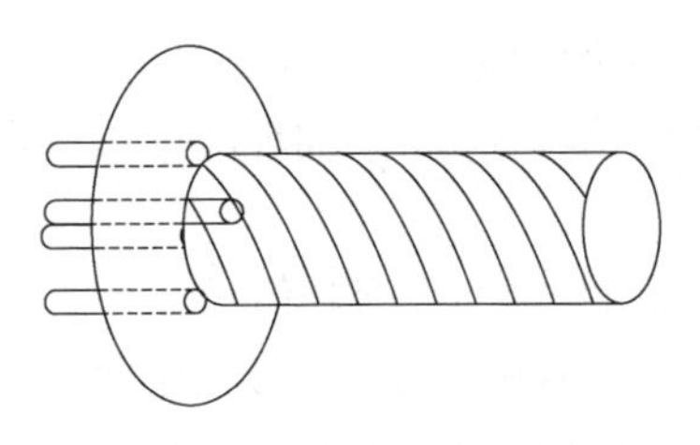

图12-24　4线圈螺旋天线的结构

顺便介绍，如果将两尺寸完全相同但旋向相反的螺旋天线平行排列或沿轴串接则可辐射线极化波。此外,若在导体圆柱外以 $\lambda/2$ 螺距、每圈长 2λ 或 3λ,上下反绕的螺旋构成边射式螺旋天线,如图 12-25 所示,这时线上传输的是 T_2 或 T_3 模,其最大辐射方向在圆柱的法向。如果上下两螺旋同相馈电,辐射水平极化波;相反,若反相馈电则辐射垂直极化波。它在水平面内无方向性。这种天线可用于电视广播中。

此外,若将螺旋天线压扁就构成了锯齿形天线。如图 12-26 所示,它是具有轴向辐射特性,方向图带宽约为 20%。有对称与不对称两种结构,可以将其看成 V 形天线阵,但线上载的是行波电流,V 形的夹角 2α 约为 20°,不对称结构的输入阻抗为 100~150Ω。显然,这种天线辐射的是线极化波。

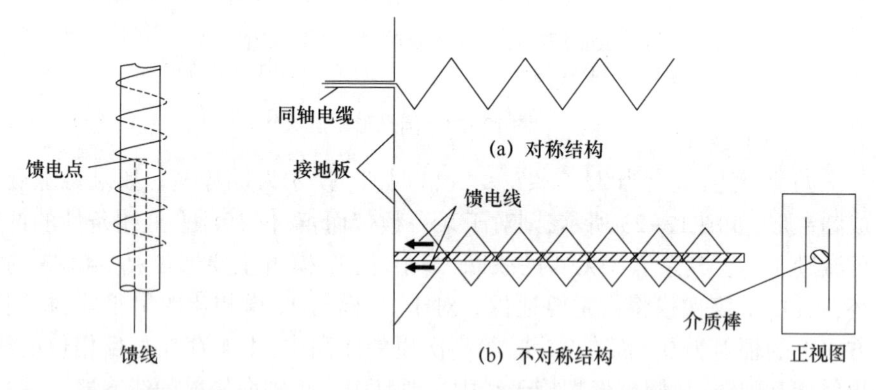

图 12-25　边射式螺旋天线　　图 12-26　不对称与对称结构的锯齿形天线

12.3.2　平面螺旋天线

现代通信中,要求天线具有较宽的工作频带特性,以扩频通信为例,扩频信号带宽较原始信号带宽远远超过 10 倍。再如,通信侦察等领域均要求天线具有很宽的频带。

关于展宽天线阻抗带宽的方法,前面已经介绍了加粗振子直径以及采用行波型天线等方法,如笼形天线、菱形天线等。不过,这些天线是否在其他电指标(如方向性、极化等)方面也是宽频带的呢?这就要对具体天线作具体分析。下面介绍的平面螺旋天线的各项电指标均具极宽的频带特性,称为非频变天线,也称为宽频带天线。

天线的电性能取决于它的电尺寸,当几何尺寸一定时,频率的变化也就是电尺寸的变化,因此,天线的性能也将随之变化。如果能设计一种与几何尺寸无关的天线,则其性能就不会随频率的变化而变化了,这就是角度天线。

角度天线是按相似原理设计的一种天线,将相似原理应用到天线上,即若天线以任意比例尺变换后仍等于它原来的结构,这种结构称为自相似结构,则其性能将和频率无关。角度是不能按任何比例尺放大或缩小的,无限长双锥以任意比例尺变换后仍为无限长双锥,因此,它是自相似结构。

1. 等角螺旋天线

图 12-27(a)示出了按角度条件构成的一平面等角螺旋天线,图(b)所示为一等角螺旋线。等角螺旋线的极坐标方程为

$$r = r_0 e^{a\varphi} \tag{12-14}$$

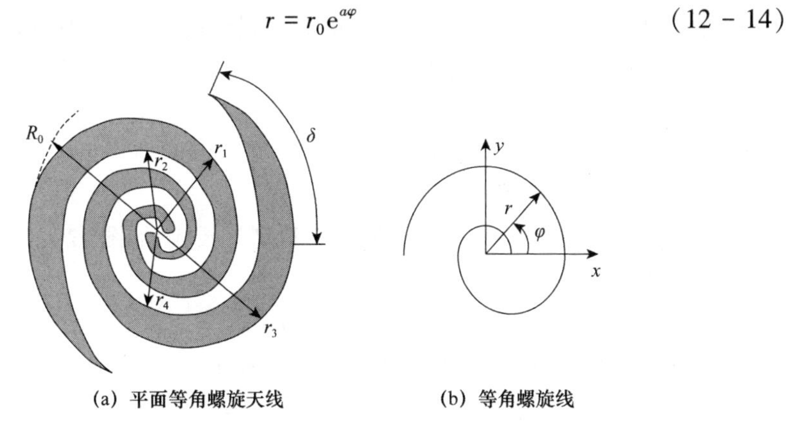

(a) 平面等角螺旋天线　　(b) 等角螺旋线

图 12-27　等角螺旋天线

式中,r_0 为对应于 $\varphi=0°$时的矢径;a 为决定螺旋张开快慢的一个参量,$1/a$ 称为螺旋率。等角螺旋线具有下述性质:①螺线上任意两矢径的长度仅取决于两矢径之间的夹角 φ 和螺旋率 $1/a$,即 $r_2/r_1 = r_0 e^{a\varphi_2}/r_0 e^{a\varphi_1} = r_0 e^{a(\varphi_2-\varphi_1)}$;②螺旋线与矢径的夹角 ψ(称为螺旋角)为一常数,它只和螺旋率有关,即 $\tan\psi = 1/a$;③当转角从 $\varphi=0°$ 逆时针增大时,r 不断增大直至无穷大;当转角 φ 从 $\varphi=0°$顺时针增大时,r 以指数规律减小,向原点逼近。整个螺旋线是无头无尾的曲线。等角螺旋天线由两对称的等角螺旋臂构成,每个臂的边缘线都满足式(12-14)的曲线方程,且具有相同的 a,只要将臂的一个边缘线旋转 σ 角就会与该臂的另一边缘线重合。若令 $r_1 = r_0 e^{a\varphi}$,则 $r_2 = r_0 e^{a(\varphi-\sigma)}$。天线的另一个臂具有对称结构形式,即 $r_3 = r_0 e^{a(\varphi-\pi)}$,$r_4 = r_0 e^{a(\varphi-\pi-\sigma)}$。如果取 $\sigma=\pi/2$,这时天线的金属臂与两臂之间的缝隙是同一形状的,即两者互相补偿,称为自补结构。自补结构天线的阻抗性质为

$$Z_{缝隙} \cdot Z_{金属} = 60\pi \approx 188.5(\Omega) \tag{12-15}$$

输入阻抗是一纯电阻,与频率无关。

源接在两臂的始端,可以将两臂看成一对传输线,臂上电流边传输、边辐射、边衰减。臂上每一小段均可看成一基本辐射元,总辐射场就是这些基本元辐射场的叠加。实验证明,臂上电流在流过一个波长的臂长后,电流迅速衰减到-20dB 以下。这种性质符合终端效应弱的条件,等角螺旋天线是行波天线。

自补等角螺旋天线的最大辐射方向垂直于天线平面。设天线平面的法线与射

线之间的夹角为 θ,其方向图可近似表示为 $\cos\theta$。在 $\theta \leqslant 70°$ 的锥角范围内场的极化接近于圆极化,极化方向由螺线张开的方向决定。天线的工作频带由截止半径 r_0 和天线最外缘的半径 R_0 决定。通常取一圈半螺旋来设计这一天线,即外径 $R_0 = r_0 e^{a 3\pi}$,若以 $a=0.221$ 代入,可得 $R_0 = 8.03r_0$,则工作波长的上下限为 $\lambda_{min} \approx (4\sim8) r_0$,$\lambda_{max} \approx 4R_0$,带宽在 8 倍频程以上。几何参量 a 和 σ 对天线性能也有影响,a 越小,螺旋线的曲率越小,电流沿臂衰减越快,波段性能越好;σ 则与天线的输入阻抗有关,但 a 和 σ 对天线方向图的影响均不大。

另外,也可将天线绕在一锥面上构成圆锥形等角螺旋天线,这一天线在沿锥尖方向上具有最强的辐射,其他性质与平面等角螺旋类似。

2. 阿基米得螺旋天线

另一种常用的平面螺旋天线是阿基米得螺旋天线,如图 12-28(a)所示。天线臂曲线的极坐标方程为

$$r = r_0\varphi \tag{12 - 16}$$

式中,r_0 为对应于 $\varphi=0°$ 的矢径。天线的两个螺旋臂分别是 $r_1 - r_0\varphi$ 和 $r_2 - r_0(\varphi - \pi)$。为了明显地将两臂分开,在图 12-28(b)中分别用虚线和实线表示这两个臂。由图可知,由于两臂交错盘旋,两臂上的电流是反相的,表观地看似乎其辐射是彼此相消的,事实并不尽然。研究图中 P 和 P' 点处的两线段,设 OP 和 OQ 相等,即 P 和 Q 为两臂上的对应点,对应线段上电流的相位相差 π,由 Q 点沿螺臂到 P' 点的弧长近似等于 πr,这里 r 为 OQ 的长度。故 P 点和 P' 点电流的相位差为 $\pi+(2\pi/\lambda)\cdot\pi r$,若设 $r=\lambda/2\pi$,则 P 和 P' 点电流相位差为 2π。因此,若满足上述条件,两线段的辐射是同相相加而非相消的。也就是说这一天线主要辐射是集中在 $r=\lambda/2\pi$ 的螺旋线上,称为有效辐射带。随着频率的改变,有效辐射带也随之而变,但由此而产生的方向图变化并不大,故阿基米得螺旋天线也具有宽频带特性。如果在这一天线面的一侧加一圆柱形反射腔就构成了背腔式阿基米得螺旋天线,它可以嵌装在运载体的表面下。这一天线的性能基本上和等角螺旋天线类似,为改善轴上的圆极化,可以在螺旋臂的末端端接吸收电阻或吸收材料。

阿基米得螺旋天线具有频带宽、圆极化、尺寸小、效率高以及可以嵌装等优点,故目前越来越广泛地应用在电子对抗装备中。

习　题

1. 简述折合振子的工作原理。

2. 已知一折合振子,两平行线段的半径分别为 $a_1 = 1.5$mm,$a_2 = 3$mm,两平行线间距 $d = 3$cm,求这一振子的特性阻抗和输入阻抗。

3. 一七元引向天线,反射器与有源振子间的距离是 0.15λ,各引向器以及第一

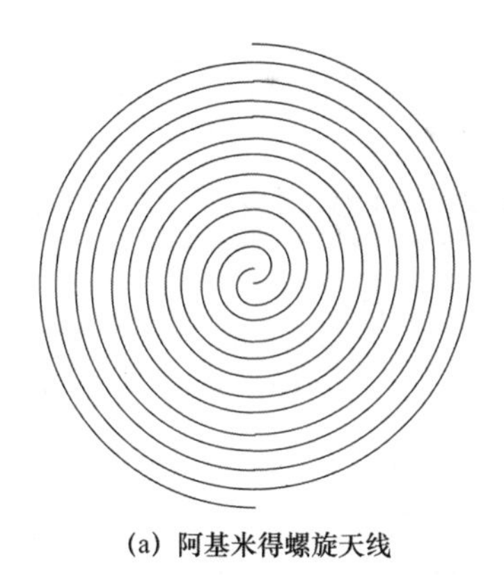

(a) 阿基米得螺旋天线

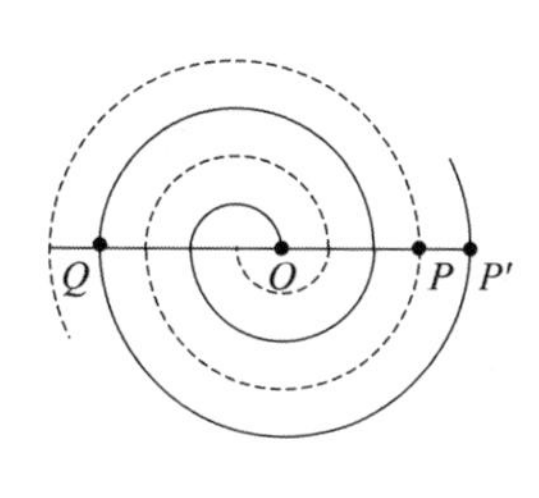

(b) 天线的两个螺旋臂

图 12-28　阿基米得螺旋天线

引向器与有源振子间的距离均为 0.2λ,试估算其方向系数和波瓣宽度。

4. 计算 $h=0.15\lambda$ 直立接地天线的辐射阻抗、方向系数和波瓣宽度,设大地为理想导电平面。

5. 确定一工作于 $f=900\text{MHz}$ 轴向模螺旋天线的几何尺寸。

6. 简述等角螺旋天线的非频变原理。

第 13 章　实用面天线

在微波天线中得到广泛应用的是口径天线,即面天线。口径天线可以认为由两个基本部分组成:一是馈源,其作用是将高频电流能量转变为电磁辐射能量;二是如抛物面、透镜等是用以产生天线所需要的方向性。

确定天线的电磁场是天线理论的主要任务。在求解对称振子天线的辐射场时,是利用传输线理论确定出导线上线电流分布,由已知电流分布再根据麦克斯韦方程求解辐射场。如果天线不是细长而是短粗时,则再用该法计算其辐射场就会发生很大的误差,因为这时产生辐射的不是线电流而是面电流了。根据麦克斯韦方程求解这类天线的辐射场,通常由于数学运算的困难,只有在极简单的情况下,才可能得到严格的准确解。在大多数情形下,只能采用近似方法求解,本章重点介绍常用的实用面天线。

13.1　口径绕射计算和喇叭天线

第一编中介绍了电磁波辐射惠更斯-菲涅尔原理,本节将讨论天线口径上的场分布已知时,如何根据惠更斯-菲涅尔原理求解天线远区的辐射场。这些典型分布的口径场与实际天线中经常碰到的情况很相近,因而得到的结果是有实际意义的。

13.1.1　平面口径绕射场的计算

将惠更斯-菲涅尔原理应用于天线问题,则空间任意一点 P 处的场,可看成包围天线的封闭面上各点的电磁扰动所产生的次辐射在点 P 处叠加的结果。通常面天线都是金属半封闭天线,如果作这样的封闭面,它由 S' 和 S 组成,S' 是面天线的金属半封闭面的外表面,S 是天线的口径面,如图 13-1 所示。注意到电磁波不能穿透金属导体层,金属外表面上的场为 0,即 S' 上无电磁扰动,所以面天线的辐射问题简化为平面口径 S 的辐射。当天线口径面的电场分布为 E_S 时,根据第一编所学知识可得到口径上的电场波源在 P 点产生的电场为

$$E_P = \frac{\mathrm{j}}{2\lambda}\int_S (1 + \cos\theta) E_S \frac{\mathrm{e}^{-\mathrm{j}kr}}{r}\mathrm{d}S \tag{13-1}$$

式中,θ 为由面元至观察点的射线与面元外法线间的夹角;r 为面元到观察点的距离,如图 13-2 所示。式(13-1)就是基尔霍夫公式,是应用于求解平面口径天线辐

射场的基本公式。需要注意的是,此处的电场 E 是电场 $\boldsymbol{E}$ 的某个坐标分量,如可以是笛卡儿坐标系中的 E_x、E_y 或 E_z。同理,如果已知口径上的磁场分布,同样可以求得口径上的磁场波源在 P 点产生的磁场。

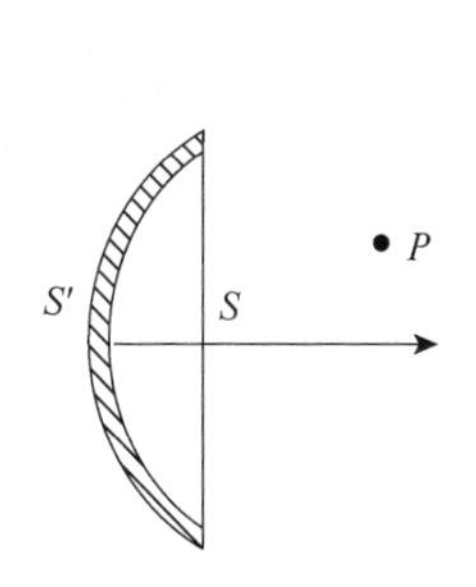

图 13-1　将原理用于天线

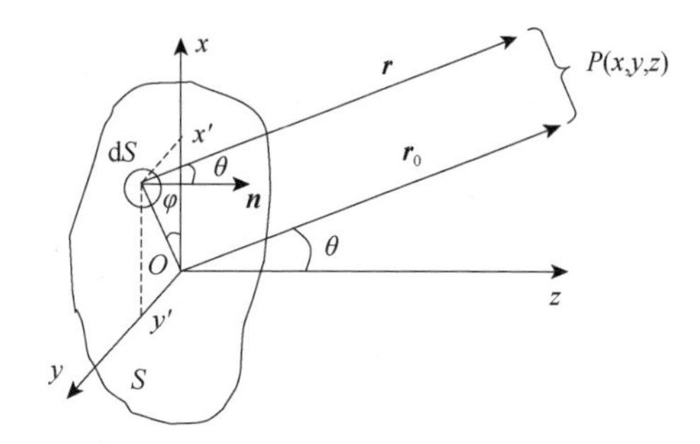

图 13-2　口径辐射的几何关系

如图 13-2 所示,P 点到坐标原点 O 的距离为 r_0,P 点到辐射元 dS 的距离为 r,则

$$\begin{aligned} r_0^2 &= x^2 + y^2 + z^2 \\ r^2 &= (x - x')^2 + (y - y')^2 + z^2 \\ &= r_0^2 - 2(xx' + yy') + (x'^2 + y'^2) \\ &= r_0^2\left(1 - \frac{2(xx' + yy')}{r_0^2} + \frac{x'^2 + y'^2}{r_0^2}\right) \\ r &= r_0\sqrt{1 - \frac{2(xx' + yy')}{r_0^2} + \frac{x'^2 + y'^2}{r_0^2}} \\ &= r_0\left(1 - \frac{xx' + yy'}{r_0^2} + \frac{x'^2 + y'^2}{2r_0^2} + \cdots\right) \end{aligned}$$

当观察点很远时,$r_0^2 >> (x'^2 + y'^2)$,上式括号中第三项以后各项均可以忽略,于是

$$r = r_0 - \frac{xx' + yy'}{r_0}$$

已知 $x = r_0\sin\theta\cos\varphi$,$y = r_0\sin\theta\sin\varphi$,故上式可写成

$$r = r_0 - x'\sin\theta\cos\varphi - y'\sin\theta\sin\varphi$$

将此式代入式(13-1),并在幅度上令 $r = r_0$,可得 P 点的电场为

$$\begin{aligned} E_P &= \frac{\mathrm{j}}{2\lambda}\int_S (1 + \cos\theta) E_S \frac{\mathrm{e}^{-\mathrm{j}k(r_0 - x'\sin\theta\cos\varphi - y'\sin\theta\sin\varphi)}}{r_0}\mathrm{d}S \\ &= \frac{\mathrm{j}}{2\lambda}(1 + \cos\theta)\frac{\mathrm{e}^{-\mathrm{j}kr_0}}{r_0}\int_S E_S \mathrm{e}^{\mathrm{j}k(x'\sin\theta\cos\varphi + y'\sin\theta\sin\varphi)}\,\mathrm{d}S \\ &= \frac{\mathrm{j}}{2\lambda}(1 + \cos\theta)\frac{\mathrm{e}^{-\mathrm{j}kr_0}}{r_0}\int_S E_S \mathrm{e}^{\mathrm{j}k(x'\sin\theta\cos\varphi + y'\sin\theta\sin\varphi)}\,\mathrm{d}S \end{aligned} \tag{13-2}$$

通过式(13-2),理论上在给定口径面上电场分布,建立一定坐标系就可计算其辐射场,计算较为复杂,表 13-1 给出了矩形和圆形口径天线的几种口径电场分布与天线参数的关系。

13-1　矩形和圆形口径天线的几种口径电场分布与天线参数的关系

口径形状	振幅分布函数	振幅分布图	主瓣宽度	第一副瓣/dB	方向系数	方向图计算公式
矩形	$E_S=E_0$	E_S -D/2 O D/2	$51°\ \dfrac{\lambda}{D}$	-13.2	$4\pi\dfrac{S}{\lambda^2}$	$\dfrac{\sin\psi}{\psi}$
	$E_S=E_0\cos\left(\dfrac{\pi}{D}x\right)$	E_S -D/2 O D/2	$68°\ \dfrac{\lambda}{D}$	-23	$0.81\times4\pi\dfrac{S}{\lambda^2}$	$\dfrac{\cos\psi}{1-\left(\dfrac{2}{\pi}\psi\right)^2}$
	$E_S=E_0\cos^2\left(\dfrac{\pi}{D}x\right)$	E_S -D/2 O D/2	$83°\ \dfrac{\lambda}{D}$	-32	$0.667\times4\pi\dfrac{S}{\lambda^2}$	$\dfrac{\sin\psi}{\psi(\psi^2-\pi^2)}$
圆形	$E_S=E_0$	E_S -D/2 O D/2	$59°\ \dfrac{\lambda}{D}$	-17.6	$4\pi\dfrac{S}{\lambda^2}$	$\dfrac{J_1(\psi)}{\psi}$

注:表中 $\psi=\dfrac{kD}{2}\sin\theta$。

13.1.2　喇叭天线

喇叭天线是终端开路的标准波导(矩形波导或圆形波导)逐渐扩展而成的。它是最常用的微波天线之一,一般是作标准天线或作为辐射器(馈源)用,它的主要优点如下:

(1)选择适当的喇叭尺寸,可以获得较尖锐的波束,较低的副瓣电平。

(2)喇叭的结构简单,调整容易,损耗小。

(3)喇叭的频率特性好,适用于较宽的频带。

(4)喇叭天线可以降低激励波导内的反射系数,其原因是由于喇叭的口径较大,从而使喇叭与空间获得良好的匹配。

喇叭天线可以分为 H 面扇形喇叭、E 面扇形喇叭、角锥形喇叭和圆锥形喇叭 4 种主要形状。如图 13-3 所示。

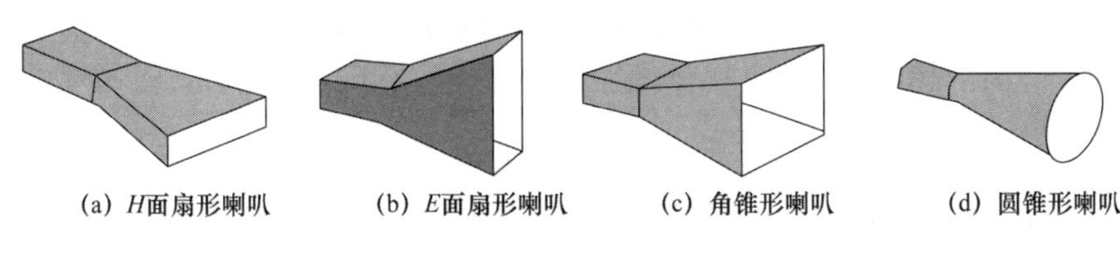

图 13-3　几种喇叭天线的形状

H 面扇形喇叭——由矩形波导的 H 平面(即波导的宽边)逐渐展开而成的,同时保持矩形波导的窄边不变。

E 面扇形喇叭——由矩形波导的 E 平面(即波导的窄边)逐渐展开而成的,同时保持矩形波导的宽边不变。

角锥形喇叭——由矩形波导的 E 平面和 H 平面(即波导的窄边和宽边)同时逐渐展开而成。

圆锥形喇叭——由圆形波导的各面都展开的截面为圆形的喇叭。

为了确定喇叭天线的辐射场,应先知道喇叭内和喇叭口径上的场分布,如从电磁场理论的观点来精确求解这个问题,将会遇到数学上的极大困难,因而大多数均采用近似方法计算。此近似方法的实质在于不考虑喇叭的内场和外场的相互影响,即忽略它们之间的相互耦合,在求喇叭内场时,把喇叭视为无限长,忽略反射波的影响,喇叭口径上的场分布和喇叭的内场完全相同。求出喇叭口径上的场分布后,将转到求解外场(辐射场),解外场归结为平面口径的绕射。

在分析喇叭天线时常用下列术语:喇叭口面积称为喇叭口径,与口径平行的截面称为横截面,通过轴线 AA' 与喇叭管壁垂直的平面称为纵断面。纵断面为等腰梯形,若把梯形延伸到交点,如图 13-4 所示,则喇叭的纵断面为等腰三角形。等腰三角形的顶点为 O,高 R 称为喇叭长度,底边长 D 称为口径宽度,顶角 2α 称为口径张角,R、D、2α 为喇叭天线的参数。

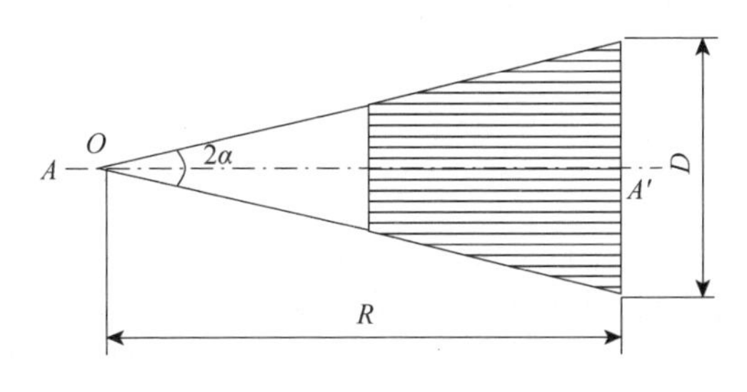

图 13-4　喇叭天线的纵截面

1. 喇叭口径内的电磁场分布

实际喇叭中的场分布是较复杂的,因为在波导和喇叭连接的地方以及在喇叭口径处,除基波 TE_{10} 波外,还有其他高次模存在。但是,高次模在喇叭始端附近会很快地衰减而消失,如果减小喇叭的张角,高次模还可以变得更小。因此,只考虑 TE_{10} 波存在时的场分布。图 13-5 和图 13-6 分别给出了 H 面喇叭和 E 面喇叭的口径内场分布。

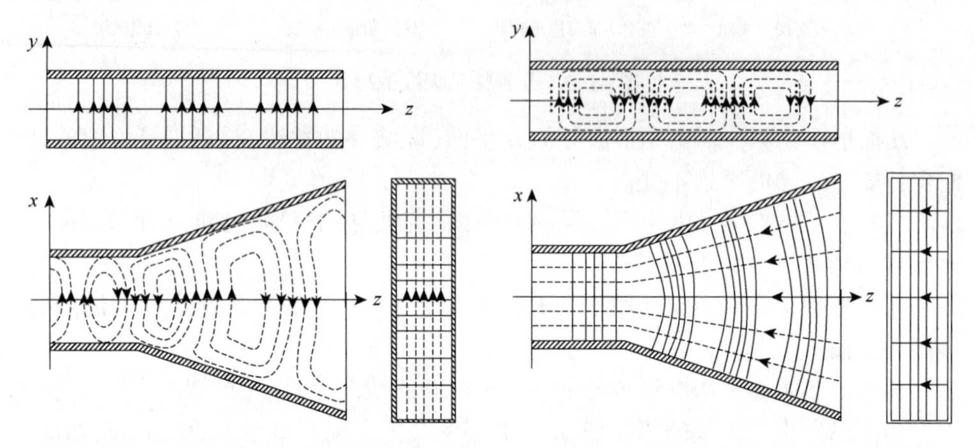

图 13-5　H 面扇形喇叭内的场分布　　　　图 13-6　E 面扇形喇叭内的场分布

可以看出,喇叭的场和矩形波导中 TE_{10} 波的场相似,其不同之处在于:扇形喇叭中的波前——场的等相位面是圆弧面。对于角锥形喇叭,可以证明,其喇叭内的波阵面是球面。

必须指出,当横截面与矩形略有不同时,在波导内就会激励高次模,因此,在扇形喇叭中,只激励 TE_{10} 波是困难的。

2. 喇叭口径上的场

根据上述对喇叭的分析,可得出初步结论:喇叭口径的张角小时,扇形喇叭和角锥形喇叭口径上振幅的变化规律相同,该波导的截面积和喇叭口径相等。

如图 13-7 所示,H 面喇叭口径场分布可以表示为

$$E_S = E_0\cos\left(\frac{\pi x}{D_1}\right)\mathrm{e}^{-\mathrm{j}\frac{\pi x^2}{\lambda R_1}} \tag{13-3}$$

同理,E 面喇叭口径场分布为

$$E_S = E_0\cos\left(\frac{\pi x}{D_1}\right)\mathrm{e}^{-\mathrm{j}\frac{\pi y^2}{\lambda R_1}} \tag{13-4}$$

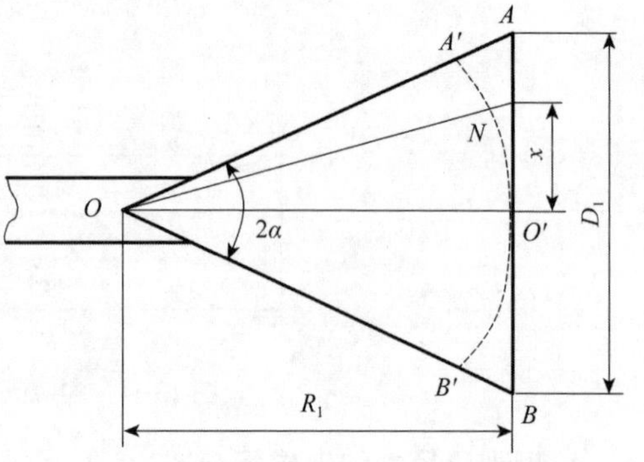

图 13-7　H 面扇形喇叭口径的相位计算

角锥喇叭口径场分布

$$E_S = E_0\cos\left(\frac{\pi x}{D_1}\right)\mathrm{e}^{-\mathrm{j}\frac{\pi}{\lambda}\left(\frac{x^2}{R_1}+\frac{y^2}{R_2}\right)} \tag{13-5}$$

在喇叭口径处,不是同相场。这将减小喇叭的口面利用率并使方向图变差。这是喇叭天线的主要缺点。

3. 喇叭天线的方向图

根据喇叭的形状,将式(13-3)~式(13-5)代入式(13-2)可计算喇叭天线的方向图。但是这种计算方法是比较复杂和不方便的,故在工程设计时,一般是用近似法来求,即假设口径上的场同相,而电场的振幅是沿坐标轴按余弦分布的。例如,沿 x 轴按余弦规律分布,则

$$E_S = E_0\cos\left(\frac{\pi x}{D_1}\right)$$

当场的振幅沿 x 轴为余弦分布和沿 y 轴为均匀分布时,可以求出 E 平面和 H 平面的方向图,即

$$f_H(\theta) = \frac{1+\cos\theta}{2}\frac{\cos\left(\frac{kD_1}{2}\sin\theta\right)}{1-\left(\frac{2}{\pi}\frac{kD_1}{2}\sin\theta\right)^2} \tag{13-6a}$$

$$f_E(\theta) = \frac{1+\cos\theta}{2}\frac{\sin\left(\frac{kD_2}{2}\sin\theta\right)}{\frac{kD_2}{2}\sin\theta} \tag{13-6b}$$

在实际应用中,当 θ 较小时喇叭天线的方向图主要是由式(13-6)中的后一因子来决定的。

H 面的主瓣宽度为

$$2\theta_{H3\mathrm{dB}} \approx 1.18\frac{\lambda}{D_1}(\mathrm{rad})$$

E 面的主瓣宽度为

$$2\theta_{E3\mathrm{dB}} \approx 0.89\frac{\lambda}{D_2}(\mathrm{rad})$$

按已知方向图的主瓣宽度,根据以上二式则可近似求出喇叭口径的大小。

必须指出,按式(13-6)所画出的方向图是喇叭口径面上相位差等于0时的特殊情况。实际上,在喇叭口径上的相位差不可能为0的情况运算比较繁复,因此也可以查考现成的曲线,如图13-8及图13-9所示。

图13-8画出了几种最大相位差的 H 面喇叭的方向图,而图13-9则是 E 面喇叭的方向图。当口径尺寸比几个波长大时,上述曲线与实验结果比较接近。当口

径尺寸小至一个波长时,用这些曲线所求得的相对场强应乘以 $0.5(1+\cos\theta)$。

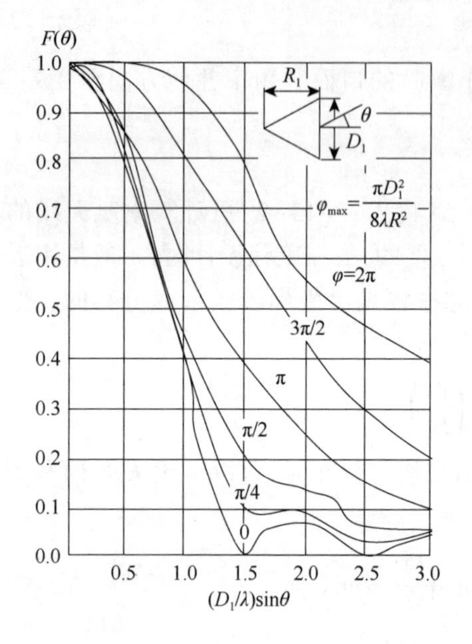

图 13-8　H 面喇叭的场强方向图

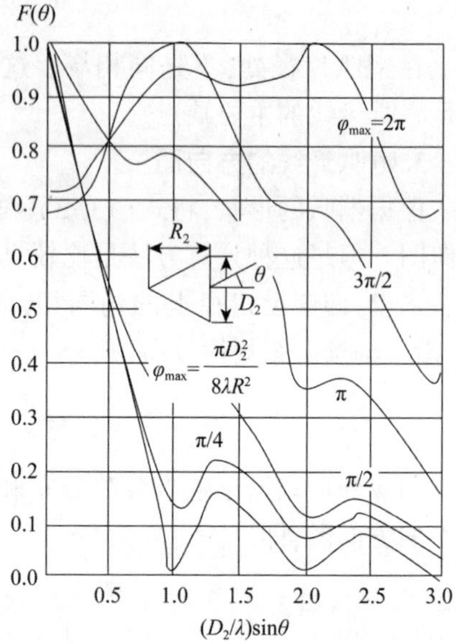

图 13-9　E 面喇叭的场强方向图

喇叭辐射方向图的理论计算与实测结果不同的主要因素是理论计算时忽略了喇叭壁上的电流。当喇叭口径很大时,这种忽略所带来的误差不是很严重,而当喇叭口径较小时,这种误差就比较大,这时,喇叭的实际方向图应由实验测定。

从图 13-8 和图 13-9 可以看出,相位按平方律变化的情况下,当口面最大相位差小于 π/2 时,方向图的主瓣变化仍很小,当相位差大于 π/2 时,主瓣显著地变宽,在相同的最大相位差条件下,E 面喇叭的方向图畸变更大。这是因为 H 面喇叭的场振幅按余弦分布,在口径边缘的振幅比较小,故影响较小。所以,规定 H 面喇叭口径面最大允许相位差为 3π/4,E 面喇叭最大允许相位差为 π/2。

【例 13-1】已知角锥形喇叭的 H 面口径 $D_1=12\text{cm}$、E 面口径 $D_2=15\text{cm}$,工作在 $f=10\text{GHz}$ 频段,求角锥形喇叭的 E 面和 H 面方向图的主瓣宽度。

解:

工作波长　　$\lambda=c/f=3\times10^{10}/10\times10^{9}=3(\text{cm})$

根据喇叭天线方向图主瓣宽度的估算公式得 H 面的主瓣宽度为

$$2\theta_{H\,3\text{dB}}=1.18\lambda/D_1=1.18\times3/12=0.295(\text{弧度})=16.9(°)$$

E 面的主瓣宽度为

$$2\theta_{E\,3\text{dB}}=0.89\lambda/D_2=0.89\times3/15=0.295(\text{弧度})=10.2(°)$$

13.2　抛物面天线

抛物面天线是雷达设备中应用最为广泛的天线。它由辐射器(馈源)和抛物面反射体组成,利用抛物面的反射作用,把辐射器辐射的电磁波聚集成狭窄的波束,因而具有较强的方向性。根据不同用途雷达的需要,抛物面具有各种不同的形状,以形成笔形波束和扇形波束。比较常用的有旋转抛物面,它是由抛物线围绕其轴线旋转而成的曲面,如图 13-10(a)所示。还有由旋转抛物面截割而成的矩形截割抛物面,如图 13-10(b)所示。有时也采用柱形抛物面,它是由抛物线沿着垂直于抛物线所在平面的直线作平行移动所获得的曲面,如图 13-10(c)所示。

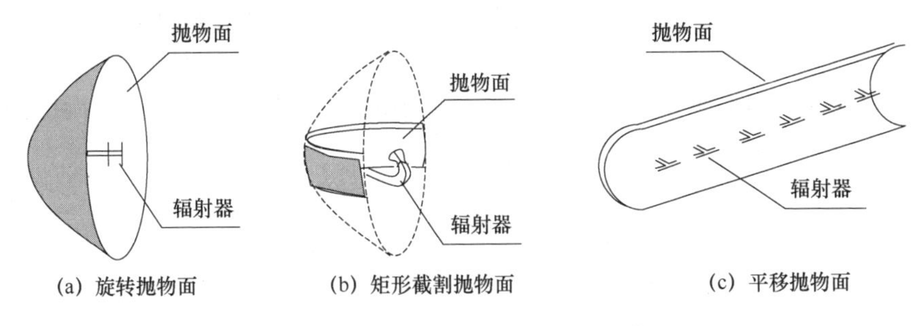

(a) 旋转抛物面　(b) 矩形截割抛物面　(c) 平移抛物面

图 13-10　几种抛物面天线的形状

下面定性地分析抛物面天线的几个问题。

13.2.1　抛物面天线定向辐射的基本原理

抛物面天线所以能将球面波变成平面波,是以抛物线的几何特性为根据的。如图 13-11 所示,抛物面具有如下两点特性:

(1)由焦点所发出的电磁波,经抛物面反射后,其传播方向彼此平行,且平行于焦轴,即

$$\overline{BB''} \parallel \overline{OF}$$

$$\overline{CC''} \parallel \overline{OF}$$

(2)由焦点所发出的电磁波,经抛物面反射后,到抛物面口径的距离都相等,即

$$\overline{FA} = \overline{FB} + \overline{BB''} = \overline{FO} + \overline{OO''} = \overline{FC} + \overline{CC''} = \overline{FD}$$

这两点说明,由焦点发出的电磁波,经抛物面反射后,到达抛物面口径面上时,所走的距离相等,经历的时间相同。因此,在

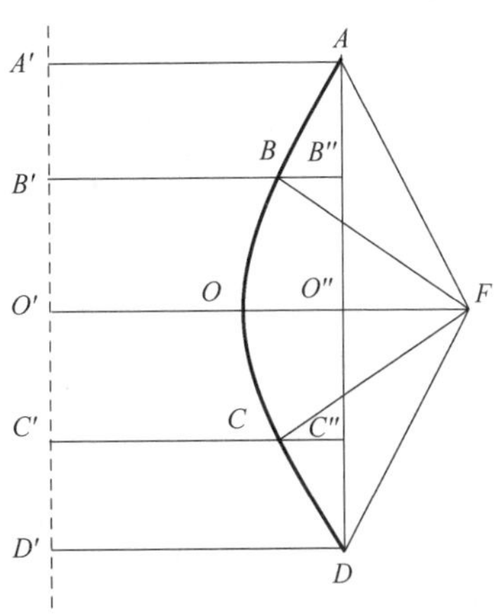

图 13-11　抛物面的几何性质

口径平面上各点的电磁波是相位相同、传播方向彼此平行的平面波束,抛物面天线具有较好的方向性。

13.2.2 抛物面天线方向性

抛物面天线是面天线,而且由于抛物面天线的口径尺寸远远大于波长,因此,抛物面天线的主瓣宽度和副瓣电平通常可以按照表 13-1 中的公式进行估计。如果抛物面口径辐射的功率等于馈源辐射的功率,那么其方向系数应为

$$D=\frac{4\pi S}{\lambda^2}\cdot v_1 \tag{13-7}$$

式中,v_1 为口面利用系数,通常 $0<v_1<1$,当口径均匀分布时,$v_1=1$。

实际上,因为馈源的方向性较弱,馈源辐射的功率不会被抛物面全部截获,有一部分漏失,如图 13-12 所示,图中 D 为天线的口径,f 为抛物面的焦距,$f(\psi)$ 为馈源的方向函数。因而造成抛物面天线增益的下降,设照射的辐射功率为 P_Σ,抛物面截获的功率为 P'_Σ,则抛物面的截获系数为

$$v_2=\frac{P'_\Sigma}{P_\Sigma} \tag{13-8}$$

于是

$$D=\frac{4\pi S}{\lambda^2}\cdot v_1 v_2 \tag{13-9}$$

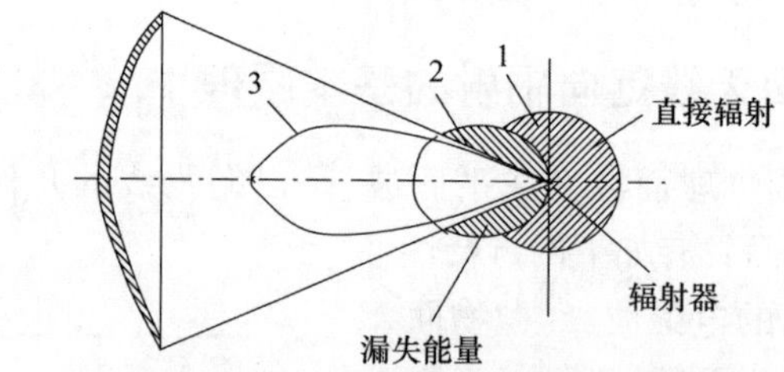

(a) $f/2a$一定,$f(\psi)$不同时对抛物面天线的影响

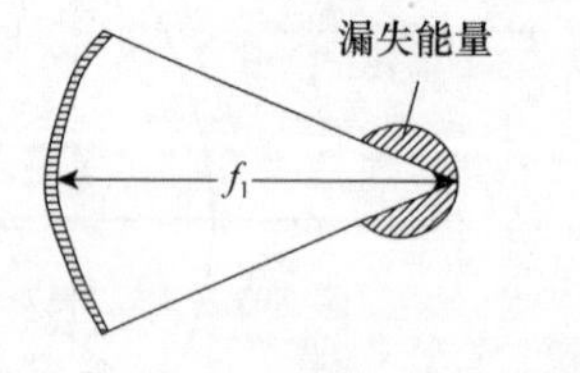

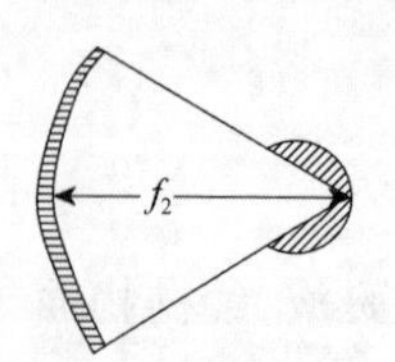

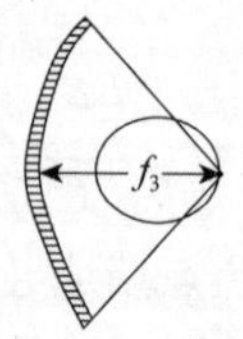

(b) $f(\psi)$一定,$f/2a$不同时对抛物面天线的影响

图 13-12 $f(\psi)$和 $f/2a$ 对抛物面天线的影响

为使抛物面天线的增益最大,下面分析馈源的初级方向图和抛物面的参数 $f/2a$(焦径比)对抛物面天线性能的影响。对于给定的馈源(即初级波瓣一定),当抛

物面的参数 $f/2a$ 变化时，半张角 ψ_0 也变化，此时将引起口径利用系数 v_1 和截获系数 v_2 变化。$f/2a$ 增大，即 ψ_0 减小，抛物面只截取初级波瓣的中心部分，而初级波瓣的中心部分辐射场较均匀，且空间衰减因子的影响也较小，因而口径场分布较均匀，口径利用系数 v_1 增大。但由于抛物面只截取初级波瓣中心部分的能量，大部分能量越过抛物面而损失，必然使截获系数 v_2 降低，如图 13-12 所示。相反，当 $f/2a$ 较小，即 ψ_0 较大，此时虽然 v_2 较大，但口径场分布极不均匀，v_1 较低。同样，当抛物面的 $f/2a$ 一定，用不同初级波瓣对抛物面进行照射时，也有相同的结论。

可见，要使口径场的分布均匀，同时又要使越过抛物面的能量损失最小，这两个要求是相互矛盾的。所以设计抛物面天线时，应折中考虑，即选择合适的 $f/2a$ 和与之配合的馈源方向图，以达到既使漏失能量少，又能获得比较均匀的场分布，使 v_1v_2 达到最大值。这时的照射情况为最佳照射。理论分析指出，当抛物面天线获最佳照射时，抛物面天线方向系数为最大，即

$$D = 0.81\frac{4\pi S}{\lambda^2} \tag{13-10}$$

理论分析还指出，在最佳照射时，口径边缘处的场强约为口径中心处的 30%。在抛物面口径面上的场是非等幅分布，同时考虑抛物面的加工误差、辐射器的安装误差、辐射器连同其支撑结构所造成的对抛物面口径辐射的遮挡等不利影响，抛物面天线的方向系数和主波瓣宽度估计公式为

$$D = (0.35 \sim 0.6)\frac{4\pi S}{\lambda^2} \tag{13-11}$$

$$2\theta_{3\mathrm{dB}} = (70° \sim 80°)\frac{\lambda}{2a} \tag{13-12}$$

最后需指出，在抛物面天线结构中，除金属导体外，一般没有其他损耗介质参与其中，故天线效率很高，$\eta=100\%$，一般认为抛物面天线增益 $G=D$。

为了加深对抛物面天线方向性极强的印象，下面给出一个很一般性的例子。

【例 13-2】一抛物面天线口径直径为 $2a=3\mathrm{m}$，工作频率为 $f=6\mathrm{GHz}$ 时，效率 $\eta=0.95$，试估算该天线的增益与主瓣宽度。

解：抛物面天线的增益与主瓣宽度可按式(13-11)和式(13-12)估算。

抛物面天线的口径面积为 $S=\pi a^2=9\pi/4$，工作波长为 $\lambda=c/f=3\times10^8/6\times10^9=0.05(\mathrm{m})$

方向系数为

$$D = (0.35 \sim 0.6)\times 4\pi S/\lambda^2 = (6218 \sim 10695) = (37.9 \sim 40.3)\mathrm{dB}$$

增益为

$$G = \eta D = 0.95\times(6218 \sim 10695) = (5907 \sim 6744) = (37.7 \sim 40)\mathrm{dB}$$

主瓣宽度

$$2\theta_{3dB} = (70^\circ \sim 80^\circ) \times \lambda/(2a) = (70^\circ \sim 80^\circ) \times 0.05/3 = 1.17^\circ \sim 1.33^\circ$$

注意到 10 单元引向天线的增益只有 18dB，波瓣宽度 $2\theta_{3dB} = 41^\circ$ 左右，见【例 13-1】。可见抛物面天线的增益较高、主瓣宽度很窄。

13.2.3 抛物面的加工精度与结构

一个抛物面天线的良好性能，不仅要有正确的电设计作先导，而且要靠实际生产中的结构设计、工艺、安装等方面来保证。在这里，仅从电性能出发对抛物面加工精度的要求作简单介绍。

理想抛物面天线的口径场是同相场，而口径上各处沿 z 轴方向至观察点 P 的路程又都相等，所以，在 z 轴方向上，口径上所有面元的辐射将同相叠加形成最强辐射。如果实际生产的抛物面在某处与理想抛物面发生偏差，如图 13-13 所示，有一个凹陷部分，则由焦点至口径的路程有一个增量 $\Delta l = MM' + M'C = MM'(1+\cos\psi)$，与此路程增量相对应的口径场相位偏移量为

$$\Delta\varphi = k\Delta l = \frac{2\pi}{\lambda} MM'(1 + \cos\psi)$$

理论与实践表明，当 $\Delta\varphi \leqslant \pi/8$ 时，口径场相位偏移对口径辐射特性将无显著影响，故得

$$MM' \leqslant \frac{\lambda}{16(1 + \cos\psi)} = \frac{\lambda}{32\cos\dfrac{\psi}{2}} \tag{13-13}$$

此式就是沿 r 方向的允许加工误差，即加工精度要求。由此可以看出，在抛物面顶点附近加工精度要求最高，而在边缘处附近则要求最低。此外，注意到口径边缘处口径场的大小比中心处弱得多，还可额外放宽对抛物面边缘部分的加工精度要求。

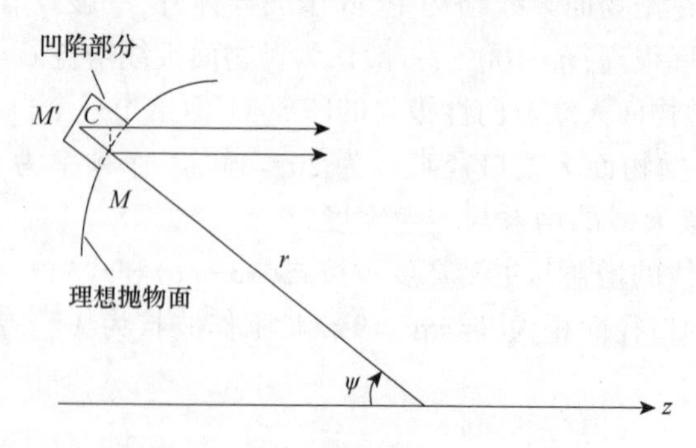

图 13-13　加工误差对射线路程的影响

为了降低抛物面的重量和对风的阻力，可以在抛物面上打孔。每个小孔看成是一截短的圆波导，则孔的直径 d 应远小于圆波导最低波型的截止波长 λ，使得小

孔不能透过电磁波。圆波导最低波型是 TE_{11}° 波,其截止波长为 $\lambda_0=1.7d$,故一般取

$$d=\left(\frac{\lambda}{8}\sim\frac{\lambda}{10}\right)\leqslant\frac{\lambda}{1.7} \tag{13-14}$$

在工作频率很高时,由于工作波长 λ 很短,孔径 d 很小,打孔解决不了风阻问题。

另一个办法是采用网状结构的抛物面。

13.2.4　辐射器及其安装偏差的影响

抛物面天线由抛物面反射器和辐射器组成,后者向抛物反射面口径提供电磁波的初级辐射源,显然,它对整个天线的辐射特性有很大影响。为此,辐射器应满足下列条件:

(1) 为与旋转抛物面相适应,辐射器的方向图应具有旋转对称性;为保证天线具有较高的方向系数因素,辐射器波瓣的 0.3 场强宽度($2\theta_{0.3}$)应等于抛物面的张角(2ψ);当然,辐射器本身沿抛物面的 $+z$ 方向不应有辐射。

(2) 辐射器及其支撑结构对口径的遮挡应越小越好。

(3) 辐射器在工作频带内应与馈线有良好的匹配,辐射器还应具有一定的功率容量。

(4) 设计与制作中,应保证辐射器的抗雨、抗水汽与抗腐蚀作用。

在微波波段,辐射器大都由喇叭来充当,如图 13-14 所示。喇叭辐射器其实也是一个面天线,喇叭的开口端面就是喇叭天线的口径,只不过是口径小而已。图 13-14(a) 是普通的圆锥喇叭,它的优点是设计与加工比较简单,缺点是它本身在两个主平面上方向图不是很一致,致使旋转抛物面天线口径场分布圆对称性差,也即加重了天线口径场的不均匀性,结果使天线方向系数下降;图 13-14(b) 是为克服上述缺点所提出的一种多模圆锥喇叭,它不像图 13-14(a) 所示的普通圆锥喇叭那样只工作于 TE_{11}° 最低模,而是把喇叭做成多级张角形式,从而还存在有 TE_{11}°、TE_{12}° 等模式的波型,经过精心的设计与加工,调整各台阶的角度和尺寸,控制口径上各个模式的大小与相位,最终使辐射器本身的方向图有很好的轴对称性(常称为方向图的等化),使之与各旋转抛物面结构相适应,从而提高了天线的方向系数。

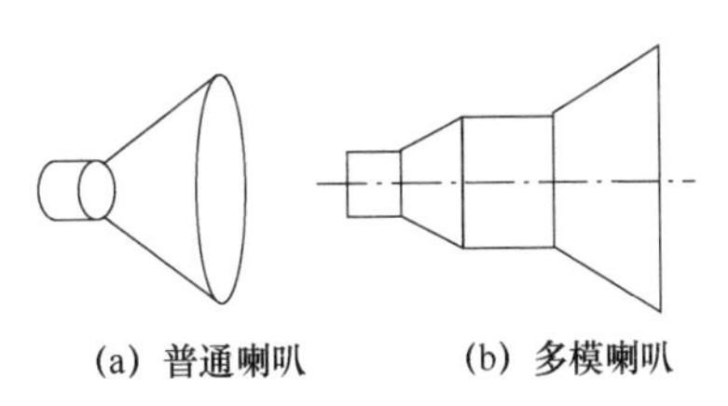

图 13-14　喇叭照射器

由于要求辐射器对抛物面口径能给出较均匀的照射,辐射器都是弱方向性的,故辐射器口径尺寸都较小。

辐射器必须安装在抛物面的焦点 F 上,确切地说,辐射器的辐射中心(相位中

心)应与焦点 F 重叠。一般来说,一个设计得当的辐射器,其辐射中心非常靠近口径中心。如果安装时发生了偏差,即发生偏焦现象,将改变由辐射器经抛物面反射至口径的路径长度,引起口径场的不同相,从而影响天线的辐射特性。偏焦分纵向(轴向)与横向两种,图 13-15(a)给出了横向上偏焦至 F'时的情况,这时,口径场不再是同相场,当偏焦程度不是很大时,等相位面与口径之间有一个小的偏转角,最大辐射方向将向下偏离抛物面的 z 轴方向。图 13-15(b)给出了纵向前偏焦至 F''时的情况,这时,口径场的相位分布呈从口径中心至边缘逐渐滞后,可见,天线主波束将增宽,从而引起天线方向系数(或增益)下降,但当偏焦不是很大时,最大辐射方向仍保持在 z 轴方向。至于横向下偏焦与纵向后偏焦的情况,无须赘述。所以,安装辐射器时必须要在横纵两个方向上调整照射的位置。前者保证了天线最大辐射方向与 z 轴相重合,即保证天线电轴与机械轴相一致;后者保证天线主波束为最窄、方向系数与增益为最大。

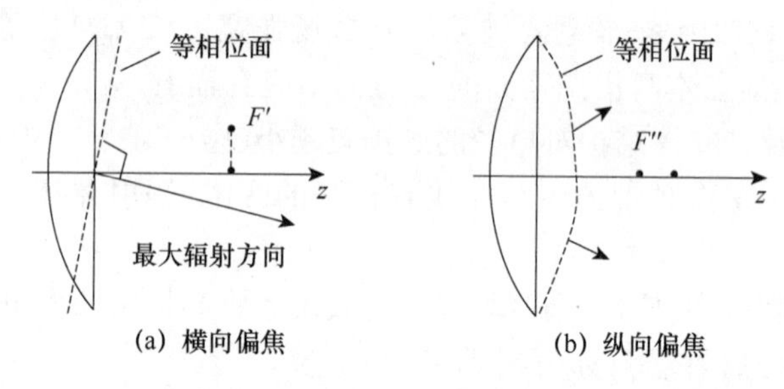

图 13-15　照射器两种偏焦情况

13.3　卡塞格伦天线

卡塞格伦天线是一种双反射面天线,由一个抛物面主反射器和一个双曲面副反射器组成。双曲面位于抛物面的焦点与顶点之间, 其中一个焦点与抛物面的焦点重合,另一个焦点安放馈源,如图 13-16 所示。和一般的旋转抛物面天线相比,卡塞格伦天线的馈电方式为后馈,因而馈线可大大缩短,这样就降低了馈线的损耗噪声;与此同时,这种天线馈源的副瓣是指向天线的前方,而一般旋转抛物面天线在前馈时,馈源的副瓣直接指向地面。这样卡塞格伦天线就降低了地面引起的热噪声。因此,卡塞格伦天线具有低噪声的优点。其次,该天线还具有以短的焦距来获得长焦距对主反射面均匀照射的效果,使天线的纵向尺寸小,结构紧凑。此外,利用这种天线具有两个焦点,可以实现双波段天线。基于上述优点,它在雷达、卫星通信等方面得到了广泛的应用。下面对卡塞格伦天线的工作原理、几何关系和基本特性作一初步分析。

13.3.1 卡塞格伦天线的工作原理

图 13-17 所示为一组双曲线,图中 F 和 F' 为其两焦点。f_c 为两焦点之间的距离。$2a$ 为两双曲线顶点之间的距离,又称为双曲线的实轴。

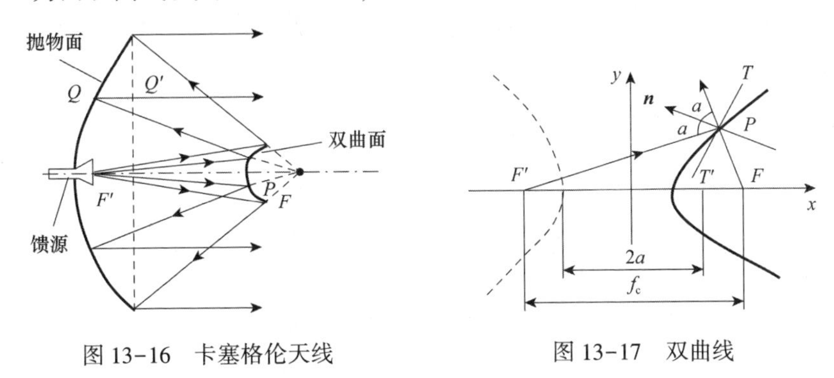

图 13-16　卡塞格伦天线　　图 13-17　双曲线

由解析几何可知,双曲线具有以下几何性质:

(1)线上任意一点 P 至两焦点的距离之差为常数,即 $PF'-PF=2a=$常数。

(2)过双曲线上任意上点 P 作双曲线的切线 TPT',则 $F'P$ 与切线的夹角恒等于 FP 与切线的夹角,即$\angle F'PT'=\angle FPT'$。既然 $F'P$、FP 与双曲线的切线具有相同的夹角,则显然它们与双曲线的法线也具有相等的夹角。根据几何光学的反射定律可以看出,由 F'点发出的射线 $F'P$ 经双曲线反射后,其反射线必然是在 FP 的延长线方向,也就像由 F 点发出的射线一样。

将双曲线绕焦轴 $F'F$ 旋转就成为旋转双曲面。这里只选取右边那一个,F'称为它的实焦点,F 称为虚焦点。将旋转双曲线与旋转抛物面的两焦轴重合组成双反射面天线时,应使双曲面的虚焦点 F 与抛物面的焦点重合。而馈源的相位中心置于实焦点 F'上,如图 13-16 所示。这样一来,由 F'点发出的射线到达双曲面上的 P 点,经反射后就沿着 FP 的延长线至抛物面上的 Q 点,然后再经抛物面反射而成为平行射线,且与口径面相交于 Q'点,可见,若把一个产生球面波的馈源放在 F'点上,馈源辐射的电磁波经双曲面的抛物面两次反射后,达到口径面时,就可以形成平面波,这就是卡塞格伦天线的聚束原理。卡塞格伦天线的分析可以用等效抛物面来分析,这里不再赘述。

13.3.2 卡塞格伦天线的主要优缺点

卡塞格伦天线的优点包括:

(1)由于副反射面的几何参数(焦距、离心率及口径尺寸)连同辐射器的方向性可以组合在一起考虑,便于对口径场分布进行控制,增大了设计上的灵活性。

(2)由于辐射器位置改在邻近抛物面顶点处,可方便地从抛物面背后伸过来,不仅给馈电带来方便，也明显缩短了馈线长度，减小了接收噪声。

(3)辐射器面向双曲面，而双曲面对来自辐射器电波的反射是将能量散开的，故减小了进入辐射器的反射波能量，从而减小了辐射器与反射面之间的有害性能。

(4)可以实际的短焦距抛物面取得长焦距抛物面的性能。

卡塞格伦天线的缺点是副面设置在主面前方，增大了对主口径的遮挡效应，提高了旁瓣电平，也在一定程度上降低了增益。

13.3.3 变态卡塞格伦天线

上面所讨论的是标准卡塞格伦天线系统，其中主反射器(主面)为抛物面，副反射器(副面)为凸双曲面。如果副面的形状从凸双曲面渐变为平面，最后变凹双曲面，如图 13-18(b)中虚线所示。相对于标准卡塞格伦天线而言，副面为平面或者为凹双曲面的这种双反射器天线称为变态卡塞格伦天线。

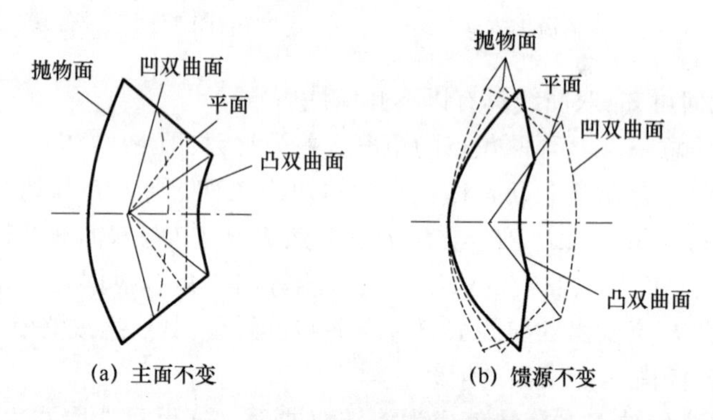

图 13-18　变态卡塞格伦天线

标准卡塞格伦天线中，放大率 $M>1$，副面的离心率 $e>1$。变态卡塞格伦天线中，副面为平面时，$M=1$，$e=\infty$，副面为凹双曲面时，$0<M<1$，$e<-1$。在图 13-18(a)中，当主面形状保持不变时，随着副面形状的变化，其副面的直径将增加，致使所要求的馈源波束宽度进一步增加，而天线的轴向尺寸则减少。在图 8-18(b)中，当馈源的波束宽度保持不变时，随副面形状的变化，主反射器将变得更加平直，而天线的轴向尺寸进一步增加。

某型雷达天线采用变态卡塞格伦天线，其主反射器为极化扭转抛物面，副反射器为栅条式圆形平板反射器。如图 13-19 所示。采用极化扭转的目的是消除副反射器的遮挡效应。由图可见，副反射器对水平极化波全反射，而对垂直极化波是通过的，因此馈源辐射的水平极化波，由平板反射器反射后，再经抛物面反射和扭转极化方向 90°，使之成为垂直极化波而透过平板反射器往空间辐射出去。由于两次反射的结果能将球面波变为平面波，所以具有聚束作用。

为了提高雷达的快速搜索能力，某型雷达天线可工作于每秒 4 次的“点头”搜

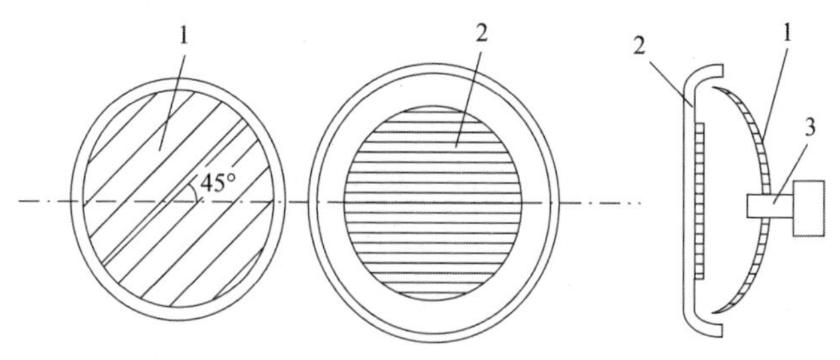

1—抛物面；2—平板反射器；3—馈源。

图 13-19　某型雷达天线

索状态。它是在保持馈源及平板反射器不动，通过在高低角方向摆抛物面反射器来实现的。当抛物面偏离“0 位”θ 角时，相当于馈源横向偏离焦点 θ 角。根据馈源横向偏焦特性可知，当 θ 角很小时，则波束的偏离角约为 2θ，如图 13-20 所示。当抛物面在±4°（机械角）范围内做上、下摆动（称为“点头”）时，则波束就在空间进行约±8°（电气角）的俯抑扫描搜索。

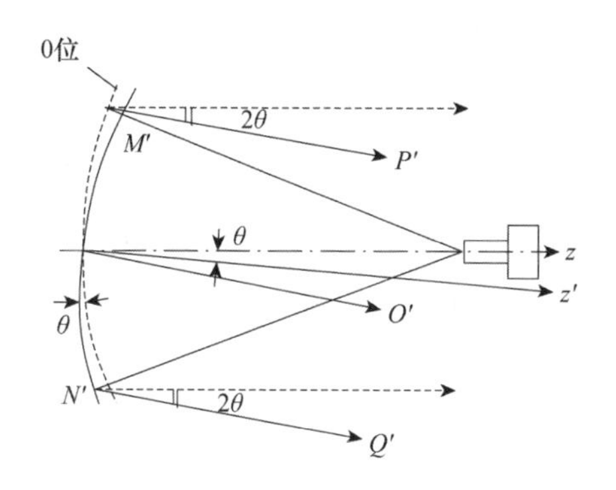

图 13-20　天线“点头”搜索

习　题

1. 矩形口径场分布为 $E_x = E_y = E_0(2\pi x/D_1)$。试计算 H 平面的方向函数及 $\theta = 0°$ 方向上的场值。

2. 要求抛物面天线的方向系数为 43dB，工作波长为 3.2cm，设口面利用率为 0.45，试估算抛物面天线的口径尺寸。

3. 在上题中，若要求天线的波瓣宽度为 1.2°，试估算抛物面天线的口径尺寸及其增益。

4. 有一工作于 $\lambda = 3.2$cm 的抛物面天线，张角 $\psi = 70°$，计算抛物面加工精度要求。

5. 设抛物面天线反射面直径 $D_0 = 1.5\text{m}$，焦比 $f/D_0 = 0.3$，工作频率为 1.2GHz。设馈源方向函数 $f_1(\psi) = \cos^2\psi$ $(0° \leqslant \psi \leqslant 90°)$；在 $\psi > 90°$ 时 $f_1(\psi) = 0$，试计算天线增益。

6. 一抛物面天线的喇叭口辐射器向上偏离焦轴 10°，求波瓣的最大辐射方向偏离焦轴的角度。若辐射器不动，抛物面上下俯仰，其焦轴的变化范围为向上 20°至向下 5°，求波束最大辐射方向的变化范围。

7. 某被测雷达天线的口径为 1.5m，工作波长为 3.2cm，若用无方向性天线作为发射天线来测定天线的方向图，求最小测试距离。若改用相同雷达天线作为发射天线，求最小测试距离。

第 14 章　波导裂缝天线

工作在米波波段的阵列天线，一般采用双导线或同轴线馈电，对称振子作辐射单元。当波长缩短到厘米波时，传输线常采用波导，此时构成天线阵的最简单方法是在波导上开槽，即在波导或空腔谐振器上，开有一个或多个裂缝，以辐射或接收电磁波，这种天线称为裂缝天线。裂缝天线可用作单独的天线，或用作其他天线（如抛物面天线）的辐射器，也可构成裂缝天线阵。在近代快速飞机上所用的雷达，广泛采用了裂缝天线。裂缝天线没有凸出的部分，因而不会带来附加的空气阻力，适合做成共形天线阵，非常适宜作飞机上的雷达天线。

14.1　理想裂缝的辐射

首先讨论在无限大、无限薄金属板上的一个宽度为 w 的小槽。在它的中点用 $\boldsymbol{E}_0$ 来激励，则其电场分布如图 14-1(a)所示。图 14-1(b)所示为宽度为 w 的基本磁振子的电场分布。比较图 14-1(a)与(b)可知，两者在上半空间的电场分布相同，其辐射场在上半空间也相同。因此，裂缝天线在缝中及其周围空间的电磁场强度 $\boldsymbol{E}_1$ 和 $\boldsymbol{H}_1$，是空间各点坐标的函数，且分别与等效磁振子在该点的场强 $\boldsymbol{H}_2$ 及 $\boldsymbol{E}_2$ 方向相同。求解裂缝天线的辐射场等同于求解等效磁振子的辐射场。图 14-2(a)所示为裂缝天线及其等效磁振子的辐射场。根据二重性原理，磁振子的辐射场与同形电振子的辐射场对偶，所以裂缝天线的辐射场与互补于裂缝的电振子辐射场对偶，可以通过求解电振子的辐射场来获得。图 14-2(b)所示为与裂缝形状相同的电振子的辐射场。

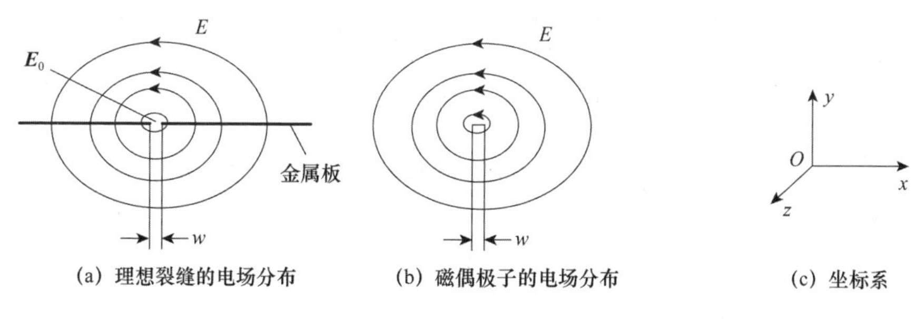

图 14-1　磁偶极子与理想裂缝天线的电场分布

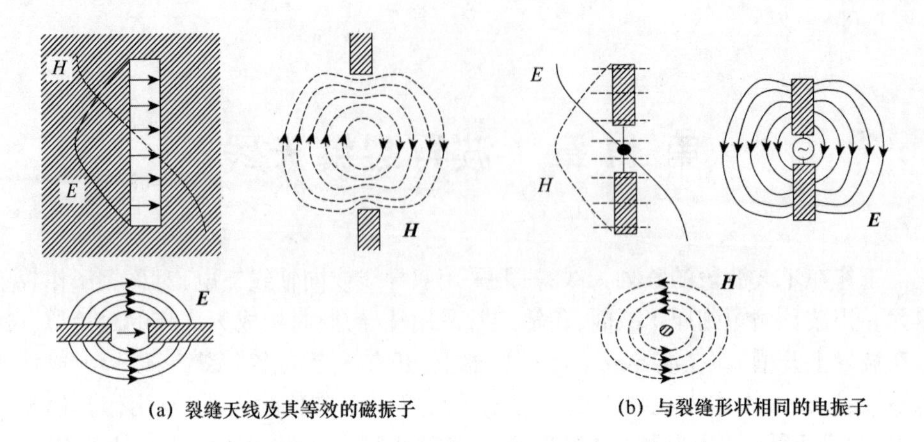

图 14-2 理想机槽天线与金属带状天线

当裂缝很窄很短时,裂缝的辐射场与基本磁振子的辐射场式相同,其磁流强度为

$$I_{\mathrm{m}} = \oint_l \boldsymbol{E} \cdot \mathrm{d}\boldsymbol{l} = 2wE_0$$

可以计算求得

$$H_\theta = \mathrm{j}\frac{kwE_0\mathrm{d}l}{2\pi\eta r}\sin\theta \mathrm{e}^{-\mathrm{j}kr} \tag{14-1a}$$

$$E_\varphi = -\mathrm{j}k\frac{wE_0\mathrm{d}l}{2\pi r}\sin\theta \mathrm{e}^{-\mathrm{j}kr} \tag{14-1b}$$

对于长度为 $2l$、宽度为 w、沿槽纵向电场强度按正弦分布的裂缝,其辐射场与长度为 $2l$、宽度为 w,其上的电流分布也按正弦分布的金属薄片辐射场对偶。根据对偶原理可采用振子天线理论来求解裂缝天线的辐射场。假设沿槽纵向的电场强度幅度分布为

$$E_0(z) = E_{\mathrm{m}}\sin(k(l - |z|)) \tag{14-2}$$

式中,z 为离槽中心的距离。将式(14-2)代入式(14-1),并沿槽纵向积分,得

$$E_\varphi = -\mathrm{j}\frac{wE_{\mathrm{m}}}{\pi r}\frac{\cos(kl\cos\theta) - \cos(kl)}{\sin\theta}\mathrm{e}^{-\mathrm{j}kr} \tag{14-3a}$$

$$H_\theta = \mathrm{j}\frac{wE_{\mathrm{m}}}{\pi\eta r}\frac{\cos(kl\cos\theta) - \cos(kl)}{\sin\theta}\mathrm{e}^{-\mathrm{j}kr} \tag{14-3b}$$

如果槽长 $2l=\lambda/2$,则半波槽天线的辐射场为

$$E_\varphi = -\mathrm{j}\frac{wE_{\mathrm{m}}}{\pi r}\frac{\cos\left(\dfrac{\pi}{2}\cos\theta\right)}{\sin\theta}\mathrm{e}^{-\mathrm{j}kr} \tag{14-4a}$$

$$H_\theta = \mathrm{j}\frac{wE_0}{\pi\eta r}\frac{\cos\left(\frac{\pi}{2}\cos\theta\right)}{\sin\theta}\mathrm{e}^{-\mathrm{j}kr} \qquad (14-4\mathrm{b})$$

可见,裂缝天线的方向图、输入阻抗、方向系数等参数均与电振子天线相似,只是极化方向相互垂直。

14.2　波导裂缝天线

裂缝天线的槽缝可以开在平板上、圆筒上、圆球上或圆锥上。应用最多的是在波导上开槽。由第 3 章知道,波导中传输的是 TE_{10} 模式波,开槽的位置可以在波导的宽壁上,也可以在波导的窄壁上,只要切断波导的内壁电流即可产生辐射。

在波导宽壁开槽时,有宽壁纵向槽和宽壁横向槽两种,分别如图 14-3 和图 14-4 所示。对于宽壁纵向槽,激励缝隙的电场 E_0 沿槽纵向的幅度分布为正弦分布,如式(14-2)所示,因此,其辐射场与理想裂缝的辐射场类似,但不相同,因为波导宽壁不是无限大理想导电平面。缝隙越靠近宽壁中心轴线,激励电场 E_0 的幅度 E_{0m} 越小,辐射场越接近于理想裂缝天线。对于宽壁横向槽,激励缝隙的电场 E_0 沿槽纵向的幅度分布也为正弦分布,其辐射场也与理想裂缝的辐射场类似。显然,两种槽产生的辐射场是相互垂直的。宽壁纵向槽天线的辐射电场与波导纵轴垂直,而宽壁横向槽的辐射电场与波导纵轴平行。

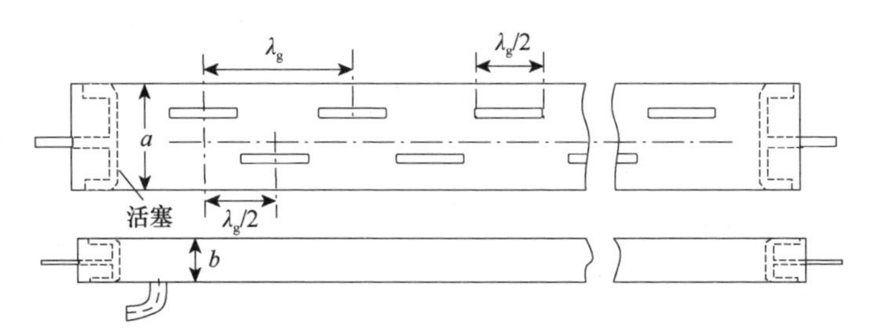

图 14-3　宽壁纵向槽阵天线

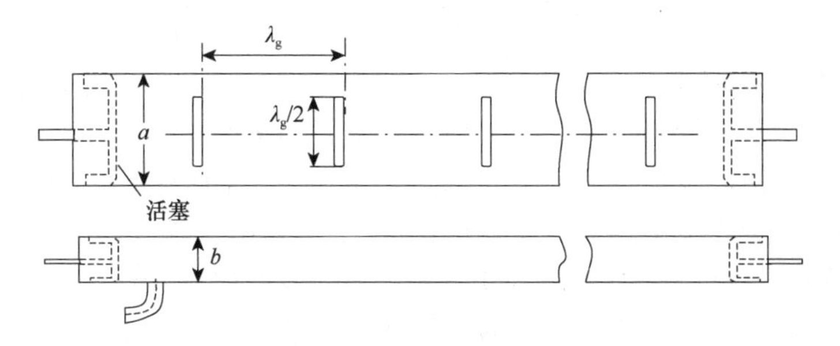

图 14-4　宽壁横向槽阵天线

在波导窄壁开槽时,槽缝可以是平行于波导轴线的平行槽,也可以开斜槽。平行槽类似于靠近窄壁的宽壁纵向槽。但在实际中,由于波导窄壁很窄,常用的是斜槽而不是平行槽,斜槽如图 14-5 所示。斜槽的有效长度为等效平行槽的长度,由于波导窄壁很窄,斜槽的有效长度都小于谐振长度。为了增加斜槽的有效长度,可以适当加深切入宽壁的深度。使有效长度约为自由空间半波长,从而得到谐振长度。

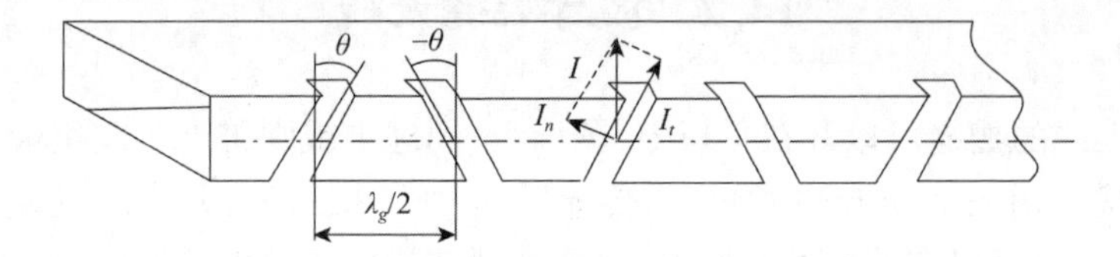

图 14-5　窄壁斜缝槽阵天线

波导开槽后,原来在波导中传输的功率分为三部分:一部分从裂缝向外辐射,另一部分被反射回来,第三部分继续向前传输。在裂缝附近,波导内的场结构受到破坏,这里除了主波的入射、反射和传输,还有高阶波和凋落波。这些高阶波和凋落波的衰减很快,在槽口前后一定距离外可以假定它们已完全衰减,而只有主波存在。这就是开槽对波导内场分布的影响分析。

单裂缝天线是方向性较差的天线。为了提高天线的方向性,可在波导的一个壁上,开有一系列裂缝形成波导裂缝天线阵,并可由多根裂缝天线阵构成更大的波导裂缝天线阵。波导裂缝天线阵的辐射场可根据二重性原理置换阵列天线的辐射场得到。波导裂缝天线阵有谐振式波导裂缝天线阵和非谐振式波导裂缝天线阵两种。

14.2.1　谐振式波导裂缝天线阵

谐振式波导裂缝天线阵是指各裂缝之间为谐振长度,从而各裂缝得到同相激励的波导裂缝天线阵。谐振式波导裂缝天线阵有宽壁纵向开缝、宽壁横向开缝和窄壁倾斜开缝等多种形式。

图 14-3 所示为在波导宽壁纵向开缝的谐振式波导裂缝天线阵。槽缝开在波导宽壁中线的两边等距离处。中线同一边的槽间距为 λ_g,以保证同相激励。中线两边的相邻槽纵向间距为 $\lambda_g/2$,这一距离产生了 180°的相位差,而中线两边的横向电流的方向相反,又产生了 180°的相位差,从而保证了所有裂缝间的同相激励。

图 14-4 所示为在波导宽壁横向开缝的谐振式波导裂缝天线阵。为了保证各裂缝同相激励,槽间距定为 λ_g。为了抑制阵列天线的栅瓣,辐射单元的间距应小于 λ,而宽壁横向槽的槽间距为 $\lambda_g>\lambda$,所以横向槽阵天线的副瓣较大。此外,由于横向槽的槽间距比纵向槽的槽间距大一倍,在波导长度相同的情况下,横向槽数比

纵向槽数少一半,所以为获得同样的波瓣宽度,横向槽阵天线的尺寸较大。

图 14-5 所示为波导窄壁倾斜开缝的槽阵天线。由于缝倾斜,横向电流的 I_n 分量在缝上激励起电场。这些裂缝的中心距离为 $\lambda_g/2$,为了保证各裂缝得到同相激励,各裂缝交叉地沿着 $\pm\theta$ 两个方向倾斜。裂缝的激励强度与 θ 角的大小有关,一般 $\theta<15°$,以防止有过大的寄生极化辐射。

谐振槽阵天线的最大辐射方向与天线轴线垂直,这种天线只能在很窄的频带内获得良好的匹配。

当一匹配波导开有裂缝时,将会影响其天馈系统的匹配性。为使裂缝与波导匹配,可在波导终端安装一可调短路活塞。

14.2.2　非谐振式波导裂缝天线阵

在非谐振式波导裂缝天线阵中,相邻裂缝的间距 $d\neq\lambda_g/2$,入射波对各裂缝的激励不同相,相位沿天线线性变化,结果天线的最大辐射方向偏离了天线轴的法线。根据式(11-28),偏离角为

$$\theta_s = \arccos\left(\frac{\phi}{kd}\right) = \arccos\left(\frac{\lambda}{\lambda_g}\right) \tag{14-5}$$

式中,$\phi=\beta d=(2\pi/\lambda_g)$,$d$ 为相邻裂缝间的相位差,β 为波导的相移常数;k 为自由空间的波数,$k=2\pi/\lambda$。在非谐振式波导裂缝天线阵中,不希望出现来自波导终端的反射。如果入射波所产生方向图的最大辐射方向与天线轴的法线成夹角 $+\theta$,有了反射波后,就会在 $-\theta$ 方向出现波瓣。为了消除这样的波瓣,天线通常装有吸收负载。

非谐振式波导裂缝天线阵的特点是能在宽的频带内获得良好的匹配。

习　题

1. 什么是谐振式波导裂缝天线?简述谐振式波导裂缝天线常见的三种形式。

2. 在无限大理想导体平面上,开有下列几种裂缝,且裂缝内的场为均匀分布,求它们辐射场表示式及方向图。设裂缝宽度 $w<<\lambda$ 。

A. 半波长谐振裂缝;

B. 圆环缝隙,半径 $a<<\lambda$;

C. 圆环缝隙,半径 $a=\lambda/2$。

3. 对于非谐振式波导裂缝天线阵,入射波对各裂缝的激励不同相,相位沿天线线性变化,天线的最大辐射方向偏离了天线轴的法线,请问此偏离角为多少?与哪些因素有关?

第 15 章　微带天线

微带天线是在带有导体接地板的介质基片上加贴导体薄片而形成的天线。它利用微带线或同轴线馈电,在导体贴片与接地板之间激励起射频电磁场,并通过贴片四周与接地板间的缝隙向外辐射。通常介质基片的厚度与波长相比是很小的,因而实现了一维小型化,属低剖面型天线。

微带天线在结构和物理性能方面具有许多突出的优点,主要有:①剖面低、体积小、重量轻,具有平面结构,易于和导弹、卫星等空间飞行器的表面共面共形;②天线辐射单元及其馈电电路都可集成在同一基片上,适合于用印制电路技术大批量生产,成本低,具有市场竞争力;③天线型式和性能多样化,如便于获得圆极化,容易实现双频段、双极化等多功能工作。微带天线的缺点也是明显的,主要有:①工作频带窄,常规设计的相对带宽为中心频率的 1%~6%,改进后可达 15%~20%,仍属窄频带天线之列;②有导体和介质损耗,影响辐射效率;③功率容量较小。

由于微波集成技术的发展和空间技术对低剖面天线的迫切需求,微带天线作为火箭和导弹上的共形天线而获得了广泛的应用,并且逐步地扩大其应用领域,如通信、雷达、遥感、遥控遥测等业务领域。使用的频段可从几百兆赫至几千兆赫的范围。

15.1　微带天线的基本分析方法

微带天线的一系列优点引起了人们的重视,进行了大量的研究工作,提出了各种理论和分析方法。目前,使用比较广泛的有传输线模理论和腔模理论。

传输线模理论主要是应用于矩形微带天线的分析。其基本思想是将矩形微带的两个开路端等效为两个缝隙。根据传输线理论求出缝隙中的切线电场,再利用等效原理求出缝隙的面磁流密度,这就是辐射场的场源。整个微带天线的辐射场可以从由两个缝隙组成的二元阵求出,输入阻抗也由等效传输线计算。这种分析方法特别对解释微带天线的辐射机理及分析矩形微带天线电特性,物理概念清晰,分析计算简便。但在计算输入阻抗时误差较大。

腔模理论是目前应用比较广泛的一种理论。它适用于分析多种形状的微带天线。这种理论的基本思想,是将微带天线看成上、下以电壁,四周以磁壁为界的介质腔体。首先,根据谐振腔理论建立腔内电磁场方程,导出腔内电(磁)场的一般表达式;其次,利用边界条件和激励条件,求解腔的内场,从而得到腔体边缘面上的场分布;最后,由该口面上的场分布计算微带天线的远区场。用腔模理论分析微带天线,得到与实验相符的结论,特别是计算的导纳与测量值符合较好。腔模理论优于传输线模理论的主要之处是考虑了腔内场的多模型式,使之更符合激励的实际情况。

除上述介绍的两种分析方法之外,还有一些其他的方法,如积分方程法、矩量法、有限元法等。随着计算电磁学的发展,出现了许多用于微带天线分析辅助设计工具,所以实际微带天线的设计常常是用计算机辅助设计后测试来完成的。

15.2　矩形微带天线

图 15-1 所示为矩形微带辐射元结构示意图。长度为 d、宽度为 L 的微带天线元与宽度为 w 的导带相接。从传输线模理论的观点来看,该微带天线元可看作一段导带被大大加宽了的低阻抗微带,而这段低阻抗微带四边都伴有缝隙,即有一对缝隙和一对侧缝。所以,微带天线的辐射可归结为缝隙对的辐射。

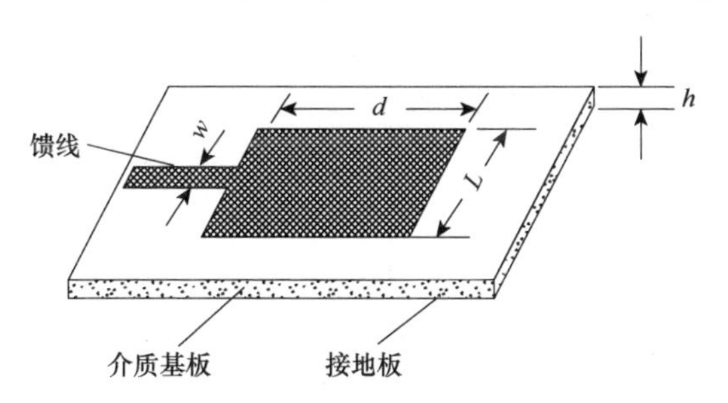

图 15-1　矩形微带辐射元

图 15-2(a)画出了长为 $d=\lambda_g/2$ 的微带辐射单元与接地板之间的场分布,可以看到,沿辐射单元的长度方向,场分布按余弦规律变化,因为此低阻抗微带的终端是开路的;而沿宽度方向,场分布是均匀的(如果忽略边缘效应)。图 15-2(b)则画出了微带辐射单元四周的场分布,不论哪一边的电场,皆可分解为垂直于接地板的分量 E_n 和水平分量 E_t。辐射单元两端的 E_n 彼此反向,而每一侧边处的 E_n 又各自分成彼此反向的两部分,所以,在垂直于辐射单元的方向上,所有 E_n 对辐射的贡献总和因两两对消而为 0;辐射单元每一侧边处的 E_t 也同样各自分成彼此反向的两部分,但两端处的 E_t 是同向的,所以微带天线元的辐射主要是两个长度为 L、宽度为 h'、间距为 d 的缝隙所组成的二元阵的辐射,这里 h' 是计及单元的边缘效应后,电场水平分量向外延展的等效距离,实验表明,此等效

距离为 $h'=h$。

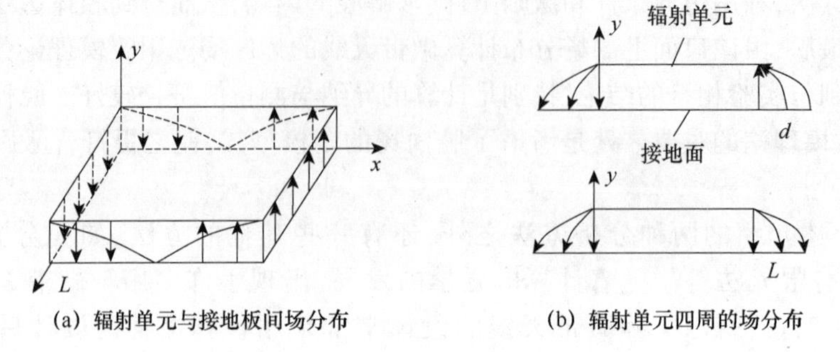

(a) 辐射单元与接地板间场分布　　(b) 辐射单元四周的场分布

图 15-2　微带辐射单元场分布

根据第一编基本磁振子的概念,缝隙的激励场 E_x 可以等效为沿 z 轴方向的磁流,磁流密度 $\boldsymbol{J}_{\mathrm{m}}=-\boldsymbol{n}\times\boldsymbol{E}=\boldsymbol{a}_z E_x$,其中 $\boldsymbol{n}$ 为缝隙面的法向单位矢量(沿 y 方向)。如图 15-3 所示。考虑接地面的影响,则源的磁流密度为

$$\boldsymbol{J}_{\mathrm{m}}=\boldsymbol{a}_z 2E_x \tag{15-1}$$

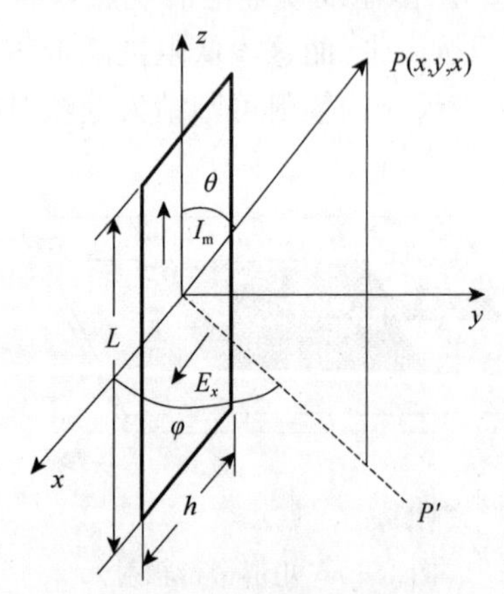

图 15-3　单端缝隙的坐标系

由于缝隙宽度 $h\ll\lambda$,因此可以认为等效磁流沿 x 和 z 方向的分布都是均匀的。对缝隙口面($L\times h$)磁流元的辐射场进行积分,得远区辐射场表达式为

$$E_\varphi=-\mathrm{j}2UkL\frac{\mathrm{e}^{-\mathrm{j}kr}}{\psi\pi r}F_0(\theta,\varphi) \tag{15-2}$$

式中,$U=E_x h$,$F_0(\theta,\varphi)$ 为归一化方向函数

$$F_0=\frac{\sin\left(\dfrac{kh}{2}\sin\theta\cos\varphi\right)}{\dfrac{kh}{2}\sin\theta\cos\varphi}\cdot\frac{\sin\left(\dfrac{kL}{2}\cos\theta\right)}{\dfrac{kL}{2}\cos\theta} \tag{15-3}$$

工程设计中关心的是 E 面和 H 面的方向图。E 面($\theta=\pi/2$)和 H 面($\varphi=\pi/2$)的归一化方向函数分别为

$$F_{0E}(\varphi)=\frac{\sin\left(\frac{kh}{2}\cos\varphi\right)}{\frac{kh}{2}\cos\varphi} \tag{15-4}$$

$$F_{0H}(\theta)=\frac{\sin\left(\frac{kL}{2}\cos\theta\right)}{\frac{kL}{2}\cos\theta} \tag{15-5}$$

因此,矩形微带天线元的辐射场只需在单缝隙辐射场的表达式中乘以二元阵的阵因子,即

$$F_E(\varphi)=\frac{\sin\left(\frac{kh}{2}\cos\varphi\right)}{\frac{kh}{2}\cos\varphi}\cdot\cos\left(\frac{kd}{2}\cos\varphi\right) \tag{15-6}$$

$$F_H(\theta)=\frac{\sin\left(\frac{kL}{2}\cos\theta\right)}{\frac{kL}{2}\cos\theta} \tag{15-7}$$

H 面的归一化方向函数与单缝隙的相同,这是因为在该主平面内两端缝的辐射没有波程差,仅辐射场大小增加一倍。必须指出,微带天线元两边的侧缝将在偏离主辐射方向上,即在偏离微带天线元的法线方向上产生一定的辐射,从而形成一定的交叉极化。

图 15-4 给出了一个矩形微带天线元的方向图实例。该天线的长度 $d=7.62\text{cm}$,宽度 $L=11.43\text{cm}$,工作频率 $f=1187\text{MHz}$。

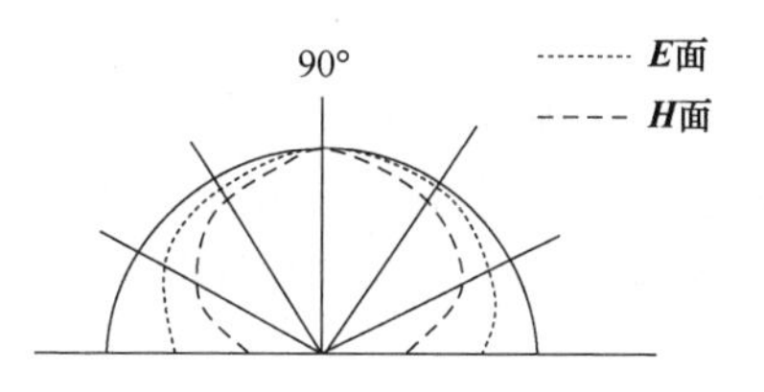

图 15-4　微带天线元方向图实例

下面讨论微带天线的辐射电导及输入导纳的问题。首先分析单端缝隙元的辐射电导,将单缝隙的坡印亭矢量对半空间积分,求得其辐射功率 P_Σ,其次按辐射电导的定义:

$$G=\frac{2P_\Sigma}{U^2} \tag{15-8}$$

得出 G 的表达式。工程设计中的近似计算式为

$$G=\begin{cases}\dfrac{1}{90}\left(\dfrac{L}{\lambda}\right)^2 & (L<0.35\lambda)\\ \dfrac{1}{120}\dfrac{L}{\lambda}-\dfrac{1}{60\pi^2} & (0.35\lambda\leqslant L<2\lambda)\\ \dfrac{1}{120}\dfrac{L}{\lambda} & (2\lambda\leqslant L)\end{cases}\tag{15-9}$$

式中,λ 为自由空间波长。

由于端缝处的电场分布发生畸变,电力线要延伸到端面以外的一段长度 Δl 处,这种终端效应引起的等效电纳可以用一个电容来表示,根据传输线公式有

$$B=\omega c=Y_e\tan\beta\Delta l\approx Y_e\beta\Delta l\tag{15-10}$$

式中,β 为介质中的相位常数,有 $\beta=\dfrac{2\pi\sqrt{\varepsilon_e}}{\lambda}=\dfrac{\omega}{c}\sqrt{\varepsilon_e}$,ε_e 为介质后的有效介电常数,c 为光速;Y_e 为将天线视为微带传输线时的特性导纳。

Δl 的经验公式为

$$\Delta l=0.412h\frac{(\varepsilon_e+0.3)\left(\dfrac{L}{h}+0.264\right)}{(\varepsilon_e-0.258)\left(\dfrac{L}{h}+0.8\right)}\tag{15-11}$$

ε_e 的表达式为

$$\varepsilon_e=\frac{\varepsilon_r+1}{2}+\frac{\varepsilon_r-1}{2}\left(1+\frac{12h}{L}\right)^{-1/2}\tag{15-12}$$

因此等效电容 C 为

$$C=\frac{\Delta l\cdot\sqrt{\varepsilon_e}}{c}Y_e\tag{15-13}$$

这样,就导出了单缝隙的辐射电导和等效电纳的表达式。而微带天线元又可视为一段低特性阻抗的微带传输线在其两端各端接一个并联导纳,其等效电路如图 15-5 所示。利用传输线公式即可求出微带天线元的输入导纳

$$Y_i=G+jB+Y_e\frac{G+jB+jY_e\tan\beta d}{Y_e+j(G+jB)\tan\beta d}\tag{15-14}$$

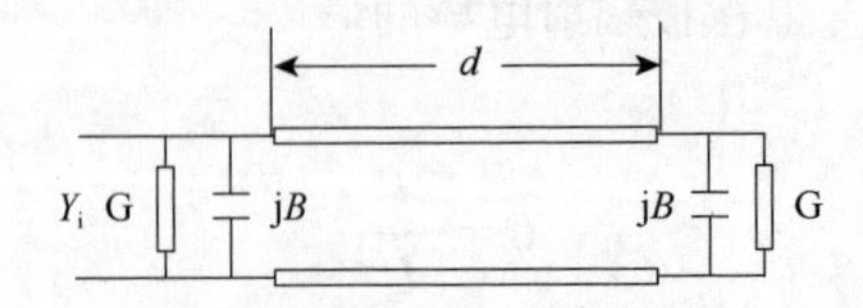

图 15-5 矩形微带天线元的等效电路

将 $B=Y_c\beta\Delta l$ 及 $\beta=k\sqrt{\varepsilon_e}$ 代入式(15-14)中,并令总电纳为 0,即可求出 k 值或谐振率,该式为一超越方程,可通过数值解法求出。

若采用同轴线馈电方式,如图 15-6 所示。当馈电点位置沿长度方向改变时,离两端缝的距离分别为 d_1 和 d_2,则按传输线理论,馈电点的输入阻抗,应等于两端缝的导纳经传输线交换后并联,再以探针的阻抗串联,即

$$Z_i=\frac{1}{Y_1}+jX_L \tag{15-15}$$

式中,并串联导纳项为

$$Y_1=Y_e\left[\frac{G+j[B+Y_e\tan(\sqrt{\varepsilon_e}kd_1)]}{Y_e+j(G+jB)\tan(\sqrt{\varepsilon_e}kd_1)}+\frac{G+j[B+Y_e\tan(\sqrt{\varepsilon_e}kd_2)]}{Y_e+j(G+jB)\tan(\sqrt{\varepsilon_e}kd_2)}\right] \tag{15-16}$$

探针的阻抗 X_L 为

$$X_L=\frac{120\pi}{\sqrt{\varepsilon_e}}\tan(kh) \tag{15-17}$$

式中,h 为探针的长度。可见,移动馈电点位置,即改变 d_1 和 d_2,可使输入阻抗改变,以利于阻抗匹配。应该指明,在上述讨论中均未考虑两端缝之间的互导纳作用,也是引起误差的原因之一。

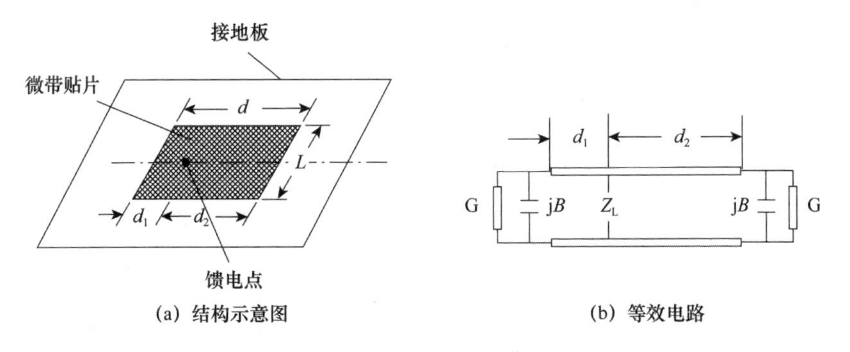

(a) 结构示意图　　(b) 等效电路

图 15-6　同轴线馈电的微带天线

由以上讨论可以看出,传输线模理论简明,物理直观性强,但是它的应用范围受到很大的限制。首先,这种分析方法一般只限于分析矩形微带天线。虽然圆形微带线也有径向传输线与之对应,但由于中心馈电的圆形微带天线元的辐射特性不好,故一般不使用。传输线的主要缺点是除了谐振点,输入阻抗(导纳)计算值随频率的变化不准确。其主要由于传输线模型是一维的,因此当馈电点位置在与波传输的垂直方向(即宽度方向)上移动,这种分析方法反映不出这种变化。其次,实际的微带天线,并非只存在最低阶的传输线模式,而是还有其他高次模的场存在,在失谐时这些模式将显示其作用,这两点都是传输线模理论的本质缺陷。一

般来说,传输线法较适用于在辐射边附近馈电,而且馈电点的位置最好在该边的对称轴上。针对上述不足,一些学者做了大量的理论研究和实验工作,使该理论得到进一步完善,限于篇幅,这里不作介绍。对于矩形微带天线的设计,是兼用理论和实验的手段进行的,如方向性及输入阻抗的计算可以参考理论公式概算,而介质基板的 ε_e 及缝隙边缘的等效伸长量 Δl 等参数必须结合具体的微带天线进行实测。理论和实验手段紧密结合可以提高设计及研制的速度,这一点对微带天线的研究至关重要。

15.3 其他型式的微带天线

微带天线的型式是灵活多样的。按其结构特征,又有若干型式,如图 15-7 所示。(a)图为微带贴片天线,导体贴片一般是规则形状的面积单元,如矩形、圆形或圆环薄片等;也可以是窄长的条状薄片振子(偶极子),一般称为微带振子天线,如(b)图所示;利用微带线的某种形变(如弯曲、直角弯头等)来形成辐射,称为微带线型天线,如(c)图所示,若沿线传输行波,则又称为微带行波天线;若利用开在接地板上的缝隙,由介质基片另一侧的微带线或其他馈线对其馈电,就构成了微带缝隙天线,如(d)图所示。当然,各种型式的微带辐射单元又可构成微带阵列天线,以适应不同方向性的要求。此外,微带天线还具有性能多样化的优点,如采用多贴片等方法,容易实现双频带、双极化等多功能工作;以及利用不同的馈电方式,方便地获得圆极化等。下面通过举例进行说明。

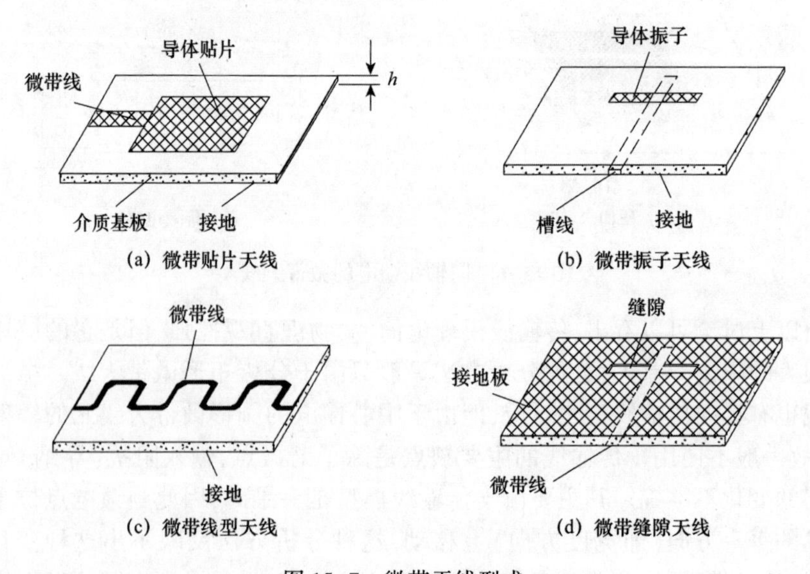

图 15-7　微带天线型式

15.3.1　圆极化宽频带天线

微带天线的优点之一是便于实现圆极化。用单片微带贴片天线就能实现圆极化辐射,通常有单点馈电法和多点馈电法两种设计方法。现以矩形贴片圆极化天线为例说明。

单点馈电圆极化微带天线无须任何外加的相移网络和功率分配器就能实现圆极化辐射。它是基于空腔模理论,利用两个辐射正交极化的简并模工作。如图 15-8 所示,矩形贴片的尺寸为 $a\times b$,图中的虚线为电场分布曲线,箭头代表四周的等效面磁流方向,TM_{mn} 模的磁流沿 a 边有 m 个 0 点,沿 b 边有 n 个 0 点,因此图示出的为 TM_{01} 和 TM_{10} 模。根据磁振子辐射场的特点可知,TM_{01} 模和 TM_{10} 模在贴片的法线方向(z 轴方向)上的辐射场形成两正交分量。为使在边射方向上形成圆极化波,要求同时激励出这两个正交极化模,形成主模,并且要求它们辐射场的幅度大小相等,相位相差 90°。一种方法是从矩形贴片的对角线顶端馈电,若谐振长度为 L,将微带辐射元调整得略偏离谐振,令 $a=L+\Delta$,$b=L-\Delta$,前者对应于一个容抗 $Y_1=G+jB$,后者对应于一个感抗 $Y_2=G-jB$,只要调整 Δ 的大小,使每一组的电抗分量等于其阻抗的实数部分,则两阻抗的大小相等,相位分别为+45°和–45°,从而满足圆极化的条件,其极化旋向取决于馈电点的接入法。如图 15-9(a)所示。图 15-9(b)是椭圆形单点馈电圆极化微带天线元,其工作原理同(a)图。

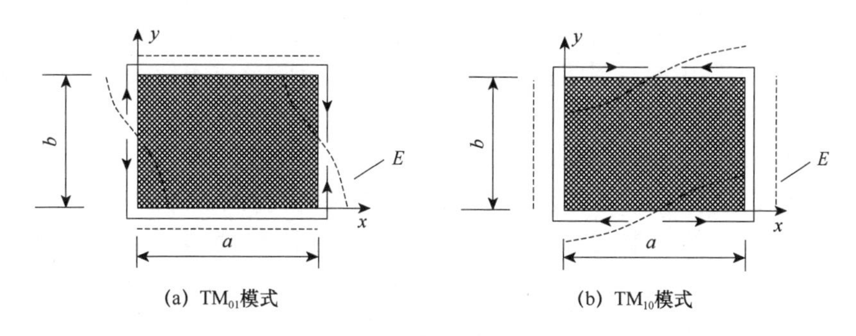

图 15-8　矩形贴片不同模式场分布

双点馈电方式是最直观的。当微带辐射元的长与宽都近似等于 $\lambda/2$ 时,就构成了方形微带元,如图 15-9(c)所示。它是一个正方形双入口的圆极化微带天线元,之所以产生圆极化就是因为两个口分别与 3dB 微带电桥等幅且相移 90°的两个出口相连。

当然,利用多个线极化辐射元也可以形成圆极化辐射,只要能实现二元的辐射场极化正交、等幅且相移 90°的条件即可。

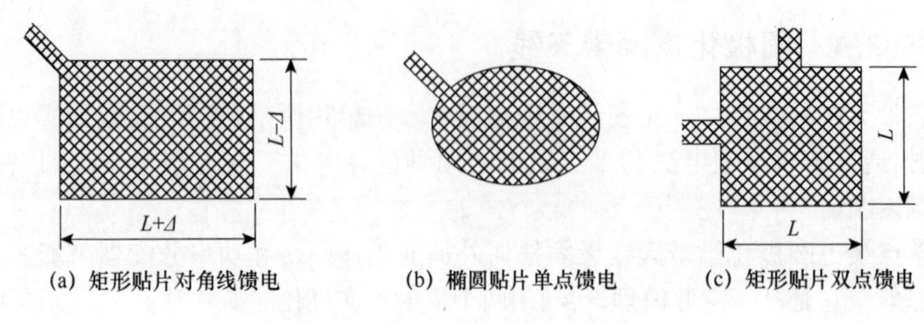

(a) 矩形贴片对角线馈电　　(b) 椭圆贴片单点馈电　　(c) 矩形贴片双点馈电

图 15-9　圆极化微带天线辐射元

15.3.2　多频带微带天线

如前所述,微带天线的最大缺点是工作频带很窄,相对带宽一般只有百分之几。而今可以采用多种方法,制成多频带工作的微带天线,其基本方法有多片法和单片法两类。多片法是利用谐振频率不同的多个贴片工作,通常是将较小的贴片叠在较大的贴片上,称为积叠式微带天线。单片法仍只用一个贴片,但利用不同的模式工作,或利用加载来形成几个不同的谐振频率以实现多频工作。

双贴片微带天线的基本形式如图 15-10 所示。(a)、(b)图所示的具体结构有些差异,但工作原理是一样的。其中,下层导体贴片为馈电元,上层导体贴片为寄生元,两层中间为空气或用泡沫材料来支撑上层。这类双层结构因有两个导体贴片,因而具有两个谐振频率。如果结构参数设计得当,可使两个谐振频率适当接近,与电路中的双调谐回路参差调谐原理类似,形成频带大大展宽的双峰谐振电路。图 15-11 给出了双层图形贴片微带天线的实测驻波比曲线。该天线各层的基片材料均为聚四氟乙烯玻璃纤维,$\varepsilon_e = 2.55$,$h_1 = h_2 = 1\text{mm}$,当 $b/a = 1.05$,$s/\lambda = 0.078$ 时,$\rho \leqslant 2$ 的相对带宽可达 13%左右,而单层圆贴片微带天线的相对带宽仅为 1.5%。图 15-12 给出了实测的 E 面和 H 面的方向图,两主平面的波瓣宽度近似相等,而且实测的交叉极化电平一般为 -10 ~ -16dB,较之单层圆贴片微带天线的方向图有了明显的改进。

导体贴片的形状不限于圆形,方形、矩形都可以。但实验发现,以对称结构如同心圆贴片效果最佳。若改变结构参数,使两谐振频率相隔较大,就可形成双频工作的天线。其主要的结构参数有馈电元尺寸、寄生元尺寸及层距,此外基片介质材料的选择也很重要,目前主要是利用实验进行优化。

图 15-13 给出了一种工作于倍频关系的双频微带天线,(a)图是结构示意图,(b)图为对高、低频工作时的等效图。内贴片是一个接近于正方形的贴片,适当调整长宽比,并在角端馈电可以得到圆极化辐射,对应的谐振频率为高频 $2f_0$;外层是接近于正方形的框形贴片,对应于 f_0。为了实现馈电,在内贴片与外贴片间利用同轴管线耦合电路,管线的芯线接到内层贴片,而管线的外导体则连到外框贴片。管

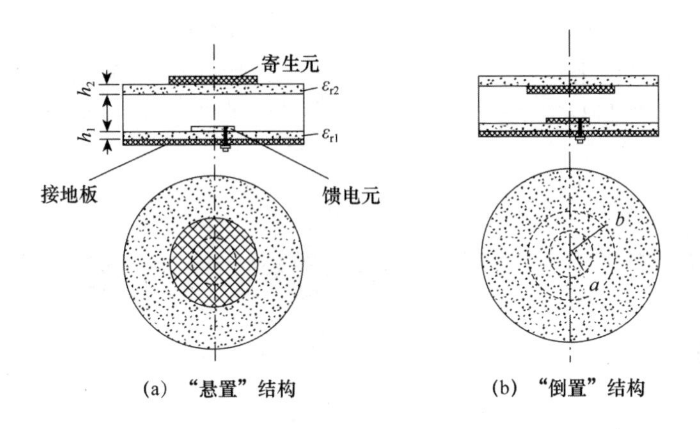

图 15-10　双层微带天线结构示意图

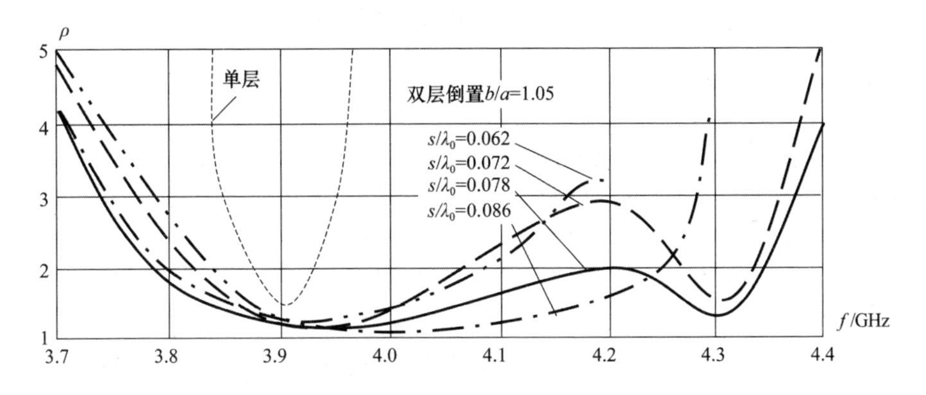

图 15-11　单双层圆贴片微带天线驻波比曲线

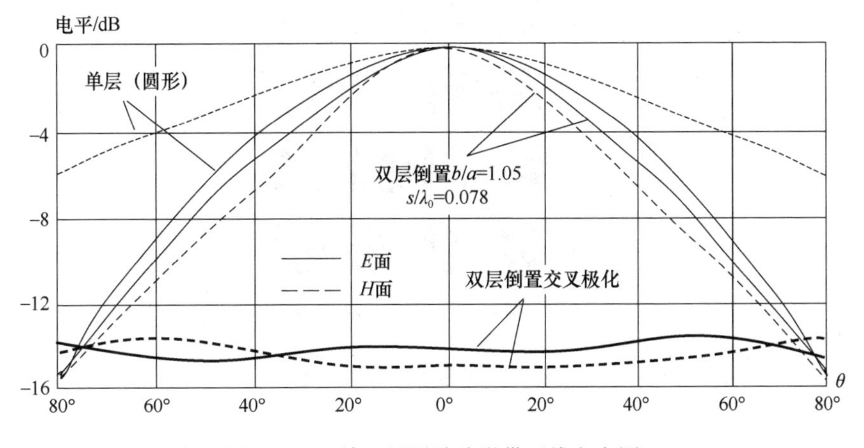

图 15-12　单双层圆贴片微带天线方向图

线终端开路，其长度对于高频而言是 $\lambda_g/2$，而对于低频则是 $\lambda_g/4$，λ_g 为同轴线内波长。这样，在高低两个频率上，芯线与其外导体之间分别呈现开路和短路特性，因而使 $2f_0$ 的电磁能量只馈送至内贴片，f_0 的能量则被馈送到外贴片上，从而实现了双频工作。

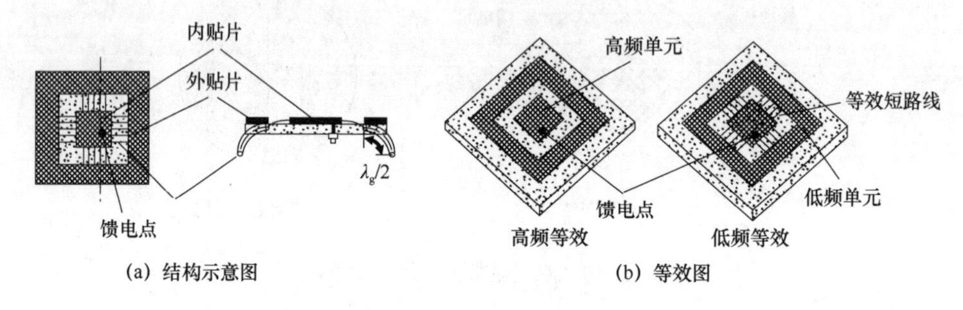

图 15-13　倍频工作的双频微带天线

15.3.3　微带天线阵

单个微带辐射元是弱方向性的，正如波导缝隙阵是将一系列缝隙组成一个线阵或面阵，以获得强方向性一样，将 $M \times N$ 个微带辐射元组成一个面阵，就可以得到强方向性微带天线阵。图 15-14 所示为一个串馈与并馈结合的阵结构形式，为保证个单元同相激励，每行相邻串馈元之间微带段的长度应为 $\lambda_g'/2$，行间距则有一定的选择余地。

目前，微带天线阵和相控阵已广泛应用于军事及民用中，如各种雷达、通信、遥感遥测等设备，特别是在各种空间飞行器上获得了广泛的应用。

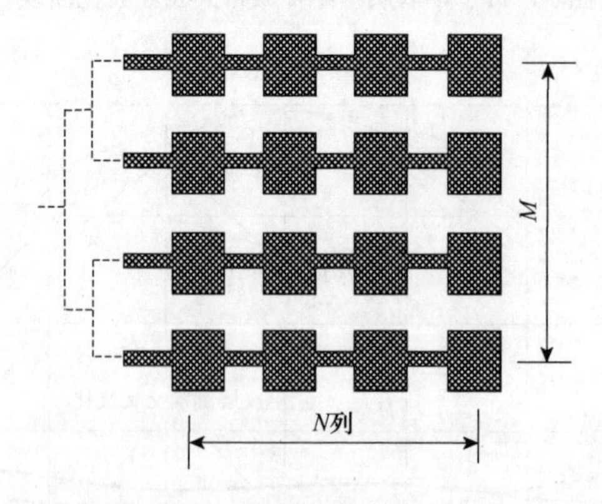

图 15-14　微带天线阵形式之一

15.4 微带天线的馈电方法

对微带天线进行馈电有用微带线馈电和用同轴电缆馈电两种基本方法。

用微带线馈电时,馈线与微带贴片是共面的。因而可以很方便地一起光刻,制作简便。但馈线也要引起辐射,从而干扰天线方向图。为此,一般要求微带线宽度 w 不能太宽,$w<<\lambda$。此外,微带线也不宜过长,否则将引起较大的辐射损耗以及介质损耗,使天馈系统的总增益降低。当考虑导带的厚度 t 时,就要使导带条的边缘电容增大,相当于导带条的宽度增加,为此必须对导带条的宽度进行修正,以补偿其厚度的影响。设增量宽度为 Δw,则修正后的有效宽度 w_e 为

$$w_e = w + \Delta w$$

式中,w 和 Δw 值分别由实验数据得出。

微带天线输入阻抗与馈线的匹配,可由适当选择馈电点的位置来实现。通常是先进行理论估算,主要是通过实验调整确定。要注意到,馈电点位置的改变,将使馈线与天线间的耦合改变,因而可能使谐振频率有一小的漂移,这对方向图一般不会有明显影响,只要保证仍是主模工作。频率的小小漂移可以通过稍稍修改贴片尺寸来补偿。

用同轴线馈电的优点是:①馈电点可选在贴片内任何所需的位置,便于实现匹配;②同轴电缆的辐射效应较小,对天线方向图无甚影响。其缺点主要是不便于集成,制作麻烦。

20 世纪 80 年代以来,出现了多种电磁耦合型馈电方式,其结构上的共同特点是贴近(无接触)馈电。利用馈线本身,或通过一个缝隙形成馈线与天线间的耦合,因此它们统称为贴近式馈电。这对于多层阵中的层间连接问题,是一种有效的解决方法,并且大多数能获得宽频带的驻波比特性。最早出现的一种型式如图 15-15 所示,这是利用微带线本身对长度 $L_d=0.5\lambda$ 的微带振子进行电磁耦合型馈电,二者耦合区域的长度为 $L_d/2=0.25\lambda$,即振子中点正对馈线的端点。改变振子相对于馈线的高度 h_s,计算得出的电流分布如图中所示。明显看出有一匹配状态,此时沿馈线的电流振幅几乎不变,且振子上电流呈最大幅度。若使间隔 h_s 大于或小于此“最佳”高度,就会出现欠耦合和过耦合状态,此时馈线上的电流驻波成分明显增大,且振子上电流幅度将会降低。

随着研究的深入进行,又有许多改进型的电磁耦合型馈电结构,限于篇幅,此处不作介绍。

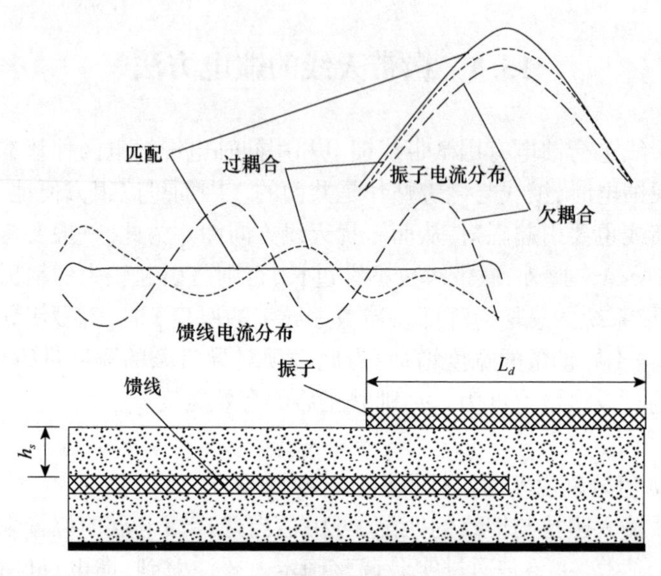

图 15-15　电磁耦合型馈电示例

习　题

1. 微带天线的基本分析方法有哪些?

2. 简述微带天线的优缺点。

3. 利用传输线模型理论,概算矩形微带天线的辐射特性。设矩形微带天线平面尺寸为 $a \times b$,其中 a 为导带宽度, b 为导带长度。若 $a = 0.5\text{cm}$, $b = 1.5\text{cm}$, $f = 6\text{GHz}$,计算两主平面半功率波瓣宽度及方向系数,估算天线的谐振频率。

第16章　天线主要参数测量技术

前面对几种常用微波天线进行了讨论,大家知道,天线的许多理论分析由于数学计算的困难,在求解过程中,为了使问题得以简化,或者为了使求解的问题能够得到解答,都作了程度不同的近似,因此,按理论分析所设计的天线是否合乎实际和满足技术要求,都必须通过天线测量来验证。天线测量既是检验理论的手段,又是独立的研究方法。此外,天线的参数也都是雷达的技术指标之一。雷达天线在使用中会因元器件损坏或者机械变形引起天线的性能参数发生变化。所以,在维修工作中也规定要定期测量天线的参数,并根据测量结果进行调整、调谐和维修。由此可见,天线测量不仅在设计、研制中,而且在维修工作中都起着重要的作用。

天线是一种把导行波转换成为空间辐射波(或者相反)的设备。根据互易原理,同一天线用作接收时的参数和用作发射时的参数是完全一样的。这种性质已广泛地用于天线特性的测量。天线测量的内容非常丰富,它包括方向图、增益、主瓣宽度、旁瓣电平、极化、输入阻抗以及工作频带等天线基本电参数的测量,还包括对线天线的沿线电流分布或面天线的口径场分布进行测量,以便为正确分析天线提供依据。

本章主要介绍天线测试场地的选择、方向图测量、增益测量等基本内容。

16.1　天线测试场地的选择

在进行天线测量之前,如果没有正确地选择测试场地与环境,将可能得到误差很大的测试数据。甚至是荒谬的测量结果。为了保证测试精度,主要应考虑两个问题:一是应使辅助天线(辐射源)处于被测天线辐射场远区;二是尽量减小地面反射及地面周围物体的影响,即要求天线有一定的架设高度和空旷的场地。

16.1.1　最小测试距离

在第11章第二节中已指出,基本振子的场按距离的远近可分为辐射场区和感应场区。如果把感应场比辐射场低30dB作为场区划分的标准,那么,$r_0=5\lambda$ 就是一个分界距离,即 $r\geqslant 5\lambda$ 的区域才是辐射场区(远区)。

就辐射场区而言,按距离的远近又可进一步分为辐射远区和辐射近区,类比于光学术语,前者称为夫朗和费区,后者称为菲涅尔区。如果观察点离天线足够远,天线上各处向观察点发出的诸射线可以认为是相互平行的,观察点所在的区就称为夫朗和费区,否则就称为菲涅尔区。

天线的方向图与距离无关。严格来说,只有在距天线无限远处测得的方向图才是精确的,这在实际测量中是不可能的。事实上,只要收发天线之间的距离足够远,即处在天线的辐射远区内进行测量,误差是不大的。就可近似认为与无限远处测得的方向图相同。为此,规定了一个最小测试距离 R_{min}。在小于 R_{min} 内进行测量,测得的将是菲涅尔区的方向图,该方向图的形状与距离有关,随着距离的减小,主瓣逐渐增宽,副瓣电平逐渐增高,各波瓣间的 0 点消失,主副瓣连成一片,因此测得的方向图一般是错误的。所以,在测绘天线的方向图时,测试距离应大于或至少等于 R_{min}。R_{min} 的确定与天线的型式、尺寸、波长和所要求的测量精确度有关。下面讨论对于口径天线如何确定 R_{min},但所得结果也完全适用于线天线。

当被测天线处于辐射远区时,发射天线所辐射的球面波在被测天线的口径范围内,可以近似地看成均匀平面波。根据这一条件来确定 R_{min}。

如图 16-1 所示,设发射天线的口径为 D_1,被测天线的口径为 D_2,两天线间的距离为 R。由图可见,由发射天线辐射的球面波到达被测天线口径面上时,其最大波程差为

$$\Delta R = AC - BC$$

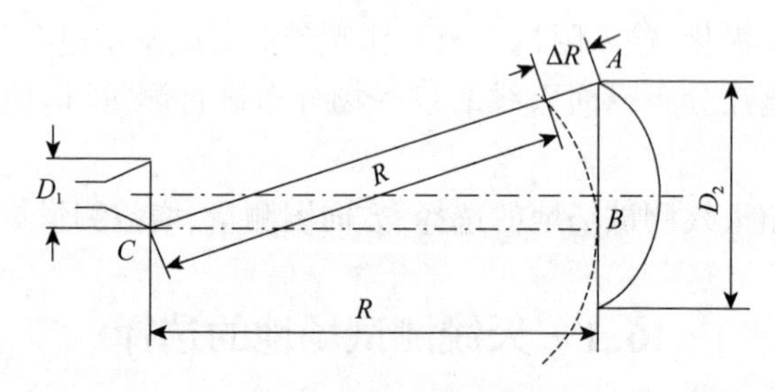

图 16-1　最小距离的确定

由直角三角形 ABC 可知

$$(R + \Delta R)^2 = R^2 + \left(\frac{D_1}{2} + \frac{D_2}{2}\right)^2$$

$$R^2 + 2R \cdot \Delta R + \Delta R^2 = R^2 + \frac{1}{4}(D_1 + D_2)^2$$

因为 $R \geqslant \Delta R$。略去上式中 ΔR^2 项后可得

$$\Delta R = \frac{(D_1 + D_2)^2}{8R} \tag{16-1}$$

由波程差 ΔR 所引起的口径相位差 $\Delta\psi$ 为

$$\Delta\psi = k \cdot \Delta R = \frac{2\pi}{\lambda} \cdot \frac{(D_1 + D_2)^2}{8R} \tag{16-2}$$

如果允许口径最大相差 $\Delta\psi_{max} \leqslant \pi/8$，则 R_{min} 为

$$R_{min} \geqslant \frac{2(D_1 + D_2)^2}{\lambda} \tag{16-3}$$

对于口径场振幅分布从口径中心向边缘逐渐衰减的面天线来说，由于口径边缘部分的辐射较弱，将减弱相位差所起的作用，所以，由式(16-3)所确定的最小测试距离是相当富裕的。如果测试场地大小有限，或发射端信号源功率有限，或接收端接收设备灵敏度有限，可以允许口径最大相差 $\Delta\psi_{max} \leqslant \pi/4$，则最小测试距离缩短为

$$R_{min} \geqslant \frac{(D_1 + D_2)^2}{\lambda} \tag{16-4}$$

通常，发射天线为一尺寸较小的弱方向性天线，此时 $D_1 << D_2$，故式(16-3)和式(16-4)可简化为

$$R_{min} \geqslant \frac{2D_2^2}{\lambda} \tag{16-5}$$

$$R_{min} \geqslant \frac{D_2^2}{\lambda} \tag{16-6}$$

实践证明，选取 $\Delta\psi_{max} \leqslant \pi/8$，由式(16-3)或式(16-4)所确定的最小距离上测得的方向图有足够的精确度。

以上是根据相位条件来确定最小距离，它所确定的最小距离也能满足口径场振幅均匀的条件。

例如，某型雷达天线口径为 1.5m，工作波长为 3.2cm，其天线的最小测试距离由式(16-5)可算得应为 140m。

16.1.2　最低架设高度

为了减少地面反射波对被测天线方向图的影响，天线的架设高度至少应当使被测天线的主瓣不接收发射天线经地面反射来的能量。

图 16-2 所示为等高架设情况，图中 θ_1 为发射天线垂直面方向图最大辐射方向与主瓣 0 点间的夹角。θ_2 为被测天线垂直面方向图最大辐射方向与主瓣 0 点间的夹角。若被测天线的第一副瓣较大，θ_2 可选为最大辐射方向与第一副瓣 0 点间的夹角。

由图 16-2 可得

$$\tan\theta_1 = \frac{h}{R_1} \tag{16-7}$$

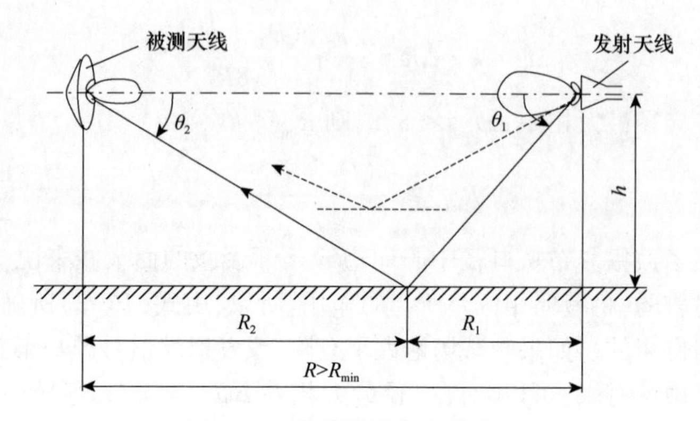

图 16-2　等高架设高度的确定

$$\tan\theta_2 = \frac{h}{R_2} = \frac{h}{R - R_1} \tag{16-8}$$

将式(16-7)和式(16-8)相除可得

$$\frac{\tan\theta_1}{\tan\theta_2} = \frac{R - R_1}{R_1} = \frac{R}{R_1} - 1 \tag{16-9}$$

将式(6-7)代入式(16-9)则得

$$\frac{\tan\theta_1}{\tan\theta_2} = \frac{R\tan\theta_1}{h} - 1$$

由此得到天线的最低架设高度 h 为

$$h = \frac{R\tan\theta_1 \cdot \tan\theta_2}{\tan\theta_1 + \tan\theta_2} \tag{16-10}$$

对于在整装雷达上测定天线的方向图,由于架高雷达会遇到一定困难,可以采用不等高架设或者在地面适当位置设置反射屏,以阻挡地面反射波的影响,如图 16-3 所示。反射屏可以是板状金属面也可以是导电栅网结构,为了减弱屏的边缘散射效应对接收点场的影响,最好在屏的边缘配有电波吸收材料。

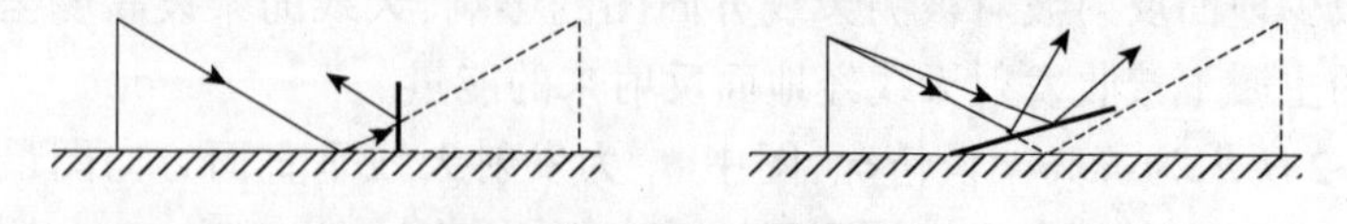

图 16-3　反射屏消除法

此外,为消除测试场地周围环境的影响,测试场地应开阔、空旷,场地内不应该有输电线、电话线、树木以及建筑物等。

16.2　天线方向图的测量

天线方向图的测量有两种类型的测试方案：一是固定天线法，二是旋转天线法。顾名思义，前者是在测试过程中被测天线固定不动，后者是被测天线绕轴旋转。

16.2.1　固定天线法

对于以下情况之一，皆需采用固定天线法：大型地面天线；天线结构笨重；环境作为天线的一个重要组成部分。

测量天线水平面的方向图时，可将测试仪表和辅助接收天线装在车上绕天线转动一周。测量天线垂直面方向图时，应将测试仪表以及辅助接收天线装在飞行器（如普通小型飞机、直升飞机、气球等）上。被测天线工作于发射状态。

固定法测量天线方向图必须精心设计，须知这个方法无论是工作的艰巨性还是耗资的程度都是十分可观的。

16.2.2　旋转天线法

旋转天线法是最基本也是最常用的方向图测量方法，一般在小功率下进行，其测试方框图如图 16-4 所示。图中将被测天线作为接收天线，固定的辅助天线（弱方向性）作为发射天线。由发射天线辐射的电磁波，经被测天线定向接收，使被测天线围绕自身的轴旋转，进行不同方向的接收，记下天线转台的刻度数，同时记下相对应的指示器的读数，然后在直角坐标或极坐标纸上即可绘出被测天线的方向图曲线。

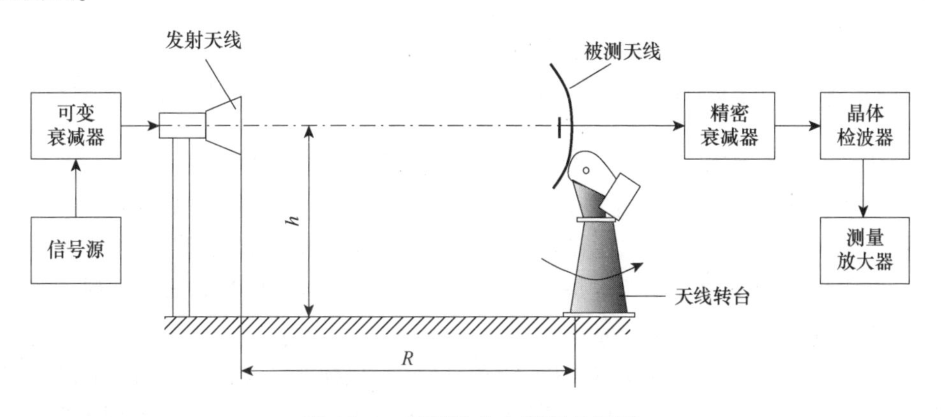

图 16-4　旋转法方向图测量框图

旋转法方向图的测定可采用下列两种方法：第一种是直接读数法，它是在转动被测天线时,直接读取测量放大器所指示的读数,该读数的大小表示天线在不同方向上接收到的信号大小。由此绘出的方向图为场强方向图。由于检波晶体的非线性,这种直读式测量法对低电平的副瓣测量误差较大。第二种是衰减量读数法,当转动被测天线在不同方向接收信号时,通过改变被测天线输出端精密衰减器的衰减量,使测量放大器所指示的信号值始终保持不变。通常微波测量中,衰减器的衰减量是以相对功率的分贝值刻度的,所以按天线的转角和对应的衰减量绘出的方向图为相对功率密度方向图。第二种方法又称为等指示法,它的优点是测量过程中晶体检波器的工作点始终保持不变,从而可以避免晶体检波器的非线性引起的测试误差,因此这种方法的测量精度较高。

方向图测量中应注意以下问题:

(1)除按测试场地的选择架设天线外,方向图的测量应在无外界电磁干扰情况下进行。

(2)收发天线的极化应相同。

(3)为了使测得的波瓣宽度符合实际宽度,需将被测天线的相位中心放在转台的旋转中心上。

(4)测试前应使收发天线在最大辐射方向上相互对准,以使被测天线的旋转平面和所测方向图的主平面重合,否则会产生测试误差,甚至测出错误的方向图。

16.3 增益的测量

增益是天线的重要指标之一。测量增益时应满足前面测试方向图所需的场地条件,以减小地面和其他地物反射波的影响,消除被测天线和发射天线之间的多次耦合。

这里介绍两种常用的测试方法。

16.3.1 比较法

比较法是将被测天线和已知增益的标准天线进行比较而确定其增益。

在线天线中,标准天线常采用半波振子,在面天线中常采用角锥喇叭,因为半波振子和角锥喇叭的增益都比较容易计算。天线增益的测试方框图如图16-5所示。图中标准天线和被测天线是当作接收天线,它们也可以当作发射天线。测量的简要步骤如下:

先将标准天线与测量仪器相接,转动方位角和俯仰角,使标准天线对准发射天线的辐射方向。调节匹配装置,使标准天线和检测器匹配。改变精密衰减器的衰减量,使测量放大器指示到某一规定的刻度。记下此时的精密衰减器的分贝数A_1,然后取下标准天线并接上被测天线,按上述同样的步骤进行,调节精密衰减器时应

使测量放大器仍指示到同样的刻度，记下此时精密衰减器的分贝数 A_2。于是，被测天线的增益系数计算公式为

$$G = G_0 10^{\frac{A_2 - A_1}{10}} \tag{16-11}$$

式中，G_0 为标准天线的增益系数。标准天线为喇叭天线的增益系数计算公式为

$$G_0 = \frac{\pi}{32}\left(\frac{\lambda}{D_1}G_E\right)\left(\frac{\lambda}{D_2}G_H\right) \tag{16-12}$$

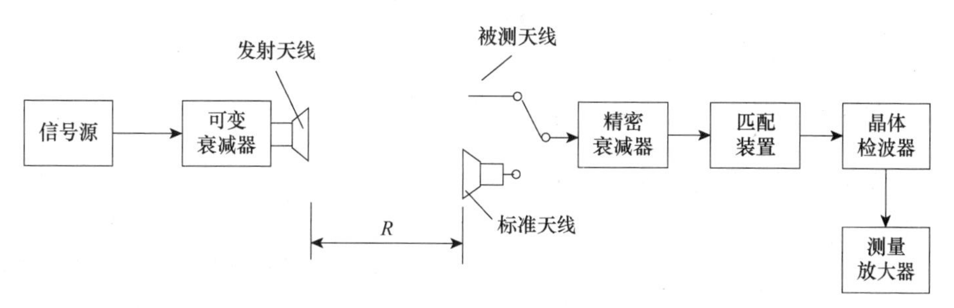

图 16-5　比较法测量天线增益

16.3.2　用两个相同天线测量绝对增益

用这种方法测量时，应采用两个完全相同的天线，其增益都为 G，两天线的距离为 R，如图 16-6 所示。

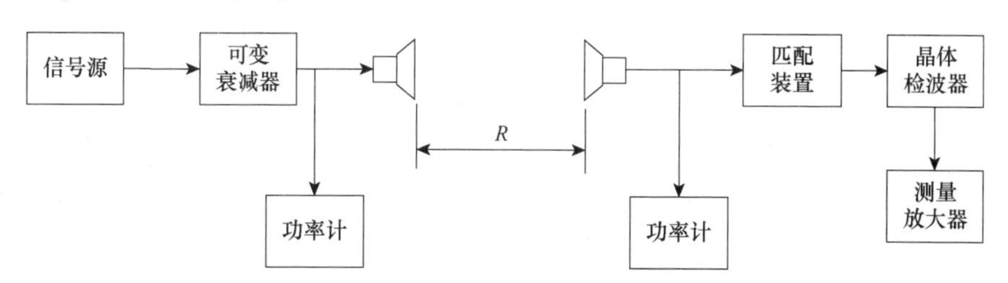

图 16-6　绝对法测量天线增益

如果 P_T 为发射天线的辐射功率，则发射天线在接收天线处产生的功率密度为

$$p = \frac{P_T G}{4\pi R^2}$$

由于接收天线的有效接收面积为

$$S = \frac{G\lambda^2}{4\pi}$$

因此接收天线所接收的功率 P_R 为

$$P_R = \frac{P_T G}{4\pi R^2}S = P_T\left(\frac{G\lambda}{4\pi R}\right)^2$$

则天线的增益为

$$G = \frac{4\pi R}{\lambda}\sqrt{\frac{P_{\mathrm{R}}}{P_{\mathrm{T}}}} \tag{16-13}$$

用这种方法测量增益需要制造两个完全相同的天线,而且测试比较麻烦。工程上广泛采用比较法测量天线的增益。

习 题

1. 天线的方向图和距离有关吗?简单阐述你的看法。

2. 为什么要确定天线的最小测试距离和最低架设高度?

3. 简述天线方向图测量的典型测试方案。

4. 某被测雷达天线的口径为1.5m,工作波长为3.2cm,若用无方向性天线作为发射天线来测定天线的方向图时,求最小测试距离。若改用相同雷达天线作为发射天线时,求最小测试距离。

5. 天线增益的测量有哪些注意事项?

参考文献

[1]封吉平,曾瑞,梁玉英.微波工程基础[M].北京:电子工业出版社,2002.

[2]曹祥玉,高军,曾越胜,等.微波技术与天线[M].西安:西安电子科技大学出版社,2008.

[3]杨雪霞.微波技术基础[M].北京:清华大学出版社,2009.

[4]韩春辉,安婷,刘笑飞.微波器件与天线[M].北京:北京兵器工业出版社,2022.

[5]李泽民,黄卉.微波技术基础及其应用[M].北京:北京大学出版社,2013.

[6]毕岗.电磁场与微波[M].杭州:浙江大学出版社,2014.

[7]王玖珍,薛正辉.天线测量实用手册[M].北京:人民邮电出版社,2013.